高等学校工程管理专业应用型本科系列规划教材

建筑工程造价

（第 2 版）

主　编　林　敏　许长青
副主编　李　芸　马　莹
参　编　白冬梅

东南大学出版社
·南京·

内 容 简 介

本书以《建设工程工程量清单计价规范》(GB 50500—2013)、《房屋建筑与装饰工程工程量计算规范》(GB 50854—2013)、《建筑安装工程费用项目组成》(建标〔2013〕44 号)、《建筑工程建筑面积计算规范》(GB/T 50353—2013)、现行的建设工程概预算文件及编审规程等为依据编写而成。全书共分三篇十三章，第一篇概论，系统阐述了建筑工程造价的基础知识和建筑工程造价的构成。第二篇建筑工程定额原理，详细介绍了企业定额、预算定额、概算定额、概算指标和估算指标等计价依据。第三篇建筑工程造价的编制与确定，详细介绍投资估算、设计概算、施工图预算、工程量清单计价、施工招标投标报价、工程价款结算和竣工决算等内容，重点介绍了施工图预算和工程量清单计价。

本书内容丰富，并且注重理论与实践相结合，相信读者通过本书的学习及实践，定会获益匪浅。

本书可作为大专院校工程管理、土木工程及相关专业的教材，也可作为广大工程造价编审人员的学习参考书或培训教材。同时，本书的配套课件，也为各高校教师备课及学习者提供了便利。

图书在版编目(CIP)数据

建筑工程造价 / 林敏，许长青主编. —2 版. —南京：东南大学出版社，2016.7(2022.1 重印)
ISBN 978-7-5641-6556-7

Ⅰ.①建… Ⅱ.①林… ②许… Ⅲ.①建筑造价管理 Ⅳ.①TU723.3

中国版本图书馆 CIP 数据核字(2016)第 126310 号

建筑工程造价(第 2 版)

出版发行：东南大学出版社
社　　址：南京市四牌楼 2 号　邮编：210096
出 版 人：江建中
责任编辑：史建农　戴坚敏
网　　址：http://www.seupress.com
电子邮箱：press@seupress.com
经　　销：全国各地新华书店
印　　刷：大丰市科星印刷有限责任公司
开　　本：787mm×1092mm　1/16
印　　张：34.25
字　　数：875 千字
版　　次：2016 年 7 月第 2 版
印　　次：2022 年 1 月第 5 次印刷
书　　号：ISBN 978-7-5641-6556-7
印　　数：10 001～11 500 册
定　　价：75.00 元

总前言

国家颁布的《国家中长期教育改革和发展规划纲要(2010—2020年)》指出,要"适应国家和区域经济社会发展需要,不断优化高等教育结构,重点扩大应用型、复合型、技能型人才培养规模";"学生适应社会和就业创业能力不强,创新型、实用型、复合型人才紧缺"。为了更好地适应我国高等教育的改革和发展,满足高等学校对应用型人才的培养模式、培养目标、教学内容和课程体系等的要求,东南大学出版社携手国内部分高等院校组建土木建筑、工程管理专业应用型本科系列规划教材编审委员会。大家认为,目前适用于应用型人才培养的优秀教材还较少,大部分国家级教材对于培养应用型人才的院校来说起点偏高,难度偏大,内容偏多,且结合工程实践的内容往往偏少。因此,组织一批学术水平较高、实践能力较强、培养应用型人才的教学经验丰富的教师,编写出一套适用于应用型人才培养的教材是十分必要的,这将有力地促进应用型本科教学质量的提高。

经编审委员会商讨,对教材的编写达成如下共识:

一、体例要新颖活泼。学习和借鉴优秀教材特别是国外精品教材的写作思路、写作方法以及章节安排,摒弃传统工科教材知识点设置按部就班、理论讲解枯燥无味的弊端,以清新活泼的风格抓住学生的兴趣点,让教材为学生所用,使学生对教材不会产生畏难情绪。

二、人文知识与科技知识渗透。在教材编写中参考一些人文历史和科技知识,进行一些浅显易懂的类比,使教材更具可读性,改变工科教材艰深古板的面貌。

三、以学生为本。在教材编写过程中,"注重学思结合,注重知行统一,注重因材施教",充分考虑大学生人才就业市场的发展变化,努力站在学生的角度思考问题,考虑学生对教材的感受,考虑学生的学习动力,力求做到教材贴合学生实际,受教师和学生欢迎。同时,考虑到学生考取相关资格证书的需要,教材中还结合各类职业资格考试编写了相关习题。

四、理论讲解要简明扼要，文例突出应用。在编写过程中，紧扣“应用”二字创特色，紧紧围绕着应用型人才培养的主题，避免一些高深的理论及公式的推导，大力提倡白话文教材，文字表述清晰明了、一目了然，便于学生理解、接受，能激起学生的学习兴趣，提高学习效率。

五、突出先进性、现实性、实用性、操作性。对于知识更新较快的学科，力求将最新最前沿的知识写进教材，并且对未来发展趋势用阅读材料的方式介绍给学生。同时，努力将教学改革最新成果体现在教材中，以学生就业所需的专业知识和操作技能为着眼点，在适度的基础知识与理论体系覆盖下，着重讲解应用型人才培养所需的知识点和关键点，突出实用性和可操作性。

六、强化案例式教学。在编写过程中，有机融入最新的实例资料以及操作性较强的案例素材，并对这些素材资料进行有效的案例分析，提高教材的可读性和实用性，为教师案例教学提供便利。

七、重视实践环节。编写中力求优化知识结构，丰富社会实践，强化能力培养，着力提高学生的学习能力、实践能力、创新能力，注重实践操作的训练，通过实际训练加深对理论知识的理解。在实用性和技巧性强的章节中，设计相关的实践操作案例和练习题。

在教材编写过程中，由于编写者的水平和知识局限，难免存在缺陷与不足，恳请各位读者给予批评斧正，以便教材编审委员会重新审定，再版时进一步提升教材的质量。本套教材以“应用型”定位为出发点，适用于高等院校土木建筑、工程管理等相关专业，高校独立学院、民办院校以及成人教育和网络教育均可使用，也可作为相关专业人士的参考资料。

高等学校土木建筑、工程管理专业应用型
本科系列规划教材编审委员会

前　言

近年来，工程造价课程在学科体系上发生了巨大的变化，它在保持原有学科体系中符合建筑生产规律的基本理论方法的基础上，不断吸收西方发达国家和国际上通行的工程造价的手段和方法，由传统的与计划经济相适应的概预算定额管理制度体系，全面阐述建立起以市场形成价格为主的价格机制体系，包括建设工程工程量清单计价等，引入国际通行的适应市场经济发展需要的建设工程造价管理模式。从计划价、指导价到市场价，建筑市场对预算计价的市场化程度要求越来越高，建筑市场的各类参与主体必须改革原有的预算管理体制，结合报价方式的改革，通过两者之间的紧密结合，从而建立起一套行之有效的造价管理系统。

本书紧密结合国家最新颁布的《建设工程工程量清单计价规范》(GB 50500—2013)、《房屋建筑与装饰工程工程量计算规范》(GB 50854—2013)、《建筑安装工程费用项目组成(建标〔2013〕44号)》、《建筑工程建筑面积计算规范》(GB/T 50353—2013)，江苏省建设厅组织编写的《江苏建筑与装饰工程计价表》(2014)、《江苏省建设工程费用定额》(2014)来编写，涵盖了工程建设程序中各主要阶段的工程造价内容，其中，重点介绍了定额计价模式和清单计价模式。在理论介绍的同时又有具体的案例演示，案例的存在，既方便教师课堂教学，又方便读者自学，教材的实用性强。

本书在编写过程中注意了以下两点：

(1) 以工程建设程序为主线，介绍各阶段工程造价的编制与确定

建筑工程的生产过程是一个周期长、消耗数量大的生产消费过程，从投资估算、设计概算、施工图预算到招投标承包合同价，再到各项工程的结算价和最后在竣工结算价基础上编制的竣工决算，整个计价过程是一个由粗到细、由浅到深，最后确定工程实际造价的过程。按这样的思路编写本教材，主线明确，结构清晰，能在覆盖相关知识点的基础上着重体现关键内容。

(2) 实现工程造价的理论性与实践性的统一，增强了教材的实用性

教材涵盖工程造价领域知识体系，全面、系统地分析和阐述工程造价的理论与方法，既有基本原理和基本知识，同时为各阶段工程造价配备了实际案例，

有助于读者学习好工程造价的基础理论知识，又方便教师进行案例教学，提高学生学习效果；对于施工图预算和工程量清单计价还配有系统完整的小型工程项目教学案例，有利于读者了解实际中的工程造价工作，激发读者的学习兴趣，让读者在剖析案例的过程中巩固掌握工程造价的知识点。

本书由南京工程学院林敏和南京审计大学许长青主持编写。其中：1、2、7、8 章由南京工程学院林敏和马莹编写，9.1、9.2、9.4、9.5、10.1 节由林敏编写，第 3～6 章和 9.3 节由三江学院李芸编写，第 10.2 节由林敏和李芸共同编写，第 11、12 章以及 9.6、10.3 节由南京审计大学许长青编写，第 13 章由三江学院白冬梅编写。在编写过程中，得到了南京工程学院、南京审计大学、三江学院等单位领导的大力支持，在此，谨向对本书编写给予帮助和支持的各有关方面表示衷心的感谢。在编写过程中，作者参阅和引用了不少专家、学者论著中的有关资料，在此表示衷心的感谢。

本书有配套课件，订购本书的读者如需要可联系 594621821@qq.com。

由于作者的理论水平和工作实际经验有限，本书虽经仔细校对修改，难免存在不足之处，敬请各位专家和读者批评指正。

编　者

2016 年 5 月

目　录

第一篇　概论

第二篇　建筑工程定额原理

第三篇　建筑工程造价的编制与确定

第一篇 概论

1 工程造价概论

教学目标

本章主要介绍了建设项目及其建设程序、建筑工程造价概述、工程造价相关执业资格、工程造价的发展历史等基本内容。通过本章学习,应达到以下目标:

(1) 掌握建设项目的概念、分类、计价程序、计价的特点和职能。

(2) 掌握工程估价的概念和工程计价的特点。

(3) 熟悉造价工程师和造价员执业资格制度等内容。

(4) 了解国内外工程造价的发展历史。

1.1 建设项目及计价程序

1.1.1 建设项目

1) 建设项目的概念

建设项目是指具有设计任务书和总体设计,经济上实行独立核算,行政上具有独立组织形式,按一个总体设计进行建设施工的一个或几个单项工程的总体。

在我国,通常是以一座工厂、联合性企业或一所学校、医院、商场等为一个建设项目。凡属于一个总体设计中分期分批进行建设的主体工程和附属配套工程,综合利用工程,供水供电工程,都作为一个建设项目。不能把不属于一个总体设计,按各种方式结算作为一个建设项目;也不能把同一个总体设计内的工程,按地区或施工单位分为几个建设项目。

2) 建设工程项目分类

建设工程项目的分类有多种形式,为了适应科学管理的需要,可以从不同的角度进行分类。

(1) 按建设工程性质分类

工程项目可分为新建项目、扩建项目、改建项目、迁建项目和恢复项目。

① 新建项目。新建项目是指根据国民经济和社会发展的近远期规划,按照规定的程序立项,从无到有新建的投资建设工程项目,或对原有项目重新进行总体设计,扩大建设规模

后，其新增固定资产价值超过原有固定资产价值三倍以上的建设项目。

② 扩建项目。扩建项目是指现有企事业单位在原有场地内或其他地点，为扩大原有主要产品的生产能力或增加经济效益而增建的生产车间、独立的生产线或分厂的项目；事业和行政单位在原有业务系统的基础上扩充规模而进行的新增固定资产投资项目。

③ 改建项目。改建项目是指原有企业为了提高生产效益，改进产品质量或调整产品结构，对原有设备或工程进行改造的项目，包括挖潜、节能、安全、环境保护等工程项目。有的企业为了平衡生产能力，需增建一些附属、辅助车间或非生产性工程，也可列为改建项目。

④ 迁建项目。迁建项目是指原有企事业单位根据自身生产经营和事业发展的要求，按照国家调整生产力布局的经济发展战略的需要或出于环境保护等其他特殊要求搬迁到异地，不论其规模是维持原规模还是扩大建设的项目，均属迁建项目。

⑤ 恢复项目。恢复项目是指原有企事业和行政单位，因在自然灾害或战争中使原有固定资产遭受全部或部分报废，需要进行投资重建来恢复生产能力和业务工作条件、生活福利设施等的工程项目。这类项目，不论是按原有规模恢复建设，还是在恢复过程中同时进行扩建，都属于恢复项目。但对尚未建成投产或交付使用的项目，受到破坏后，若仍按原设计重建的，原建设性质不变；如果按新设计重建，则根据新设计内容来确定其性质。

工程项目按其性质分为上述五类，一个工程项目只能有一种性质，在项目按总体设计全部建成以前，其建设性质是始终不变的。

（2）按建设工程规模分类

为适应对工程项目分级管理的需要，国家规定基本建设项目分为大型、中型、小型三类；更新改造项目分为限额以上和限额以下两类。不同等级标准的工程项目，国家规定的审批机关和报建程序也不尽相同。划分项目等级的原则如下：

① 按批准的可行性研究报告（初步设计）所确定的总设计能力或投资总额的大小，依据国家颁布的《基本建设项目大中小型划分标准》进行分类。

② 凡生产单一产品的项目，一般以产品的设计生产能力划分；生产多种产品的项目，一般按其主要产品的设计生产能力划分；产品分类较多，不易分清主次、难以按产品的设计能力划分时，可按投资总额划分。

③ 对国民经济和社会发展具有特殊意义的某些项目，虽然设计能力或全部投资不够大、中型项目标准，经国家批准已列入大、中型计划或国家重点建设工程的项目，也按大、中型项目管理。

④ 更新改造项目一般只按投资额分为限额以上和限额以下项目，不再按生产能力或其他标准划分。

⑤ 基本建设项目的大、中、小型和更新改造项目限额的具体划分标准，根据各个时期经济发展和实际工作中的需要而有所变化。现行国家的有关规定如下：

A. 按投资额划分的基本建设项目，属于生产性工程项目中的能源、交通、原材料部门的工程项目，投资额达到 5 000 万元以上为大、中型项目；其他部门和非工业项目，投资额达到 3 000 万元以上为大、中型项目。

B. 按生产能力或使用效益划分的工程项目，以国家对各行各业的具体规定作为标准。

C. 更新改造项目只按投资额标准划分，能源、交通、原材料部门投资额达到 5 000 万元及其以上的工程项目和其他部门投资额达 3 000 万元及其以上的项目为限额以上项目,否则为限额以下项目。

⑥ 工业项目按设计生产能力规模或总投资,确定大、中、小型项目。非工业项目可分为大中型和小型两种,均按项目的经济效益和总投资额划分。

(3) 按投资作用划分

工程项目可分为生产性工程项目和非生产性工程项目。

① 生产性工程项目。生产性工程项目是指直接用于物质资料生产或直接为物质资料生产服务的工程项目。如工业工程项目、农业建设项目、基础设施建设项目、商业建设项目等,即用于物质产品生产建设的工程项目。

② 非生产性工程项目。非生产性工程项目是指用于满足人民物质和文化、福利需要的建设和非物质资料生产部门的建设项目。主要包括办公用房、居住建筑、公共建筑等建设项目。

(4) 按项目的效益和市场需求划分

工程项目可划分为竞争性项目、基础性项目和公益性项目三种。

① 竞争性项目。主要是指投资效益比较高、竞争性比较强的工程项目。其投资主体一般为企业,由企业自主决策、自担投资风险。

② 基础性项目。主要是指具有自然垄断性、建设周期长、投资额大而收益低的基础设施和需要政府重点扶持的一部分基础工业项目,以及直接增强国力的符合经济规模的支柱产业项目。政府应集中必要的财力、物力通过经济实体进行投资,同时,还应广泛吸收企业参与投资,有时还可吸收外商直接投资。

③ 公益性项目。主要包括科技、文教、卫生、体育和环保等设施,公、检、法等政权机关以及政府机关、社会团体办公设施、国防建设等。公益性项目的投资主要由政府用财政资金安排。

(5) 按项目的投资来源划分

工程项目可划分为政府投资项目和非政府投资项目。

① 政府投资项目。政府投资项目在国外也称为公共工程,是指为了适应和推动国民经济或区域经济的发展,满足社会的文化、生活需要,以及出于政治、国防等因素的考虑,由政府通过财政投资、发行国债或地方财政债券、利用外国政府赠款以及国家财政担保的国内外金融组织的贷款等方式独资或合资兴建的工程项目。

② 非政府投资项目。非政府投资项目是指企业、集体单位、外商和私人投资兴建的工程项目。这类项目一般均实行项目法人责任制,使项目的建设与建成后的运营实现一条龙管理。

3) 建设项目的构成

为了对基本建设项目实行统一管理和分级管理,工程项目可分为单项工程、单位工程、分部工程和分项工程。

(1) 单项工程。单项工程是指在一个工程项目中,具有独立的设计文件,竣工后可以独立发挥效益或生产能力的一组配套齐全的工程项目。一个建设项目可以包括若干个单项工程,例如一所新建大学的建设项目,其中的每栋教学楼、学生宿舍、食堂、办公大楼等工程都是单项工程。有些比较简单的建设项目本身就是一个单项工程,例如只有一个车间的小型工厂、一座桥梁等。一个建设项目在全部建成投入使用以前,往往陆续建成若干个单项工程,所以单项工程是考核投产计划完成情况和计算新增生产能力的基础。

(2) 单位工程。单位工程是单项工程的组成部分,单位工程是指不能独立发挥生产能力,但具有独立设计的施工图纸和组织施工的工程。按照单项工程的构成,又可将其分解为建筑工程和设备安装工程。如工业厂房工程中的土建工程、设备安装工程、工业管道工程等分别是单项工程中所包含的不同性质的单位工程。

(3) 分部工程。分部工程是单位工程的组成部分,应按专业性质、建筑部位确定。考虑到组成单位工程的各部分是由不同工人用不同工具和材料完成的,可以进一步把单位工程分解成分部工程。土建工程的分部工程是按建筑工程的主要部位划分的,例如基础工程、主体工程、地面工程等;安装工程的分部工程是按工程的种类划分的,例如管道工程、电气工程、通风工程以及设备安装工程等。

(4) 分项工程。分项工程是分部工程的组成部分,一般按主要工程、材料、施工工艺、设备类别等进行划分。例如,土方开挖工程、土方回填工程、砖砌体工程、木门窗制作与安装工程、玻璃幕墙工程等。分项工程是工程项目施工生产活动的基础,也是计量工程用工、用料和机械台班消耗的基本单元;同时,又是工程质量形成的直接过程。分项工程既有其作业活动的独立性,又有相互联系、相互制约的整体性。

以上各层次的分解结构图示如图 1-1。

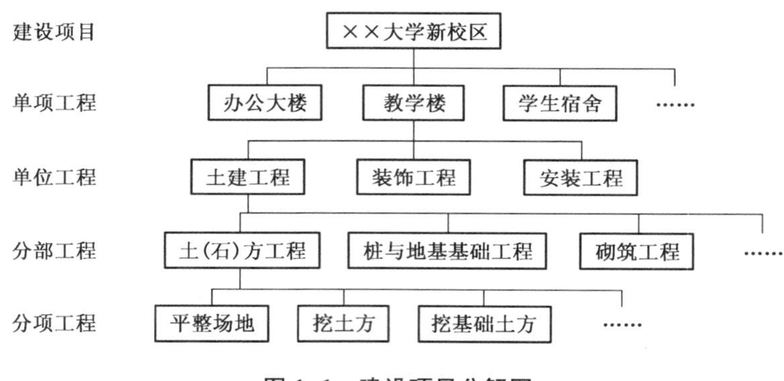

图 1-1　建设项目分解图

1.1.2　工程项目建设及计价程序

1) 工程项目建设程序的概念

工程项目建设程序是指工程项目从策划、评估、决策、设计、施工到竣工验收、投入生产或交付使用的整个建设过程中,各项工作必须遵循的先后工作次序。工程项目建设程序是工程建设过程客观规律的反映,是工程项目科学决策和顺利进行的重要保证。

项目建设涉及的社会面和管理部门广,协调合作环节多,要进行多方面很复杂的工作。建设项目还与人们的生命安全、工作效益、生活便利、审美情趣有着密切关系。故在建设程序的操作细节上,管理环节更多,审查手续更严密,必须按照程序规律的先后依次进行。国家逐步以法律、法规的形式颁发并根据形势发展不断地补充完善,严格监督执行。

2）工程项目建设及计价程序

建设及计价程序是对基本建设工作的科学总结，是项目建设过程中客观规律的集中体现。按我国现行规定，工程项目建设及计价程序如图 1-2 所示。

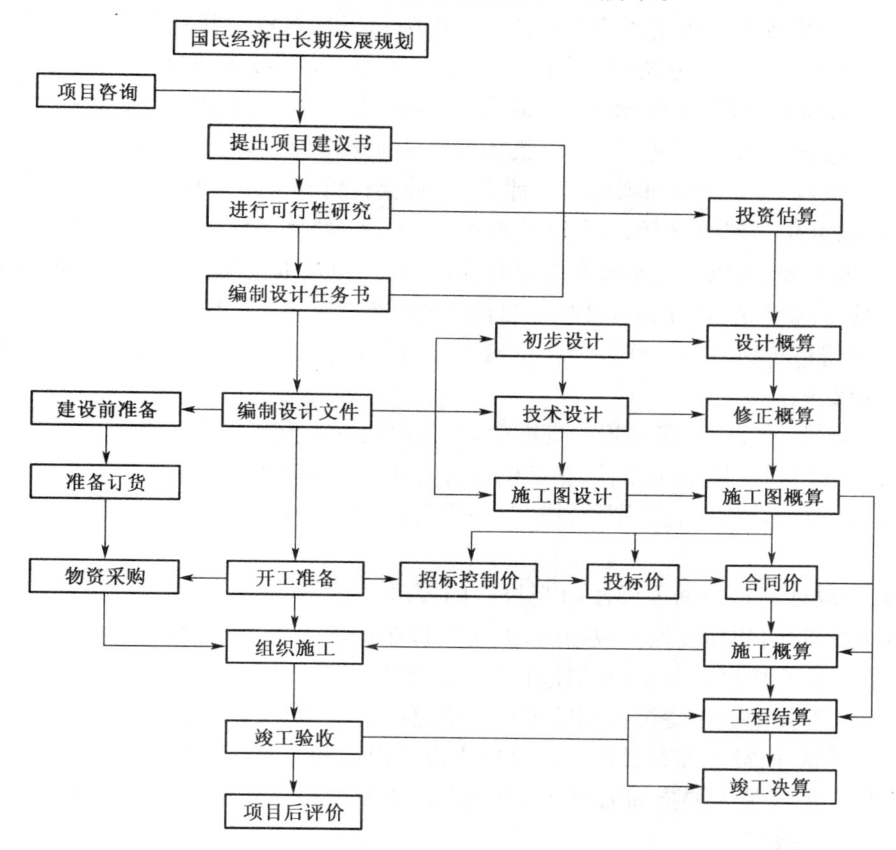

图 1-2 工程项目建设及计价程序

（1）工程项目建设程序

① 提出项目建议书。项目建议书是投资决策前，拟建项目单位向国家提出的要求建设某一项目的建议文件，是对工程项目建设的轮廓设想。项目建议书的主要作用是推荐一个拟建项目，论述其建设的必要性、建设条件的可行性和获利的可能性，供国家选择并确定是否进行下一步工作。

项目建议书的内容视项目的不同而有繁有简，但一般应包括以下几方面内容：A. 项目提出的必要性和依据；B. 产品方案、拟建规模和建设地点的初步设想；C. 资源情况、建设条件、协作关系和设备技术引进国别、厂商的初步分析；D. 投资估算、资金筹措及还贷方案设想；E. 项目进度安排；F. 经济效益和社会效益的初步估计；G. 环境影响的初步评价。

对于政府投资项目，项目建议书按要求编制完成后，应根据建设规模和限额划分分别报送有关部门审批。项目建议书经批准后，即纳入了长期基本建设计划，即人们通常所说的“立项”。项目建议书阶段的“立项”，并不表明项目非上不可，还需要开展详细的可行性研究。

② 进行可行性研究。项目建议书被批准后，可开展可行性研究工作。可行性研究是在

投资决策前，对项目有关的社会、技术和经济条件等进行深入的调查研究，论证项目建设的必要性、技术可行性、经济合理性，是决策建设项目能否成立的依据和基础。

可行性研究报告应包括以下基本内容：A. 项目提出的背景、项目概况及投资的必要性；B. 产品需求、价格预测及市场风险分析；C. 资源条件评价（对资源开发项目而言）；D. 建设规模及产品方案的技术经济分析；E. 建厂条件与厂址方案；F. 技术方案、设备方案和工程方案；G. 主要原材料、燃料供应；H. 总图、运输与公共辅助工程；I. 节能、节水措施；J. 环境影响评价；K. 劳动安全卫生与消防；L. 组织机构与人力资源配置；M. 项目实施进度；N. 投资估算及融资方案；O. 财务评价和国民经济评价；P. 社会评价和风险分析；Q. 研究结论与建议。

可行性研究报告经批准后，不得随意修改和变更。如果在建设规模、产品方案、主要协作关系等方面有变动，以及突破投资控制数额时，应经原批准机关复审同意。可行性研究报告批准后，应正式成立项目法人，并按项目法人责任制实行项目管理。凡经可行性研究未通过的项目，不得进行下一步工作。经过批准的可行性研究报告，是项目最终立项的标志，是初步设计的依据。

③ 设计阶段。可行性研究报告批准后，工程建设进入设计阶段。我国大中型建设项目一般采用两阶段设计，即初步设计、施工图设计。重大项目和特殊项目，根据各行业的特点，实行初步设计、技术设计、施工图设计三阶段设计。民用项目一般为方案设计、施工图设计两个阶段。

A. 初步设计。是根据可行性研究报告的要求所做的具体实施方案，目的是为了阐明在指定的地点、时间和投资控制数额内，拟建项目在技术上的可行性和经济上的合理性，并通过对工程项目所作出的基本技术经济规定，编制项目总概算。

初步设计不得随意改变被批准的可行性研究报告所确定的建设规模、产品方案、工程标准、建设地址和总投资等控制目标。如果初步设计提出的总概算超过可行性研究报告总投资的10%以上或其他主要指标需要变更时，应说明原因和计算依据，并重新向原审批单位报批可行性研究报告。

B. 技术设计。应根据初步设计和更详细的调查研究资料编制，以进一步解决初步设计中的重大技术问题，如工艺流程、建筑结构、设备选型及数量确定等，使工程项目的设计更具体、更完善，技术指标更好。

C. 施工图设计。根据初步设计或技术设计的要求，结合现场实际情况，完整地表现建筑物外形、内部空间分割、结构体系、构造状况以及建筑群的组成和周围环境的配合。它还包括各种运输、通信、管道系统、建筑设备的设计。在工艺方面，应具体确定各种设备的型号、规格及各种非标准设备的制造加工图。

④ 开工准备。项目在开工建设之前要切实做好各项准备工作，其主要内容包括：A. 征地、拆迁和场地平整；B. 完成施工用水、电、通信、道路等接通工作；C. 组织招标，选择工程监理单位、承包单位及设备、材料供应商；D. 准备必要的施工图纸；E. 办理工程质量监督和施工许可手续。

建设单位在办理施工许可证之前应当到规定的工程质量监督机构办理工程质量监督注册手续。从事各类房屋建筑及其附属设施的建造、装修装饰和与其配套的线路、管道、设备的安装，以及城镇市政基础设施工程的施工，业主在开工前应当向工程所在地的县级以上人民政府建设行政主管部门申请领取施工许可证。必须申请领取施工许可证的建筑工程未取得施工许可证的，一律不得开工。工程投资额在 30 万元以下或者建筑面积在 300 m^2 以下的建筑工程，可以不申请办理施工许可证。

⑤ 组织施工。项目新开工时间，是指工程项目设计文件中规定的任何一项永久性工程第一次正式破土开槽开始施工的日期。不需开槽的工程，以开始进行土方、石方工程的日期作为正式开工日期。铁路、公路、水库等需要进行大量土、石方工程的，以开始进行土方、石方工程的日期作为正式开工日期。工程地质勘察、平整场地、旧建筑物的拆除、临时建筑、施工用临时道路和水、电等工程开始施工的日期不能算作正式开工日期。分期建设的项目分别按各期工程开工的日期计算，如二期工程应根据工程设计文件规定的永久性工程开工的日期计算。

承包工程建设项目的施工企业必须持有资质证书，并在资质许可的业务范围内承揽工程。建设项目开工前，建设单位应当指定施工现场总代表人，施工企业应当指定项目经理，并分别将总代表人和项目经理的姓名及授权事项书面通知对方，同时报工程所在地县级以上地方人民政府建设行政主管部门备案。

施工企业项目经理必须持有资质证书，并在资质许可证的业务范围内履行项目经理职责。项目经理全面负责施工过程中的现场管理，并根据工程规模、技术复杂程度和施工现场的具体情况，建立施工现场管理责任制，并组织实施。

施工企业应严格按照有关法律、法规和工程建设技术标准的规定编制施工组织设计，制定质量、安全、技术、文明施工等各项保证措施，确保工程质量、施工安全和现场文明施工。施工企业必须严格按照批准的设计文件、施工合同和国家现行的施工及验收规范进行工程建设项目施工。施工中若需变更设计，应按有关规定和程序进行，不得擅自变更。

建设、监理、勘测设计单位、施工企业和建筑材料、构配件及设备生产供应单位，应按照《建筑法》、《建设工程质量管理条例》的规定承担工程质量责任和其他责任。

⑥ 竣工验收阶段。当工程项目按设计文件的规定内容和施工图纸的要求全部建完后，便可组织验收。竣工验收是全面考核建设工作，检查是否符合设计要求和工程质量的重要环节，对促进建设项目及时投产、发挥投资效益、总结建设经验有重要作用。

A. 竣工验收的范围。按照国家现行规定，工程项目按批准的设计文件所规定的内容建成，符合验收标准，即：工业项目经过投料试车（带负荷运转）合格，形成生产能力的；非工业项目符合设计要求，能够正常使用的，都应及时组织验收，办理固定资产移交手续。

B. 竣工验收的准备工作。建设单位应认真做好工程竣工验收的准备工作，主要包括：

a. 整理技术资料。技术资料主要包括土建施工、设备安装方面及各种有关的文件、合同和试生产情况报告等。

b. 绘制竣工图。工程项目竣工图是真实记录各种地下、地上建筑物等详细情况的技术文件，是对工程进行交工验收、维护、扩建、改建的依据，同时也是使用单位长期保存的技术资料。竣工图必须准确、完整，符合归档要求，方能交工验收。

c. 编制竣工决算。建设单位必须及时清理所有财产、物资和未用完或应收回的资金，编制工程竣工决算，分析概（预）算执行情况，考核投资效益，报请主管部门审查。

C. 竣工验收的程序和组织。根据国家现行规定，规模较大、较复杂的工程建设项目应先进行初验，然后进行正式验收。规模较小、较简单的工程项目，可以一次进行全部项目的竣工验收。

工程项目全部建完，经过各单位工程的验收，符合设计要求，并具备竣工图、竣工决算、工程总结等必要文件资料，由项目主管部门或建设单位向负责验收的单位提出竣工验收申请报告。

竣工验收要根据投资主体、工程规模及复杂程度由国家有关部门或建设单位组成验收委员会或验收组。验收委员会或验收组负责审查工程建设的各个环节，听取各有关单位的工作汇报。审阅工程档案、实地查验建筑安装工程实体，对工程设计、施工和设备质量等作出全面评价。不合格的工程不予验收，对遗留问题要提出具体解决意见，限期落实。

⑦ 项目后评价。项目后评价是工程项目实施阶段管理的延伸，项目后评价的基本方法是对比法。就是将工程项目建成投产后所取得的实际效果、经济效益和社会效益、环境保护等情况与前期决策阶段的预测情况相对比，与项目建设前的情况相对比，从中发现问题，总结经验和教训。在实际工作中，往往从以下两个方面对工程项目进行后评价。

A. 效益后评价。项目效益后评价是项目后评价的重要组成部分。它以项目投产后实际取得的效益（经济、社会、环境等）以及隐含在其中的技术影响为基础，重新测算项目的各项经济数据，得到相关的投资效果指标，然后将它们与项目前期评估时预测的有关经济效果值（如净现值 NPV、内部收益率 IRR、投资回收期 Pt 等）、社会环境影响值进行对比，评价和分析其偏差情况以及原因，吸取经验教训，从而为提高项目的投资管理水平和投资决策服务。具体包括经济效益后评价、环境效益和社会效益后评价、项目可持续性后评价及项目综合效益后评价。

B. 过程后评价。过程后评价是指对工程项目的立项决策、设计施工、竣工投产、生产运营等全过程进行系统分析，找出项目后评价与原预期效益之间的差异及其产生的原因，使后评价结论有根有据，同时针对问题提出解决办法。

以上两方面的评价有着密切的联系，必须全面理解和运用，才能对后评价项目作出客观、公正、科学的结论。

（2）工程项目计价程序

建设工程的生产过程是一个周期长、消耗数量大的生产消费过程，如果包括可行性研究、设计过程在内，时间更长，而且分阶段进行，逐步深入。在工程项目建设程序的不同阶段需分别确定投资估算、设计概算、施工图预算、施工预算、工程结算和竣工决算，整个计价过程是一个由粗到细、由浅到深，最后确定工程实际造价的过程，各阶段造价文件的主要内容和作用如下：

① 投资估算。一般是指在项目建议书或可行性研究阶段，建设单位向国家或主管部门申请建设项目投资时，为了确定建设项目的投资总额而编制的经济文件。它是国家或主管部门审批或确定建设项目投资计划的重要文件。投资估算主要采取简单估算方法（主要包括生产能力指数法、系数估算法、比例估算法及指标估算法）和分类估算方法进行建设投资的编制。

② 设计概算。设计概算是指在初步设计或扩大初步设计阶段，由设计单位根据初步设计图纸、概算定额或概算指标，材料、设备预算价格，各项费用定额或取费标准，建设地区的自然、技术经济条件等资料，预先计算建设项目由筹建至竣工验收、交付使用全部建设费用的经济文件。它是国家确定和控制建设项目总投资的依据；是编制建设项目计划的依据；是考核设计方案的经济合理性，选择最优设计方案的重要依据；是进行设计概算、施工图预算和竣工决算，“三算”对比的基础；是实行投资包干和招标承包制的依据，也是银行办理工程

贷款和结算，以及实行财政监督的重要依据。

③ 修正概算。修正概算是指当采用三阶段设计时，在技术设计阶段，随着设计内容的具体化，建设规模、结构性质、设备类型和数量等与初步设计可能有出入，为此，设计单位应对投资进行具体核算，对初步设计的概算进行修正而形成的经济文件。一般情况下，修正概算不应超过原批准的设计概算。

④ 施工图预算。施工图预算是指在施工图设计阶段，设计工作全部完成并经过会审，单位工程开工之前，由设计咨询或施工单位根据施工图纸，施工组织设计，消耗量定额或规范，人工、材料、机械单价和各项费用取费标准，建设地区的自然、技术经济条件等资料，预先计算和确定单项工程或单位工程全部建设费用的经济文件。它是确定建筑安装工程预算造价的具体文件；是建设单位编制招标控制价（或标底）和施工单位编制投标报价的依据；是签订建筑安装工程施工合同、实行工程预算包干、进行工程竣工结算的依据；是银行借贷工程价款的依据；是施工企业加强经营管理、搞好经济核算、实行对施工预算和施工图预算"两算对比"的基础，也是施工企业编制经营计划、进行施工准备的依据。

⑤ 招标控制价或投标价。国有资金投资的工程进行招标，根据《中华人民共和国招标投标法》的规定，为有利于客观、合理地评审投标报价和避免哄抬标价，造成国有资产流失，招标人应编制招标控制价；同时，投标人投标时报出的工程造价，称为投标价，它是投标人根据业主招标文件的工程量清单、企业定额以及有关规定，计算的拟建工程建设项目的工程造价，是投标文件的重要组成部分。

A. 招标控制价。招标控制价是指招标人根据国家或省级行业建设主管部门颁发的有关计价依据和办法，按设计施工图纸计算的，是对招标工程限定的最高工程造价。招标控制价是在工程招标发包过程中，由招标人或受其委托具有相应资质的工程造价咨询人，根据有关计价规定计算的工程造价，其作用是招标人用于对招标工程发包的最高限价。投标人的投标报价高于招标控制价的，其投标应予以拒绝。招标控制价的作用决定了招标控制价不同于标底，无需保密。

B. 投标价。投标价是在工程招标发包过程中，由投标人按照招标文件的要求，根据工程特点，并结合自身的施工技术、装备和管理水平，依据有关计价规定自主确定的工程造价，是投标人希望达成工程承包交易的期望价格，它不能高于招标人设定的招标控制价。

⑥ 合同价。合同价是指发、承包双方在施工合同中约定的工程造价，又称之为合同价格。它是由发包方和承包方根据《建设工程施工合同示范文本》等有关规定，经协商一致确定的作为双方结算基础的工程造价。采用招标发包的工程，其合同价应为投标人的中标价。合同价属于市场价格的性质，它是由承发包双方根据市场行情共同议定和认可的成交价格，但并不等同于最终结算的实际工程造价。

⑦ 施工预算。施工预算是指施工阶段，在施工图预算的控制下，施工单位根据施工图计算的分项工程量、企业定额、单位工程施工组织设计等资料，通过工料分析，计算和确定拟建工程所需的人工、材料、机械台班消耗量及其相应费用的技术经济文件。它是施工企业对单位工程实行计划管理，编制施工作业计划的依据；是向作业队签发施工任务单，实行经济核算，考核单位用工的依据；是限额领料的依据；是施工企业推行全优综合奖励制度，实行按劳分配的依据；是施工企业开展经济活动分析，进行"两算"对比的依据；是施工企业向建设单位索赔或办理经济签证的依据。

⑧ 工程结算。工程结算是指一个单项工程、单位工程、分部工程或分项工程完工,并经建设单位及有关部门验收或验收点交后,施工企业根据合同规定,按照施工现场实际情况的记录、设计变更通知书、现场签证、消耗量定额、工程量清单、人工材料机械单价和各项费用取费标准等资料,向建设单位办理结算工程价款,取得收入,用以补偿施工过程中的资金耗费,确定施工盈亏的经济文件。它是进行成本控制和分析的依据,是施工企业取得货币收入,用以补偿资金耗费的依据。

⑨ 竣工决算。竣工决算是指在竣工验收阶段,当一个建设项目完工并经验收后,建设单位编制的从筹建到竣工验收、交付使用全过程实际支付的建设费用的经济文件。其内容由文字说明和决策报表两部分组成。它是国家或主管部门进行建设项目验收时的依据;是全面反映建设项目经济效果、核定新增固定资产和流动资产价值、办理交付使用的依据。

综上所述,工程项目计价程序中各项技术经济文件均以价值形态贯穿于整个工程建设项目过程中。估算、概算、预算、结算、决算等经济活动从一定意义上说,它们是工程建设项目经济活动的血液,是一个有机的整体,缺一不可。申请工程项目要编写估算,设计要编写概算,施工要编写预算,并在其基础上投标报价、签订合同价,竣工时要编写结算和决算。同时,国家要求,决算不能超过预算,预算不能超过概算。

1.2 建筑工程造价概论

1.2.1 工程造价的概念与特点

1)工程造价的概念

工程造价通常是指工程建造价格的简称。它是工程价值的货币表现,是以货币形式反映的工程施工活动中耗费的各种费用的总和。由于所站的角度不同,工程造价有两种不同的含义。

第一种含义是从投资者(业主)的角度分析,工程造价是指建设一项工程预期开支或实际开支的全部固定资产投资费用。投资者为了获得投资项目的预期效益,就需要对项目进行策划、决策及实施,直至竣工验收等一系列投资管理活动。在上述活动中所花费的全部费用,就构成了工程造价。从这个意义上讲,建设工程造价就是建设工程项目固定资产的总投资。

第二种含义是从市场交易的角度分析,工程造价是指为建成一项工程,预计或实际在土地市场、设备市场、技术劳务市场以及工程承发包市场等交易活动中所形成的建筑安装工程价格和建设工程总价格。显然,工程造价的第二种含义是指以建设工程这种特定的商品形式作为交易对象,通过招投标或其他交易方式,在进行多次预估的基础上,最终由市场形成的价格。它是由需求主体(投资者)和供给主体(建筑商)共同认可的价格。这一含义又因工程承发包方式及管理模式不同,价格内容不尽相同。

工程造价的两种含义实质上就是从不同角度把握同一事物的本质。对市场经济条件下的投资者来说,工程造价就是项目投资,是"购买"工程项目要付出的价格;同时,工程造价也是投资者作为市场供给主体,"出售"工程项目时确定价格和衡量投资经济效益的尺度。对规划、设计、承包商以及包括造价咨询在内的中介服务机构来说，工程造价是他们作为市场主体出售商品和劳务价格的总和，或者是特指范围的工程造价，如建筑安装工程造价。

2）工程造价的特点

（1）工程造价的大额性。工程建设项目为了实现其建设目标，需要投入大量的资金，项目的工程造价动辄数百万、数千万，特大的工程项目造价可达百亿元。工程造价的大额性决定了工程造价的特殊地位，也说明了工程造价管理在项目建设过程管理中具有重要意义。

（2）工程造价的个别性。由于每一项建设工程有其特定的用途、功能和规模，因此，对其工程的结构、造型、设备配置和装饰装修就有不同的要求，这样，不同的项目其工程内容和实物形态就具有差异性。产品的差异性及工程项目地理位置的不同决定了工程造价的差异。

（3）工程造价的动态性。建设工程从决策到竣工交付使用有一个较长的建设期，在建设期内，不同的阶段存在着许多影响工程造价的动态因素。如设计阶段的设计变更，各阶段的材料、设备价格、工资标准以及取费费率的调整，贷款利率、汇率的变化，都必然会影响到工程造价的变动。工程造价在整个建设期处于不确定状态，直至项目竣工决算后才能最终确定该工程的实际造价。

（4）工程造价的兼容性。工程造价的兼容性，一方面表现在工程造价具有两种含义，另一方面表现在工程造价构成的广泛性和复杂性，工程造价除建筑安装工程费用、设备及工器具购置费用外，还包括固定资产其他费用、无形资产费用、其他资产费用、预备费、贷款利息等内容。

1.2.2　工程计价的特征

工程建设活动是一项多环节、受多因素影响、涉及面广的复杂活动。由工程项目的特点决定，工程计价具有以下特征：

（1）计价的单件性。任何一项工程都有特定的用途、功能和规模，每项工程的结构、空间分割、设备配置和内外装饰都有不同的要求，所以工程内容和实物形态都具有个别性、差异性。建设工程还必须在结构、造型等方面适应工程所在地的气候、地质、水文等自然条件，这就使建设项目的实物形态千差万别。再加上不同地区构成投资费用的各种要素的差异，最终导致建设项目投资的千差万别。总而言之，建筑产品的个体差异性决定了每项工程都必须单独计算造价。

（2）计价的多次性。建设项目周期长、规模大、造价高，因此按照基本建设程序必须分阶段进行建设。由于项目建设程序的不同阶段工作深度不同，计价所依据的资料需逐步细化，相应地也要在不同阶段进行多次估价，以保证工程造价估价与控制的科学性。多次性估价是一个逐步深入、由不准确到准确的过程。其过程如图 1-3 所示。

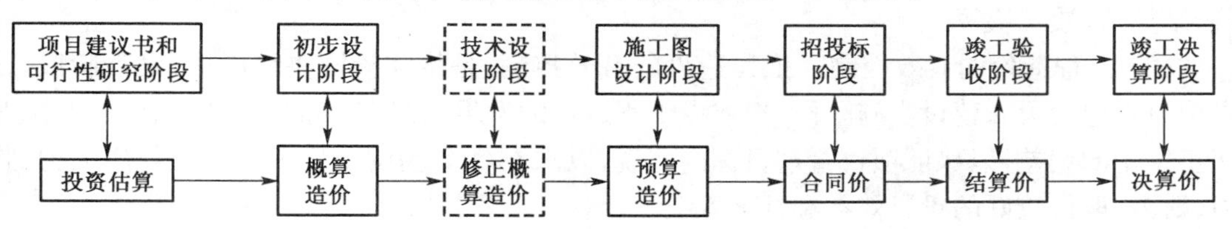

图 1-3　多次性估价示意图

(3) 计价的组合性。建设项目投资的计算是分部组合而成的,这与建设项目的组合性有关,一个建设项目是一个工程的综合体。凡是按照一个总体设计进行建设的各个单项工程汇集的总体为一个建设项目。在建设项目中凡是具有独立的设计文件、竣工后可以独立发挥生产能力或工程效益的工程为单项工程,也可将它理解为具有独立存在意义的完整的工程项目。各单项工程又可分解为各个能独立施工的单位工程。考虑到组成单位工程的各部分是由不同工人用不同工具和材料完成的,又可以把单位工程进一步分解为分部工程。然后还可按照不同的施工方法、构造及规格,把分部工程更细致地分解为分项工程。建设项目的组合性决定了确定工程造价的逐步组合过程,同时也反映到合同价和结算价的确定过程中。工程造价的组合过程是:分部分项工程造价—单位工程造价—单项工程造价—建设工程总造价。

(4) 计价依据的复杂性。由于影响工程造价的因素较多,决定了计价依据的复杂性。工程计价依据的种类繁多,主要包括:设备和工程量的计算依据;人工、材料、机械等实物消耗量的计算依据;计算工程单价的依据;设备单价的计算依据;计算各种费用的依据;政府规定的税、费文件和物价指数、工程造价指数等。

(5) 计价方法的多样性。工程造价在各个阶段具有不同的作用,且各个阶段对工程建设项目的研究深度也有很大的差异,因而工程造价的计价方法是多种多样的。例如,投资估算的方法有设备系数法、生产能力指数估算法等;概算造价的方法有概算定额法、概算指标法和类似工程预算法;预算造价的方法有单价法和实物法等。不同的方法有不同的适用条件,计价时应根据具体情况加以选择。

1.2.3 工程造价管理的概念和内容

1) 工程造价管理的概念

工程造价管理有两种含义:一是建设工程投资费用管理;二是工程价格管理。

建设工程投资费用管理属于工程建设投资管理范畴。它是指为了实现投资的预期目标,在拟定的规划、设计方案的条件下,预测、计算、确定和监控工程造价及其变动的系统活动。

工程价格管理属于价格管理范畴,是生产企业在掌握市场价格信息的基础上,为实现管理目标而进行的成本控制、计价、定价和竞价的系统活动。

2) 工程造价管理内容

工程造价管理包括工程造价合理确定和有效控制两个方面。

(1) 工程造价的合理确定。工程造价的合理确定,就是在工程建设的各个阶段,采用科学的计算方法和切合实际的计价依据,合理确定投资估算、设计概算、施工图预算、承包合同价、结算价、竣工决算。

(2) 工程造价的有效控制。工程造价的有效控制,是指在投资决策阶段、设计阶段、建设项目发包阶段和建设实施阶段,把建设工程造价的发生控制在批准的造价限额之内,随时纠正发生的偏差,以保证项目管理目标的实现,以求在各个建设项目中能合理使用人力、物力、财力,取得较好的投资效益和社会效益。

1.3 建设工程造价执业资格管理

执业资格制度是市场经济国家对专业技术人才管理的通用规则。随着我国市场经济的进一步完善和经济全球化进程的加快，执业资格制度得到了长足的发展。劳动部、人事部《关于颁发〈职业资格证书规定〉的通知》(劳动部发〔1994〕98号)中第二条指出：职业资格是对从事某一职业所必备的学识、技术和能力的基本要求。职业资格包括从业资格和执业资格。从业资格是指从事某一专业(工种)学识、技术和能力的起点标准。执业资格是指政府对某些责任较大、社会通用性强、关系公共利益的专业(工种)实行准入控制，是依法独立开业或从事某一特定专业(工种)学识、技术和能力的必备标准。根据人事部1995年1月发布的《职业资格证书制度暂行办法》(人职发〔1995〕6号)规定："国家按照有利于经济发展、社会公认、国际可比、事关公共利益的原则，在涉及国家、人民生命财产安全的专业技术领域，实行专业技术人员职业资格制度。"

2016年前，在我国建设工程造价管理活动中，我国工程造价专业技术人员队伍由两部分人员组成：一部分是获得国家执业资格并经注册的造价工程师；一部分是经过地方省建设行政主管部门或国家专业机构培训、考试获得建设工程造价员资格证书的从业人员。2016年1月20日，国务院关于取消一批职业资格许可和认定事项的决定(国发〔2016〕5号)，取消了全国建设工程造价员职业资格。

为了加强建设工程造价专业技术人员的执业准入控制和管理，确保建设工程造价管理工作质量，维护国家和社会公共利益，人事部、建设部1996年颁布了《造价工程师执业资格制度暂时规定》(人发〔1996〕77号)，2000年1月21日建设部颁发了《造价工程师注册管理办法》(第75号令)，规定我国造价工程师实行执业资格考试和执业注册登记两种制度。2006年12月，建设部对15号令进行了修改，颁发了《注册造价工程师管理办法》(第150号令)。

注册造价工程师是指通过全国造价工程师执业资格统一考试或者资格认定、资格互认，取得中华人民共和国造价工程师执业资格，并按有关规定注册，取得中华人民共和国造价工程师注册证书和执业印章，从事工程造价活动的专业人员。

1) 造价工程师的素质要求与职业道德

(1) 专业素质。根据造价工程师的专业特点和能力要求，其专业素质主要体现在以下几个方面：①造价工程师应是复合型的专业管理人才；②造价工程师应具备技术技能；③造价工程师应具备人文技能；④造价工程师应具备观念技能。

(2) 身体素质。造价工程师要有健康的身体和宽广的胸怀，以适应紧张、繁忙和错综复杂的管理和技术工作。

(3) 职业道德。为了规范造价工程师的职业道德行为，提高行业信誉，中国建设工程造价管理协会在2002年正式颁布了关于《造价工程师职业道德行为准则》，其中制定了9条有关造价工程师职业道德的素质要求：

① 遵守国家法律、法规和政策，执行行业自律性规定，珍惜职业声誉，自觉维护国家和

社会公共利益。

② 遵守“诚信、公正、精业、进取”的原则，以高质量的服务和优秀的业绩赢得社会和客户对造价工程师职业的尊重。

③ 勤奋工作，独立、客观、公正、正确地出具工程造价成果文件，使客户满意。

④ 诚实守信，尽职尽责，不得有欺诈、伪造、作假等行为。

⑤ 尊重同行，公平竞争，搞好同行之间的关系，不得采取不正当的手段损害、侵犯同行的权益。

⑥ 廉洁自律，不得索取、收受委托合同约定以外的礼金和其他财物，不得利用职务之便谋取其他不正当的利益。

⑦ 造价工程师与委托方有利害关系的应当回避，委托方有权要求其回避。

⑧ 知悉客户的技术和商务秘密，负有保密义务。

⑨ 接受国家和行业自律组织对其职业道德行为的监督检查。

2）执业资格考试

注册造价工程师执业资格考试实行全国统一大纲、统一命题、统一组织的办法。原则上每年举行一次。

(1) 报考条件。凡中华人民共和国公民，遵纪守法并具备以下条件之一者，均可申请参加造价工程师执业资格考试：

① 工程造价专业大专毕业，从事工程造价业务工作满 5 年；工程或工程经济类大专毕业，从事工程造价业务工作满 6 年。

② 工程造价专业本科毕业，从事工程造价业务工作满 4 年；工程或工程经济类本科毕业，从事工程造价业务工作满 5 年。

③ 获上述专业第二学士学位或研究生班毕业和获硕士学位，从事工程造价业务工作满 3 年。

④ 获上述专业博士学位，从事工程造价业务工作满 2 年。

通过造价工程师执业资格考试的合格者，由省、自治区、直辖市人事(职改)机构颁发人事部统一印制、人事部和建设部共同用印的造价工程师执业资格证书，该证书全国范围内有效，并作为造价工程师注册的凭证。

(2) 考试科目。造价工程师执业资格考试分为四个科目：工程造价管理基础理论与相关法规、工程造价计价与控制、建设工程技术与计量(土建或安装专业)和工程造价案例分析。

对于长期从事工程造价管理业务工作的专业技术人员，符合一定的学历和专业年限条件的，可免试工程造价管理基础理论与相关法规、建设工程技术与计量两个科目，只参加工程造价计价与控制和工程造价案例分析两个科目的考试。

四个科目分别单独考试、单独计分。参加全部科目考试的人员，需在连续的两个考试年度通过；参加免试部分考试科目的人员，需在一个考试年度内通过应试科目。

3）注册

取得造价工程师执业资格的人员，经过注册方能以注册造价工程师的名义执业。

(1) 初始注册。取得造价工程师执业资格证书的人员，受聘于一个工程造价咨询企业或者工程建设领域的建设、勘察设计、施工、招标代理、工程监理、工程造价管理等单位，可自执业资格证书签发之日起一年内向聘用单位工商注册所在地的省、自治区、直辖市人民政府建设主管部门或者国务院有关部门提出注册申请，注册初审机关应当自受理申请之日起 20 日内审查完毕，并将申请材料和初审意见报注册机关，注册机关应当自受理之日起 20 日内作出决定。

逾期未申请注册的，需符合继续教育的要求后方可申请初始注册。初始注册的有效期为 4 年。

(2) 延续注册。注册造价工程师注册有效期满需继续执业的，应当在注册有效期满 30 日前，按照规定的程序申请延续注册。延续注册的有效期为 4 年。

(3) 变更注册。在注册有效期内，注册造价工程师变更执业单位的，应当与原聘用单位解除劳动合同，并按照规定的程序办理变更注册手续。变更注册后延续原注册有效期。

(4) 不予注册。有下列情形之一的，不予注册：

① 不具有完全民事行为能力的。

② 申请在两个或者两个以上单位注册的。

③ 未达到造价工程师继续教育合格标准的。

④ 前一个注册期内工作业绩达不到规定标准或未办理暂停执业手续而脱离工程造价业务岗位的。

⑤ 受刑事处罚，刑事处罚尚未执行完毕的。

⑥ 因工程造价业务活动受刑事处罚，自刑事处罚执行完毕之日起至申请注册之日止不满 5 年的。

⑦ 因前项规定以外原因受刑事处罚，自处罚决定之日起至申请注册之日止不满 3 年的。

⑧ 被吊销注册证书，自被处罚决定之日起至申请注册之日止不满 3 年的。

⑨ 以欺骗、贿赂等不正当手段获准注册被撤销，自被撤销注册之日起至申请注册之日止不满 3 年的。

⑩ 法律、法规规定不予注册的其他情形。

4) 执业

(1) 执业范围。注册造价工程师的执业范围包括：①建设项目建议书、可行性研究投资估算的编制和审核，项目经济评价，工程概算、预算、结算、竣工结(决)算的编制和审核；②工程量清单、标底(招标控制价)、投标报价的编制和审核，工程合同价款的签订及变更、调整、工程款支付与工程索赔费用的计算；③建设项目管理过程中设计方案的优化、限额设计等工程造价分析与控制，工程保险理赔的核查；④工程经济纠纷的鉴定。

(2) 权利和义务。①注册造价工程师享有下列权利：A. 使用注册造价工程师名称；B. 依法独立执行工程造价业务；C. 在本人执业活动中形成的工程造价成果文件上签字并加盖执业印章；D. 发起设立工程造价咨询企业；E. 保管和使用本人的注册证书和执业印章；F. 参加继续教育。②注册造价工程师应当履行下列义务：A. 遵守法律、法规、有关管理规定，恪守职业道德；B. 保证执业活动成果的质量；C. 接受继续教育，提高执业水平；D. 执行工程造价计价标准和计价方法；E. 与当事人有利害关系的，应当主动回避；F. 保守在执业中知悉的国家秘密和他人的商业、技术秘密。

5）对执业活动违规的处罚

注册造价工程师有下列行为之一的，由县级以上地方人民政府建设主管部门或者有关专业部门给予警告，责令改正。没有违法所得的，处以1万元以下罚款；有违法所得的，处以违法所得3倍以下且不超过3万元的罚款。

（1）不履行注册造价工程师义务。

（2）在执业过程中，索贿、受贿或者谋取合同约定费用外的其他利益。

（3）在执业过程中实施商业贿赂。

（4）签署有虚假记载、误导性陈述的工程造价成果文件。

（5）以个人名义承接工程造价业务。

（6）允许他人以自己名义从事工程造价业务。

（7）同时在两个或者两个以上单位执业。

（8）涂改、倒卖、出租、出借或者以其他形式非法转让注册证书或者执业印章。

（9）法律、法规、规章禁止的其他行为。

6）继续教育

注册造价工程师在每一注册期内应当达到注册机关规定的继续教育要求。注册造价工程师继续教育分为必修课和选修课，每一注册有效期各为60学时。经继续教育达到合格标准的，颁发继续教育合格证明。注册造价工程师继续教育，由中国建设工程造价管理协会负责组织。

1.4 工程造价的发展历史

1.4.1 国际工程造价的发展历程

1）国际工程造价的产生

国外工程造价的起源可以追溯到中世纪，由于当时大部分建筑较小，设计也简单，业主一般请当地的工匠来负责房屋的设计和建造；而重要的建筑则由业主直接购买材料，雇佣一名工匠代表其利益负责监督项目的建造，工程完成后按双方事先协商好的支付方式进行价格结算。

现代意义上的工程估价最先产生于英国。16世纪至18世纪，技术发展促使大批工业厂房的兴建，许多农民在失去土地后向城市集中，需要许多住房，建筑业因此得到发展，工程项目管理专业分工得到细化，设计、施工和造价逐步分离为独立的专业。工料测量师这一专门从事工程项目造价确定和控制的专门职业在英国诞生，这时的工料测量师是在工程设计和工程完工以后才去测量工程量和估算工程造价的，工程造价由此产生。

2）国际工程估价的发展

从19世纪初期开始，资本主义国家在工程建设中开始执行招标承包制，要求工料测量师在工程设计后、开工前就进行测量和估价：根据图纸算出实物工程量并汇编成工程量清单，为招标者确定标底，或为投标者作出投标价。从此，工程造价管理逐渐形成了独立的专业。这个时期完成了工程造价管理的第一次飞跃。

20 世纪 50 年代，英国教育部为了控制大型教育设施的成本，采用了分部工程成本规划法(Elemental Cost Planning)，随后英国皇家特许测量师协会(RICS)的成本研究小组(RICS Cost Research Panel)也提出了其他的工程造价规划技术和分析方法的应用，使工料测量师在设计过程中有可能相当准确地作出概预算，甚至可在设计之前即作出估算，并可根据工程委托人的要求使工程造价控制在限额以内。这样，一个投资计划和控制制度就在经济发达的国家应运而生，完成了工程造价管理的第二次飞跃。

20 世纪 70 年代末，建筑业有了一种普遍的认识，认为在对各种可选方案进行估价时仅仅考虑初始成本是不够的，还应考虑到工程交付使用后的维修和运营成本。

20 世纪 80 年代末和 90 年代初期，各国纷纷开始了对工程造价进行更为深入而全面的研究，以英国工程造价管理学界为主，提出了“全生命周期造价管理(LCC)”的工程项目投资评估与造价管理的理论与方法。美国造价师协会为推动全面造价管理理论与方法的发展，于 1992 年更名为“国际全面造价管理促进协会(AACE-I)”，国际上的工程造价管理研究与实践进入了一个全新的阶段。

1.4.2 我国工程估价的历史沿革

早在北宋时期我国已有了工程估价的雏形，著名的土木建筑家李诫编修的《营造法式》，是我国工料计算方面的第一部巨著。《营造法式》共有三十四卷，第十六卷至第二十五卷是各工种计算用工量的规定，第二十六卷至第二十八卷是各工程计算用料的规定。这些规定，可以看作是古代的工料定额。

我国现代意义上的工程估价应追溯到 19 世纪末至 20 世纪上半叶。由于外国资本的侵入，我国工程投资的规模有所扩大，出现了招投标承包方式，建筑市场开始形成。为适应这一形势，国外工程估价方法和经验逐步传入。

新中国成立以后，我国工程造价管理体制的发展过程，大体可以分为几个阶段。

1) 与计划经济相适应的概预算定额制度建立时期(1950—1957 年)

我国实施第一个五年计划后，为合理确定工程造价，用好有限的基本建设资金，引进了前苏联一套概预算定额的管理制度，为新中国工程造价管理制度奠定了一定的理论基础，同时也为新组建的国营建筑施工企业建立了企业管理制度。

2) 概预算定额管理逐渐被削弱阶段(1958—1966 年)

1958—1966 年期间，由于受到经济建设中“左”倾错误的影响，概预算定额管理逐渐被削弱。基本建设预算编制办法、建筑安装工程预算定额和间接费用定额交省、自治区、直辖市负责管理，其中有关专业性的定额由中央各部负责修订、补充和管理。造成全国工程量计算规则和定额项目在各地区不统一的现象，概预算控制投资作用被削弱，投资失控开始出现。在这期间内尽管也有过重整定额管理迹象，但总的趋势并未改变。

3) 概预算定额管理工作遭到严重破坏阶段(1966—1976 年)

由于“文革”动乱，国家的概预算和定额管理机构被撤销，预算人员改行，大量基础资料被销毁。1967 年，建工部直属企业实施经常费制度，工程完工后向建设单位实报实销，从而使施工企业变成了行政事业单位。这一制度实行了 6 年，于 1973 年 1 月 1 日被迫停止，恢复建设单位与施工单位实行施工图预算结算制度。1973年制定了《关于基本建设概算管理办法》，但未能执行。

4）工程造价管理工作整顿和发展时期（1976—90年代初）

从1977年起，国家恢复重建工程造价管理部门，于1983年8月成立基本建设标准定额局，组织制定工程建设概预算定额、费用标准及工作制度，概预算定额统一归口。1988年划归建设部管理，成立标准定额司，各省市、各部委建立定额管理站，全国颁布了一系列概预算管理和定额管理的文件，并颁布了一系列预算定额、概算定额、估算指标。这些做法，特别是在80年代后期，全过程工程造价管理概念逐渐为广大造价管理人员所接受，为推动建筑业改革起到了促进作用。

5）市场经济条件下工程造价管理体制的建立时期（1993—2001年）

随着我国经济发展水平的提高和经济结构的日益复杂，计划经济的内在弊端逐步暴露出来，传统的、与计划经济相适应的预算定额管理，实际上是用来对工程造价实行行政指令的直接管理，遏制了生产者和经营者的积极性与创造性。市场经济虽然有其弱点和消极的方面，但它能适应不断变化的社会经济条件而发挥优化资源配置的基础作用。因而在总结十多年改革开放经验的基础上，由“统一量、指导价、竞争费”到工程量清单计价模式实行后，逐步形成“政府宏观调控，企业自主报价，市场形成价格”的工程造价管理模式。

6）与国际惯例接轨时期

2000年1月发布并实施的招标投标法，允许采用经评审的最低投标价法选择中标人，这从本质上触及了工程造价管理模式的灵魂，低价中标的实践既产生了巨大的经济效益，也暴露了现有社会经济环境存在的诸多问题。

2003年2月，建设部以国家标准形式发布《建设工程工程量清单计价规范》（GB 50500—2003），要求自2003年7月1日起实施，对于全部使用国有资金投资或国有资金投资为主的大中型建设工程应执行此规范，并实行工程量清单报价。工程量清单报价是国际上普遍采用的一种工程招投标计价方式，我国推行工程量清单计价，是深化建设工程造价改革、规范计价行为的一项重要举措，是我国建设市场向国际惯例接轨的重要体现，也是我国建筑市场由传统的计划经济时代进入市场经济时代的一个重要标志。但是，我国的工程量清单计价方式还很不规范，在实际操作中还存在一些问题，有待于进一步深入完善。

2008年7月，住房和城乡建设部发布了新修订的国家标准《建设工程工程量清单计价规范》（GB 50500—2008），自2008年12月1日起实施。原《建设工程工程量清单计价规范》（GB 50500—2003）同时废止。新的计价规范的正文部分同原规范相比，增加了许多有关合同、结算等方面的工程量清单计价内容，基本反映了过去几年来实行工程量清单计价的主要经验和成果，新修订的计价规范的出台为今后继续推进工程量清单计价改革奠定了良好的基础。

2009年11月20日国家住房和城乡建设部标准定额司以建标造函〔2011〕87号文件印发《关于征求〈建设工程工程量清单计价规范〉（GB 50500—2008）修订（征求意见稿）意见的通知》。2010年3月5日，主编单位、参编单位召开《建设工程工程量清单计价规范》附录修订专家组会议，2013国标清单规范修编工作全面启动。2011年7月21日以建标造函〔2011〕87号文件印发征求意见稿通知，要求8月31日前完成反馈。2012年10月完成征求意见稿审查，于2013年7月1日起施行。2013国标清单规范由计价规范和计量规范两部分内容组成，共10本规范。计价规范对工程计量、合同价款调整、中期支付、竣工结算、合同解除的价款结算方面做了进一步的细化、完善，更具操作性与实用性。计量规范将建筑、装饰专业合并为一个专业房屋建筑与装饰工程，将仿古从园林专业中分开，拆解为一个新专业，同时新增了构筑物、城市轨道交通、爆破工程3个专业，扩充为9个专业。

习题

一、单项选择题

1. 建设工程造价有两种含义，从业主、业主和承包商的角度可以分别理解为（　　）。

A. 建设工程固定资产投资和建设工程承发包价格

B. 建设工程总投资和建设工程承发包价格

C. 建设工程总投资和建设工程固定资产投资

D. 建设工程动态投资和建设工程静态投资

2. 国际工程估价起源于（　　）。

A. 中世纪　　B. 19世纪初　　C. 20世纪初　　D. 20世纪50年代

3. 我国从（　　）规定：从事建筑活动的专业技术人员，应当依法取得相应的执业资格证书，并在执业资格证书许可的范围内从事建筑活动。

A. 1998年3月1日起　　B. 2000年7月1日起

C. 1998年7月1日起　　D. 2000年3月1日起

4. 我国规定，造价工程师在（　　）单位注册和执业。

A. 1个　　B. 2个　　C. 1个或2个　　D. 多个

5. 建设工程承包价格是对应于（　　）而言的。

A. 承包人　　B. 承、发包双方　　C. 发包人　　D. 建设单位

6. 造价师初始注册和延续注册的有效期（　　）。

A. 分别为2年和4年　　B. 分别为3年和4年

C. 均为4年　　D. 均为2年

7. 概算造价是指在初步设计阶段，预先测算和确定的工程造价，主要受（　　）控制。

A. 预算造价　　B. 实际造价　　C. 投资估算　　D. 修正概算造价

8. 建设工程项目总造价是指项目总投资中的（　　）。

A. 建筑安装工程费用　　B. 固定资产投资与流动资产投资总和

C. 静态投资总额　　D. 固定资产投资总额

9. 工程造价的计价特征是由（　　）决定的。

A. 工程项目的特点　　B. 计价依据的复杂性

C. 工程造价的含义　　D. 计价方法的多样性

10. 建设单位决策、筹资和控制造价的主要依据是（　　）。

A. 预算造价　　B. 概算造价　　C. 合同价　　D. 投资估算

11. 下列各项中，（　　）属于单位工程。

A. 焦化车间工程　　B. 电气照明工程　　C. 土石方工程　　D. 砖基础工程

12. 工程计价有各不相同的计价依据，对计价的精确度要求也不相同，这决定了计价方法的（　　）。

A. 组合性　　B. 单件性　　C. 多样性　　D. 多次性

13. (　　)是投资者和承包商双方共同认可的由市场形成的价格。

A. 建设项目的工程造价　　B. 竣工结算价

C. 建筑安装工程造价　　D. 动态投资

14. 下列关于工程造价管理的含义的论述,不正确的是(　　)。

A. 工程造价管理,一是指建设工程投资费用管理,二是指建设工程价格管理

B. 建设工程投资费用管理属于价格管理范畴

C. 建设工程价格管理属于价格管理范畴

D. 国家对工程造价的管理,承担了一般商品价格的调控职能和政府投资项目上的微观主体的管理职能

15. 工程造价管理的基本内容是(　　)。

A. 合理确定工程造价　　B. 规范价格行为

C. 合理确定和有效地控制工程造价　　D. 有效地控制工程造价和规范价格行为

16. 有效控制工程造价重点应在(　　)阶段。

A. 设计　　B. 施工　　C. 竣工验收　　D. 项目运营

17. 下列属于注册造价工程师权利的是(　　)。

A. 以个人名义承接工程造价业务　　B. 发起设立工程造价咨询企业

C. 审批工程进度款支付额度　　D. 审批工程变更价款

18. 根据《注册造价工程师管理办法》,注册造价工程师的继续教育应由(　　)负责组织。

A. 中国建设工程造价管理协会　　B. 国务院建设主管部门

C. 省级人民政府建设主管部门　　D. 全国造价工程师注册管理机构

19. 经全国造价工程师执业资格统一考试合格的人员,应当在取得造价工程师执业资格考试证书后的(　　)内申请初始注册。

A. 1 个月　　B. 3 个月　　C. 6 个月　　D. 1 年

20. 注册造价工程师每一注册期内必须参加继续教育,其中必修课为(　　)学时。

A. 30　　B. 40　　C. 50　　D. 60

21. 工程造价咨询行业最早出现在(　　)。

A. 美国　　B. 英国　　C. 日本　　D. 中国

二、多项选择题

1. 工程估价的特征是(　　)。

A. 单件性　　B. 组合性　　C. 大额性　　D. 复杂性

2. 造价师的素质包括(　　)几个方面。

A. 思想品德方面的素质　　B. 专业方面的素质

C. 身体方面的素质　　D. 交际能力

3. 工程造价具有多次性计价特征,其中各阶段与造价对应关系正确的是(　　)。

A. 招投标阶段——合同价　　B. 合同实施阶段——合同价

C. 竣工验收阶段——实际造价　　D. 施工图设计阶段——预算价

E. 可行性研究阶段——概算造价

4. 关于工程造价的含义,下列表述正确的是( )。
A. 工程造价通常是指工程的建造价格
B. 工程造价仅仅是指工程承发包价格
C. 工程承发包价格是对工程造价含义狭义的理解
D. 从业主的角度,工程造价就是建设工程固定资产投资
E. 工程造价的两种含义是从不同角度把握同一事物的本质
5. 下列属于分部工程的是( )。
A. 土建工程 B. 地基与基础工程 C. 工业管道工程
D. 智能建筑工程 E. 电气安装工程
6. 下列关于建设工程价格管理和投资费用管理的描述,正确的有( )。
A. 建设工程价格管理属价格管理范畴
B. 建设工程投资费用管理特指对微观层次的项目投资费用的管理
C. 建设工程投资费用管理侧重于对价格进行管理和控制
D. 建设工程投资费用管理不包括宏观层次的投资费用管理
E. 建设工程投资费用管理属于投资管理范畴
7. 工程造价的有效控制,即( )。
A. 用概算造价控制技术设计 B. 用投资估算价控制技术设计
C. 用投资估算价控制设计方案的选择 D. 用概算造价控制施工图设计
E. 用修正概算造价控制预算造价
8. 根据《注册造价工程师管理办法》,注册造价工程师的权利包括( )。
A. 确定工程计价方法 B. 使用注册造价工程师名称
C. 制定执业活动成果的质量标准 D. 审批工程价款支付额度
E. 保管和使用本人的执业印章
9. 造价工程师应具备的技能包括( )。
A. 技术技能 B. 人文技能 C. 管理技能 D. 领导技能
E. 观念技能
10. 根据《造价工程师注册管理办法》的规定,造价工程师应履行的义务包括( )。
A. 使用造价工程师名称 B. 签署工程造价文件、加盖执业专用章
C. 按照有关规定提供工程造价资料 D. 在执业中保守技术,经济秘密
E. 接受继续教育,提高业务技术水平

2 建筑工程造价的组成

教学目标

主要讲述建筑工程造价的组成与计算。通过本章学习,应达到以下目标:

(1) 掌握我国现行建设项目投资及工程造价构成关系,了解世界银行工程造价的构成。

(2) 掌握按费用构成要素划分和按造价形成划分的建筑安装工程费用构成及计算方法。

(3) 掌握设备购置费的构成与计算,了解工具、器具及生产家具购置费的构成与计算。

(4) 熟悉工程建设其他费用的组成。

(5) 了解预备费、贷款利息、投资方向调节税的计算。

2.1 工程造价概述

2.1.1 我国现行建设项目投资构成和工程造价构成

建设项目投资是指在工程项目建设阶段所需要的全部费用的总和。生产性建设项目总投资包括建设投资、建设期利息和流动资金三部分;非生产性建设项目投资包括建设投资和建设期利息两部分。其中,建设投资和建设期利息之和对应于固定资产投资,固定资产投资与建设项目的工程造价在量上相等。我国现行建设工程总投资构成如图 2-1 所示。

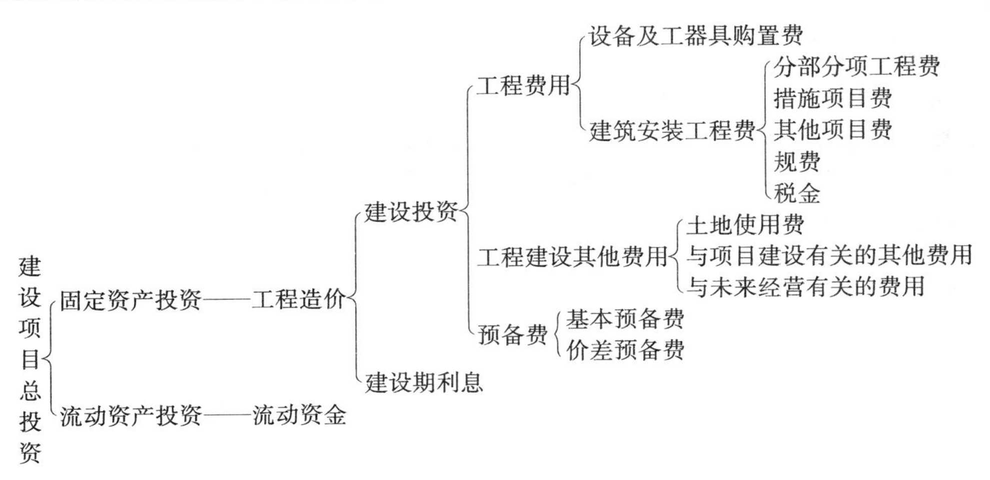

图 2-1 我国现行建设工程总投资构成

工程造价的主要构成部分是建设投资,建设投资包括工程费用、工程建设其他费用和预备费三部分。工程费用是指直接构成固定资产实体的各种费用,可以分为建筑安装工程费和设备及工具购置费。工程建设其他费用是指根据国家有关规定应在投资中支付，并列入建设项目总造价或单项工程造价的费用。预备费用是为了保证工程项目的顺利实施，避免在难以预料的情况下造成投资不足而预先安排的一笔费用。

建设期利息是指建设项目使用投资贷款，在建设期内应归还的贷款利息。图 2-1 中列示的项目总投资主要是指在项目可行性研究阶段用于财务分析时的总投资构成。

【例 2-1】 某建设项目投资构成中，设备及工、器具购置费为 2 000 万元，建筑安装工程费为 1 000 万元，工程建设其他费为 500 万元，预备费为 200 万元，建设期贷款为 1 800 万元，应计利息 80 万元，流动资金贷款 400 万元，则该建设项目的工程造价为多少万元？

【解】 建设项目的工程造价＝固定资产投资＝设备及工、器具购置费＋建筑安装工程费＋工程建设其他费＋预备费＋建设期贷款利息＝2 000＋1 000＋500＋200＋80＝3 780 万元

2.1.2 世界银行工程造价的构成

世界银行、国际咨询工程师联合会在 1978 年对项目的总建设成本（相当于我国的工程造价）作了统一规定，世界银行工程造价的构成包括项目直接建设成本、项目间接建设成本、应急费和建设成本上升费用（如图 2-2 所示）。

世界银行工程造价的构成
- 项目直接建设成本
- 项目间接建设成本
- 应急费
  - 未明确项目准备金
  - 不可预见准备金
- 建设成本上升费用

图 2-2 世界银行工程造价的构成

1) 项目直接建设成本

项目直接建设成本包括以下内容：

(1) 土地征购费。

(2) 场外设施费用，如道路、码头、桥梁、机场、输电线路等设施费用。

(3) 场地费用，指用于场地准备、厂区道路、铁路、围栏、场内设施等的建设费用。

(4) 工艺设备费用，指主要设备、辅助设备及零配件的购置费用，包括海运包装费用、交货港离岸价，但不包括税金。

(5) 设备安装费，指设备供应商的监理费用，本国劳务及工资费用，辅助材料、施工设备、消耗品和工具等费用，以及安装承包商的管理费和利润等。

(6) 管道系统费用，指与系统的材料及劳务相关的全部费用。

(7) 电气设备费，其内容与工艺设备费用类似。

(8) 电气安装费，指设备供应商的监理费用，本国劳务与工资费用，辅助材料、电缆管道和工具费用，以及营造承包商的管理费和利润。

(9) 仪器仪表费，指所有自动仪表、控制板、配线和辅助材料的费用以及供应商的监理费用、外国或本国劳务及工资费用、承包商的管理费和利润。

(10) 机械的绝缘和油漆费，指与机械及管道的绝缘和油漆相关的全部费用。

(11) 工艺建筑费，指原材料、劳务费以及与基础、建筑结构、屋顶、内外装修、公共设施

有关的全部费用。

(12) 服务性建筑费用,其内容与工艺建筑费相似。

(13) 工厂普通公共设施费,包括材料和劳务费以及与供水、燃料供应、通风、蒸汽发生及分配、下水道、污物处理等公共设施有关的费用。

(14) 车辆费,指工艺操作必需的机动设备零件费用,包括海运包装费用以及交货港的离岸价,但不包括税金。

(15) 其他当地费用,指那些不能归类于以上任何一个项目,不能计入项目间接成本,但在建设期间又是必不可少的当地费用。如临时设备、临时公共设施及场地的维持费,营地设施及其管理,建筑保险和债券,杂项开支等费用。

2) 项目间接建设成本

项目间接建设成本包括项目管理费、开工试车费、业主的行政性费用、生产前费用、运费和保险费及地方税等内容。

(1) 项目管理费。包括:①总部人员的薪金和福利费,以及用于初步和详细工程设计、采购、时间和成本控制、行政和其他一般管理的费用;②施工管理现场人员的薪金、福利费和用于施工现场监督、质量保证、现场采购、时间及成本控制、行政及其他施工管理机构的费用;③零星杂项费用,如返工、旅行、生活津贴、业务支出等;④各种酬金。

(2) 开工试车费。指工厂投料试车必需的劳务和材料费用(项目直接成本包括项目完工后的试车和空运转费用)。

(3) 业主的行政性费用。指业主的项目管理人员费用及支出(其中某些费用必须排除在外,并在“估算基础”中详细说明)。

(4) 生产前费用。指前期研究、勘测、建矿、采矿等费用(其中一些费用必须排除在外,并在“估算基础”中详细说明)。

(5) 运费和保险费。指海运、国内运输、许可证及佣金、海洋保险、综合保险等费用。

(6) 地方税。指地方关税、地方税及对特殊项目征收的税金。

3) 应急费

(1) 未明确项目的准备金。此项准备金不是为了支付工作范围以外可能增加的项目,不是用以应付天灾、非正常经济情况及罢工等情况,也不是用来补偿估算的任何误差,而是用来支付那些几乎可以肯定要发生的费用。它是估算不可缺少的一个组成部分。

(2) 不可预见准备金。此项准备金(在未明确项目的准备金之外)用于在估算达到了一定的完整性并符合技术标准的基础上,由于物质、社会和经济的变化,导致估算增加的情况。此种情况可能发生,也可能不发生。因不可预见准备金只是一种储备,可能不动用。

4) 建设成本上升费用

一般情况下,估算截止日期就是使用的构成工资率、材料和设备价格基础的截止日期。国际上进行工程估价时,必须对该日期或已知成本基础进行调整,用于补偿从估算截止日期直至工程结束时的未知价格增长。

增长率是以已发表的国内和国际成本指数、公司记录等为依据,并与实际供应商进行核对,然后根据确定的增长率和从工程进度表中获得的各主要组成部分的中点值,计算出每项主要组成部分的成本上升值。

2.2 建筑安装工程费用

2013年3月21日，住房城乡建设部、财政部发布了《建筑安装工程费用项目组成》的通知(建标〔2013〕44号)；2012年12月25日，中华人民共和国住房和城乡建设部等发布了第1567号公告《建设工程工程量清单计价规范》(GB 50500—2013)，明确规定综合单价法为工程量清单的计价方法，也印发了建筑安装工程造价构成。两种方法费用组成包含的内容并无实质差异，前者主要表述的是建筑安装工程费用项目的组成，而后者的建筑安装工程造价要求的是建筑安装工程在工程交易和工程实施阶段工程造价的组价要求，包括索赔等，内容更全面、更具体。

2.2.1 建筑安装工程费用内容

在工程建设中，建筑安装工程是创造价值的活动。建筑安装工程费用作为建筑安装工程价值的货币表现，亦被称为建筑安装工程造价，由建筑工程费和安装工程费两部分构成。

1) 建筑工程费用内容

(1) 各类房屋建筑工程和列入房屋建筑工程预算的供水、供暖、卫生、通风、燃气等设备费用及其装饰工程的费用，列入建筑工程预算的各种管道、电力、电信和电缆导线敷设工程的费用。

(2) 设备基础、支柱、工作台、烟囱、水池、水塔、筒仓等建筑工程以及各种炉窑的砌筑工程和金属结构工程的费用。

(3) 矿井开凿、井巷延伸、露天矿剥离，石油、天然气钻井，修建铁路、公路、桥梁、水库、堤坝、灌渠及防洪等工程的费用。

(4) 为施工而进行的场地平整，工程和水文地质勘察，原有建筑物和障碍物的拆除以及施工临时用水、电、气、路和完工后的场地清理，环境绿化、美化等工作的费用。

2) 安装工程费用内容

(1) 生产、动力、起重、运输、传动和医疗、实验等各种需要安装的机械设备的装配费用，与设备相连的工作平台、梯子、栏杆等设施的工程费用，附属于安装设备的管线敷设工程费用，以及被安装设备的绝缘、防腐、保温、油漆等工作的材料费和安装费用。

(2) 对单台设备进行单机试运转，对系统设备进行系统联动无负荷试运转工作的调试费用。

2.2.2 建筑安装工程费用项目组成(按费用构成要素划分)

根据住房城乡建设部、财政部“关于印发《建筑安装工程费用项目组成》的通知”(建标〔2013〕44号)，建筑安装工程费按照费用构成要素划分：由人工费、材料(包含工程设备，下同)费、施工机具使用费、企业管理费、利润、规费和税金组成。其中人工费、材料费、施工机具使用费、企业管理费和利润包含在分部分项工程费、措施项目费、其他项目费中(如图 2-3)。

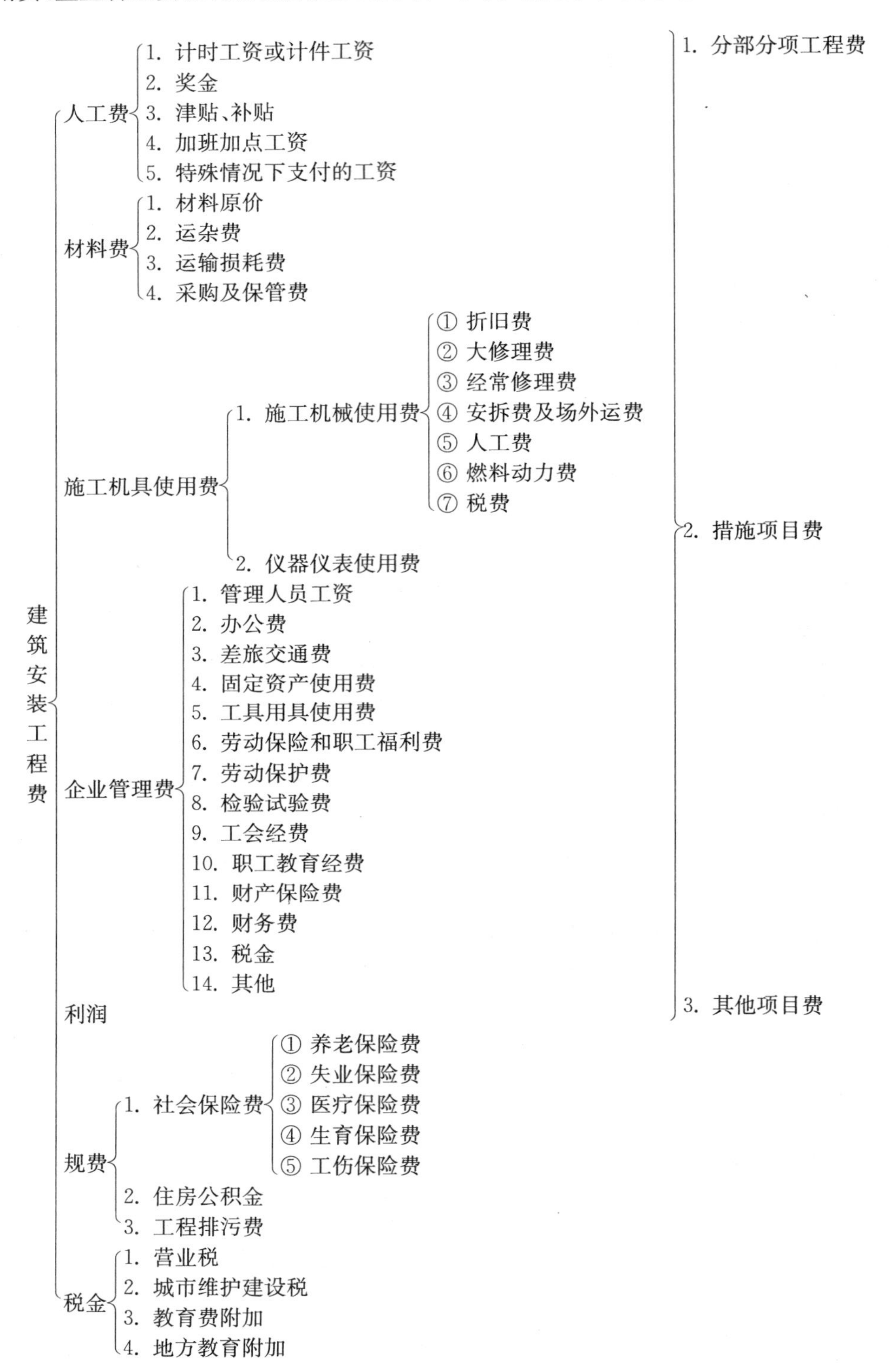

图 2-3 建筑安装工程造价的组成(按费用构成要素划分)

1）人工费

人工费是指按工资总额构成规定，支付给从事建筑安装工程施工的生产工人和附属生产单位工人的各项费用。内容包括：

（1）计时工资或计件工资。是指按计时工资标准和工作时间或对已做工作按计件单价支付给个人的劳动报酬。

（2）奖金。是指对超额劳动和增收节支支付给个人的劳动报酬。如节约奖、劳动竞赛奖等。

（3）津贴补贴。是指为了补偿职工特殊或额外的劳动消耗和因其他特殊原因支付给个人的津贴，以及为了保证职工工资水平不受物价影响支付给个人的物价补贴。如流动施工津贴、特殊地区施工津贴、高温（寒）作业临时津贴、高空津贴等。

（4）加班加点工资。是指按规定支付的在法定节假日工作的加班工资和在法定日工作时间外延时工作的加点工资。

（5）特殊情况下支付的工资。是指根据国家法律、法规和政策规定，因病、工伤、产假、计划生育假、婚丧假、事假、探亲假、定期休假、停工学习、执行国家或社会义务等原因按计时工资标准或计时工资标准的一定比例支付的工资。

人工费计算方法如下：

$$\text{人工费} = \sum(\text{工日消耗量} \times \text{日工资单价}) \tag{2-1}$$

$$\text{日工资单价} = \frac{\begin{array}{c}\text{生产工人平均月工资（计时、计件）} + \\ \text{平均月（奖金} + \text{津贴补贴} + \text{特殊情况下支付的工资）}\end{array}}{\text{年平均每月法定工作日}} \tag{2-2}$$

注：公式（2-1）、（2-2）主要适用于施工企业投标报价时自主确定人工费，也是工程造价管理机构编制计价定额确定定额人工单价或发布人工成本信息的参考依据。

$$\text{人工费} = \sum(\text{工程工日消耗量} \times \text{日工资单价}) \tag{2-3}$$

日工资单价是指施工企业平均技术熟练程度的生产工人在每工作日（国家法定工作时间内）按规定从事施工作业应得的日工资总额。

工程造价管理机构确定日工资单价应通过市场调查，根据工程项目的技术要求，参考实物工程量人工单价综合分析确定，最低日工资单价不得低于工程所在地人力资源和社会保障部门所发布的最低工资标准的：普工 1.3 倍，一般技工 2 倍，高级技工 3 倍。

工程计价定额不可只列一个综合工日单价，应根据工程项目技术要求和工种差别适当划分多种日人工单价，确保各分部工程人工费的合理构成。

注：公式（2-3）适用于工程造价管理机构编制计价定额时确定定额人工费，是施工企业投标报价的参考依据。

2）材料费

材料费是指施工过程中耗费的原材料、辅助材料、构配件、零件、半成品或成品、工程设备的费用。内容包括：

（1）材料原价。是指材料、工程设备的出厂价格或商家供应价格。

（2）运杂费。是指材料、工程设备自来源地运至工地仓库或指定堆放地点所发生的全部费用。

(3) 运输损耗费。是指材料在运输装卸过程中不可避免的损耗。

(4) 采购及保管费。是指为组织采购、供应和保管材料、工程设备的过程中所需要的各项费用。包括采购费、仓储费、工地保管费、仓储损耗。

工程设备是指构成或计划构成永久工程一部分的机电设备、金属结构设备、仪器装置及其他类似的设备和装置。

材料费计算方法如下：

$$\text{材料费} = \sum(\text{材料消耗量} \times \text{材料单价}) \tag{2-4}$$

$$\begin{aligned}\text{材料单价} = & \{(\text{材料原价} + \text{运杂费}) \times [1 + \text{运输损耗率}(\%)]\} \\ & \times [1 + \text{采购保管费率}(\%)]\end{aligned} \tag{2-5}$$

工程设备费计算方法如下：

$$\text{工程设备费} = \sum(\text{工程设备量} \times \text{工程设备单价}) \tag{2-6}$$

$$\text{工程设备单价} = (\text{设备原价} + \text{运杂费}) \times [1 + \text{采购保管费率}(\%)] \tag{2-7}$$

3) 施工机具使用费

施工机具使用费是指施工作业所发生的施工机械、仪器仪表使用费或其租赁费。

(1) 施工机械使用费。以施工机械台班耗用量乘以施工机械台班单价表示，施工机械台班单价应由下列 7 项费用组成：

① 折旧费。指施工机械在规定的使用年限内，陆续收回其原值的费用。

② 大修理费。指施工机械按规定的大修理间隔台班进行必要的大修理，以恢复其正常功能所需的费用。

③ 经常修理费。指施工机械除大修理以外的各级保养和临时故障排除所需的费用。包括为保障机械正常运转所需替换设备与随机配备工具附具的摊销和维护费用，机械运转中日常保养所需润滑与擦拭的材料费用及机械停滞期间的维护和保养费用等。

④ 安拆费及场外运费。安拆费指施工机械(大型机械除外)在现场进行安装与拆卸所需的人工、材料、机械和试运转费用以及机械辅助设施的折旧、搭设、拆除等费用；场外运费指施工机械整体或分体自停放地点运至施工现场或由一施工地点运至另一施工地点的运输、装卸、辅助材料及架线等费用。

⑤ 人工费。指机上司机(司炉)和其他操作人员的人工费。

⑥ 燃料动力费。指施工机械在运转作业中所消耗的各种燃料及水、电等。

⑦ 税费。指施工机械按照国家规定应缴纳的车船使用税、保险费及年检费等。

施工机械使用费计算方法如下：

$$\text{施工机械使用费} = \sum(\text{施工机械台班消耗量} \times \text{机械台班单价}) \tag{2-8}$$

$$\begin{aligned}\text{机械台班单价} = & \text{台班折旧费} + \text{台班大修费} + \text{台班经常修理费} + \text{台班安拆费} \\ & \text{及场外运费} + \text{台班人工费} + \text{台班燃料动力费} + \text{台班车船税费}\end{aligned} \tag{2-9}$$

注:工程造价管理机构在确定计价定额中的施工机械使用费时,应根据《建筑施工机械台班费用计算规则》,结合市场调查编制施工机械台班单价。施工企业可以参考工程造价管理机构发布的台班单价,自主确定施工机械使用费的报价,如租赁施工机械,公式为:

$$施工机械使用费 = \sum(施工机械台班消耗量 \times 机械台班租赁单价) \tag{2-10}$$

(2) 仪器仪表使用费。是指工程施工所需使用的仪器仪表的摊销及维修费用。

$$仪器仪表使用费 = 工程使用的仪器仪表摊销费 + 维修费 \tag{2-11}$$

4) 企业管理费

企业管理费是指建筑安装企业组织施工生产和经营管理所需的费用。内容包括:

(1) 管理人员工资。是指按规定支付给管理人员的计时工资、奖金、津贴补贴、加班加点工资及特殊情况下支付的工资等。

(2) 办公费。是指企业管理办公用的文具、纸张、账表、印刷、邮电、书报、办公软件、现场监控、会议、水电、烧水和集体取暖降温(包括现场临时宿舍取暖降温)等费用。

(3) 差旅交通费。是指职工因公出差、调动工作的差旅费、住勤补助费,市内交通费和误餐补助费,职工探亲路费,劳动力招募费,职工退休、退职一次性路费,工伤人员就医路费,工地转移费以及管理部门使用的交通工具的油料、燃料等费用。

(4) 固定资产使用费。是指管理和试验部门及附属生产单位使用的属于固定资产的房屋、设备、仪器等的折旧、大修、维修或租赁费。

(5) 工具用具使用费。是指企业施工生产和管理使用的不属于固定资产的工具、器具、家具、交通工具和检验、试验、测绘、消防用具等的购置、维修和摊销费。

(6) 劳动保险和职工福利费。是指由企业支付的职工退职金、按规定支付给离休干部的经费、集体福利费、夏季防暑降温、冬季取暖补贴、上下班交通补贴等。

(7) 劳动保护费。是企业按规定发放的劳动保护用品的支出。如工作服、手套、防暑降温饮料以及在有碍身体健康的环境中施工的保健费用等。

(8) 检验试验费。是指施工企业按照有关标准规定,对建筑以及材料、构件和建筑安装物进行一般鉴定、检查所发生的费用,包括自设试验室进行试验所耗用的材料等费用。不包括新结构、新材料的试验费,对构件做破坏性试验及其他特殊要求检验试验的费用和建设单位委托检测机构进行检测的费用,对此类检测发生的费用,由建设单位在工程建设其他费用中列支。但对施工企业提供的具有合格证明的材料进行检测不合格的,该检测费用由施工企业支付。

(9) 工会经费。是指企业按《工会法》规定的全部职工工资总额比例计提的工会经费。

(10) 职工教育经费。是指按职工工资总额的规定比例计提,企业为职工进行专业技术和职业技能培训,专业技术人员继续教育、职工职业技能鉴定、职业资格认定以及根据需要对职工进行各类文化教育所发生的费用。

(11) 财产保险费。是指施工管理用财产、车辆等的保险费用。

(12) 财务费。是指企业为施工生产筹集资金或提供预付款担保、履约担保、职工工资支付担保等所发生的各种费用。

(13) 税金。是指企业按规定缴纳的房产税、车船使用税、土地使用税、印花税等。

(14) 其他。包括技术转让费、技术开发费、投标费、业务招待费、绿化费、广告费、公证费、法律顾问费、审计费、咨询费、保险费等。

工程造价管理机构在确定计价定额中企业管理费时，应以定额人工费或(定额人工费＋定额机械费)作为计算基数，其费率根据历年工程造价积累的资料，辅以调查数据确定，列入分部分项工程和措施项目中。

企业管理费费率的计算方法如下：

(1) 以分部分项工程费为计算基础

$$\text{企业管理费费率}(\%) = \frac{\text{生产工人年平均管理费}}{\text{年有效施工天数} \times \text{人工单价}} \times \text{人工费占分部分项工程费比例} \tag{2-12}$$

(2) 以人工费和机械费合计为计算基础

$$\text{企业管理费费率}(\%) = \frac{\text{生产工人年平均管理费}}{\text{年有效施工天数} \times (\text{人工单价} + \text{每一工日机械使用费})} \times 100\% \tag{2-13}$$

(3) 以人工费为计算基础

$$\text{企业管理费费率}(\%) = \frac{\text{生产工人年平均管理费}}{\text{年有效施工天数} \times \text{人工单价}} \times 100\% \tag{2-14}$$

注：上述公式适用于施工企业投标报价时自主确定管理费，是工程造价管理机构编制计价定额，确定企业管理费的参考依据。

5) 利润

利润是指施工企业完成所承包工程获得的盈利。

施工企业根据企业自身需求并结合建筑市场实际自主确定，列入报价中。工程造价管理机构在确定计价定额中的利润时，应以定额人工费或定额人工费＋定额机械费作为计算基数，其费率根据历年工程造价积累的资料，并结合建筑市场实际确定，以单位(单项)工程测算，利润在税前建筑安装工程费的比重可按不低于5%且不高于7%的费率计算。利润应列入分部分项工程和措施项目中。

【例 2-2】 某装饰工程分部分项工程费中人工费为30万元，措施费中人工费为20万元，利润率为40%，根据《建筑安装工程费用项目组成》(建标〔2013〕44号)文件的规定，以人工费为计算基数时，该工程的利润额为多少万元?

【解】 该工程的利润额 $= (30 + 20) \times 40\% = 20$ 万元

6) 规费

规费是指按国家法律、法规规定，由省级政府和省级有关权力部门规定必须缴纳或计取的费用。包括：

(1) 社会保险费

① 养老保险费：是指企业按照规定标准为职工缴纳的基本养老保险费。

② 失业保险费：是指企业按照规定标准为职工缴纳的失业保险费。

③ 医疗保险费：是指企业按照规定标准为职工缴纳的基本医疗保险费。

④ 生育保险费：是指企业按照规定标准为职工缴纳的生育保险费。

⑤ 工伤保险费:是指企业按照规定标准为职工缴纳的工伤保险费。

(2) 住房公积金:是指企业按规定标准为职工缴纳的住房公积金。

(3) 工程排污费:是指按规定缴纳的施工现场工程排污费。应按工程所在地环境保护等部门规定的标准缴纳,按实计取列入。

其他应列而未列入的规费,按实际发生计取。

社会保险费和住房公积金应以定额人工费为计算基础,根据工程所在地省、自治区、直辖市或行业建设主管部门规定费率计算。

$$社会保险费和住房公积金 = \sum(工程定额人工费 \times 社会保险费和住房公积金费率) \quad (2-15)$$

式中:社会保险费和住房公积金费率可以每万元发承包价的生产工人人工费和管理人员工资含量与工程所在地规定的缴纳标准综合分析取定。

7) 税金

税金是指国家税法规定的应计入建筑安装工程造价内的营业税、城市维护建设税、教育费附加以及地方教育附加。

(1) 营业税

$$应纳营业税 = 计税营业额 \times 3\% \quad (2-16)$$

但建筑安装工程总承包方将工程分包或转包给他人的,其营业额中不包括付给分包或转包方的价款。营业税的纳税地点为应税劳务的发生地(即工程所在地)。

(2) 城市维护建设税

$$应纳税额 = 应纳营业税额 \times 适用税率(\%) \quad (2-17)$$

注:城市维护建设税的纳税地点在市区的,其适用税率为营业税的7%;所在地为县镇的,其适用税率为营业税的5%;所在地为农村的,其适用税率为营业税的1%。城建税的纳税地点与营业税纳税地点相同。

(3) 教育费附加

$$应纳税额 = 应纳营业税额 \times 3\% \quad (2-18)$$

(4) 地方教育附加

地方教育附加是指各省、自治区、直辖市根据国家有关规定,为实施"科教兴省"战略,增加地方教育的资金投入,促进各省、自治区、直辖市教育事业发展,开征的一项地方政府性基金。该收入主要用于各地方的教育经费的投入补充。财综〔2010〕98号要求,各地统一征收地方教育附加,地方教育附加征收标准为单位和个人实际缴纳的增值税、营业税和消费税税额的2%。

$$应纳税额 = 应纳营业税额 \times 2\% \quad (2-19)$$

(5) 税金的综合计算

在税金的实际计算过程中,通常是四种税金一并计算。又由于在计算税金时,往往已知条件是税前造价,因此税金的计算公式可以表达为:

$$税金 = 税前造价 \times 综合税率(\%)$$

综合税率：

① 纳税地点在市区的企业

$$综合税率(\%) = \frac{1}{1-3\%-(3\% \times 7\%)-(3\% \times 3\%)-(3\% \times 2\%)}-1 = 3.48\% \quad (2\text{-}20)$$

② 纳税地点在县城、镇的企业

$$综合税率(\%) = \frac{1}{1-3\%-(3\% \times 5\%)-(3\% \times 3\%)-(3\% \times 2\%)}-1 = 3.41\% \quad (2\text{-}21)$$

③ 纳税地点不在市区、县城、镇的企业

$$综合税率(\%) = \frac{1}{1-3\%-(3\% \times 1\%)-(3\% \times 3\%)-(3\% \times 2\%)}-1 = 3.28\% \quad (2\text{-}22)$$

④ 实行营业税改增值税的，按纳税地点现行税率计算。

注：营业税的计税依据是营业额，营业额是指从事建筑、安装、修缮、装饰及其他工程作业收取的全部收入，还包括建筑、修缮、装饰工程所用原材料及其他物资和动力的价款。当安装的设备的价值作为安装工程产值时，亦包括所安装设备的价款。但建筑安装工程总承包方将工程分包或转包给他人的，其营业额中不包括付给分包或转包方的价款。

【例 2-3】 某承包商承包的一项工程的人工费、材料费和施工机具使用费之和为 180 万元，企业管理费和规费之和为 30 万元，利润 10 万元，其中的 50 万元工程分包出去，营业税率为 3%，城市建设维护税率为 7%，教育费附加税率为 3%，地方教育附加税率为 2%，则该工程应缴纳的营业税及教育费附加为多少万元？

【解】 (含税)营业额 = 人工费、材料费和施工机具使用费 + 企业管理费和规费 + 利润 + 税金 = 人工费、材料费和施工机具使用费 + 企业管理费和规费 + 利润 + 营业税 + 城市维护建设税 + 教育费附加 + 地方教育附加营业额

$$= \frac{人工费、材料费和施工机具使用费+企业管理费和规费+利润}{1-营业税率-营业税率\times城市维护建设税率-营业税率\times教育费附加率-营业税率\times地方教育费附加率}$$

$$= \frac{180+30+10-50}{1-3\%-3\%\times7\%-3\%\times3\%-3\%\times2\%} = 175.91 \text{ 万元}$$

应缴纳的营业税 $= 175.91 \times 3\% = 5.28$ 万元

应缴纳的教育费附加 $= 5.28 \times 3\% = 0.16$ 万元

则　应缴纳的营业税和教育费附加 $= 5.28 + 0.16 = 5.44$ 万元

2.2.3　建筑安装工程费用构成(按造价形成划分)

建筑安装工程费按照工程造价形成由分部分项工程费、措施项目费、其他项目费、规费、税金组成，分部分项工程费、措施项目费、其他项目费包含人工费、材料费、施工机具使用费、

企业管理费和利润(见图 2-4)。

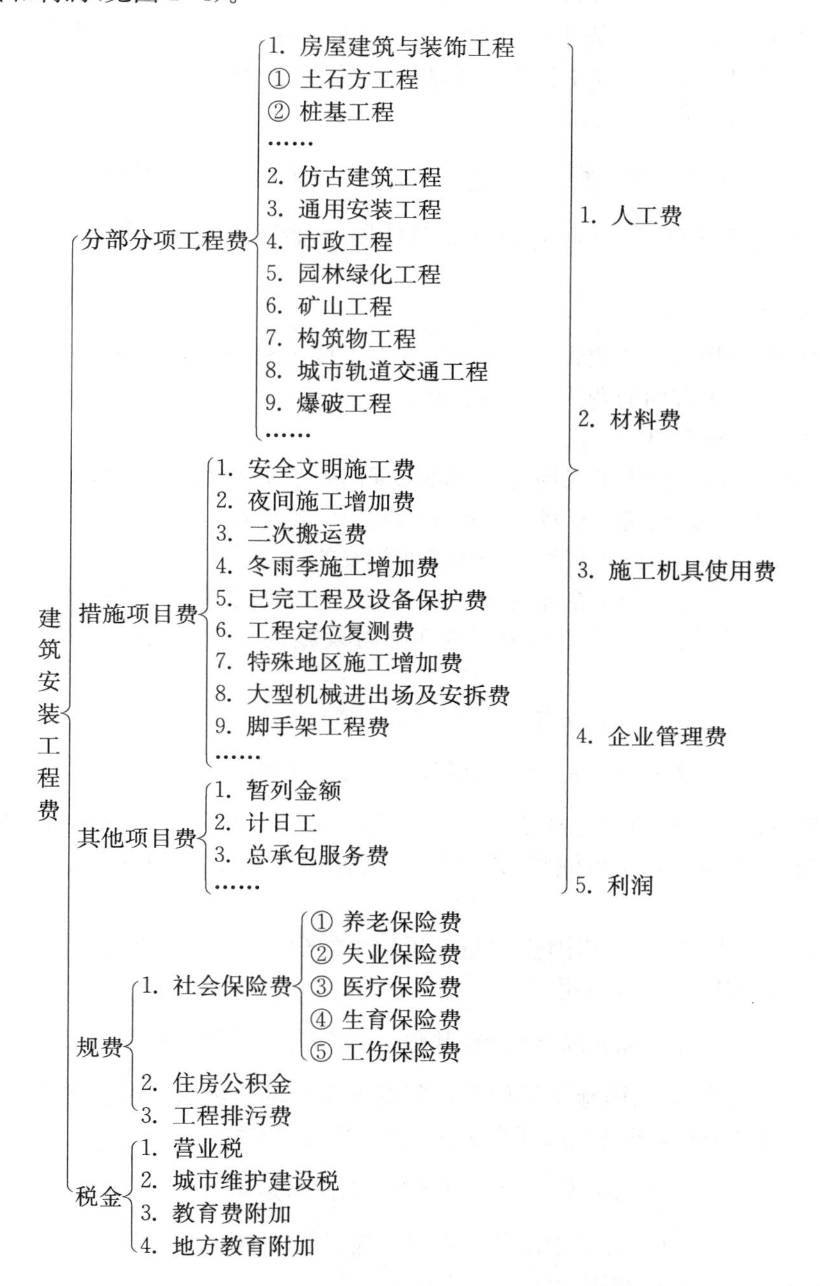

图 2-4 工程量清单计价的建筑安装工程造价组成示意图

1) 分部分项工程费

分部分项工程费是指各专业工程的分部分项工程应予列支的各项费用。

(1) 专业工程:是指按现行国家计量规范划分的房屋建筑与装饰工程、仿古建筑工程、通用安装工程、市政工程、园林绿化工程、矿山工程、构筑物工程、城市轨道交通工程、爆破工程等各类工程。

(2) 分部分项工程:指按现行国家计量规范对各专业工程划分的项目。如房屋建筑与装饰工程划分的土石方工程、地基处理与边坡支护工程、砌筑工程、钢筋及钢筋混凝土工程等。

各类专业工程的分部分项工程划分见现行国家或行业计量规范。

分部分项工程费的计算方法如下:

$$分部分项工程费 = \sum(分部分项工程量 \times 综合单价) \quad (2\text{-}23)$$

式中:综合单价包括人工费、材料费、施工机具使用费、企业管理费和利润以及一定范围的风险费用。

2)措施项目费

措施项目费是指为完成建设工程施工,发生于该工程施工前和施工过程中的技术、生活、安全、环境保护等方面的费用。内容包括:

(1) 安全文明施工费

① 环境保护费:是指施工现场为达到环保部门要求所需要的各项费用。

② 文明施工费:是指施工现场文明施工所需要的各项费用。

③ 安全施工费:是指施工现场安全施工所需要的各项费用。

④ 临时设施费:是指施工企业为进行建设工程施工所必须搭设的生活和生产用的临时建筑物、构筑物和其他临时设施费用。包括临时设施的搭设、维修、拆除、清理费或摊销费等。

安全文明施工费的计算方法如下:

$$安全文明施工费 = 计算基数 \times 安全文明施工费费率(\%) \quad (2\text{-}24)$$

计算基数应为定额基价(定额分部分项工程费+定额中可以计量的措施项目费)、定额人工费或定额人工费+定额机械费,其费率由工程造价管理机构根据各专业工程的特点综合确定。

(2) 夜间施工增加费:是指因夜间施工所发生的夜班补助费、夜间施工降效、夜间施工照明设备摊销及照明用电等费用。

$$夜间施工增加费 = 计算基数 \times 夜间施工增加费费率(\%) \quad (2\text{-}25)$$

(3) 二次搬运费:是指因施工场地条件限制而发生的材料、构配件、半成品等一次运输不能到达堆放地点,必须进行二次或多次搬运所发生的费用。

$$二次搬运费 = 计算基数 \times 二次搬运费费率(\%) \quad (2\text{-}26)$$

(4) 冬雨季施工增加费:是指在冬季或雨季施工需增加的临时设施、防滑、排除雨雪,人工及施工机械效率降低等费用。

$$冬雨季施工增加费 = 计算基数 \times 冬雨季施工增加费费率(\%) \quad (2\text{-}27)$$

(5) 已完工程及设备保护费:是指竣工验收前,对已完工程及设备采取的必要保护措施所发生的费用。

$$已完工程及设备保护费 = 计算基数 \times 已完工程及设备保护费费率(\%) \quad (2\text{-}28)$$

公式(2-25)~公式(2-28)的计费基数应为定额人工费或定额人工费+定额机械费,其费率由工程造价管理机构根据各专业工程特点和调查资料综合分析后确定。

(6) 工程定位复测费:是指工程施工过程中进行全部施工测量放线和复测工作的费用。

(7) 特殊地区施工增加费:是指工程在沙漠或其边缘地区、高海拔、高寒、原始森林等特殊地区施工增加的费用。

(8) 大型机械设备进出场及安拆费:是指机械整体或分体自停放场地运至施工现场或由一个施工地点运至另一个施工地点,所发生的机械进出场运输和转移费用及机械在施工现场进行安装、拆卸所需的人工费、材料费、机械费、试运转费和安装所需的辅助设施的费用。

(9) 脚手架工程费:是指施工需要的各种脚手架搭、拆、运输费用以及脚手架购置费的摊销(或租赁)费用。

措施项目及其包含的内容详见各类专业工程的现行国家或行业计量规范。

3) 其他项目费

(1) 暂列金额:是指建设单位在工程量清单中暂定并包括在工程合同价款中的一笔款项。用于施工合同签订时尚未确定或者不可预见的所需材料、工程设备、服务的采购,施工中可能发生的工程变更、合同约定调整因素出现时的工程价款调整以及发生的索赔、现场签证确认等的费用。

暂列金额由建设单位根据工程特点,按有关计价规定估算,施工过程中由建设单位掌握使用,扣除合同价款调整后如有余额,归建设单位。

(2) 计日工:是指在施工过程中,施工企业完成建设单位提出的施工图纸以外的零星项目或工作所需的费用。由建设单位和施工企业按施工过程中的签证计价。

(3) 总承包服务费:是指总承包人为配合、协调建设单位进行的专业工程发包,对建设单位自行采购的材料、工程设备等进行保管以及施工现场管理、竣工资料汇总整理等服务所需的费用。总承包服务费由建设单位在招标控制价中根据总包服务范围和有关计价规定编制,施工企业投标时自主报价,施工过程中按签约合同价执行。

4) 规费

定义见 2.2.2。建设单位和施工企业均应按照省、自治区、直辖市或行业建设主管部门发布的标准计算规费,不得作为竞争性费用。

5) 税金

定义见 2.2.2。建设单位和施工企业均应按照省、自治区、直辖市或行业建设主管部门发布的标准计算税金,不得作为竞争性费用。

2.2.4 工程量清单计价法的计算程序

随着社会主义市场经济的发展,自 2003 年在全国范围内开始逐步推广建设工程工程量清单计价法,至 2013 年推出新版建设工程工程量清单计价规范,标志着我国工程量清单计价方法的应用逐渐完善,其计价程序见表 2-1 和表 2-2。

(1) 建筑工程(包工包料)造价计价程序见表 2-1。

表 2-1　工程量清单法计算程序(包工包料)

序号	费用名称		计算公式	备　注
一	分部分项工程量清单费用		清单工程量×综合单价	
	其中	1. 人工费	人工消耗量×人工单价	
		2. 材料费	材料消耗量×材料单价	
		3. 机械费	机械消耗量×机械单价	
		4. 企业管理费	(1+3)×费率	
		5. 利润	(1+3)×费率	
二	措施项目费			
	其中	1. 单价措施项目费	清单工程量×综合单价	
		2. 总价措施项目费	(分部分项工程费+单价措施项目费−工程设备费)×费率或以项计费	
三	其他项目费用			
四	规　费			按规定计取
	其中	1. 工程排污费	(一+二+三−工程设备费)×费率	
		2. 社会保险费		
		3. 住房公积金		
五	税　金		(一+二+三+四−按规定不计税的工程设备金额)×费率	按当地规定计取
六	工程造价		一+二+三+四+五	

(2) 建筑工程(包工包料)造价计价程序见表 2-2。

表 2-2　工程量清单法计算程序(包工不包料)

序号	费用名称		计算公式	备　注
一	分部分项工程量清单人工费		清单人工消耗量×人工单价	
二	措施项目费中人工费			
	其中	单价措施项目中人工费	清单人工消耗量×人工单价	
三	其他项目费用			
四	规　费			按规定计取
	其中	工程排污费	(一+二+三)×费率	
五	税　金		(一+二+三+四)×费率	按当地规定计取
六	工程造价		一+二+三+四+五	

【例 2-4】 某工程项目业主通过工程量清单招标方式确定某投标人为中标人，并与其签订了工程承包合同。有关工程价款条款如下：

(1) 分项工程清单中含有两个分项工程，工程量分别为甲项 2 300 m^3，乙项 3 200 m^3，清单报价中甲项综合单价为 180 元/m^3，乙项综合单价为 160 元/m^3。

（2）措施项目清单中含有模板及其支撑等 6 个项目，总费用 18 万元，该项费用均一次性包死，不得调价。

（3）其他项目清单中仅含计日工的工作费一项，费用为 3 万元，实际施工中，该计日工项目和数量未发生变化。

（4）规费综合费率为 3.32%，税金费率为 3.47%。

请依据上述条件，计算该工程预计合同总价。

【解】 该工程预计合同价 =（分部分项工程费用 + 措施项目费用 + 其他项目费用）×（1 + 规费费率）×（1 + 税金率）=（2 300×180 + 3 200×160 + 180 000 + 30 000）×（1 + 3.32%）×（1 + 3.47%）=（926 000 + 180 000 + 30 000）× 1.069 = 1 214 384 元 = 121.44 万元

2.3 设备及工、器具购置费用

设备及工、器具购置费用是由设备购置费和工具、器具及生产家具购置费组成的，它是固定资产投资中的积极部分。在生产性工程建设中，设备及工器具购置费用占工程造价比重的增大，意味着生产技术的进步和资本有机构成的提高。该笔费用由两项构成：一是设备购置费，由达到固定资产标准的设备工具、器具的费用组成；二是工具、器具及生产家具购置费，由不够固定资产标准的设备、仪器、工卡模具、器具、生产家具和备品备件等的购置费用组成。

2.3.1 设备购置费的构成及计算

设备购置费是指为建设项目购置或自制的达到固定资产标准的各种国产或进口设备、工具、器具的购置费用。

$$设备购置费 = 设备原价 + 设备运杂费 \tag{2-29}$$

其中：设备原价是指国产标准设备、国产非标准设备、进口设备的原价；设备运杂费是指除设备原价之外的关于设备采购、运输、途中包装及仓库保管等方面支出费用的总和。如果设备是由设备成套公司供应的，成套公司的服务费也应计入设备运杂费之中。

1）国产设备原价的构成及计算

国产设备原价一般指的是设备制造厂的交货价或订货合同价。分为国产标准设备原价和国产非标准设备原价。

（1）国产标准设备原价。是指按照主管部门颁发的标准图纸和技术要求，由我国设备生产厂批量生产的，符合国家质量检测标准的设备。国产标准设备原价一般指的是设备制造厂的交货价，即出厂价。如果设备是由设备成套公司供应，则以订货合同价为设备原价。有的设备有两种出厂价，即带有备件的出厂价和不带有备件的出厂价。在计算时，一般采用带有备件的原价。

（2）国产非标准设备原价。是指国家尚无定型标准，各设备生产厂不可能采用批量生产，只能按一次订货，并根据具体的设计图纸制造的设备。非标准设备原价有多种不同的计算方法，如成本计算估价法、系列设备插入估价法、分部组合估价法、定额估价法等。但无论采用哪种方法都应该使非标准设备计价接近实际出厂价，并且计算方法要简便。

按成本计算估价法，非标准设备的原价由以下各项组成：

① 材料费

$$材料费 = 材料净重 \times (1 + 加工损耗系数) \times 每吨材料综合价 \tag{2-30}$$

② 加工费。包括生产工人工资和工资附加费、燃料动力费、设备折旧费、车间经费等。其计算公式是：

$$加工费 = 设备总重量(t) \times 设备每吨加工费 \tag{2-31}$$

③ 辅助材料费（简称辅材费）。包括焊条、焊丝、氧气、氩气、氮气、油漆、电石等费用。其计算公式是：

$$辅助材料费 = 设备总重量(t) \times 辅助材料费指标 \tag{2-32}$$

④ 专用工具费。专用工具费是按照①～③项之和乘以一定百分比计算的。

⑤ 废品损失费。废品损失费是按照①～④项之和乘以一定百分比计算的。

⑥ 外购配套件费。外购配套件费是按设备设计图纸所列的外购配套件的名称、型号、规格、数量、重量，根据相应的价格加运杂费计算。

⑦ 包装费。包装费是按照以上①～⑥项之和乘以一定百分比计算的。

⑧ 利润。利润是按照①～⑤项加第⑦项之和乘以一定利润率计算的。

⑨ 税金。税金主要指增值税。其计算公式是：

$$增值税 = 当期销项税额 - 进项税额 \tag{2-33}$$

当期销项税额＝销售额×适用增值税率（其中：销售额为①～⑧项之和）

⑩ 非标准设备设计费。非标准设备设计费按照国家规定的设计费标准计算。

综上所述，单台非标准设备原价可用以下公式表达：

单台非标准设备原价 ＝ {[（材料费 ＋ 加工费 ＋ 辅助材料费）×（1 ＋ 专用工具费率）×（1 ＋ 废品损失费率）＋ 外购配套件费] ×（1 ＋ 包装费率）－ 外购配套件费} ×（1 ＋ 利润率）＋ 销项税额 ＋ 非标准设备设计费 ＋ 外购配套件费　　(2-34)

【例 2-5】 某项目需购入一台国产非标准设备，该设备材料费 12 万元，加工费 3 万元，辅助材料费 1.8 万元，外购配套件费 1.5 万元，非标准设备设计费 2 万元，专用工具费 3%，废品损失率及包装费皆为 2%，增值税率为 17%，利润为 10%，非标准设备设计费 0.5 万元，则该国产非标准设备的原价为多少万元？

【解】 专用工具费 ＝ (12 ＋ 3 ＋ 1.8) × 3% ＝ 0.504 万元

废品损失费 ＝ (12 ＋ 3 ＋ 1.8 ＋ 0.504) × 2% ＝ 0.346 万元

包装费 ＝ (12 ＋ 3 ＋ 1.8 ＋ 0.504 ＋ 0.346 ＋ 1.5) × 2% ＝ 0.383 万元

利润 ＝ (12 ＋ 3 ＋ 1.8 ＋ 0.504 ＋ 0.346 ＋ 0.383) × 10% ＝ 1.80 万元

销项税金 ＝ (12 ＋ 3 ＋ 1.8 ＋ 0.504 ＋ 0.346 ＋ 1.5 ＋ 0.383 ＋ 1.80) × 17% ＝ 3.63 万元

非标准设备原价＝ 12 ＋ 3 ＋ 1.8 ＋ 0.504 ＋ 0.346 ＋ 1.5 ＋ 0.383 ＋ 1.80 ＋ 3.63 ＋ 0.5

= 25.46 万元

2) 进口设备原价的构成及计算

进口设备的原价是指进口设备的抵岸价，即抵达买方边境港口或边境车站，且交完关税后形成的价格。在国际贸易中，进口设备抵岸价的构成与进口设备的交货类别有关。交易双方所使用的交货类别不同，则交易价格的构成内容也有差异。

(1) 进口设备的交货类别及特点

进口设备的交货类别可分为内陆交货类、目的地交货类、装运港交货类。

① 内陆交货类。即卖方在出口国内陆的某个地点交货。在交货地点，卖方及时提交合同规定的货物和有关凭证，并负担交货前的一切费用和风险；买方按时接收货物，交付货款，负担交货后的一切费用和风险，并自行办理出口手续和装运出口。货物的所有权也在交货后由卖方转移给买方。

② 目的地交货类。即卖方在进口国的港口或内地交货，有目的港船上交货价、目的港船边交货价(FOS)和目的港码头交货价(关税已付)及完税后交货价(进口国的指定地点)等几种交货价。它们的特点是：买卖双方承担的责任、费用和风险是以目的地约定交货点为界线，只有当卖方在交货点将货物置于买方控制下才算交货，才能向买方收取货款。这种交货类别对卖方来说承担的风险较大，在国际贸易中卖方一般不愿采用。

③ 装运港交货类。即卖方在出口国装运港交货，主要有装运港船上交货价(FOB)，习惯称离岸价格，运费在内价(CFR)和运费、保险费在内价(CIF)，习惯称到岸价格。它们的特点是卖方按照约定的时间在装运港交货，只要卖方把合同规定的货物装船后提供货运单据便完成交货任务，可凭单据收回货款。装运港船上交货(FOB)是我国进口设备采用最多的一种货价，FOB 费用划分与风险转移的分界点相一致。

(2) 进口设备抵岸价的构成及计算

进口设备采用最多的是装运港船上交货价(FOB)，其抵岸价的构成可概括为：

进口设备抵岸价 = 进口设备到岸价(CIF) + 进口从属费 = 货价(FOB) + 国际运费 + 运输保险费 + 银行财务费 + 外贸手续费 + 关税 + 消费税 + 进口环节增值税 + 车辆购置税 (2-35)

① 进口设备到岸价的构成及计算

进口设备到岸价(CIF) = 离岸价格(FOB) + 国际运费 + 运输保险费
= 运费在内价(CFR) + 运输保险费 (2-36)

A. 货价。一般指装运港船上交货价(FOB)。设备货价分为原币货价和人民币货价，原币货价一律折算为美元表示，人民币货价按原币货价乘以外汇市场美元兑换人民币中间价确定。进口设备货价按有关生产厂商询价、报价、订货合同价计算。

B. 国际运费。即从装运港(站)到达我国抵达港(站)的运费。我国进口设备大部分采用海洋运输，小部分采用铁路运输，个别采用航空运输。进口设备国际运费计算公式为：

国际运费(海、陆、空) = 原币货价(FOB) × 运费率(%) (2-37)

国际运费(海、陆、空) = 运量 × 单位运价 (2-38)

其中，运费率或单位运价参照有关部门或进出口公司的规定执行。

C. 运输保险费。对外贸易货物运输保险是由保险人(保险公司)与被保险人(出口人或进口人)订立保险契约,在被保险人交付议定的保险费后,保险人根据保险契约的规定对货物在运输过程中发生的承保责任范围内的损失给予经济上的补偿。这是一种财产保险。

$$运输保险费 = \frac{原币货价(FOB)+国外运费}{1-保险费率} \times 保险费率 \tag{2-39}$$

运输保险费公式的理解注释如图 2-5 所示。

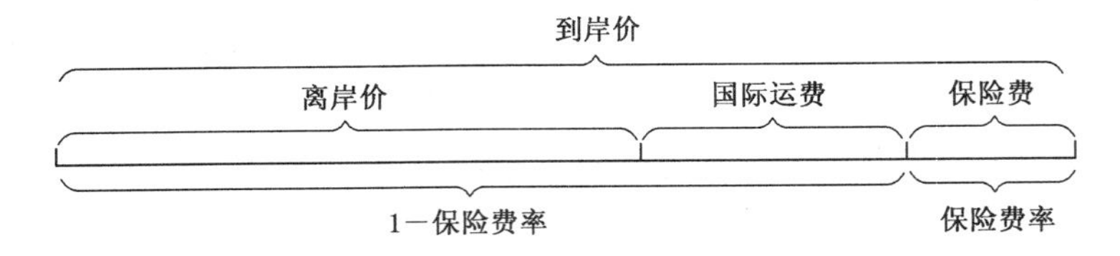

图 2-5　运输保险费公式推导图示

② 进口从属费的构成及计算

进口从属费=银行财务费+外贸手续费+关税+消费税+进口环节增值税+车辆购置税

A. 银行财务费。一般是指中国银行手续费。

$$银行财务费 = 人民币货价(FOB价) \times 银行财务费率 \tag{2-40}$$

B. 外贸手续费。指按对外经济贸易部规定的外贸手续费率计取的费用,外贸手续费率一般取 1.5%。计算公式为:

$$外贸手续费 = (货价(FOB)+国际运费+运输保险费) \times 外贸手续费率 \tag{2-41}$$

C. 关税。由海关对进出国境或关境的货物和物品征收的一种税。计算公式为:

$$关税 = [货价(FOB)+国际运费+运输保险费] \times 进口关税税率 \tag{2-42}$$

进口关税税率分为优惠税率和普通税率两种。优惠税率适用于与我国签订的有关税互惠条款的贸易条约或协定的国家的进口设备;普通税率是用于与我国未订有关税互惠条款的贸易条约或协定的国家的进口设备。进口关税税率按我国海关总署发布的进口关税税率计算。

D. 消费税。对部分进口设备(如轿车、摩托车等)征收,一般计算公式为:

$$应纳消费税税额 = \frac{到岸价格(CIF) \times 人民币外汇汇率+关税}{1-消费税税率} \times 消费税税率 \tag{2-43}$$

其中,消费税税率根据规定的税率计算,该公式推导类似于运输保险费公式。

E. 进口环节增值税。是对从事进口贸易的单位和个人,在进口商品报关进口后征收的税种。我国增值税条例规定,进口应税产品均按组成计税价格和增值税税率直接计算应纳税额。即:

$$进口产品增值税额 = 组成计税价格 \times 增值税税率 \tag{2-44}$$

$$组成计税价格 = 关税完税价格 + 关税 + 消费税 \tag{2-45}$$

增值税税率根据规定的税率计算。

F. 车辆购置税。进口车辆需缴进口车辆购置税。其公式如下：

$$进口车辆购置税 = [到岸价 + 关税 + 消费税] \times 进口车辆购置税率 \tag{2-46}$$

【例 2-6】 已知某进口工程设备 FOB 价为 50 万美元，美元与人民币汇率为 1∶8，银行财务费率为 0.2%，外贸手续费率为 1.5%，关税税率为 10%，增值税税率为 17%，若该进口设备抵岸价为 586.7 万元人民币，则该进口工程设备到岸价为多少万元人民币？

【解】 $586.7 - 50 \times 8 \times 0.2\% - CIF \times 1.5\% - CIF \times 10\% - (CIF + CIF \times 10\%) \times 17\% = CIF$

$CIF = 450$ 万元

【例 2-7】 从美国进口某设备，重量 800 t，装运港船上交货价为 600 万美元，工程建设项目位于国内某直辖市。如果国际运费标准为 310 美元/t，海上运输保险费率为 3‰，银行财务费率为 5‰，外贸手续费率为 1.5%，关税税率为 22%，增值税的税率为 17%，消费税税率 10%，银行外汇牌价为 1 美元=6.8 元人民币，该设备的原价为多少万元人民币？

【解】 进口设备离岸价 $FOB = 600 \times 6.8 = 4\,080$ 万元

国际运费 $= 310 \times 800 \times 6.8 = 1\,686\,400 = 168.64$ 万元

海运保险费 $= (4\,080 + 168.64) \div (1 - 3‰) \times 3‰ = 12.78$ 万元

$CIF = 4\,080 + 168.64 + 12.78 = 4\,261.42$ 万元

银行财务费 $= 4\,080 \times 5‰ = 20.40$ 万元

外贸手续费 $= 4\,261.42 \times 1.5\% = 63.92$ 万元

关税 $= 4\,261.42 \times 22\% = 937.51$ 万元

消费税 $= (4\,261.42 + 937.51) \div (1 - 10\%) \times 10\% = 577.66$ 万元

增值税 $= (4\,261.42 + 937.51 + 577.66) \times 17\% = 982.02$ 万元

进口从属费 $= 20.40 + 63.92 + 937.51 + 577.66 + 982.02 = 2\,581.51$ 万元

进口设备原价 $= 4\,261.42 + 2\,581.51 = 6\,842.93$ 万元

3) 设备运杂费的构成及计算

设备运杂费通常由下列各项构成：

(1) 运费和装卸费。国产设备由设备制造厂交货地点起至工地仓库(或施工组织设计指定的需要安装设备的堆放地点)止所产生的运费和装卸费；进口设备则由我国到岸港口或边境车站起至工地仓库(或施工组织设计指定的需要安装设备的堆放地点)止所产生的运费和装卸费。

(2) 包装费。在设备原价中没有包含的，为运输而进行的包装支出的各种费用。

(3) 设备供销部门的手续费。按有关部门规定的统一费率计算。

(4) 采购与仓库保管费。指采购、验收、保管和收发设备所发生的各种费用，包括设备采购人员、保管人员和管理人员的工资、工资附加费、办公费、差旅交通费，设备供应部门办公和仓库所占固定资产使用费、工具用具使用费、劳动保护费、检验试验费等。这些费用可按主管部门规定的采购与保管费费率计算。

设备运杂费按设备原价乘以设备运杂费率计算，其公式为：

$$设备运杂费 = 设备原价 \times 设备运杂费率 \quad (2\text{-}47)$$

其中,设备运杂费率按各部门及省、市等的规定计取。

2.3.2 工具、器具及生产家具购置费的构成及计算

工具、器具及生产家具购置费,是指新建或扩建项目初步设计规定的,保证初期正常生产必须购置的没有达到固定资产标准的设备、仪器、工卡模具、器具生产家具和备品备件等的购置费用。一般以设备购置费为计算基数,按照部门或行业规定的工具、器具及生产家具费率计算。计算公式为:

$$工具、器具及生产家具购置费 = 设备购置费 \times 定额费率 \quad (2\text{-}48)$$

2.4 工程建设其他费用

工程建设其他费用,是指从工程筹建起到工程竣工验收交付使用止的整个建设期间,除建筑安装工程费用和设备、工器具购置费用以外的,为保证工程建设顺利完成和交付使用后能够正常发挥效用而发生的各项费用。

2.4.1 建设用地费

任何一个建设项目都固定于一定地点与地面相连接,必须占用一定量的土地,也就必然要发生为获得建设用地而支付的费用,这就是建设用地费。它是指为获得工程项目建设土地的使用权而在建设期内发生的各项费用,包括通过划拨方式取得土地使用权而支付的土地征用及迁移补偿费,或者通过土地使用权出让方式取得土地使用权而支付的土地使用权出让金。

1) 建设用地取得的基本方式

建设用地的取得,实质是依法获取国有土地的使用权。根据我国《房地产管理法》规定,获取国有土地使用权的基本方式有两种:一是出让方式;二是划拨方式。建设土地取得的其他方式还包括租赁和转让方式。

(1) 通过出让方式获取国有土地使用权

国有土地使用权出让,是指国家将国有土地使用权在一定年限内出让给土地使用者,土地使用者向国家支付土地使用权出让金的行为。

通过出让方式获取国有土地使用权又可以分成两种具体方式:一是通过招标、拍卖、挂牌等竞争出让方式获取国有土地使用权,按照国家相关规定,工业(包括仓储用地,但不包括采矿用地)、商业、旅游、娱乐和商品住宅等各类经营性用地,必须以招标、拍卖或者挂牌方式出让;上述规定以外用途的土地的供地计划公布后,同一宗地有两个以上意向用地者的,也应当采用招标、拍卖或者挂牌方式出让。二是通过协议出让方式获取国有土地使用权,以协议方式出让国有土地使用权的出让金不得低于按国家规定所确定的最低价,协议出让底价

不得低于拟出让地块所在区域的协议出让最低价。

(2) 通过划拨方式获取国有土地使用权

国有土地使用权划拨,是指县级以上人民政府依法批准,在土地使用者缴纳补偿、安置等费用后将该幅土地交付其使用,或者将土地使用权无偿交付给土地使用者使用的行为。

国家对划拨用地有着严格的规定,下列建设用地,经县级以上人民政府依法批准,可以以划拨方式取得:①国家机关用地和军事用地;②城市基础设施用地和公益事业用地;③国家重点扶持的能源、交通、水利等基础设施用地;④法律、行政法规规定的其他用地。

2) 建设用地取得的费用

建设用地如通过行政划拨方式取得,则须承担征地补偿费用或对原用地单位或个人的拆迁补偿费用;若通过市场机制取得,则不但承担以上费用,还须向土地所有者支付有偿使用费,即土地出让金。

(1) 征地补偿费用

征地补偿费用,是指建设项目通过划拨方式取得无限期的土地使用权,依照《中华人民共和国土地管理法》等规定所支付的费用。其总和一般不得超过被征土地年产值的 30 倍,土地年产值则按该地被征用前 3 年的平均产量和国家规定的价格计算。具体内容包括:土地补偿费、青苗补偿费和地上附着物补偿费、安置补助费、新菜地开发建设基金、耕地占用税、土地管理费。

(2) 拆迁补偿费用

在城市规划区内国有土地上实施房屋拆迁,拆迁人应当对被拆迁人给予补偿、安置。拆迁补偿的方式可以实行货币补偿,也可以实行房屋产权调换。而搬迁、安置补助费是拆迁人对被拆迁人或者房屋承租人支付搬迁补助费,搬迁补助费和临时安置补助费的标准,由省、自治区、直辖市人民政府规定。

3) 出让金、土地转让金

土地使用权出让金为用地单位向国家支付的土地所有权收益,出让金标准一般参考城市基准地价并结合其他因素制定。基准地价由市土地管理局会同市物价局、市国有资产管理局、市房地产管理局等部门综合平衡后报市级人民政府审定通过,它以城市土地综合定级为基础,用某一地价或地价幅度表示某一类别用地在某一土地级别范围的地价,以此作为土地使用权出让价格的基础。

2.4.2 与项目建设有关的其他费用

1) 建设管理费

建设管理费由建设单位管理费和工程监理费组成。建设单位管理费是指建设单位发生的管理性质的开支。建设单位管理费费率按照建设项目的不同性质、不同规模确定。有的建设项目按照建设工期和规定的金额计算建设单位管理费。工程监理费是指建设单位委托工程监理单位实施工程监理的费用,应根据委托的监理工作范围和监理深度在监理合同中商定或按当地或所属行业部门有关规定计算。如建设单位采用工程总承包方式,其总包管理费由建设单位与总包单位根据总包工作范围在合同中商定,从建设管理费中支出。

2）可行性研究费

可行性研究费是指在工程项目投资决策阶段，依据调研报告对有关建设方案、技术方案或生产经营方案进行的技术经济论证，以及编制、评审可行性研究报告所需的费用。此项费用应依据前期研究委托合同计列，或参照《国家计委关于印发〈建设项目前期工作咨询收费暂行规定〉的通知》(计投资〔1999〕1283号)规定计算。

3）研究试验费

研究试验费是指为建设项目提供或验证设计数据、资料等进行必要的研究试验及按照相关规定在建设过程中必须进行试验、验证所需的费用。包括自行或委托其他部门研究试验所需人工费、材料费、试验设备及仪器使用费等。这项费用按照设计单位根据本工程项目的需要提出的研究试验内容和要求计算。在计算时要注意不应包括以下项目：①应由科技三项费用(即新产品试制费、中间试验费和重要科学研究补助费)开支的项目；②应在建筑安装费用中列支的施工企业对建筑材料、构件和建筑物进行一般鉴定、检查所发生的费用及技术革新的研究试验费；③应由勘察设计费或工程费用中开支的项目。

4）勘察设计费

勘察设计费是指对工程项目进行工程水文地质勘察、工程设计所发生的费用。包括工程勘察费、初步设计费(基础设计费)、施工图设计费(详细设计费)、设计模型制作费。此项费用应按《关于发布〈工程勘察设计收费管理规定〉的通知》(计价格〔2002〕10号)的规定计算。

5）环境影响评价费

环境影响评价费是指按照《中华人民共和国环境保护法》《中华人民共和国环境影响评价法》等规定，在工程项目投资决策过程中，对其进行环境污染或影响评价所需的费用。包括编制环境影响报告书(含大纲)、环境影响报告表以及对环境影响报告书(含大纲)、环境影响报告表进行评估等所需的费用。此项费用可参照《关于规范环境影响咨询收费有关问题的通知》(计价格〔2002〕125号)规定计算。

6）劳动安全卫生评价费

劳动安全卫生评价费是指按照劳动部《建设项目(工程)劳动安全卫生监察规定》和《建设项目(工程)劳动安全卫生预评价管理办法》的规定，在工程项目投资决策过程中，为编制劳动安全卫生评价报告所需的费用。包括编制建设项目劳动安全卫生预评价大纲和劳动安全卫生预评价报告书以及为编制上述文件所进行的工程分析和环境现状调查等所需费用。

7）场地准备及临时设施费

建设项目场地准备费是指为使工程项目的建设场地达到开工条件，由建设单位组织进行的场地平整等准备工作而发生的费用。建设单位临时设施费是指建设单位为满足工程项目建设、生活、办公的需要，用于临时设施建设、维修、租赁、使用所发生或摊销的费用。此项费用不包括已列入建筑安装工程费用中的施工单位临时设施费用。

8）引进技术和引进设备其他费

引进技术和引进设备其他费是指引进技术和设备发生的但未计入设备购置费中的费用。该费用包括引进项目图纸资料翻译复制费、备品备件测绘费、出国人员费用、来华人员费用和银行担保及承诺费。

9）工程保险费

工程保险费是指为转移工程项目建设的意外风险，在建设期内对建筑工程、安装工程、机械设备和人身安全进行投保而发生的费用。包括建筑安装工程一切险、引进设备财产保险和人身意外伤害险等。根据不同的工程类别,分别以其建筑、安装工程费乘以建筑、安装工程保险费率计算。

10) 特殊设备安全监督检验费

特殊设备安全监督检验费是指安全监察部门对在施工现场组装的锅炉及压力容器、压力管道、消防设备、燃气设备、电梯等特殊设备和设施实施安全检验收取的费用。此项费用按照建设项目所在省(市、自治区)安全监察部门的规定标准计算。无具体规定的,在编制投资估算和概算时可按受检设备现场安装费的比例估算。

11) 市政公用设施费

市政公用设施费是指使用市政公用设施的工程项目,按照项目所在地省级人民政府有关规定建设或缴纳的市政公用设施建设配套费用,以及绿化工程补偿费用。此项费用按工程所在地人民政府规定标准计列。

2.4.3 与未来生产经营有关的其他费用

1) 联合试运转费

联合试运转费是指新建或新增加生产能力的工程项目,在交付生产前按照设计文件规定的工程质量标准和技术要求,对整个生产线或装置进行负荷联合试运转所发生的费用净支出(试运转支出大于收入的差额部分费用)。

试运转支出包括试运转所需原材料、燃料及动力消耗、低值易耗品、其他物料消耗、工具用具使用费、机械使用费、保险金、施工单位参加试运转人员工资以及专家指导费等;试运转收入包括试运转期间的产品销售收入和其他收入。联合试运转费不包括应由设备安装工程费用开支的调试及试车费用,以及在试运转中暴露出来的因施工原因或设备缺陷等发生的处理费用。

2) 专利及专有技术使用费

专利及专有技术使用费的主要内容包括:国外设计及技术资料费,引进有效专利、专有技术使用费和技术保密费;国内有效专利、专有技术使用费;商标权、商誉和特许经营权费等。

3) 生产准备及开办费

该费用是指在建设期内,建设单位为保证项目正常生产而发生的人员培训费、提前进厂费以及投产使用必备的办公、生活家具用具及工器具等的购置费用。生产准备费一般根据需要培训和提前进厂人员的人数及培训时间按生产准备费指标进行估算;办公和生活家具及工器具等购置费用是按照设计定员人数乘以综合指标计算或按各部门人数计算。

2.5 预备费、贷款利息、投资方向调节税

2.5.1 预备费

按我国现行规定,预备费包括基本预备费和价差预备费。

1）基本预备费

基本预备费是指在初步设计及概算内难以预料的工程费用，费用内容包括：

（1）在批准的初步设计范围内，技术设计、施工图设计及施工过程中所增加的工程费用；设计变更、局部地基处理等增加的费用。

（2）一般自然灾害造成的损失和预防自然灾害所采取的措施费用。实行工程保险的工程项目费用应适当降低。

（3）竣工验收时为鉴定工程质量对隐蔽工程进行必要的挖掘和修复费用。

基本预备费 =（建筑安装工程费 + 设备及工器具购置费 + 工程建设其他费用）× 基本预备费费率 （2-49）

2）价差预备费

价差预备费是指针对建设项目在建设期间内由于材料、人工、设备等价格可能发生变化引起工程造价变化而事先预留的费用，亦称为价格变动不可预见费。价差预备费的内容包括：人工、设备、材料、施工机械的价差费，建筑安装工程费及工程建设其他费用调整，利率、汇率调整等增加的费用。

价差预备费一般根据国家规定的投资综合价格指数，以估算年份价格水平的投资额为基数，采用复利方法计算。计算公式为：

$$PF=\sum_{t=1}^{n}I_t[(1+f)^m(1+f)^{0.5}(1+f)^{t-1}-1] \tag{2-50}$$

式中：PF——价差预备费；

n——建设期年份数；

I_t——建设期中第 t 年的投资计划额，包括工程费用、工程建设其他费用及基本预备费，即第 t 年的静态投资；

f——年均投资价格上涨率；

m——建设前期年限（从编制估算到开工建设）。

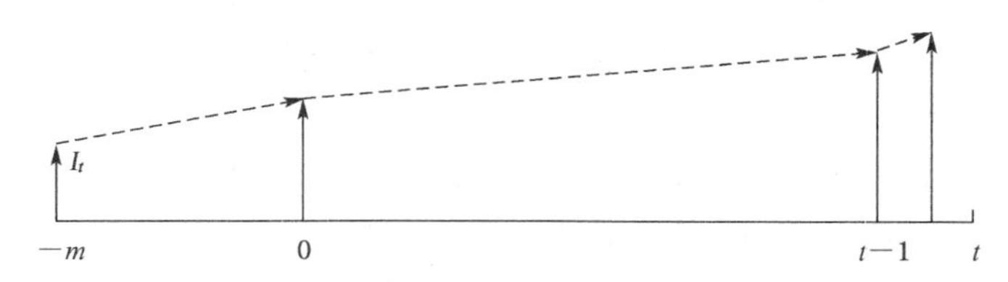

图 2-6　价差预备费公式推导图示

【例 2-8】　某建设项目建安工程费 10 000 万元，设备购置费 6 000 万元，工程建设其他费用 4 000 万元，已知基本预备费率 5%，项目建设前期年限为 1 年，建设期为 3 年，各年投资计划额为：第一年完成投资 20%，第二年完成 60%，第三年完成 20%。年均投资价格上涨率为 8%，求该建设项目建设期间价差预备费为多少万元？

【解】　基本预备费 =（10 000 + 6 000 + 4 000）× 5% = 1 000 万元

静态投资 = 10 000 + 6 000 + 4 000 + 1 000 = 21 000 万元

建设期第一年完成投资 = 21 000 × 20% = 4 200 万元

第一年价差预备费 = 4 200 ×［(1 + 8%) × (1 + 8%)$^{0.5}$ − 1］= 513.95 万元

建设期第二年完成投资 $= 21\,000 \times 60\% = 12\,600$ 万元

第二年价差预备费 $= 12\,600 \times [(1+8\%) \times (1+8\%)^{0.5} \times (1+8\%) - 1]$

$= 2\,673.20$ 万元

建设期第三年完成投资 $= 21\,000 \times 20\% = 4\,200$ 万元

第三年价差预备费 $= 4\,200 \times [(1+8\%) \times (1+8\%)^{0.5} \times (1+8\%)^2 - 1]$

$= 1\,298.35$ 万元

建设期的价差预备费为：$PF = 513.95 + 2\,673.20 + 1\,298.35 = 4\,485.50$ 万元

2.5.2 建设期利息

建设期利息包括向国内银行和其他非银行金融机构贷款、出口信贷、外国政府贷款、国际商业银行贷款以及在境内外发行的债券等在建设期间内应偿还的借款利息。

当总贷款是分年均衡发放时，建设期利息的计算可按当年借款在年中支用考虑。即当年贷款按半年计息，上年贷款按全年计息。计算公式为：

$$q_j = \left(P_{j-1} + \frac{1}{2}A_j\right) \cdot i \tag{2-51}$$

式中：P_{j-1}——第 j 年以前所欠的本利和；

q_j——第 j 年的利息额；

A_j——当年的借款额；

i——年有效利率。

【例 2-9】 某新建项目，建设期为 3 年，分年均衡进行贷款，第一年贷款 500 万元，第二年 800 万元，第三年 400 万元，年利率为 10%，建设期内利息只计息不支付，1 年计息一次，计算建设期贷款利息。

【解】 建设期各年利息计算如下：

$q_1 = \frac{1}{2} \times 500 \times 10\% = 25$ 万元

$q_2 = \left(500 + 25 + \frac{800}{2}\right) \times 10\% = 92.50$ 万元

$q_3 = \left(525 + 800 + 92.50 + \frac{400}{2}\right) \times 10\% = 161.75$ 万元

建设期贷款利息 $= q_1 + q_2 + q_3 = 25 + 92.50 + 161.75 = 279.25$ 万元

2.5.3 固定资产投资方向调节税

为了贯彻国家产业政策，控制投资规模，引导投资方向，调整投资结构，加强重点建设，促进国民经济持续稳定协调发展，对我国境内进行固定资产投资的单位和个人（不含中外合资经营企业、中外合作经营企业和外商独资企业）征收固定资产投资方向调节税。自 2000 年 1 月 1 日起新发生的投资额，暂停征收固定资产投资方向调节税，但并未取消。

投资方向调节税根据国家产业政策和项目经济规模实行差别税率，税率为 0%、5%、

10%、15%、30%五个档次。差别税率按两大类设计:一是基本建设项目投资;二是更新改造项目投资。对前者设计了四档税率,即 0%、5%、15%、30%;对后者设计了两档税率,即 0%、10%。

固定资产投资方向调节税的计算公式为:

$$应纳税额=(建筑安装工程费+设备及工器具购置费+工程建设其他费用+预备费)\times 适用税率 \tag{2-52}$$

【案例 2-1】 拟由英国某公司引进全套工艺设备和技术,在我国某港口城市内建设的项目,建设期 2 年,总投资 12 000 万元。总投资中引进部分的合同总价 780 万美元。辅助生产装置、公用工程等均由国内设计配套。引进合同价款的细项如下:

(1) 硬件费 680 万美元。

(2) 软件费 100 万美元,其中计算关税的项目有:设计费、非专利技术及技术秘密费用 70 万美元;不计算关税的有:技术服务及资料费 30 万美元。

人民币兑换美元的外汇牌价均按 1 美元 = 6.28 元人民币计算。

(3) 中国远洋公司的现行海运费率 6%,海运保险费率 3.5‰,现行外贸手续费率、中国银行财务手续费率、增值税率和关税税率分别按 1.5%、5‰、17%、17%计取。

(4) 国内供销手续费率 0.4%,运输、装卸和包装费率 0.1%,采购保管费率 1%。

问题:

(1) 引进项目的引进部分硬、软件原价包括哪些费用? 应如何计算?

(2) 本项目引进部分购置投资的估算价格是多少?

【解题要点分析】 本案例主要考核引进项目费用的计算内容和计算方法、引进设备国内运杂费和设备购置费的计算方法。本案例应解决以下几个主要概念性问题:

(1) 引进项目减免关税的技术资料、技术服务等软件部分不计国外运输费、国外运输保险费、外贸手续费和增值税。

(2) 外贸手续费、关税计算依据是硬件到岸价和应计关税软件的货价之和;银行财务费计算依据是全部硬、软件的货价;本例是引进工艺设备,故增值税的计算依据是应计关税价与关税之和,不考虑消费税。

硬件到岸价 = 硬件货价 + 国外运输费 + 国外运输保险费

应计关税价 = 硬件到岸价 + 应计关税软件的货价

(3) 引进部分的购置投资 = 引进部分的原价 + 国内运杂费

式中:引进部分的原价 = 货价 + 国外运费 + 国外运输保险费 + 外贸手续费 + 银行财务费 + 关税 + 增值税(不考虑进口车辆的消费税和附加费)

引进部分的国内运杂费包括供销手续费、运输装卸费和包装费(设备原价中未包括的,而运输过程中需要的包装费)以及采购保管费等内容。并按以下公式计算:

引进部分的国内运杂费 = 国内供销手续费 + 运输、装卸和包装费 + 采保费

式中:国内供销、运输、装卸和包装费 = 引进设备原价 × 供销、运输、装卸和包装费率

引进设备采保费 = (引进设备原价 + 国内供销、运输、装卸和包装费) × 采保费率

【解】 (1) 本案例引进部分为工艺设备的硬、软件,其原价包括货价、国外运输费、国外运输保险费、外贸手续费、银行财务费、关税和增值税等费用。各项费用的计算公式见

表 2-3。

表 2-3 工艺设备的硬、软件各项费用计算公式

费用名称	计算公式
货价	货价 = 硬、软件的离岸价外币金额 × 外汇牌价
国外运输费	国外运费 = 硬件货价 × 国外运输费率
国外运输保险费(价内税)	国外运输保险费 =(硬件货价 + 运输费) × 运输保险费率 ÷(1 − 运输保险费率)
关税	硬件关税 =(硬件货价 + 运费 + 运输保险费) × 关税税率 = 硬件到岸价 × 关税税率 软件关税 = 应计关税软件的货价 × 关税税率
消费税(价内税)	消费税 =(到岸价 + 关税) × 消费税率 ÷(1 − 消费税率)
增值税	增值税 =(硬件到岸价 + 应计关税软件货价 + 关税 + 消费税) × 增值税率
银行财务费	硬、软件的货价 × 银行财务费率
外贸手续费	(硬件到岸价 + 应计关税软件货价) × 外贸手续费率

(2) 本项目引进部分购置投资 = 引进部分的原价 + 国内运杂费

式中,引进部分的原价是指引进部分的费用之和。

货价 = 680 × 6.28 + 100 × 6.28 = 4 270.40 + 628.00 = 4 898.40 万元

国外运输费 = 4 270.40 × 6% = 256.22 万元

国外运输保险费 = (4 270.40 + 256.22) × 3.5‰ ÷ (1 − 3.5‰) = 15.90 万元

硬件关税 = (4 270.40 + 256.22 + 15.90) × 17% = 4 542.52 × 17% = 772.23 万元

软件关税 = 70 × 6.28 × 17% = 439.60 × 17% = 74.73 万元

合计 = 772.23 + 74.73 = 846.96 万元

增值税 = (4 270.40 + 256.22 + 15.90 + 439.60 + 846.96) × 17% = 990.94 万元

银行财务费 = 4 898.40 × 5‰ = 24.49 万元

外贸手续费 = (4 270.40 + 256.22 + 15.90 + 439.60) × 1.5% = 74.73 万元

引进设备原价合计 = 7 107.64 万元

国内供销、运输、装卸和包装费 = 引进设备原价 × 费率

= 7 107.64 × (0.4% + 0.1%) = 35.54 万元

引进设备采保费 = (引进设备原价 + 国内供销、运输、装卸和包装费) × 采保费率

= (7 107.64 + 35.54) × 1% = 71.43 万元

引进设备国内运杂费 = 国内供销、运输、装卸和包装费 + 引进设备采保费

= 35.54 + 71.43 = 106.97 万元

引进设备购置投资 = 引进部分原价 + 引进设备国内运杂费

= 7 107.64 + 106.97 = 7 214.61 万元

(案例引自全国造价工程师执业资格考试培训教材编审委员会编写的《建设工程造价案例分析》(2013 年版),数据上作了适当的调整)

习题

一、单项选择题

1. 建设项目的工程造价在量上与( )相等。

A. 建设项目总投资　　B. 静态投资

C. 建筑安装工程投资　　D. 固定资产投资

2. 在世界银行工程造价构成中,下列哪项费用是可能不动用的费用( )。

A. 未明确项目准备金　　B. 不可预见准备金

C. 建设期上升费用　　D. 预备费

3. 根据世界银行工程造价构成的规定,其中项目直接建设成本中不包括( )。

A. 服务性建筑费用　B. 管道系统费用　C. 场地费用　D. 开工试车费

4. 用成本计算估价法计算国产非标准设备原价时,利润的计算基数中不包括的费用项目是( )。

A. 专用工器具费　B. 废品损失费　C. 外购配套件费　D. 包装费

5. 某项目需购入一台国产非标准设备,该设备材料费 12 万元,加工费 3 万元,辅助材料费 1.8 万元,外购配套件费 1.5 万元,非标准设备设计费 2 万元,专用工具费 3%,废品损失率及包装费皆为 2%,增值税率为 17%,利润为 10%,则此国产非标准设备的利润为( )万元。

A. 1.95　B. 2.15　C. 1.80　D. 1.77

6. 某进口设备,到岸价格为 5 600 万元,关税税率为 21%,增值税税率为 17%,无消费税,则该进口设备应缴纳的增值税为( )万元。

A. 2 128.00　B. 1 151.92　C. 952.00　D. 752.08

7. 某公司进口 10 辆轿车,装运港船上交货价 5 万美元/辆,海运费 500 美元/辆,运输保险费 300 美元/辆,银行财务费率 0.5%,外贸手续费率 1.5%,关税税率 100%,计算该公司进口 10 辆轿车的关税为( )。(外汇汇率:1 美元=8.3 元人民币)

A. 415.00 万元人民币　　B. 421.64 万元人民币

C. 423.72 万元人民币　　D. 430.04 万元人民币

8. 设备运杂费的计算公式是( )。

A. 设备购置费×定额费率　　B. 设备购置费×设备运杂费率

C. 设备原价×设备运杂费率　　D. 设备原价×定额费率

9. 根据《建筑安装工程费用项目组成》(建标〔2013〕44 号)文件的规定,下列属于人工费的是( )。

A. 劳动保护费　　B. 装卸机司机工资

C. 公司安全监督人员工资　　D. 电焊工产、婚假期的工资

10. 根据《建筑安装工程费用项目组成》(建标〔2013〕44 号)文件的规定,对构件和建筑安装物进行一般鉴定和检查所发生的费用列入( )。

A. 企业管理费　B. 其他直接费　C. 措施费　D. 研究试验费

11. 以下选项中不属于措施费的是( )。

A. 施工排水费　B. 文明施工费　C. 工程排污费　D. 临时设施费

12. 冬雨季施工增加费的计算基数是(　　)。

A. 定额人工费和机械费　　B. 人工费和材料费

C. 直接工程费　　D. 人工费和措施项目费

13. 根据《建筑安装工程费用项目组成》(建标〔2013〕44号)文件的规定,有关自有模板及支架费的计算公式正确的是(　　)。

A. 模板及支架费=模板摊销量×模板价格+支、拆、运输费

B. 租赁费=模板使用量×使用日期×租赁价格

C. 模板及支架费=模板摊销量×模板价格

D. 模板及支架费=模板摊销量×租赁价格+支、拆、运输费

14. 施工现场瓦工工长的医疗保险费应计入(　　)。

A. 人工费　　B. 社会保障费　　C. 劳动保险费　　D. 企业管理费

15. 具有总承包条件的工程公司,对工程建设项目从开始建设至竣工投产全过程的总承包所需要的管理费用应计入(　　)。

A. 建设管理费　　B. 无形资产费用　　C. 建设单位管理费　　D. 直接工程费

16. 某工程为了验证设计参数,按设计规定在施工过程中必须对一新型结构进行测试,该项费用由建设单位支出,应计入(　　)。

A. 建设单位管理费　　B. 勘察设计费

C. 施工单位的检验试验费　　D. 研究试验费

17. 在施工中必须根据设计规定进行试验、验证所需要的费用应列入(　　)。

A. 建筑安装工程其他费用　　B. 建设单位管理费

C. 建筑安装工程间接费　　D. 固定资产其他费用

18. 银行担保及承诺费应计入(　　)。

A. 进口设备原价　　B. 进口设备运杂费

C. 企业管理费　　D. 引进技术和引进设备其他费用

19. 无形资产费用主要指(　　)。

A. 引进技术和引进设备费　　B. 勘察设计费

C. 专利及专有技术使用费　　D. 生产准备及开办费

20. 某建设项目,建设期2年,$m=0$,第一年计划投资1 000万元,第二年计划投资500万元,年均投资价格上涨率为5%,则建设期间价差预备费为(　　)万元。

A. 62.66　　B. 75.0　　C. 100.0　　D. 141

21. 新建项目,建设期为3年,分年均衡进行贷款,第一年贷款1 000万元,第二年贷款2 000万元,第三年贷款500万元。年贷款利率为6%,建设期间只计息、不支付,则该项目第三年贷款利息为(　　)万元。

A. 204.11　　B. 243.60　　C. 345.00　　D. 355.91

二、多项选择题

1. 国产非标准设备原价按成本计算法估价确定时,其包装费的计算基数包括(　　)。

A. 材料费　　B. 辅助材料费　　C. 专用工具费　　D. 非标准设备设计费

E. 外购配套件费

2. 下列关于设备及工器具购置费的描述中,正确的是(　　)。

A. 设备购置费由设备原价、设备运杂费组成

B. 国产标准设备带有备件时,其原价按不带备件的价值计算,备件价值计入工器具购置费中

C. 国产设备的运费和装卸费是指由设备制造厂交货地点至工地仓库止所产生的运费和装卸费

D. 进口设备采用装运港船上交货价时,其运费和装卸费是指设备由装运港港口起到工地货仓止所发生的运费和装卸费

3. 在用成本计算估价法计算国产非标准设备原价时,利润的计算基数中包括的费用项目是(　　)。

A. 专用工器具费　B. 废品损失费　C. 外购配套件费　D. 包装费

E. 增值税

4. 应纳消费税的进口车辆,其消费税的计提基础包括(　　)。

A. 到岸价　B. 外贸手续费　C. 消费税　D. 关税

E. 银行财务费

5. 下列属于设备运杂费的有(　　)。

A. 临时设施费　B. 采购与仓库保管费

C. 装卸费　D. 设备供销部门的手续费

E. 运费

6. 在工程建设其他费用的构成中,联合试运转费不包括(　　)。

A. 专家指导费　B. 原材料费

C. 因施工原因发生的处理费用　D. 机械使用费

E. 因设备缺陷发生的处理费用

7. 下列选项中属于安全文明施工费的是(　　)。

A. 文明施工费　B. 脚手架费　C. 环境保护费　D. 工具用具使用费

E. 安全施工费

8. 在企业管理费中,劳动保险费包括(　　)。

A. 养老保险费　B. 离退休职工的易地安家补助

C. 职工退职金　D. 医疗保险费

E. 女职工哺乳时间的工资

9. 建筑安装工程含税造价中的税金应包括(　　)等。

A. 印花税　B. 增值税　C. 土地使用税　D. 城市维护建设税

E. 教育费附加

10. 根据我国现行建筑安装工程费用项目组成,下列属于社会保险费的是(　　)。

A. 住房公积金　B. 养老保险费　C. 失业保险费　D. 医疗保险费

E. 危险作业意外伤害保险费

11. 按我国现行投资构成,下列费用中,与固定资产其他费用有关的是(　　)。

A. 建设管理费　B. 建设用地费

C. 施工单位办公和生产家具购置费　D. 研究试验费

E. 引进技术和引进设备其他费

12. 建设项目竣工验收前进行联合试运转，根据工程造价构成，应计入联合试运转费的有(　　)。

A. 单台设备试车费用
B. 所需的原料、燃料和动力费用
C. 机械使用费用
D. 系统设备联动无负荷试运转工作的调试费
E. 施工单位参加联合试运转人员的工资

13. 下列费用中，属于征地及拆迁补偿费用的是(　　)。

A. 土地使用权出让金
B. 安置补助费
C. 土地补偿费
D. 搬迁补助费
E. 土地契税

第二篇 建筑工程定额原理

3 建筑工程定额概论

教学目标

主要讲述建筑工程定额的基本概念和基本理论。通过本章学习，应达到以下目标：

（1）掌握建筑工程定额的概念，建筑工程定额的分类。

（2）熟悉预算定额和施工定额。

（3）理解概算定额、概算指标、估算指标。

3.1 建筑工程定额概述

3.1.1 定额的定义

定额是一种规定的额度。在工程施工过程中，完成某一工程项目或结构构件所需人力、物力和财力等资源的消耗量，是随着施工对象、施工方式和施工条件的变化而变化的。建设工程定额是指在工程建设中单位产品上人工、材料、机械等消耗的规定额度。它除了规定各种资源和资金的消耗量外，还规定了应完成的工作内容、达到的质量标准和安全要求。定额作为加强企业经营管理、组织施工、决定分配的工具，主要作用表现为：它是建设系统作为计划管理、宏观调控、确定工程造价、对设计方案进行技术经济评价、贯彻按劳分配原则、实行经济核算的依据，是衡量劳动生产率的尺度，是总结、分析和改进施工方法的重要手段。它属于生产消费定额的性质。这种规定的数量额度所反映的是，在一定的社会生产力发展水平的条件下，完成工程建设中的某项产品与各种生产消费之间特有的数量管理。

尽管管理科学在不断发展，但它仍然离不开定额。没有定额提供可靠的基本管理数据，任何好的管理和手段也不能取得理想的结果。所以，定额虽然是科学管理发展初期的产物，但它在企业管理中一直占有主要地位。定额是企业管理科学化的产物，也是科学管理的基础。

我国 40 多年的工程建设定额管理工作经历了一个曲折的发展过程，现已逐步完善，在经济建设中发挥着越来越重要的作用。近年来，为了将定额工作纳入标准化管理的轨道，国家相继编制了一系列定额。1995 年 12 月 15 日，建设部编制颁发了《全国统一建筑工程基础定额》（土建工程）和《全国统一建筑工程预算工程量计算规则》。建设部 2003 年颁发的

《工程量清单计价规范》(GB 50500—2003)和 2008 年颁发的《工程量清单计价规范》(GB 50500—2008),2013 年颁发的《工程量清单计价规范》(GB 50500—2013)实行"量"、"价"分离的原则,使建筑产品的计价模式进一步适应市场经济体制,使定额成为生产、分配和管理的重要科学依据。

3.1.2 工程建设定额的作用

我国经济体制改革的目标模式是建立社会主义市场经济体制。定额既不是计划经济的产物,也不是与市场经济相悖的体制改革对象。定额管理二重性决定了它在市场经济中仍然具有重要的地位和作用。首先,定额与市场经济的共融性是与生俱来的。在市场经济中,每个商品生产者和商品经营者都被推向市场,他们为了在竞争中求生存、求发展,要努力提高自己的竞争能力,这就必然要求利用手段加强管理,达到提高工作效率、降低生产和经营成本、提高市场竞争能力的目的。其次,定额不仅是市场供给主体加强竞争能力的手段,而且是体现国家加强宏观调控管理的手段。如果没有定额,无法判断项目的经济可行性,无法实施建设过程造价的有效控制。可见,利用定额加强宏观调控和宏观管理是经济发展的客观要求,也是建立规范化的市场和竞争、有序的市场的客观要求。

(1) 在工程建设中,定额仍然具有节约社会劳动和提高生产效率的作用。一方面,企业以定额作为促进工人节约社会劳动(工作时间、原材料等)和提高劳动效率、加快工作速度的手段,以增加市场竞争能力,获取更多的利润;另一方面,作为工程造价计算依据的各类定额,又促使企业加强管理,把社会劳动的消耗控制在合理的限度内。再者,作为项目决策依据的定额指标,又在更高的层次上促使项目投资者合理而有效地利用和分配社会劳动。这都证明了定额在工程建设中节约社会劳动和优化资源配置的作用。

(2) 定额有利于建筑市场公平竞争。定额所提供的准确的信息为市场需求主体和供给主体之间的竞争,以及供给主体和供给主体之间的公平竞争,提供了有利条件。

(3) 定额是对市场行为的规范。定额既是投资决策的依据,又是价格决策的依据。对于投资者来说,他可以利用定额权衡自己的财务状况和支付能力,预测资金投入和预期回报,还可以充分利用有关定额的大量信息,有效地提高其项目决策的科学性,优化其投资行为。

(4) 工程建设定额有利于完善市场的信息系统。定额管理是对大量市场信息的加工,也是对市场大量信息进行传递,同时也是市场信息的反馈。信息是市场体系中不可缺少的要素,它的指导性、标准性和灵敏性是市场成熟和市场效率的标志。在我国,以定额的形式建立和完善市场信息系统,是以公有制经济为主体的社会主义市场经济的特色。

3.1.3 工程建设定额的特征

1) 真实性和科学性

工程建设定额的真实性应该是如实地反映和客观评价工程造价。工程造价受到经济活动中各种因素的影响,每一因素的变化都会通过定额直接或间接地反映出来。定额必须反映工程建设中生产消费的客观规律。

工程建设定额的科学性,首先表现在用科学的态度制定定额,尊重客观实际,力求定额水平合理；其次表现在制定定额的技术方法上，利用现代科学管理的成就形成一套系统的、完整的、在实践中行之有效的方法；第三，表现在定额制定和贯彻的一体化，制定是为了提供贯彻的依据，贯彻是为了实现管理的目标，也是对定额的信息反馈。

2）系统性和统一性

工程建设定额是相对的独立系统，是由多种定额结合而成的有机系统。有鲜明的层次，有明确的目标。

按照系统论的观点，工程建设就是庞大的实体系统，工程建设定额是为这个实体系统服务的。因而工程建设本身的多种类、多层次就决定了以它为服务对象的工程建设定额的多种类、多层次。工程建设定额的系统性是由工程建设的特点决定的。

工程建设定额的统一性，主要是由国家对经济发展的有计划的宏观调控职能决定的。为了使国民经济按照既定的目标发展，就需要借助于某些标准、定额、参数等，对工程建设进行规划、组织、调节、控制。而这些标准、定额、参数必须在一定范围内是一种统一的尺度，才能实现上述职能，才能利用它对项目的决策、设计方案、投标报价、成本控制进行比选和评价。工程建设定额的统一性，按照其影响力和执行范围来看，有全国统一定额、地区统一定额和行业统一定额等。

3）稳定性和时效性

工程建设定额中所规定的各种劳动和物化劳动消耗量的多少，是由一定时期的社会生产力水平所确定的，有一个相对稳定的执行期。地区和部门定额稳定时间一般在3～5年，国家定额在5～10年。

但是，稳定性是相对的，随着科学技术水平和管理水平的提高，社会生产力的水平也必然会提高。原有定额不能适应生产发展时，定额授权部门就要根据新的情况对定额进行修订和补充。所以，就一段时期而论，定额是稳定的，就长时期而论，定额是变化的，既有稳定性，也有时效性。

4）权威性和参考性

经过一定的程序和一定授权单位审批颁发的建筑工程定额，具有一定的权威性。这种权威性在某些情况下具有执行建设法规性质。

定额权威性的客观基础是它的科学性。对于相对比较稳定的定额，如工程量计算规则，使用者和执行者都必须按规则和定额执行；而对于相对比较活跃的定额，如基础单价、各项费用取费率，赋予其一定的指导性，可以在一定的变化幅度内参照执行。

1992年，建设部提出了预算定额中的“控制量、指导价、竞争费”的改革措施，将预算定额中的量、价分离，规定在合同价格结算时可采用政府主管部门公布的“信息价”。2001年10月25日，建设部发布了《建筑工程施工发包与承包计价管理办法》，明确提出建筑工程施工发包与承包价格在政府宏观调控下，由市场竞争形成。2003年2月17日，建设部又发布了《建设工程工程量清单计价规范》(GB 50500—2003)，表明了我国的工程量计价模式有了革命性变化。但是也要看到，“计价规范”的编制，仍然是以现行的“全国统一工程预算定额”为基础，特别是项目划分、计量单位、工程量计算规则等方面，尽可能多地与定额衔接。原因主要是预算定额是我国经过几十年实践的总结，这些内容具有一定的科学性和实用性。

因此，在实施工程量清单计价招标中，预算定额仍具有参考性。

3.2 建筑工程定额的分类

在建筑安装施工生产中,根据需要而采用不同的定额。例如用于企业内部管理的有劳动定额、材料消耗定额和施工定额。又如为了计算工程造价,要使用估算指标、概算定额、预算定额(包括基础定额)、费用定额等。因此,工程建设定额可以从不同的角度进行分类。

3.2.1 按定额反映的生产要素消耗内容分类

1) 劳动定额

劳动定额规定了在正常施工条件下某工种某等级的工人,生产单位合格产品所需消耗的劳动时间,或是在单位时间内生产合格产品的数量。

2) 材料消耗定额

材料消耗定额是在节约和合理使用材料的条件下,生产单位合格产品所必须消耗的一定品种规格的原材料、半成品、成品或结构构件的消耗量。

3) 机械台班消耗定额

机械台班消耗定额是在正常施工条件下,利用某种机械,生产单位合格产品所必须消耗的机械工作时间,或是在单位时间内机械完成合格产品的数量。

3.2.2 按定额的不同用途分类

1) 施工定额

施工定额是企业内部使用的定额,它以同一性质的施工过程为研究对象,由劳动定额、材料消耗定额、机械台班消耗定额组成。它既是企业投标报价的依据,也是企业施工成本的基础。

2) 预算定额

预算定额是编制工程预结算时计算和确定一个规定计量单位的分项工程或结构构件的人工、材料、机械台班耗用量(或货币量)的数量标准。它是以施工定额为基础的综合扩大。

基础定额是以完成规定计量单位工序所需的人工、材料、施工机械的基础消耗量,不包括人工幅度差、材料损耗和机械幅度差。它为编制预算定额、企业定额、概算定额和投资估算指标提供基础标准。

3) 概算定额

概算定额是编制扩大初步设计概算时计算和确定扩大分项工程的人工、材料、机械台班耗用量(或货币量)的数量标准。它是预算定额的综合扩大。

4) 概算指标

概算指标是在初步设计阶段编制工程概算所采用的一种定额,是以整个建筑物或构筑物为对象,以“m^2”、“m^3”或“座”等为计量单位规定人工、材料、机械台班耗用量的数量标准。它比概算定额更加综合扩大。

5）投资估算指标

投资估算指标是在项目建议书和可行性研究阶段编制、计算投资需要量时使用的一种定额，一般以独立的单项工程或完整的工程项目为对象，编制和计算投资需要量时使用的一种定额。它也是以预算定额、概算定额为基础的综合扩大。

3.2.3 按定额的编制单位和执行范围分类

1）全国统一定额

是由国家建设行政主管部门根据全国各专业工程的生产技术与组织管理情况而编制的、在全国范围内执行的定额。如《全国统一安装工程预算定额》等。

2）地区统一定额

按照国家定额分工管理的规定，由各省、直辖市、自治区建设行政主管部门根据本地区情况编制的、在其管辖的行政区域内执行的定额。如各省、市、自治区的《建筑工程预算定额》等。

3）行业定额

按照国家定额分工管理的规定，由各行业部门根据本行业情况编制的、只在本行业和相同专业性质使用的定额。如交通部发布的《公路工程预算定额》等。

4）企业定额

由企业根据自身具体情况编制，在本企业使用的定额。如施工企业定额等。

5）补充定额

当现行定额项目不能满足生产需要时，根据现场实际情况一次性补充定额，并报当地造价管理部门批准或备案。如江苏省建设厅2007年颁发的《江苏省建筑安装与装饰工程补充定额》。

3.2.4 按照投资的费用性质分类

1）建筑工程定额

建筑工程一般是指房屋和构筑物工程。包括土建工程、电气工程（动力、照明、弱电）、暖通技术（水、暖、通风工程）、工业管道工程、特殊构筑物工程等。广义上被理解为包含其他各类工程，如道路、铁路、桥梁、隧道、运河、堤坝、港口、电站、机场等工程。建筑工程定额是指用于建筑工程的计价定额。因此，建筑工程定额在整个工程建设定额中是一种非常重要的定额，在定额管理中占有突出的地位。

2）设备安装工程定额

设备安装工程是对需要安装的设备进行定位、组合、校正、调试等工作的工程。在工业项目中，机械设备安装和电气设备安装工程占有重要地位。在非生产性的建设项目中，由于社会生活和城市设施的日益现代化，设备安装工程量也在不断增加。设备安装工程定额是指用于设备安装工程的计价定额。

设备安装工程定额和建筑工程定额是两种不同类型的定额，一般都要分别编制，各自独立。但是设备安装工程和建筑工程是单项工程的两个有机组成部分，在施工中有时间连续性，也有作业的搭接和交叉，需要统一安装，互相协调，在这个意义上通常把建筑和安装工程作为一个施工过程来看待,即建筑安装工程。所以有时合二为一,称为建筑安装工程定额。

3) 建筑安装工程费用定额

建筑安装工程费用定额是指与建筑安装施工生产的个别产品无关,而为企业生产全部产品所必需,为维持企业的经营管理活动所必须发生的各项费用开支的费用消耗标准。

4) 工程建设其他费用定额

是独立于建筑安装工程、设备和工器具购置之外的其他费用开支的标准。工程建设其他费用的发生和整个项目的建设密切相关。

3.3 建筑工程定额的产生与发展

3.3.1 定额的产生和发展

定额产生于19世纪末资本主义企业管理科学的发展初期。当时,高速度的工业发展与低水平的劳动生产率相矛盾。虽然科学技术发展很快,机器设备先进,但在管理上仍然沿用传统的经验方法,生产效率低,生产能力得不到充分发挥,阻碍了社会经济的进一步发展和繁荣,而且也不利于资本家赚取更多的利润。改善管理成了生产发展的迫切要求。在这种背景下,著名的美国工程师泰勒(F. W. Taylor, 1856—1915)制定出工时定额,以提高工人的劳动效率。他为了减少工时消耗,研究改进生产工具与设备,并提出一整套科学管理的方法,这就是著名的“泰勒制”。

泰勒提倡科学管理,主要着眼于提高劳动生产率,提高工人的劳动效率。他突破了当时传统管理方法的羁绊,通过科学试验,对工作时间利用进行细致的研究,制定出标准的操作方法;通过对工人进行训练,要求工人改变原来习惯的操作方法,取消那些不必要的操作程序,并且在此基础上制定出较高的工时定额,用工时定额评价工人工作的好坏;为了使工人能达到定额,大大提高工作效率,又制定了工具、机器、材料和作业环境的“标准化原理”;为了鼓励工人努力完成定额,还制定了一种有差别的计件工资制度。如果工人能完成定额,就采用较高的工资率,如果工人完不成定额,就采用较低的工资率,以刺激工人为多拿60%或者更多的工资去努力工作,去适应标准操作方法的要求。

“泰勒制”是作为资本家榨取工人剩余价值的工具,但它又是以科学方法来研究分析工人劳动中的操作和动作,从而制定最节约的工作时间—工时定额。“泰勒制”给资本主义企业管理带来了根本性变革,对提高劳动效率作出了显著的科学成就。

在我国古代工程中,亦是很重视工料消耗计算的,并形成了许多则例。如果说长时期人们生产中积累的丰富经验是定额产生的土壤,这些则例则可看作是工料定额的原始形态。我国北宋著名的土木建筑家李诫编修的《营造法式》,成书于公元1100年,它是土木建筑工程技术的巨著,也是工料计算方面的巨著。《营造法式》共有三十四卷,分为释名、各作制度、功限、料例和图样五个部分。其中,第十六卷至二十五卷是各工种计算用工量的规定;第二十六卷至二十八卷是各工种计算用料的规定。这些关于算工算料的规定,可以看作是古代的工料定额。清工部《工程做法则例》中,也有许多内容是说明工料计算方法的,甚至可以说它主要是一部算工算料的书。直到今天,《仿古建筑及园林工程预算定额》仍将这些则例等技术文献作为编制依据之一。

新中国成立以来,国家十分重视建筑工程定额的制定和管理。第一个五年计划(1953—1957年)期间,建筑工程定额在控制建设投资、加强企业管理、组织工程施工及推行计件工资制等方面得到充分应用和迅速发展。

1958年开始的第二个五年计划期间,由于经济领域中的“左”倾思潮影响,否定社会主义时期的商品生产和按劳分配,否定劳动定额和计件工资制,撤销一切定额机构。直至1962年,国家建筑工程部又正式修订颁发全国建筑安装工程统一劳动定额时才逐步恢复定额制度。

1966年起的“文化大革命”期间,以平均主义代替按劳分配,彻底否定科学管理和经济规律,国民经济遭到严重破坏,定额制度再次遭难,导致建筑业全行业亏损。1979年,国家重新颁发了《建筑安装工程统一劳动定额》,以加强劳动定额的管理。1985年,国家城乡建设环境保护部修订颁发了《建筑安装工程统一劳动定额》。1995年,国家建设部又颁布了《全国统一建筑工程基础定额》(以下简称《基础定额》),从这之后,全国各地都先后重新修订了各类建筑工程预算定额,使定额管理更加规范化和制度化。

《基础定额》是以原国家建委1981年《建筑工程预算定额》(修改稿)及各省、自治区、直辖市现行预算定额为编制依据,按照正常的施工条件、目前多数施工单位的施工机械装备程度、合理的施工工期、施工工艺、劳动组织为基础编制的,反映了社会平均消耗水平;也是依据现行有关国家产品标准、设计规范、施工及验收规范、质量评定标准、安全操作规程编制的,并参考了行业、地方标准以及有代表性的工程设计、施工资料和其他资料;其项目划分参照了各省、自治区、直辖市和有关行业部门的现行定额以及近几年各地各部门补充定额,增加了定额项目,并尽可能与目前新技术、新工艺的发展相适应,以提高定额的覆盖面。

《基础定额》是以保证工程质量为前提,完成按规定计量单位计量的分项工程的基本消耗量标准。《基础定额》的表现形式是按照量价分离、工程实体消耗和施工措施性消耗分离的改革设想而确定的。《基础定额》在项目划分、计量单位、工程量计算规则等方面统一的基础上实现了消耗量的基本统一,是编制全国统一定额、专业统一定额和地区统一定额的基础,也是施工单位制定投标报价和内部管理定额的重要参考资料。《基础定额》是国家对工程造价计价消耗量实施宏观调控的基础,对建立全国统一建筑市场、规范市场行为、促进和保护平等竞争起着积极作用。

3.3.2 当前我国概预算与定额管理模式

1988年建设部成立标准定额司,各省市、各部委建立了定额管理站,全国颁布一系列推动概预算管理和定额管理发展的文件,以及大量的预算定额、概算定额、概算指标。20世纪80年代后期,全过程造价管理概念逐渐为广大造价管理人员所接受,对推动建筑业改革起到了促进作用。随着经济体制改革的深入,我国基本建设概预算定额管理模式发生了很大的变化。主要表现在:

(1) 重视项目决策阶段的投资估算工作,切实发挥其控制建设项目总造价的作用。

(2) 强调设计阶段概预算工作,充分发挥其控制工程造价,合理使用建设资金的作用。

(3) 明确建设工程产品也是商品,改革建设工程造价构成与国际惯例接轨。

(4) 全面推行招标投标和承发包制，改行政手段分配设计、施工任务为招标承包。

(5) 工程造价从过去的“静态”管理向“动态”管理过渡。

(6) 建立监理工程师、造价工程师、咨询工程师(投资)执业资格制度。

(7) 建设部于2003年颁布实施的《建设工程工程量清单计价规范》(GB 50500—2003)，不仅是适应市场定价机制、深化工程造价管理改革的重要措施，还增加了招标、投标透明度，更能进一步体现招投标过程中公平、公正、公开的三公原则，是国家在工程量计价模式上的一次革命。

(8) 确立咨询业公正、负责的社会地位。工程造价咨询面向社会接受委托，承担建设项目的可行性研究、投资估算、项目经济评价、工程概算、预算、工程结算、竣工决算、工程招标标底、投标报价的编制和审核，对工程造价进行监控。

3.3.3　定额与劳动生产率

建筑工程定额反映一定时期社会生产力的水平，研究建筑产品消耗人工、材料和机械的数量及其节约的途径，以提高劳动生产率。

定额对劳动生产率起保证作用。通过工时消耗研究、设备与工具的选择、劳动组织的优化、材料的合理使用等各方面的分析和研究，使各生产要素得到最合理的配合，最大限度地节约使用劳动力和减少材料消耗，挖掘潜力，从而提高劳动生产率和降低成本；通过定额的制定和执行，把提高劳动生产率的任务落实到各项工作和每个劳动者，使每个工人都能明确各自目标，加强责任感。

建筑工程定额反映建筑业的水平，是施工单位经营管理的依据和标准。每个施工单位和每个工人都要努力达到定额或争取超额完成定额。

定额水平，是指规定消耗在单位产品上的劳动、机械和材料数量的多寡，是按照一定施工程序和工艺条件下规定的施工生产中活劳动和物化劳动的消耗水平。

定额的水平应直接反映劳动生产率水平，反映劳动和物质消耗水平。定额水平与劳动生产率水平变动方向一致，与劳动和物质消耗水平变动方向相反。

现实中，定额水平和劳动生产率水平有不一致的方面。随着技术的发展和定额对社会劳动生产率的不断促进，定额水平往往落后于社会劳动生产率水平。当定额水平已经不能促进施工生产和管理，甚至影响进一步提高劳动生产率时，就应当修订已经陈旧的定额，以达到新的平衡。

3.3.4　工时研究

企业定额的制定和推行与工时研究有着密切的关系。工时研究，也称工作研究，其中包括两个密不可分的部分，即动作研究和时间研究。总体而言，企业定额的制定和执行就是工时研究的内容，是工时研究在施工生产和施工单位管理中的具体运用。

1) *动作研究*

动作研究的实质是在现有设备条件下，对工作方法、生产程序和细微动作进行分析和优选，从而在产品生产中最大限度地利用物质资源，提高劳动生产率。

2）时间研究

时间研究，也称为时间衡量，是在一定标准测定条件下，确定人们作业活动所需时间总量的一套程序。时间研究的直接结果是提供制定反映劳动消耗时间定额的可靠数据资料。

研究施工中的工作时间，主要目的是确定施工的时间定额和产量定额，在工作研究中称之为确定时间标准。时间研究还可以用于编制施工作业计划，检查定额执行情况和劳动效率，决定机械操作的人员组成，组织均衡生产，选择更好的施工方法和机械设备，决定工人和机械的调配，确定工程的计划成本以及作为计算工人劳动报酬的基础。但这些用途和目的，只有在确定了时间定额或产量定额的基础上才能达到。

工作时间，在这里指的是工作班延续时间（不包括午休）。对工作时间消耗的研究，可以分为两个系统进行，即工人工作时间的消耗和工人所使用的机械工作时间的消耗。在对工作时间进行分类的基础上，可以采用多种方法进行工作时间的研究。

施工过程的研究是工作研究的中心，工作时间的研究则是工作研究要达到的结果。研究施工中工作时间的前提，是对工作时间按其消耗性质进行分类，以便研究工时消耗的数量及其特点。

3）施工过程研究

施工过程研究是在建设工地范围内所进行的生产过程。施工过程由不同工种、不同技术等级的建筑安装工人完成，并且必须有一定的劳动对象——建筑材料、半成品、配件、预制品等；一定的劳动工具——手动工具、小型机具和机械等。

施工过程有如下分类：

（1）按施工过程的性质不同，可以分为建筑过程、安装过程和建筑安装过程（建筑工程和安装工程交错进行）。

（2）按施工过程的完成方法不同，可以分为手工操作过程（手动过程）、机械化过程（机动过程）和机手并动过程（半机械化过程）。

（3）按施工过程劳动分工特点的不同，可以分为个人完成的过程、小组完成的过程和工作队完成的过程。

（4）按施工过程组织上的复杂程度，可以分为工序、工作过程和综合工作过程。

工序是组织上分不开和技术上相同的施工过程。工序的主要特征是：工人班组、工作地点、施工工具和材料均不发生变化。如果其中有一个因素发生变化，就意味着从一个工序转入另一个工序。从施工的技术操作和组织的观点看，工序是工艺方面最简单的施工过程。工序又可分解为操作和动作。在用计时观察法来测定企业定额时，工序是主要的研究对象。

工作过程是由同一工人或同一小组所完成的在技术操作上相互有机联系的工序的综合体。其特点是人员编制不变，工作地点不变，材料和工具则可以变换。例如，砌墙和勾缝，抹灰和刷浆，是不同的工作过程。

（5）施工过程的工序或其组成部分，如果以同样次序不断重复，并且每经一次重复都可以生产出同一种产品，称为循环的施工过程。施工过程的工序或其组成部分不是以同样的次序重复，或者生产出来的产品各不相同，这种施工过程则称为非循环的施工过程。

施工过程和工作时间的研究是建立企业定额的基础。对复杂的施工过程和工作班延续时间进行分类和研究，是制定企业定额的必要前提。只有对施工过程进行分类研究，把施工过程划分为便于考察和研究的对象，才可以详细考察施工过程的技术组织条件，观察其工时消耗的性质和特点；只有把工作班延续时间按其消耗性质加以区别和分类，才能划分必需消耗时间和损失时间的界限，为制定定额建立科学的计算依据，也才能明确哪些工时消耗应计入定额，哪些则不应计入定额。同时，也便于每个施工过程设计出正确的施工条件，作为制定定额的技术根据。

习题

一、单项选择题

1. 下列定额中，不属于按用途分类的是(　　)。

A. 概算定额　B. 建筑工程定额　C. 预算定额　D. 投资估算定额

2. 工程建设定额，按其反映的生产要素内容分为(　　)。

A. 施工定额、概算定额、预算定额

B. 建筑工程定额、安装工程定额、建筑工程费用定额

C. 劳动消耗定额、材料消耗定额、机械台班消耗定额

D. 概算定额、概算指标、投资估算定额

3. 在下列各种定额中，以工序为研究对象的是(　　)。

A. 概算定额　B. 施工定额　C. 预算定额　D. 投资估算指标

4. 建设项目总概算是编制和确定建设项目(　　)。

A. 从筹建到竣工所需建筑安装工程全部费用的文件

B. 从筹建到竣工交付使用所需全部费用的文件

C. 从开工到竣工所需建筑安装工程全部费用的文件

D. 从开工到竣工交付使用所需全部费用的文件

二、问答题

1. 什么是定额？工程建设定额有什么特征？

2. 什么是时间研究？

4 施工定额(企业定额)

教学目标

主要讲述建筑工程施工定额的基本理论和方法。通过本章学习,应达到以下目标:

(1) 掌握人工消耗定额、材料消耗定额、机械台班消耗定额的计算。

(2) 熟悉施工定额的相关概念。

(3) 理解工期定额的相关概念。

4.1 概述

4.1.1 (建筑)施工定额的概念

施工定额是具有合理劳动组织的建筑安装工人小组在正常施工条件下完成单位合格产品所需要的人工、机械、材料消耗的数量标准,它是根据专业施工的作业对象和工艺制定的。施工定额反映企业的施工水平,是建筑企业中用于工程施工管理的定额。

施工定额是建筑工程定额中分得最细、定额子目最多的一种定额。

一般情况下,施工定额等同于企业定额。但应当指出,相当多的施工企业缺乏自己的施工定额,这是施工管理的薄弱环节。施工企业应根据本企业的具体条件和可能挖掘的潜力,根据市场的需求和竞争环境,根据国家有关政策、法律和规范、制度,自己编制定额,自行决定定额的水平。同类施工企业之间存在着施工定额水平的差距,这样在建筑市场上才能具有竞争能力。同时,施工企业应将施工定额的水平对外作为商业秘密进行保密。

在市场经济条件下,国家定额和地区定额不再是强加给施工企业的约束和指令,而是对企业的施工定额管理进行引导,从而实现对工程造价的宏观调控。

4.1.2 施工定额的分类与组成

根据工程的性质不同对施工定额的分类如图 4-1 所示。施工定额是由劳动定额、材料消耗定额和机械台班使用定额三部分组成的。它是在考虑了预算定额项目划分的方法和内容以及劳动定额的分工种做法的基础上,由工序定额综合而成的。

4.1.3 施工定额的作用

施工定额是施工企业管理工作的基础,也是建设工程定额体系的基础。施工定额在企业管理工作中的基础作用主要表现在以下几个方面。

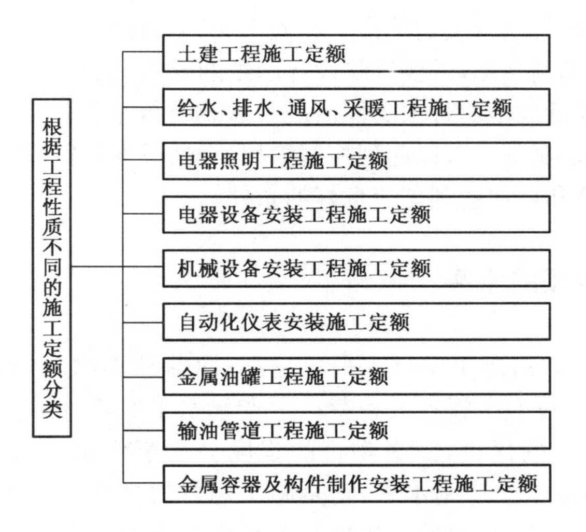

图 4-1 施工定额的分类情况示意图

1)施工定额是企业计划管理的依据

表现为施工定额是企业编制施工组织设计的依据,也是企业编制施工工作计划的依据。

施工组织设计是指导拟建工程进行施工准备和施工生产的技术、经济文件。其基本任务是:根据招标文件及合同协议的规定,确定出经济合理的施工方案,在人力和物力、时间和空间、技术和组织上对拟建工程作出最佳安排。

施工作业计划则是根据企业的施工计划、拟建工程施工组织设计和现场实际情况编制的,它是一个以实现企业施工计划为目的的具体执行计划,是组织和指挥生产的技术文件,也是班组进行施工的依据。

2)施工定额是组织和指挥施工生产的有效工具

企业通过下达施工任务书和限额领料单来实现组织管理和指挥施工生产。

施工任务书,既是下达施工任务的技术文件,也是班、组经济核算的原始凭证。它表明了应完成的施工任务,也记录着班、组实际完成任务的情况,并且进行班、组工人的工资结算。施工任务书上的工程计量单位、产量定额和计件单位,均需取自劳动定额,工资结算也要根据劳动定额的完成情况计算。

限额领料单是施工队随任务书同时签发的领取材料的凭证。这一凭证是根据施工任务和施工的材料定额填写的。其中领料的数量,是班、组为完成规定的工程任务消耗材料的最高限额,这一限额也是考核班、组完成任务情况的一项重要指标。

3)施工定额是计算工人劳动报酬的依据

工人的劳动报酬是根据工人劳动的数量和质量来计量的,而施工定额为此提供了一个衡量标准,它是计算工人计件工资的基础,也是计算奖励工资的基础。

4)施工定额有利于推广先进技术

施工定额水平中包含着某些已成熟的先进的施工技术和经验,工人要达到和超过定额,就必须掌握和运用这些先进技术,如果工人想大幅度超过定额,就必须创造性地劳动。

5）施工定额是编制施工预算、加强企业成本管理的基础

施工预算是施工单位用以确定单位工程人工、机械、材料和资金需要量的计划文件。施工预算以施工定额为编制基础，既要反映设计图纸的要求，也要考虑在现有条件下可能采取的节约人工、材料和降低成本的各项具体措施。这就有效地控制人力、物力消耗，节约成本开支。严格执行施工定额不仅可以起到控制消耗、降低成本和费用的作用，同时为贯彻经济核算制、加强班组核算和增加盈利创造良好的条件。

4.1.4 施工定额的水平

劳动生产率水平越高，施工定额水平也越高；而劳动和物质消耗数量越多，施工定额水平越低。但实际中，施工定额水平和劳动生产率水平有不一致的方面。随着技术的发展和定额对劳动生产率的促进，二者吻合的程度会逐渐变化，差距越来越大。现实中的定额水平落后于社会劳动生产率水平，正是施工定额发挥作用的表现。当定额水平已经不能促进施工生产和管理，影响进一步提高劳动生产率时，就应修订已经陈旧的定额，以达到新的平衡。

施工定额水平，属于平均先进水平。平均先进水平，是在正常的施工条件下大多数施工队组和工人经过努力能够达到和超过的水平，低于先进水平，略高于平均水平。这种水平使先进者感到一定的压力，努力更上一层楼；使大多数处于中间水平的工人感到定额水平可望可及，增加达到和超过定额水平的信心；对于落后者不迁就，使他们感到企业的严格要求，必须花力气提高操作水平，珍惜劳动时间，节约材料消耗，尽快达到定额水平。所以，平均先进水平是一种鼓励先进、勉励中间、鞭策落后的定额水平，是施工定额的理想水平。

4.1.5 施工定额的编制

1）施工定额的编制原则

（1）施工定额水平必须遵循平均先进的原则。所谓平均先进水平，是指在正常的生产条件下，多数施工班组或生产者经过努力可以达到，少数班组或劳动者可以接近，个别班组或劳动者可以超过的水平，通常这种水平低于先进水平，略高于平均水平。平均先进水平是一种鼓励先进、勉励中间、鞭策落后的定额水平。贯彻“平均先进”的原则，才能促进企业的科学管理和不断提高劳动生产率，进而达到提高企业经济效益的目的。

（2）定额的结构形式简明适用的原则。所谓简明适用是指定额结构合理，定额步距大小适当，文字通俗易懂，技术方法简便，易为群众掌握运用，具有多方面的适应性，能在较大的范围内满足不同情况、不同用途的需要。

2）编制施工定额前的准备工作

编制施工定额是一项非常复杂的工作，事先必须做好充分准备和全面规划。编制前的准备工作一般包括以下几个方面的内容：

（1）明确编制任务和指导思想。

（2）系统地整理和研究日常积累的定额基本资料。

（3）拟定定额编制方案，确定定额水平、定额步距、表达方式等。

4.1.6　企业定额

1) 企业定额的概念

企业定额是施工企业根据本企业的技术水平和管理水平,编制制定的完成单位合格产品所必需的人工、材料和施工机械台班消耗量,以及其他生产经营要素消耗的数量标准。企业定额反映企业的施工生产与消费之间的数量关系,是施工企业生产力水平的体现。企业的技术和管理水平不同,企业的定额水平也就不同。因此,企业定额是施工企业进行施工管理和投标报价的基础和依据,也是企业核心竞争力的具体表现。

2) 企业定额的编制原则

施工企业在编制企业定额时应依据本企业的技术能力和管理水平,以基础定额为参照和指导,测定计算完成分项工程或工序所必需的人工、材料和机械台班的消耗,准确反映本企业的施工生产力水平。

目前,为适应国家推行的工程量清单计价办法,企业定额可采用基础定额的形式,按照统一的工程量计算规则、统一划分的项目、统一的计量单位进行编制。

在确定人工、材料和机械台班消耗量之后,需按选定的市场价格,包括人工价格、材料价格和机械台班价格等编制分项工程单价和分项工程的综合单价。

3) 企业定额的编制依据

企业定额的编制依据有:国家的有关法律、法规,政府的价格政策,现行的建筑安装工程施工及验收规范,安全技术操作规程和现行劳动保护法律、法规,国家设计规范,各种类型具有代表性的标准图集,施工图样,企业技术与管理水平,工程施工组织方案,现场实际调查和测定的有关数据,工程具体结构和程度状况,以及采用新工艺、新技术、新材料、新方法的情况等。

4) 企业定额的编制要点

编制企业定额最关键的工作是确定人工、材料和机械台班的消耗量,以及计算分项工程单价或综合单价。具体测定和计算方法同前述施工定额及预算定额的编制。

人工消耗量的确定,首先是根据企业环境拟定正常的施工作业条件,分别计算测定基本用工和其他用工的工日数,进而拟定施工作业的定额时间。

确定材料消耗量,是通过企业历史数据的统计分析、理论计算、实验试验、实地考察等方法计算确定材料,包括周转材料的净用量和损耗量,从而拟定材料消耗的定额指标。

机械台班消耗量的确定,同样需要按照企业的环境,拟定机械工作的正常施工条件,确定机械净工作效率和利用系数,据此拟定施工机械作业的定额台班及与机械作业相关的工人小组的定额时间。

人工价格也即劳动力价格,一般情况下按地区劳务市场价格计算确定。人工单价最常见的是日工资单价,通常是根据工种和技术等级的不同分别计算人工单价,有时可以简单地按专业工种将人工粗略地划分为结构、精装修、机电三大类,然后按每个专业需要的不同等级人工的比例综合计算人工单价。

材料价格按市场价格计算确定,其应是供货方将材料运至施工现场堆放或工地仓库后的出库价格。

施工机械使用价格最常用的是台班价格，应通过市场询价，根据企业和项目的具体情况计算确定。

4.2 人工消耗定额

4.2.1 人工消耗定额的概念

人工消耗定额也称为劳动定额。它是建筑安装工程统一劳动定额的简称，是反映建筑产品生产中活劳动消耗数量的标准。劳动定额是指在正常的施工(生产)技术组织条件下，为完成一定数量的合格产品或完成一定量的工作所预先付出的必要的活劳动消耗量。

4.2.2 人工消耗定额的形式

1) 按表现形式的不同分类

人工定额按表现形式的不同，可分为时间定额和产量定额两种形式。

(1) 时间定额。时间定额，就是某种专业、某种技术等级工人班组或个人，在合理的劳动组织和合理使用材料的条件下，完成单位合格产品所必需的工作时间，包括准备与结束时间、基本工作时间、辅助工作时间、不可避免的中断时间及工人必需的休息时间。时间定额以工日为单位，每一工日按 8 小时计算。其计算方法如下：

$$\text{单位产品时间定额(工日)} = \frac{1}{\text{每工产量}} \tag{4-1}$$

或

$$\text{单位产品时间定额(工日)} = \frac{\text{小组成员工日数总和}}{\text{机械台班产量}} \tag{4-2}$$

(2) 产量定额。产量定额，就是在合理的劳动组织和合理使用材料的条件下，某种专业、某种技术等级的工人班组或个人在单位工日中所应完成的合格产品的数量。其计算方法如下：

$$\text{每工产量} = \frac{1}{\text{单位产品时间定额(工日)}} \tag{4-3}$$

产量定额的计量单位有 m、m^2、m^3、t、块、根、件、扇等。

时间定额与产量定额互为倒数，即：

$$\text{时间定额} \times \text{产量定额} = 1 \tag{4-4}$$

$$\text{时间定额} = \frac{1}{\text{产量定额}} \tag{4-5}$$

$$\text{产量定额} = \frac{1}{\text{时间定额}} \tag{4-6}$$

对小组完成的时间定额和产量定额，两者就不是通常所说的倒数关系。时间定额与产量定额之积，在数值上恰好等于小组成员数总和。

$$小组每班产量 = \frac{小组成员工日数总和}{单位产品时间定额(工日)} \tag{4-7}$$

表4-1为劳动定额第四册砌体工程示例。

表4-1 《建筑安装工程劳动定额——砌体工程》

砖　墙

工作内容：包括砌墙面艺术形式、墙垛、平碹及安装平碹模板，梁板头砌砖，梁板下塞砖，楼梯间砌砖，留楼梯踏步斜槽，留孔洞，砌各种凹进处，山墙泛水槽，安放木砖、铁件，安装60 kg以内的预制混凝土门窗过梁、隔板、垫层以及调整立好后的门窗框等。

每立方米砌体的劳动定额　(工日/m³)

项目		双面清水			单面清水					序号
		1砖	1.5砖	2砖及2砖以外	0.5砖	0.75砖	1砖	1.5砖	2砖及2砖以外	
综合	塔吊	1.27	1.20	1.12	1.52	1.48	1.23	1.14	1.07	一
	机吊	1.48	1.41	1.33	1.73	1.69	1.44	1.35	1.28	二
砌砖		0.726	0.653	0.568	1.00	0.956	0.684	0.593	0.52	三
运输	塔吊	0.44	0.44	0.44	0.434	0.437	0.44	0.44	0.44	四
	机吊	0.652	0.652	0.652	0.642	0.645	0.652	0.652	0.652	五
调制砂浆		0.101	0.106	0.107	0.085	0.089	0.101	0.106	0.107	六
编号		4	5	6	7	8	9	10	11	

项目		混水内墙				混水外墙					序号
		0.5砖	0.75砖	1砖	1.5砖及1.5砖以外	0.5砖	0.75砖	1砖	1.5砖	2砖及2砖以外	
综合	塔吊	1.38	1.34	1.02	0.994	1.5	1.44	1.09	1.04	1.01	一
	机吊	1.59	1.55	1.24	1.21	1.71	1.65	1.3	1.25	1.22	二
砌砖		0.865	0.815	0.482	0.448	0.98	0.915	0.549	0.491	0.458	三
运输	塔吊	0.434	0.437	0.44	0.44	0.434	0.437	0.44	0.44	0.44	四
	机吊	0.642	0.645	0.654	0.654	0.642	0.645	0.652	0.652	0.652	五
调制砂浆		0.085	0.089	0.101	0.106	0.085	0.089	0.101	0.106	0.107	六
编号		12	13	14	15	16	17	18	19	20	

2) 按定额的标定对象不同分类

按定额标定对象不同，人工定额又可分为单项工序定额和综合定额两种，综合定额表示完成同一种产品中的各单项(工序或工种)定额的综合。按工序综合的用“综合”表示，按工种综合的一般用“合计”表示。其计算方法如下：

$$综合时间定额 = \sum 各单项(工序)时间定额 \tag{4-8}$$

$$综合产量定额 = \frac{1}{综合时间定额(工日)} \tag{4-9}$$

时间定额和产量定额都表示同一人工定额项目，它们是同一人工定额项目的两种不同的表现形式。时间定额以工日为单位，综合计算方便，时间概念明确；产量定额则以产品数量为单位表示，具体、形象，劳动者的奋斗目标一目了然，便于分配任务。人工定额用复式表同时列出时间定额和产量定额，以便于各部门、各企业根据各自的生产条件和要求选择使用。

复式表示法有如下形式：

$$\frac{时间定额}{每工产量} \quad 或 \quad \frac{人工时间定额}{机械台班产量}$$

4.2.3 人工消耗定额的作用

(1) 人工消耗定额是制定预算定额的依据。确定建筑工程预算定额中的各施工过程或单位建筑产品的劳动力耗用量，是以人工消耗定额为基础的。人工消耗定额是建筑工程定额中最基本、最重要的组成部分。

(2) 人工消耗定额是计划管理的依据。施工单位的计划管理，需编制年、季、旬生产计划，作业计划，施工进度计划，劳动工资计划等，确定上述计划基本数据的依据是人工消耗定额。应当指出，施工单位编制所有计划，应以本企业平均先进的劳动定额为依据。

(3) 人工消耗定额是作为衡量劳动生产率的标准。衡量施工单位、施工班组及个人的劳动生产率，以劳动定额为唯一标准。随着施工工艺、技术、工具、设备的改进和劳动生产率的提高，劳动定额亦应相应调整，以显示建筑业生产率的不断提高。

(4) 人工消耗定额是按劳分配和推行经济责任制的依据。施工单位实行计件工资和计时奖励制，均应以劳动定额为结算依据。施工单位签发施工任务书，规定各施工组织体职责范围的依据是劳动定额，使生产、计划、成果及分配统一起来，也使国家、集体与个人的利益相一致。

(5) 人工消耗定额是推广先进技术和劳动竞赛的基本条件。以劳动定额为基础，可测定本单位、本班组及个人的生产率，找出差距和影响因素。采用先进技术，改进操作方法，开展班组之间和个人之间的劳动竞赛，均以劳动定额为依据，促进劳动生产率的提高。

(6) 人工消耗定额是施工单位经济核算的依据。施工单位对考核与分析建筑产品的劳动量消耗，是以劳动定额为依据进行核算，并用来控制劳动消耗和产品的工时消耗，降低建筑产品中的人工费用消耗。

4.2.4 人工消耗定额编制方法

1) 工人工作时间消耗的分类

工人在工作班内消耗的工作时间，按其消耗的性质分为必需消耗的时间和损失时间两大类。

必需消耗的时间是工人在正常施工条件下,为完成一定数量合格产品所必需消耗的时间,它是制定定额的主要依据。

损失时间是和产品生产无关,而和施工组织和技术上的缺点有关,与工人在施工过程中的个人过失或某些偶然因素有关的时间消耗。

(1) 必需消耗的工作时间

必需消耗的工作时间包括有效工作时间、休息时间和不可避免的中断时间。

① 有效工作时间是从生产效果来看与产品生产直接有关的时间消耗。其中包括基本工作时间、辅助工作时间、准备与结束工作时间的消耗。

基本工作时间,是工人完成基本工作所消耗的时间,也就是完成一定产品的施工工艺过程所消耗的时间。这些工艺过程可以使材料改变外形,例如钢筋弯曲等;可以改变材料的结构与性质,例如混凝土制品的养护干燥等。基本工作时间包括的内容依工作性质而各不相同,例如,抹灰工的基本工作时间包括:准备工作时间、润湿表面时间、抹灰时间、抹平灰层和抹光的时间。工人操纵机械的时间也属于基本工作时间。

基本工作时间的长短和工作量大小成正比。

辅助工作时间:是为保证基本工作能顺利完成所做的辅助性工作所消耗的时间。在辅助工作时间里,不能使产品的形状大小、性质或位置发生变化。

辅助工作时间结束,往往就是基本工作时间的开始。辅助工作一般是手工操作,但如果在机手并动的情况下,辅助工作是在机械运转过程中进行的,为避免重复,则不应再计入辅助工作时间的消耗。辅助工作时间的长短与工作量大小有关。

准备与结束工作时间:是执行任务前或任务完成后所消耗的工作时间。准备与结束工作时间的长短与所负担的工作量大小无关,但往往和工作内容有关。所以,这项时间消耗又分为班内的准备与结束的工作时间和任务的准备与结束的工作时间。

班内的准备与结束工作时间包括:工人每天从工地仓库领取工具、设备的时间,准备安装设备的时间,机械开动前的观察和试车的时间,交接班时间等。

任务的准备与结束工作时间与每个工作日交替无关,但与具体任务有关。例如,接受施工任务单,研究施工详图,接受技术交底,领取完成该任务所需的工具盒设备以及验收交工等工作所消耗的时间。

② 不可避免的中断时间是由于施工工艺特点引起的工作中断所消耗的时间。例如,起重机吊预制构件时安装工等待的时间等。

与施工过程工艺特点有关的工作中断时间应包括在定额时间内,但应尽量缩短此项时间消耗。与工艺特点无关的工作中断所占用时间是由于劳动组织不合理引起的,属于损失时间,不能计入定额时间。

③ 休息时间是工人在工作过程中为恢复体力所必需的短暂休息的时间消耗。这种时间是为了保证工人精力充沛地进行工作,在定额时间中必须计算。休息时间的长短和劳动条件有关,劳动繁重而紧张、劳动条件差(例如高温),则休息时间需要长一些。

(2) 损失的时间

损失的时间包括多余和偶然工作、停工、违背劳动纪律所引起的工时损失。

① 多余和偶然工作的时间损失,包括多余工作引起的工时损失和偶然工作引起的时间损失两种情况。

多余工作：是工人进行了任务以外的工作而又不能增加产品数量的工作。例如，重新砌筑质量不合格的墙体；对已磨光的水磨石进行多余的磨光等。多余工作的工时损失，一般是由于工程技术人员和工人的差错而引起的修补废品和多余加工造成的，不应计入定额时间中。

偶然工作：是工人在任务外，但能获得一定产品的工作。例如，抹灰工不得不补上偶然遗留的墙洞等。从偶然工作的性质看，在定额中不应考虑它所占用的时间。但由于偶然工作能获得一定产品，拟定定额时要适当考虑它的影响。

② 停工时间，是工作班内停止工作造成的工时损失。停工时间按其性质可分为施工本身造成的停工时间和非施工本身造成的停工时间两种。

施工本身造成的停工时间，是由于施工组织不善、材料供应不及时、工作面准备工作做得不好、工作地点组织不良等情况引起的停工时间。这些情况在拟定定额时不应该考虑。

非施工本身造成的停工时间，是由于气候条件以及水源、电源中断引起的停工时间。由于自然气候条件的影响而又不在冬、雨季施工范围内的工时损失，拟定定额时应给予合理的考虑。

③ 违背劳动纪律造成的工作时间损失，是指工人在工作班开始和午休后的迟到、午饭前和工作班结束前的早退、擅自离开工作岗位、工作时间内聊天或办私事等造成的工时损失。由于个别工人违背劳动纪律而影响其他工人无法工作的时间损失也包括在内。此项工时损失不应允许存在，在拟定定额时是不能考虑的。

工人工作时间的分类一般见表 4-2。

表 4-2　工人工作时间分类表

<table>
<tr><th></th><th>时间性质</th><th colspan="2">时间分类构成</th></tr>
<tr><td rowspan="10">工人全部工作时间</td><td rowspan="5">必需消耗的时间</td><td rowspan="3">有效工作时间</td><td>基本工作时间</td></tr>
<tr><td>辅助工作时间</td></tr>
<tr><td>准备与结束工作时间</td></tr>
<tr><td>不可避免的中断时间</td><td>不可避免的中断时间</td></tr>
<tr><td>休息时间</td><td>休息时间</td></tr>
<tr><td rowspan="5">损失的时间</td><td rowspan="2">多余和偶然工作时间</td><td>多余工作的工作时间</td></tr>
<tr><td>偶然工作的工作时间</td></tr>
<tr><td rowspan="2">停工时间</td><td>施工本身造成的停工时间</td></tr>
<tr><td>非施工本身造成的停工时间</td></tr>
<tr><td>违背劳动纪律损失的时间</td><td>违背劳动纪律损失的时间</td></tr>
</table>

2）人工消耗定额的编制方法

人工消耗定额的编制方法主要有技术测定法、统计分析法、经验估算法、比较类推法等。其中技术测定法是我国建筑安装工程收集定额基础资料的基本方法。

（1）技术测定法。技术测定法是一种细致的科学调查研究方法。是在深入施工现场的条件下，根据施工过程合理先进的技术条件、组织条件和施工方法，对施工过程各工序工作时间的各个组成部分进行实地观测，分别测定每一工序的工时消耗，通过测定的资料进行分析计算，并参考以往数据经过科学整理分析以测定定额的一种方法。

技术测定法有较充分的科学技术依据,制定的定额比较合理先进,有较强的说服力。但是,这种方法工作量较大,使它的应用受到一定限制。它一般用于产品数量大且品种少、施工条件比较正常、施工时间长、经济价值大的施工过程。

(2) 经验估计法。一般是根据老工人、施工技术员和定额员的实践经验,并参考有关的技术资料,结合施工图纸、施工工艺、施工技术组织条件和操作方法等,通过座谈、分析讨论和综合计算的一种方法。

经验估计法技术简单,工作量小,速度快,在一些不便进行定量测定和定量统计分析的定额编制中有一定优越性。缺点是人为因素比较多,科学性、准确性较差。

(3) 统计分析法。统计分析法是把过去一定时期内实际施工中的同类工程和生产同类产品的实际工时消耗和产品数量的统计资料(施工任务书、考勤报表和其他有关资料),经过整理,结合当前生产技术组织条件,进行分析对比研究来制定定额的一种方法。所考虑的统计对象应该具有一定的代表性,应以具有平均先进水平的地区、企业、施工队伍的情况作为统计计算定额的依据。统计中要特别注意资料的真实性、系统性和完整性,确保定额的编制质量。统计计算法的优点是简单易行,工作量小。但要使统计法制定的定额有较好的质量,就应在基层健全原始记录与统计报表制度,并将一些不合理的虚假因素予以剔除。

(4) 比较类推法。比较类推法又称典范定额法,它是以精确测定好的同类型工序或产品的定额,经过分析,推出同类中相邻工序或产品定额的方法。

比较类推法简单易行,工作量小。但往往会因对定额的时间构成分析不够,对影响因素估计不足,或者所选典型定额不当而影响定额的质量。

采用这种方法,要特别注意掌握工序、产品的施工工艺和劳动组织的"类型"或"近似"的特征,细致地分析施工过程的各种影响因素,防止将因素变化很大的项目作为同类型项目比较类推。挖地槽时间定额的确定即属于此类方法,见表 4-3。

表 4-3　挖地槽时间定额确定表　　单位:工日/m^3

项　目	比例关系	挖地槽深<1.5 m		
		上口宽(<m)		
		0.8	1.5	3
一类土	1.00	0.197	0.170	0.157
二类土	1.43	0.282	0.243	0.225
三类土	2.50	0.493	0.425	0.393
四类土	3.76	0.739	0.638	0.589

制定该表中的定额时,首先确定一类土三个项目的定额,再测一、二、三、四类土在一个项目内的比例关系,其他项目则可按这些比例推出。例如,三类土上口宽为 0.80 m 以内的时间定额为:2.5×0.197 工日/m^3 = 0.493 工日/m^3。

(5) 人工消耗定额示例

表 4-4 摘自《全国建筑安装工程统一劳动定额》第四册砖石工程的砖基础。例如:砌 1 m^3两砖基础综合需 0.833 工日,每工日综合可砌 1.2 m^3两砖基础。见表 4-4。

表 4-4　砖基础砌体劳动定额

工作内容：清理地槽，其垛、角、抹防潮层砂浆等。　　　　单位：m^3

项目		砖基础深在 1.5 m 以内			序号
		厚度			
		1 砖	1.5 砖	2 砖及 2 砖以上	
综合	时间定额/产量定额	0.89/1.12	0.86/1.16	0.833/1.2	一
砌砖	时间定额/产量定额	0.37/2.7	0.366/2.98	0.309/3.24	二
运输	时间定额/产量定额	0.427/2.34	0.427/2.34	0.427/2.34	三
调制砂浆	时间定额/产量定额	0.093/10.8	0.097/10.3	0.097/10.3	四
编号	1	2	3	4	

注：(1) 垫层以上防潮层以下为基础(无防潮层按室内地坪区分)，其厚度以防潮层处为准；围墙以室外地坪以下为基础。

(2) 基础深度 1.5 m 以内为准，超过部分，每立方米砌体增加 0.04 工日。

(3) 基础无大放脚时，按混水墙相应定额执行。

4.2.5　人工消耗定额的应用范例

【例 4-1】 某土方工程二类土，挖基槽的工程量为 450 m^3，每天有 24 名工人负责施工，时间定额为 0.205 工日/m^3，试计算完成该分项工程的施工天数。

【解】 (1)计算完成该分项工程所需总工作时间

$$总工作时间 = 450 \times 0.205 = 92.25\ 工日$$

(2) 计算施工天数

$$施工天数 = 92.25/24 = 3.84(取\ 4\ 天)$$

即完成该分项工程需 4 天。

【例 4-2】 有 140 m^3 标准砖外墙，由 11 人的砌筑小组负责施工，产量定额为 0.862 m^3/工日，试计算其施工天数。

【解】 (1)计算小组每工日完成的工程量

$$小组每工日完成的工程量 = 11 \times 0.862 = 9.48\ m^3$$

(2) 计算施工天数

$$施工天数 = 140/9.48 = 14.77(取\ 15\ 天)$$

即该标准砖外墙需要 15 天完成。

【例 4-3】 使用塔吊—砌筑 1 砖墙时间定额——每 1 m^3，表 4-5。

表 4-5　塔吊—砌筑 1 砖墙时间定额

	双面清水(工日/m^3)	单面清水(工日/m^3)	混水外墙(工日/m^3)	混水内墙(工日/m^3)
砌砖	0.726	0.684	0.482	0.549
运输	0.44	0.44	0.44	0.44
调制砂浆	0.101	0.101	0.101	0.101
综合	1.27	1.23	1.02	1.09

【例 4-4】 使用塔吊—砌筑 1 砖双面清水墙的产量定额,见表 4-6。

表 4-6 塔吊—砌筑 1 砖双面清水墙产量定额

	时间定额(工日/m^3)	产量定额(工日/m^3)
砌砖	0.726	1.377
运输	0.44	2.273
调制砂浆	0.101	9.901
综合	1.27	0.79

【例 4-5】 若某项工作工人的消耗时间节约 10%,则产量定额提高多少?

【解】 $产量定额 = \frac{1}{时间定额} = \frac{1}{1-10\%} = 1.11$

产量定额提高了 11%。

【例 4-6】 某砌砖班组 20 名工人,砌砖某住宅楼 1.5 砖混水外墙(机吊)需要 5 天完成。试确定班组完成的砌筑体积。

【解】 查定额编号为 19,时间定额为 1.25 工日/m^3

$产量定额 = \frac{1}{时间定额} = 1/1.25 = 0.8\ m^3/工日$

砌筑的总工日数 = 20 工日 / 天 × 5 天 = 100 工日

砌筑体积 = 100 工日 × 0.8 m^3/ 工日 = 80 m^3

【例 4-7】 某工程有 170 m^3一砖混水内墙(机吊),每天有 14 名专业工人进行砌筑,试计算完成该工程的定额施工天数。

【解】 查定额编号为 14,时间定额为 1.24 工日/m^3

完成砌筑需要的总工日数 = 170 m^3 × 1.24 工日 /m^3 = 210.8 工日

需要的施工天数 = 210.8 工日 ÷ 14 工日 / 天 ≈ 15 天

【例 4-8】 人工挖土方,土壤系潮湿的黏性土,按土壤分类属二类土。测时资料表明,挖 1 m^3 土方需消耗基本工作时间 60 min,辅助工作时间占工作班延续时间 2%,准备与结束工作时间占工作延续时间 2%,不可避免中断时间占 1%,休息占 20%。试确定时间定额。

【解】 计算各项时间之和为:60/(1 − 25%) = 80 min(定额时间)

时间定额为:80/(60 × 8) = 0.166 工日

产量定额为:1/0.166 = 6 m^3/ 工日

4.3 材料消耗定额

4.3.1 材料消耗定额的概念

材料消耗定额是指在合理和节约使用材料的前提下,生产单位合格产品所必须消耗的建筑材料(半成品、配件、燃料、水、电)的数量标准。建筑材料是建筑安装企业进行生产活动，完成建筑产品的物资条件。建筑工程的原材料（包括半成品、成品等）品种繁多，耗用量大。在一般工业与民用建筑工程中，材料消耗占工程成本的60%～70%，材料消耗定额的任务，就在于利用定额这个经济杠杆，对材料消耗进行控制和监督，以达到降低物资消耗和工程成本的目的。

建筑工程材料消耗定额是企业推行经济承包、编制材料计划、进行单位工程核算不可缺少的基础；是促进企业合理使用材料，实行限额领料和材料核算，正确核定材料需要量和储备量，考核、分析材料消耗，反映建筑安装生产技术管理水平的重要依据；是组织材料的正常供应，保证生产顺利进行，以及合理利用资源，减少积压、浪费的必要前提。

4.3.2 材料消耗定额的组成

根据施工生产材料消耗工艺要求，建筑安装材料分为非周转性材料和周转性材料两大类。非周转性材料亦称直接性材料，是指在建筑工程施工中一次性消耗并直接构成工程实体的材料，如砖、砂、石、钢筋、水泥等。周转性材料是指在施工过程中能多次使用、周转的工具型材料，如各种模板、活动支架、脚手架、支撑等。

施工中材料的消耗，可分为必需消耗的材料和损失的材料两类。

必需消耗的材料数量，是指在合理用料的条件下，生产合格产品所需消耗的材料数量。它包括直接用于建筑工程的材料、不可避免的施工废料和不可避免的材料损耗。其中，直接用于建筑工程的材料数量，称为材料净用量；不可避免的施工废料和材料损耗数量，称为材料损耗量。

材料的消耗量由材料的净耗量和材料损耗量组成。用公式表示如下：

$$\text{材料消耗量} = \text{材料净用量} + \text{材料损耗量} \tag{4-10}$$

材料损耗量是不可避免的损耗，如：场内运输及场内堆放在允许范围内不可避免的损耗、加工制作中的合理损耗及施工操作中的合理损耗等。常用计算方法是：

$$\text{材料损耗率} = \frac{\text{材料损耗量}}{\text{材料净用量}} \times 100\% \tag{4-11}$$

则

$$\text{材料消耗量} = \text{材料净用量} \times (1 + \text{材料损耗率}) \tag{4-12}$$

材料的损耗率通过观测和统计得到。表4-7示例了部分常用建筑材料的损耗率。

表4-7　常用建筑材料损耗率参考表

材料名称	工程项目	损耗率（%）	材料名称	工程项目	损耗率（%）
红砖	空花（斗）墙	1.0	水泥砂浆	抹墙及墙裙	2
红砖	基础	0.5	水泥砂浆	地面、屋面、构筑物	1
红砖	实砌墙	1.0	素水泥浆		1
红砖	方柱	3	混凝土（预制）	柱、基础梁	1

续表 4-7

材料名称	工程项目	损耗率(%)	材料名称	工程项目	损耗率(%)
红砖	圆砖柱	7	混凝土(预制)	其他	1.5
红砖		4	混凝土(现浇)	二次灌浆	3
红砖	3.0	混凝土(现浇)	地面	1	
白瓷砖	152 mm×152 mm以下墙面	3.5	混凝土(现浇)	其余部分	1.5
陶瓷锦砖(马赛克)	地面	3.0	细石混凝土		1
面砖、缸砖	地面	1.0	轻质混凝土		2
大理石	墙面、柱面、零星项目	2.0	钢筋(预应力)	后张吊车梁	13
混凝土板		1.5	钢筋(预应力)	先张高强丝	9
水泥瓦、黏土瓦	(包括脊瓦)	3.5	钢材	其他部分	6
石棉垄瓦(板瓦)		4	铁件	成品	1
砂	混凝土、砂浆	3	镀锌铁皮	屋面	2
白石子		4	镀锌铁皮	排水管、沟	6
砾(碎)石		3	铁钉		2
乱毛石	砌墙	2	电焊条		12
乱毛石	其他	1	小五金	成品	1
方整石	砌体	3.5	木材	窗扇、框(包括配件)	6
方整石	其他	1	木材	镶板门芯板制作	13.1
碎砖、炉(矿)渣		1.5	木材	镶板门企口板制作	22
珍珠岩粉		4	木材	木屋架、檩、椽圆木	5
生石膏		2	木材	木屋架、檩、椽方木	6
滑石粉	油漆工程用	5	木材	屋面板平口制作	4.4
滑石粉	其他	1	木材	屋面板平口安装	3.3
水泥		2	木材	木栏杆及扶手	4.7
砌筑砂浆	砖、毛方石砌体	1	木材	封檐板	2.5
砌筑砂浆	空斗墙	5	模板制作	各种混凝土结构	5
砌筑砂浆	泡沫混凝土块墙	2	模板安装	工具式钢模板	1
砌筑砂浆	多孔砖墙	10	模板安装	支撑系统	1
砌筑砂浆	加气混凝土块	2	模板制作	圆形储仓	3
混合砂浆	抹天棚	3.0	胶合板、纤维板、吸音板	天棚、间壁	5
混合砂浆	抹墙及墙裙	2	石油沥青		1
石灰砂浆	抹天棚	1.5	玻璃	配置	15
石灰砂浆	抹墙及墙裙	1	油漆		3
水泥砂浆	抹天棚、梁柱腰线、挑檐	2.5	环氧树脂		2.5

为了合理考核工程消耗、加强现场施工管理，材料消耗定额中的损耗包括场内运输及场内堆放中允许范围内不可避免的损耗、加工制作中的合理损耗及施工操作中的合理损耗等。场外运输损耗、现场仓库保管损耗等不包括在定额消耗量内，而计入材料预算价格。

4.3.3 非周转性材料的消耗量

1）非周转性材料消耗量的制定

材料消耗定额编制的基本方法有现场观察法、试验法、统计分析法、理论计算法。

(1) 现场观察法。现场观察法是指在合理使用材料的条件下，对施工中实际完成的建筑产品数量与所消耗的各种材料量进行现场观察测定的方法。该方法可以取得编制材料消耗定额的全部资料。此法通常用于制定材料的损耗量。通过现场观察，获得必要的现场资料，才能测定出哪些是施工过程中不可避免的损耗，应该计入定额内；哪些材料是施工过程中可以避免的损耗，不应计入定额内。在现场观测中，同时测出合理的材料损耗量，即可据此制定出相应的材料消耗定额。

(2) 试验室实验法。试验室实验法是专业材料实验人员，通过实验仪器设备确定材料消耗定额的一种方法。它只适合在试验室条件下测定混凝土、沥青、砂浆、油漆涂料等材料的消耗定额。

由于试验室工作条件与现场施工条件存在一定的差别，施工中的某些因素对材料消耗量的影响不一定能充分考虑到。因此，对测出的数据还要用观察法进行校核修正。

(3) 统计分析法。统计分析法是通过对现场用料的大量统计资料进行分析计算的一种方法。用该方法可以获得材料消耗定额的数据。虽然该方法比较简单，但不能准确区分材料消耗的性质，因而不能区分材料净用量和损耗量，只能笼统地确定材料消耗定额。

(4) 理论计算法。理论计算法是根据设计图纸、施工规范及材料规格，运用一定的理论计算公式制定出材料消耗定额的方法。主要适用于计算按件论块的现成制品材料。例如砖石砌体、装饰材料中的砖石、镶贴材料等。其方法比较简单，先计算出材料的净用量、材料的损耗量，然后两者相加即为材料消耗量定额。

2）非周转性材料消耗量的计算

(1) 理论计算法计算净用量

① 每立方米砖砌体材料消耗量的计算

$$\text{砖净用量(块)} = \frac{\text{墙厚砖数} \times 2}{\text{墙厚} \times (\text{砖长} + \text{灰缝}) \times (\text{砖厚} + \text{灰缝})} \tag{4-13}$$

$$\text{砖消耗量} = \text{砖净用量} \times (1 + \text{砖损耗率}) \tag{4-14}$$

$$\text{砂浆消耗量}(m^3) = (1 - \text{砖净用量} \times \text{每块砖体积}) \times (1 + \text{损耗率}) \tag{4-15}$$

式中：每块标准砖体积 $= 0.24\ m \times 0.115\ m \times 0.053\ m = 0.001\ 462\ 8\ m^3$

灰缝为 0.01 m。墙厚砖数见表 4-8。

表 4-8 墙厚砖数

砖数	1/2 砖	3/4 砖	1 砖	$1\frac{1}{2}$砖	2 砖
计算厚度(m)	0.115	0.178	0.240	0.365	0.490

② 100 m²块料面层材料消耗量的计算

块料面层一般指瓷砖、锦砖、预制水磨石、大理石等。以 100 m²为计量单位:

$$面层净用量 = \frac{100}{(块料长 + 灰缝) \times (块料宽 + 灰缝)} \tag{4-16}$$

$$面层消耗量 = 面层净用量 \times (1 + 损耗率) \tag{4-17}$$

(2) 测定法。根据试验情况和现场测定的资料数据确定材料的净用量。

(3) 图纸计算法。根据选定的图纸,计算各种材料的体积、面积、延长米或重量。

(4) 经验法。根据历史上同类项目的经验进行估算。

4.3.4 周转性材料的消耗量

1) 周转性材料的定义

周转性材料是指在施工过程中不是一次消耗完,而是多次使用、逐渐消耗、不断补充的周转工具性材料。对逐渐消耗的那部分应采用分次摊销的办法计入材料消耗量,进行回收。如生产预制钢筋混凝土构件、现浇混凝土及钢筋混凝土工程用的模具,搭设脚手架用飞脚手杆、跳板,挖土方工程用的挡土板、护桩等均属周转性材料等。

周转性材料消耗定额,应当按照多次使用、分期摊销方法进行计算。即周转性材料在材料消耗定额中以摊销量表示。

2) 周转性材料摊销量计算

周转性材料消耗一般与四个因素有关:第一次制造时的材料消耗(一次使用量);每周转使用一次材料的损耗(第二次使用时需要补充);周转使用次数;周转材料的最终回收及其回收折价。

定额中周转材料消耗量指标,应当用一次使用量和摊销量两个指标表示。一次使用量是指周转材料在不重复使用时的一次使用量,供施工企业组织施工用;摊销量是指周转材料推出使用,应分摊到每一计量单位的结构构件的周转材料消耗量,供施工企业成本核算或投标报价使用。

现以钢筋混凝土模板为例,介绍周转性材料摊销量计算。

(1) 现浇钢筋混凝土模板摊销量

① 材料一次使用量。是指为完成定额单位合格产品,周转性材料在不重复使用条件下的周转性材料一次性用量,通常根据选定的结构设计图纸进行计算。

$$一次使用量 = 混凝土模板的接触面积 \times 每平方米接触面积需模量 \times (1 + 制作损耗率) \tag{4-18}$$

② 材料周转次数。是指周转性材料从第一次使用起,可以重复使用的次数。

一般采用现场观测法或统计分析法来测定材料周转次数,或查相关手册。

③ 材料补损量。补损量是指周转使用一次后由于损坏需补充的数量,也就是在第二次和以后各次周转中为了修补难以避免的损耗所需要的材料消耗,通常用补损率来表示。

补损率的大小主要取决于材料的拆除、运输和堆放的方法以及施工现场的条件。在一般情况下,补损率要随周转次数增多而加大,所以一般采用平均补损率来计算。

$$补损率 = \frac{平均损耗率}{一次使用量} \times 100\% \tag{4-19}$$

④ 材料周转使用量。是指周转性材料在周转使用和补损条件下，每周转使用一次平均所需材料数量。一般应按材料周转次数和每次周转发生的补损量等因素，计算生产一定计算单位结构构件的材料周转使用量。

$$周转使用量 = \frac{一次使用量 \times [1 + (周转次数 - 1) \times 补损率]}{周转次数} = 一次使用量 \times \frac{1 + (周转次数 - 1) \times 补损率}{周转次数} \tag{4-20}$$

⑤ 材料回收量。是指在一定周转次数下，每周转使用一次平均可以回收材料的数量。

$$回收量 = \frac{一次使用量 \times (1 - 补损率)}{周转次数} \tag{4-21}$$

⑥ 材料摊销量。是指周转性材料在重复使用条件下，应分摊到每一计量单位结构构件的材料消耗量。这是应纳入定额的实际周转性材料消耗数量。

$$摊销量 = 周转使用量 - 回收量 \times 回收折价率 \tag{4-22}$$

回收折价率一般取 50%。

现行《全国统一建筑工程基础定额》中有关木模板计算数据见表 4-9。

表 4-9　木模板计算数据

项目名称	周转次数	补损率(%)	摊销量系数	备　　注
圆柱	3	15	0.291 7	施工制作损耗率均取 5%
异形梁	5	15	0.235 0	
整体楼梯、阳台、栏板等	4	15	0.256 3	
小型构件	3	15	0.291 7	
支撑材、垫板、拉杆	15	10	0.13	
木楔	2	—	—	

(2) 预制构件模板计算公式

预制构件模板，由于损耗很少，可以不考虑每次周转的补损率，按多次使用平均分摊的办法进行计算。

$$一次使用量 = 净用量 \times (1 + 操作损耗率) \tag{4-23}$$

$$摊销量 = \frac{一次使用量}{周转次数} \tag{4-24}$$

4.3.5　材料消耗定额的应用范例

【例 4-9】 计算 1.5 标准砖外墙每立方米砌体中砖和砂浆的消耗量。砖的损耗率为

1%,砂浆的损耗率为1%。

【解】 $砖净用量 = \frac{1.5 \times 2}{[0.365 \times (0.24 + 0.01) \times (0.053 + 0.01)]} = 522$ 块

$砖消耗量 = 522 \times (1 + 1\%) = 527$ 块

$砂浆消耗量 = (1 - 522 \times 0.24 \times 0.115 \times 0.053) \times (1 + 1\%) = 0.24\ m^3$

【例4-10】 计算砌1 m^3 240 mm厚标准砖的净用砖量(注:标准砖的尺寸240 mm×115 mm×53 mm,灰缝10 mm)。

【解】 砌1 m^3 240 mm厚标准砖的净用砖量为:

$$\frac{1}{0.24 \times (0.24 + 0.01) \times (0.053 + 0.01)} \times 1 \times 2 = \frac{1}{0.003\,78} \times 2 = 529.1\ 块$$

【例4-11】 用水泥砂浆贴500 mm×500 mm×15 mm花岗石板地面,结合层5 mm厚,灰缝1 mm宽,花岗石损耗率2%,砂浆损耗率1.5%。试计算每100 m^2 地面的花岗石和砂浆的总消耗量。

【解】 (1)计算花岗石消耗量

每100 m^2 地面花岗石块料面层净用量(块)

$$= \frac{100}{(块料长 + 灰缝) \times (块料宽 + 灰缝)} = \frac{100}{(0.5 + 0.001) \times (0.5 + 0.001)} = 398.4\ 块$$

每100 m^2 地面花岗石消耗量 $= 398.4 \times (1 + 2\%) = 406.4$ 块

(2) 计算砂浆总消耗量

每100 m^2 花岗石地面结合层砂浆净用量 $= 100\ m^2 \times 0.005 = 0.5\ m^3$

每100 m^2 花岗石地面灰缝砂浆净用量 $= (100 - 0.5 \times 0.5 \times 398.4) \times 0.015 = 0.006\ m^3$

每100 m^2 花岗石地面砂浆消耗量 $= (0.5 + 0.006) \times (1 + 1.5\%) = 0.514\ m^3$

【例4-12】 钢筋混凝土圈梁选定的模板设计图纸,每10 m^3 混凝土模板接触面积为96 m^2,每10m^2 接触面积需木方板材0.705 m^3,制作损耗率5%,周转次数8,每次周转损耗率10%,木方板材价格为30元/m^3,试计算现浇20 m^3 混凝土的模板费。

【解】 $一次使用量 = \frac{20}{10} \times 96 \times \frac{0.705}{10} \times (1 + 0.05) = 14.212\ m^3$

$周转使用量 = 14.212 \times [1 + (8 - 1) \times 0.1] \div 8 = 3.02\ m^3$

$回收量 = 14.212 \times (1 - 0.1) \div 8 = 1.6\ m^3$

$摊销量 = 3.02 - 1.6 \times 0.5 = 2.22\ m^3$

$模板费 = 摊销量 \times 价格 = 2.22 \times 30 = 66.6$ 元

4.4 机械台班消耗定额

4.4.1 机械台班消耗定额的概念

机械台班消耗定额是指在正常的施工(生产)技术组织条件及合理的劳动组合和合理地使用施工机械的前提下,生产单位合格产品所必须消耗的一定品种、规格施工机械的作业时间。机械台班消耗定额的内容包括准备与结束时间、基本作业时间、辅助作业时间、工人休息时间。其计量单位为台班(每一台班按照 8 小时计算)。

4.4.2 机械台班消耗定额的表现形式

机械台班消耗定额的表现形式有机械台班时间定额和机械台班产量定额两种。

1) 机械台班时间定额

机械台班时间定额,是指在合理劳动组织和合理使用机械条件下,完成单位合格产品所必需的工作时间,包括有效工作时间(正常负荷下的工作时间和降低负荷下的工作时间)、不可避免的中断时间、不可避免的无负荷工作时间。机械时间定额以"台班"表示,即一台机械工作一个作业班时间。一个作业班时间为 8 小时。

$$\text{单位产品机械时间定额(台班)} = \frac{1}{\text{台班产量}} \tag{4-25}$$

由于机械必须由工人小组配合,所以完成单位合格产品的时间定额,应同时列出人工时间定额。即:

$$\text{单位产品人工时间定额(工日)} = \frac{\text{小组成员总人数}}{\text{台班产量}} \tag{4-26}$$

例如:斗容量 1 m^3 正铲挖掘机,挖四类土,装车,深度在 2 m 内。小组成员 2 人,机械台班产量为 4.76(定额单位 100 m^3),则:

挖 100 m^3 的人工时间定额为 $\frac{2}{4.76} = 0.42$ 工日

挖 100 m^3 的机械时间定额为 $\frac{1}{4.76} = 0.21$ 台班

2) 机械台班产量定额

机械台班产量定额,是指在合理劳动组织与合理使用机械条件下,机械在每个台班时间内,应完成合格产品的数量。

$$\text{机械台班产量定额} = \frac{1}{\text{机械时间定额(台班)}} \tag{4-27}$$

机械台班产量定额和机械台班时间定额互为倒数关系。例如,塔式起重机吊装一块混凝土楼板,建筑物高在 6 层以内,楼板重量在 0.5 t 以内,如果规定机械时间定额为 0.008 台班,那么,台班产量定额则是:1/0.008=125 块。

3) 定额表示方法

机械台班使用定额的复式表示法的形式如下:

$$\frac{\text{人工时间定额}}{\text{机械台班产量}}$$

例如:正铲挖土机每一台班劳动定额表中$\frac{0.466}{4.29}$表示在挖一、二类土,挖土深度在 1.5 m 以内,且需装车的情况下,斗容量为 0.5 m^3 的正铲挖土机的台班产量定额为 4.29(100 m^3/

台班);配合挖土机施工的工人小组的人工时间定额为 0.466(工日/100 m^3);同时可推算出挖土机的时间定额,应为台班产量定额的倒数,即:

$$\frac{1}{4.29} = 0.233\ 台班/100\ m^3$$

可推算出配合挖土机施工的工人小组的人数为 $\frac{人工时间定额}{机械台班产量}$,即 $\frac{0.466}{0.233} = 2$ 人;或人工时间定额 × 机械台班产量定额,即 $0.466 \times 4.29 = 2$ 人。

4.4.3 机械台班消耗定额的编制

1) 拟定正常施工条件

机械操作与人工操作相比,劳动生产率在更大程度上受施工条件的影响,所以需要更好地拟定正常的施工条件。拟定机械工作正常的施工条件,主要是拟定工作地点的合理组织和拟定合理的技术工人编制。

2) 确定机械 1 h 纯工作的正常生产率

确定机械正常生产率必须先确定机械纯工作 1 h 的正常劳动生产率。因为只有先取得机械纯工作 1 h 正常生产率,才能根据机械利用系数计算出施工机械台班定额。机械纯工作时间,是指机械的必需消耗时间。机械 1 h 纯工作正常生产率,是指在正常施工组织条件下,具有必需的知识和技能的技术工人操纵机械 1 h 的生产率。

根据机械工作的特点不同,机械 1 h 纯工作正常生产率的确定方法也有所不同。

(1)对于循环动作机械,确定机械纯工作 1 h 正常生产率的计算分为三步:

第一步,计算机械循环一次的正常延续时间。

$$机械循环一次正常延续时间 = \sum 循环内各组成部分延续时间 - 交叠时间 \tag{4-28}$$

第二步,计算机械纯工作 1 h 的循环次数。

$$机械纯工作\ 1\ h\ 循环次数 = \frac{60 \times 60\ s}{一次循环的正常延续时间} \tag{4-29}$$

第三步,计算机械纯工作 1 h 正常生产率。

$$机械纯工作\ 1\ h\ 正常生产率 = 机械纯工作\ 1\ h\ 循环次数 \times 一次循环的产品数量 \tag{4-30}$$

(2) 对于连续动作机械,确定机械纯工作 1 h 正常生产率要根据机械的类型和结构特征,以及工作过程的特点来进行,计算公式如下:

$$连续动作机械纯工作\ 1\ h\ 正常生产率 = \frac{工作时间内生产产品数量}{工作时间(h)} \tag{4-31}$$

3) 确定施工机械的正常利用系数

确定施工机械的正常利用系数,是指机械在工作班内对工作时间的利用率。机械正常利用系数与工作班内的工作状况有着密切的关系,所以,要确定机械的正常利用系数。首先要拟定机械工作班的正常工作状态,保证合理利用工时。机械正常利用系数的计算公式如下:

$$机械正常利用系数 = \frac{机械在一个工作班内纯工作时间}{机械一个工作班延续时间(8\ h)} \tag{4-32}$$

4）计算施工机械台班定额

施工机械台班产量定额＝机械1 h纯工作正常生产率×工作班纯工作时间

＝机械1 h纯工作正常生产率×工作班延续时间×机械正常利用系数

（4-33）

4.4.4 机械台班消耗定额的应用范例

【例4-13】 某工程现场采用出料容量500 L的混凝土搅拌机，每一次循环中，装料、搅拌、卸料、中断需要的时间分别为1 min、3 min、1 min、1 min，机械正常利用系数为0.9，求该机械的台班产量定额。

【解】 该搅拌机一次循环的正常延续时间 ＝ 1＋3＋1＋1 ＝ 6 min ＝ 0.1 h

该搅拌机纯工作1 h循环次数 ＝ 10次

该搅拌机纯工作1 h正常生产率 ＝ 10×500 ＝ 5 000 L ＝ 5 m^3

该搅拌机台班产量定额 ＝ 5×8×0.9 ＝ 36 m^3/台班

【例4-14】 有4 350 m^3土方开挖任务要求在11天内完成。采用挖斗容量为0.5 m^3的反铲挖掘机挖土，载重量为5 t的自卸汽车将开挖土方量的60%运走，运距为3 km，其余土方量就地堆放。经现场测定的有关数据如下：

（1）假设土的松散系数为1.2，松散状态容重为1.65 t/m^3。

（2）假设挖掘机的铲斗充盈系数为1.0，每循环一次时间为2 min，机械时间利用系数为0.85。

（3）自卸汽车每次装卸往返需24 min，时间利用系数为0.80。

求需挖掘机和自卸汽车数量各为多少台？

【解】 （1）挖掘机的台班产量

每小时循环次数：60÷2 ＝ 30次

每小时生产率：30×0.5×1.0 ＝ 15 m^3/h

每台班产量：15×8×0.85 ＝ 102 m^3/台班

（2）自卸汽车台班产量

每小时循环次数：60÷24 ＝ 2.5次

每小时生产率：2.5×5÷1.65 ＝ 7.58 m^3/h

每台班产量：7.58×8×0.8 ＝ 48.51 m^3/台班

（3）完成土方任务需机械总台班

挖掘机：4 350÷102 ＝ 42.65台班

自卸汽车：4 350×60%×1.2÷48.51 ＝ 64.56台班

（4）完成土方任务需要机械数量

挖掘机：42.65台班÷11天 ＝ 3.88，取4台

自卸汽车：64.56台班÷11天 ＝ 5.87，取6台

4.5 工期定额

工期是指工程从正式开工起至完成建筑安装工程的全部设计内容,并达到验收标准之日止的全部日历天数。

工期定额是指在一定的经济和社会条件下,在一定时期内由建设行政主管部门制定并发布的工程项目建设消耗时间标准。我国的施工工期定额,是建设部组织编制,以民用和工业通用的建设安装工程为对象,按工程结构、层数不同,并考虑到施工方法等因素,规定从基础破土开始至完成全部工程设计或定额子目规定的内容并达到国家验收标准的日历天数。工期定额具有一定的法规性,对确定具体工程项目的工期具有指导意义。体现了合理建设工程,反映了一定时期国家、地区或部门不同建设项目的建设和管理水平。工程工期和工程造价、工程质量一起被视为工程项目管理的三大目标。

国家建设部于2000年2月16日新颁布的《全国统一建筑安装工程工期定额》,是在原城乡建设环境保护部1985年制定的《建筑安装工程工期定额》基础上,依据国家建设安装工程质量检验评定标准、施工及验收规范等有关规定,按正常施工条件、合理的劳动组织,以施工企业技术装备和管理的平均水平为基础,结合各地区工期定额执行情况,在广泛调查研究的基础上编制而成。

4.5.1 工期定额的规定

建筑安装工程工期定额主要包括民用建筑、一般通用工业建筑和专业工程施工的工期标准。除定额另有说明外,均指单项工程工期。

1) 地区类别划分

由于我国幅员辽阔,各地气候条件差别较大,故将全国划分为Ⅰ、Ⅱ、Ⅲ类地区,分别制定工期定额。

Ⅰ类地区:上海、江苏、浙江、安徽、福建、江西、湖北、湖南、广东、广西、四川、贵州、云南、重庆、海南。

Ⅱ类地区:北京、天津、河北、山西、山东、河南、陕西、甘肃、宁夏。

Ⅲ类地区:内蒙古、辽宁、吉林、黑龙江、西藏、青海、新疆。

同一省、自治区内由于气候条件不同,也可按工期定额地区类别划分原则,由省、自治区建设行政主管部门在本区域内再划分类区,报建设部批准后执行。

设备安装和机械施工工程不分地区类别,执行统一的工期定额。

本定额是按各类地区情况综合考虑的,由于各地施工条件不同,允许各地有15%以内的定额水平调整幅度,各省、自治区、直辖市建设行政主管部门可按上述规定制定实施细则,报建设部备案。

2) 工期定额的内容划分

工期定额划分为三个部分和六项工程,详见表4-10。

表 4-10　工期定额内容划分

一级划分	二级划分
民用建筑工程	单项工程(含住宅、宾馆、饭店、综合楼、办公楼、教学楼、医疗门诊楼、图书馆、影剧院、体育馆工程等)
	单位工程(含结构及装修工程)
工业及其他建筑工程	工业建筑工程(含单层厂房、多层厂房、降压站、冷冻机房、冷库、冷藏间、空压机房、变电室、锅炉房工程)
	其他建筑工程(含地下汽车库、汽车库、仓库、独立地下室、服务用房工程、停车场、园林庭院、构筑物工程)
专业工程	设备安装工程(含电梯、起重机、锅炉、供热交换设备、空调、变电室、降压站发电机房、肉联厂屠宰间、冷冻机房、冷库、冷藏间、空压站、自动电话交换机、金属容器安装、锅炉砌筑)
	机械施工工程(含构件、网架吊装工程、机械土方、机械打桩、钻孔灌注桩、人工挖孔桩工程)

3) 有关规定

(1) 单项工程工期是指单项工程从基础破土开工(或原桩位打基础桩)起至完成建筑安装工程施工全部内容,并达到国家验收标准之日止的全过程所需的日历天数。

(2) 本定额工期以日历天数为单位。对不可抗力的因素造成工程停工,经承发包双方确认,可顺延工期。

(3) 因重大设计变更或发包方原因造成停工,经承发包双方确认后可顺延工期。因承包方原因造成停工,不得增加工期。

(4) 施工技术规范或设计要求冬季不能施工而造成工程主导工序连续停工,经承发包双方确认后可顺延工期。

本定额项目包括民用建筑和一般通用工业建筑。凡定额中未包括的项目,各省、自治区、直辖市建设行政主管部门可制定补充工期定额,并报建设部备案。

4) 其他说明和规定

(1) 单项(位)工程中层高在 2.2 m 以内的技术层不计算建筑面积,但计算层数。

(2) 出屋面的楼(电)梯间、水箱间不计算层数。

(3) 单项(位)工程层数超出本定额时,工期可按定额中最高相邻层数的工期差值增加。

(4) 一个承包方同时承包 2 个以上(含 2 个)单项(位)工程时,工期的计算以一个单项(位)工程的最大工期为基数,另加其他单项(位)工程工期总和乘相应系数计算:加一个乘 0.35 系数;加 2 个乘 0.2 系数;加 3 个乘 0.15 系数;4 个以上的单项(位)工程不另增加工期。

(5) 坑底打基础桩,另增加工期。

(6) 开挖一层立方后再打护坡桩的工程,护坡桩施工的工期承发包双方可按施工方案确定增加无数,但最多不超过 50 天。

(7) 基础施工遇到障碍物或古墓、文物、流砂、溶洞、暗滨、淤泥、石方、地下水等需要进行基础处理时,由承发包双方确定增加工期。

(8) 单项工程的室外管线(不包括直埋管道)累计长度在 100 m 以上,增加工期 10 天;

道路及停车场的面积在 500 m^2 以上、1 000 m^2 以下者增加工期 10 天;在 5 000 m^2 以内者增加工期 20 天;围墙工程不另增加工期。

4.5.2 《全国统一建筑安装工程工期定额》示例

表 4-11 ±0.000 以下无地下室

序号	类别	定额编号	层数或名称	建筑面积或规格	工期天数	
					1、2 类土	3、4 类土
1	±0.00 以下工程无地下室	1—1	带形基础	500 以内	30	35
2	±0.00 以下工程无地下室	1—2	带形基础	1 000 以内	45	50
3	±0.00 以下工程无地下室	1—3	带形基础	1 000 以外	65	70
4	±0.00 以下工程无地下室	1—4	满堂红基础	500 以内	40	45
5	±0.00 以下工程无地下室	1—5	满堂红基础	1 000 以内	55	60
6	±0.00 以下工程无地下室	1—6	满堂红基础	1 000 以外	75	80
7	±0.00 以下工程无地下室	1—7	框架基础(独立柱基)	500 以内	25	30
8	±0.00 以下工程无地下室	1—8	框架基础(独立柱基)	1 000 以内	35	40
9	±0.00 以下工程无地下室	1—9	框架基础(独立柱基)	1 000 以外	55	60

表 4-12 ±0.000 以下有地下室

序号	类别	定额编号	层数或名称	建筑面积或规格	工期天数	
					1、2 类土	3、4 类土
1	±0.00 以下工程有地下室	1—10	1	500 以内	75	80
2	±0.00 以下工程有地下室	1—11	1	1 000 以内	90	95
3	±0.00 以下工程有地下室	1—12	1	1 000 以外	110	115
4	±0.00 以下工程有地下室	1—13	2	1 000 以内	120	125
5	±0.00 以下工程有地下室	1—14	2	2 000 以内	140	145
6	±0.00 以下工程有地下室	1—15	2	3 000 以内	165	170
7	±0.00 以下工程有地下室	1—16	2	3 000 以外	190	195
8	±0.00 以下工程有地下室	1—17	3	3 000 以内	195	205
9	±0.00 以下工程有地下室	1—18	3	5 000 以内	220	230
10	±0.00 以下工程有地下室	1—19	3	7 000 以内	250	260
11	±0.00 以下工程有地下室	1—20	3	10 000 以内	280	290
12	±0.00 以下工程有地下室	1—21	3	15 000 以内	310	320
13	±0.00 以下工程有地下室	1—22	3	15 000 以外	345	355

续表 4-12

序号	类别	定额编号	层数或名称	建筑面积或规格	工期天数	
					1、2 类土	3、4 类土
14	±0.00 以下工程有地下室	1—23	4	5 000 以内	255	270
15	±0.00 以下工程有地下室	1—24	4	7 000 以内	285	300
16	±0.00 以下工程有地下室	1—25	4	10000 以内	315	330
17	±0.00 以下工程有地下室	1—26	4	15 000 以内	345	360
18	±0.00 以下工程有地下室	1—27	4	2 000 以内	380	395
19	±0.00 以下工程有地下室	1—28	4	2 0000 以外	415	430

表 4-13　住宅工程现浇框架±0.00 以上

序号	类别	定额编号	层数或名称	建筑面积或规格	结构类型(装修标准)	工期天数		
						1 类	2 类	3 类
1	±0.00 以上住宅工程	1—156	10 以下	7 000 以内	现浇框架结构	330	345	375
2	±0.00 以上住宅工程	1—157	10 以下	10 000 以内	现浇框架结构	350	365	400
3	±0.00 以上住宅工程	1—158	10 以下	15 000 以内	现浇框架结构	370	385	420
4	±0.00 以上住宅工程	1—159	10 以下	20 000 以内	现浇框架结构	390	410	445
5	±0.00 以上住宅工程	1—160	10 以下	20 000 以外	现浇框架结构	415	435	470
6	±0.00 以上住宅工程	1—161	12 以下	10 000 以内	现浇框架结构	380	400	435
7	±0.00 以上住宅工程	1—162	12 以下	15 000 以内	现浇框架结构	405	425	460
8	±0.00 以上住宅工程	1—163	12 以下	20 000 以内	现浇框架结构	430	450	485
9	±0.00 以上住宅工程	1—164	12 以下	25 000 以内	现浇框架结构	455	475	510
10	±0.00 以上住宅工程	1—165	12 以下	25 000 以外	现浇框架结构	480	505	545
11	±0.00 以上住宅工程	1—166	14 以下	10 000 以内	现浇框架结构	415	435	470
12	±0.00 以上住宅工程	1—167	14 以下	15 000 以内	现浇框架结构	440	460	495
13	±0.00 以上住宅工程	1—168	14 以下	20 000 以内	现浇框架结构	465	485	520
14	±0.00 以上住宅工程	1—169	14 以下	25 000 以内	现浇框架结构	485	510	550
15	±0.00 以上住宅工程	1—170	14 以下	25 000 以外	现浇框架结构	515	540	580
16	±0.00 以上住宅工程	1—171	16 以下	10 000 以内	现浇框架结构	450	470	505
17	±0.00 以上住宅工程	1—172	16 以下	15 000 以内	现浇框架结构	475	495	535
18	±0.00 以上住宅工程	1—173	16 以下	20 000 以内	现浇框架结构	500	520	560
19	±0.00 以上住宅工程	1—174	16 以下	25 000 以内	现浇框架结构	520	545	585
20	±0.00 以上住宅工程	1—175	16 以下	25 000 以外	现浇框架结构	550	575	615
21	±0.00 以上住宅工程	1—176	18 以下	15 000 以内	现浇框架结构	505	530	575

续表 4-13

序号	类别	定额编号	层数或名称	建筑面积或规格	结构类型(装修标准)	工期天数		
						1类	2类	3类
22	±0.00以上住宅工程	1—177	18以下	20 000以内	现浇框架结构	530	555	600
23	±0.00以上住宅工程	1—178	18以下	25 000以内	现浇框架结构	555	580	625
24	±0.00以上住宅工程	1—179	18以下	30 000以内	现浇框架结构	580	610	655
25	±0.00以上住宅工程	1—180	18以下	30 000以外	现浇框架结构	610	640	690
26	±0.00以上住宅工程	1—181	20以下	15 000以内	现浇框架结构	540	565	610
27	±0.00以上住宅工程	1—182	20以下	20 000以内	现浇框架结构	560	590	635
28	±0.00以上住宅工程	1—183	20以下	25 000以内	现浇框架结构	585	615	660
29	±0.00以上住宅工程	1—184	20以下	30 000以内	现浇框架结构	615	645	695
30	±0.00以上住宅工程	1—185	20以下	30 000以外	现浇框架结构	645	675	725
31	±0.00以上住宅工程	1—186	22以下	15 000以内	现浇框架结构	570	600	650
32	±0.00以上住宅工程	1—187	22以下	20 000以内	现浇框架结构	595	625	675
33	±0.00以上住宅工程	1—188	22以下	25 000以内	现浇框架结构	620	650	700
34	±0.00以上住宅工程	1—189	22以下	30 000以内	现浇框架结构	650	680	730
35	±0.00以上住宅工程	1—190	22以下	30 000以外	现浇框架结构	675	710	770
36	±0.00以上住宅工程	1—191	24以下	20 000以内	现浇框架结构	630	660	710
37	±0.00以上住宅工程	1—192	25以下	25 000以内	现浇框架结构	655	685	745
38	±0.00以上住宅工程	1—193	26以下	30 000以内	现浇框架结构	680	715	775
39	±0.00以上住宅工程	1—194	27以下	35 000以内	现浇框架结构	710	745	805
40	±0.00以上住宅工程	1—195	28以下	35 000以外	现浇框架结构	740	775	835

4.5.3 《全国统一建筑安装工程工期定额》应用范例

【例 4-15】 单项工程层数超出定额项目中所列层数时,如何计算工期?

分析:单项工程层数超出本定额时,工期可按定额中最高相邻层数的工期差值增加。最高相邻层数的工期差值是指最高相邻层所对应的建筑面积的工期差值。

某住宅工程为全现浇结构,±0.00 以上 22 层,建筑面积 27 500 m^2;±0.00 以下 2 层,建筑面积 2 500 m^2(该工程地处Ⅱ类地区,土壤类别为Ⅲ类土)。

【解】 (1) 查定额编号

1—15	2层地下室	3 000 m^{2}以内	170天
1—145	20层	30 000 m^{2}以内	505天
1—140	18层	30 000 m^{2}以内	475天

(2) 计算相邻层数差的工期差值:505－475＝30 天

(3) 该工程总工期为:170＋505＋30＝705 天

【例 4-16】 单项工程建筑面积超过定额项目中所列面积，如何计算工期？

分析：按定额项目中所列建筑面积最大档次计算，超出不再增加面差工期。

某住宅工程为内浇外砌结构，±0.00 以上 6 层，建筑面积 9 600 m^2；±0.00 以下 1 层，建筑面积 1 600 m^2（该工程地处Ⅱ类地区，土壤类别为Ⅲ类土）。

【解】 (1) 查定额编号

1—12	1 层地下室	1 000 m^2 以外	115 天
1—65	6 层	7 000 m^2 以外	195 天

(2) 该工程总工期为：115＋195＝310 天

习题

一、单项选择题

1. 施工定额是建筑工程定额中分得（　　）、定额子目最多的一种定额。

A. 最粗　　B. 最细　　C. 最少　　D. 最多

2. 某抹灰班 13 名工人，抹某住宅楼白灰砂浆墙面，施工 25 天完成抹灰任务，个人产量定额为 10.2 m^2/工日，则该抹灰班应完成的抹灰面积为（　　）。

A. 255 m^2　　B. 19.6 m^2　　C. 3 315 m^2　　D. 133 m^2

3. 某办公楼需浇筑 1 000 m^2 的地坪，每天有 20 个工人参加施工，时间定额为 0.2 工日/m^2，则完成该任务需（　　）天。

A. 8　　B. 9　　C. 10　　D. 12

4. 某瓦工班组 15 人，砌 1.5 砖厚砖基础，需 6 天完成，砌筑砖基础的定额为 1.25 工日/m^3，该班组完成的砌筑工程量是（　　）。

A. 112.5 m^3　　B. 90 m^3/工日　　C. 80 m^3/工日　　D. 72 m^3

5. 地砖规格为 200 mm×200 mm，灰缝 1 mm，其损耗率为 1.5%，则 100 m^2 地面地砖消耗量为（　　）。

A. 2 475 块　　B. 2 513 块　　C. 2 500 块　　D. 2 462.5 块

二、多项选择题

1. 建筑工程定额的特性有（　　）。

A. 科学性　　B. 指导性　　C. 群众性　　D. 稳定性和时效性

2. 施工定额的编制应坚持（　　）的原则。

A. 平均先进水平　　B. 简明适用

C. 以专业人员为主　　D. 统一性和差别性相结合

3. 平均先进水平就是在正常的生产条件下，多数工人和多数企业经过努力能够达到和超过的水平，它（　　）。

A. 低于先进水平　　B. 高于先进水平　　C. 低于平均水平　　D. 高于平均水平

4. 施工定额由（　　）三部分组成。

A. 劳动定额　　B. 材料消耗定额　　C. 预算定额　　D. 机械台班定额

5. 劳动定额可分为（　　）两种表现形式。

A. 机械台班定额　　B. 产量定额　　C. 时间定额　　D. 材料消耗定额

6. 材料消耗定额中材料的消耗量包括(　　)。

A. 材料净用量　　B. 操作过程中不可避免的损耗

C. 运输过程中的损耗　　D. 材料用量

7. 确定材料消耗量的基本方法有(　　)。

A. 现场观察法　　B. 试验法　　C. 统计法　　D. 写实记录法

8. 以下属于周转性材料的有(　　)。

A. 水泥　　B. 模板　　C. 挡土板　　D. 脚手架

9. 工程建设定额的特点是(　　)。

A. 统一性　　B. 动态性　　C. 组合性　　D. 系统性

E. 科学性

10. 下列时间中应该计入定额时间的是(　　)。

A. 休息时间　　B. 多余工作时间　　C. 施工本身造成的停工时间

D. 与施工过程工艺特点有关的工作中断时间

E. 与施工过程工艺特点无关的工作中断时间

11. 施工定额是建筑安装企业管理的基础,也是工程建设定额体系中的基础,它的作用是(　　)。

A. 施工定额是企业计划管理的依据

B. 施工定额有利于推广先进技术

C. 施工定额是组织和指挥施工生产的有效工具

D. 施工定额是编制预算的基础

E. 施工定额是编制投标报价的基础和竣工结算的依据

12. 在确定材料定额消耗量时,主要是为了编制材料净用量定额的方法有(　　)。

A. 观测法　　B. 实验法　　C. 统计法　　D. 理论计算法

三、名词解释

1. 人工消耗定额

2. 材料消耗定额

3. 机械台班消耗定额

4. 工期定额

5 预算定额

教学目标

主要讲述预算定额的基本理论和方法。通过本章学习,应达到以下目标:
(1) 掌握预算定额消耗量指标的计算以及预算定额的换算。
(2) 熟悉江苏省建设工程费用定额。
(3) 了解预算定额的补充。

5.1 概述

5.1.1 预算定额的概念与作用

1) 预算定额的概念

预算定额,也称消耗量定额,是指根据合理的施工组织设计,按照正常施工条件制定的,生产一个规定计量单位合格的工程产品,即生产单位合格质量的工程构造要素,所需人工、材料、机械台班的社会平均消耗数量标准,是计算建筑安装产品价格的基础。

所谓基本构造要素,即通常所说的分项工程和结构构件。预算定额按工程基本构造要素规定的劳动力、材料和机械的消耗数量,以满足编制施工图预算、规划和控制工程造价的要求。

国家建设部 1995 年颁布了《全国统一建筑安装工程基础定额》,这是以保证工程质量为前提,完成按规定计量单位计量的分项工程的基本消耗量标准,其表现形式是按照量价分离、工程实体消耗和施工措施性消耗分离的原则而确定的。表 5-1 为 1995 年《全国统一建筑工程基础定额》中砖石结构工程分部部分砖墙项目的示例。

表 5-1 砖墙定额示例

工作内容:调、运、铺砂浆,运砖;砌砖包括窗台虎头砖、腰线、门窗套;安装木砖、铁件等　　计量单位:10 m^3

定额编号			4-2	4-3	4-5	4-8	4-10	4-11
项　目		单位	单面清水砖墙			混水砖墙		
			1/2 砖	1 砖	1 砖半	1/2 砖	1 砖	1 砖半
人工	综合工日	工日	21.79	18.87	17.83	20.14	16.08	15.63
材料	水泥砂浆 M5	m^3	—	—	—	1.95	—	—
	水泥砂浆 M10	m^3	1.95	—	—	—	—	—
	水泥混合砂浆 M2.5	m^3	—	2.25	2.40	—	2.25	2.04

续表 5-1

定额编号			4-2	4-3	4-5	4-8	4-10	4-11
材料	普通黏土砖	千块	5.641	5.314	5.350	5.641	5.341	5.350
	水	m^3	1.13	1.06	1.07	1.33	1.06	1.07
机械	灰浆搅拌机 200 L	台班	0.33	0.38	0.40	0.33	0.38	0.40

预算定额的说明包括定额总说明、分部工程说明及各分项工程说明。涉及各分部需说明的共性问题列入总说明，属某一分部需说明的事项列章节说明。

根据国家建设部、国家质量监督检验检疫总局联合发布的《建设工程工程量清单计价规范》(GB 50500—2013)，江苏省建设厅于 2014 年重新组织编制了《江苏省建筑与装饰工程计价定额》，本计价表自 2014 年 7 月 1 日起执行，具体执行办法另行通知，原 2004 年同时停止执行。

表 5-2 为 2014 年《江苏省建筑与装饰工程计价定额》中砌筑工程砖墙项目的示例。原 2004 年《江苏省建筑与装饰工程计价表》停止执行。

表 5-2 江苏省 2014 计价定额砌筑工程砖墙项目示例

一、砌砖

1. 砖基础、砖柱(节选)

工作内容：(1) 砖基础：运料、调铺砂浆、清理基槽坑、砌砖等。

(2) 砖柱：清理地槽、运料、调铺砂浆、砌砖。

计量单位：m^3

定额编号					4-1		4-2		4-3		4-4	
项目			单位	单价	砖基础				砖柱			
					直形		圆、弧形		方形		圆形	
					数量	合价	数量	合价	数量	合价	数量	合价
综合单价				元	406.25		429.85		500.48		600.15	
其中	人工费			元	98.40		115.62		158.26		167.28	
	材料费			元	263.38		263.38		275.93		362.07	
	机械费			元	5.89		5.89		5.64		6.50	
	管理费			元	26.07		30.38		40.98		43.45	
	利　润			元	12.51		14.58		19.67		20.85	
二类工			工日	82.00	1.20	98.40	1.41	115.62	1.93	158.26	2.04	167.28
材料	04135500	标准砖 240×115×53(mm)	百块	42.00	5.22	219.24	5.22	219.24	5.46	229.32	7.35	308.70
	31150101	水	m^3	4.70	0.104	0.49	0.104	0.49	0.109	0.51	0.147	0.69
机械	99050503	灰浆搅拌机 200 L	台班	122.64	0.048	5.89	0.048	5.89	0.046	5.64	0.053	6.50
小计						324.02		341.24		393.73		483.17

预算定额是在施工定额的基础上进行综合扩大编制而成的。预算定额中的人工、材料和施工机械台班的消耗水平根据施工定额综合取定，定额子目的综合程度大于施工定额，从而可以简化施工图预算的编制工作。预算定额是编制施工图预算的主要依据。

在编制施工图预算时，需要根据施工图纸和工程量计算工程量，还需要借助于某些可靠的参数计算人工、材料、机械(台班)的耗用量，并在此基础上计算出资金的需要量，计算出建筑安装工程的价格。在我国，现在的工程建设概预算制度规定了通过编制概算和预算控制造价，概算定额、概算指标、预算定额等则为计算人工、材料、机械(台班)耗用量提供统一的可靠参数。同时，现行制度还赋予了概预算定额相应的权威性，使之成为建设单位和施工企业之间建立经济关系的重要基础。

2) 预算定额的作用

(1) 预算定额是编制施工图预算，确定建筑安装工程造价的基础。施工图设计一经确定，工程预算造价就取决于预算定额水平和人工、材料及机械台班的价格。预算定额起着控制劳动消耗、材料消耗和机械台班使用的作用，进而起着控制建筑产品价格的作用。

(2) 预算定额是编制施工组织设计的依据。施工组织设计的重要任务之一，是确定施工中所需的人力、物力的供求量，并作出最佳安排。施工单位在缺乏本企业施工定额的情况下，根据预算定额，亦能够比较精确地计算出施工中各项资源的需要量，为有计划地组织材料采购和预制件价格、劳动力和施工机械的调配提供了可靠的计算依据。

(3) 预算定额是工程结算的依据。工程结算是建设单位和施工单位按照工程进度对已经完成的分部分项工程实现货币支付的行为。按进度支付工程款，需要根据预算定额将已完成分项工程的造价算出。单位工程验收后，再按竣工工程量、预算定额和施工合同规定进行结算，以保证建设单位建设资金的合理使用和施工单位的经济收入。

(4) 预算定额是施工单位进行经济分析的依据。预算定额规定的物化劳动和劳动消耗指标，是施工单位在生产经营中允许消耗的最高标准。目前，预算定额决定着施工单位的收入，施工单位就必须以预算定额作为评价企业工作的重要标准，作为努力实现的目标。施工单位可根据预算定额对施工中的劳动、材料、机械的消耗情况进行具体的分析，以便找出并克服低功效、高消耗的薄弱环节，提高竞争能力。只有在施工中尽量降低劳动消耗，采用新技术，提高劳动者素质，提高劳动生产率，才能取得较好的经济效果。

(5) 预算定额是编制概算定额的基础。概算定额是在预算定额基础上综合扩大编制的。利用预算定额作为编制依据，不但可以节省编制工作的大量人力、物力和时间，收到事半功倍的效果，还可以使概算定额在水平上与预算定额保持一致，以免造成执行中的不一致。

(6) 预算定额是合理编制招标标底(招标控制价)、投标报价的基础。在深入改革中，预算定额的指令性作用会日益削弱，而施工单位按照工程个别成本报价的指导性作用仍然存在。因此，预算定额作为编制标底(招标控制价)的依据和施工企业报价的基础性作用仍将存在，这也是由于预算定额本身的科学性和权威性决定的。

3) 预算定额的种类

按专业性质分，预算定额分建筑工程和安装工程定额两大类。建筑工程定额按专业对象分为建筑工程预算定额、市政工程预算定额、铁路工程预算定额、公路工程预算定额、房屋修缮工程预算定额、矿山井巷预算定额等。

安装工程预算定额按专业对象分为电气设备安装工程预算定额、机械设备安装工程预算定额、通信设备安装工程预算定额、化学工业设备安装工程预算定额、工业管道安装工程预算定额、工艺金属结构安装工程预算定额、热力设备安装工程预算定额等。

从管理权限和执行范围划分，预算定额可以分为全国统一定额、行业统一定额和地区统一定额等。全国统一定额由国务院建设行政主管部门组织制定发行，行业统一定额由国务院行业主管部门制定，地区统一定额由省、自治区、直辖市建设行政主管部门制定。

预算定额按物质要素分为劳动定额、机械定额和材料消耗定额，但是它们是相互依存形成一个整体，作为编制预算定额的依据，各自不具有独立性。

5.1.2 施工定额与预算定额的关系

预算定额是在施工定额的基础上制定的，两者都是施工企业实现科学管理的工具。但是这两种定额又有不同之处，它们的主要区别表现在以下几个方面：

1）定额作用不同

施工定额是施工企业内部管理的依据，直接用于施工管理；是编制施工组织设计、施工作业计划及劳动力、材料、机械台班使用计划的依据；是加强企业成本管理和经济核算的依据；是施工企业投标报价的依据。预算定额是一种计价性的定额，其主要作用表现在对工程造价的确定和计算方面；进行国家、建设单位和施工单位之间的拨款和结算；施工企业投标报价、建设单位编制标底（招标控制价）也可以预算定额为依据。

2）定额水平不同

施工定额中规定的活劳动和物化劳动消耗量标准应是平均先进的水平标准，企业自身编制的企业定额反映本企业的施工和管理水平。编制预算定额的目的主要在于确定建筑安装工程每一单位分项工程的预算基价，而任何产品的价格都是按照生产该产品所需要的社会必要劳动量来确定的，所以预算定额中规定的活劳动和物化劳动消耗量标准应体现社会平均水平。这种水平的差异，主要体现在预算定额比施工定额考虑了更多的实际存在的可变因素，如工序衔接、机械停歇、质量检查等。为此，在施工定额的基础上增加一个附加额，即幅度差。

3）项目划分和定额内容不同

施工定额的编制主要以工程或工程过程为研究对象，所以定额项目划分详细，定额工作内容具体；预算定额是在施工定额的基础上经过综合扩大编制而成的，所以定额项目划分更加综合，每一个定额项目的工作内容包括了若干个施工定额的工作内容。

5.2 预算定额的编制

5.2.1 预算定额的项目排列与定额编号

1）建筑工程预算定额的编制

（1）编制原则

为保证预算定额的质量，充分发挥预算定额的作用，实际使用简便，在编制工作中应该遵循以下原则：

① 按社会平均水平确定预算定额的原则。预算定额是确定和控制建筑工程造价的主

要依据。因此它必须遵照价值规律的客观要求，即按生产过程中所消耗的社会必要劳动时间确定定额水平。即按照“在现有的社会正常的生产条件下，在社会平均的劳动熟练程度和劳动强度下制造某种使用价值所需要的劳动时间”来确定定额水平。所以预算定额的平均水平，是在正常的施工条件下，在合理的施工组织和工艺条件、平均劳动熟练程度和劳动强度下，完成单位分项工程基本要素所需要的劳动时间。

预算定额的水平以大多数施工单位的施工定额水平为基础。但是，预算定额绝不是简单的套用施工定额的水平。首先，要考虑预算定额中包含了更多的可变因素，需要保留合理的幅度差，如人工幅度差、机械幅度差、材料的超运距、辅助用工及材料堆放、运输、操作损耗和由细到粗综合后的量差等。其次，预算定额应当是平均水平，而施工定额是平均先进水平，两者相比，预算定额水平要相对低一些，但是应限制在一定范围之内。

② 简明适用的原则。预算定额项目是在施工定额的基础上进一步综合，通常将建筑物分解为分部分项工程。简明适用是指在编制预算定额时，对于那些主要的、常用的、价值量大的项目，分项工程划分宜细；次要的、不常用的、价值量相对较小的项目则可以放粗一些。

定额项目的多少与定额的步距有关。步距大，定额的子目将会减少，精确度就会降低；步距小，定额的子目将会增加，精确度也会提高。所以，确定步距时，对主要工种、主要项目，定额步距要小一些；对于次要工种、次要项目、不常用项目，定额步距可以适当大一些。

预算定额要项目齐全。要注意补充那些因采用新技术、新结构、新材料而出现的新的定额项目。如果项目不全，缺项多，就会使计价工作缺少充足的可靠的依据。补充定额一般因资料所限，费时费力，可靠性较差，容易引起争执。

对预算定额的活口也要设置适当。所谓活口，即在定额中规定，当符合一定条件时，允许该定额另行调整。在编制中要尽量不留活口，对实际情况变化较大、影响定额水平幅度大的项目，确需留的，也应该从实际出发尽量少留；即使留有活口，也要注意尽量规定换算方法，避免采用按实计算。

预算定额要简明适用，还要求合理确定预算定额的计量单位，简化工程量的计算，尽可能地避免同一种材料用不同的计量单位和一量多用。尽量减少定额附注和换算系数。

③ 坚持统一性和差别性相结合的原则。所谓统一性，就是从培育全国统一市场规范计价行为出发，计价定额的制定规划和组织实施由国务院建设行政主管部门归口，并负责全国统一定额制定或修订，颁发有关工程造价管理的规章制度等，这样就有利于通过定额和工程造价的管理实现建筑安装工程价格的宏观调控。通过编制全国统一定额，使建筑安装工程具有一个统一的计价依据，也使考核设计和施工的经济效果具有一个统一的效果。

所谓差别性，就是在统一性的基础上，各部门和省、自治区、直辖市主管部门可以在自己的管辖范围内，根据本部门和本地区的具体情况，制定部门和地区性定额、补充性制度和管理方法，以适应我国幅员辽阔，地区间部门发展不平衡和差异大的实际情况。

(2) 预算定额的编制依据

① 现行劳动定额和施工定额。预算定额是在现行劳动定额和施工定额的基础上编制的。预算定额中的人工、材料、机械台班消耗水平，需要依据劳动定额或施工定额取定；预算定额的计量单位的选择，也要以施工定额为参考，从而保证两者的协调和可比性，减少预算定额的编制工作量，缩短编制时间。

② 现行的设计规范、施工及验收规范、质量评定标准和安全操作规程等文件。预算定

额在确定人工、材料、机械台班消耗数量时，必须考虑上述各项规范的要求和规定。

③ 具有代表性的典型工程施工图及有关标志图。对这些图纸进行仔细分析研究，并计算出工程数量，作为编制定额时选择施工方法确定定额含量的依据。

④ 新技术、新结构、新工艺和新材料，以及科学实验、技术测定和经济分析等有关最新科学技术资料。这类资料是调整定额水平和增加新的定额项目所必需的依据。

⑤ 现行的工人工资标准、材料预算价格和施工机械台班费用等有关价格资料。

⑥ 有关科学试验、技术测定的统计、经验资料。这类工程是确定定额水平的重要依据。

⑦ 现行的预算定额、材料预算价格及有关文件规定等。包括过去定额编制过程中积累的基础资料，也是编制预算定额的依据和参考。

(3) 预算定额编制的步骤

建筑工程预算定额可分 3 个阶段编制。

① 准备阶段。在这一阶段主要是调集人员，成立编制小组，收集编制资料，拟定编制方案，确定定额项目、水平和表现形式。

② 编制初稿阶段。在这一阶段主要是审查、熟悉和修改资料，以及进行测算和分析，按确定的定额项目和图纸等资料计算工程量，确定人工、材料和施工机械台班消耗量，计算定额基价，编制定额项目表和拟定文字说明。

③ 审定阶段。在这一阶段主要是测算新编定额水平，审查、修改所编定额，定稿后报送上级主管部门审批、颁发并执行。

2) 建筑工程预算定额手册的组成

(1) 预算定额手册的内容

建筑工程预算定额手册由目录、总说明、建筑面积计算规则、分部分项工程说明及其相应的工程量计算规则、定额项目表和有关附录等组成。

① 定额总说明。定额总说明概述建筑工程预算定额的编制目的、指导思想、编制原则、编制依据、定额的适用范围和作用，以及有关问题的说明和使用方法。

② 建筑面积计算规则。建筑面积计算规则严格、系统地规定了计算建筑面积内容范围和计算规则，这是正确计算建筑面积的前提条件，从而使全国各地区的同类建筑产品的计划价格有一个科学的可比价。

③ 分部工程说明。分部工程说明是建筑工程预算定额手册的重要内容。它介绍了分部工程定额中包括的主要分项工程和使用定额的一些基本规定，并阐述了该分部工程中各项工程的工程量计算规则和方法。

④ 分项工程定额项目表。

⑤ 定额附录。建筑工程预算定额手册中的附录包括机械台班价格、材料预算价格，它们主要作为定额换算和编制补充预算定额的基本依据。

(2) 预算定额项目的排列

预算定额项目应根据建筑结构和施工程序等，按章、节、项目、子项目等顺序排列。

分部工程为“章”，是将单位工程中结构性质相近、材料大致相同的施工对象结合在一起。目前各省、直辖市、自治区现行的建筑工程预算定额手册，是根据国家的有关规定，结合本地区具体情况，将单位工程按其结构部位不同、工种不同和使用材料不同等因素，划分成若干分部工程(章)。

分部分项工程以下，又按工程性质、工程内容、施工方法、使用材料类别等，分成许多分项工程。分项工程在预算定额手册中称为“节”。分项工程在定额手册中的编号，用阿拉伯数字 1，2，3……顺序排列。分项工程（节）以下，再按工程性质、规格、材料类别等，分成若干项目。在项目中还可以按材料类别、规格以及建筑构造等再细分为若干子项目。子项目在预算定额中的编号，也用阿拉伯数字 1，2，3……顺序排列。

(3) 定额编号

为了提高施工图预算编制质量，便于查阅、审查选套的定额项目是否正确，在编制施工图预算时必须注明选套的定额项目编号。预算定额手册通常有“三符号”和“两符号”两种编号方法。

① 三符号编号法。其第一个符号是表示分部工程（章）的序号，第二个符号是表示分项工程（节）的序号（或子项目所在定额中的页数），第三个符号是表示分项工程项目的子项目序号。

② 两符号编号法。它是在三符号编号法的基础上，去掉中间的符号（分项工程序号或子项目所在定额页数），而采用分部工程序号和子项目序号两个符号编号。

5.2.2 预算定额的作用

在我国过去长期实行的工程预算制度中，预算定额的具体表现主要是工程单位估价表，并作为计算建筑工程造价的直接依据。定额的各项指标，反映为完成规定计量单位符合设计标准和施工及验收规范要求的分项工程所消耗的活劳动和物化劳动的数量限度，为计算人工、材料、机械台班的耗用量提供统一可靠的参数。这种限度决定着单项工程和单位工程的成本和造价。定额成为建设单位和施工单位间建立经济关系的重要基础。

以《江苏省建筑与装饰工程计价定额》(2014)为例，该计价定额的作用为：

(1) 编制工程标底（招标控制价）、招标工程结算审核的指导。

(2) 工程投标报价、企业内部核算、制定企业定额的参考。

(3) 一般工程（依法不招标工程）编制和审核工程预结算的依据。

(4) 编制建筑工程概算定额的依据。

(5) 建设行政主管部门调解工程造价纠纷、合理确定工程造价的依据。

江苏省还规定：全部使用国有资金投资或国有资金投资为主的建筑与装饰工程应执行本计价表；其他形式投资的建筑与装饰工程可参照使用本计价表；当工程施工合同约定按本计价表规定计价时，应遵守本计价表的有关规定。

5.3 基础单价的确定及工程计价表的编制

5.3.1 基础单价的编制基础

基础单价的编制基础包括划分其工作内容、计量单位、工程量计算规则等，这些在本质上属于工程造价计算规则的内容，是计算定额消耗量时必须依据的，是使用消耗量定额时应重视的，同时也是施工单位编制企业定额和计算承包造价时应遵循的。

1) 项目划分及其工作内容

根据工种、构件、材料品种以及使用的机械类型的不同和工料、机械消耗水平的不同来划分分部分项工程。在分项工程划分确定后，一般还需要划分子目。

(1) 按照施工方法划分。例如，混凝土工程分为现浇混凝土和预制混凝土工程。

(2) 按工程的现场条件划分。例如，挖土方按土壤类别和土壤的干、湿情况划分子目。

(3) 按具体尺寸或重量划分。例如，挖地槽分为深 1.5 m 以内、2 m 以内、3 m 以内等。

2) 项目的计量单位

分项工程项目的计量单位主要是根据分项工程的形状和结构构件特征及其变化规律而确定的，主要分为物理计量单位和自然计量单位。

物理计量单位主要有：m、m^2、m^3 和 t。

(1) 凡建筑结构构件的断面有一定形状和大小，但长度不同的，按长度以延米(m)长为计量单位。如踢脚线、楼梯栏杆、木线装修等。

(2) 凡建筑结构构件的厚度有一定规格，但长度和宽度不定的，按面积以平方米(m^2)为计量单位。如地坪、楼面、墙面和天棚抹灰，门窗和现浇混凝土楼梯等。

(3) 凡建筑结构构件的长度、厚(高)度和宽度都变化的，可按体积以立方米(m^3)为计量单位。如土方、混凝土等工程。

(4) 钢结构由于重量与价格差异很大，形状又不确定，按重量以吨(t)为计量单位。

自然计量单位主要有个、台、座、组等，一般是建筑结构无一定规格，而其构造又较复杂的，按个、台、座、组为计量单位。

但是，并不是所有的项目均按建筑结构构件形状的特点来决定计量规则，比如，现浇混凝土楼梯，按照水平投影面积来计算，这主要是为了工程量计算简便。

定额单位确定后，往往会出现人工、材料或机械台班量很小，即小数点后好几位。为了减少小数位数，采取扩大单位的办法，如把 1 m^2、1 m^3、1 m 扩大 10 倍、100 倍、1 000 倍。

预算定额中各项人工、机械按“工日”、“台班”计量，各种材料的计量单位与产品计量单位基本一致，人工工日为单位的，取 2 位小数；主要材料及成品、半成品中的木材以 m^3 为单位，取 3 位小数；钢材和钢筋以 t 为单位，取 3 位小数；水泥和石灰以 kg 为单位，取整数；砂浆和混凝土以 m^3 为单位，取 2 位小数；其余材料一般以元为单位，取 2 位小数；施工机械以台班为单位，取 2 位小数；数字计算过程中取 3 位小数，计算结果四舍五入，保留 2 位小数；定额单位扩大时，通常采用原单位的倍数。

5.3.2 人工、材料和机械台班消耗量(指标)的确定

1) 人工消耗指标的确定

预算定额中人工消耗量是指在正常施工条件下，生产单位合格产品所必须消耗的人工工日数量，是由分项工程所综合的各个工序劳动定额包括的基本用工、其他用工两部分组成的。

(1) 基本用工

基本用工是指完成单位合格产品所必须消耗的技术工种用工。按技术工种相应劳动定额施工时定额计算，以不同工种列出定额工日。例如，砌筑各种墙体工程的砌砖、调制砂浆

以及运输砖和砂浆的用工量。

完成定额计量单位的主要用工。按综合取定的工程量和相应的劳动定额进行计算。

$$基本用工 = \sum(综合取定的工程量 \times 劳动定额) \tag{5-1}$$

(2) 其他用工

其他用工是辅助基本用工消耗的工日。按其工作内容不同又分以下三类：

① 超运距用工，是指超过人工定额规定的材料、半成品运距的用工。

② 辅助用工，是指材料需要在现场加工的用工，如筛砂子、淋石灰膏等增加的用工量。

$$辅助用工 = \sum(材料加工数量 \times 相应的加工劳动定额) \tag{5-2}$$

③ 人工幅度差用工，是指人工定额中未包括的，而在一般正常情况下又不可避免的一些零星用工。其内容如下：A. 各种专业工种之间的工序搭接及土建工程与安装工程的交叉、配合中不可避免的停歇时间；B. 施工机械在场内单位工程之间变换位置及在施工过程中移动临时水电线路引起的临时停水、停电所发生的不可避免的间歇时间；C. 施工过程中水电维修用工；D. 隐蔽工程验收等工程质量检查影响的操作时间；E. 现场内单位工程之间操作地点转移影响的操作时间；F. 施工过程中工种之间交叉作业造成的不可避免的剔凿、修复、清理等用工；G. 施工过程中不可避免的直接少量零星用工。

$$人工幅度差用工数量 = \sum(基本用工 + 超运距用工 + 辅助用工) \times 人工幅度差系数 \tag{5-3}$$

2) 材料耗用量指标的确定

材料耗用量指标是在节约和合理使用材料的条件下，生产单位合格产品所必须消耗的一定品种规格的材料、燃料、半成品或配件数量标准。材料耗用量指标是以材料消耗定额为基础，按预算定额的定额项目，综合材料消耗定额的相关内容，经汇总后确定。

材料消耗量，按用途划分为以下四种：

(1) 主要材料，指直接构成工程实体的材料，其中也包括成品、半成品的材料。

(2) 辅助材料，也是构成工程实体除主要材料以外的其他材料。如垫木钉子、铅丝等。

(3) 周转性材料，指脚手架、模板等多次周转使用的不构成工程实体的摊销性材料。

(4) 其他材料，指用量较少，难以计量的零星用量。如棉纱、编号用的油漆等。

材料消耗量的计算方法主要有：

(1) 凡有标准规格的材料，按规范要求计算定额计量单位的耗用量，如砖、防水卷材、块料面层等。

(2) 凡设计图纸标注尺寸及下料要求的按设计图纸尺寸计算材料净用量，如门窗制作用材料，方、板料等。

(3) 换算法。各种胶结、涂料等材料的配合比用料，可以根据要求条件换算，得出材料用量。

(4) 测定法。包括实验室实验法和现场观察法。指各种强度等级的混凝土及砌筑砂浆配合比的耗用原材料数量的计算，需按照规范要求试配经过试压合格以后并经过必要的调整后得出的水泥、砂子、石子、水的用量。对新材料、新结构又不能用其他方法计算定额消耗用量时，需用现场测定法来确定，根据不同条件可以采用写实记录法和观察法，得出定额的消耗量。

(5) 其他材料的确定。一般按工艺测算并在定额项目材料计算表内列出名称、数量,并依编制期其他材料的价格占主要材料的比率计算,列在定额材料栏之下,定额内可不列材料名称及耗用量。

3) 机械台班消耗指标的确定

预算定额中施工机械消耗指标,是以台班为单位进行计算,每一台班为8小时工作制。预算定额的机械化水平,应以多数施工企业采用的和已推广的先进施工方法为标准。预算定额中的机械台班消耗量按合理的施工方法取定并考虑增加了机械幅度差。

(1) 机械幅度差。机械幅度差是指在施工定额中未曾包括的,而机械在合理的施工组织条件所必需的停歇实际,在编制预算定额时应予考虑。其内容包括:①施工机械转移工作面及配套机械相互影响损失的时间;②在正常的施工条件下,机械施工中不可避免的工序间歇;③检查工程质量影响机械操作的时间;④临时水、电线路在施工中移动位置所发生的机械停歇时间;⑤工程结尾时,工作量不饱满所损失的时间。

由于垂直运输用的塔吊、卷扬机及砂浆、混凝土搅拌机是按小组配合的,因此应以小组产量计算机械台班产量,不另增加机械幅度差。大型机械幅度差系数为:土方机械25%,打桩机械33%,吊装机械30%。其他分部工程中如钢筋加工、木材、水磨石等各项专用机械的幅度差为10%。

(2) 机械台班消耗指标的计算

① 综合工序机械台班:按综合取定的所有工作内容的工程量,根据施工定额中各种机械施工项目所规定的台班产量计算。

$$\text{综合工序机械台班} = \sum(\text{各工序实物工程量} \times \text{相应施工机械台班定额}) \tag{5-4}$$

② 预算定额机械台班量

$$\text{预算定额机械台班量} = \text{综合工序机械台班} \times (1 + \text{机械幅度差系数}) \tag{5-5}$$

5.3.3 人工单价、材料单价和机械台班单价的确定

1) 人工工资标准和定额工资单价

人工工日单价是指预算定额基价中计算人工费的单价。工日单价通常由日工资标准和工资性补贴构成。

(1) 工资标准的确定

工资标准是指工人在单位时间内(日或月)按照不同的工资等级所取得的工资数额。研究工资标准的目的是为了确定工日单价,满足编制预算定额或换算预算定额的需要。

① 工资等级。工资等级是按国家或企业有关规定,按照劳动者的技术水平、熟练程度和工作责任大小等因素所划分的工资级别。

② 工资等级系数。工资等级系数也称工资级差系数,是某一等级的工资标准与一级工工资标准的比值。

(2) 工日单价的计算

预算定额基价中人工工日单价是指一个建筑生产工人一个工作日在预算中应计入的全

部人工费用，一般组成如下：①计时工资或计件工资。②奖金。③津贴补贴。④加班加点工资。⑤特殊情况下支付的工资。

为了便于控制工程造价，对于生产工人的工资单价，在过去相当长的一段时间内实行过不分工种、不分等级、统一工资单价的做法。近年来，为了适应建筑市场的变化，有利于劳务分包的实施，各地开始对不同工种的工人采用不同的工资单价计价。

以江苏省计价表为例，既考虑到市场需要，也为了便于计价，对于包工包料建筑工程，人工工资分别按一类工 85.00 元/工日，二类工 82.00 元/工日，三类工 77.00 元/工日计算；每工日按 8 小时工作制计算。工日中包括基本用工、材料场内运输用工、部分项目的材料加工及人工幅度差。

根据经济发展水平及调查反映的情况，苏建函价〔2015〕628 号文，发布了江苏省住房城乡建设厅《关于发布建设工程人工工资指导价的通知》，通知中根据《省住房和城乡建设厅关于对建设工程人工工资单价实行动态管理的通知》（苏建价〔2012〕633 号文），江苏省建设厅组织各市测算了建设工程人工工资指导价，该指导价从 2015 年 9 月 1 日起执行。预算工资单价标准见表 5-3。

表 5-3　江苏省建设工程人工工资指导价（节选）　　单位：元/工日

<table>
<tr><th>序号</th><th>地区</th><th colspan="2">工　种</th><th>建筑工程</th><th>装饰工程</th><th>安装、市政工程</th><th>城市轨道交通工程</th><th>机械台班</th><th>点工</th></tr>
<tr><td rowspan="4">1</td><td rowspan="4">苏州市</td><td rowspan="3">包工包料</td><td>一类工</td><td>92</td><td rowspan="3">92～120</td><td>84</td><td rowspan="3">88</td><td rowspan="3">87</td><td rowspan="3">99</td></tr>
<tr><td>二类工</td><td>88</td><td>81</td></tr>
<tr><td>三类工</td><td>83</td><td>76</td></tr>
<tr><td colspan="2">包工不包料</td><td>117</td><td>120～146</td><td>107</td><td>117</td><td></td><td></td></tr>
<tr><td rowspan="4">2</td><td rowspan="4">南京市
无锡市
常州市</td><td rowspan="3">包工包料</td><td>一类工</td><td>90</td><td rowspan="3">90～118</td><td>83</td><td rowspan="3">87</td><td rowspan="3">87</td><td rowspan="3">98</td></tr>
<tr><td>二类工</td><td>87</td><td>80</td></tr>
<tr><td>三类工</td><td>82</td><td>75</td></tr>
<tr><td colspan="2">包工不包料</td><td>115</td><td>118～142</td><td>104</td><td>115</td><td></td><td></td></tr>
<tr><td rowspan="4">3</td><td rowspan="4">扬州市
泰州市
南通市
镇江市</td><td rowspan="3">包工包料</td><td>一类工</td><td>89</td><td rowspan="3">89～117</td><td>83</td><td rowspan="3">86</td><td rowspan="3">87</td><td rowspan="3">97</td></tr>
<tr><td>二类工</td><td>86</td><td>79</td></tr>
<tr><td>三类工</td><td>82</td><td>75</td></tr>
<tr><td colspan="2">包工不包料</td><td>115</td><td>117～141</td><td>103</td><td>115</td><td></td><td></td></tr>
<tr><td rowspan="4">4</td><td rowspan="4">徐州市
连云港市
淮安市
盐城市
宿迁市</td><td rowspan="3">包工包料</td><td>一类工</td><td>89</td><td rowspan="3">88～116</td><td>82</td><td rowspan="3">86</td><td rowspan="3">87</td><td rowspan="3">96</td></tr>
<tr><td>二类工</td><td>85</td><td>79</td></tr>
<tr><td>三类工</td><td>81</td><td>73</td></tr>
<tr><td colspan="2">包工不包料</td><td>114</td><td>116～140</td><td>103</td><td>114</td><td></td><td></td></tr>
</table>

（3）建筑劳务工资市场指导价

为了及时反映建筑市场劳动力使用情况，指导建设单位、施工单位的工程发包承包活动，各地工程造价管理机构还发布了建筑劳务工资指导价，见表 5-4。

表 5-4 南京市 2015 年 5 月建筑工种人工成本信息

序号	工 种	月工资(元)	日工资(元)	序号	工 种	月工资(元)	日工资(元)
1	建筑、装饰工程普工	3 180	106	10	防水工	3 390	113
2	木工(模板工)	3 630	121	11	油漆工	3 390	113
3	钢筋工	3 540	118	12	管工	3 450	115
4	混凝土工	3 390	113	13	电工	3 450	115
5	架子工	3 480	116	14	通风工	3 390	113
6	砌筑工(砖瓦工)	3 390	113	15	电焊工	3 660	122
7	抹灰工(一般抹灰)	3 570	119	16	起重工	3 480	116
8	抹灰、镶贴工	3 630	121	17	玻璃工	3 420	114
9	装饰木工	3 870	129	18	金属制品安装工	3 630	121

注:日工资按照 8 小时/工日计算。

2) 材料预算价格

(1) 材料预算价格的概念

材料预算价格是指材料由其来源地或交货地运达仓库或施工现场堆放地点后至出库过程中平均发生的全部费用。

(2) 材料预算价格的组成

材料价格由原价或出厂价、供销部门手续费、包装费、运输费和采购及保管费五个部分组成。其中,原价、运输费、采购及保管费三项是构成材料预算价格的基本费用。见表 5-5,江苏省 2011 年 10 月材料价格。

(3) 材料预算价格中各项费用的确定

① 材料原价。材料原价一般是指材料的出厂价、交货地点价格、国营主管部门的批发价和市场批发价,以及进口材料的调拨价等。

$$加权平均原价 = \frac{C_1K_1 + C_2K_2 + \cdots + C_nK_n}{K_1 + K_2 + \cdots + K_n} \tag{5-6}$$

式中:$K_1, K_2, \cdots, K_n$—— 各不同供应地点的供应量或需求量;

$C_1, C_2, \cdots, C_n$—— 各不同供应地点的原价。

② 供销部门手续费。供销部门手续费是指某些材料不能直接向单位采购,需经过当地物资部门或供销部门供应所支付的手续费。

$$供销部门手续费 = 材料原价 \times 材料供销部门手续费率 \tag{5-7}$$

③ 包装费。包装费是指为了便于材料运输或保护材料不受损失而进行包装所需的费用,包括袋装、箱装、篷布所耗用的材料费和工资。

包装品回收率及回收价值率一般应按各地区定额主管部门制定的标准执行,如无规定时,可参照下列数据计算:

用木材制品包装者,其回收率为 70%,回收价值率为原价的 20%。

用铁皮、铁丝制品包装者,其回收率,铁桶以 95%、铁皮以 50%、铁丝以 50%计算;其回收价值率均按包装品原价的20%计算。

用纸皮与纤维制品包装者，其回收率按60%计算，其回收价值率按包装材料的50%计算。

用草绳、草袋制品包装者不计回收值。

材料包装费分两种情况：一种情况是材料出厂时已由厂方包装者，其包装费已计入材料原价内，不再另行计算，但应计算包装品的回收价值；另一种情况是施工单位自备包装品，其包装费按原包装品的价值和使用次数分摊计算。

④ 材料运杂费。运杂费是指材料自来源地运至工地仓库或指定堆放地点所发生的全部费用，包括材料由采购地点或发货地点至施工现场的仓库或工地存放地点（含外埠中转运输过程）所发生的一切费用和过境过桥费。

材料运输费用一般按外埠运费和市内运输费两段计算。外埠运输费包括材料由其来源地运至本市材料仓库或货站的全部费用；市内运输费包括材料从本市仓库或货站运至施工地仓库的出仓费、装卸费和运输费。

⑤ 材料采购及保管费。材料采购及保管费，是指施工企业材料的供应部门在组织材料采购、供应和保管过程中所需要支出的各项费用。其中包括：采购及保管部门的人员工资和管理费，工地材料仓库的保管费，货物过秤费及材料在运输及储存中所耗费用等。

材料采购及保管费

=（材料原价＋供销部门手续费＋包装费＋运输费）×采购及保管费率　　(5-8)

采购及保管费率一般为2%～2.5%。

(4) 材料预算价格

材料预算价格的计算公式为：

材料预算价格＝（材料供应价格＋市内运输费）×（1＋采购及保管费率）－包装品回收价格　　(5-9)

式中，材料供应价格包括材料原价、供销部门手续费、包装费和外埠运输费。

表5-5　南京市2015年5月材料价格（节选）

序号	名　称	规　格(mm)	计量单位	价格(元)
1	白石屑		t	86.53
2	黄砂(细)		t	69.17
3	黄砂(中粗)		t	84.00
4	碎石(瓜子片)	5～16	t	78.50
5	碎石(小碎)	5～20	t	80.00
6	碎石(中碎)	5～31.5	t	79.00
7	碎石(中碎)	5～40	t	71.00
8	白石子	2#	t	137.67
9	卵石		t	215.31
10	毛石	(大片)	t	61.00

续表 5-5

价格(元)

序号	名　称	规　格(mm)	计量单位	价格(元)
11	面石			80.07
12	生石灰		t	347.00
13	石灰膏		m^3	220.00
14	二灰结石(6:14:80)		t	119.80
15	滑石粉		kg	0.58
16	膨润土	200 目	kg	0.43
17	混凝土标准砖	240×115×53	百块	41.43
18	KP1 砖(多孔)	190×190×90	百块	65.09
19	KP1 砖(多孔)	240×115×90	百块	57.39
20	KM1 砖(多孔)	190×190×90	百块	65.09
21	KM1 砖	190×90×90	百块	37.84
22	页岩模数多孔砖	190×240×90	百块	133.00
23	页岩模数多孔砖	140×240×90	百块	97.60
24	页岩模数多孔砖	120×190×90	百块	77.00
25	粉煤灰蒸压砖	240×115×53	百块	40.20
26	面包砖	100×200×60	m^2	36.90
27	面包砖	100×200×80	m^2	38.00

(5) 混凝土、砂浆预算价格

现场制作的混凝土、砂浆等半成品的预算价格是确定分项工程预算单价的依据之一。它是根据消耗量等额的配合比用量和材料预算价格计算的。

混凝土、砂浆预算价格的计算公式为:

$$\text{半成品预算价格} = \sum \text{定额配合比材料用量} \times \text{材料预算价格} \quad (5\text{-}10)$$

现场制作的混凝土、砂浆配制所需的人工、机械包括在相应分项工程消耗量中,不包括在混凝土、砂浆的预算价格内;采用商品混凝土时,有关制作人工、机械包括在商品混凝土价格中。

表 5-6、表 5-7 为江苏省计价表附录三现浇混凝土示例。

表 5-6 现浇混凝土配合比(1)

计量单位:m^3

代码编号			80210105		80210106		80210107	
项　目	单位	单价	碎石最大粒径 16 mm　坍落度 35~50 mm					
			混凝土强度等级					
			C20		C25			
			数量	合价	数量	合价	数量	合价
基　价		元	258.23		273.97		269.75	

续表 5-6 计量单位：m³

代码编号				80210105		80210106		80210107	
材料	水泥 32.5 级	kg	0.31	404.00	125.24	470.00	145.70		
	水泥 42.5 级	kg	0.35					386.00	135.10
	中砂	t	69.37	0.707	49.04	0.682	47.31	0.775	53.76
	碎石 5～16 mm	t	68.00	1.22	82.96	1.176	79.97	1.175	79.90
	水	m³	4.70	0.21	0.99	0.21	0.99	0.21	0.99

表 5-7 现浇混凝土配合比(2) 计量单位：m³

代码编号				80210121		80210122		80210123		80210124	
项目		单位	单价	碎石最大粒径 20 mm 坍落度 35～50 mm							
				混凝土强度等级							
				C30				C35		C40	
				数量	合价	数量	合价	数量	合价	数量	合价
基价			元	286.53		272.52		285.90		300.99	
材料	水泥 32.5 级	kg	0.31	511.00	158.41						
	水泥 42.5 级	kg	0.35			385.00	134.75	433.00	151.55	488.00	170.80
	中砂	t	69.37	0.632	43.84	0.699	48.49	0.682	47.31	0.623	43.22
	碎石 5～20 mm	t	70.00	1.192	83.44	1.262	88.34	1.23	86.10	1.229	86.03
	水	m³	4.70	0.20	0.94	0.20	0.94	0.20	0.94	0.20	0.94

表 5-8 为江苏省计价表附录四砌筑砂浆示例。

表 5-8 砌筑砂浆 计量单位：m³

代码编号				80010103		80010104		80010105		80010106	
项目		单位	单价	水泥砂浆							
				砂浆强度等级							
				M2.5		M5		M7.5		M10	
				数量	合价	数量	合价	数量	合价	数量	合价
基价			元	175.72		180.37		182.23		191.53	
材料	水泥 32.5 级	kg	0.31	202.00	62.62	217.00	67.27	223.00	69.13	253.00	78.43
	中砂	t	69.37	1.61	111.69	1.61	111.69	1.61	111.69	1.61	111.69
	水	m³	4.70	0.30	1.41	0.30	1.41	0.30	1.41	0.30	1.41

混凝土、特种混凝土配合比表是按《普通配合比设计规程》(JGJ 55—2000)，砌筑砂浆是按《砌筑砂浆配合比设计规程》(JGJ 98—2000)计算的。混凝土配合比、砌筑砂浆配合比作为确定工程造价使用，不能作为实际施工配合比，实际施工配合比应根据有关规范及试验单位提供的配合比配制，现场实际配合比与定额不同不得调整其用量。

3）机械台班预算价格

施工机械使用费是根据施工中耗用的机械台班数量和机械台班单价确定的。施工机械台班单价是不同机械每个台班所必须消耗的人工、材料、燃料动力和应分摊的费用。

为了正确使用机械台班单价，国家建设部于2001年颁发了《全国统一施工机械台班费用编制规则》，各地据此纷纷制定了本地区使用的施工机械台班费用定额。江苏省也于2004年4月开始执行《江苏省施工机械台班费用定额》。鉴于近年来机械台班中的人工费、燃料动力费上涨较大，为了接轨市场，方便计价，对2004《江苏省施工机械台班费用定额》中的人工工资单价、燃料动力费进行了调整，形成了2007《江苏省施工机械台班2007单价表》。

(1) 施工机械台班预算价格的概念

为使机械正常运转，一个台班中所支出和分摊的各项费用之和，称为机械台班使用费或机械台班单价。

(2) 机械台班费用定额说明

① 本定额包括：土石方及筑路机械、桩工机械、起重机械、水平运输机械、垂直运输机械、混凝土及砂浆机械、加工机械、泵类机械、焊接机械、动力机械、地下工程机械和其他机械，共计十二类635个项目。江苏省补充了206个机械项目，补充了有关机械的场外运输费及组装、拆卸费。本次修编删除了部分已淘汰的机械、设备和原值小于2 000元的小型工具性机械，并根据实际情况及有关单位要求增补了有关章节的新项目。

② 本定额每台班是按8小时工作制计算的。

③ 本定额由以下7项费用组成：

A. 折旧费。

B. 大修理费。

C. 经常修理费。

D. 安拆费及场外运费。

机械在运输中交纳的过路、过桥、过隧道费按交通运输部门的规定另行计算费用。如遇道路桥梁限载、限高、公安交通管理部门保安护送所发生的费用计入独立费用。

远征工程在城市之间的机械调运费按公路、铁路、航运部门运输的标准计算，列入独立费。

定额基价中未列入场外运费的：一指不应考虑本项费用的机械，如金属切削机械、水平运输机械等；二指不适于按台班摊销本项费用的机械，可计算一次性场外运输和安拆费。

大型施工机械在一个工程地点只计算一次场外运费（进退场费）及安装、拆卸费。大型施工机械在施工现场内单位工程或幢号之间的拆、卸转移，其安装、拆卸费按实际发生次数套安、拆费计算。机械转移费按其场外运输费用的75%计算。

不需要拆卸安装、自身又能开行的机械（履带式除外），如自行式铲运机、平地机、轮胎式装载机及水平运输机械等，其场外运输费（含回程费）按1个台班费计算。

E. 燃料动力费。

F. 人工费。

G. 其他费用，指施工机械按照国家和有关部门规定应交纳的养路费、车船使用税、保险费及年检费用等。养路费及车船使用税，指按国家有关规定应交纳的养路费及车船使用税。

(3) 施工机械台班预算价格的计算

① 折旧费。折旧费是指机械设备在规定的使用期限内陆续回收其原值及支付贷款利息的费用。

$$台班折旧费 = \frac{机械预算价格 \times (1 - 残值率) \times 贷款利息系数}{耐用总台班} \tag{5-11}$$

A. 机械预算价格是指机械出厂价格加上从生产厂家(或销售单位)交货地点运至使用单位机械管理部门验收入库的全部费用。包括出厂价格、供销部门手续费和一次运杂费。进口机械预算价格是由进口机械到岸完税价格加上关税、外贸部门手续费、银行财务费以及由口岸运至使用单位机械管理部门验收入库的全部费用。

B. 残值率是指施工机械报废时其回收的残余价值占机械原值(即机械预算价格)的比例。财务制度规定,净残值率按照固定资产原值的3%～5%确定。各类施工机械的残值率综合确定如下:运输机械为2%;特、大型机械为3%;中、小型机械为4%;掘进机械为5%。

C. 为补偿施工单位贷款购置机械设备所支付的利息,合理反映资金的时间价值,以大于1的贷款利息系数,将贷款利息(单利)分摊在台班折旧费中。贷款利息系数根据机械的折旧年限和设备更新贷款年利率(以定额编制银行当年规定的贷款年利率为准)计算。

D. 耐用总台班是指机械在正常施工作业条件下,从投入使用起到报废止,按规定应达到的使用总台班数。机械耐用总台班的计算公式为:

$$耐用总台班 = 大修间隔台班 \times 大修周期 \tag{5-12}$$

大修间隔台班是指机械自投入使用起至第一次大修止或上一次大修后投入使用起至下一次大修止,应达到的使用台班数。

大修周期即使用周期,是指机械在正常的施工作业条件下,将其寿命期(即耐用总台班)按规定的大修理次数划分为若干个周期。其计算公式为:

$$大修周期 = 寿命期大修理次数 + 1 \tag{5-13}$$

② 大修理费。大修理费是指机械在规定的大修理间隔台班进行修理,以恢复机械设备正常功能所需要的费用。

$$台班大修理费 = \frac{一次大修理费 \times 寿命期内大修理次数}{耐用总台班} \tag{5-14}$$

A. 一次大修理费是指机械设备按规定的大修理范围和修理工作内容,进行一次全面修理所需消耗的工时、配件、辅助材料、油燃料以及送修运输等全部费用。

B. 寿命期内大修理次数是指机械设备为恢复原机功能按规定在使用期限内需要进行的大修理次数。

③ 经常修理费。经常修理费是指机械设备除大修理以外的各级保养及临时的故障排除所需的费用;为保证机械正常运转所需替换设备、随机使用工具、附件摊销和维护的费用;机械运转与日常保养所需的润滑油脂、擦拭材料等费用和机械停置期间的维护保养费用等。

$$台班经常修理费 = \frac{\sum(各级保养一次费用 \times 寿命期各级保养总次数) + 临时故障排除费}{耐用总台班} + 替换设备台班摊销费 + 工具附具台班摊销费 + 例保辅料费 \tag{5-15}$$

为了简化计算,也可以采用下列公式:

$$台班经常修理费 = 台班大修理费 \times K \tag{5-16}$$

$$K=\frac{\text{机械台班经常修理费}}{\text{机械台班大修理费}} \tag{5-17}$$

A. 各级保养(一次)费用分别是指机械在各个使用周期内为保证机械处于完好状况,必须按规定的各级保养间隔周期、保养范围和内容进行的一、二、三级保养或定期保养所消耗的工时、配件、辅料、油燃料等费用,计算方法同一次大修费的计算方法。

B. 寿命期各级保养总次数分别指一、二、三级保养或定期保养在寿命期内各个使用周期中保养次数之和。

C. 机械临时故障排除费用指机械除规定的大修理及各级保养以外,临时故障所需要费用以及机械在工作日以外的保养维护所需润滑擦拭材料费。经调查和测算,按各级保养(不包括例保辅料费)费用之和的3%计算。

D. 替换设备及工具附具台班摊销费是指轮胎、电缆、蓄电池、运输皮带、钢丝绳、胶皮管、履带板等消耗性设备和按规定随即配备的全套工具附具的台班摊销费用。

E. 例保辅料费是指机械日常保养所需润滑擦拭材料的费用。

④ 安装费及场外运费。安装费是指机械在施工现场进行安装、拆卸所需的人工费、材料费、机械费、试运转费,以及安装所需的辅助设施的费用。

$$\text{台班安拆费}=\frac{\text{机械一次安拆费}\times\text{年平均安拆费}}{\text{年工作台班}}+\text{台班辅助设施摊销费} \tag{5-18}$$

$$\text{台班辅助设施摊销费}=\frac{\text{辅助设计一次费用}\times(1-\text{残值率})}{\text{辅助设计耐用台班}} \tag{5-19}$$

台班场外运费

$$=\frac{(\text{一次运输及装卸费}+\text{辅助材料一次摊销费}+\text{一次架线费})\times\text{年平均场外运输次数}}{\text{年工作台班}} \tag{5-20}$$

定额台班基价内所列安拆费及场外运输费,除地下工程机械外,均按年平均 4 次运输、运距平均 25 km 以内考虑。

在定额基价中未列此项费用的项目有:

A. 金属切削加工机械,由于该类机械系安装在固定的车间房屋内,不需经常安拆运输。

B. 不需要拆卸安装自身能开行的机械,如水平运输机械。

C. 不适合按台班摊销本项费用的机械,如特、大型机械,其安拆费及场外运输费按定额规定另行计算。

D. 大型施工机械,对一个工程地点计算一次“进场”(或“退场”)、“组装”、“拆卸”费用。场外运输由公路、铁路、航运部门运输的,其费用按交通运输部门的规定计算,列为独立费用。

⑤ 人工费。人工费是指机上司机、司炉和其他操作人员的工作日工资及上述人员在规定的机械年工作台班意外的工资。人工费包括基本工资、工资性津贴和流动施工津贴等。

$$\text{台班人工费}=\text{定额机上人工工日}\times\text{日工资单价}$$

$$\text{定额机上人工工日}=\text{机上定员工日}\times(1+\text{增加工日系数}) \tag{5-21}$$

$$\text{增加工日系数}=\frac{\text{年度工日}-\text{年工作台班}-\text{管理费内非生产天数}}{\text{年工作台班}} \tag{5-22}$$

增加工日系数取定为0.25。

⑥ 动力燃料费。动力燃料费是指机械在运输、施工作业中所消耗的电力、燃料和水等的费用。

$$台班燃料动力消耗量 = \frac{实测数 \times 4 + 定额平均值 + 调查平均值}{6} \tag{5-23}$$

$$台班燃料动力量 = \sum 台班燃料动力消耗量 \times 当地相应预算价格 \tag{5-24}$$

⑦ 养路费和车船使用税。养路费和车船等使用税是指机械按国家有关规定应交纳的费用，包括养路费、车船使用税、运输管理费和附加费、车辆牌照费及年检费，并按车辆或行驶机械的年工作台班数摊销到台班费用中。

《全国统一施工机械台班费用编制规则江苏地区预算价格》(2004年)，将工资单价调整到26元/工日；燃料动力单价已调整到汽油3.81元/kg；柴油3.28元/kg；煤390元/t；电0.75元/(kW·h)；水2.8元/m^3。工程实际发生的燃料动力价差由各市造价处(站)另行处理。

机械台班定额中考虑了施工中不可避免的机械停置时间和机械的技术中断原因，但因特殊原因造成机械停置，可以计算停置台班费。因此，江苏省现行规定：

机械停置台班费 = 机械折旧费 + 人工费

应当指出：一天24 h，工作台班最多可算3个台班，但最多只能算1个停置台班。因此，机械连续工作24 h，为工作3个台班，连续停置24 h，为停置1个台班。

江苏省2014年台班单价(节选)，见表5-9。

表5-9 江苏省2014台班单价(节选)

编码	机械名称	规格	单价(元)	编码	机械名称	规格	单价(元)
99053511	泥浆罐输送车	4 000 L	567.21	99072105	油罐车	罐容量5 000 L	553.94
99070903	载货汽车	装载质量2 t	366.45	99072106	油罐车	罐容量8 000 L	575.46
99070904	载货汽车	装载质量2.5 t	386.44	99072705	管子拖车	载重量24 t	1 761.66
99070905	载货汽车	装载质量3 t	426.65	99072706	管子拖车	载重量27 t	1 900.53
99070906	载货汽车	装载质量4 t	453.50	99072707	管子拖车	载重量35 t	2 010.31
99070907	载货汽车	装载质量5 t	484.40	99072905	壁板运输车	载重量8 t	717.78
99070908	载货汽车	装载质量6 t	510.59	99072906	壁板运输车	载重量15 t	1 034.34
99070909	载货汽车	装载质量8 t	567.93	99090503	汽车式起重机	提升质量5 t	531.62
99070910	载货汽车	装载质量10 t	742.78	99090504	汽车式起重机	提升质量8 t	708.72
99070911	载货汽车	装载质量12 t	888.66	99090505	汽车式起重机	提升质量10 t	790.69
99070912	载货汽车	装载质量15 t	1 031.27	99090506	汽车式起重机	提升质量12 t	844.50
99070913	载货汽车	装载质量18 t	988.84	99090507	汽车式起重机	提升质量16 t	1 006.37
99070914	载货汽车	装载质量20 t	1 044.22	99090508	汽车式起重机	提升质量20 t	1 118.32
99071101	自卸汽车	装载质量2 t	363.31	99090509	汽车式起重机	提升质量25 t	1 174.12
99071102	自卸汽车	装载质量4 t	542.40	99090510	汽车式起重机	提升质量30 t	1 259.29

续表 5-9

编码	机械名称	规格	单价(元)	编码	机械名称	规格	单价(元)
99071103	自卸汽车	装载质量 5 t	555.16	99090511	汽车式起重机	提升质量 32 t	1 259.29
99071104	自卸汽车	装载质量 6 t	589.48	99090512	汽车式起重机	提升质量 40 t	1 632.31
99071105	自卸汽车	装载质量 8 t	685.46	99090513	汽车式起重机	提升质量 50 t	2 838.92
99071106	自卸汽车	装载质量 10 t	856.59	99090514	汽车式起重机	提升质量 60 t	3 420.42
99071107	自卸汽车	装载质量 12 t	924.09	99090515	汽车式起重机	提升质量 70 t	3 906.13
99071108	自卸汽车	装载质量 15 t	1 018.21	99090516	汽车式起重机	提升质量 75 t	4 073.26
99071109	自卸汽车	装载质量 18 t	1 112.61	99090517	汽车式起重机	提升质量 80 t	4 288.13
99071110	自卸汽车	装载质量 20 t	1 202.84	99090518	汽车式起重机	提升质量 90 t	4 566.99
99071305	平板拖车组	装载质量 8 t	615.85	99090519	汽车式起重机	提升质量 100 t	4 935.60
99071306	平板拖车组	装载质量 10 t	802.57	99090520	汽车式起重机	提升质量 110 t	5 771.28
99071307	平板拖车组	装载质量 15 t	959.96	99090521	汽车式起重机	提升质量 120 t	6 543.50
99071308	平板拖车组	装载质量 20 t	1 051.06	99090522	汽车式起重机	提升质量 125 t	6 939.19
99071309	平板拖车组	装载质量 25 t	1 140.83	99090523	汽车式起重机	提升质量 136 t	7 734.49
99071310	平板拖车组	装载质量 30 t	1 275.77	99090524	汽车式起重机	提升质量 150 t	8470.81
99071311	平板拖车组	装载质量 40 t	1 520.98	99132511	沥青路面养护车	EJY5100	934.10
99071312	平板拖车组	装载质量 50 t	1 635.52	99250303	交流弧焊机	容量 21 kVA	65.00
99071313	平板拖车组	装载质量 60 t	1 784.97	99250304	交流弧焊机	容量 30 kVA	90.97
99071314	平板拖车组	装载质量 80 t	2 226.75	99250305	交流弧焊机	容量 32 kVA	98.64
99071315	平板拖车组	装载质量 100 t	2 569.57	99250306	交流弧焊机	容量 40 kVA	135.37
99071317	平板拖车组	装载质量 150 t	3 662.08	99250307	交流弧焊机	容量 42 kVA	139.66
99071505	长材运输车	装载质量 9 t	697.91	99250308	交流弧焊机	容量 50 kVA	153.07
99071506	长材运输车	装载质量 12 t	921.55	99250309	交流弧焊机	容量 80 kVA	208.93
99071507	长材运输车	装载质量 15 t	1 045.34	99250321	直流弧焊机	功率 10 kW	45.90
99071704	自装自卸汽车	装载质量 6 t	768.04	99250322	直流弧焊机	功率 12 kW	52.12
99071706	自装自卸汽车	装载质量 8 t	857.75	99250323	直流弧焊机	功率 14 kW	59.88

5.3.4 《江苏省建筑与装饰工程计价定额》及其示例

1）计价定额表的说明

(1) 本定额由二十四章及九个附录组成，其中：第一章至第十八章为工程实体项目，第十九章至第二十四章为工程措施项目，另有部分难以列出定额项目的措施费用，应按照本定额费用计算规则中的规定进行计算。

(2) 本定额中的综合单价由人工费、材料费、机械费、管理费、利润五项费用组成。一般建筑工程、单独打桩与制作兼打桩项目的管理费与利润,已按照三类工程标准计入综合单价内;一、二类工程和单独装饰工程应根据《江苏省建设工程费用定额》(2014 年)规定,对管理费和利润进行调整后计入综合单价内。计价表项目中带括号的材料价格供选用,不包含在综合单价内。部分计价表项目在引用了其他项目综合单价时,引用的项目综合单价列入材料费一栏,但其五项费用数据在项目汇总时已作拆解分析,使用中应予注意。

(3) 本定额是按在正常的施工条件下,结合江苏省颁发的地方标准《江苏省建筑安装工程施工技术操作规程》(DGJ 32/27～52—2006)、现行的施工及验收规范和江苏省颁发的部分建筑构、配件通用图做法进行编制的。

(4) 本定额的装饰项目是按一般装饰工程中档水准编制的,设计四星级及四星级以上宾馆、总统套房、展览馆及公共建筑等对其装修有特殊设计要求和较高艺术造型的装饰工程时,应适当增加人工,增加标准在招标文件或合同中明确,一般控制在 10%以内。

(5) 家庭室内装饰也执行本定额,但在执行本定额时其人工乘以系数 1.15。

(6) 本定额中未包括的拆除、铲除、拆换、零星修补等项目,应按照 2009 年《江苏省房屋修缮工程计价表》及其配套费用定额执行;未包括的水电安装项目按照 2014 年《江苏省安装工程计价定额》及其配套费用计算规则执行。

(7) 本定额表中规定的工作内容,均包括完成该项目过程的全部工序以及施工过程中所需的人工、材料、半成品和机械台班数量。除定额表中有规定允许调整外,其余不得因具体工程的施工组织设计、施工方法和工、料、机等耗用与定额表有出入而调整定额表用量。

(8) 本定额中的檐高是指设计室外地面至檐口的高度。檐口高度按以下情况确定:

① 坡(瓦)屋面按檐墙中心线处屋面板面或椽子上表面的高度计算。

② 平屋面以檐墙中心线处平屋面的板面高度计算。

③ 屋面女儿墙、电梯间、楼梯间、水箱等高度不计入。

(9) 本定额人工工资分别按一类工 85.00 元/工日、二类工 82.00 元/工日、三类工 77.00 元/工日计算;每工日按 8 小时工作制计算。工日中包括基本用工、材料场内运输用工、部分项目的材料加工及人工幅度差。

(10) 材料消耗量及有关规定

① 本定额中材料预算价格的组成:材料预算价格=[采购原价(包括供销部门手续费和包装费)+场外运输费]×1.02(采购保管费)。

② 本定额项目中的主要材料、成品、半成品均按合格的品种、规格加附录中的操作损耗以数量列入定额,次要材料以"其他材料费"按"元"列入。

③ 周转性材料已按"规范"及"操作规程"的要求以摊销量列入相应项目。

④ 本定额中,混凝土以现场搅拌常用的强度等级列入项目,实际使用现场集中搅拌混凝土时综合单价应调整。本定额按 C25 以下的混凝土以 32.5 级水泥、C25 以上的混凝土以 42.5 级水泥、砌筑砂浆与抹灰砂浆以 32.5 级水泥的配合比列入综合单价;混凝土实际使用水泥级别与定额取定不符,竣工结算时以实际使用的水泥级别按配合比的规定进行调整;砌筑、抹灰砂浆使用水泥级别与定额取定不符,水泥用量不调整,价差应调整。本定额各章项目综合单价取定的混凝土、砂浆强度等级,设计与定额不符时可以调整。抹灰砂浆厚度、配

合比与定额取定不符，除各章已有规定外均不调整。

⑤ 定额项目中的黏土材料，如就地取土者，应扣除黏土价格，另增挖、运土方人工费用。

⑥ 现浇、预制混凝土构件内的预埋铁件，应另列预埋铁件制作、安装等项目进行计算。

⑦ 本定额中，凡注明规格的木材及周转木材单价中，均已包括方板材改制成定额规格木材或周转木材的加工费。方板材改制成定额规格木材或周转木材的出材率按 91%计算(所购置方板材=定额用量×1.098 9)，圆木改制成方板材的出材率及加工费按各市造价处(站)规定执行。

⑧ 本定额项目中的综合单价、附录中的材料预算价格是作为编制预算的基础，工程实际发生的价格与定额取定价格之价差，结算时列入综合单价内。

⑨ 凡建设单位供应的材料，其税金的计算基础按税务部门规定执行。建设单位完成了采购和运输并将材料运至施工工地仓库交施工单位保管的，施工单位退价时应按附录中材料预算价格除以 1.01 退给建设单位(1%作为施工单位的现场保管费)；凡甲供木材中板材(25 mm 厚以内)到现场退价时，按定额分析用量和每立方米预算价格除以 1.01 再减 49 元后的单价退给甲方。

⑩ 使用商品混凝土时，应按本定额中的相应规定和项目执行。

(11) 本定额的垂直运输机械费已包含了单位工程在经本省调整后的国家定额工期内完成全部工程项目所需要的垂直运输机械台班费用。凡檐高在 3.6m 内的平房、围墙、层高在 3.6m 以内单独施工的一层地下室工程，不得计取垂直运输机械费。

(12) 本定额的机械台班单价是按《江苏省施工机械台班 2007 单价表》取定。其中，人工工资单价为 82.00 元/工日；汽油 10.64 元/kg；柴油 9.03 元/kg；煤 1.1 元/t；电 0.89 元/(kW·h)；水 4.70 元/m^3。

(13) 本定额，除脚手架、垂直运输费用定额已注明其适用高度外，其余章节均按檐口高度在 20 m 以内编制的。超过 20 m 时，建筑工程另按建筑物超高增加费用定额计算超高增加费，单独装饰工程则另外计取超高人工降效费。

(14) 本定额中的塔吊、施工电梯基础、塔吊电梯与建筑物连接件项目，供编制施工图预算、标底及投标报价之用，竣工结算时按其规定可作部分调整。大型机械进退场费按附录二中的有关子目执行。

(15) 为方便发承包双方的工程量计量，本定额在附录一中列出了混凝土构件的模板、钢筋含量表，供参考使用。按设计图纸计算模板接触面积或使用混凝土含模量折算模板面积，同一工程两种方法仅能使用其中一种，不得混用。竣工结算时，使用含模量者，模板面积不得调整；使用含钢量者，钢筋应按设计图纸计算的重量进行调整。

(16) 钢材理论重量与实际重量不符时，钢材数量可以调整。调整系数由施工单位提出资料与建设单位、设计单位共同研究确定。

(17) 市区沿街建筑在现场堆放材料有困难，汽车不能将材料运入巷内的建筑，材料不能直接运到单位工程周边需再次中转，建设单位不能按正常合理的施工组织设计提供材料、构件堆放场地和临时设施用地的工程而发生的二次搬运费用，按第二十四章子目执行。

(18) 工程施工用水、电，应由建设单位在现场装置水、电表，交施工单位保管使用，施工单位按电表读数乘以预算单价付给建设单位；如无条件装表计量，由建设单位直接提供水电，在竣工结算时按定额含量乘以预算单价付给建设单位。生活用电按实际发生金额支付。

(19) 同时使用 2 个或 2 个以上系数时，采用连乘方法计算。

(20) 本定额的缺项项目，由施工单位提出实际耗用的人工、材料、机械含量测算资料，经工程所在市工程造价管理处(定额站)批准并报省定额总站备案后方可执行。

(21) 本定额中凡注有"×××以内"均包括×××本身，"×××以上"均不包括×××本身。

(22) 本定额由江苏省工程建设标准定额总站负责解释。

2) 计价表示例

表 5-10 为江苏省计价定额砖砌外墙定额项目示例。以定额子目 4-35，一砖外墙为例，说明如下：

(1) 综合单价 = 人工费 + 材料费 + 机械费 + 管理费 + 利润 = 118.90 + 271.87 + 5.76 +31.17 + 14.96 = 442.66 元

(2) 工料机计算：

人工费=1.45×82.00=118.90 元

材料费= $\sum$ (5.36 × 42.00 + 0.30 × 0.31 + 0.107 ×4.70 + 1.00 + 0.234 × 193.00)

= $\sum$(225.12 + 0.09 + 0.50 + 1.00 + 45.16) = 271.87 元

机械费 = 0.047 × 122.64 = 5.76 元

(3) 管理费=(人工费+机械费)×管理费费率=(118.90+5.76)×25%=31.17 元

(4) 利润=(人工费+机械费)×利润率=(118.90+5.76)×12%=14.96 元

注：①江苏省计价定额中的管理费费率和利润率基本上都是按照三类工程标准取定。

② 本子目所选用的砂浆为 80050104，混合砂浆 M5。

表 5-10 砖砌外墙定额

工作内容：① 清理地槽、递砖、调制砂浆、砌砖；② 砌砖过梁、砌平拱、模板制作、安装、拆除；③ 安放预制过梁板、垫板、木砖。

计量单位：m^3

定额编号				4-33		4-34		4-35	
项目		单位	单价	1/2 砖外墙		3/4 砖外墙		1 砖外墙	
				标准砖					
				数量	合价	数量	合价	数量	合价
综合单价		元		469.90		464.26		442.66	
其中	人工费	元		136.94		133.66		118.90	
	材料费	元		275.57		273.58		271.87	
	机械费	元		4.91		5.52		5.76	
	管理费	元		35.46		34.80		31.17	
	利润	元		17.02		16.70		14.96	
二类工		工日	82.00	1.67	136.94	1.63	133.66	1.45	118.90

续表 5-10

定额编号					4-33		4-34		4-35	
材料	04135500	标准砖 240×115×53(mm)	百块	42.00	5.60	235.20	5.43	228.06	5.36	225.12
	04010611	水泥 32.5 级	kg	0.31			0.30	0.09	0.30	0.09
	31150101	水	m^3	4.70	0.112	0.53	0.109	0.51	0.107	0.50
		其他材料费	元			1.00		1.00		1.00
机械	99050503	灰浆搅拌机 200 L	台班	122.64	0.04	4.91	0.045	5.52	0.047	5.76
(1)	80010106	水泥砂浆 M10 合计	m^3	191.53	(0.199)	(38.11)	(0.225)	(43.09)	(0.234)	(44.82)
(2)	80010105	水泥砂浆 M7.5 合计	m^3	182.23	(0.199)	(36.26)	(0.225)	(41.00)	(0.234)	(42.64)
(3)	80010104	水泥砂浆 M5 合计	m^3	180.37	(0.199)	(35.89)	(0.225)	(40.58)	(0.234)	(42.21)
(4)	80050106	混合砂浆 M10 合计	m^3	199.56	(0.199)	(39.71)	(0.225)	(44.90)	(0.234)	(46.70)
(5)	80050105	混合砂浆 M7.5 合计	m^3	195.20	(0.199)	38.84	(0.225)	43.92	(0.234)	(45.68)
(6)	80050104	混合砂浆 M5 合计	m^3	193.00	(0.199)	(38.41)	(0.225)	(43.43)	0.234	45.16

表 5-11 现场制作混凝土现浇梁

工作内容:钢筋制作、绑扎、安装、焊接固定、浇捣混凝土时钢筋维护。

计量单位:m^3

定额编号					6-18		6-19		6-20	
项目			单位	单价	基础梁 地坑支撑梁		单梁、框架梁、连续梁		异形梁、挑梁	
					数量	合价	数量	合价	数量	合价
综合单价			元		410.09		448.53		458.00	
其中	人工费		元		62.32		114.80		121.36	
	材料费		元		276.51		277.16		277.64	
	机械费		元		35.18		10.29		10.29	
	管理费		元		24.38		31.27		32.91	
	利润		元		11.70		15.01		15.80	
二类工			工日	82.00	0.76	62.32	1.40	114.80	1.48	121.36
材料	02090101	塑料薄膜	m^2	0.80	1.05	0.84	1.27	1.02	1.23	0.98
	31150101	水	m^3	4.70	1.43	6.72	1.53	7.19	1.64	7.71

续表 5-11 计量单位:m^3

定额编号					6-18		6-19		6-20	
机械	99050152	混凝土搅拌机400 L	台班	156.81	0.057	8.94	0.057	8.94	0.057	8.94
	99052107	混凝土震动器(插入式)	台班	11.87	0.114	1.35	0.114	1.35	0.114	1.35
	99071903	机动翻斗机 1 t	台班	190.03	0.131	24.89				
(1)	80210131	现浇 C20 混凝土	m^3	248.20	(1.015)	(251.92)	(1.015)	(251.92)	(1.015)	(251.92)
(2)	80210132	现浇 C25 混凝土	m^3	262.07	(1.015)	(266.00)	(1.015)	(266.00)	(1.015)	(266.00)
(3)	80210135	现浇 C30 混凝土	m^3	264.98	1.015	268.95	1.015	268.95	1.015	268.95
(4)	80210136	现浇 C35 混凝土	m^3	277.79			(1.015)	(281.96)	(1.015)	(281.96)

注:(1) 弧形梁按相应的直形梁子目执行。
(2) 大于 10°的斜梁按相应子目人工乘系数 1.10,其余不变。

5.3.5 江苏省建设工程费用定额(2014)

1) 总则

(1) 为了规范建设工程计价行为,合理确定和有效控制工程造价,根据《建设工程工程量清单计价规范》(GB 50500—2013)及其 9 本计算规范和《建筑安装工程费用项目组成》(建标〔2013〕44 号)等有关规定,结合江苏省实际情况,江苏省建设厅组织编制了《江苏省建设工程费用定额》(以下简称本定额)。

本定额是建设工程编制设计概算、施工图预(结)算、招标控制价(或标底)以及调解处理工程造价纠纷的依据;是确定投标价、工程结算审核的指导;也可作为企业内部核算和制定企业定额的参考。

(2) 本定额适用于在江苏省行政区域范围内新建、扩建和改建的建筑、装饰、安装、市政、仿古建筑及园林绿化、房屋修缮等工程。与《建设工程工程量清单计价规范》(GB 50500—2013)及江苏省现行的建筑与装饰、安装、市政、仿古建筑及园林绿化、房屋修缮工程计价定额配套使用,原有关规定与本定额不一致的,按照本定额规定执行。

(3) 本定额费用内容由分部分项工程费、措施项目费、其他项目费、规费和税金组成。其中,现场安全文明施工措施费、规费、税金为不可竞争费,应按规定标准计取。

(4) 包工包料、包工不包料和点工说明:

包工包料是施工企业承包工程用工、材料的方式。

包工不包料是指只承包工程用工的方式。施工企业自带施工机械和周转材料的工程按包工包料标准执行。

点工适用于在建设工程中由于各种因素所造成的损失、清理等不在定额范围内的用工。

包工不包料、点工的临时设施应由建设单位提供。

(5) 本定额由江苏省建设工程造价管理总站负责解释和管理。

2) 建设工程费用的组成

建设工程费用由分部分项工程费、措施项目费、其他项目费、规费和税金组成。

(1) 分部分项工程费

分部分项工程费是指施工过程中耗费的构成工程实体性项目的各项费用，由人工费、材料费、施工机械使用费、企业管理费和利润构成。具体内容详见本书第 2.2.3 节。

(2) 措施项目费

措施项目费是指为完成工程项目施工所必须发生的施工准备和施工过程中技术、生活、安全、环境保护等方面的非工程实体项目费用。根据现行工程量清单计算规范，措施项目费分为单价措施项目与总价措施项目。

单价措施项目是指在现行工程量清单计算规范中有对应工程量计算规则，按人工费、材料费、施工机具使用费、管理费和利润形式组成综合单价的措施项目。单价措施项目根据专业不同，包括项目分别为：

① 建筑与装饰工程：脚手架工程；混凝土模板及支架(撑)；垂直运输；超高施工增加；大型机械设备进出场及安拆；施工排水、降水。

② 市政工程：脚手架工程；混凝土模板及支架；围堰；便道及便桥；洞内临时设施；大型机械设备进出场及安拆；施工排水、降水；地下交叉管线处理、监测、监控。

单价措施项目中各措施项目的工程量清单项目设置、项目特征、计量单位、工程量计算规则及工作内容均按现行工程量清单计算规范执行。

总价措施项目是指在现行工程量清单计算规范中无工程量计算规则，以总价(或计算基础乘费率)计算的措施项目。其中各专业都可能发生的通用的总价措施项目如下：

① 安全文明施工：为满足施工安全，文明、绿色施工，以及环境保护、职工健康生活所需要的各项费用。本项为不可竞争费用。

a. 环境保护包含范围：现场施工机械设备降低噪音、防扰民措施费用；水泥和其他易飞扬细颗粒建筑材料密闭存放或采取覆盖措施等费用；工程防扬尘洒水费用；土石方、建渣外运车辆冲洗、防洒漏等费用；现场污染源的控制、生活垃圾清理外运、场地排水排污措施费用；其他环境保护措施费用。

b. 文明施工包含范围："五牌一图"的费用；现场围挡的墙面美化(包括内外粉刷、刷白、标语等)、压顶装饰费用；现场厕所便槽刷白、贴面砖，水泥砂浆地面或地砖费用，建筑物内临时便溺设施费用；其他施工现场临时设施的装饰装修、美化措施费用；现场生活卫生设施费用；符合卫生要求的饮水设备、淋浴、消毒等设施费用；生活用洁净燃料费用；防煤气中毒、防蚊虫叮咬等措施费用；施工现场操作场地的硬化费用；现场绿化费用、治安综合治理费用、现场电子监控设备费用；现场配备医药保健器材、物品费用和急救人员培训费用；用于现场工人的防暑降温费，电风扇、空调等设备及用电费用；其他文明施工措施费用。

c. 安全施工包含范围：安全资料、特殊作业专项方案的编制，安全施工标志的购置及安全宣传的费用；"三宝"(安全帽、安全带、安全网)，"四口"(楼梯口、电梯井口、通道口、预留洞口)，“五临边”(阳台围边、楼板围边、屋面围边、槽坑围边、卸料平台两侧)，水平防护架、垂直防护架、外架封闭等防护的费用；施工安全用电的费用，包括配电箱三级配电、两级保护装置要求、外电防护措施；起重机、塔吊等起重设备(含井架、门架)及外用电梯的安全防护措施(含警示标志)费用及卸料平台的临边防护、层间安全门、防护棚等设施费用；建筑工地起重机械的检验检测费用；施工机具防护棚及其围栏的安全保护设施费用；施工安全防护通道的费用；工人的安全防护用品、用具购置费用；消防设施与消防器材的配置费用；电气保护、安全照明设施费；其他安全防护措施费用。

d. 绿色施工包含范围：建筑垃圾分类收集及回收利用费用；夜间焊接作业及大型照明灯具的挡光措施费用；施工现场办公区、生活区使用节水器具及节能灯具增加费用；施工现场基坑降水储存使用、雨水收集系统、冲洗设备用水回收利用设施增加费用；施工现场生活区厕所化粪池、厨房隔油池设置及清理费用；从事有毒、有害、有刺激性气味和强光、噪音施工人员的防护器具；现场危险设备、地段、有毒物品存放地安全标识和防护措施；厕所、卫生设施、排水沟、阴暗潮湿地带定期消毒费用；保障现场施工人员劳动强度和工作时间符合国家标准《体力劳动强度等级要求》(GB 3869)的增加费用等。

② 夜间施工：规范、规程要求正常作业而发生的夜班补助、夜间施工降效、夜间照明设施的安拆、摊销、照明用电以及夜间施工现场交通标志、安全标牌、警示灯安拆等费用。

③ 二次搬运：由于施工场地限制而发生的材料、成品、半成品等一次运输不能到达堆放地点，必须进行的二次或多次搬运费用。

④ 冬雨季施工：在冬雨季施工期间所增加的费用。包括冬季作业、临时取暖、建筑物门窗洞口封闭及防雨措施、排水、工效降低、防冻等费用。不包括设计要求混凝土内添加防冻剂的费用。

⑤ 地上、地下设施及建筑物的临时保护设施：在工程施工过程中，对已建成的地上、地下设施和建筑物进行的遮盖、封闭、隔离等必要保护措施。在园林绿化工程中，还包括对已有植物的保护。

⑥ 已完工程及设备保护费：对已完工程及设备采取的覆盖、包裹、封闭、隔离等必要保护措施所发生的费用。

⑦ 临时设施费：施工企业为进行工程施工所必需的生活和生产用的临时建筑物、构筑物和其他临时设施的搭设、使用、拆除等费用。

临时设施包括临时宿舍、文化福利及公用事业房屋与构筑物、仓库、办公室、加工场等。

建筑、装饰、安装、修缮、古建园林工程规定范围内(建筑物沿边起 50 m 以内，多幢建筑两幢间隔 50 m 内)围墙、临时道路、水电、管线和轨道垫层等。

市政工程施工现场在定额基本运距范围内的临时给水、排水、供电、供热线路(不包括变压器、锅炉等设备)、临时道路。不包括交通疏解分流通道、现场与公路(市政道路)的连接道路、道路工程的护栏(围挡)，也不包括单独的管道工程或单独的驳岸工程施工需要的沿线简易道路。建设单位同意在施工就近地点临时修建混凝土构件预制场所发生的费用，应向建设单位结算。

⑧ 赶工措施费：施工合同工期比我省现行工期定额提前，施工企业为缩短工期所发生的费用。如施工过程中，发包人要求实际工期比合同工期提前时，由发承包双方另行约定。

⑨ 工程按质论价：施工合同约定质量标准超过国家规定，施工企业完成工程质量达到

经有权部门鉴定或评定为优质工程所必须增加的施工成本费。

⑩ 特殊条件下施工增加费：地下不明障碍物、铁路、航空、航运等交通干扰而发生的施工降效费用。

总价措施项目中，除通用措施项目外，各专业措施项目如下：

建筑与装饰工程：

① 非夜间施工照明：为保证工程施工正常进行，在如地下室、地宫等特殊施工部位施工时所采用的照明设备的安拆、维护、摊销及照明用电等费用。

② 住宅工程分户验收：按《住宅工程质量分户验收规程》(DGJ32/TJ103—2010)的要求对住宅工程进行专门验收（包括蓄水、门窗淋水等）发生的费用。室内空气污染测试不包含在住宅工程分户验收费用中，由建设单位直接委托检测机构完成，由建设单位承担费用。

市政工程：行车、行人干扰：由于施工受行车、行人的干扰导致的人工、机械降效以及为了行车、行人安全而现场增设的维护交通与疏导人员费用。

(3) 其他项目费

其他项目费包括暂列金额、暂估价、计日工和总承包服务费四部分内容，具体内容详见本书第 2.2.3 节。

(4) 规费

规费是有权部门规定必须缴纳的费用。

① 工程排污费：包括废气、污水、扬尘及危险物和噪声排污费等内容。

② 社会保险费：企业为职工缴纳的养老保险、医疗保险、失业保险、工伤保险和生育保险等社会保障的费用（包括个人缴纳部分）。为确保施工企业各类从业人员社会保障权益落到实处，省、市、有关部门可根据实际情况制定管理办法。

③ 住房公积金：企业为职工缴纳的住房公积金。

(5) 税金

税金是指国家税法规定的应计入建筑安装工程造价内的营业税、城市维护建设税及教育费附加。具体内容见本书第 2.2.2 节及第 2.2.3 节。

3) 工程类别的划分（仅列出建筑工程与市政工程）

(1) 建筑工程类别划分（见表 5-12）

表 5-12 建筑工程类别划分

工程类型			单位	工程类别划分标准		
				一类	二类	三类
工业建筑	单层	檐口高度	m	≥20	≥16	<16
		跨度	m	≥24	≥18	<18
	多层	檐口高度	m	≥30	≥18	<18
民用建筑	住宅	檐口高度	m	≥62	≥34	<34
		层数	层	≥22	≥12	<12
	公共建筑	檐口高度	m	≥56	≥30	<30
		层数	层	≥18	≥10	<10

续表 5-12

工程类型			单位	工程类别划分标准		
				一类	二类	三类
构筑物	烟囱	混凝土结构高度	m	≥100	≥50	<50
		砖结构高度	m	≥50	≥30	<30
	水塔	高度	m	≥40	≥30	<30
	筒仓	高度	m	≥30	≥20	<20
	贮池	容积(单体)	m^3	≥2 000	≥1 000	<1 000
	栈桥	高度	m	—	≥30	<30
		跨度	m	—	≥30	<30
大型机械吊装工程		檐口高度	m	≥20	≥16	<16
		跨度	m	≥24	≥18	<18
大型土石方工程		挖或填土(石)方容量	m^3	≥5 000		
桩基础工程		预制混凝土(钢板)桩长	m	≥30	≥20	<20
		灌注混凝土桩长	m	≥50	≥30	<30

(2) 市政工程类别划分(见表 5-13)

表 5-13 市政工程类别划分

	项　　目		单位	一类工程	二类工程	三类工程
一	道路工程	结构层厚度	cm	≥65	≥55	<55
		路幅宽度	m	≥60	≥40	<40
二	桥梁工程	单跨长度	m	≥40	≥20	<20
		桥梁总长	m	≥200	≥100	<100
三	排水工程	雨水管道直径	mm	≥1500	≥1 000	<1 000
		污水管道直径	mm	≥1 000	≥600	<600
四	水工构筑物(设计能力)	泵站(地下部分)	万吨/日	≥20	≥10	<10
		污水处理厂(池类)	万吨/日	≥10	≥5	<5
		自来水厂(池类)	万吨/日	≥20	≥10	<10
五	防洪堤挡土墙	实浇(砌)体积	m^3	≥3 500	≥2 500	<2 500
		高度	m	≥4	≥3	<3
六	给水工程	主管直径	mm	≥1 000	≥800	<800
七	燃气工程	主管直径	mm	≥500	≥300	<300
八	大型土石方工程	挖或填土(石)方容量	m^3	≥5 000		

4）工程费用取费标准及有关规定

（1）企业管理费、利润计取规定和标准

① 企业管理费、利润计取规定。企业管理费、利润计算基础按本定额执行。包工不包料、点工的管理费和利润包含在其工资单价中。

② 企业管理费、利润标准见表5-14、表5-15(仅列出建筑工程与市政工程)。

表5-14 建筑工程企业管理费和利润费率标准

序号	项目名称	计算基础	企业管理费费率(%)			利润率(%)
			一类工程	二类工程	三类工程	
一	建筑工程	人工费+机械费	31	28	25	12
二	预制构件制作	人工费+机械费	15	13	11	6
三	构件吊装、打预制桩	人工费+机械费	11	9	7	5
四	制作兼打桩	人工费+机械费	15	13	11	7
五	机械施工 大型土石方工程	人工费+机械费	6			4

表5-15 市政工程企业管理费、利润费率标准

序号	项目名称	计算基础	管理费费率(%)			利润率(%)
			一类工程	二类工程	三类工程	
一	通用项目、道路、排水工程	人工费+机械费	25	22	19	10
二	桥梁、水工构筑物	人工费+机械费	33	30	27	10
三	给水、燃气与 集中供热	人工费	44	40	36	13
四	路灯及交通设施工程	人工费	42			13
五	大型土石方工程	人工费+机械费	6			4

（2）措施项目费取费标准及规定

① 单价措施项目以清单工程量乘以综合单价计算。综合单价按照各专业计价定额中的规定，依据设计图纸和经建设方认可的施工方案进行组价。

② 总价措施项目中部分以费率计算的措施项目费率标准见表5-16和表5-17，其计费基础为：分部分项工程费－工程设备费＋单价措施项目费；其他总价措施项目，按项计取，综合单价按实际或可能发生的费用进行计算。

表 5-16 措施项目费费率标准

项目	计算基础	费率(%)					
		建筑工程	单独装饰	安装工程	市政工程	修缮土建修缮(安装)	仿古(园林)
现场安全文明施工措施费	分部分项工程费+单价措施项目费－工程设备费	(见表 5-17)					
夜间施工增加费		0～0.1	0～0.1	0～0.1	0.05～0.15	0～0.1	0～0.1
非夜间施工照明		0.2	0.2	0.3	—	0.2(0.3)	0.3
冬雨季施工增加费		0.05～0.2	0.05～0.1	0.05～0.1	0.1～0.3	0.05～0.2	0.05～0.2
已完工程及设备保护		0～0.05	0～0.1	0～0.05	0～0.02	0～0.05	0～0.1
临时设施费		1～2.2	0.3～1.2	0.6～1.5	1～2	1～2(0.6～1.5)	1.5～2.5(0.3～0.7)
赶工措施		0.5～2	0.5～2	0.5～2	0.5～2	0.5～2	0.5～2
按质论价费		1～3	1～3	1～3	0.8～2.5	1～2	1～2.5
住宅分户验收		0.4	0.1	0.1	—	—	—

表 5-17 安全文明施工措施费费率标准

序号	工程名称		计费基础	基本费率(%)	省级标化增加费(%)
一	建筑工程	建筑工程	分部分项工程费+单价措施项目费－工程设备费	3.0	0.7
		单独构件吊装		1.4	—
		打预制桩/制作兼打桩		1.3/1.8	0.3/0.4
二	单独装饰工程			1.6	0.4
三	安装工程			1.4	0.3
四	市政工程	通用项目、道路、排水工程		1.4	0.4
		桥涵、隧道、水工构筑物		2.1	0.5
		给水、燃气与集中供热		1.1	0.3
		路灯及交通设施工程		1.1	0.3
五	仿古建筑工程			2.5	0.5
六	园林绿化工程			0.9	—
七	修缮工程			1.4	—
八	城市轨道交通工程	土建工程		1.8	0.4
		轨道工程		1.1	0.2
		安装工程		1.3	0.3
九	大型土石方工程			1.4	—

注:(1) 对于开展市级建筑安全文明施工标准化示范工地创建活动的地区,市级标化增加费按照省级费率乘以 0.7 系数执行。

(2) 建筑工程中的钢筋结构工程,钢结构为施工企业成品购入或加工厂完成制作,到施工现场安装的,安全文明施工措施费率标准按单独发包的构件吊装工程执行。

(3) 大型土石方工程适用各专业达到大型土石方标准的单位工程。

(3) 其他项目费标准及规定

① 暂列金额、暂估价按发包人给的标准计取。

② 计日工：由发承包双方在合同中约定。

③ 总承包服务费：招标人应根据招标文件列出的内容和向总承包人提出的要求，参照下列标准计算：A. 招标人仅要求对分包的专业工程进行总承包管理和协调时，按分包的专业工程估算造价的1%计算；B. 招标人要求对分包的专业工程进行总承包管理和协调，并同时要求提供配合服务时，根据招标文件中列出的配合服务内容和提出要求，按分包的专业工程估算造价的2%～3%计算。

(4) 规费取费标准及有关规定

① 工程排污费：按有权部门规定计取。

② 社会保险费费率及住房公积金费率按表5-18计取。

表5-18　社会保险费及公积金取费标准表

序号	工程类别		计算基础	社会保险费率(%)	公积金费率(%)
一	建筑工程	建筑工程	分部分项工程费＋措施项目费＋其他项目费－工程设备费	3	0.5
		单独预制构件制作、单独构件吊装、打预制桩、制作兼打桩		1.2	0.22
		人工挖孔桩		2.8	0.5
二	单独装饰工程			2.2	0.38
三	安装工程			2.2	0.38
四	市政工程	通用项目、道路、排水工程		1.8	0.31
		桥涵、隧道、水工建筑物		2.5	0.44
		给水、燃气与集中供热、路灯及交通设施工程		1.9	0.34

注：(1) 社会保险费包括养老保险费、失业保险费、医疗保险费、工伤保险费、生育保险费。
(2) 点工和包工不包料的社会保障费和公积金已经包含在人工工资单价中。
(3) 大型土石方工程适用各专业中达到大型土石方标准的单位工程。
(4) 社会保险费费率和公积金费率将随着社保部门要求和建设工程实际参保率的增加适时调整。

(5) 税金计算标准及有关规定

税金包括营业税、城市建设维护税、教育费附加，按各市规定计取。

5.3.6　《江苏省建设工程费用定额》(2014)营改增后调整内容

根据财政部、国家税务总局《关于全面推开营业税改征增值税试点的通知》(财税〔2016〕36号)，江苏省建筑业自2016年5月1日起纳入营业税改征增值税(以下简称“营改增”)试点范围。因此对《江苏省建设工程费用定额》(2014)营改增后调整内容作简单介绍，以供读者了解，本书其他章节的相关内容仍以《江苏省建设工程费用定额》(2014)为基础。

1) 建设工程费用组成

(1) 一般计税方法

① 根据住房和城乡建设部办公厅《关于做好建筑业营改增建设工程计价依据调整准备

工作的通知》(建办标〔2016〕4 号)规定的计价依据调整要求,营改增后,采用一般计税方法的建设工程费用组成中的分部分项工程费、措施项目费、其他项目费、规费中均不包含增值税可抵扣进项税额。

② 企业管理费组成内容中增加第(19)条附加税:国家税法规定的应计入建筑安装工程造价内的城市建设维护税、教育费附加及地方教育附加。

③ 甲供材料和甲供设备费用应在计取现场保管费后,在税前扣除。

④ 税金定义及包含内容调整为:税金是指根据建筑服务销售价格,按规定税率计算的增值税销项税额。

(2) 简易计税方法

① 营改增后,采用简易计税方式的建设工程费用组成中,分部分项工程费、措施项目费、其他项目费的组成,均与《江苏省建设工程费用定额》(2014 年)原规定一致,包含增值税可抵扣进项税额。

② 甲供材料和甲供设备费用应在计取现场保管费后,在税前扣除。

③ 税金定义及包含内容调整为:税金包含增值税应纳税额、城市建设维护税、教育费附加及地方教育附加。

2) 取费标准调整

(1) 一般计税方法

① 企业管理费和利润取费标准(见表 5-19、表 5-20,仅列出建筑工程与市政工程)

表 5-19 建筑工程企业管理费和利润取费标准表

序号	项目名称	计算基础	企业管理费费率(%)			利润率(%)
			一类工程	二类工程	三类工程	
一	建筑工程	人工费+除税施工机具使用费	32	29	26	12
二	单独预制构件制作		15	13	11	6
三	打预制桩、单独构件吊装		11	9	7	5
四	制作兼打桩		17	15	12	7
五	大型土石方工程		7	4		

表 5-20 市政工程企业管理费和利润取费标准表

序号	项目名称	计算基础	企业管理费费率(%)			利润率(%)
			一类工程	二类工程	三类工程	
一	通用项目、道路、排水工程	人工费+除税施工机具使用费	26	23	20	10
二	桥梁、水工构筑物	人工费+除税施工机具使用费	35	32	29	10
三	给水、燃气与集中供热	人工费	45	41	37	13
四	路灯及交通设施工程	人工费	43	13		
五	大型土石方工程	人工费+除税施工机具使用费	7	4		

② 措施项目费及安全文明施工措施费取费标准(见表 5-21、表 5-22)

表 5-21　措施项目费取费标准表

<table>
<tr><th rowspan="3">项目</th><th rowspan="3">计算基础</th><th colspan="8">各专业工程费率(%)</th></tr>
<tr><th rowspan="2">建筑工程</th><th rowspan="2">单独装饰</th><th rowspan="2">安装工程</th><th rowspan="2">市政工程</th><th>修缮土建</th><th rowspan="2">仿古(园林)</th><th colspan="2">城市轨道交通</th></tr>
<tr><th>(修缮安装)</th><th>土建轨道</th><th>安装</th></tr>
<tr><td>临时设施</td><td rowspan="3">分部分项工程费＋单价措施项目费－除税工程设备费</td><td>1～2.3</td><td>0.3～1.3</td><td>0.6～1.6</td><td>1.1～2.2</td><td>1.1～2.1
(0.6～1.6)</td><td>1.6～2.7
(0.3～0.8)</td><td colspan="2">0.5～1.6</td></tr>
<tr><td>赶工措施</td><td>0.5～2.1</td><td>0.5～2.2</td><td>0.5～2.1</td><td>0.5～2.2</td><td>0.5～2.1</td><td>0.5～2.1</td><td colspan="2">0.4～1.3</td></tr>
<tr><td>按质论价</td><td>1～3.1</td><td>1.1～3.2</td><td>1.1～3.2</td><td>0.9～2.7</td><td>1.1～2.1</td><td>1.1～2.7</td><td colspan="2">0.5～1.3</td></tr>
</table>

注:本表中除临时设施、赶工措施、按质论价费率有调整外,其他费率不变。

表 5-22　安全文明施工措施费取费标准表

<table>
<tr><th>序号</th><th colspan="2">工程名称</th><th>计费基础</th><th>基本费率(%)</th><th>省级标化增加费(%)</th></tr>
<tr><td rowspan="3">一</td><td rowspan="3">建筑工程</td><td>建筑工程</td><td rowspan="16">分部分项工程费＋单价措施项目费－除税工程设备费</td><td>3.1</td><td>0.7</td></tr>
<tr><td>单独构件吊装</td><td>1.6</td><td>—</td></tr>
<tr><td>打预制桩/制作兼打桩</td><td>1.5/1.8</td><td>0.3/0.4</td></tr>
<tr><td>二</td><td colspan="2">单独装饰工程</td><td>1.7</td><td>0.4</td></tr>
<tr><td>三</td><td colspan="2">安装工程</td><td>1.5</td><td>0.3</td></tr>
<tr><td rowspan="4">四</td><td rowspan="4">市政工程</td><td>通用项目、道路、排水工程</td><td>1.5</td><td>0.4</td></tr>
<tr><td>桥涵、隧道、水工构筑物</td><td>2.2</td><td>0.5</td></tr>
<tr><td>给水、燃气与集中供热</td><td>1.2</td><td>0.3</td></tr>
<tr><td>路灯及交通设施工程</td><td>1.2</td><td>0.3</td></tr>
<tr><td>五</td><td colspan="2">仿古建筑工程</td><td>2.7</td><td>0.5</td></tr>
<tr><td>六</td><td colspan="2">园林绿化工程</td><td>1.0</td><td>—</td></tr>
<tr><td>七</td><td colspan="2">修缮工程</td><td>1.5</td><td>—</td></tr>
<tr><td rowspan="3">八</td><td rowspan="3">城市轨道交通工程</td><td>土建工程</td><td>1.9</td><td>0.4</td></tr>
<tr><td>轨道工程</td><td>1.3</td><td>0.2</td></tr>
<tr><td>安装工程</td><td>1.4</td><td>0.3</td></tr>
<tr><td>九</td><td colspan="2">大型土石方工程</td><td>1.5</td><td>—</td></tr>
</table>

③ 其他项目取费标准

暂列金额、暂估价、总承包服务费中均不包括增值税可抵扣进项税额。

④ 规费取费标准(见表 5-23)

表 5-23　社会保险费及公积金取费标准表

序号	工程类别		计算基础	社会保险费率(%)	公积金费率(%)
一	建筑工程	建筑工程	分部分项工程费＋措施项目费＋其他项目费－除税工程设备费	3.2	0.53
		单独预制构件制作、单独构件吊装、打预制桩、制作兼打桩		1.3	0.24
		人工挖孔桩		3	0.53
二	单独装饰工程			2.4	0.42
三	安装工程			2.4	0.42
四	市政工程	通用项目、道路、排水工程		2.0	0.34
		桥涵、隧道、水工构筑物		2.7	0.47
		给水、燃气与集中供热、路灯及交通设施工程		2.1	0.37

⑤ 税金计算标准及有关规定

税金以除税工程造价为计取基础，费率为 11%。

(2) 简易计税方法

税金包括增值税应缴纳税额、城市建设维护税、教育费附加及地方教育附加。

① 增值税应纳税额＝包含增值税可抵扣进项税额的税前工程造价×适用税率。税率：3%。

② 城市建设维护税＝增值税应纳税额×适用税率。税率：市区 7%，县镇 5%，乡村 1%。

③ 教育费附加＝增值税应纳税额×适用税率。税率：3%。

④ 地方教育附加＝增值税应纳税额×适用税率。税率 2%。

以上四项合计，以包含增值税可抵扣进项额的税前工程造价为计费基础，税金费率为市区 3.36%，县镇 3.30%，乡村 3.18%。如各市另有规定的，按各市规定计取。

3) 计算程序

(1) 一般计税方法

包工包料工程的计费程序见表 5-24。

表 5-24　工程量清单法计算程序(包工包料)

序号	费用名称		计算公式
一	分部分项工程费		清单工程量×除税综合单价
	其中	1. 人工费	人工消耗量×人工单价
		2. 材料费	材料消耗量×除税材料单价
		3. 施工机具使用费	机械消耗量×除税机械单价
		4. 管理费	(1＋3)×费率或(1)×费率
		5. 利　润	(1＋3)×费率或(1)×费率

表 5-24

序号	费用名称		计算公式
二	措施项目费		
	其中	单价措施项目费	清单工程量×除税综合单价
		总价措施项目费	(分部分项工程费+单价措施项目费-除税工程设备费)×费率或以项计费
三	其他项目费		
四	规　费		
	其中	1. 工程排污费	(一+二+三-除税工程设备费)×费率
		2. 社会保险费	
		3. 住房公积金	
五	税　金		[一+二+三+四-(除税甲供材料费+除税甲供设备费)/1.01]×费率
六	工程造价		一+二+三+四-(除税甲供材料费+除税甲供设备费)/1.01+五

(2) 简易计税方法

包工不包料工程(清包工工程),可按简易计税法计税,原计费程序不变。

5.4 预算定额的换算

5.4.1 预算定额的直接套用

1) 阅读有关说明

预算定额是编制施工图预算的基础资料,在选套定额项目时,一定要认真阅读定额的总说明、分部工程说明、分节说明和附注内容;要明确定额的适用范围、定额考虑的因素和有关问题的规定,以及定额中的用语和符号的含义(如定额中凡注有"×××以内"或"×××以下"者,均包括其本身在内;而"×××以外"或"×××以上"者,均不包括其本身在内等);要正确理解、熟记建筑面积和各分项工程的工程量计算规则,并注意分项工程(或结构构件)的工程量计量单位应与定额单位相一致,做到准确地套用相应的定额项目。

2) 直接套用定额项目

当施工图纸的分部分项工程内容与所选套的相应定额项目内容相一致时,应直接套用定额项目;要查阅、选套定额项目和确定单位预算价值。绝大多数工程项目属于这种情况。其选套定额项目的步骤和方法如下:

(1) 根据设计的分部分项工程内容,从定额目录中查出该分部分项工程所在定额中的页数及其部位。

(2) 判断设计的分部分项工程内容与定额规定的工程内容是否相一致，当完全一致(或虽然不相一致，但定额规定允许不换算调整)时，即可直接套用定额基价。

(3) 将定额编号和定额基价(其中包括人工费、材料费、机械使用费)填入预算表内。

(4) 确定分项工程或结构构件预算价值，一般可按公式(5-25)计算。

$$分项工程预算价值=分项工程工程量\times相应定额基价 \tag{5-25}$$

3) 套用换算后定额项目

当施工图纸设计的分部分项工程内容与所选套的相应定额项目内容不完全一致，如定额规定允许换算，则应在定额规定范围内进行换算，套用换算后的定额基价。当采用换算后定额基价时，应在原定额编号右下角注明“换”字，以示区别。

4) 套用补充定额项目

当施工图纸中的某些分部分项工程还未列入建筑工程预算定额手册中或定额手册中缺少某类项目，也没有相类似的定额供参考时，为了确定其预算价值，就必须制定补充定额。当采用补充定额时，应在原定额编号内填写一个“补”字，以示区别。

5.4.2 预算定额的换算

在确定某一分项工程或结构构件单位预算价值时，如果施工图纸设计的项目内容与套用的相应定额项目内容不完全一致，但定额规定允许换算时，则应按定额规定的范围、内容和方法进行换算。使得预算定额规定的内容和施工图纸设计的内容相一致的换算(或调整)过程，就称为定额的换算(或调整)。根据预算定额(或基础定额)的规定，仅就最常见的几种换算(或调整)方法，简要叙述如下。

1) 乘系数换算法

在定额允许换算的项目中，有许多项目都是利用乘系数进行换算的。乘系数换算法是按定额规定，将原定额中人工、材料、机械或其中 1 项或 2 项乘以规定系数的换算方法，可按公式(5-26)、公式(5-27)和公式(5-28)分别计算。

$$换算定额人工综合工日数 = 原定额人工综合工日数\times系数 \tag{5-26}$$

$$换算定额某种材料消耗量 = 原定额某种材料消耗量\times系数 \tag{5-27}$$

$$换算定额某种机械台班量 = 原定额某种机械台班量\times系数 \tag{5-28}$$

2) 材料变化的定额换算

在定额允许换算的项目中，有许多项目是由于材料的种类、规格、数量、配合比等发生变化而引起的定额换算。下面仅就在编制施工图预算时最常用的几种材料变化，说明其换算方法。

(1) 砂浆的换算。由于砂浆强度等级不同而引起砌筑工程或抹灰工程相应定额基价的变动，必须进行换算。其换算的实质是预算单价的换算。在换算的过程中，砂浆消耗量不变，仅调整定额规定的砂浆品种或强度等级不相同的预算价格。其换算可按公式(5-29)计算。

$$\begin{aligned}&换算后的定额基价\\&= 换算前的定额基价 \pm 应换算的砂浆定额用量\times两种不同砂浆的单价价差\end{aligned} \tag{5-29}$$

(2) 混凝土的换算。由于混凝土的标号、种类不同而引起定额基价的变动,可以进行换算。在换算过程中,混凝土消耗量不变,仅调整不同混凝土的预算价格。因此,混凝土的换算实质就是预算单价的调整。其换算方法同砂浆的换算相同,一般可按公式(5-30)计算。

换算后的定额基价

= 换算前的定额基价 ± 应换算的混凝土定额用量 × 两种不同标号混凝土的单价价差 (5-30)

3) 应用范例

【例 5-1】 见表 5-10,砖砌外墙定额,定额编码 4-35,1 砖外墙子目,用 M7.5 混合砂浆和 M10 混合砂浆代替 M5 混合砂浆砌筑外墙。试确定变换后的综合单价。

【解】 M7.5 混合砂浆:

综合单价 = 人工费 + 材料费 + 机械费 + 管理费 + 利润

= 118.90 + (271.87 + 45.68 − 45.16) + 5.76 + 31.17 + 14.96

= 443.18 元

M10 混合砂浆:

综合单价 = 人工费 + 材料费 + 机械费 + 管理费 + 利润

= 118.90 + (271.89 + 46.70 − 45.16) + 5.76 + 31.17 + 14.96

= 444.22 元

只有材料费发生了变化,人工费和机械费都没变,因此,管理费和利润都没变。

【例 5-2】 试计算现浇 C25 混凝土矩形梁的综合单价。

【解】 见表 5-11,查现场制作混凝土现浇梁定额,6-19 子目,该子目所用的混凝土标号为 C30,题目要求 C25,因此,只要换算一下混凝土即可。

综合单价 = 人工费 + 材料费 + 机械费 + 管理费 + 利润

= 114.80 + (277.16 + 266.00 −268.95) + 10.29 + 31.27 + 15.01

= 445.58 元

只有材料费发生了变化,人工费和机械费都没变,因此,管理费和利润都没变。

【例 5-3】 综合单价换算(见表 5-25)

表 5-25 综合单价换算例题

计价表编号	子目名称及做法	计量单位	有需要换算的项目列出简要换算过程	综合单价(元)
	震动沉管灌注砂桩空沉管部分(桩长 9.0 m)			
	M10 水泥砂浆砌标准砖 1 砖圆形水池(容积 6 m^3)			
	橡胶止水带(橡胶止水条每米 45 元)			
	M10 混合砂浆 KP1 黏土多孔砖 240×115×90 1 砖墙			

【解】 计算过程及结果见表 5-26。

表 5-26　综合单价换算计算过程

计价表编号	子目名称及做法	计量单位	有需要换算的项目列出简要换算过程	综合单价（元）
3-56 换	震动沉管灌注砂桩空沉管部分（桩长 9.0 m）	m^3	［67.76×0.3＋(110.96－20.9)］×(1＋14%＋8%)＋138.43－117.66＝155.44	155.44
4-36 换	M10 水泥砂浆砌标准砖 1 砖圆形水池（容积 6 m^3）	m^3	477.59＋(44.82－45.16)＝477.25	477.25
10-195 换	橡胶止水带（橡胶止水条每米 45 元）	10 m	564.24＋10.50×(45－30)＝721.74	721.74
4-28 换	M10 混合砂浆 KP1 黏土多孔砖 240×115×90　1 砖墙	m^3	311.4＋(36.92－35.71)＝312.35	312.35

5.5　预算定额的补充

在套用定额时，当设计和施工所示分项工程在定额上既不能直接套用，又不能换算、调整时，必须编制补充定额。定额的补充应按编制定额的原则、方法进行补充。

5.5.1　补充定额注意事项

（1）编制补充定额，特别要注意收集和积累原始资料，原始资料的取定要有代表性，各项计算数据必须是实验结果，或是实际施工情况的统计。

（2）必须深入施工现场进行全过程测定，应从施工操作、技普工配备、材料质量、使用机械诸多方面进行，从而确保取定值符合工程施工实际情况。

（3）经验指导与广泛听取意见相结合。为了使编制的补充定额切实可行，注重多方面征求意见很重要，应多请有实际经验的工人、管理人员、专家参与讨论研究。

（4）借鉴其他企业、其他项目编制的有关补充定额，作为参考依据。

（5）注意做好有关补充定额使用的信息反馈工作，并在此基础上加以修改、补充、完善。

习题

一、单项选择题

1. 预算定额是编制(　　)，确定工程造价的依据。

A. 施工预算　　B. 施工图预算　　C. 设计概算　　D. 竣工结算

2. 江苏省建筑与装饰工程计价表的项目划分是按(　　)排列的。

A. 章、节、项　　B. 项、节、章　　C. 章、项、节　　D. 节、章、项

3. 预算文件的编制工作是从(　　)开始的。

A. 分部工程　　B. 分项工程　　C. 单位工程　　D. 单项工程

4. (　　)是指具有独立设计文件，可以独立施工，建成后能够独立发挥生产能力，产生

经济效益的工程。

A. 分部工程　　B. 分项工程　　C. 单位工程　　D. 单项工程

5. (　　)是指具有独立设计文件,可以独立施工,但建成后不能产生经济效益的工程。

A. 分部工程　　B. 分项工程　　C. 单位工程　　D. 单项工程

6. 人工费是指直接从事建筑工程施工的(　　)开支的各项费用。

A. 生产工人　　B. 施工现场人员

C. 现场管理人员　　D. 生产工人和现场管理人员

7. 建筑生产工人6个月以上的病假期间的工资应计入(　　)。

A. 人工费　　B. 劳动保险费　　C. 企业管理费　　D. 建筑管理费

8. 我国建筑安装费用构成中,不属于直接费中人工费的是(　　)。

A. 生产工人探亲期间的工资　　B. 生产工人调动工作期间的工资

C. 生产工人学习培训期间的工资　　D. 生产工人休病假7个月期间的工资

9. 在建筑安装工程施工中,模板制作、安装、拆除等费用应计入(　　)。

A. 工具用具使用费 B. 措施费　　C. 现场管理费　　D. 材料费

10. 预算定额是按照(　　)编制的。

A. 社会平均水平　　B. 社会先进水平　　C. 行业平均水平　　D. 社会平均先进水平

11. 江苏省建筑安装工程造价中土建工程的利润计算基础为(　　)。

A. 材料费+机械费　　B. 人工费+材料费

C. 人工费+机械费　　D. 人工费+材料费(成本)

12. 预算定额中人工工日消耗量应包括(　　)。

A. 基本工、其他工和人工幅度差　　B. 基本工和辅助工

C. 基本工和其他工　　D. 基本工和人工幅度差

二、多项选择题

1. 在下列费用中,应列入建筑安装工程直接费用中人工工日单价的有(　　)。

A. 生产工人劳动保护费　　B. 生产工人辅助工资

C. 生产工人退休工资　　D. 生产工人福利费

E. 生产职工教育经费

2. 影响材料预算价格变动的主要因素有(　　)。

A. 材料生产成本　　B. 材料供应体制　　C. 市场需求情况　　D. 运输距离及方式

E. 材料的消耗水平

3. 机械台班单价组成的内容有(　　)。

A. 预算价格　　B. 大修理费　　C. 经常修理费　　D. 燃料动力费

E. 操作人员的工资

4. 下列费用中不属于人工单价组成内容的有(　　)。

A. 生产工人的劳保福利费　　B. 生产工人的工会经费和职工教育经费

C. 现场管理人员的工资　　D. 生产工人的辅助工资

E. 生产工人退休后的退休金

三、判断题

1. 某工地购进一批袋装水泥,水泥厂提供了材料质保书。建设单位和监理方以确保工

程质量为由，要求施工企业将该批水泥送指定检测机构进行质量抽检，此检验费应由建设单位承担。 ( )

2. 施工定额水平与劳动生产率水平变动方向一致，与劳动和物质消耗水平变动方向相反。 ( )

3. 周转性材料摊销量＝周转使用量－补损量 ( )

4. 机械时间定额＝1/机械台班产量 ( )

5. 人工幅度差是按劳动定额的基本用工乘以取定的人工幅度差系数确定的。 ( )

四、计算题

1. 根据给出的子目名称及做法，查看江苏省计价定额，要求写出定额编号，如果有换算，写出详细的计算过程。

计价表编号	子目名称及做法	单位	综合单价有换算的列简要换算过程	综合单价(元)
	M5水泥砂浆砌直形砖基础，标准砖，基础深1.4 m			
	推土机(50 kW)平整场地，5 000 m^2			
	M7.5混合砂浆砌1砖外墙，标准砖			
	现浇C20混凝土直形楼梯			
	现场预制C35混凝土方桩			

2. 江苏省最新人工预算单价见下表：

工程类型	预算工资单价(元)				
	包工包料工程			包工不包料工程	点工
	一类工	二类工	三类工		
建筑工程	90	88	85	95	93

试按一类工程计算定额编号为6-14、6-19的综合单价。

试求：(1) 人工单价按最新预算单价；(2) 6-14的混凝土标号改为C25，6-19的混凝土标号改为C35。

3. 某一层接待室为三类工程，已知KP1黏土多孔砖墙体工程分部分项工程费为4 130.93元。请按2014费用定额计价程序计算KP1黏土多孔砖墙体工程预算造价。已知本墙体工程中暂列金额为2 000元，专业工程暂估价为业主拟单独发包的门窗，其中门按320元/m^2、窗按300元/m^2暂列，门的工程量为11.28 m^2，窗的工程量为11.28m^2。建设方要求创建市级文明工地，安全文明施工措施费现场考评费暂足额计取，脚手架费按500元计算，临时设施费费率2%，工程排污费费率0.1%，税金费率3.48%，社会保险费、公积金按2014费用定额相应费率执行(其他未列项目不计取)。

6 概算定额、概算指标和估算指标

教学目标

主要讲述概算定额、概算指标和估算指标的基本概念和内容。通过本章学习，应达到以下目标：

(1) 了解概算定额、概算指标和估算指标的概念。

(2) 掌握概算定额、概算指标应包括的内容。

(3) 理解概算定额与预算定额的关系。

6.1 概算定额

6.1.1 概算定额的概念

概算定额也叫做扩大结构定额。它规定了完成一定计量单位的扩大结构构件或扩大分项工程的人工、材料、机械台班消耗量的数量标准。它是在预算定额的基础上进行综合、合并而成的。因此，从性质上看，概算定额与综合预算定额在性质上具有相同的特征。

概算定额表达的主要内容、主要方式及基本使用方法都与综合预算定额相近。

$$\begin{aligned}\text{定额基准价} &= \text{定额单位人工费} + \text{定额单位材料费} + \text{定额单位机械费} \\ &= \text{人工概算定额消耗量} \times \text{人工工资单价} + \sum(\text{材料概算定额消耗量} \\ &\quad \times \text{材料预算价格}) + \sum(\text{施工机械概算定额消耗量} \times \text{机械台班费用单价})\end{aligned} \tag{6-1}$$

概算定额的内容和深度是以预算定额为基础的综合与扩大。概算定额与预算定额的不同之处在于项目划分和综合扩大程度上的差异，同时，概算定额主要用于设计概算的编制。由于概算定额综合了若干分项工程的预算定额，因此使概算工程量计算和概算表的编制都比编制施工图预算简化了很多。

编制概算定额时，应考虑到能适应规划、设计、施工各阶段的要求。概算定额与预算定额应保持一致水平，即在正常条件下，反映大多数企业的设计、生产及施工管理水平。

6.1.2 概算定额的项目划分

概算定额手册通常由文字说明和定额项目表组成。文字说明包括总说明和各分部说明。总说明中主要说明定额的编制目的、编制依据、适用范围、定额作用、使用方法、取费计算基础以及其他有关规定等。各分部说明中主要阐述本分部综合分项工程内容、使用方法、工程量计算规则以及其他有关规定等。

(1) 总说明:主要介绍概算定额的作用、编制依据、编制原则、适用范围、有关规定等内容。

(2) 建筑面积计算规则:规定了计算建筑面积的范围、计算方法,不计算建筑面积的范围等。建筑面积是分析建筑工程技术经济指标的重要数据,现行建筑面积的计算规则,是由国家统一规定的。

(3) 册章节说明:册章节(又称各章分部说明)主要是对本章定额运用、界限划分、工程量计算规则、调整换算规定等内容进行说明。

(4) 概算定额项目表:定额项目表是概算定额的核心,它反映了一定计量单位扩大结构或构件扩大分项工程的概算单价,以及主要材料消耗量的标准。

(5) 附录、附件:附录一般列在概算定额手册的后面,包括砂浆、混凝土配合比表,各种材料、机械台班造价表等有关资料,供定额换算、编制施工作业计划等使用。

6.1.3 概算定额的作用

概算定额在控制建设投资、合理使用建设资金及充分发挥投资效果等方面发挥着积极的作用。

为了合理确定工程造价和有效控制工程建设投资,江苏省编制颁发了《江苏省建筑工程概算定额(2005)》,自 2006 年 1 月起在全省范围内施行,原《江苏省建筑工程概算定额(1999)》同时停止执行。该定额的作用主要体现在 6 个方面:

(1) 建筑工程概算定额是对设计方案进行经济技术分析比较的依据。设计方案比较,主要是对不同的建筑及结构方案的人工、材料和机械台班消耗量、材料用量、材料资源短缺程度等进行比较,弄清不同方案、人工材料和机械台班消耗量对工程造价的影响,材料用量对基础工程量和材料运输量的影响,以及由此而产生的对工程造价的影响,短缺材料用量及其供给的可能性,某些轻型材料和变废为利的材料应用所产生的环境效益和国民经济宏观效益等。其目的是选出经济合理的建筑设计方案,在满足功能和技术性能要求的条件下,降低造价和人工、材料消耗。概算定额按扩大建筑结构构件或扩大综合内容划分定额项目,对上述诸方面,均能提供直接的或间接的比较依据,从而有助于作出最佳选择。

对于新结构和新材料的选择和推广,也需要借助于概算定额进行技术经济分析和比较,从经济角度考虑普遍采用的可能性和效益。

(2) 建筑工程概算定额是初步设计阶段编制工程设计概算、技术设计阶段编制修正概算、施工图设计阶段编制施工图概算的主要依据。概算项目的划分与初步设计的深度相一致,一般是以分部工程为对象。根据国家有关规定,按设计的不同阶段对拟建工程进行估价,编制工程概算和修正概算。这样,就需要与设计深度相适应的计价定额,概算定额正是适应了这种设计深度而编制的。

(3) 建筑工程概算定额是招标投标工程编制招标标底(招标控制价)、投标报价及签订施工承包合同的依据。

(4) 建筑工程概算定额是编制主要材料申请计划、设备清单的计算基础和施工备料的参考依据。

保证材料供应是建筑工程施工的先决条件。根据概算定额的材料消耗指标,计算工程用料的数量比较准确，并可以在施工图设计之前提出计划。

(5) 建筑工程概算定额是拨付工程备料款、结算工程款和审定工程造价的依据。

(6) 建筑工程概算定额是编制建设工程概算指标或估算指标的基础。

6.1.4 概算定额与预算定额的关系

(1) 概算定额是一种计价性定额，其主要作用是作为编制设计概算的依据。而对设计概算进行编制和审核是我国目前控制工程建设投资的主要方法。所以，概算定额也是我国目前控制工程建设投资的主要依据。

(2) 概算定额是一种社会标准，在涉及国有资本投资的工程建设领域，同样具有技术经济法规的性质，其定额水平一般取社会平均水平。

(3) 概算定额是在预算定额或综合预算定额的基础上综合扩大而成的计价性定额，不论从定额的形式、数据结构还是从定额的标定对象、消耗量水平看，与综合预算定额基本相同。

(4) 概算定额与预算定额的相同之处，都是以建(构)筑物各个结构部分和分部分项工程为单位表示的，定额标定对象均为扩大了的分项工程或结构构件；定额消耗量的内容也包括人工、材料和机械台班三个基本部分；概算定额表达的主要内容、主要方式及基本使用方法都与预算定额相近。

(5) 概算定额与预算定额的不同之处在于项目划分和综合扩大程度上的差异，同时，概算定额主要用于设计概算的编制，而预算定额还可以作为编制施工图预算的依据。由于概算定额综合了若干分项工程的预算定额，因此使概算工程量计算和概算表的编制都比编制施工图预算简化了很多。

6.2 概算指标

6.2.1 概算指标的概念

概算指标是以每 100 m^2 建筑面积、每 1 000 m^3 建筑体积或每座构筑物为计量单位，规定人工、材料、机械及造价的定额指标。

概算指标是概算定额的扩大与合并，它是以整个房屋或构筑物为对象，以更为扩大的计量单位来编制的，也包括劳动力、材料和机械台班定额三个基本部分。同时，还列出了各结构分部的工程量及单位工程(以体积计或以面积计)的造价。例如每 1 000 m^3 房屋或构筑物、每 1 000 m 管道或道路、每座小型独立构筑物所需要的劳动力，材料和机械台班的消耗数量等。

6.2.2 概算指标的表现形式

按具体内容和表示方法的不同，概算指标一般有综合指标和单项指标两种形式。综合指标是以一种类型的建筑物或构筑物为研究对象，以建筑物或构筑物的体积或面积为计量单位，综合了该类型范围内各种规格的单位工程的造价和消耗量指标而形成的，它反映的不是具体工程的指标，而是一类工程的综合指标，是一种概括性较强的指标。单项指标则是一种以典型的建筑物或构筑物为分析对象的概算指标，仅仅反映某一具体工程的消耗情况。

建筑物或构筑物的概算指标有以下种类：

(1) 建设投资参考指标(见表 6-1)。

(2) 各类工程的主要项目费用构成指标。

(3) 各类工程技术经济指标(见表 6-2)。

表 6-1　建设投资参考指标

一、各类工业项目投资参考指标

序号	项目	投资分配(%)					其他
		建筑工程			设备及安装工程		
		工业建筑	民用建筑	厂外工程	设备	安装	
1	冶金工程	33.4	3.5	1.3	48.2	5.7	7.9
2	电工器材工程	27.7	5.4	0.8	51.7	2.2	12.2
3	石油工程	22	3.5	1	50	10	13.5
4	机械制造工业	27	3.9	1.3	56	2.3	9.5
5	化学工程	33	3	1	46	11	9
6	建筑材料工业	35.6	3.1	3.5	50	2.8	7.8
7	轻工业	25	4.4	0.5	55	6.1	9
8	电力工业	30	1.6	1.1	51	13	3.3
9	煤炭工业	41	6	2	38	7	6
10	食品工业(冻肉厂)	55	3	0.5	30	9	2.5
11	纺织工业(棉纺厂)	29	4.5	1	53	4	8.5

二、建筑工程每 100 m^2 消耗工料指标

项目	人工及主要材料												
	人工	钢材	水泥	模板	成材	砖	黄沙	碎石	毛石	石灰	玻璃	油毡	沥青
	工日	t	t	m^3	m^3	千块	t	t	t	t	m^2	m^2	kg
工业与民用建筑综合	315	3.04	13.57	1.69	1.44	14.76	44	46	8	1.48	18	110	240
(一)工业建筑	340	3.94	14.45	1.82	1.43	11.56	46	51	10	1.02	18	133	300
(二)民用建筑	277	1.68	12.24	1.50	1.48	19.58	42	36	6	2.63	17	67	160

表 6-2 各类工程技术经济指标

办公楼技术经济指标汇总表

层数及结构形式		2 层混合结构	4 层混合结构	6 层框架结构	9 层框架结构	12 层框架结构	29 层框剪结构
总建筑面积	m^2	435	1 377	4 865	5 378	14 800	21 179
总造价	万元	27.8	86.7	243	309	1 595	2 008
檐高	m	7.1	13.5	23.4	29	46.9	90.9
工程特征及设备选型		混合结构，钢筋混凝土带基，桩基(0.2 m×0.2 m×8 m×109根)，铝合金茶色玻璃窗，硬木弹簧门，外墙石屑砂浆面层，内墙刷乳胶漆，2件卫生洁具	混合结构，无梁带基，外墙刷 PA－1涂料，2件卫生洁具，吊扇，立式空调器，50门电话交换机1套	框架结构，钢筋混凝土有梁满堂基础，内外墙面刷涂料，地面做777涂料，吊扇，50门共电式交换机1套，窗式空调器，2 t电梯1台	框架结构，独立柱基，桩基(0.4 m×0.4 m×26.5 m×365根)，铝合金门窗，外墙做水刷石，地面做777涂料，2件卫生洁具，吊扇，1 t电梯2台	框架结构，独立柱基，桩基(0.4 m×0.4 m×17 m×262根)，古铜色铝合金茶色玻璃门窗，外墙石屑砂浆面层，局部泰山面砖，彩色水磨石地面，2件卫生洁具，窗式空调器，400门自动电话交换机，1 t电梯3台	框剪结构，箱基(底板厚δ=1 200 mm)，桩基(0.45 m×0.45 m×38.2 m×251根)，铝合金弹簧门，铝合金窗，外墙贴马赛克，局部轻钢龙骨吊顶，水磨石地面，3件卫生洁具，0.5 t电梯2台，1 t电梯4台
每 m^2 建筑面积总造价(元)		639	631	500	573	1078	948
其中：土建		601	454	382	453	823	744
设备		35	176	112	115	242	191
其他		3	1	6	5	13	13
主要材料消耗指标 水泥	kg/m^2	251	212	234	247	292	351
钢材	kg/m^2	28	28	55	57	79	74
钢模	kg/m^2	1.2	2.2	2.5	3	5.2	7.4
原木	m^3/m^2	0.022	0.018	0.015	0.023	0.029	0.018
混凝土折厚	cm/m^2	19	12	23	54	48	58
总建筑面积	m^2	1 698	4 974	4 605	1 042	2 247	1 311
总造价	万元	159	297.4	277.2	64.4	130.1	78.1
檐高	m	11.7	10.5	9.6	10.8	16.11	15.4

续表 6-2

层数及结构形式			2层混合结构	4层混合结构	6层框架结构	9层框架结构	12层框架结构	29层框剪结构
工程特征及设备选型			排架结构，独立柱基，大型屋面板，行车起吊重量10 t，跨度22.5 m，轨高8.2 m，1.5 t钢板水箱1座，离心水泵及齿轮油泵各4台	排架结构，杯基，桩基(0.4 m×0.4 m×24 m×248根)，大型屋面板，10 t桥式吊车2台，跨度22.5 m，轨高8 m	框架结构，有梁带基，铝合金卷帘门，外墙贴面砖，局部内墙贴墙纸，轻钢龙骨石膏板吊顶，3.9 t钢板水箱1座，480 kVA变压器设备1套，立式空调器，1t锅炉1台，2t电梯1台	框架结构，有梁带基，铝合金弹簧门，外墙贴玻璃马赛克，水磨石地面，立式冷风机3台，窗式空调器1台，500门共电式交换机1套	框架结构，有梁带基，行车起吊重量3 t，跨度10.5 m，轨高5.2 m，0.5 t、1 t电动葫芦各1台，外墙马赛克，1 t电梯1台	框架结构，独立柱基，10 t钢筋混凝土水箱1座，2 t电梯1台
每m^2建筑面积总造价(元)			936	597	602	618	579	596
其中：土建			752	579	418	474	484	482
设备			164	13	173	139	88	107
其他			20	5	11	5	7	7
主要材料消耗指标	水泥	kg/m^2	409	269	244	282	270	327
	钢材	kg/m^2	120	100	41	44	75	59
	钢模	kg/m^2	2.1	1.6	2.8	2.9	2.2	3.5
	原木	m^3/m^2	0.03	0.017	0.026	0.02	0.014	0.022
	混凝土折厚	cm/m^2	39	41	30	25	28	36

6.2.3 概算指标的作用

概算指标的作用与概算定额类似，在设计深度不够的情况下，往往用概算指标来编制初步设计概算。

因为概算指标比概算定额进一步扩大与综合，所以依据概算指标来估算投资就更为简便，但精确度也随之降低。

建筑工程概算指标的作用如下：

(1) 在初步设计阶段编制建筑工程设计概算的依据。这是指在没有条件计算工程量时，只能使用概算指标。

(2) 设计单位在建筑方案设计阶段，进行方案设计技术经济分析和估算的依据。

(3) 在建设项目的可行性研究阶段，作为编制项目投资估算的依据。

(4) 在建设项目规划阶段，估算投资和计算资源需要量的依据。

6.3 估算指标

6.3.1 估算指标的概念与作用

1) 估算指标的概念

工程造价估算指标是确定生产一定计量单位(如 m^2、m^3 或幢、座等)建筑安装工程的造价和工料消耗的标准。主要是选择具有代表性、符合技术发展方向、数量足够并具有重复使用可能的设计图纸及其工程量的工程造价实例,经筛选、统计分析后综合取定。

2) 估算指标的作用

工程造价估算指标的制定是建设工程管理的一项重要工作。估算指标是编制项目建议书和可行性研究报告书投资估算的依据,是对建设项目全面的技术性与经济性论证的依据。估算指标对提高投资估算的准确度、建设项目全面评估、正确决策具有重要意义。

6.3.2 估算指标的编制原则与编制依据

1) 编制原则

(1) 估算指标的编制必须适应今后一段时期编制建设项目建议书和可行性研究报告书的需要。

(2) 估算指标的分类、项目划分、项目内容、表现形式等必须结合工程专业特点,与编制建设项目建议书和可行性研究报告书深度相适应。

(3) 估算指标编制要符合国家有关的方针政策、近期技术发展方向,反映正常建设条件下的造价水平,并适当留有余地。

(4) 采用的依据和数据尽可能做到正确、准确和具有代表性。

(5) 估算指标力求满足各种用户使用的需要。

2) 编制依据

(1) 国家和建设行政主管部门制定的工期定额。

(2) 国家和地区建设行政主管部门制定的计价规范、专业工程概预算定额及取费标准。

(3) 编制基准期的人工单价、材料价格、施工机械台班价格。

习题

一、单项选择题

1. 编制概算定额的基础是(　　)。

A. 概算指标　　B. 预算定额　　C. 施工定额　　D. 投资估算指标

2. 建设工程定额中的基础性定额是(　　)。

A. 概算定额　　B. 产量定额　　C. 施工定额　　D. 预算定额

二、名词解释

1. 概算定额
2. 概算指标
3. 估算指标

第三篇　建筑工程造价的编制与确定

7　投资估算

教学目标

主要讲述投资估算的基本理论和方法。通过本章学习，应达到以下目标：

(1) 熟悉投资估算的概念、作用，掌握投资估算的内容，了解投资估算的阶段划分与影响因素。

(2) 了解投资估算编制的原则、依据及步骤；掌握投资估算的编制方法。

(3) 熟悉投资估算的审查。

7.1　投资估算概述

7.1.1　投资估算的概念与作用

1) 投资估算的概念

投资估算是指在项目投资决策过程中，依据已有的资料和特定的方法，对建设项目全部投资费用进行的预测和估算。它是项目建设前期编制项目建议书和可行性研究报告的重要组成部分，是项目决策的重要依据之一。

投资估算的准确与否对建设项目的资金筹措方案、可行性研究工作的质量和经济评价结果有直接的影响，而且也直接关系到设计概算和施工图预算的编制。

2) 投资估算的作用

拟建项目在全面论证过程中，除应考虑技术上是否可行外，还应考虑经济上是否合理。而建设项目的投资估算在拟建项目前期各阶段中，是论证拟建项目的重要经济文件，也是项目决策的重要依据。投资估算在项目建设过程中的作用具体表现为以下几点：

(1) 项目建议书阶段的投资估算，是项目主管部门审批项目建议书的依据之一，并对项目的规划、规模起参考作用。

(2) 项目可行性研究阶段的投资估算，是项目投资决策的重要依据，也是研究、分析、计算项目投资经济效果的重要条件。当可行性研究报告被批准之后，其投资估算额即作为设计任务书中下达的投资限额，即建设项目投资的最高限额，不得随意突破。

(3) 项目投资估算是进行工程设计招标、优选设计方案的依据，对工程设计概算起控制作用，设计概算不得突破批准的投资估算额，并应控制在投资估算额以内。

(4) 项目投资估算可作为项目资金筹措及制订建设贷款计划的依据，建设单位可根据批准的项目投资估算额进行资金筹措和向银行申请贷款。

(5) 项目投资估算是核算建设项目固定资产投资需要额和编制固定资产投资计划的重要依据。

7.1.2 投资估算的内容、阶段划分与影响因素

1) 投资估算的内容

为了合理确定和有效控制建设项目投资，规范建设项目投资估算和概算的编制和管理，中国建设工程造价管理协会制定了新的《建设项目总投资组成及其他费用规定》，明确了投资估算及设计概算应包括的具体费用内容。在项目可行性研究阶段用于财务分析时的总投资由建设投资、建设期利息、固定资产投资方向调节税(暂停征收)和全部流动资金组成；“项目报批总投资”或“项目概算投资”由建设投资、建设期利息、固定资产投资方向调节税(暂停征收)和铺底流动资金(铺底流动资金占流动资金的 30%)组成。具体投资组成见表 7-1。

表 7-1 建设项目总投资组成

<table>
<tr><th colspan="6">费用项目名称</th></tr>
<tr><td rowspan="25">建设项目总投资</td><td rowspan="24">固定资产投资</td><td rowspan="22">建设投资</td><td rowspan="3">工程费用</td><td colspan="2">建筑工程费</td></tr>
<tr><td colspan="2">安装工程费</td></tr>
<tr><td colspan="2">设备及工器具购置费</td></tr>
<tr><td rowspan="17">工程建设其他费用</td><td rowspan="3">建设用地费</td><td>征地补偿费用</td></tr>
<tr><td>拆迁补偿费用</td></tr>
<tr><td>出让金、土地转让金</td></tr>
<tr><td rowspan="11">与项目建设有关的其他费用</td><td>建设管理费</td></tr>
<tr><td>可行性研究费</td></tr>
<tr><td>研究试验费</td></tr>
<tr><td>勘察设计费</td></tr>
<tr><td>环境影响评价费</td></tr>
<tr><td>劳动安全卫生评价费</td></tr>
<tr><td>场地准备及临时设施费</td></tr>
<tr><td>引进技术和引进设备其他费</td></tr>
<tr><td>工程保险费</td></tr>
<tr><td>特殊设备安全监督检验费</td></tr>
<tr><td>市政公用设施费</td></tr>
<tr><td rowspan="3">与未来生产经营有关的其他费用</td><td>联合试运转费</td></tr>
<tr><td>专利及专有技术使用费</td></tr>
<tr><td>生产准备及开办费</td></tr>
<tr><td rowspan="2">预备费</td><td colspan="2">基本预备费</td></tr>
<tr><td colspan="2">价差预备费</td></tr>
<tr><td colspan="4">建设期利息</td></tr>
<tr><td colspan="4">固定资产投资方向调节税(暂停征收)</td></tr>
<tr><td>流动资产投资</td><td colspan="4">流动资金(项目报批总投资和项目概算投资只列铺底流动资金)</td></tr>
</table>

2）我国项目投资估算阶段的划分

由于投资决策过程中各个工作阶段所具备的条件和掌握的资料不同，对投资估算的要求也各不相同，因而投资估算的准确程度在不同阶段也就不同，每个阶段投资估算所起的作用也不同。与投资决策过程中的各个工作阶段相对应，我国建设项目的投资估算分为以下几个阶段：

（1）项目规划阶段的投资估算。该阶段是指有关部门根据国民经济发展规划、地区发展规划和行业发展规划的要求，编制一个建设项目的建设规划，粗略估算建设项目所需要的投资额。

（2）项目建议书阶段的投资估算。该阶段是按项目建议书中的产品方案、项目建设规模、产品主要生产工艺、企业车间组成、初选建厂地点等，估算建设项目所需要的投资额，判断该项目是否需要进行下一步阶段的工作。

（3）初步可行性研究阶段的投资估算。该阶段是在掌握了更详细、更深入的资料条件下，估算建设项目所需的投资额，确定是否进行该项目的详细可行性研究，并为下一步的研究和投资计划奠定基础。

（4）详细可行性研究阶段的投资估算。该阶段的投资估算将作为对可行性研究结果进行最后评价的依据，经审查批准之后，便是工程设计任务书中规定的项目投资限额，并可据此列入项目年度基本建设计划，所以该阶段的投资估算非常重要。

国内外投资估算阶段划分与误差要求略有差异，见表7-2。

表7-2　国内外投资估算阶段划分与误差要求

阶段	国内		国外	
	阶段名称	误差控制	阶段名称	误差控制
一	项目规划阶段	允许大于±30%	项目的投资设想时期（毛估阶段、比照估算）	允许大于±30%
二	项目建议书阶段	控制在±30%内	项目的投资机会研究时期（粗估阶段、因素估算）	控制在±30%内
三	初步可行性研究阶段	控制在±20%内	项目的初步可行性研究时期（初步估算阶段、认可估算）	控制在±20%内
四	详细可行性研究阶段	控制在±10%内	项目的详细可行性研究时期（确定估算、控制估算）	控制在±10%内
五			项目的工程设计阶段（详细估算、投标估算）	控制在±5%内

3）影响投资估算的因素

在项目建设各阶段中，决策阶段对工程造价的影响最大，是决定工程造价的基础阶段。建设项目决策阶段各项技术经济决策对拟建项目的建设总投资有着很大的影响，特别是项目建设规模、建设地区及建设地点、技术方案、工程方案和环境保护措施对投资估算有重大影响。

（1）项目建设规模。为了有效控制投资估算，应选择合理的建设规模，以达到经济规模的要求。规模扩大所产生的效益不是无限的，它受到技术进步、管理水平、项目经济技术环境等多种因素的制约。项目规模合理化的制约因素有：市场因素、技术因素及环境因素。市场因素是项目规模确定中需考虑的首要因素，它又可以进一步细分为市场需求状况、市场供应状况、市场价格分析和市场风险分析。

合理确定建设规模方案比选的方法包括盈亏平衡产量分析法、平均成本法、生产能力平衡法以及按照政府或行业规定确定的方法。

(2) 建设地区及建设地点

① 建设地区的选择。建设地区选择合理与否，在很大程度上决定着拟建项目的命运，将影响拟建项目投资的高低、建设工期的长短、项目建设质量的好坏，还将影响到项目建成后的运营状况。

建设地区选择是指在几个不同地区之间对拟建项目适宜配置在哪个区域范围的选择。建设地区的选择要遵循两个基本原则：一是靠近原料、燃料提供地和产品消费地的原则；二是工业项目适当聚集的原则。

② 建设地点的选择。建设地点的选择是一项极为复杂的、技术经济综合性很强的系统工程，它将直接影响到项目建设投资、建设速度和施工条件，以及未来企业的经营管理及所在地点的城乡建设规划与发展。建设地点选择是指对项目具体坐落位置的选择，选择建设地点有以下要求：A. 节约土地，少占耕地；B. 减少拆迁移民；C. 尽量选在工程地质、水文地质条件较好的地段；D. 要有利于厂区合理布置和安全运行；E. 尽量靠近交通运输条件和水电等供应条件好的地方；F. 应尽量减少对环境的污染。

厂址选择时的费用分析包括项目投资费用分析和项目投产后生产经营费用比较。

(3) 技术方案。技术方案不仅影响项目的建设成本，也影响项目建成后的运营成本。技术方案选择的基本原则是先进适用、安全可靠、经济合理。

(4)设备方案。在生产工艺流程和生产技术确定后，就要根据工厂生产规模和工艺过程的要求选择设备的型号和数量。在设备选用中，应注意处理好以下问题：

① 要尽量选用国产设备。

② 要注意进口设备之间以及国内外设备之间的衔接配套问题。

③ 要注意进口设备与原有国产设备、厂房之间的配套问题。

④ 要注意进口设备与原材料、备品备件及维修能力之间的配套问题。

(5) 工程方案。工程方案选择是在已选定项目建设规模、技术方案和设备方案的基础上，研究论证主要建筑物、构筑物的建造方案，包括对于建筑标准的确定。工程方案选择应满足的基本要求包括：满足生产使用功能要求；适应已选定的场址(线路走向)；符合工程标准规范要求；经济合理。

(6) 环境保护措施。建设项目一般会引起项目所在地自然环境、社会环境和生态环境的变化，对环境状态、质量产生不同程度的影响。因此，需要在确定厂址方案和技术方案中，调查研究环境条件，识别和分析拟建项目影响环境的因素，研究提出治理和保护环境的措施，比选和优化环境保护方案。

环境治理方案比选的主要内容有：技术水平对比；治理效果对比；管理及监测方式对比；环境效益对比。

7.2 投资估算的编制

7.2.1 投资估算编制的原则、依据及步骤

1）投资估算编制的原则

（1）实事求是的原则。从实际出发，深入开展调查研究，掌握第一手资料，决不能弄虚作假，保证资料的可靠性。

（2）尽量做到快、准的原则。通过艰苦细致的工作，加强研究积累类似工程和拟建工程的资料，尽量做到又快、又准地拿出项目的投资估算。

（3）适应高科技发展的原则。从编制投资估算角度出发，在资料收集、信息储存、处理、使用以及编制方法选择和编制过程应逐步实现计算机化、网络化。

（4）合理利用资源，降低建设投资的原则。市场经济环境中，利用有限的经费和资源，尽可能满足设计功能的需要。进行多个设计方案的投资比选，达到降低项目建设投资的目的。

2）投资估算编制的依据

（1）项目建议书（或建设规划）、可行性研究报告（或设计任务书）、方案设计。

（2）投资估算指标、概算指标、概预算定额、技术经济指标、造价指标（包括单项工程和单位工程造价指标）、类似工程概预算。

（3）设计参数，包括各种建筑面积指标、能源消耗指标等。

（4）当地材料及设备市场价格、当地建筑工程取费标准及与建设有关的其他费用标准、物价指数。

（5）现场情况，如地理位置、地质条件、交通、供水、供电条件等。

（6）其他经验参考数据，如材料、设备运杂费率与安装费率，零星及辅材的比率等。

在编制投资估算时以上资料越具体、越完备，编制的投资估算就越准确全面。

3）投资估算编制的步骤

投资估算是造价人员凭借自己的知识、技能和经验，根据项目建议书或可行性研究报告中建设项目的总体要求，利用以往积累的工程造价资料和信息编制而成的。

在编制过程中，不同类型的工程项目可选用不同的投资估算方法，不同的投资估算方法其投资估算编制步骤略有不同。从工程项目费用组成考虑，投资估算编制的步骤如下：

（1）分别估算各单项工程所需的建筑工程费、设备及工器具购置费、安装工程费。

（2）在汇总各单项工程费用的基础上，估算工程建设其他费用和基本预备费。

（3）估算价差预备费和建设期利息。

（4）估算流动资金。

（5）汇总出总投资。

7.2.2 投资估算的编制方法

投资估算的编制方法有简单估算法和投资分类估算法，简单估算法有生产能力指数法、比例估算法和系数估算法等；投资分类估算法是根据《建设项目总投资组成及其他费用规定》中规定的投资估算内容分类计算的。简单估算法精度不高，主要适用于投资机会研究和项目初步可行性研究阶段的投资估算；投资分类估算法主要适用于项目详细可行性研究阶段的投资估算，具体组成与计算见本书第 2 章内容，这里就不再重复。

1）固定资产投资估算的编制

（1）固定资产静态部分投资估算编制

固定资产静态部分的投资包括建筑安装工程费、设备及工器具购置费、工程建设其他费用、基本预备费。

估算固定资产静态部分投资的方法，主要有单位生产能力估算法、生产能力指数法、系数估算法、指标估算法、比例估算法。

① 单位生产能力估算法。依据调查的统计资料，利用相近规模的单位生产能力投资乘以建设规模，即得拟建项目静态投资。其计算公式为：

$$C_2 = \left(\frac{C_1}{Q_1}\right) Q_2 f \tag{7-1}$$

式中：C_1——已建类似项目的静态投资额；

C_2——拟建项目静态投资额；

Q_1——已建类似项目的生产能力；

Q_2——拟建项目的生产能力；

f——不同时期、不同地点的定额、单价、费用变更等的综合调整系数。

这种方法把项目的建设投资与其生产能力的关系视为简单的线性关系，估算结果精确度较差。使用这种方法时要注意拟建项目的生产能力和类似项目的可比性，否则误差很大。

这种方法主要适用于新建项目或装置的估算，十分简便迅速。但要求估价人员掌握足够的典型工程的历史数据，而且这些数据均应与单位生产能力的造价有关，同时新建装置与所选取装置的历史资料相类似，仅存在规模大小和时间上的差异。单位生产能力估算法估算误差较大，可达±30%，此法只能是粗略地估算。

【例 7-1】 2012 年，假定某拟建项目年产某种产品 150 万吨。调查研究表明，2007 年该地区年产该产品 100 万吨的同类项目的固定资产投资额为 5 000 万元，假定从 2007 年到 2012 年每年平均造价指数为 1.20，则拟建项目的投资额为多少？

【解】 根据以上资料，计算拟建项目的投资额。

$$C_2 = \left(\frac{C_1}{Q_1}\right) Q_2 f = \frac{5\,000}{100} \times 150 \times 1.20^5 = 50 \times 150 \times 2.488 = 18\,660.00 \text{ 万元}$$

② 生产能力指数法。生产能力指数法又称指数估算法，主要应用于拟建装置或项目与用来参考的已知装置或项目的规模不同的场合。这种方法根据已建成的性质类似的建设项目或生产装置的投资额和生产能力及拟建项目或生产装置的生产能力估算拟建项目的投资

额。计算公式为：

$$C_2 = C_1\left(\frac{Q_2}{Q_1}\right)^x \cdot f \tag{7-2}$$

式中：C_1——已建类似项目或装置的静态投资额；

C_2——拟建项目或装置的静态投资额；

Q_1——已建类似项目或装置的生产能力；

Q_2——拟建项目或装置的生产能力；

f——不同时期、不向地点的定额、单价、费用变更等的综合调整系数；

x——生产能力指数，$0 \leqslant x \leqslant 1$。

若已建类似项目或装置的规模和拟建项目或装置的规模相差不大，生产规模比值在0.5～2之间，则指数x的取值近似为1。

若已建类似项目或装置与拟建项目或装置的规模相差不大于50倍，且拟建项目规模的扩大仅靠增大设备规模来达到时，则x取值约在0.6～0.7；若是靠增加相同规格设备的数量达到时，x的取值约在0.8～0.9。

生产能力指数法的误差可控制在±20%以内，与单位生产能力估算法相比精确度略高。尽管估价误差仍较大，但采用这种估价方法只需要知道工艺流程及规模就行，不需要详细的工程设计资料。在总承包工程报价时，承包商大都采用这种方法估价。

【例7-2】 已知2006年在我国某地建设生产50万吨合成氨工厂的投资额50 000万元，试估算2012年在同一地区建设年产70万吨合成氨的工厂需要投资多少？假定从2006年到2012年平均工程造价指数为1.20，合成氨的生产能力指数为0.9。

【解】 $C_2 = C_1\left(\frac{Q_2}{Q_1}\right)^x \cdot f = 50\,000 \times \left(\frac{70}{50}\right)^{0.9} \times 1.20^6 = 50\,000 \times 1.354 \times 2.986$

$= 202\,152.20$ 万元

③ 系数估算法。系数估算法也称为因子估算法，它是以拟建项目的主体工程费或主要设备购置费为基数，以其他工程费与主体工程费的百分比为系数估算项目的静态投资的方法。这种方法简单易行，但是精度较低，一般用于项目建议书阶段。系数估算法的种类很多，在我国常用的方法有设备系数法和主体专业系数法，朗格系数法是世行项目投资估算常用的方法。

A. 设备系数法。选择拟建项目或装置的设备费为基数，根据已建成的同类项目或装置的建筑安装费和其他工程费用等占设备价值的百分比，求出拟建项目或装置的建筑安装费及其他工程费用，其总和即为项目或装置的静态投资。

$$C = E(1 + f_1P_1 + f_2P_2 + f_3P_3 + \cdots) + I \tag{7-3}$$

式中：C——拟建项目或装置的投资额；

E——拟建项目或装置按当时当地价格计算的设备购置费；

$P_1, P_2, P_3, \cdots$——已建项目中建筑、安装工程费及其他工程费用等占设备购置费的比例；

$f_1, f_2, f_3, \cdots$——由于时间因素引起的定额、价格、费用标准等变化的综合调整系数；

I——拟建项目的其他费用。

B. 主体专业系数法。是以拟建项目中投资比重较大,并与生产能力直接相关的工艺设备投资为基数,根据同类型的已建项目的有关统计资料,计算出拟建项目的各专业工程(总图、土建、暖通、给排水、管道、电气及电信、自控及其他工程费用等)占工艺设备投资的百分比,据以求出拟建项目各专业的投资,然后加总即为拟建项目的静态投资。其表达式为:

$$C = E'(1 + f_1 P'_1 + f_2 P'_2 + f_3 P'_3 + \cdots) + I \tag{7-4}$$

式中:E'——投资比重较大,并与生产能力直接相关的工艺设备投资;

$P'_1, P'_2, P'_3, \cdots$——已建项目中各专业工程费用占工艺设备费用投资的比重。

其他符号同公式(7-3)。

【例 7-3】 某拟建年产 3 000 万吨铸钢厂,根据可行性研究报告提供的已建年产 2 500 万吨类似工程的主厂房工艺设备投资约 5 000 万元。已建类似项目资料:与设备有关的其他各专业工程投资系数,见表 7-3;与主厂房投资有关的辅助工程及附属设施投资系数,见表 7-4。已知拟建项目建设期与类似项目建设期的综合价格差异系数为 1.25,试用生产能力指数估算法估算拟建工程的工艺设备投资额;用系数估算法估算该项目主厂房投资和项目建设的工程费与其他费投资。

表 7-3 与设备投资有关的各专业工程投资系数

加热炉	汽化冷却	余热锅炉	自动化仪表	起重设备	供电与传动	建安工程
0.12	0.01	0.04	0.02	0.09	0.18	0.40

表 7-4 与主厂房投资有关的辅助及附属设施投资系数

动力系统	机修系统	总图运输系统	行政及生活福利设施工程	工程建设其他费用
0.30	0.12	0.20	0.30	0.20

【解】 用生产能力指数估算法估算主厂房工艺设备投资:

主厂房工艺设备投资$=5\,000\times\left(\frac{3\,000}{2500}\right)^1\times1.25=7\,500.00$ 万元

用设备系数估算法估算主厂房投资:

主厂房投资$=7\,500\times(1+12\%+1\%+4\%+2\%+9\%+18\%+40\%)$

$=7\,500\times(1+0.86)=13\,950.00$ 万元

工程费与工程建设其他费$=13\,950\times(1+30\%+12\%+20\%+30\%+20\%)$

$=13\,950\times(1+1.12)=29\,574.00$ 万元

C. 朗格系数法。这种方法是以设备购置费为基数,乘以适当系数来推算项目的静态投资。该方法的基本原理是将项目建设总成本费用中的直接成本和间接成本分别计算,再合为项目的静态投资。其计算公式为:

$$C = E(1 + \sum K_i)K_c \tag{7-5}$$

式中:C——总建设费用;

E——设备购置费;

K_i——管线、仪表、建筑物等项费用的估算系数;

K_c——管理费、合同费、应急费等间接费在内的总估算系数。

静态投资与设备购置费之比为朗格系数 K_L，即

$$K_L = (1 + \sum K_i)K_c \tag{7-6}$$

朗格系数法比较简单，但没有考虑设备规格和材质的差异，所以精确度不高。

【例 7-4】 已知某类工程项目的朗格系数见表 7-5。若该项目的设备购置费为 2 000 万元，试估算该工程的静态投资。

表 7-5 某类工程朗格系数包含的内容

朗格系数 K_L		2.402
内容	(a)包括基础、设备、绝热、油漆及设备安装费	$E \times 1.4$
	(b)包括上述在内和配管工程费	(a)×1.3
	(c)装置直接费(包括电气、仪表、建筑)	(b)×1.2
	(d)包括上述在内和间接费，总费用(C)	(c)×1.1

【解】 根据表 7-5 计算费用(a)：

$(a) = E \times 1.4 = 2\,000 \times 1.4 = 2\,800$ 万元

则基础、设备、绝热、油漆及设备安装费为：$2\,800 - 2\,000 = 800$ 万元

根据表 7-5 计算费用(b)：

$(b) = (a) \times 1.3 = E \times 1.4 \times 1.3 = 2\,000 \times 1.4 \times 1.3 = 3\,640$ 万元

则配管工程费为：$3\,640 - 2\,800 = 840$ 万元

根据表 7-5 计算费用(c)：

$(c) = (b) \times 1.2 = E \times 1.4 \times 1.3 \times 1.2 = 2\,000 \times 1.4 \times 1.3 \times 1.2 = 4\,368$ 万元

则电气、仪表、建筑等工程费用为：$4\,368 - 3\,640 = 728$ 万元

计算投资(C)：

$(C) = (c) \times 1.1 = E \times 1.4 \times 1.3 \times 1.2 \times 1.1 = 4\,804.80$ 万元

则间接费为：$4\,804.80 - 4\,368 = 463.80$ 万元

由此估算出该项目的总投资为 4 804.80 万元，其中间接费用为 463.80 万元。

④ 比例估算法。根据统计资料，先求出已有同类企业主要设备投资占项目静态投资的比例，然后再估算出拟建项目的主要设备投资，即可按比例求出拟建项目的静态投资。其表达式为：

$$I = \frac{1}{K}\sum_{i=1}^{n} Q_i P_i \tag{7-7}$$

式中：I——拟建项目的静态投资；

K——已建项目主要设备投资占拟建项目投资的比例；

n——设备种类数；

Q_i——第 i 种设备的数量；

P_i——第 i 种设备的单价(到厂价格)。

⑤ 指标估算法。指标估算法是指根据各种具体的投资估算指标，进行各单位工程或单

项工程投资的估算，在此基础上汇集编制成拟建建设项目的各个单项工程费用和拟建项目的工程费用投资估算。再按相关规定估算工程建设其他费用、基本预备费等，形成拟建项目静态投资。

A. 建筑工程费用估算一般采用单位建筑工程投资估算法、单位实物工程量投资估算法和概算指标投资估算法。

B. 设备及工器具购置费根据项目主要设备表及价格、费用资料编制，工器具购置费按设备费的一定比例计取。对于价值高的设备应按单台(套)估算购置费，价值较小的设备可按类估算，国内设备和进口设备应分别估算。具体估算方法见本书第 2.3 节。

C. 安装工程费通常按行业或专门机构发布的安装工程定额、取费标准和指标估算投资。具体可按安装费率、每吨设备安装费或单位安装实物工程量的费用估算，即：

$$安装工程费 = 设备原价 \times 安装费率(\%) \tag{7-8}$$

$$安装工程费 = 设备吨重 \times 每吨安装费 \tag{7-9}$$

$$安装工程费 = 安装工程实物量 \times 安装费用指标 \tag{7-10}$$

D. 工程建设其他费用的计算应结合拟建项目的具体情况，有合同或协议明确的费用按合同或协议列入。合同或协议中没有明确的费用，根据国家和各行业部门、工程所在地地方政府的有关工程建设其他费用定额和计算办法估算。

E. 基本预备费的估算一般是以建设项目的工程费用和工程建设其他费用之和为基础，乘以基本预备费率进行计算。基本预备费率的大小，应根据建设项目的设计阶段和具体的设计深度，以及在估算中所采用的各项估算指标与设计内容的贴近度、项目所属行业主管部门的具体规定确定。

(2) 固定资产动态部分投资估算编制

固定资产动态部分主要包括价格变动可能增加的投资额、建设期利息等，如果是涉外项目，还应该计算汇率的影响。在实际估算时，主要考虑涨价预备费、建设期贷款利息、投资方向调节税、汇率变化四个方面。

动态部分的估算应以基准年静态投资的资金使用计划为基础来计算，而不是以编制的年静态投资为基础计算。涨价预备费、建设期利息及投资方向调节税计算详见第 2.5 节。

汇率的变化意味着一种货币相对于另一种货币的升值或贬值，所以汇率变化会对涉外项目的投资额产生影响。外币对人民币升值，会导致项目从国外市场购买设备材料所支付的外币金额不变，但换算成人民币的金额增加；外币对人民币贬值，会导致项目从国外市场购买设备材料所支付的外币金额不变，但换算成人民币的金额减少。估计汇率变化对建设项目投资的影响，是通过预测汇率在项目建设期内的变动程度，以估算年份的投资额为基数计算求得。

2) 流动资金投资估算的编制

流动资金是指生产经营性项目投产后，为维持正常的生产运营，用于购买原材料、燃料，支付工资及其他经营费用等所需的周转资金，它等于项目投产运营后所需全部流动资产扣除流动负债后的余额。流动资金的估算一般采用两种方法，个别情况或者小型项目可采用扩大指标法，一般情况下采用分项详细估算法。

(1) 扩大指标估算法。扩大指标估算法是按照流动资金占某种基数的比率来估算流动资金。一般常用的基数有产值(或销售收入)、经营成本(或总成本)、固定资产投资和年生产能力等,究竟采用何种基数依行业习惯而定;各类流动资金率是根据现有同类企业的实际资料求得,亦可依据行业或部门给定的参考值或经验确定。扩大指标估算法简便易行,但准确度不高,适用于项目建议书阶段的估算。扩大指标估算法计算流动资金的公式为:

$$年流动资金额 = 年费用基数 \times 各类流动资金率 \tag{7-11}$$

【例 7-5】 某项目投产后的年产值为 2.3 亿元,某同类企业的 100 元产值流动资金占用额为 18 元,则该项目的年流动资金为多少万元?

【解】 年流动资金额=23 000×(18÷100)=4 140 万元

(2) 分项详细估算法。流动资金的显著特点是在生产过程中不断周转,其周转额的大小与生产规模及周转速度直接相关。分项详细估算法是国际上通行的流动资金估算方法,根据周转额与周转速度之间的关系,对构成流动资金的各项流动资产和流动负债分别进行估算。流动资产的构成要素一般包括存货、库存现金、应收账款和预付账款;流动负债的构成要素一般包括应付账款和预收账款。流动资金等于流动资产和流动负债的差额,计算公式为:

$$流动资金 = 流动资产 - 流动负债 \tag{7-12}$$

$$流动资产 = 应收账款 + 预付账款 + 存货 + 现金 \tag{7-13}$$

$$流动负债 = 应付账款 + 预收账款 \tag{7-14}$$

$$流动资金本年增加额 = 本年流动资金 - 上年流动资金 \tag{7-15}$$

估算的具体步骤,首先计算各类流动资产和流动负债的年周转次数,然后再分项估算占用资金额。

① 周转次数计算。周转次数是指流动资金的各个构成项目在一年内完成多少个生产过程。周转次数可用 1 年天数(通常按 360 天计算)除以流动资金的最低周转天数计算。即:

$$周转次数 = 360/ 流动资金最低周转天数 \tag{7-16}$$

② 应收账款估算。应收账款是指企业对外赊销商品、提供劳务尚未收回的资金。计算公式为:

$$应收账款 = 年经营成本 / 应收账款周转次数 \tag{7-17}$$

③ 预付账款估算。是指企业为购买各类材料、半成品或服务所预先支付的款项。计算公式为:

$$预付账款 = 外购商品或服务年费用金额 / 预付账款周转次数 \tag{7-18}$$

④ 存货估算。存货是企业为销售或者生产耗用而储备的各种物资。为简化计算,仅考虑外购原材料、燃料、其他材料、在产品和产成品,并分项进行计算。计算公式为:

$$存货 = 外购原材料、燃料 + 其他材料 + 在产品 + 产成品 \tag{7-19}$$

$$外购原材料、燃料 = 年外购原材料、燃料费用 / 分项周转次数 \tag{7-20}$$

$$其他材料 = 年其他材料费用 / 其他材料周转次数 \tag{7-21}$$

$$在产品 =(年外购原材料、燃料及动力费 + 年工资及福利费 + 年修理费 + 年其他制造费用)/ 在产品周转次数 \tag{7-22}$$

$$产成品 =(年经营成本 - 年其他营业费用)/ 产成品周转次数 \tag{7-23}$$

⑤ 现金需要量估算。项目流动资金中的现金是指货币资金，即企业生产运营活动中停留于货币形态的那部分资金，包括企业库存现金和银行存款。计算公式为：

$$现金 =(年工资及福利费 + 年其他费用)/ 现金周转次数 \tag{7-24}$$

⑥ 流动负债估算。流动负债是指在一年或者超过一年的一个营业周期内，需要偿还的各种债务。在可行性研究中，流动负债的估算可以只考虑应付账款和预收账款两项。计算公式为：

$$应付账款 = 外购原材料、燃料动力费及其他材料年费用 / 应付账款周转次数 \tag{7-25}$$

$$预收账款 = 预收的营业收入年金额 / 预收账款周转次数 \tag{7-26}$$

【例 7-6】 建设项目达到设计生产能力后，全厂定员 400 人，人均年工资及附加 1.5 万元，全年外购原材料为 16 500 万元，周转次数 6 次；年外购燃料 1 200 万元，周转次数 8 次；年支付动力费为 2 800 万元，在产品和产成品周转次数分别为 12 次和 15 次，年其他制造费用为 280 万元，年修理费、其他费用分别为 940 万元、820 万元(预先估计)，应收账款、现金、应付账款周转次数分别为 9 次、9 次、7.19 次。根据以上条件，计算达到设计能力年份的流动资金。

【解】 经营成本 = 外购原材料 + 燃料 + 动力 + 工资及附加 + 修理费 + 其他费用 = 16 500 + 1 200 + 2 800 + 400 × 1.5 + 940 + 820 = 22 860 万元

应收账款 = 经营成本 / 周转次数 = 22 860 ÷ 9 = 2 540 万元

存货：

外购原材料 = 年外购原材料费 / 周转次数 = 16 500 ÷ 6 = 2 750 万元

外购燃料 = 年外购燃料费 / 周转次数 = 1 200 ÷ 8 = 150 万元

在产品 =(外购原材料 + 燃料 + 动力 + 工资及附加 + 修理费 + 年其他制造费用)/ 周转次数 =(16 500 + 1 200 + 2 800 + 400 × 1.5 + 940 + 280)÷ 12 = 1 860 万元

产成品 = 年经营成本 / 周转次数 = 22 860 ÷ 15 = 1 524 万元

存货 = 2 750 + 150 + 1 860 + 1 524 = 6 284 万元

现金 =(年工资及福利费 + 年其他费用)/ 周转次数 =(600 + 820)÷ 9 = 158 万元

流动资产 = 2 540 + 6 284 + 158 = 8 982 万元

应付账款 =(外购原材料 + 燃料 + 动力费)/ 周转次数 = 20 500 ÷ 7.19 = 2 853 万元

流动资金 = 流动资产 - 流动负债 = 8 982 - 2 853 = 6 129 万元

(3) 估算流动资金应注意的问题

① 详细估算法计算流动资金，需以经营成本及其中的某些科目为基数，所以流动资金估算应在经营成本估算之后进行。

② 在采用分项详细估算法时，必须切合实际分别确定现金、应收账款、预付账款、存货、

应付账款和预收账款的最低周转天数，并考虑一定的保险系数。对于存货中的外购原材料和燃料，要分品种和来源，考虑运输方式和运输距离，以及占用流动资金的比重大小等因素确定。

③ 流动资金属于长期性(永久性)流动资产，流动资金的筹措可通过长期负债和资本金的方式解决。流动资金借款部分按全年计算利息，利息应计入生产期间财务费用，项目计算期末收回全部流动资金。

7.3 投资估算的审查

对项目投资估算进行审查是保证项目投资估算的准确性、完整性和估算质量的基本方法，加强投资估算审核与管理，有利于国家控制投资总规模，调整投资结构，促使国民经济的发展。项目投资估算的审查部门和单位，在审查项目投资估算时，是按照对工程建设项目的管辖权限在审查项目建议书、可行性研究报告和项目设计任务书时，同时审查相应的投资估算。

由于投资估算本身是经验总结加科学预测的产物，相对工程概预算是粗线条的，但其中项目设计任务书中投资估算精度最高，应重点审查，一经批准即作为工程建设项目总投资的计划控制额，不得任意突破。投资估算应注意审查投资估算编制的依据、投资估算编制内容、投资估算的费用划分及投资数额等几个方面。

7.3.1 审查投资估算编制的依据

在明确所审工程项目的特点、构成和内容的情况下，审查所采用的资料、数据和投资估算方法。

1) 审查投资估算数据资料的时效性和准确性

工程项目投资估算要采用各种基础资料和数据，如已建同类型项目的投资，有关定额、估算指标等，都与时间有密切关系，都可能随时间的推移而发生变化。因此，在进行投资估算审查时，重点要审查这些基础资料和数据的时效性和准确性。

2) 审查投资估算方法恰当性

投资估算方法有许多种，每种投资估算方法都有其相应的适用条件和范围，并具有不同的精确度。投资估算方法的审查，要看所选择的投资估算方法是否恰当。如果使用的投资估算方法与项目的客观条件和情况不相适应，或者超出了该方法的适用范围，那就不能保证投资估算的质量。投资估算方法的审查，是为了将投资估算方法自身固有的适用性和局限性对工程项目投资估算值的可靠性、科学性的影响，控制在一个较为合理的范围。

一般来说，供决策用的投资估算，不宜使用单一的投资估算方法，而是综合使用几种投资估算方法，互相补充，相互校核。对于投资额较大、较重要的工程应优选近似概算的方法。对于投资额不大、一般规模的工程项目，适宜使用类似比较或系数估算法。此外，还应针对工程项目建设前期阶段不同，选用不同的投资估算方法。

7.3.2 审查投资估算编制内容

审查编制投资估算内容的核心是防止编制投资估算时有多项、重项或漏项出现，从而保证投资估算内容准确，估算合理。

在审查投资估算编制内容时，审查项目投资估算包括的工程内容与规定要求是否一致，是否有多项、重项和漏项现象，如是否漏掉了某些辅助工程、室外工程等的建设费用；审查项目投资估算的项目产品生产装置的先进水平与自动化程度等，与规划要求的先进程度是否相符，其估算数额是否符合实际；审查是否对拟建项目与已运行项目在工程成本、工艺水平、规模大小、环境因素等方面的差异作了适当的调整；审查工程项目所取基本预备费和涨价预备费是否恰当。

在审核投资估算过程中，将有疑问的内容逐项列出说明情况，再确定是取消还是保留。

7.3.3 审查投资估算的费用划分及投资数额

(1) 审查“三废”处理情况。审查项目的环境设施、“三废”处理等装置是否同时设计、同时施工、同时验收，它们所需投资是否进行了估算，其估算数额是否符合实际。

(2) 审查物价波动变化幅度是否合适。审查是否考虑了物价变化和汇率变动对投资额的影响，以及物价波动变化幅度是否合适，所用的调整系数是否合适。

(3) 审查是否采用“三新”技术。审查是否考虑了采用新技术、新材料以及新工艺，采用现行新标准和规范比已有运行项目的要求提高所需增加的投资额，所增加的额度是否合适。

总之，在进行工程项目投资估算审查时，应将上述审查的内容联系起来系统考虑，既要防止漏项少算，又要防止重复计算和高估冒算，不断总结经验教训，以保证投资估算的精度，使其真正能起到决策和控制作用。

【案例 7-1】 某工业引进项目，基础数据如下：

(1) 项目的建设期为 2 年，该项目的实施计划为：第一年完成项目的全部投资 40%，第二年完成 60%，第三年项目投产并且达到 100%设计生产能力，预计年产量为 3 200 万吨。

(2) 全套设备拟从国外进口，重量 1 900 t，装运港船上交货价为 500 万美元，国际运费标准为 340 美元/t，海上运输保险费率为 0.267%，中国银行费率为 0.45%，外贸手续费率为 1.7%，关税税率为 22%，增值税税率为 17%，美元对人民币的银行牌价为 1∶6.83，设备的国内运杂费率为 2.5%。

(3) 根据已建同类项目统计情况，一般建筑工程占设备购置投资的 27.6%，安装工程占设备购置投资的 10%，工程建设其他费用占设备购置投资的 7.7%，以上三项的综合调整系数分别为 1.23、1.15、1.08。

(4) 本项目固定资产投资中有 2 000 万元来自银行贷款，其余为自有资金，且不论借款还是自有资金均按计划比例投入。根据借款协议，贷款利率按 10%计算，按季计息。基本预备费费率 12%，建设期内涨价预备费平均费率为 6%。建设前期年限为 1 年。

(5) 根据已建成同类项目资料，每万吨产品占用流动资金为 1.4 万元。

问题：

(1) 计算项目设备购置投资。

(2) 估算项目固定资产投资额。

(3) 试用扩大指标法估算流动资金。

(4) 估算该项目的总投资(计算结果保留小数点后 2 位)。

【解题要点分析】 本案例在题型上属于建设项目投资估算类,综合了进口设备购置费计算、设备系数估算法、预备费计算、建设期贷款利息计算、扩大指标法估算流动资金等多个知识点。具体知识点如下:

问题(1) 涉及计算拟建项目的设备购置投资,以此为基础计算其他各项费用。

问题(2) 具体步骤为:①以设备购置投资为基数,运用设备系数估算法计算出设备购置费、建筑安装工程费、工程建设其他费用三项之和;②以上述三项费用之和为基数计算出基本预备费和涨价预备费;③将名义利率转化为实际利率后,按照具体贷款额计算出建设期贷款利息;④将上述各项费用累加计算出拟建项目的固定资产投资额。

问题(3) 相对独立、主要考核运用扩大指标估算法估算拟建项目流动资金。

问题(4) 估算项目总投资,将固定资产估算额与流动资金估算相加。

【解】 (1) 进口设备货价 = 500 × 6.83 = 3 415.00 万元

国际运费 = 1 900 × 340 × 6.83 = 4 412 180.00 元 = 441.22 万元

国外运输保险费 = [(3 415.00 + 441.22) ÷ (1 − 0.267%)] × 0.267% = 10.32 万元

银行财务费 = 3 415.00 × 0.45% = 15.37 万元

外贸手续费 = (3 415.00 + 441.22 + 10.32) × 1.7% = 65.73 万元

进口关税 = (3 415.00 + 441.22 + 10.32) × 22% = 850.64 万元

增值税 = (3 415.00 + 441.22 + 10.32 + 850.64) × 17% = 801.92 万元

进口设备原价= 3 415.00 + 441.22 + 10.32 + 15.37 + 65.73 + 850.64 + 801.92
= 5 600.20 万元

设备购置投资 = 5 600.20 × (1 + 2.5%) = 5 740.21 万元

(2) 由设备系数估算法求项目固定资产投资额

① 建设投资

设备购置费 + 建安工程费 + 工程建设其他费用 = 5 740.21 × (1 + 27.6% × 1.23 + 10% × 1.15 + 7.7% × 1.08) = 5 740.21 × 1.538 = 8 828.44 万元

基本预备费 = 8 828.44 × 12% = 1 059.41 万元

涨价预备费计算:

$$PF = \sum_{t=1}^{n} I_{\mathrm{t}}[(1+f)^{\mathrm{m}}(1+f)^{0.5}(1+f)^{\mathrm{t}-1}-1]$$

涨价预备费=(8 828.44+1 059.41)×40%×[(1+6%)^1×(1+6%)$^{0.5}$−1]+(8 828.44+1 059.41)×60%×[(1+6%)^1×(1+6%)$^{0.5}$×(1+6%)^1−1]
=361.25+930.35=1 291.60 万元

② 建设期贷款利息

贷款实际利率=(1+10%÷4)^4−1=10.38%

建设期第一年贷款利息=$\frac{1}{2}$×2 000×40%×10.38%=41.52 万元

建设期第二年贷款利息$=(2\,000\times40\%+41.52+\frac{1}{2}\times2\,000\times60\%)\times10.38\%$

$=149.63$ 万元

建设期贷款利息＝41.52＋149.63＝191.15 万元

固定资产投资＝8 828.44＋1 059.41＋1 291.60＋191.15＝11 370.60 万元

(3) 流动资金＝3 200×1.4＝4 480 万元

(4) 项目总投资＝11 370.60＋4 480＝15 850.60 万元

【案例 7-2】 某建设项目的工程费与工程建设其他费的估算额为 52 180 万元，预备费为 5 000 万元，项目的投资方向调节税率为 5%，建设期 3 年。3 年的投资比例是：第 1 年 20%，第 2 年 55%，第 3 年 25%，第 4 年投产。

该项目固定资产投资来源为自有资金和贷款。贷款总额为 40 000 万元，其中外汇贷款为 2 300 万美元。外汇牌价为 1 美元兑换 8.3 元人民币。贷款的人民币部分从中国建设银行获得，年利率为 12.48%(按季计息)。贷款的外汇部分从中国银行获得，年利率为 8%(按年计息)。

建设项目达到设计生产能力后，全厂定员为 1 100 人，工资和福利费按照每人每年 7 200 元估算。每年其他费用为 860 万元(其中，其他制造费用为 660 万元)。年外购原材料、燃料、动力费估算为 19 200 万元。年经营成本为 21 000 万元，年修理费占年经营成本 10%。各项流动资金最低周转天数分别为：应收账款 30 天，现金 40 天，应付账款为 30 天，存货为 40 天。

问题：

(1) 估算建设期贷款利息。

(2) 用分项详细估算法估算拟建项目的流动资金。

(3) 估算拟建项目的总投资。

【解题要点分析】 本案例在题型上属于建设项目投资估算类，本案例涉及建设期贷款利息计算、分项详细估算法估算流动资金等知识点。对于这类案例分析题的解答，首先是充分阅读背景所给的各项基本条件和数据，分析这些条件和数据之间的内在联系。

问题(1)　在固定资产投资估算中，涉及的知识点为名义利率和实际利率的概念及换算方法。计算建设期贷款利息前，要首先将名义利率换算为实际利率，再进行下面的计算。换算公式为：

$$\text{实际利率}=(1+\text{名义利率}/\text{年计息次数})^{\text{年计息次数}}-1$$

问题(2)　流动资金估算时，应掌握分项详细估算流动资金的方法。

问题(3)　估算拟建项目的总投资，要求根据建设项目总投资的构成内容，计算建设项目总投资。

【解】 (1)人民币贷款实际利率计算

人民币实际利率 $=(1+12.48\%\div4)^4-1=13.08\%$

每年投资的贷款部分本金数额计算：

人民币部分：贷款总额为 $40\,000-2\,300\times8.3=20\,910$ 万元

第 1 年：$20\,910\times20\%=4\,182$ 万元

第 2 年:20 910 × 55% = 11 500.50 万元

第 3 年:20 910 × 25% = 5 227.50 万元

美元部分:贷款总额为 2 300 万美元

第 1 年:2 300 × 20% = 460 万美元

第 2 年:2 300 × 55% = 1 265 万美元

第 3 年:2 300 × 25% = 575 万美元

每年应计利息计算:

① 人民币建设期贷款利息计算

第 1 年贷款利息 = (0 + 4 182 ÷ 2) × 13.08% = 273.50 万元

第 2 年贷款利息 = [(4 182 + 273.50) + 11 500.50 ÷ 2] × 13.08% = 1 334.91 万元

第 3 年贷款利息= [(4 182 + 273.5 + 11 500.5 + 1 334.91) + 5 227.5 ÷ 2] × 13.08%
= 2 603.53 万元

人民币贷款利息合计 = 273.5 + 1 334.91 + 2 603.53 = 4 211.94 万元

② 外币贷款利息计算

第 1 年外币贷款利息 = (0 + 460 ÷ 2) × 8% = 18.40 万美元

第 2 年外币贷款利息 = [(460 + 18.40) + 1 265 ÷ 2] × 8% = 88.87 万美元

第 3 年外币贷款利息= [(460 + 18.40 + 1 265 + 88.87) + 575 ÷ 2] × 8%
= 169.58 万美元

外币贷款利息合计 = 18.40 + 88.87 + 169.58 = 276.85 万美元

建设期贷款利息 = 4 211.94 + 276.85 × 8.3 = 6 509.80 万元

(2) 用分项详细估算法估算流动资金

流动资金 = 流动资产 − 流动负债

式中:流动资产 = 应收(或预付) 账款 + 现金 + 存货
流动负债 = 应付(或预收) 账款

① 应收账款 = 年经营成本 ÷ 年周转次数 = 21 000 ÷ (360 ÷ 30) = 1 750 万元

② 现金= (年工资福利费 + 年其他费) ÷ 年周转次数
= (1 100 × 0.72 + 860) ÷ (360 ÷ 40) = 183.56 万元

③ 存货

外购原材料、燃料= 年外购原材料、燃料动力费 ÷ 年周转次数
= 19 200 ÷ (360 ÷ 40) = 2 133.33 万元

在产品 = (年工资福利费 + 年其他制造费 + 年外购原料燃料费 + 年修理费) ÷ 年周转次数 = (1 100 × 0.72 + 660 + 19 200 + 21 000 × 10%) ÷ (360 ÷ 40) = 2 528.00 万元

产成品 = 年经营成本 ÷ 年周转次数 = 21 000 ÷ (360 ÷ 40) = 2 333.33 万元

存货 = 2 133.33 + 2 528.00 + 2 333.33 = 6 994.66 万元

由此求得:

流动资产 = 应收账款 + 现金 + 存货 = 1 750 + 183.56 + 6 994.66 = 8 928.22 万元

流动负债= 应付账款 = 年外购原材料、燃料、动力费 ÷ 年周转次数
= 19 200 ÷ (360 ÷ 30) = 1 600 万元

流动资金 = 流动资产 − 流动负债 = 8 928.22 − 1 600 = 7 328.22 万元

(3) 根据建设项目总投资的构成内容，计算拟建项目的总投资

总投资 = [(52 180 + 5 000) × (1 + 5%) + 6 509.80] + 7 328.22

= 66 548.80 + 7 328.22 = 73 877.02 万元

(案例引自全国造价工程师执业资格考试培训教材编审委员会编写的《建设工程造价案例分析》(2013 年版)，数据上作了适当的调整)

习题

一、单项选择题

1. 某项目中建筑安装工程费用 560 万元，设备工器具购置费用为 330 万元，工程建设其他费用为 133 万元，基本预备费为 102 万元，建设期贷款利息 59 万元，价差预备费为 55 万元，则静态投资为(　　)万元。

A. 1 023　　B. 1 125　　C. 1 180　　D. 1 239

2. 铺底流动资金为项目投产后所需流动资金的(　　)。

A. 50%　　B. 30%　　C. 40%　　D. 25%

3. 在项目建设各阶段中，影响工程造价的程度最高，达到 70%～90%的是(　　)。

A. 初步设计阶段　　B. 施工图设计阶段　　C. 施工阶段　　D. 投资决策阶段

4. 系数估算法通常也可称为(　　)。

A. 因子估算法　　B. 比例估算法　　C. 基数估算法　　D. 专业比率法

5. 进行流动资产投资估算时，最低周转天数与流动资金需要量的关系是(　　)。

A. 最低周转天数增加，将增加周转次数，从而减少流动资金需要量

B. 最低周转天数增加，将减少周转次数，从而减少流动资金需要量

C. 最低周转天数减少，将减少周转次数，从而增加流动资金需要量

D. 最低周转天数减少，将增加周转次数，从而减少流动资金需要量

6. 某项目应收账款 500 万元，预付账款 400 万元，存货 100 万元，现金 200 万元，流动负债 460 万元，应付账款 120 万元，则其流动资金(　　)万元。

A. 440　　B. 620　　C. 740　　D. 860

7. 朗格系数是指(　　)。

A. 静态投资与建筑安装费用之比　　B. 静态投资与设备费用之比

C. 建筑安装费用与静态投资之比　　D. 设备费与静态投资之比

8. 某建设项目建成正常运营后，年销售收入 2 400 万元，年经营成本 1 500 万元，外购原材料、燃料及其他材料的年费用 1 800 万元，应付账款的周转天数 60 天。则该项目应付账款年估算额为(　　)万元。

A. 600　　B. 250　　C. 300　　D. 550

9. 某建设项目，经投资估算确定的工程费用与工程建设其他费用合计为 2 000 万元，项目建设前期为 0 年，项目建设期为 2 年，每年各完成投资计划的 50%。在基本预备费率为 5%，年均投资价格上涨为 10%的情况下，该项目建设期的价差预备费为(　　)万元。

A. 212.6　　B. 310.0　　C. 315.0　　D. 325.5

10. 某新建项目，建设期为 3 年，分年均衡进行贷款，第一年贷款 1 000 万元，第二年贷

款 1 800 万元，第三年贷款 1 200 万元，年利率为 10%，建设期内只计总不支付，1 年计总 1 次，则项目建设期应计贷款利息为(　　)万元。

A. 400.0　　B. 580.0　　C. 609.5　　D. 780.0

11. 按照生产能力指数法($n=0.6, f=1$)，若将设计中的化工生产系统的生产能力提高 3 倍，投资额大约增加(　　)。

A. 200%　　B. 300%　　C. 230%　　D. 130%

12. 项目可行性研究报告的前提和基础部分是(　　)。

A. 效益研究　　B. 市场研究　　C. 技术研究　　D. 需求研究

13. 下列投资估算方法中，属于以设备费为基础估算建设项目固定资产投资的方法是(　　)。

A. 生产能力指数法　B. 朗格系数法　　C. 指标估算法　　D. 定额估算法

二、多项选择题

1. 建设项目投资决策过程可分为(　　)几个阶段。

A. 项目规划阶段　　B. 初步可行性研究阶段

C. 项目后评价阶段　　D. 详细可行性研究阶段

E. 项目建议书阶段

2. 固定资产静态投资包括(　　)。

A. 建筑安装工程费　　B. 工程建设其他费

C. 价差预备费　　D. 铺底流动资金

E. 设备及工器具购置费

3. 流动资金的估算一般采用(　　)。

A. 指标估算法　　B. 扩大指标估算法　C. 分项详细估算法　D. 生产能力指数法

4. 流动资产估算时，一般采用分项详细估算法，其正确的计算式：流动资金=(　　)。

A. 流动资产+流动负债

B. 流动资产-流动负债

C. 应收账款+存货-现金

D. 应付账款+预收账款+存货+现金-应收账款-预付账款

E. 应收账款+预付账款+存货+现金-应付账款-预收账款

5. 下列对于预备费的理解，正确的是(　　)。

A. 实行工程保险的工程项目，基本预备费应适当降低

B. 基本预备费以工程费用为计取基础，乘以基本预备费费率进行计算

C. 基本预备费费率的取值由企业根据自身情况确定

D. 价差预备费一般采用复利方法计算

E. 基本预备费又称价格变动不可预见费

6. 固定资产投资中的积极部分包括了(　　)。

A. 建安工程费　　B. 工艺设备购置费

C. 工具、器具购置费　　D. 生产家具购置费

E. 试验研究费

7. 下列有关投资估算的各种方法描述正确的是(　　)。

A. 单位生产能力法是总承包商进行投标报价常用的方法
B. 单位生产能力法主要用于新建项目或装置的估算，非常简便
C. 系数估算法一般用于项目建议书阶段
D. 生产能力指数法要求已建项目与拟建项目的生产规模相差不大于100倍
E. 朗格系数法只要对各种不同类型工程的朗格系数掌握准确，估算精度仍可较高

三、案例分析题

某公司拟投资建设一个生物化工厂，这一建设项目的基础数据如下：

(1) 项目实施计划。该项目建设期为3年，实施计划进度为：第1年完成项目全部投资的20%，第2年完成项目全部投资的55%，第3年完成项目全部投资的25%，第4年项目投产，投产当年项目的生产负荷达到设计生产能力的70%，第5年项目的生产负荷达到设计生产能力的90%，第6年项目的生产负荷达到设计生产能力。项目的运营期总计为15年。

(2) 建设投资估算。本项目工程费与工程建设其他费的估算额为56 180万元，预备费（包括基本预备费和价差预备费）为4 800万元。本项目的投资方向调节税率为5%。

(3) 建设资金来源。本项目的资金来源为自有资金和贷款，贷款总额为40 000万元，其中外汇贷款为2 500万美元。外汇牌价为1美元兑换8.0元人民币。贷款的人民币部分从中国工商银行获得，年利率为12.48%（按季计息）。贷款的外汇部分从中国建设银行获得，年利率为8%（按年计息）。

(4) 生产经营费用估计。建设项目达到设计生产能力以后，全厂定员为1 200人，工资和福利费按照每人每年12 000元估算。每年的其他费用为860万元（其中：其他制造费用为650万元）。年外购原材料、燃料及动力费估算为20 200万元。年经营成本为25 000万元，年修理费占年经营成本的11%。各项流动资金的最低周转天数分别为：应收账款30天，现金45天，应付账款30天，存货40天。

(1) 估算建设期贷款利息。

(2) 用分项详细估算法估算拟建项目的流动资金。

(3) 估算拟建项目的总投资。

8 设计概算

教学目标

本章主要介绍了设计概算的基本理论和方法。通过本章学习，应达到以下目标：

(1) 掌握设计概算的概念、内容和设计阶段影响工程造价的因素，了解设计概算的作用、原则和依据。

(2) 掌握单位工程概算编制方法。

(3) 熟悉单项工程综合概算的编制方法。

(4) 熟悉建设项目总概算编制方法。

(5) 了解设计概算的审查。

8.1 概述

8.1.1 设计概算的概念和作用

1) 设计概算的概念

设计概算是确定和控制工程造价的文件，它是在投资估算的控制下由设计单位根据初步设计(或扩大初步设计)图纸及说明书，利用概算定额(或概算指标)、费用定额(或取费标准)等资料，或参照类似工程预(决)算文件，编制和确定的建设项目从筹建至竣工交付使用所需全部费用的文件。

采用两阶段设计的建设项目，初步设计阶段必须编制设计概算；采用三阶段设计的，技术设计阶段必须编制修正概算。

2) 设计概算的作用

设计概算是设计单位根据有关依据计算出来的工程建设的预期费用，用于衡量建设投资是否超过投资估算并控制下一阶段费用支出。设计概算的主要作用具体表现为：

(1) 设计概算是编制建设项目投资计划，确定和控制建设项目投资的依据。国家规定，编制年度固定资产投资计划，确定计划投资总额及其构成数额，要以批准的初步设计概算为依据，没有批准的初步设计及其概算的建设工程不能列入年度固定资产投资计划。如果设计概算超过投资估算10%以上，要进行概算修正。

经批准的建设项目设计总概算的投资额是该工程建设投资的最高限额。竣工结算不能突破施工图预算，施工图预算不能突破设计概算。

(2) 设计概算是衡量设计方案技术经济合理性和选择最佳设计方案的依据。设计单位在初步设计阶段要选择最佳设计方案，设计概算是设计方案技术经济合理性的综合反映，据此可以用来对不同的设计方案进行技术与经济合理性的比较，以确定出最佳的设计方案。

(3) 设计概算是签订建设工程合同和贷款合同的依据。《中华人民共和国合同法》明确规定，建设工程合同是承包人进行工程建设，发包人支付价款的合同。合同价款的多少是以设计概预算为依据的，而且总承包合同不得超过设计总概算的投资额。

设计概算是银行拨款或签订贷款合同的最高限额，建设项目的全部拨款或贷款以及各单项工程的拨款或贷款的累计总额，不能超过设计概算。如果项目投资计划所列投资额与贷款突破设计概算时，必须查明原因，由建设单位报请上级主管部门调整或追加设计概算总投资，凡未批准之前，其超支部分不予拨付。

(4) 设计概算是控制施工图设计和施工图预算的依据。经上级主管部门批准的设计概算是建设项目投资的最高限额，设计单位必须按照批准的初步设计和总概算进行施工图设计，施工图预算不得突破设计概算。如确需突破总概算时，应按规定程序报经审批。

(5) 设计概算是工程造价管理及编制招标控制价和投标报价的依据。设计总概算一经批准，就作为工程造价管理的最高限额，并据此对工程造价进行严格的控制。以设计概算进行招投标的工程，招标单位编制招标控制价是以设计概算造价为依据的，并以此作为评标定标的依据。参与投标的承包人为了在投标过程中获胜，在编制投标报价时也是以设计概算造价为依据的。

(6) 设计概算是考核建设项目投资效果的依据。通过设计概算与竣工决算对比，可以分析和考核投资效果的好坏，同时还可以验证设计概算的准确性，有利于加强设计概算管理和建设项目的造价管理工作。

8.1.2 设计概算的内容

设计概算可分为单位工程概算、单项工程综合概算和建设项目总概算三级，各级概算之间的相互关系如图 8-1 所示。

建设项目总概算
- 单项工程综合概算
  - 各单位建筑工程概算
  - 各单位设备及安装工程概算
- 工程建设其他费用概算
- 预备费、建设期贷款利息、投资方向调节税概算
- 生产或经营性项目铺底流动资金概算

图 8-1 设计概算的三级概算关系

1) 单位工程概算

单位工程概算是确定各单位工程建设费用的文件，是单项工程综合概算的组成部分，是编制单项工程综合概算的依据。单位工程概算按其工程性质可分为建筑工程概算和设备及安装工程概算两大类。建筑工程概算一般包括土建工程概算，给排水工程概算，采暖工程概算，通风、空调工程概算，电气照明工程概算，弱电工程概算，特殊构筑物工程概算等；设备及安装工程概算包括机械设备及安装工程概算，电气设备及安装工程概算以及工具、器具及生产家具购置费概算等。

2) 单项工程综合概算

单项工程综合概算是确定一个单项工程所需建设费用的文件，它是由单项工程中的各

单位工程概算汇总编制而成，是建设项目总概算的组成部分。单项工程综合概算的组成内容如图 8-2 所示。当建设项目只有一个单项工程时，单项工程综合概算还应包括工程建设其他费用、预备费、投资方向调节税、建设期贷款利息等。当建设项目包括多个单项工程时，这部分费用列入项目总概算中，不再列入单项工程综合概算中。

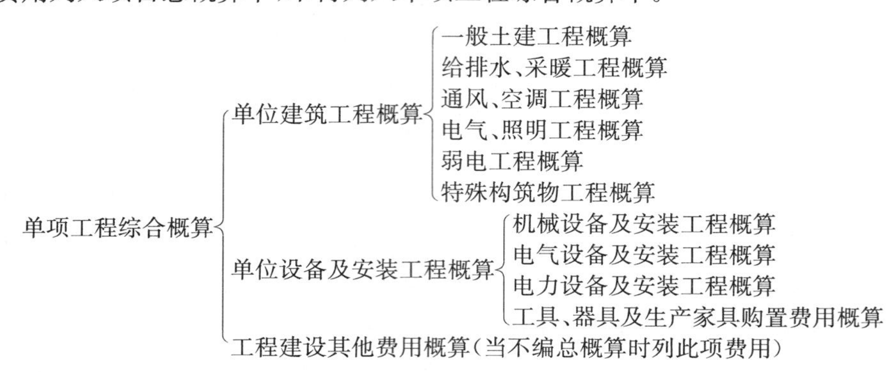

图 8-2　单项工程综合概算的组成内容

3) 建设项目总概算

建设项目总概算是确定整个建设项目从筹建到竣工验收所需全部费用的文件，它是由各单项工程综合概算、工程建设其他费用概算、预备费、固定资产投资方向调节税和生产或经营性项目铺底流动资金等汇总编制而成。建设项目总概算的组成内容如图 8-3 所示。

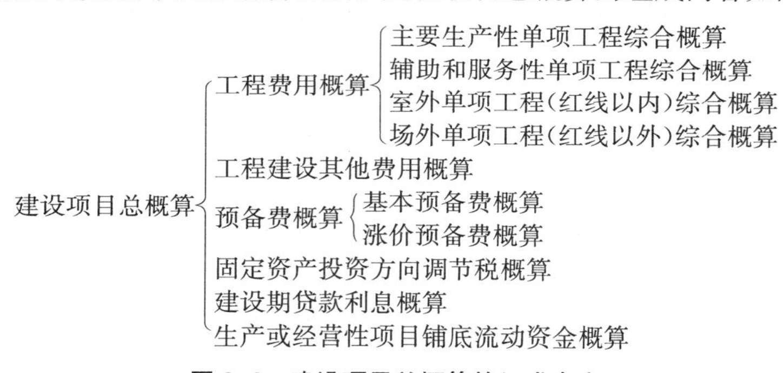

图 8-3　建设项目总概算的组成内容

8.1.3　设计概算的编制原则和依据

1) 设计概算的编制原则

为提高建设项目设计概算编制质量，科学合理地确定建设项目投资，设计概算编制应坚持以下原则：

(1) 严格执行国家的建设方针和经济政策。设计概算是一项重要的技术经济工作，要严格按照党和国家的方针、政策办事，坚决执行勤俭节约的方针，严格执行规定的设计标准。

(2) 完整、准确地反映设计内容。编制设计概算时，要认真了解设计意图，根据设计文件和图纸准确地计算工程量，避免重算和漏算。设计修改后，要及时修正概算。

(3) 坚持结合拟建工程的实际，反映工程所在地当时的价格水平。为提高设计概算的准确性，要实事求是地对工程所在地的建设条件、可能影响造价的各种因素进行认真的调查研究。在此基础上正确使用定额、指标、费率和价格等各项编制依据，按照现行工程造价的构成，根据有关部门发布的价格信息及价格调整指数，考虑建设期的价格变化因素，使概算尽可能地反映设计内容、施工条件和实际价格。

2）设计概算的编制依据

设计概算主要有以下编制依据：

（1）国家、行业和地方政府发布的有关建设和造价管理的法律、法规、规章、规程等。

（2）批准的可行性研究报告及投资估算、设计图纸等有关资料。

（3）有关部门颁布的现行概算定额、概算指标、费用定额和建设项目设计概算编制办法。

（4）有关部门发布的地区工资标准、材料预算价格、机械台班价格及造价指数等。

（5）建设地区的自然、技术、经济条件等资料。

（6）经批准的投资估算文件、设计文件。

（7）水、电和原材料供应情况。

（8）交通运输情况及运输价格。

（9）国家或省、市规定的其他工程费用指标和机电设备价目表。

（10）类似工程概算及技术经济指标。

（11）有关合同、协议等其他资料。

8.1.4 设计阶段影响工程造价的因素

设计是建设项目由计划变为现实具有决定意义的工作阶段，在这个阶段，设计者的灵活性很大，修改、变更设计方案的成本比较低，而对造价的影响度却仅次于决策阶段，对一个已作出投资决策的项目而言，这个阶段对造价的高低起着决定性的作用。本书主要介绍工业建筑设计影响造价的因素。在工业建筑设计中，影响工程造价的主要因素有总平面设计、工艺设计和建筑设计三部分。

1）总平面设计

总平面设计是指总图运输设计和总平面配置。主要包括的内容有：厂址方案、占地面积和土地利用情况；总图运输、主要建筑物和构筑物及公用设施的配置；外部运输、水、电、气及其他外部协作条件等。总平面设计中影响工程造价的因素有：

（1）占地面积。占地面积的大小一方面影响征地费用的高低，另一方面也会影响管线布置成本及项目建成运营的运输成本。

（2）功能分区。合理的功能分区既可以使建筑物的各项功能充分发挥作用，又可以使总平面布置紧凑、安全，避免大挖大填，减少土石方量和节约用地，降低工程造价。同时，合理的功能分区还可以使生产工艺流程顺畅，运输方便，降低项目建成后的运营成本。

（3）运输方式的选择。不同运输方式的运输效率及成本不同。有轨运输运量大，运输安全，但需要一次性投入大量资金；无轨运输无需一次性大规模投资，但是运量小，运输安全性较差。从降低工程造价的角度来看，应尽可能选择无轨运输，可以减少占地，节约投资。但是运输方式的选择不能仅仅考虑工程造价，还应考虑项目运营的需要，如果运输量较大，则有轨运输往往比无轨运输成本低。

2）工艺设计

工艺设计部分要确定企业的技术水平。主要包括建设规模、标准和产品方案，工艺流程和主要设备的选型，主要原材料、燃料供应，“三废”治理及环保措施。此外，还包括生产组织及生产过程中的劳动定员情况等。工艺设计过程中影响工程造价的因素主要有：

（1）选择合适的生产方法。①生产方法是否合适首先表现在是否先进适用。落后的生产方法不但会影响产品生产质量，而且在生产过程中也会造成生产维持费用较高，同时还需要追加投资改进生产方法。但是非常先进的生产方法往往需要较高的技术获取费，如果不能与企业的生产要求及生产环境相配套，将会带来不必要的浪费。②生产方法的合理性还表现在是否符合所采用的原料路线。不同的工艺路线常常要求不同的原料路线。选择生产方法时，要考虑工艺路线对原料规格、型号、品质的要求，原料供应是否稳定可靠。③所选择的生产方法应该符合清洁生产的要求。近年来，随着人们环保意识的增强，国家也加大了环境保护执法监督力度，如果所选生产方法不符合清洁生产要求，项目主管部门往往要求投资者追加环保设施投入，带来工程造价的提高。

（2）合理布置工艺流程。工艺流程设计是工艺设计的核心。合理的工艺流程应既能保证主要工序生产的稳定性，又能根据市场需要的变化，在产品生产的品种规格上保持一定的灵活性。工艺流程设计与厂内运输、工程管线布置联系密切。合理布置应保证主要生产工艺流程无交叉和逆行现象，并使生产线路尽可能短，从而节省占地，减少技术管线的工程量，节约造价。

（3）合理的设备选型。在工业建筑中，设备及安装工程投资占有很大的比例，设备的选型不仅影响着工程造价，而且对生产方法及产品质量也有着决定作用。

3）建筑设计

建筑设计部分，要在考虑施工过程的合理组织和施工条件的基础上，决定工程的立体平面设计和结构方案的工艺要求。在建筑设计阶段影响工程造价的主要因素有：

（1）平面形状。一般来说，建筑物平面形状越简单，它的单位面积造价就越低。因为不规则的建筑物将导致室外工程、排水工程、砌砖工程及屋面工程等复杂化，从而增加工程费用。一般情况下，建筑物周长与建筑面积比 $K_{周}$（即单位建筑面积所占外墙长度）越低，设计越经济。$K_{周}$ 按圆形、正方形、矩形、T 形、L 形的次序依次增大。

（2）流通空间。建筑物的经济平面布置的主要目标之一，是在满足建筑物使用要求和必需的美观要求的前提下，将流通空间减少到最小，这样可以相应地降低造价。

（3）层高。在建筑面积不变的情况下，建筑层高增加会引起各项费用的增加。据有关资料分析，住宅层高每降低 10 cm，可降低造价 1.2%～1.5%。单层厂房层高每增加 1 m，单位面积造价增加 1.8%～3.6%，年度采暖费用增加约 3%；多层厂房的层高每增加 0.6 m，单位面积造价提高 8.3%左右。由此可见，随着层高的增加，单位建筑面积造价也在不断增加。

（4）建筑物层数。建筑工程总造价是随着建筑物的层数增加而提高的。建筑物层数对造价的影响，因建筑类型、形式和结构不同而不同。如果增加一个楼层不影响建筑物的结构形式，单位建筑面积的造价可能会降低。但是当建筑物超过一定层数时，结构形式就要改变，单位造价通常会增加。

工业厂房层数的选择就应该重点考虑生产性质和生产工艺的要求。确定多层厂房的经济层数主要有两个因素：一是厂房展开面积的大小，展开面积越大，层数越可提高；二是厂房宽度和长度，宽度和长度越大，则经济层数越能增高，造价也随之相应降低。

（5）柱网布置。柱网布置是确定柱子的行距（跨度）和间距（每行柱子中相邻两个柱子间的距离）的依据。柱网布置是否合理，对工程造价和厂房面积的利用效率都有较大的影响。

对于单跨厂房，当柱间距不变时，跨度越大单位面积造价越低。对于多跨厂房，当跨度不变时，中跨数量越多越经济。

（6）建筑物的体积与面积。随着建筑物体积和面积的增加，工程总造价会提高。对于工业建筑，在不影响生产能力的条件下，厂房、设备布置力求紧凑合理；要采用先进工艺和高效能的设备，节省厂房面积；要采用大跨度、大柱距的大厂房平面设计形式，提高平面利用系数。

（7）建筑结构。建筑结构是指建筑工程中由基础、梁、板、柱、墙、屋架等构件所组成的起骨架作用的、能承受直接和间接荷载的体系。建筑结构按所用材料可分为砌体结构、钢筋混凝土结构、钢结构和木结构等。建筑材料和建筑结构选择是否合理，不仅直接影响到工程质量、使用寿命、耐火抗震性能，而且对施工费用、工程造价有很大的影响。尤其是建筑材料，一般占直接费的70%。降低材料费用，不仅可以降低直接费，而且也会使间接费降低。

8.1.5 设计阶段工程造价计价与控制的重要意义

在拟建项目的建设过程中，设计阶段对投资的影响约为75%～95%，因此，设计阶段就成为控制拟建项目工程造价的关键，加强设计阶段工程造价计价与控制就显得尤为重要。

1）设计阶段的计价分析可以使造价构成更合理，提高资金利用效率

编制设计概预算是设计阶段工程造价的计价形式，通过设计概预算可以了解拟建工程造价的构成，分析资金分配的合理性，并可以利用价值工程理论分析项目各个组成部分功能与成本的匹配程度，调整项目功能与成本，使其更趋合理。

2）设计阶段的计价分析可以提高投资控制效率

编制拟建工程设计概预算并进行分析，可以了解拟建工程各组成部分的投资比例。对于拟建工程投资比例比较大的部分应作为投资控制的重点，这样可以提高投资控制效率。

3）设计阶段控制工程造价会使控制工作更主动

一直以来，人们把控制理解为目标值与实际值的比较，以及当实际值偏离目标值时分析产生差异的原因，确定下一步对策。这种理解对于批量性生产的制造业而言，是一种有效的管理方法。而建筑业的建筑产品具有单件性的特点，这种管理方法只能发现建筑产品的差异，不能消除差异，也不能预防差异的发生，而且差异一旦发生，损失一般很大，因此这是一种被动的控制方法。

如果在设计阶段控制工程造价，先按一定的质量标准，提出新建建筑物每一部分或分项的计划支出费用的报表，即造价计划；然后当详细设计制定出来以后，对工程的每一部分或分项的估算造价，对照造价计划中所列的指标进行审核，预先发现差异，主动采取一些控制方法消除差异，使设计更经济。

4）设计阶段控制工程造价便于技术与经济相结合

我国的工程设计工作一般是由建筑师等专业技术人员来完成的。他们在设计过程中往往更关注工程的使用功能，力求采用比较先进的技术方法实现项目所需功能，而对经济因素

考虑较少。在设计阶段如果造价工程师共同参与全过程设计，就能使设计从一开始就建立在健全的经济基础之上，在作出重要决定时就能充分认识其经济后果。另外，投资限额一旦确定，设计只能在确定的限额内进行，有利于建筑师发挥个人创造力，选择一种最经济的方式实现技术目标，从而确保设计方案能较好地体现技术与经济的结合。

5）在设计阶段控制工程造价效果最显著

工程造价控制贯穿于项目建设全过程，而设计阶段的工程造价控制是整个工程造价控制的重点。在建设项目的各阶段中，初步设计阶段对投资的影响约为20%，技术设计阶段对投资的影响约为40%，施工图设计准备阶段对投资的影响约为25%。很显然，控制工程造价的关键是在设计阶段，在设计开始时就将控制投资的思想灌输给设计人员，以保证选择恰当的设计标准和合理的功能水平。

8.2 单位工程概算编制方法

单位工程是单项工程的组成部分，是指具有单独设计可以独立组织施工，但不能独立发挥生产能力或使用效益的工程。单位工程概算是根据设计图纸和概算指标、概算定额、费用定额和国家有关规定等资料编制的，是确定单位工程建设费用的文件，是单项工程综合概算的组成部分，它由直接费、间接费、利润和税金组成。

单位工程概算包括建筑工程概算和设备及安装工程概算两大类。建筑工程概算的编制方法有概算定额法、概算指标法、类似工程预算法等；设备及安装工程概算的编制方法有预算单价法、扩大单价法、设备价值百分比法和综合吨位指标法等。

8.2.1 建筑工程概算的编制方法

1）概算定额法

（1）概算定额法的概念

概算定额法又称为扩大单价法或扩大结构定额法。它是采用概算定额编制建筑工程概算的方法。是根据初步设计图纸资料和概算定额的项目划分计算出工程量，然后套用概算定额单价（基价），计算汇总后，再计取有关费用，便可得出单位工程概算造价。

概算定额法要求初步设计达到一定深度，建筑结构比较明确，能按照初步设计的平面、立面、剖面图纸计算出楼地面、墙身、门窗和屋面等分部工程（或扩大结构件）项目的工程量时才可采用。它是采用概算定额编制建筑工程概算的方法。

（2）概算定额法编制设计概算的具体步骤

① 熟悉设计图纸，了解设计意图、施工条件和施工方法。

② 按照概算定额分部分项顺序，列出单位工程中各分项工程或扩大分项工程的项目名称，并计算其工程量。工程量的计算，必须根据定额中规定的各个扩大分部分项工程内容，遵循定额中规定的计量单位、工程量计算规则及方法来进行，并将计算所得各分项工程量按概算定额编号顺序，填入工程概算表内。

③ 确定各部分分项工程项目的概算定额单价。工程量计算完毕后，逐项套用相应概算定额单价和人工、材料消耗指标。在采用扩大单价法编制概算时，首先根据概算定额编制成扩大单位估价表(见表 8-1 及表 8-2)，作为概算定额单价，然后用算出的扩大分部分项工程的工程量，乘以单位估价，进行具体计算。扩大单位估价表是确定单位工程中各扩大分部分项工程或完整的结构件所需全部材料费、人工费、施工机械使用费之和的文件。

表 8-1 扩大单价估价表

单位：10 m^3

序号	项　目	单价	数量	合计
1	综合人工	×××	12.35	××××
2	水泥混合砂浆 M2.5	×××	1.25	××××
3	多孔砖	×××	4.30	××××
4	水	×××	0.87	××××
5	灰浆搅拌机	×××	0.22	××××
合　计				××××

表 8-2 扩大单位单价汇总表

单位：元

定额编号	工程名称	计量单位	单位价格	其中			附注
				人工费	材料费	机械费	
4-23	空斗墙一眠一斗	10 m^3	××××				
4-24	空斗墙一眠二斗	10 m^3	××××				
4-25	空斗墙一眠三斗	10 m^3	××××				

④ 计算各分部分项工程的人、材、机费和单位工程总的人、材、机费。

⑤ 按照有关规定标准计算企业管理费、利润、规费和税金。

⑥ 计算单位工程概算总造价。

⑦ 编写概算编制说明。

【例 8-1】 某大学拟建一座 8 000 m^2 的图书馆(见表 8-3)，请按给出的扩大单价和工程量表编制出该图书馆土建工程设计概算造价和平方米造价。各项费率分别为：以定额人工费为基数的企业管理费费率为 50%，利润率为 30%，社会保险费和公积金费率为 25%，按标准缴纳的工程排污费为 50 万元，综合税率为 3.48%(人、材、机、企业管理费、利润、规费为计算基础)。

表 8-3 某图书馆土建工程量和扩大单价

分部工程名称	单位	工程量	扩大单价(元)	其中：人工费(元)
基础工程	10 m^3	170	2 560	256
混凝土及钢筋混凝土	10 m^3	163	6 850	340
砌筑工程	10 m^3	295	3 300	650

续表 8-3

分部工程名称	单位	工程量	扩大单价(元)	其中:人工费(元)
地面工程	100 m^2	50	1 150	133
楼面工程	100 m^2	95	1 800	190
卷材屋面	100 m^2	40	4 500	482
门窗工程	100 m^2	40	5 800	1 055
屋面防水	100 m^2	192	630	126

【解】 根据已知条件和表 8-3 土建工程量和扩大单价,求得该图书馆土建工程概算造价见表 8-4。

表 8-4　某图书馆土建工程量和扩大单价

序号	分部工程名称	单位	工程量	扩大单价(元)	合价(元)
1	基础工程	10 m^3	170	2 560	435 200
2	混凝土及钢筋混凝土	10 m^3	163	6 850	1 116 550
3	砌筑工程	10 m^3	295	3 300	973 500
4	地面工程	100 m^2	50	1 150	57 500
5	楼面工程	100 m^2	95	1 800	171 000
6	卷材屋面	100 m^2	40	4 500	180 000
7	门窗工程	100 m^2	40	5 800	232 000
8	屋面防水	100 m^2	192	630	120 960
A	人、材、机费合计	以上 8 项之和			3 286 710
B	其中:人工费合计	—			401 062
C	企业管理费	B×50%			200 531.00
D	利润	B×30%			120 318.60
E	规费	B×25%+500 000			600 265.50
F	税金	(A+C+D+E)×3.48%			146 432.31
概算造价		A+C+D+E+F			4 354 257.41
每平方米概算造价		4 354 257.41÷8 000			544.28

2) 概算指标法

概算指标法是将拟建单位工程的建筑面积或体积乘以技术条件相同或基本相同的概算指标得出人、材、机费,然后按规定计算出企业管理费、利润、规费和税金等,得出单位工程概算的方法。

概算指标法的适用范围是当初步设计深度不够,不能准确地计算出工程量,但工程设计技术比较成熟而又有类似工程概算指标可以利用时可采用此法,但通常需要对结构差异和价格差异进行调整。

由于概算指标比概算定额更为扩大、综合,所以利用概算指标编制的概算比按概算定额编制的概算更加简化,其精确度也比用概算定额编制的概算低,但这种方法具有速度快的优点。利用概算指标法编制单位工程概算可分为以下两种具体情况：

（1）拟建工程建筑、结构特征与概算指标相同。当设计对象在结构特征、地质及自然条件上与概算指标完全相同，如基础埋深及形式、层高、墙体、楼板等主要承重构件相同，就可直接套用概算指标编制概算。在直接套用概算指标时，拟建工程应符合以下条件：

① 拟建工程的建设地点与概算指标中的工程建设地点相同。

② 拟建工程的工程特征和结构特征与概算指标中的工程特征和结构特征基本相同。

③ 拟建工程的建筑面积与概算指标中工程的建筑面积相差不大。

根据选用的概算指标的内容，可选用以下两种套算方法：

① 以指标中所规定的工程每平方米或每立方米的造价，乘以拟建单位工程建筑面积或体积，得出单位工程的人、材、机费，再计算其他费用，即可求出单位工程的概算造价。人、材、机费计算公式如下：

$$人、材、机费=概算指标每平方米(立方米)工程造价\times拟建工程建筑面积(体积) \quad (8\text{-}1)$$

② 以概算指标中规定的每 100 m^2（或 1 000 m^3）建筑物面积所耗人工工日数和主要材料数量为依据，首先计算拟建工程人工、机械、主要材料耗量，再计算人、材、机费，并取费。根据人、材、机费，结合其他各项取费方法，分别计算企业管理费、规费、利润和税金。得到每平方米建筑面积的概算单价，乘以拟建单位工程的建筑面积，即可得到单位工程概算造价。

【例 8-2】 某砖混结构住宅建筑面积为 4 100 m^2，其工程特征与在同一地区的概算指标中表 8-5 和表 8-6 的内容基本相同。试根据概算指标编制土建工程概算。

表 8-5　某地区砖混结构住宅概算指标

<table>
<tr><td colspan="2">工程用途</td><td colspan="2">建筑面积</td><td colspan="2">结构类型</td><td colspan="2">层高/檐高</td><td colspan="2">建筑层数</td><td colspan="2">竣工日期</td></tr>
<tr><td colspan="2">住宅</td><td colspan="2">3 800 m²</td><td colspan="2">砖混结构</td><td colspan="2">2.8 m/17.2 m</td><td colspan="2">6 层</td><td colspan="2">2009 年 8 月</td></tr>
<tr><td rowspan="4">工程特征</td><td colspan="3">基础</td><td colspan="2">墙体</td><td colspan="3">楼面</td><td colspan="3">地面</td></tr>
<tr><td colspan="3">混凝土带形基础</td><td colspan="2">KP1 型多孔砖墙</td><td colspan="3">现浇板上水泥楼面</td><td colspan="3">混凝土地面，水泥砂浆面层</td></tr>
<tr><td colspan="2">屋面</td><td colspan="2">门窗</td><td colspan="2">装饰</td><td colspan="3">电照</td><td colspan="2">给排水</td></tr>
<tr><td colspan="2">陶土波形瓦，防水砂浆底混合砂浆坐垫</td><td colspan="2">钢防盗门、胶合板门、塑钢窗</td><td colspan="2">混合砂浆抹内墙面，外墙彩色涂料面</td><td colspan="3">敷设线管、穿线；安装开关插座、预留灯头；弱电分为电话、电视系统</td><td colspan="2">给水管采用 PP－R 管，排水管采用 UPVC 管；卫生洁具预留</td></tr>
</table>

表 8-6　工程造价及费用构成

<table>
<tr><td colspan="2" rowspan="2">项　目</td><td rowspan="2">平方米指标（元/m²）</td><td colspan="7">其中各项费用占总造价百分比(%)</td></tr>
<tr><td>人工费</td><td>材料费</td><td>机械费</td><td>企业管理费</td><td>规费</td><td>利润</td><td>税金</td></tr>
<tr><td colspan="2">工程总造价</td><td>676.60</td><td>9.26</td><td>60.15</td><td>2.30</td><td>5.28</td><td>13.65</td><td>6.28</td><td>3.08</td></tr>
<tr><td rowspan="3">其中</td><td>土建工程</td><td>594.26</td><td>9.49</td><td>59.68</td><td>2.44</td><td>5.31</td><td>13.66</td><td>6.34</td><td>3.08</td></tr>
<tr><td>给排水工程</td><td>34.14</td><td>5.85</td><td>68.52</td><td>0.65</td><td>4.55</td><td>12.35</td><td>5.0</td><td>3.07</td></tr>
<tr><td>电照工程</td><td>48.20</td><td>7.03</td><td>63.17</td><td>0.48</td><td>5.48</td><td>14.78</td><td>6.00</td><td>3.06</td></tr>
</table>

【解】 根据概算指标编制工程概算过程如下：

拟建工程土建工程造价=4 100×594.26=2 436 466 元

其中：

拟建工程人、材、机费=2 436 466×(9.49%+59.68%+2.44%)=2 436 466×71.61% =1 744 753.30 元

拟建工程企业管理费=2 436 466×5.31%=129 376.34 元

拟建工程规费=2 436 466×13.66%=332 821.26 元

拟建工程利润=2 436 466×6.34%=154 471.94 元

拟建工程税金=2 436 466×3.08%=75 043.15 元

(2) 拟建工程建筑、结构特征与概算指标有局部差异。如拟建工程初步设计的内容与概算指标规定内容有局部差异时，就不能简单按照相似工程的概算指标直接套用，而必须对概算指标进行修正，然后用修正后的概算指标编制概算。修正的方法有如下两种：

① 调整概算指标中的每平方米(每立方米)造价。当设计对象的结构特征与概算指标有局部差异时需要进行这种调整。这种调整方法是将原概算指标中的单位造价进行调整，扣除每平方米(立方米)原概算指标中与拟建工程结构不同部分的造价，增加每平方米(立方米)拟建工程与概算指标结构不同部分的造价，使其成为与拟建工程结构相同的工料单价。计算公式为：

$$\text{结构变化修正概算指标(元 /m}^2\text{)} = J + Q_1P_1 - Q_2P_2 \tag{8-2}$$

式中：J——原概算指标；

Q_1——概算指标中换入新结构的工程量；

Q_2——概算指标中换出旧结构的工程量；

P_1——换入新结构的工料单价；

P_2——换出旧结构的工料单价。

则拟建单位工程的人、材、机费为：

$$\text{人、材、机费} = \text{修正后的概算指标} \times \text{拟建工程建筑面积(或体积)} \tag{8-3}$$

求出人、材、机费后，再按照规定的取费方法计算其他费用，最终得到单位工程概算价值。

② 调整概算指标中的工、料、机数量。这种方法是将原概算指标中每 100 m²(1 000 m³)建筑面积(体积)工、料、机数量进行调整，扣除原概算指标中与拟建工程结构不同部分的工、料、机消耗量，增加拟建工程与概算指标结构不同部分的工、料、机消耗量，使其成为与拟建工程结构相同的每 100 m²(1 000 m³)建筑面积(体积)工、料、机数量。计算公式为：

结构变化修正概算指标的工、料、机数量 = 原概算指标的工、料、机数量 + 换入结构工程量 × 相应定额工、料、机消耗量 − 换出结构件工程量 × 相应定额工、料、机消耗量　(8-4)

以上两种方法，前者是直接修正概算指标单价，后者是修正概算指标工、料、机数量。修正后，方可按上述第一种情况分别套用。

【例 8-3】 某新建学生宿舍的建筑面积为 3 800 m²，按概算指标和地区材料预算价格等算出一般土建工程单位造价为 800 元/m²(其中人、材、机费为 590 元/m²，人工费为 210 元/m²)，采暖工程50 元/m²，给排水工程 56 元/m²，照明工程 40 元/m²。按相关规定，以定额人工费为基数的企业管理费费率为 50%，利润率为 3%，规费费率为 25%。综

合税率为 3.48%。

但新建学生宿舍的设计资料与概算指标相比较，其结构构件有部分变更。设计资料表明，外墙为1砖半，而概算指标中外墙为1砖，根据当地土建工程预算定额，外墙带形毛石基础的预算单价为 165 元/m³，1砖外墙的预算单价为 182 元/m³，1砖半外墙的预算单价为 185 元/m³，概算指标中每 100 m² 建筑面积中含外墙带形毛石基础为 20 m³，1砖外墙为 48 m³。新建工程设计资料表明，每 100 m² 建筑面积中含外墙带形毛石基础为 22 m³，1砖半外墙为 65 m³。请计算调整后的概算单价和新建宿舍的概算造价。

【解】 对土建工程中结构构件的变更和单价调整过程如下：

结构变化修正概算指标(元/m²) $= J + Q_1P_1 - Q_2P_2 = 590 - (20\times165 + 48\times182)\div100 + (22\times165 + 65\times185)\div100 = 590 - 120.36 + 156.55 = 626.19$ 元

企业管理费=210×50%=105 元/m²

利润=210×30%=63 元/m²

规费=210×25%=52.5 元/m²

税金=(626.19+105+63+52.5)×3.48%=846.69×3.48%=29.46 元/m²

土建单位工程造价=626.19+105+63+52.5+29.46=876.29 元/m²

其余工程单位造价不变，因此经过调整后的概算单价为：

876.29+50+56+40=1 022.29 元/m²

新建学生宿舍楼概算造价为：1 022.29×3 800=3 884 702 元

3）类似工程预算法

如果拟建工程与已完工程或在建工程相似，而又没有合适的概算指标时，就可以利用已建工程或在建工程的工程造价资料来编制拟建工程的设计概算。类似工程预算法是以相似工程的预算或结算资料，按照编制概算指标的方法，求出工程的概算指标，再按概算指标法编制拟建工程概算。

利用类似工程编制概算时，应考虑到拟建工程在建筑与结构、地区工资、材料价格、机械台班单价等差异，因此，必须对建筑、结构差异和价差进行调整。

(1) 建筑、结构差异的调整。调整方法与概算指标法的调整方法相同，即先确定有差别的项目，然后分别按每一项目算出结构构件的工程量和单位价格，按编制概算工程所在地区的单价计算，然后以类似预算中相应(有差别)的结构构件的工程数量和单价为基础，算出总差异；将类似预算的人、材、机费总额减去(或加上)这部分差价，就得到结构差异换算后的人、材、机费，再行取费得到结构差异换算后的造价。

(2) 价差调整。类似工程造价的价差调整方法通常有两种：

① 类似工程造价资料有具体的人工、材料和机械台班的用量时，可按类似工程造价资料中的主要材料用量、工日数量和机械台班用量乘以拟建工程所在地的主要材料预算价格、人工单价和机械台班单价，计算出人、材、机费，再结合当地费率取费，即可得出所需的造价指标。

② 类似工程造价资料只有人工、材料、施工机具使用费和企业管理费等费用或费率时，可按以下公式调整：

$$D = A \cdot K \tag{8-5}$$

$$K = a\%K_1 + b\%K_2 + c\%K_3 + d\%K_4 + e\%K_5 \tag{8-6}$$

式中：D——拟建工程成本单价；

A——类似工程成本单价；

K——成本单价综合调整系数；

$a\%$、$b\%$、$c\%$、$d\%$、$e\%$——类似工程预算的人工费、材料费、施工机具使用费、企业管理费及其他占预算成本的比重；

K_1、K_2、K_3、K_4、K_5——拟建工程地区与类似工程地区预算造价在人工费、材料费、施工机具使用费、企业管理费之间的差异系数。

【例 8-4】 拟建实验大楼建筑面积为 3 200 m²，类似工程的建筑面积为 2 900 m²，预算造价为 350 万元。各种费用占预算造价的比例为：人工费 12%，材料费 65%，施工机具使用费 7%，企业管理费 5%，其他费用 11%。各种价格差异系数为：人工费 $K_1=1.05$，材料费 $K_2=1.08$，施工机具使用费 $K_3=0.99$，企业管理费 $K_4=1.04$，其他费用 $K_5=0.90$。试用类似工程预算法编制概算。

【解】 综合调整系数 $K = 12\% \times 1.05 + 65\% \times 1.08 + 7\% \times 0.99 + 5\% \times 1.04 + 11\% \times 0.90 = 1.118$

价差修正后的类似工程预算造价 $= 3\,500\,000 \times 1.118 = 3\,913\,000$ 元

价差修正后的类似工程预算单方造价 $= 3\,913\,000 \div 2\,900 = 1\,349.31$ 元

由此可得，拟建实验大楼概算造价 $= 1\,349.31 \times 3\,200 = 4\,317\,792$ 元

8.2.2 设备及安装工程概算的编制方法

1) 设备购置费概算的编制方法

设备购置费由设备原价及设备运杂费两项组成。设备原价是指国产标准设备、国产非标准设备、进口设备的原价；设备运杂费是指除设备原价之外的关于设备采购、运输、途中包装及仓库保管等方面支出费用的总和。

国产标准设备原价可根据设备型号、规格、性能、材质、数量及附带的配件向制造厂家询价，或向设备、材料信息部门查询，或按有关规定逐项计算。国产非标准设备原价计算可参阅本书第 2.3 节，非主要标准设备和工器具、生产家具的原价可按主要设备原价的百分比计算，百分比指标按主管部门或地区有关规定执行。进口设备的原价是指进口设备的抵岸价，即抵达买方边境港口或边境车站，且交完关税后形成的价格，其计算亦参阅本书第 2.3 节。

设备运杂费按有关规定的运杂费率计算，即：

$$设备运杂费 = 设备原价 \times 设备运杂费率(\%) \tag{8-7}$$

2) 设备安装工程概算的编制方法

设备安装工程概算的编制方法有：

(1) 预算单价法。当初步设计有详细的设备清单时，可直接按安装工程预算定额单价编制设备安装工程概算，概算程序与安装工程施工图预算基本相同。用预算单价法编制概算精确度较高。

(2) 扩大单价法。当初步设计深度不够，设备清单不完备，只有主体设备或仅有成套设备重量时，可采用主体设备、成套设备的综合扩大安装单价来编制概算。

(3) 设备价值百分比法(又称安装设备百分比法)。当初步设计深度不够,只有设备出厂价而无详细规格、重量时,安装费可按占设备费的百分比计算。其百分比值(即安装费率)由主管部门制定或由设计单位根据已完类似工程确定。该法常用于价格波动不大的定型产品和通用设备产品。计算公式为:

设备安装费=设备原价×安装费率(%) (8-8)

(4) 综合吨位指标法。当初步设计提供的设备清单有规格和设备重量时,可采用综合吨位指标编制概算,其综合吨位指标由主管部门或设计院根据已完类似工程资料确定。该法常用于价格波动较大的非标准设备和引进设备的安装工程概算。计算公式为:

设备安装费 = 设备吨重 × 每吨设备安装费指标 (8-9)

8.3 单项工程综合概算的编制方法

8.3.1 单项工程综合概算的含义

单项工程综合概算是确定单项工程建设费用的综合性文件,它是由该单项工程各专业的单位工程概算汇总而成的,是建设项目总概算的组成部分。

8.3.2 单项工程综合概算文件说明

单项工程综合概算文件一般包括编制说明(不编制总概算时列入)和综合概算表。

(1) 编制说明。其内容主要有工程概况、编制依据、编制方法、主要设备、材料(钢材、木材、水泥)的数量及其他需要说明的有关问题。

(2) 综合概算表。单项工程综合概算表是根据单项工程所辖范围内的各单位工程概算等基础资料,按照国家或部委所规定统一表格进行编制。

工业建筑项目的综合概算表由建筑工程和设备及安装工程两大部分组成;民用建筑项目的综合概算表一般由土木建筑工程、给排水、采暖、通风及电气照明等组成。当建设项目只有一个单项工程时,单项工程综合概算(实为总概算)还应包括工程建设其他费用、建设期贷款利息、预备费和固定资产投资方向调节税等费用项目。单项工程综合概算表见表 8-7。

表 8-7 某单项工程概算表

序号	单位工程和费用名称	概算价值(万元)					技术经济指标(元/m²)			占总投资额(%)
		建筑工程费	设备购置费	工器具购置费	其他工程费用	合计	单位	数量	单位造价(元)	
一	建筑工程	××××				××××	×		×	×
1	一般土建工程	×××				×××	×		×	

续表 8-7

序号	单位工程和费用名称	概算价值(万元)					技术经济指标(元/m^2)			占总投资额(%)
		建筑工程费	设备购置费	工器具购置费	其他工程费用	合计	单位	数量	单位造价(元)	
2	给排水工程	×××				×××	×		×	
3	通风工程	×××				×××	×		×	
4	工业管道工程	×××				×××	×		×	
5	设备安装工程	×××				×××	×		×	
6	电气照明工程	×××				×××	×		×	
	—					—	—			
二	设备及安装工程		××××			××××	×		×	×
1	机械设备及安装		×××			×××	×		×	
2	动力设备及安装		×××		×××	×××	×		×	
	—					—	—			
三	工器具和生产家具购置			×××	×××	×××	×		×	×
四	合计	××××	××××	×××	××××	×××××				

8.3.3 单项工程综合概算编制步骤

1) 编制单位工程概算书

单项工程综合概算书的编制，一般从单位工程概算书开始编制，编制内容有一般土建工程、给排水工程、通风工程、工业管道工程、设备安装工程、电气照明工程、设备及安装工程、机械设备及安装、动力设备及安装、工器具和生产家具购置等。各部分内容编制好后统一汇编成相应的单位工程概算书。

2) 编制单项工程技术经济指标

单项工程综合概算表中技术经济指标应能反映单位工程的特点，并应具有代表性。

3) 填制综合概算表

按照表格形式和所要求的内容逐项填写计算，最后求出单项工程综合概算总价值。

8.4 建设项目总概算编制方法

8.4.1 建设项目总概算的含义

建设项目总概算是设计文件的重要组成部分，是确定整个建设项目从筹建到竣工交付使用所预计花费的全部费用的文件。它是由各单项工程综合概算、工程建设其他费用、建设期贷款利息、预备费、固定资产投资方向调节税和经营性项目的铺底资金概算所组成，按照主管部门规定的统一表格进行编制而成的。

8.4.2 设计总概算的文件组成

设计概算文件一般应由以下内容组成：

(1) 封面、签署页及目录。

(2) 编制说明。编制说明应包括下列内容：

① 工程概况。简述建设项目性质、特点、生产规模、建设周期、建设地点等主要情况。引进项目要说明引进内容及国内配套工程等主要情况。

② 资金来源及投资方式。

③ 编制依据及编制原则。主要说明设计文件依据、定额或指标依据、价格依据、费用标准依据等。

④ 编制方法。主要说明建设项目中主要专业的编制方法是采用概算定额还是概算指标编制的。

⑤ 投资分析。主要分析各项投资的比重、各专业投资的比重等经济指标，以及与国内外同类工程进行比较分析投资高低的原因。

⑥ 主要材料和设备数量。说明建筑安装工程主要材料，如钢材、木材、水泥等的数量，主要机械设备、电气设备数量。

⑦ 其他需要说明的问题。

(3) 总概算表。总概算表应反映静态投资和动态投资两个部分。静态投资是按设计概算编制期价格、费率、利率、汇率等因素确定的投资；动态投资则是指概算编制期到竣工验收前的工程和价格变化等多种因素所需的投资。建设项目总概算表见表 8-8。

(4) 工程建设其他费用概算表。工程建设其他费用概算按国家或地区所规定的项目和标准确定，并按统一表格编制。

(5) 单项(位)工程概算表。

(6) 建筑、安装工程概算汇总表。

(7) 建筑工程概算表。

(8) 设备安装工程概算表。

(9) 工程主要工程量表。

(10) 工程主要材料汇总表。

(11) 工程主要设备汇总表。

(12) 工程工期数量表。

(13) 分年度投资汇总表。

(14) 资金供应量汇总表。

表 8-8 某工程建设项目总概算表

序号	单项工程综合概算或费用名称	概算价值(万元)					技术经济指标(元/m²)			占总投资额(%)
		建筑工程费	设备购置费	工器具购置费	安装工程费用	合计	单位	数量	单位造价(元)	
一	单项工程综合概算									×
1	×××办公楼	×	×	×	×	×	×	×	×	
2	×××教学楼	×	×	×	×	×	×	×	×	
3	×××宿舍楼	×	×	×	×	×	×	×	×	
…	…					…	…			
	小计	×	×	×	×	×				
二	工程建设其他费用									×
1	建设管理费	×××				×	×		×	
2	可行性研究费	×××				×	×		×	
3	勘查设计费					×				
…	…					…	…			
	小计					×				
三	预备费									×
1	基本预备费					×	×		×	
2	涨价预备费					×	×		×	
	小计					×				
四	建设期利息					×	×			×
…	…			…	…	…				
五	总概算价值	×	×	×	×	×				
	(其中回收金额)	(×)	(×)							
	投资比例(%)	×	×	×	×					

8.4.3 总概算表的编制步骤

按建设项目总概算表的格式，依次填入各工程项目和费用名称，按项、栏分别汇总，依次求出各工程费用合计，作为单项工程综合概算小计。在编制出单项工程综合概算、工程建设其他费用后，按规定计算不可预见费、建设期贷款利息，计算总概算价值及回收金额。具体步骤如下：

(1) 按总概算表的组成顺序和各项费用的性质，将各个单项工程的工程项目名称填入相应栏内，将其综合概算汇总列入总概算表。

(2) 将工程建设其他费用中的工程费用名称及各项数值填入相应各栏内，然后按各栏分别汇总。

(3) 以前面两项汇总后总额为基础，按取费标准计算预备费、建设期利息、铺底流动资金等。

(4) 计算回收金额。回收金额是指在整个基本建设过程中所获得的各种收入。如临时房屋及构筑物、原有房屋拆除所回收的材料和旧设备等的变现收入。

(5) 计算总概算价值。

(6) 计算技术经济指标。整个项目的技术经济指标应选择有代表性和能说明投资效果的指标填列。

(7) 投资分析。计算出各项工程和费用投资占总投资的比例,并填在表的末栏。

8.5 设计概算的审查

8.5.1 审查设计概算的意义

(1) 有利于合理分配投资资金、加强投资计划管理,有助于合理确定和有效控制工程造价。设计概算编制偏高或偏低,不仅影响工程造价的控制,也会影响投资计划的真实性,影响投资资金的合理分配。

(2) 有利于促进概算编制单位严格执行国家有关概算的编制规定和费用标准,从而提高概算的编制质量。

(3) 有利于促进设计的技术先进性与经济合理性。概算中的技术经济指标是概算的综合反映,与同类工程对比,可看出它的先进与合理程度。

(4) 有利于核定建设工程项目的投资规模,可以使建设工程项目总投资力求做到准确、完整,防止任意扩大投资规模或出现漏项,从而减少投资缺口,缩小概算与预算之间的差距,避免故意压低概算投资,搞“钓鱼”项目,最后导致实际造价大幅度地突破概算。

(5) 经审查的概算,有利于为建设工程项目投资的落实提供可靠的依据。打足投资,不留缺口,有助于提高建设工程项目的投资效益。

8.5.2 设计概算的审查内容

1) 审查设计概算的编制依据

(1) 审查编制依据的合法性。采用的各种编制依据必须经过国家或授权机关的批准,不得强调情况特殊而擅自更改规定,未经批准的编制依据不能采用。

(2) 审查编制依据的时效性。各种依据都应执行国家有关部门的现行规定,如定额、指标、相关费率等。

(3) 审查编制依据的适用范围。各种编制依据有规定的适用范围,如各主管部门规定的各种专业定额及其取费标准,只适用于该部门的专业工程;各地区规定的各种定额及其取费标准,只适用于该地区范围以内。

2) 审查概算编制深度

一般大中型项目的设计概算,应有完整的编制说明和“三级概算”,并按有关规定的深度进行编制。审查各级概算的编制、校对、审核是否按规定编制并进行了相关的签署。

(1) 审查编制说明。通过编制说明的审查,可以检查概算的编制方法、深度和编制依据等重大原则性问题,若编制说明存在问题,具体概算必有差错。

(2) 审查概算编制的完整性。审查项目的设计概算是否符合规定的"三级概算",各级概算的编制、核对、审核是否按规定签署,有无随意简化,有无把"三级概算"简化为"二级概算",甚至"一级概算"。

(3) 审查概算的编制范围。审查设计概算编制范围及具体内容是否与主管部门批准的建设项目范围及具体工程内容一致;审查分期建设项目的建筑范围及具体工程内容有无重复交叉,是否重复计算或漏算;审查其他费用所列的项目是否符合规定,静态投资、动态投资和经营性项目铺底流动资金是否分别列出等。

3) 审查工程概算的内容

(1) 审查概算的编制是否符合党的方针、政策,是否根据工程所在地的自然条件编制。

(2) 审查建设规模、建设标准、配套工程、设计定员等,是否符合原批准的可行性研究报告或立项批文的标准。对总概算投资超过批准投资估算 10%以上的,应查明原因,重新上报审批。

(3) 审查编制方法、计价依据和程序是否符合现行规定,包括定额或指标的适用范围和调整方法是否正确。进行定额或指标的补充时,要求补充定额的项目划分、内容组成、编制原则等要与现行的定额规定相一致等。

(4) 审查工程量是否正确。工程量的计算要根据初步设计图纸、概算定额、工程量计算规则和施工组织设计等进行审查,检查有无多算、重算和漏算,应重点审查工程量大、造价高的项目。

(5) 审查材料用量和价格。审查主要材料(钢材、木材、水泥、砖)的用量数据是否正确,材料预算价格是否符合工程所在地的价格水平等。

(6) 审查设备规格、数量和配置。审查所选用的设备规格是否符合设计要求,材质、自动化程度有无提高标准;设备数量是否与设备清单相一致,设备原价和运杂费的计算是否正确。非标准设备原价的计价方法是否符合规定,引进设备是否配套、合理,备用设备台数是否恰当,消防、环保设备是否计算,进口设备的各项费用的组成及计算方法是否符合国家主管部门的规定等。

(7) 审查建筑安装工程的各项费用的计取是否符合国家或地方有关部门的现行规定,审查计算程序和取费标准是否正确。

(8) 审查综合概算、总概算的编制内容、方法是否符合现行规定和设计文件的要求,有无设计文件外项目,有无将非生产性项目以生产性项目列入。

(9) 审查总概算文件的组成内容,是否完整地包括了建设工程项目从筹建到竣工投产为止的全部费用。

(10) 审查工程建设其他各项费用。该部分费用内容约占项目总投资的 25%以上,必须认真地逐项审查。要按国家和地区规定逐项审查有无随意列项、多列、交叉计列和漏项等现象,不属于总概算范围的费用项目不能列入,具体费率或计取标准是否按国家、行业有关部门规定计算。

(11) 审查项目的"三废"治理。拟建项目必须同时安排"三废"(废水、废气、废渣)的治理方案和投资，对于未作安排、漏项或多算、重算的项目，要按国家有关规定核实投资，以使“三废”排放达到国家标准。

(12) 审查技术经济指标。技术经济指标计算方法和程序是否正确，综合指标和单项指标与同类型工程指标相比是偏高还是偏低，其原因是什么，并予以纠正。

(13)审查投资经济效果。设计概算是初步设计经济效果的反映，要按照生产规模、工艺流程、产品品种和质量，从企业的投资效益和投产后的运营效益全面分析，是否达到了先进可靠、经济合理的要求。

8.5.3 审查设计概算的方法与步骤

1) 审查设计概算的方法

设计概算审查前要熟悉设计图纸和有关资料，深入调查研究，了解建筑市场行情，了解现场施工条件，掌握第一手资料，进行经济对比分析，使审批后的概算更符合实际。概算的审查方法有对比分析法、查询核实法及联合会审法。

(1) 对比分析法。对比分析法主要是通过建设规模、标准与立项批文对比；工程数量与设计图纸对比；综合范围、内容与编制方法、规定对比；各项取费与规定标准对比；材料、人工单价与市场信息对比；引进设备、技术投资与报价要求对比；技术经济指标与同类工程对比等。通过以上对比，容易发现设计概算存在的主要问题和偏差。

(2) 查询核实法。查询核实法是对一些关键设备和设施、重要装置、引进工程图纸不全、难以核算的较大投资进行多方查询核对，逐项落实的方法。主要设备的市场价向设备供应部门或招标公司查询核实；重要生产装置、设施向同类企业(工程)查询了解；引进设备价格及有关费税向进出口公司调查落实；复杂的建筑安装工程向同类工程的建设、承包、施工单位征求意见；深度不够或不清楚的问题直接同原概算编制人员、设计者询问清楚。

(3) 联合会审法。联合会审前，可先采取多种形式分头审查，包括设计单位自审，主管、建设、承包单位初审，工程造价咨询公司评审，邀请同行专家预审，审批部门复审等，经层层审查把关后，由有关单位和专家进行联合会审。在会审大会上，由设计单位介绍概算编制情况及有关问题，各有关单位、专家汇报初审及预审意见。然后进行认真分析、讨论，结合对各专业技术方案的审查意见所产生的投资增减，逐一核实原概算出现的问题。经过充分协商，认真听取设计单位意见后，实事求是地处理和调整。

2) 审查设计概算的步骤

(1) 掌握数据和资料。了解建设项目的规模、设计能力和工艺流程，熟悉图纸和说明书，弄清设计概算的组成内容、编制依据和方法，概算各表和设计说明相互之间的关系，收集概算定额、指标和有关文件资料，为审查工作做好必要的准备。

(2) 进行经济对比分析。根据设计和概算列明的工程性质、结构类型、建设条件、费用构成、投资比例、占地面积、生产规模、建筑面积、设备数量、造价指标、劳动定员等和同类型工程分析对比，找出差距，提出问题；利用适当的概算定额或指标，以及有关技术经济指标，与设计概算进行对比分析。

(3) 调查研究。在审查中发现的问题，一定要深入细致地调查研究，弄清问题产生的原因。熟悉项目建设的内部和外部条件，了解设计是否技术先进、经济合理，概算采用的定额价格和费用标准是否符合国家或地区的有关规定。

(4) 积累资料。要对已建项目的实际造价和有关资料以及技术经济资料等进行收集整理,为修订概算定额和今后审查工程概算提供参照依据。

【案例 8-1】 某拟建砖混结构住宅工程,建筑面积 3 420.00m²,结构形式与已建成的某工程相同,只有外墙保温贴面不同,其他部分均较为接近。类似工程外墙为珍珠岩板保温、水泥砂浆抹面,每平方米建筑面积消耗量分别为 0.044 m³、0.842 m²,珍珠岩板 153.1 元/m³,水泥砂浆 8.95 元/m²;拟建工程外墙为加气混凝土保温、外贴釉面砖,每平方米建筑面积消耗量分别为 0.08 m³、0.82 m²,加气混凝土现行价格 185.48 元/m³,贴釉面砖现行价格 49.75 元/m²。类似工程单方造价 588 元/m²,其中,人工费、材料费、施工机具使用费、企业管理费及其他费用占单方造价比例分别为 11%、62%、6%、9%和 12%,拟建工程与类似工程预算造价在这几方面的差异系数分别为 2.01、1.06、1.92、1.02 和 0.87,拟建工程除人、材、机费以外费用的综合取费为 20%。

问题:

(1) 应用类似工程预算法确定拟建工程的单位工程概算造价。

(2) 若类似工程预算中,每平方米建筑面积主要资源消耗为:人工消耗 5.08 工日,钢材 23.8 kg,水泥 205 kg,原木 0.05 m³,铝合金门窗 0.24 m²,其他材料费为主材费的 45%,机械费占人、材、机费 8%;拟建工程主要资源的现行市场价分别为:人工 20.31 元/工日,钢材 3.1 元/kg,水泥 0.35 元/kg,原木 1 400 元/m³,铝合金门窗平均 350 元/m²。试应用概算指标法,确定拟建工程的单位工程概算造价。

(3)若类似工程预算中,其他专业单位工程预算造价占单项工程造价比例见表 8-9。试用问题(2)的结果计算该住宅工程的单项工程造价,编制单项工程综合概算书。

表 8-9 各专业单位工程预算造价占单项工程造价比例

专业名称	土建	电气照明	给排水	采暖
占比例(%)	85	6	4	5

【解题要点分析】 本案例着重考核类似工程预算法和概算指标法编制拟建工程设计概算的方法。

问题(1) 首先根据类似工程背景材料,计算拟建工程的土建单位概算指标。

拟建工程概算指标 = 类似工程单方造价 × 综合差异系数 k

综合差异系数 $= a\% \times K_1 + b\% \times K_2 + c\% \times K_3 + d\% \times K_4 + e\% \times K_5$

式中:$a\%$、$b\%$、$c\%$、$d\%$、$e\%$——分别为类似工程预算人工费、材料费、施工机具使用费、企业管理费及其他费用占单位工程造价的比例;

K_1、K_2、K_3、K_4、K_5——分别为拟建工程地区与类似工程地区在人工费、材料费、施工机具使用费、企业管理费和其他费用等方面差异系数。

然后,针对拟建工程与类似工程的结构差异,修正拟建工程的概算指标。

修正概算指标 = 拟建工程概算指标 +(换入结构指标 − 换出结构指标)

拟建工程概算造价 = 拟建工程修正概算指标 × 拟建工程建筑面积

问题(2) 首先,根据类似工程预算中每平方米建筑面积的主要资源消耗和现行市场价计算拟建工程单位建筑面积的人工费、材料费、施工机具使用费。

人工费 = 每平方米建筑面积人工消耗指标 × 现行人工工日单价

材料费 = $\sum$(每平方米建筑面积材料消耗指标 × 相应材料的市场价格)

施工机具使用费 = $\sum$(每平方米建筑面积机械台班消耗指标 × 相应机械的台班市场价格)

然后,按照所给综合费率计算拟建单位工程概算指标、修正概算指标和概算造价。

拟建单位工程概算指标 =(人工费 + 材料费 + 施工机具使用费)×(1 + 综合费率)

修正概算指标 = 拟建工程概算指标 +(换入结构指标 − 换出结构指标)

拟建单位工程概算造价 = 拟建工程修正概算指标 × 拟建工程建筑面积

问题(3) 首先,根据土建单位工程概算造价计算出单项工程概算造价。

单项工程概算造价 = 土建单位工程概算造价 ÷ 占单项工程概算造价比例

然后,再根据单项工程概算造价计算出其他专业单位工程概算造价。

各专业单位工程概算造价 = 单项工程概算造价 × 各专业概算造价所占比例

【解】 (1) ① 拟建工程概算指标 = 类似工程单方造价 × 综合差异系数 K

$K = 11\% \times 2.01 + 62\% \times 1.06 + 6\% \times 1.92 + 9\% \times 1.02 + 12\% \times 0.87 = 1.19$

② 结构差异额 $= 0.08 \times 185.48 + 0.82 \times 49.75 - (0.044 \times 153.1 + 0.842 \times 8.95) = 41.36$ 元 /m^2

③ 拟建工程概算指标 $= 588 \times 1.19 = 699.72$ 元 /m^2

修正概算指标 $= 699.72 + 41.36 \times (1 + 20\%) = 749.35$ 元 /m^2

④ 拟建工程概算造价 = 拟建工程建筑面积 × 修正概算指标

= 3 420 × 749.35 = 2 562 777 元 = 256.28 万元

(2) ① 计算拟建工程单位平方米建筑面积的人工费、材料费和施工机具使用费。

人工费 $= 5.08 \times 20.31 = 103.17$ 元

材料费 $= (23.8 \times 3.1 + 205 \times 0.35 + 0.05 \times 1\,400 + 0.24 \times 350) \times (1 + 45\%)$

$= 434.32$ 元

施工机具使用费 = 概算人、材、机费 × 8%

概算人、材、机费 = 103.17 + 434.32 + 概算人、材、机费 × 8%

概算人、材、机费 $= (103.17 + 434.32) \div (1 - 8\%) = 584.23$ 元 /m^2

② 计算拟建工程概算指标、修正概算指标和概算造价。

概算指标 $= 584.23(1 + 20\%) = 701.08$ 元 /m^2

修正概算指标 $= 701.08 + 41.36 \times (1 + 20\%) = 750.71$ 元 /m^2

拟建工程概算造价 = 3 420 × 750.71 = 2 567 428.20 元 = 256.74 万元

(3) 单项工程概算造价 = 256.74 ÷ 85% = 302.05 万元

电气照明单位工程概算造价 = 302.05 × 6% = 18.12 万元

给排水单位工程概算造价 = 302.05 × 4% = 12.08 万元

暖气单位工程概算造价 = 302.05 × 5% = 15.11 万元

编制该住宅单项工程综合概算书,见表 8-10。

表 8-10　某住宅工程综合概算书

序号	单位工程和费用名称	概算价值(万元)				技术经济指标			占总投资额(%)
		建安工程费	设备购置费	建设其他费用	合计	单位	数量	单位造价(元/m²)	
一	建筑工程				302.05	m²	3 420	883.19	
1	土建工程	256.74			256.74	m²	3 420	750.70	85
2	电气工程	18.12			18.12	m²	3 420	52.98	6
3	给排水工程	12.08			12.08	m²	3 420	35.32	4
4	暖气工程	15.11			15.11	m²	3 420	44.19	5
二	设备安装工程					m²			
1	设备购置								
2	设备安装工程								
	合计	302.05			302.05		3 420	883.19	

(案例引自全国造价工程师执业资格考试培训教材编审委员会编写的《建设工程造价案例分析》,2013 年版,数据作了适当调整)

【案例 8-2】 某大学拟建一栋综合试验楼,该楼 1 层为加速器室,2～5 层为工作室。建筑面积 1 360 m²。根据扩大初步设计图纸计算出该综合试验楼各扩大分项工程的工程量以及当地信息价算出的扩大综合单价,列于表 8-11 中。按照住房城乡建设部、财政部关于印发《建筑安装工程费用项目组成》的通知(建标〔2013〕44 号)文件的费用组成,各项费用现行费率分别为:措施项目费为分部分项工程费的 9%,其他项目费为 0,社会保险费率为 3%,公积金费率为 0.5%,工程排污费不计,税率 3.48%,零星项目费为扩大分项工程费的 8%。

表 8-11　加速器室工程量及扩大单价表

定额号	扩大分项工程名称	单位	工程量	扩大单价(元)
3-1	实心砖基础(含土方工程)	10 m³	1.960	1 614.16
3-27	多孔砖外墙(含勾缝、中等石灰砂浆及乳胶漆)	100 m³	2.184	4 035.03
3-29	多孔砖内墙(含内墙面中等石灰砂浆及乳胶漆)	100 m³	2.292	4 885.22
4-21	无筋混凝土带基(含土方工程)	m³	206.024	559.24
4-24	混凝土满堂基础	m³	169.470	542.74
4-26	混凝土设备基础	m³	1.580	382.70
4-33	现浇混凝土矩形梁	m³	37.86	952.51
4-38	现浇混凝土墙(含内墙面石灰砂浆及乳胶漆)	m³	470.120	670.74
4-40	现浇混凝土有梁板	m³	134.820	786.86
4-44	现浇整体楼梯	10 m²	4.440	1 310.26
5-42	铝合金地弹门(含运输、安装)	樘	2	1 725.69
5-45	铝合金推拉窗(含运输、安装)	樘	15	653.54

续表 8-11

定额号	扩大分项工程名称	单位	工程量	扩大单价(元)
7-23	双面夹板门(含运输、安装、油漆)	樘	18	314.36
8-81	全瓷防滑砖地面(含垫层、踢脚线)	100 m²	2.720	9 920.94
8-82	全瓷防滑砖楼面(含踢脚线)	100 m²	10.880	8 935.81
8-83	全瓷防滑砖楼梯(含防滑条、踢脚线)	100 m²	0.444	10 064.39
9-23	珍珠岩找坡保温层	10 m³	2.720	3 634.34
9-70	二毡三油一砂防水层	100 m²	2.720	5 428.80

问题:

(1) 试根据表 8-11 给定的工程量和扩大单价表,编制该工程的土建单位工程概算表,计算土建单位工程的直接工程费;根据建标〔2013〕44 号文件的取费程序和所给费率,计算各项费用,编制土建单位工程概算书。

(2) 若同类工程的各专业单位工程造价占单项工程综合造价的比例见表 8-12,试计算该工程的综合概算造价,编制单项工程综合概算书。

表 8-12 各专业单位工程造价占单项工程综合造价的比例

专业名称	土建	采暖	通风空调	电气照明	给排水	设备购置	设备安装	工器具
占比例(%)	40	1.5	13.5	2.5	1	38	3	0.5

本案例主要考核:运用扩大单价法编制单位工程和单项工程设计概算的基本知识点。

【解】 (1) 根据背景材料所给定的工程量和相应的扩大单价,编制该工程的土建单位工程概算书,计算土建单位工程概算造价。土建单位工程概算造价由以下费用组成:

① 分部分项工程费 $=\sum$(扩大分项工程量 × 相应的扩大单价) + 零星项目费

式中,零星项目费是指扩大初步设计中,未表明的一些分项工程所需费用,按背景资料:

零星项目费 = 扩大分项工程费 × 零星工程费占比例

② 措施项目费 = 按标准计算。本案例措施费以分部分项工程费为基础,按所给费率计取。

③ 规费 = (分部分项工程费 + 措施项目费 + 其他项目费) × 费率

④ 税金 = (分部分项工程费 + 措施项目费 + 其他项目费 + 规费) × 费率

土建单位工程概算造价 = 分部分项工程费 + 措施项目费 + 其他项目费 + 规费 + 税金

土建单位工程概算书,是由概算表、费用计算表和编制说明等内容组成的。土建单位工程概算表见表 8-13。

表 8-13 加速器室土建工程概算表

定额号	扩大分项工程名称	单位	工程量	价值(元)	
				基价	合价
3-1	实心砖基础(含土方工程)	10 m³	1.960	1 614.16	3 163.75
3-27	多孔砖外墙(含勾缝、中等石灰砂浆及乳胶漆)	100 m³	2.184	4 035.03	8 812.50

续表 8-13

定额号	扩大分项工程名称	单位	工程量	价值(元)	
				基价	合价
3-29	多孔砖内墙(含内墙面中等石灰砂浆及乳胶漆)	100 m^3	2.292	4 885.22	11 196.92
4-21	无筋混凝土带基(含土方工程)	m^3	206.024	559.24	115 216.86
4-24	混凝土满堂基础	m^3	169.470	542.74	91 978.14
4-26	混凝土设备基础	m^3	1.580	382.70	604.66
4-33	现浇混凝土矩形梁	m^3	37.86	952.51	36062.03
4-38	现浇混凝土墙(含内墙面石灰砂浆及乳胶漆)	m^3	470.120	670.74	315 328.29
4-40	现浇混凝土有梁板	m^3	134.820	786.86	106 084.47
4-44	现浇整体楼梯	10 m^2	4.440	1 310.26	5 817.55
5-42	铝合金地弹门(含运输、安装)	樘	2	1 725.69	3 451.38
5-45	铝合金推拉窗(含运输、安装)	樘	15	653.54	9 803.10
7-23	双面夹板门(含运输、安装、油漆)	樘	18	314.36	5658.48
8-81	全瓷防滑砖地面(含垫层、踢脚线)	100 m^2	2.720	9 920.94	26 984.96
8-82	全瓷防滑砖楼面(含踢脚线)	100 m^2	10.880	8 935.81	97 221.61
8-83	全瓷防滑砖楼梯(含防滑条、踢脚线)	100 m^2	0.444	10 064.39	4 468.59
9-23	珍珠岩找坡保温层	10 m^3	2.720	3 634.34	9 885.40
9-70	二毡三油一砂防水层	100 m^2	2.720	5 428.80	14 766.33
	扩大分项工程费合计				866 505.02

由表 8-13 得：分部分项工程费 $=\sum$(扩大分项工程量×相应的扩大单价)+零星项目费

$= 866\,505.02 + 866\,505.02 \times 8\% = 935\,825.42$ 元

根据建设部〔2013〕44 号文件和背景材料给定费率，列表计算土建单位工程概算造价，见表 8-14。

表 8-14　加速器室土建单位工程概算费用计算表

序号	费用名称	费用计算表达式	费用(元)	备注
1	分部分项工程费	扩大分项工程费合计+零星工程费	935 825.42	
2	措施项目费	(1)×9%	84 224.29	
3	其他项目费	—	0	
4	规费	[(1)+(2)+(3)]×(3%+0.5%)	35 701.74	
5	税金	(1)+(2)+(3)+(4)×3.48%	36 740.15	
6	土建单位工程概算造价	(1)+(2)+(3)+(4)+(5)	1 092 491.60	

(2) ① 根据土建单位工程造价占单项工程综合造价比例，计算单项工程综合概算造价：

土建单位工程概算造价 = 单项工程综合概算造价 × 40%

单项工程综合概算造价 = 土建单位工程概算造价 ÷ 40%

= 1 092 491.60 ÷ 40% = 2 731 229.00 元

② 按各专业单位工程造价占单项工程综合造价的比例,分别计算各单位工程概算造价。

采暖单位工程造价 = 2 731 229.00 × 1.5% = 40 968.44 元

通风、空调单位工程造价 = 2 731 229.00 × 13.5% = 368 715.92 元

电气、照明单位工程造价 = 2 731 229.00 × 2.5% = 68 280.73 元

给排水单位工程造价 = 2 731 229.00 × 1% = 27 312.29 元

工器具购置单位工程造价 = 2 731 229.00 × 0.5% = 13 656.15 元

设备购置单位工程造价 = 2 731 229.00 × 38% = 1 037 867.02 元

设备安装单位工程造价 = 2 731 229.00 × 3% = 81 936.87 元

③ 编制单项工程综合概算书,见表 8-15。

表 8-15 加速器室综合概算书

序号	单位工程和费用名称	概算价值(万元)				技术经济指标			占总投资额(%)
		建安工程费	设备购置费	建设其他费用	合计	单位	数量	单位造价(元/m^2)	
一	建筑工程	159.777			159.777	m^2	1360	1 174.83	58.50
1	土建工程	109.249			109.249			803.30	
2	采暖工程	4.097			4.097			30.13	
3	通风、空调工程	36.872			36.872	m^2		271.12	
4	电气、照明工程	6.828			6.828			50.21	
5	给排水工程	2.731			2.731			20.08	
二	设备安装工程	8.194	103.787		111.981	m^2	1 360	823.39	41.00
1	设备购置		103.787		103.787			763.14	
2	设备安装工程	8.194			8.194			60.25	
三	工器具购置		1.366		1.366	m^2	1 360	10.04	0.50
	合计	167.971	105.153		273.124			2 008.26	100
四	占综合投资比例	61.50	38.50		100%				

习题

一、单项选择题

1. 工程造价控制的重点阶段是(　　)。

A. 设计阶段　　B. 招投标阶段　　C. 施工阶段　　D. 结算审核阶段

2. (　　)是控制工程造价最有效的手段。

A. 采用先进技术　　B. 招标竞价　　C. 控制变更　　D. 技术与经济相结合

3. 按照有关规定编制的初步设计总概算,经有关机构批准,即为控制拟建项目工程造价的(　　)。

A. 最低限额　　B. 最终限额　　C. 最高限额　　D. 规定限额

4. 根据不同性质的工程综合测算住宅层高每降低 10 cm，可降低造价(　　)。

A. 0.8%～1%　　B. 1%～1.2%　　C. 1.2%～1.5%　　D. 无法确定

5. 设计概算的三级概算是指(　　)。

A. 建筑工程概算、安装工程概算、设备及工(器)具购置费概算

B. 单位工程概算、单项工程综合概算、建设项目总概算

C. 主要工程项目概算、辅助和服务性工程项目概算、室内外工程项目概算

D. 建设投资概算、建设期利息概算、铺底流动资金概算

6. 电气照明工程概算，属于(　　)概算。

A. 单位设备工程　　B. 单位建筑工程　　C. 土建工程　　D. 单位安装工程

7. 设计总概算是编制和确定建设项目(　　)费用的文件。

A. 从筹建到竣工验收所需全部　　B. 从筹建到竣工所需建安工程

C. 从开工到竣工所需建安工程　　D. 从开工到竣工所需全部

8. 单项工程综合概算是由(　　)汇总构成。

A. 单位建筑工程概算和单位设备概算

B. 单位建筑工程概算和单位设备及安装工程概算

C. 单位建筑工程概算

D. 单位设备及安装工程概算

9. 以下各项不属于建筑单位工程概算编制方法的是(　　)。

A. 预算单价法　　B. 概算定额法　　C. 概算指标法　　D. 类似工程预算法

10. 概算指标法采用的是(　　)。

A. 完全单价指标　　B. 全费用指标　　C. 直接工程费指标　D. 综合单价指标

11. 某新建住宅土建单位工程概算的分部分项工程费为 800 万元，措施费按分部分项工程费的 8%计算，其他项目费为 0，规费费率为 3.5%，税率为 3.48%，则该住宅的土建单位工程概算造价为(　　)万元。

A. 1 075.4　　B. 1 067.2　　C. 925.36　　D. 1 089.9

12. 对设计概算编制依据的审查主要是审查其(　　)。

A. 合法性、合理性、经济性　　B. 合法性、时效性、适用范围

C. 合法性、合理性、适用范围　　D. 合法性、时效性、经济性

13. 在工业项目的工艺设计过程中，影响工程造价的主要因素包括(　　)。

A. 生产方法、工艺流程、功能分区　　B. 工艺流程、功能分区、运输方式

C. 生产方法、工艺流程、设备选型　　D. 工艺流程、设备选型、运输方式

14. 柱网布置是否合理，对工程造价和面积的利用效率都有较大影响。建筑设计中对柱网布置应注意(　　)。

A. 适当扩大柱距和跨度能使厂房有更大的灵活性

B. 单跨厂房跨度不变时，层数越多越经济

C. 多跨厂房柱间距不变时，跨度越大造价越低

D. 柱网布置与厂房的高度无关

15. 如果从建筑物周长与建筑面积比角度出发，下列建筑物经济性从强至弱的顺序应

为(　　)。

A. 正方形、长方形、圆形、T 形、L 形　　B. 圆形、正方形、长方形、L 形、T 形

C. 圆形、正方形、长方形、T 形、L 形　　D. 正方形、圆形、长方形、T 形、L 形

16. 当初步设计达到一定深度、建筑结构比较明确、能结合图纸计算工程量时，编制单位工程概算宜采用(　　)。

A. 扩大单价法　　B. 概算指标法

C. 类似工程预算法　　D. 综合单价法

17. 设计概算审查的常用方法不包括(　　)。

A. 联合会审法　　B. 概算指标法　　C. 查询核实法　　D. 对比分析法

18. 下列各项属于单位设备及安装工程概算的是(　　)。

A. 工具、器具及生产家具购置费用概算　　B. 空调工程概算

C. 弱电工程概算　　D. 照明工程概算

19. 类似工程预算法是利用(　　)相类似的已完工程或在建工程的工程造价资料来编写拟建工程设计概算的方法。

A. 技术条件与设计对象　　B. 施工条件与设计

C. 施工方案与设计　　D. 工程设计

20. 当采用类似工程预算法编制概算时，一般需要调整的是(　　)。

A. 质量差异和进度差异　　B. 时间差异和地点差异

C. 建筑结构差异和价格差异　　D. 质量差异和价格差异

21. 采用预算单价法编制设备安装工程概算的条件是(　　)。

A. 初步设计较深，有详细的设备清单

B. 初步设计深度不够，设备清单不完备

C. 只有设备出厂价，无详细规格、重量

D. 初步设计提供的设备清单有规格、重量

22. 设备安装工程费概算编制方法中，设备价值百分比法适用于(　　)。

A. 初步设计深度不够，且价格波动较大的国产标准设备

B. 初步设计深度足够，且价格波动不大的国产标准设备

C. 初步设计深度足够，且价格波动较大的进口标准设备

D. 初步设计深度不够，且价格波动不大的通用设备

二、多项选择题

1. 设计阶段工程造价计价与控制的重要意义是(　　)。

A. 该阶段的计价分析可以使造价构成更合理，提高资金利用效率

B. 该阶段的计价分析可以提高投资控制效率

C. 该阶段控制工程造价会使控制工作更主动

D. 该阶段控制工程造价便于技术与经济相结合

E. 该阶段控制工程造价效果最显著

2. 总平面设计中影响工程造价的因素有(　　)。

A. 占地面积　　B. 功能分区　　C. 运输方式的选择　　D. 工艺设计

3. 设计概算编制方法中，建筑工程概算编制方法包括(　　)。

A. 概算定额法　　B. 设备价值百分比法
C. 概算指标法　　D. 综合吨位指标法
E. 类似工程预算法

4. 设计概算的主要作用可归纳为(　　)。
A. 是编制建设项目投资计划、确定和控制建设项目投资的依据
B. 是控制施工图设计和施工图预算的依据
C. 是衡量设计方案技术经济合理性和选择最佳设计方案的依据
D. 是考核建设项目投资效果的依据
E. 是建设项目签订贷款合同的依据

5. 在建筑设计评价中,确定多层厂房经济层数的主要因素包括(　　)。
A. 厂房的层高和净高　　B. 厂房的宽度和长度
C. 厂房展开面积的大小　　D. 厂房柱网布置的合理性
E. 厂房结构选择的合理性

6. 设计概算编制的原则有(　　)。
A. 严格执行国家的经济政策　　B. 完整、准确地反映设计内容
C. 反映工程所在地当时的价格水平　　D. 将概算控制在投资估算限额内
E. 简洁、易懂

7. 下列关于编制方法的描述正确的有(　　)。
A. 类似工程预算法是利用规划控制条件和设计要点相类似的已完工程或在建工程的工程造价资料来编制拟建工程设计概算的方法
B. 概算指标法是拟建的厂房、住宅的建筑面积或体积乘以技术条件相同或基本相同的工程概算指标编制概算的方法
C. 概算定额法是采用概算定额编制建筑工程概算的方法
D. 当初步设计深度不够,设备清单不完备,只有主体设备或仅有成套设备重量时,可采用预算单价法编制概算
E. 当初步设计提供的设备清单有规格的设备重量时,可采用综合吨位指标法编制概算

8. 设备及安装单位工程概算的编制方法有(　　)。
A. 概算定额法　　B. 预算单价法　　C. 概算指标法　　D. 扩大单价法
E. 设备价值百分比法

9. 对设计概算编制依据的审查,应包括编制依据的(　　)。
A. 完整性　　B. 可调性　　C. 合法性　　D. 时效性
E. 适用范围

三、案例分析题

1. 某新建住宅的建筑面积为 4 000 m^2,按概算指标和地区材料预算价格等算出一般土建工程单位造价为 680 元/m^2(其中人、材、机费为 480 元/m^2,人工费为 200 元/m^2),采暖工程 34.00 元/m^2,给排水工程 38.00 元/m^2,照明工程 32.00 元/m^2。按照当地造价管理部门规定,以定额人工费为基数的企业管理费费率为 8%,规费费率为 15%,利润率为 7%;综合税率为 3.48%。

但新建住宅的设计资料与概算指标相比较,其结构构件有部分变更,设计资料表明外墙

为 1 砖半，而概算指标中外墙为 1 砖，根据当地土建工程预算定额，外墙带形毛石基础的预算单价为 150 元/m^3，1 砖外墙的预算单价为 177 元/m^3，1 砖半外墙的预算单价为 178 元/m^3，概算指标中每 100 m^2 建筑面积中含外墙带形毛石基础为 18 m^3，1 砖外墙为 46.5 m^3。新建工程设计资料表明，每 100 m^2 中含外墙带形毛石基础为 19.6 m^3，1 砖半外墙为 61.2 m^3。请计算调整后的概算单价和新建住宅的概算造价。

2. 拟建办公楼建筑面积为 3 000 m^2，类似工程的建筑面积为 2 800 m^2，预算造价为 3 200 000 元，各种费用占预算造价的比例为：人工费 10%，材料费 60%，施工机具使用费 7%，企业管理费 3%，其他费用 20%。各种价格差异系数为：人工费 $K_1 = 1.02$，材料费 $K_2 = 1.05$，施工机具使用费 $K_3 = 0.99$，企业管理费 $K_4 = 1.04$，其他费用 $K_5 = 0.95$。试用类似工程预算法编制概算。

9 施工图预算

教学目标

本章主要讲述施工图预算的基本理论和建筑面积规范，以及定额法计算工程量的计算规则和方法。通过本章学习，应达到以下目标：

(1) 掌握建筑面积的计算。

(2) 掌握定额法下建筑与装饰工程工程量的计算。

(3) 熟悉施工图预算的基本理论。

9.1 施工图预算概述

9.1.1 施工图预算的概念和作用

1) 施工图预算的概念

施工图预算是在施工图设计阶段，在设计概算的控制下，根据设计施工图纸，按照国家、地区或行业统一规定的各专业工程的工程量计算规则，计算和统计出工程量，并考虑实施施工图的施工组织设计确定的施工方案或方法对工程造价的影响，依据现行预算定额、单位估价表或计价表、市场人材机价格及各种费用定额等有关资料确定的单位工程、单项工程及建设项目建筑安装工程造价的经济文件。

各单位或施工企业根据同一套图纸进行施工图预算的结果不可能完全一样，尽管施工图和建设主管部门规定的费用计算程序相同，但是工程量计算规则可能不同，编制者采用的施工方案或组织措施不可能完全相同；采用的定额水平不同，资源（人工、材料、机械）价格不同，均会导致预算结果不一样。

2) 施工图预算的作用

施工图预算作为建设工程建设程序中一个重要的技术经济文件，是继初步设计概算后投资控制的更进一步延伸和细化，是设计阶段对施工图设计进行技术经济分析对比、优化设计和控制工程造价的重要环节，是控制施工图设计不突破设计概算的重要措施。它在工程建设实施过程中具有十分重要的作用，可以归纳为以下几个方面：

(1) 施工图预算对投资方的作用

① 施工图预算是确定工程招标控制价的依据。建筑安装工程的招标控制价可按照施工图预算来确定。招标控制价通常是在施工图预算的基础上考虑工程的特殊施工措施、工程质量要求、目标工期、招标工程范围以及自然条件等因素进行编制的。

② 施工图预算是控制造价及资金合理使用的依据。施工图预算确定的预算造价是工程的计划成本，投资方按该计划成本筹集建设资金，并控制资金的合理使用。

③ 施工图预算是拨付进度工程款及办理结算的依据。施工单位根据已会审的施工图，编制施工图预算送交建设单位审核。审核后的施工图预算就是建设单位和施工单位竣工时双方结算工程费用的依据。

(2) 施工图预算对施工企业的作用

① 施工图预算是施工企业进行施工准备的依据。施工单位各职能部门可根据施工图预算编制劳动力供应计划和材料供应计划，并由此做好施工前的准备工作。

② 施工图预算是确定投标报价的参考依据。在投标过程中，由于竞争激烈，建筑施工企业需要根据施工图预算造价，结合企业的投标策略，确定投标报价。

③ 施工图预算是建筑工程预算包干的依据和签订施工合同的主要内容。在采用总价合同的情况下，施工单位通过与建设单位的协商，可在施工图预算的基础上考虑相关风险因素，增加一定系数作为工程造价一次性包干。在签订施工合同时，其中的工程价款的相关条款也必须以施工图预算为依据。

④ 施工图预算是控制工程成本的依据。根据施工图预算确定的中标价格是施工企业收取工程款的依据，企业只有合理利用各项资源，采取先进技术和管理方法，将成本控制在施工图预算价格以内，才会获得良好的经济效益。

⑤ 施工企业可以通过施工图预算和施工预算的对比分析，找出差距，采取必要的措施。

(3) 施工图预算对其他方面的作用

① 施工图预算是工程造价管理部门监督检查执行定额标准、合理确定工程造价、测算造价指数及审定工程招标控制价的重要依据。

② 工程咨询单位客观、准确地为委托方作出施工图预算，以帮助投资方实现对工程造价的控制，有利于节省投资，提高建设项目的投资效益。

9.1.2 施工图预算的内容和编制依据

1) 施工图预算的内容

施工图预算包括单位工程预算、单项工程综合预算和建设项目总预算三个层次。首先编制各单位工程的施工图预算，然后汇总所有单位工程施工图预算，成为单项工程施工图预算，最后汇总所有各单项工程施工图预算，便是一个建设项目的总预算。

单位工程预算，包括建筑工程预算和设备安装工程预算。《建筑安装工程费用项目组成》(建标〔2013〕44 号文)中规定，建筑安装工程预算费用项目由人工费、材料费、施工机具使用费、企业管理费、利润、规费和税金组成，具体费用项目详见本书第 2 章。

2) 施工图预算的编制依据

(1) 国家、行业和地方政府有关工程建设和造价管理的法律、法规和规定。

(2) 经批准和会审的施工图设计文件及有关标准图集。经审定的施工图纸、说明书和标准图集，完整地反映了工程的具体内容、各部分的具体做法、结构尺寸、技术特征及施工方法，并为编制工程预算、结合预算定额确定分项工程项目，选择套用定额子目，取定尺寸和计算各项工程量提供了重要数据，是编制施工图预算的重要依据。

(3) 施工现场勘察及测量资料。

(4) 建筑工程定额及有关文件。是指企业定额、现行的建筑工程和安装工程预算定额和费用定额、地区单位估价表、材料预算价格、人工工资标准、施工机械台班单价、间接费、其他费用定额以及有关工程造价管理的文件等。

(5) 拟定的施工组织设计或施工方案。在编制施工图预算之前，必须熟悉建设项目的施工组织设计和现场情况，了解施工方法、工序、操作、施工组织、进度以及施工现场平面布置的技术文件。掌握单位工程各部位建筑概况，要对工程全貌和设计图有全面的、详细的了解，这些资料都是编制施工图预算不可缺少的依据。

(6) 经批准的拟建项目的概算文件。

(7) 现行有关设备原价及运杂费率。

(8) 建设场地中的自然条件和施工条件。

(9) 工程承包合同、招标文件。要详细阅读招标文件，对招标文件中提出的要求以及其他材料要求等也是编制施工图预算的依据。

9.1.3 施工图预算的编制方法

《建筑工程施工发包与承包计价管理办法》(建设部令第 107 号)规定，施工图预算的编制可以采用"工料单价法"和"综合单价法"两种计价方法。

1) 工料单价法

工料单价法是传统的定额计价模式下的施工图预算编制方法，其分部分项工程单价为工料单价，以分部分项工程量乘以对应分部分项工程单价后的合计为单位工程人、材、机费。人、材、机费汇总后，另加企业管理费、利润、规费和税金生成施工图预算造价。

按照分部分项工程单价产生方法的不同，工料单价法又可以分为预算单价法和实物法。

(1) 预算单价法。预算单价法就是用地区统一单位估价表中的各分项工料预算单价(基价)乘以相应的各分项工程的工程量，求和后得到包括人工费、材料费和施工机具使用费在内的单位工程人、材、机费。企业管理费、利润、规费和税金可根据统一规定的费率乘以相应的记取基数求得。将上述费用汇总得到单位工程的施工图预算造价。预算单价法编制施工图预算的步骤如图 9-1 所示。

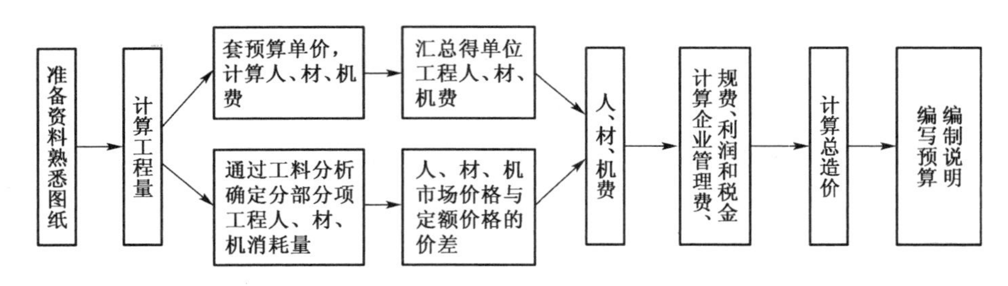

图 9-1 预算单价法编制施工图预算的步骤

(2) 实物法。实物法是按工程量计算规则和预算定额确定分部分项工程的人工、材料、机械消耗量，再按照资源的市场价格计算出各分部分项工程的工料单价，以工料单价乘以工程量后汇总得到人、材、机费，再按照市场行情计算企业管理费、利润、规费和税金等，汇总得到单位工程费用。实物法编制施工图预算的基本步骤如图 9-2 所示。

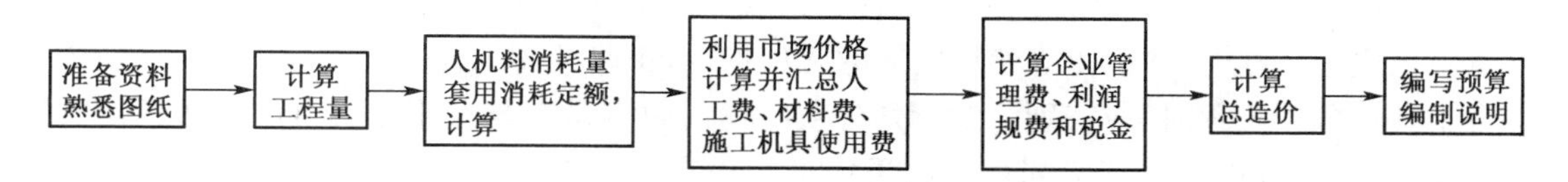

图 9-2 实物法编制施工图预算步骤

2）综合单价计价法

综合单价是指其综合的单价内容包括人工费、材料费、施工机具使用费、管理费、利润，并未包括措施项目费、其他项目费、规费、税金等，是不完全费用单价。以各分项工程量乘以部分费用综合单价的合价汇总后，生成分部分项工程施工图预算价，再加上项目的措施项目费、其他项目费、规费、税金就生成单位工程施工图预算价。

9.1.4 工程量计算的基本要求与方法

工程量计算是编制施工图预算的基础工作，也是施工图预算编制中最繁琐、最细致的工作。工程量计算项目列项是否齐全，计算结果是否准确，直接影响着预算编制的质量和进度。

1）工程量的含义

工程量是指以物理计量单位或自然计量单位所表示的建筑与装饰工程各个分项工程或结构构件的实物数量。工程量包括两个方面的含义：计量单位和工程数量。物理计量单位是指以度量表示的长度、面积、体积和重量等单位，常见的物理计量单位有 m^3、m^2、m、t，汇总工程量时，以“m^3”、“m^2”、“m”为计量单位的工程量精确度小数点后保留两位数，以“t”为计量单位的工程量精确度小数点后保留三位数；自然计量单位是指以客观存在的自然实体表示的个、套、樘、台、块、组或件等单位，以“个”、“套”、“樘”、“台”、“块”、“组”或“件”为计量单位的工程量取整数。

2）工程量计算的基本要求

(1) 必须认真熟悉基础资料。在工程量计算前，应首先熟悉设计施工图纸、现行预算定额和施工组织设计等工程量计算的基础资料。

设计施工图纸是编制施工图预算的基本依据，预算编制人员在收到设计施工图纸之后应对图纸进行核对，在核对过程中如遇有文字说明不清、构造做法不详、尺寸或标高不一致等情况，应做好记录，并在图纸会审及技术交底时提出，在编制预算之前予以解决，从而保证准确地计算出工程量。

预算定额是编制施工图预算的基础资料和主要依据，只有对预算定额的内容、形式和使用方法有了明确的了解，才能结合设计施工图纸，准确地确定其相应一致的工程项目和计算工程量。

施工图预算的编制也受单位工程施工组织设计的影响，因此，造价人员应详细阅读建施图和结施图的设计说明和工程施工组织设计，全面了解现场施工条件、施工方法、技术组织措施、施工设备和器材供应情况，并通过踏勘施工现场收集了解有关资料，以真实、客观地确定其相应一致的工程项目和计算工程量。

(2) 必须口径一致。根据施工图列出的计算工程量的项目及计量单位应与现行定额或计价表中的一致。只有当所列的分项工程项目及计量单位与现行定额中分项工程的项目及计量单位完全一致时，才能正确使用定额的各项指标，正确计算工程量。尤其当定额子目中综合了其他分项工程时，应特别注意所列分项工程的内容是否与选用定额分项工程所综合的内容一致，不可重复计算或漏算。如果定额上没有列出图纸上表示的项目，则需补充该项目。

(3) 必须严格按照工程量计算规则和施工图纸计算工程量。计算工程量前必须熟悉设计图纸，然后严格按照预算定额或计价表规定的工程量计算规则，以施工图所标注尺寸(另有规定者除外)为依据进行工程量的计算。图纸中的项目应反复清查，防止漏算或重复计算。

3) *工程量计算的方法*

为了避免漏算或重算，提高计算的准确程度，工程量的计算应按照一定的顺序进行。计算工程量应根据具体工程和个人的习惯来确定，视不同的情况，一般按以下方法进行计算：

(1) 单位工程计算方法

单位工程计算顺序一般按工程施工顺序、定额计价表列项顺序来计算工程量。

① 按施工顺序计算法。就是按照工程施工顺序的先后次序来计算工程量。如一般民用建筑，按照土方、基础、墙体、脚手架、地面、楼面、屋面、门窗安装、外抹灰、内抹灰、刷浆、油漆、玻璃等顺序进行计算。

② 按定额顺序计算法。就是按定额计价表上的分章或分部分项工程顺序来计算工程量，这种方法对初学者尤为合适。

(2) 单个分部分项工程计算方法

① 按照顺时针方向计算法。以图纸左上角为起点，按顺时针方向依次进行计算，当按计算顺序绕图一周后又重新回到起点。这种方法一般用于各种带形基础、墙体、天棚等分部分项工程的计算，其特点是能有效防止漏算和重复计算。

② 按“先横后竖、先上后下、先左后右”计算法。在平面图上从左上角开始，按“先横后竖、先上后下、先左后右”的顺序计算工程量。例如房屋的条形基础土方、基础垫层、砖石基础、砖墙砌筑、门窗过梁、墙面抹灰等分项工程，均可按这种顺序计算。

③ 按图纸分项编号顺序计算。结构图中包括不同种类、不同型号的构件，而且分布在不同的部位，为了便于计算和复核，即按照图纸上所标注结构构件、配件的编号顺序进行计算。例如计算混凝土构件、门窗、屋架等分部分项工程，均可以按照此顺序计算。

④ 按轴线编号计算。对于结构比较复杂的工程量，为了方便计算和复核，有些分项工程可按施工图轴线编号的方法计算。例如在同一平面中，带形基础的长度和宽度不一致时，可按 A 轴①～⑤轴，B 轴⑤、⑦、⑨轴这样的顺序计算。

4) *统筹法计算工程量*

在实际操作过程中为了提高计算速度，降低计算难度，还需操作者掌握手工算量的技巧来计算工程量。实践表明，每个分部分项工程量计算虽有着各自的特点，但都离不开计算“线”、“面”之类的基数。另外，某些分部分项工程的工程量计算结果往往是另一些分部分项工程的工程量计算的基础数据。因此，根据这个特性，运用统筹法原理，对每个分部分项工程的工程量进行分析，然后依据计算过程的内在联系，按先主后次，统筹安排计算程序，可以简化繁琐的计算，形成统筹计算工程量的计算方法。

统筹法计算工程量，就是分析工程量计算中各分部分项工程量计算之间的固有规律和相互之间的依赖关系，运用统筹法原理和统筹图图解来合理安排工程量的计算程序，以达到节约时间、简化计算、提高工效、为及时准确地编制工程预算提供科学数据的目的。

(1) 利用基数，连续计算。在工程量计算中有一些反复使用的基数，应在计算工程量前先计算出来，后续可直接引用。这些基数主要为“三线一面”，即“外墙外边线”、“外墙中心线”、“内墙净长线”和“底层建筑面积”。就是以“线”或“面”为基数，利用连乘或加减，算出与它有关的分项工程量，70%～90%的分项工程量都是在三条“线”和一个“面”的基数上连续计算出来的。

① “线”是按建筑物平面图中所示的外墙和内墙的中心线和外边线。“线”分为三条：

$$\text{外墙中心线}\quad L_{中} = L_{外} - \text{墙厚} \times 4 \tag{9-1}$$

可以利用外墙中心线计算外墙基挖地槽、基础垫层、基础砌筑、墙基防潮层、基础梁、圈梁、墙身砌筑等分项工程。

$$\text{内墙净长线}\quad L_{内} = \text{建筑平面图中所有内墙净长度之和} \tag{9-2}$$

可以利用内墙净长线计算内墙基挖地槽、基础垫层、基础砌筑、墙基防潮层、基础梁、圈梁、墙身砌筑、墙身抹灰等分项工程。

$$\text{外墙外边线}\quad L_{外} = \text{建筑平面图的外围周长之和} \tag{9-3}$$

可以利用外墙外边线计算勒脚、腰线、勾缝、外墙抹灰、散水等分项工程。

② “面”是指建筑物的底层建筑面积，用 S 表示。S = 建筑物底层平面图勒脚以上结构的外围水平投影面积。

与“面”有关的计算：平整场地、地面、楼面、屋面和天棚等分项工程。

(2) 统筹程序，合理安排。工程量计算程序的安排是否合理，关系着造价工作的效率高低、进度快慢。造价工程量的计算，按以往的习惯，大多数是按施工程序或定额程序进行的。因为造价有造价的程序规律，违背它的规律，势必造成繁琐计算，浪费时间和精力。统筹程序，合理安排，可克服用老方法计算工程量的缺陷。因为按施工顺序或定额顺序逐项进行工程量计算，不仅会造成计算上的重复，而且有时还易出现计算差错。

对于一般工程，分部工程量计算顺序应为先地下后地上，先主体后装饰，先内部后外部，进行合理安排。如计算建筑工程的相关工程量时，应按基础工程、土石方工程、混凝土工程、木门窗工程、砌筑工程这样一个顺序来进行，在计算砌筑工程的工程量时需要扣除墙体内混凝土构件体积和门窗部分在墙体内所占体积时，可以利用前面计算出的工程量数据。利用这些数据时要注意两个问题：一是看梁、柱等混凝土构件是否在所计算的墙体内，如在墙体内，则扣除，否则不扣除；二是当梁、柱不完全在墙体内时，只能扣除部分混凝土构件的体积。当然，在计算分部的各子目工程量时也有一定的顺序技巧。如计算混凝土工程量时，一般采用由下向上，先混凝土、模板后钢筋，分层计算按层统计，最后汇总的顺序。

(3) 一次算出,多次使用。为了提高计算速度,对于那些不能用"线"或"面"为基数进行连续计算的项目,如木门窗、屋架、钢筋混凝土预算标准构件、土方放坡断面系数等,各地事先组织力量,将常用的数据一次算出,汇编成建筑工程预算手册。当需计算有关的工程量时,只要查手册就能很快算出所需要的工程量。这样可以减少以往那种按图逐项地进行繁琐而重复的计算,亦能保证准确性。

(4) 结合实际灵活计算。用"线"、"面"、"册"计算工程量,只是一般常用的工程量基本计算方法。但在特殊工程上,有基础断面、墙宽、砂浆等级和各楼层的面积不同,就不能完全用线或面的一个数作基数,而必须结合实际情况灵活地计算。

① 分段计算法。在通长构件中,当其中截面有变化时,可采取分段计算。如多跨连续梁,当某跨的截面高度或宽度与其他跨不同时可按柱间尺寸分段计算;再如楼层圈梁在门窗洞口处截面加厚时,其混凝土及钢筋工程量都应分段计算。

② 分层计算法。工程量计算中最为常见,例如墙体、构件布置、墙柱面装饰、楼地面做法等各层不同时都应按分层计算,然后再将各层相同工程做法的项目分别汇总。

③ 补加计算法。即在同一分项工程中,遇到局部外形尺寸或结构不同时,为便于利用基数进行计算,可先将其看作相同条件计算,然后再加上多出部分的工程量。如基础深度不同的内外墙基础、宽度不同的散水等工程。

④ 补减计算法。与补加计算法相似,只是在原计算结果上减去局部不同部分工程量。如在楼地面工程中,各层楼面除每层盥洗间为水磨石面层外,其余均为水泥砂浆面层,则可先按各楼层均为水泥砂浆面层计算,然后补减盥洗间的水磨石地面工程量。

总之,工程量计算是一项复杂、繁琐的工作,要做好算量这项工作,不仅要认真、细致,更要懂得如何利用各种技巧去简化计算,以减少劳动强度、节约时间和保证计算的准确性。

9.2 建筑面积计算规范

《建筑工程建筑面积计算规范》是国家标准,编号为GB/T 50353—2013,自2014年7月1日起实施。为满足工程造价计价工作的需要,2013年本规范由建设部在2005年建筑面积计算规范的基础上修订而成。修订过程中充分反映出新的建筑结构和新技术等对建筑面积计算的影响,也考虑了建筑面积计算的习惯和国际上通用的做法。

9.2.1 建筑面积的概念与作用

1) 建筑面积的概念

建筑面积是指建筑物外墙外围所围成的各层平面面积之和。即指建筑物各层围成的二维水平面图形的大小,即建筑物各层面积的总和。

建筑面积的组成包括使用面积、辅助面积和结构面积。其中,使用面积是指建筑物各层中可直接为生产或生活使用的净面积,例如住宅建筑中的客厅、居室、书房等。辅助面积为辅助生产或生活所占的净面积之和，例如住宅建筑中的楼梯、走道、阳台等。结构面积为建筑物各层中的墙体、柱、垃圾道、通风道等结构在平面布置中所占的面积。

2）建筑面积计算的作用

建筑面积计算规则在建筑工程造价管理方面起着非常重要的作用，是计算建筑工程量的主要指标，是计算单位工程每平方米预算造价的主要依据，是统计部门汇总发布房屋建筑面积完成情况的基础。目前，建设部和国家质量技术监督局颁发的《房产测量规范》的房产面积计算，以及《住宅设计规范》中有关面积的计算，均依据的是《建筑工程建筑面积计算规范》。建筑面积计算的作用具体表现在以下几个方面：

（1）是确定建设规模的重要指标。根据项目立项批准文件所核准的建筑面积，是初步设计的重要控制指标。而施工图的建筑面积不得超过初步设计的5%，否则必须重新报批。

（2）是确定各项技术经济指标的基础。建筑设计在进行方案比选时，常常依据一定的技术指标，如容积率、建筑密度、建筑系数等，这些重要的技术指标都要用到建筑面积。另外，建筑面积也是施工单位计算单位工程或单项工程的单位面积工程造价、人工消耗量、材料消耗量和机械台班消耗量的重要经济指标。

（3）是计算有关分项工程量的依据。应用统筹计算方法，根据底层建筑面积，就可以很方便地计算出平整场地面积、室内回填土体积、地（楼）面面积和天棚面积等。另外，建筑面积也是脚手架、垂直运输机械费用的计算依据。

（4）是选择概算指标和编制概算的主要依据。概算指标通常以建筑面积为计量单位。用概算指标编制概算时，要以建筑面积为计算基础。

9.2.2 建筑面积的术语

建筑面积：建筑物（包括墙体、外保温层）所形成的楼地面面积。

结构净高：楼面或地面结构层上表面至上部结构层下表面之间的垂直距离。

结构层高：是指楼面或地面结构层上表面至上部结构层上表面之间的垂直距离。

自然层：是指按楼地面结构分层的楼层。

架空层：是指仅有结构支撑而无外围护结构的开敞空间层。

走廊：是指建筑物的水平交通空间。

挑廊：是指挑出建筑物外墙的水平交通空间。

檐廊：是指建筑物挑檐下的水平交通空间。

门斗：是指在建筑物出入口处两道门之间的空间。

建筑物通道：是指为穿过建筑物而设置的空间。

架空走廊：专门设置在建筑物的二层或二层以上，作为不同建筑物之间水平交通的空间。

勒脚：是指在房屋外墙接近地面部位设置的饰面保护构造。

围护结构：是指围合建筑空间的墙体、门、窗等。

落地橱窗：是指突出外墙面根基落地的橱窗。

阳台：是指附设于建筑物外墙，设有栏杆或栏板，可供人活动的室外空间。

雨篷:是指建筑进出入口上方为遮挡雨水而设置的部件。

地下室:室内地平面低于室外地平面的高度超过室内净高的 1/2 的房间。

半地下室:室内地平面低于室外地平面的高度超过室内净高的 1/3,且不超过 1/2 的房间。

变形缝:防止建筑物在某些因素作用下引起开裂甚至破坏而预留的构造缝。

凸窗(飘窗):是指凸出建筑物外墙面的窗户。

骑楼:是指建筑底层沿街面后退且留出公共人行空间的建筑物。

过街楼:是指跨越道路上空并与两边建筑相连接的建筑物。

围护设施:为保障安全而设置的栏杆、栏板等围挡。

建筑空间:以建筑界面限定的、供人们生活和活动的场所。

结构层:整体结构体系中承重的楼板层。

门廊:建筑物入口前有顶棚的半围合空间。

楼梯:由梯级、休息平台和栏杆(或栏板)等组成的作为楼层之间垂直交通使用的建筑部件。

主体结构:承受荷载,维持建筑物结构整体性、稳定性和安全性的有机联系的构造。

露台:设置在屋面、首层地面、雨篷顶上的供人室外活动的有围护设施的平台。

台阶:联系室内外地坪或同楼层不同标高而设置的阶梯形踏步。

9.2.3 计算建筑面积的规定

1) 单层建筑物的建筑面积计算

(1) 单层建筑物的建筑面积,应按其外墙结构外围水平面积计算,并应符合下列规定:

① 单层建筑物结构层高在 2.20 m 及以上者应计算全面积;结构层高不足 2.20 m 者应计算 1/2 面积。如图 9-3 所示。

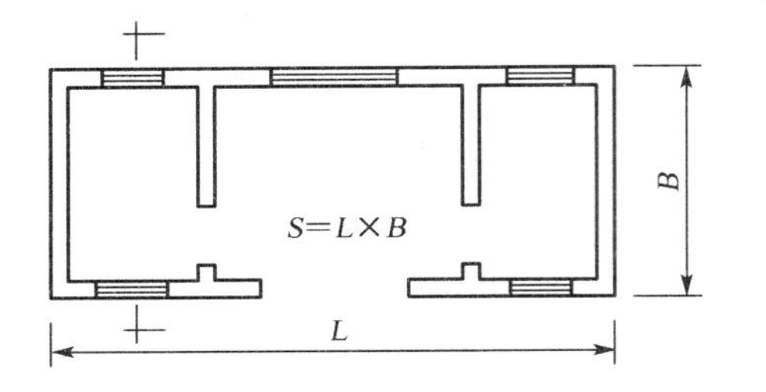

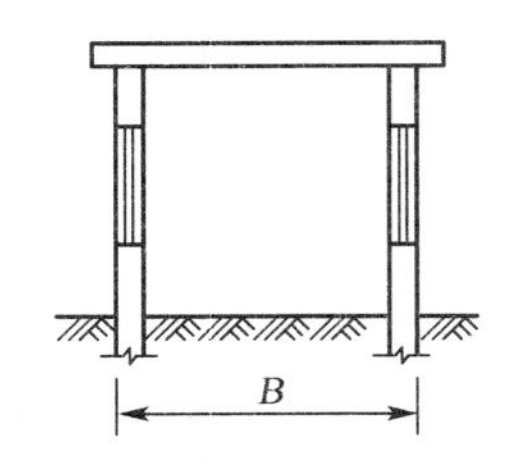

图 9-3 单层建筑物的建筑面积示意图

② 单层建筑物的坡屋顶内空间,结构净高在 2.10 m 及以上的部位应计算全面积;结构净高在 1.20 m 及以上至 2.10 m 以下的部位应计算 1/2 面积;结构净高不足 1.20 m 的部位不应计算面积。如图 9-4 所示。

说明:在判断坡屋顶内围合空间是否计算建筑面积时,不论设计图纸是否说明用途,当同时具备以下两个条件:a. 可出入:设计有楼梯,而不是检修口;b. 结构净高超过 1.2 m 以上,即可计算建筑面积。

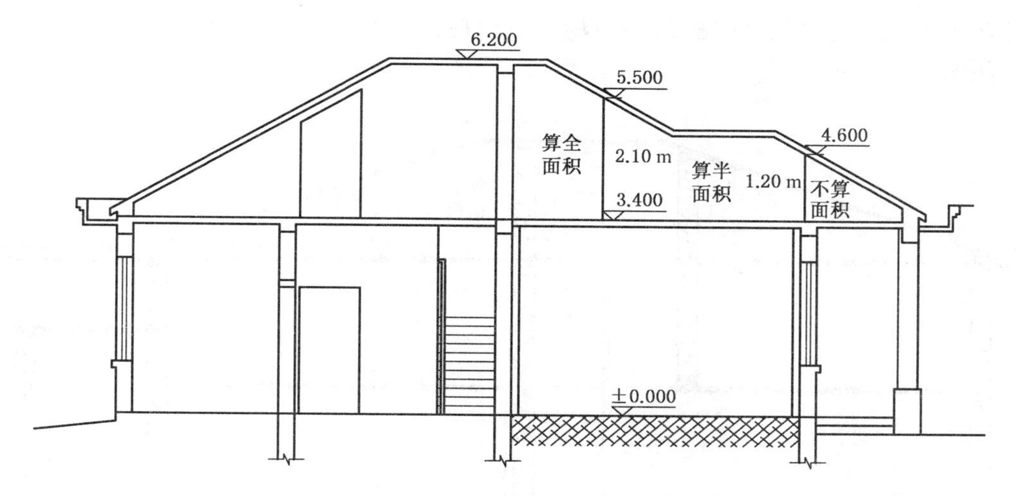

图 9-4 单层建筑物利用坡屋顶内空间示意图

(2) 单层建筑物内设有局部楼层者，局部楼层的二层及以上楼层，有围护结构的应按其围护结构外围水平面积计算，无围护结构的应按其结构底板水平面积计算。且结构层高在 2. 20 m 及以上者应计算全面积；结构层高不足 2. 20 m 者应计算 1/2 面积。如图 9-5所示。

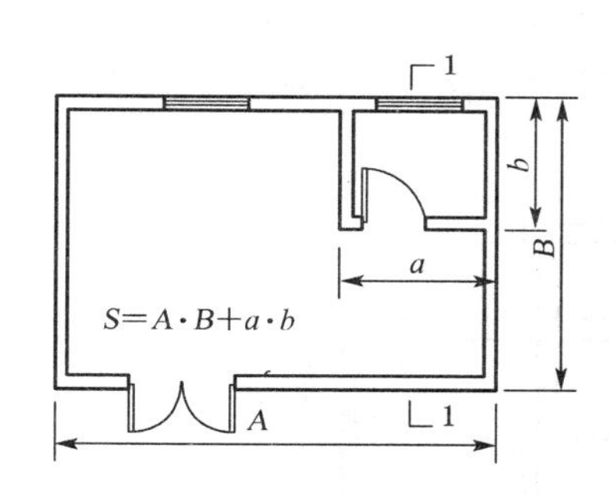

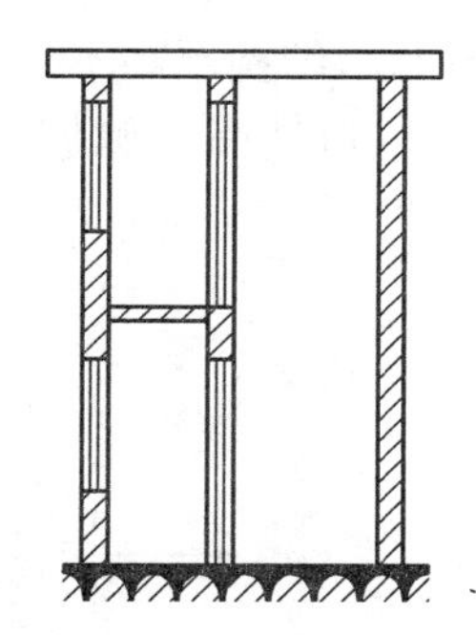

图 9-5 单层建筑物内设有局部楼层示意图

2) 多层建筑物的建筑面积计算

(1) 多层建筑物首层应按其外墙勒脚以上结构外围水平面积计算；二层及以上楼层应按其外墙结构外围水平面积计算。结构层高在 2. 20 m 及以上者应计算全面积；结构层高不足 2. 20 m 者应计算1/2面积。如图 9-6 所示。

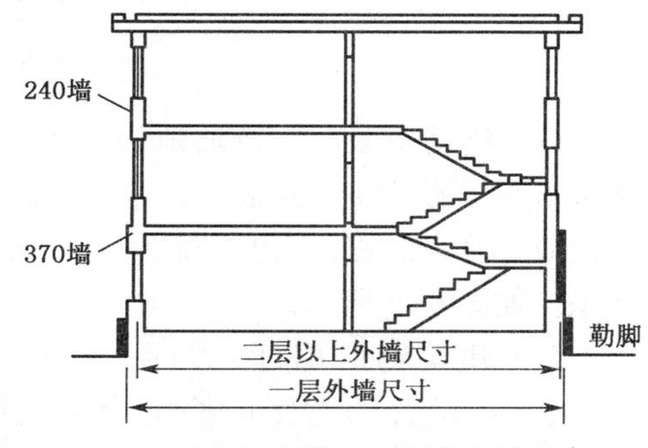

图 9-6 多层建筑物外围结构示意图

(2) 多层建筑坡屋顶内和场馆看台下，结构净高在 2. 10 m 及以上的部位应计算全面积；结构净高在 1. 20 m 及以上至 2. 10 m 以下的部位应计算 1/2 面积；当结构净高不足 1. 20 m 时不应计算面积。室内单独设置的有围护设施的悬挑看台，应按看台结构底板水平投影面积计算建筑面积。有顶盖无围护结构的场馆看台应按其顶盖水平投影面积的 1/2 计算面积。如图 9-7 所示。

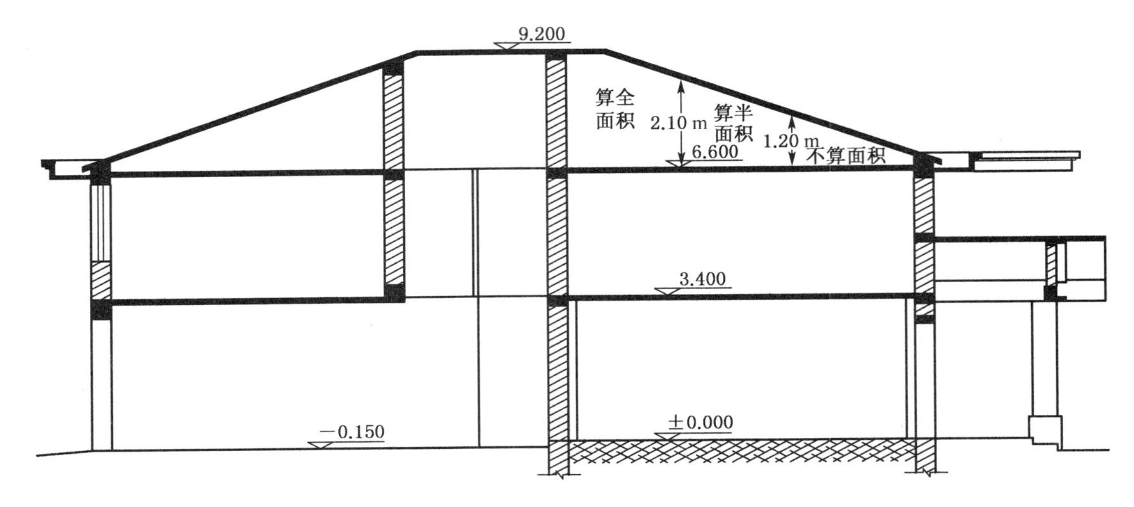

图 9-7　多层建筑物利用坡屋顶内空间示意图

3）其他建筑面积计算

(1) 地下室、半地下室，应按其结构外围水平面积计算。结构层高在 2.20 m 及以上者应计算全面积；结构层高不足 2.20 m 者应计算 1/2 面积。如图 9-8 所示。

(2) 出入口外墙外侧坡道有顶盖的部分，应按其外墙结构外围水平面积的 1/2 计算面积。

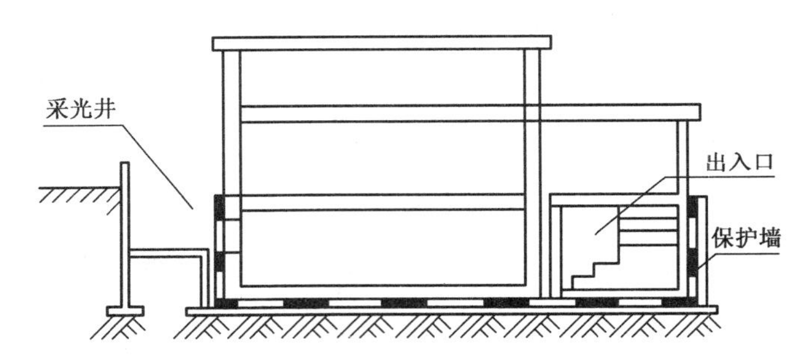

图 9-8　地下室示意图

(3) 建筑物架空层及坡地的建筑物吊脚架空层应按其顶板水平投影计算建筑面积。结构层高在 2.20 m 及以上的部位应计算全面积；结构层高在 2.20 m 以下的，应计算 1/2 面积。如图 9-9 所示。

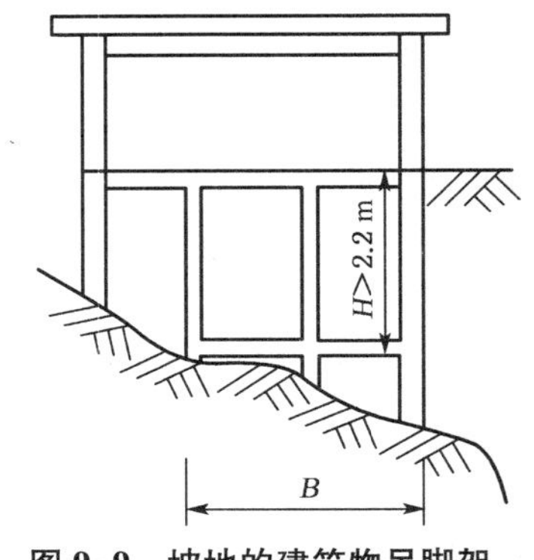

图 9-9　坡地的建筑物吊脚架空层示意图

(4) 建筑物的门厅、大厅按一层计算建筑面积。门厅、大厅内设置的走廊应按走廊结构底板水平投影面积计算建筑面积。结构层高在 2.20 m 及以上者应计算全面积；结构层高在 2.20 m 以下的，应计算 1/2 面积。如图 9-10 所示。

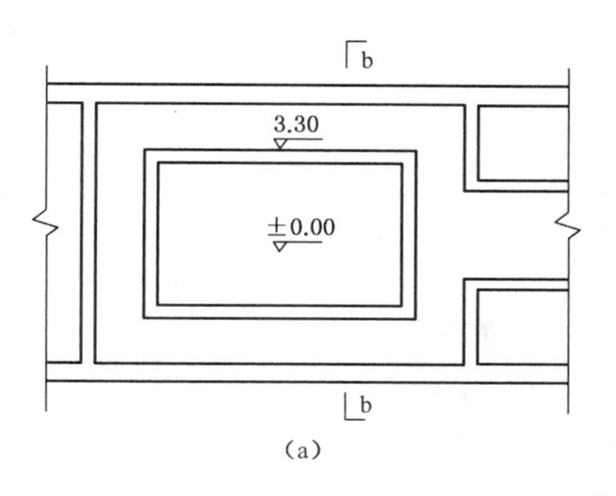

(a)

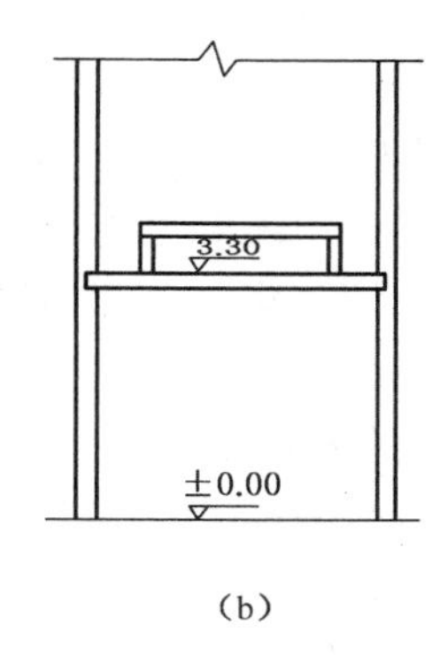

(b)

图 9-10 建筑物有回廊的大厅示意图

(5) 建筑物间的架空走廊，有顶盖和围护结构的，应按其围护结构外围水平面积计算。无围护结构、有围护设施的，应按其结构底板水平投影面积的 1/2 计算。如图 9-11 所示。

(6) 立体书库、立体仓库、立体车库，有围护结构的，应按其围护结构外围水平面积计算建筑面积；无围护结构、有围护设施的，应按其结构底板水平投影面积计算建筑面积。无结构层的应按一层计算，有结构层的应按其结构层面积分别计算。结构层高在 2.20 m 及以上的应计算全面积；结构层高不足 2.20 m 的应计算 1/2 面积。

(7) 有围护结构的舞台灯光控制室，应按其围护结构外围水平面积计算。结构层高在 2.20 m 及以上者应计算全面积；结构层高在 2.20 m 以下的应计算 1/2 面积。

(8) 附属在建筑物外墙的落地橱窗、门斗，应按其围护结构外围水平面积计算。结构层高在 2.20 m 及以上者应计算全面积；结构层高在 2.20 m 以下的应计算 1/2 面积。

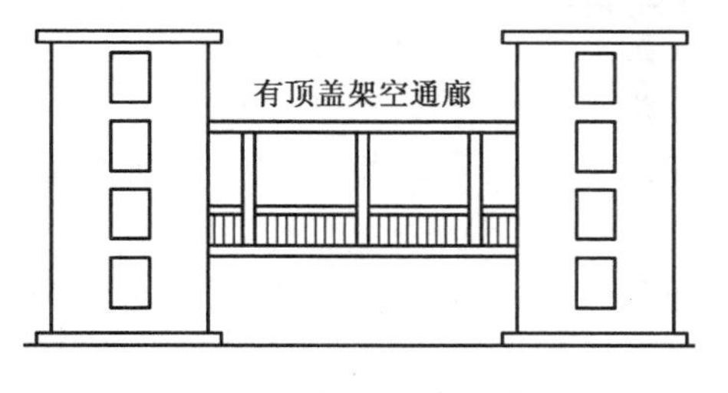

图 9-11 架空走廊示意图

挑廊 走廊 檐廊

图 9-12 挑廊、走廊、檐廊示意图

(9) 窗台与室内楼地面高差在 0.45 m 以下且结构净高在 2.10 m 及以上的凸(飘)窗，应按其围护结构外围水平面积计算 1/2 面积。

(10) 有围护设施的室外走廊(挑廊)，应按其结构底板水平投影面积计算 1/2 面积；有围护设施(或柱)的檐廊，应按其围护设施(或柱)外围水平面积计算 1/2 面积。如图9-12 所示。

(11) 门廊应按其顶板的水平投影面积的 1/2 计算建筑面积；有柱雨篷应按其结构板水平投影面积的 1/2 计算建筑面积；无柱雨篷的结构外边线至外墙结构外边线的宽度在 2.10 m 及以上的，应按雨篷结构板的水平投影面积的 1/2 计算建筑面积。

(12) 建筑物顶部有围护结构的楼梯间、水箱间、电梯机房等，结构层高在 2.20 m 及以上者应计算全面积；层高不足 2.20 m 者应计算 1/2 面积。如图 9-13 所示。

(13) 围护结构不垂直于水平面的楼层，应按其底板面的外墙外围水平面积计算。结构净高在 2.10 m 及以上者应计算全面积；结构净高在 1.20 m 及以上至 2.10 m 以下的部分，应计算 1/2 面积。结构净高在 1.20 m 以下的部位，不应计算建筑面积。

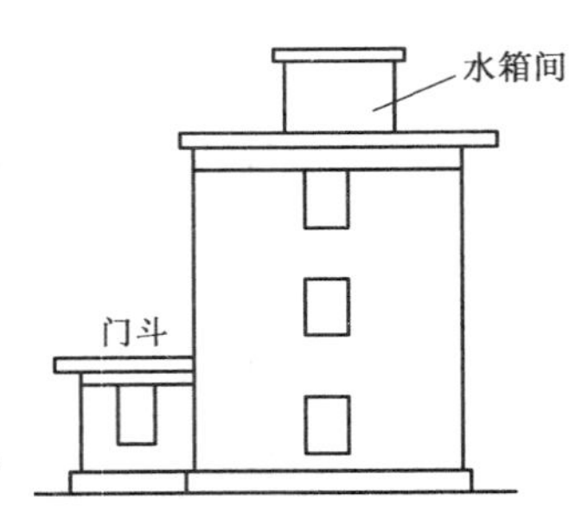

图 9-13 屋顶水箱间示意图

(14) 建筑物内的室内楼梯、电梯井、提物井、管道井、通风排气竖井、烟道，应并入建筑物的自然层计算建筑面积。如图 9-14 所示。

有顶盖的采光井应按一层计算面积，且结构净高在 2.10 m 及以上的，应计算全面积；结构净高在 2.10 m 以下的，应计算 1/2 面积。如图 9-15 所示，地下室采光井设计有顶盖，虽然高度达到两层结构层高，但按一层计算建筑面积。

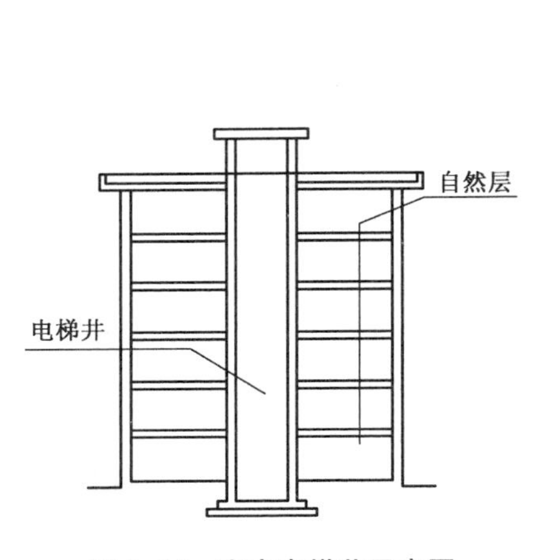

图 9-14 室内电梯井示意图

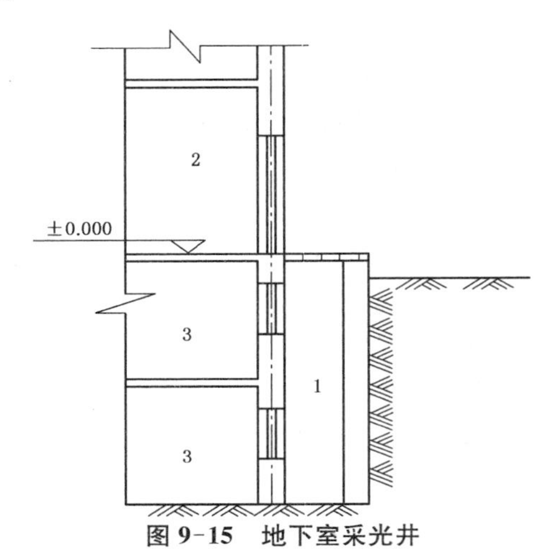

图 9-15 地下室采光井

1-采光井；2-室内；3-地下室

(15) 室外楼梯应并入所依附建筑物自然层，应按其水平投影面积的 1/2 计算建筑面积。

(16) 在主体结构内的阳台，应按其结构外围水平面积计算全面积；在主体结构外的阳台，应按其结构底板水平投影面积的 1/2 计算建筑面积。

(17) 有顶盖无围护结构的车棚、货棚、站台、加油站、收费站等，应按其顶盖水平投影面积的 1/2 计算。如图 9-16 所示。

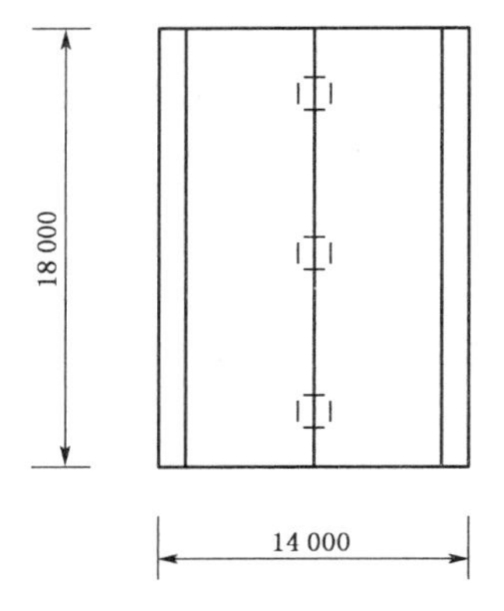

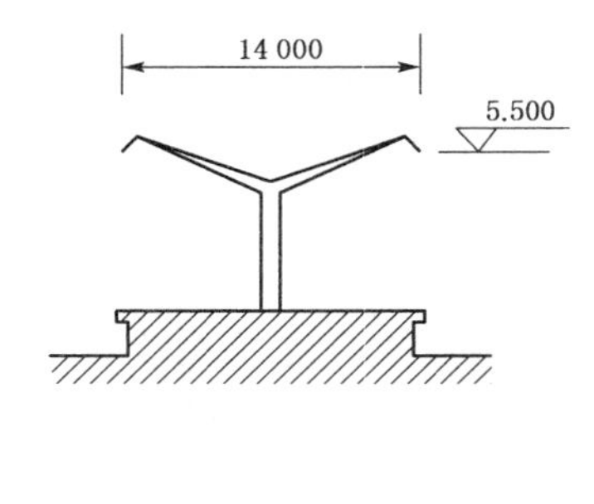

图 9-16 单排柱站台示意图

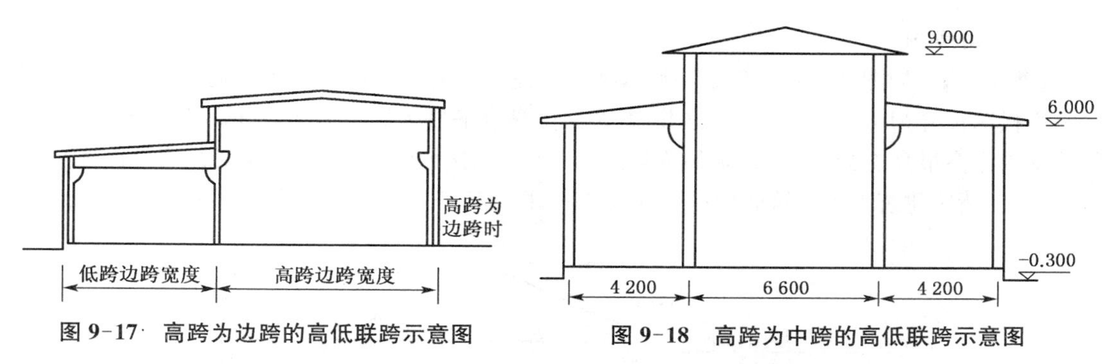

图 9-17 高跨为边跨的高低联跨示意图　　图 9-18 高跨为中跨的高低联跨示意图

(18) 以幕墙作为围护结构的建筑物,应按幕墙外边线计算建筑面积。

(19) 建筑物的外墙外保温层,应按其保温材料的水平截面积计算,并计入自然层建筑面积。

(20) 与室内相通的变形缝,应按其自然层合并在建筑物建筑面积内计算。对于高低联跨的建筑物,当高低跨内部连通时,其变形缝应计算在低跨面积内。如图 9-17、图 9-18 所示。

(21) 对于建筑物内的设备层、管道层、避难层等有结构层的楼层,结构层高在 2.20 m 及以上的,应计算全面积;结构层高在 2.20 m 以下的,应计算 1/2 面积。

4) 不应计算面积的项目

(1) 与建筑物内不相连通的建筑部件,如不与室内连通的装饰性挑台、平台。

(2) 骑楼、过街楼底层的开放公共空间和建筑物通道。

(3) 舞台及后台悬挂幕布、布景的天桥、挑台等。

(4) 屋顶水箱、花架、凉棚、露台、露天游泳池及装饰性结构构件。

(5) 建筑物内的操作平台、上料平台、安装箱和罐体的平台。

(6) 勒脚、附墙柱、垛、台阶、墙面抹灰、装饰面、镶贴块料面层、装饰性幕墙、主体结构外的空调机外机搁板(箱)、构件、配件、挑出宽度在 2.10 m 以下的无柱雨篷以及顶盖高度达到或超过两个楼层的无柱雨篷。如图 9-19 所示。

(7) 窗台与室内地面高差在 0.45 m 以下且结构净高在 2.10 m 以下的凸(飘)窗,窗台与室内地面高差在 0.45 m 及以上的凸(飘)窗。

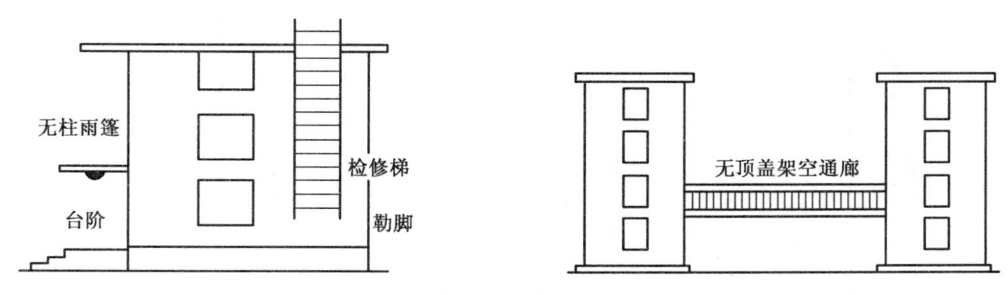

图 9-19 不计算建筑面积的部分项目示意图

(8) 室外爬梯和室外专用消防钢楼梯。

(9) 无围护结构的观光电梯。

(10) 建筑物以外的地下人防通道,独立烟囱、烟道、地沟、油(水)罐、气柜、水塔、贮油(水)池、贮仓、栈桥等构筑物。

5）应用案例

【例 9-1】 如图 9-20、图 9-21 所示，某多层住宅与室内相通的变形缝宽度为 0.20 m，阳台水平投影尺寸为 1.80 m×3.60 m(共 18 个)，雨篷水平投影尺寸为 2.60 m×4.00 m，坡屋面阁楼室内净高最高点为 3.65 m，坡屋面坡度为 1∶2，阁楼加以利用；平屋面女儿墙顶面标高为 11.60 m。请按建筑工程建筑面积计算规范(GB/T 50353—2013)计算图 9-20 的建筑面积。

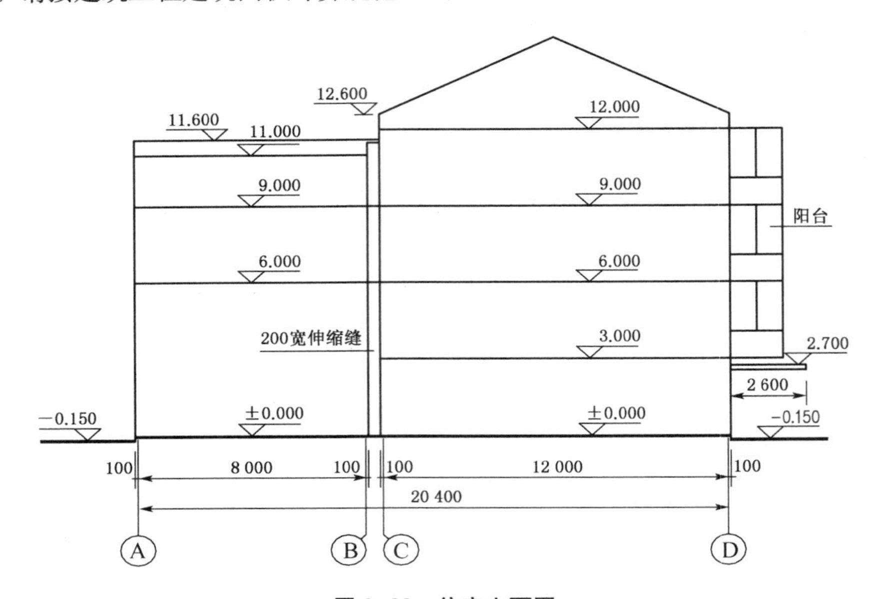

图 9-20 住宅立面图

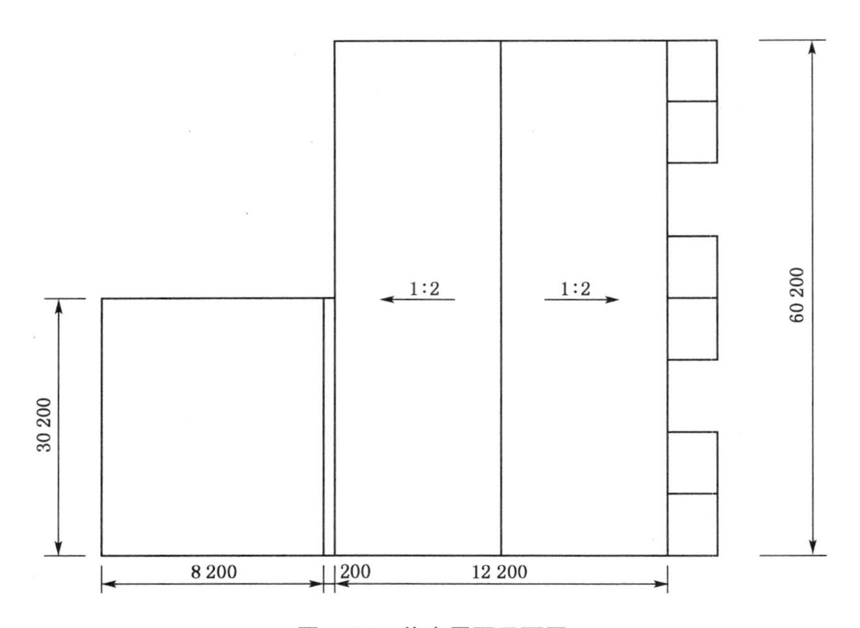

图 9-21 住宅屋面平面图

【解】 A—C 轴 $30.2\times\left[(8.20+0.2)\times2+(8.20+0.2)\times\frac{1}{2}\right]=634.20\ \mathrm{m}^2$

C—D 轴 $60.20 \times 12.20 \times 4 = 2\,937.76\ m^2$

坡屋面 $60.20 \times \left[6.20 + 1.80 \times 2 \times \frac{1}{2}\right] = 481.60\ m^2$

雨篷 $2.60 \times 4.00 \times \frac{1}{2} = 5.20\ m^2$

阳台 $18 \times 1.8 \times 3.60 \times \frac{1}{2} = 58.32\ m^2$

该多层住宅总建筑面积 $= 634.20 + 2937.76 + 481.60 + 5.20 + 58.32 = 4\,117.08\ m^2$

9.3 建筑分部分项工程预算

9.3.1 土、石方工程

建筑工程施工的场地和基础、地下室的建筑空间，都是由土、石方工程施工完成的。所谓土、石方工程，即采用人工或机械的方法，对天然土(石)体进行必要的挖、运、填，以及配套的平整、夯实、排水、降水等工作内容。土、石方工程施工的特点是人工或机械的劳动强度大，施工条件复杂，施工方案要因地制宜。土、石方工程造价与地基土的类别和施工组织方案关系密切。

1) 概述

本节设置人工土、石方和机械土、石方两部分，共设置 359 个子目。

(1) 人工土、石方主要内容包括：人工挖一般土方，3 m＜底宽≤7 m 的沟槽挖土或 $20\ m^2$＜底面积≤$150\ m^2$ 的基坑人工挖土，底宽≤3 m 且底长＞3 倍底宽的沟槽人工挖土，底面积≤$20\ m^2$ 的基坑人工挖土，挖淤泥、流砂、支挡土板，人工、人力车运土、石方(碴)，平整场地、打底夯、回填，人工挖石方，人工打眼爆破石方，人工清理槽、坑、地面石方等项目。

(2) 机型土、石方主要内容包括：推土机推土，铲运机铲土，挖掘机挖土，挖掘机挖底宽≤3 m 且底长＞3 倍底宽的沟槽，挖掘机挖底面积≤$20\ m^2$ 的基坑、支撑下挖土，装载机铲松散土、自卸自运土，自卸汽车运土，平整场地、碾压，机械打眼爆破石方，推土机推碴，挖掘机挖碴，自卸汽车运碴等项目。

2) 本节说明

(1) 人工土、石方

① 土壤及岩石的划分

A. 土壤划分(见表 9-1)

表 9-1 土壤划分

土壤划分	土壤名称	工具鉴别方法	紧固系数(f)
一类土	1. 砂；2. 略有黏性的砂土；3. 腐殖物及种植物土；4. 泥炭	用锹或锄挖掘	0.5～0.6
二类土	1. 潮湿的黏土和黄土；2. 软的碱土或盐土；3. 含有碎石、卵石或建筑材料碎屑的堆积土和种植土	主要用锹或锄挖掘，部分用镐刨	0.61～0.8

续表 9-1

土壤划分	土壤名称	工具鉴别方法	紧固系数(f)
三类土	1. 中等密实的黏性土或黄土；2. 含有卵石、碎石或建筑材料碎屑的潮湿的黏性土或黄土	主要用镐刨，少许用锹、锄挖掘	0.81～1.0
四类土	1. 坚硬的密实黏性土或黄土；2. 硬化的重盐土；3. 含有 10%～30%的重量在 25 kg 以下石块的中等密实的黏性土或黄土	全部用镐刨，少许用撬棍挖掘	1.01～1.5

B. 岩石划分(见表 9-2)

表 9-2　岩石划分

岩石分类	岩石名称	用轻钻机钻进 1 m 耗时(min)	开挖方法及工具	紧固系数(f)
松石	1. 含有重量在 50 kg 以内的巨砾(占体积 10%以上)的水碛石；2. 砂藻岩和软白垩岩；3. 胶结力弱的砾岩；4. 各种不坚实的片岩；5. 石膏	小于 3.5	部分用手凿工具，部分用爆破开挖	1.51～2.0
次坚石	1. 凝灰岩和浮石；2. 中等硬变的片岩；3. 石灰岩；4. 坚实的泥板岩；5. 砾质花岗岩；6. 砂质云片岩；7. 硬石膏	3.5～8.5	用风镐和爆破开挖	2.01～8.0
普坚石	1. 严重风化的软弱的花岗岩、片麻岩石和正长岩；2. 致密的石灰岩；3. 含有卵石沉积的碴质胶结的卵石；4. 白云岩；5. 坚固的石灰岩	8.5～18.5	用爆破方法开挖	8.01～12.0
特坚石	1. 粗花岗岩；2. 非常坚硬的白云岩；3. 具有风化痕迹的安山岩和玄武岩；4. 中粒花岗岩；5. 坚固的石英岩；6. 拉长玄武岩和橄榄玄武岩	18.5 以上	用爆破方法开挖	12.01～25.0

② 土、石方的体积除定额中另有规定外，均按天然实体积计算(自然方)，填土按夯实后的体积计算。

③ 挖土深度一律以设计室外标高为起点，如实际自然地面标高与设计地面标高不同时，其工程量在竣工结算时调整。

④ 干土与湿土的划分，应以地质勘察资料为准。如无资料时以地下常水位为准，常水位以上为干土，常水位以下为湿土。采用人工降低地下水位时，干、湿土的划分仍以常水位为准。

⑤ 运余松土或挖堆积期在一年以内的堆积土，除按运土方定额执行外，另增加挖一类土的定额项目(工程量按实方计算，若为虚方按工程量计算规则的折算方法折算成实方)。取自然土回填时，按土壤类别执行挖土定额。

⑥ 支挡土板不分密撑、疏撑均按定额执行，实际施工中材料不同均不调整。

⑦ 大开挖的桩间挖土按打桩后坑内挖土相应定额执行。

(2) 机械土、石方

① 机械土方定额是按三类土计算的；如实际土壤类别不同时，定额中机械台班量乘以

表 9-3 系数。

表 9-3 土壤类别换算系数

项目	一、二类土	三类土	四类土
推土机推土方	0.84	1.00	1.18
铲运机铲运土方	0.84	1.00	1.26
自行式铲运机铲运土方	0.86	1.00	1.09
挖掘机挖土方	0.84	1.00	1.14

② 土、石方体积均按天然实体积(自然方)计算;推土机、铲运机推、铲未经压实的堆积土时,按三类土定额项目乘以系数 0.73。

③ 推土机推土、推石,铲运机运土重车上坡时,如坡度大于 5%时,其运距按坡度区段斜长乘系数计算(见表 9-4)。

表 9-4 机械土方坡度系数表

坡度(%)	10 以内	15 以内	20 以内	25 以内
系数	1.75	2.00	2.25	2.50

④ 机械挖土方工程量,按机械实际完成工程量计算。机械确实挖不到的地方,用人工修边坡、整平的土方工程量套用人工挖土方(最多不得超过挖方量的 10%)相应定额项目人工乘以系数 2。机械挖土、石方单位工程量小于 2 000 m^3 或在桩间挖土、石方,按相应定额乘以系数 1.10。

⑤ 机械挖土均以天然湿度土壤为准,含水率达到或超过 25%时,定额人工、机械乘以系数 1.15;含水率超过 40%时,另行计算。

⑥ 本定额自卸汽车运土,对道路的类别及自卸汽车吨位已分别进行综合计算,但未考虑自卸汽车运输中对道路路面清扫的因素。在施工中,应根据实际情况适当增加清扫路面人工。

⑦ 自卸汽车运土,按正铲挖掘机挖土考虑,如系反铲挖掘机装车,则自卸汽车运土台班量乘系数 1.10;拉铲挖掘机装车,自卸汽车运土台班量乘系数 1.20。

⑧ 挖掘机在垫板上作业时,其人工、机械乘系数 1.25,垫板铺设所需的人工、材料、机械消耗另行计算。

⑨ 推土机推土或铲运机铲土,推土区土层平均厚度小于 300 mm 时,其推土机台班乘系数 1.25,铲运机台班乘系数 1.17。

⑩ 装载机装原状土,需由推土机破土时,另增加推土机推土项目。

⑪ 定额中未包括地下水位以下的施工排水费用,如发生,依据施工组织设计规定,排水人工、机械费用应另行计算。

⑫ 爆破石方定额是按炮眼法松动爆破编制的,不分明炮或闷炮,如实际采用闷炮法爆破的,其覆盖保护材料另行计算。

⑬ 爆破石方定额是按电雷管导电起爆编制的,如采用火雷管起爆时,雷管数量不变,单价换算,胶质导线扣除,但导火索应另外增加(导火索长度按每个雷管 2.12 m 计算)。

⑭ 石方爆破中已综合了不同开挖深度、坡面开挖、放炮找平因素，如设计规定爆破有粒径要求时，需增加的人工、材料、机械应由甲、乙双方协商处理。

3）工程量计算规则

（1）人工土方

① 计算土、石方工程量前，应确定下列各项资料：

A. 土壤及岩石类别的确定。土壤及岩石类别的划分，应依工程地质勘察资料与前面所述“土壤及岩石的划分”对照后确定。

B. 地下水位标高。

C. 土方、沟槽、基坑挖（填）起止标高、施工方法及运距。

D. 岩石开凿、爆破方法、石碴清运方法及运距。

E. 其他有关资料。

② 一般规则

A. 土方体积，以挖凿前的天然密实体积（m^3）为准，若虚方计算，按表 9-5 进行折算。

表 9-5 土方体积折算表

单位：m^3

虚方体积	天然密实体积	夯实后体积	松填体积
1.00	0.77	0.67	0.83
1.30	1.00	0.87	1.08
1.50	1.15	1.00	1.25
1.20	0.92	0.80	1.00

说明：定额中的“虚土”是指未经填压自然形成的土；天然密实土是指未经动的自然土（天然土）；夯实土是指按规范要求经过分层碾压、夯实的土；松填土是指挖出的自然土自然堆放未经夯实填在槽、坑中的土。

B. 挖土一律以设计室外地坪标高为起点，深度按图示尺寸计算。

C. 按不同的土壤类别、挖土深度、干湿土分别计算工程量。

D. 在同一槽、坑内或沟内有干、湿土时应分别计算，但使用定额时，按槽、坑或沟的全深计算。

③ 平整场地工程量，按下列规定计算（如图 9-22）：

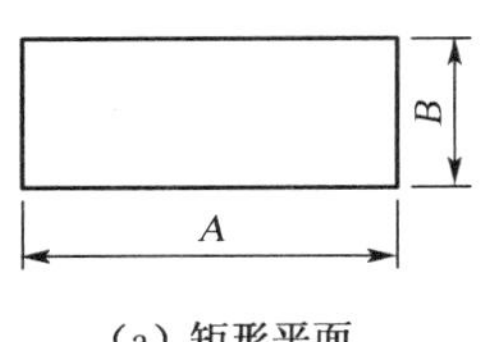

（a）矩形平面

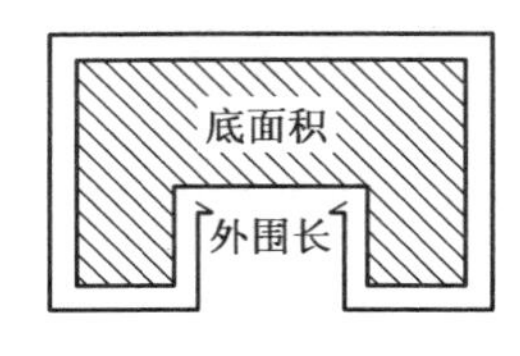

（b）凹凸形平面

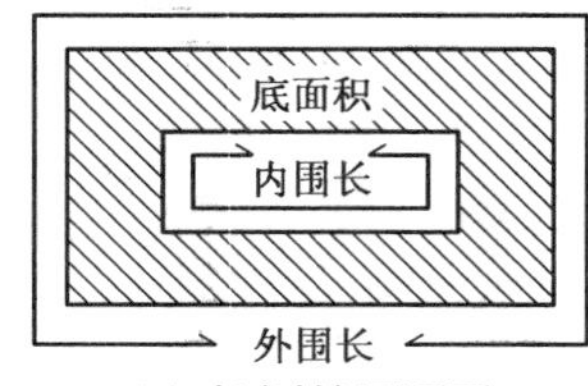

（c）任意封闭形平面

图 9-22 平整场地常见图形

A. 平整场地是指建筑物场地挖、填土方厚度在±300 mm 以内及找平。

B. 平整场地工程量按建筑物外墙外边线每边各加 2 m，以平方米计算。计算公式如下：

矩形平面 $S_{平} = S_{底} + 2 \times L_{外} + 16$ （9-4）

凹凸形平面 $S_{平} = S_{底} + 2 \times L_{外} + 16$ (9-5)

任意封闭形平面 $S_{平} = S_{底} + 2 \times (L_{外围} + L_{内围})$ (9-6)

④ 沟槽、基坑土方工程量按下列规定计算：

A. 沟槽、基坑、一般土方划分：底宽≤7 m且底长>3倍底宽的为沟槽。套用定额计价时，应根据底宽的不同，分别按底宽3～7 m间，3 m以内，套用对应的定额子目。底长≤3倍底宽且底面积≤150 m^2 的为基坑。套用定额计划时，应根据底面积的不同，分别按底面积20～150 m^2 间，20 m^2 以内，套用对应的定额子目。凡沟槽底宽7 m以上，基坑底面积150 m^2 以上者，按挖一般土方或挖一般石方计算。

B. 沟槽工程量按沟槽长度乘沟槽截面积(m^2)计算。沟槽长度(m)，外墙按图示基础中心线长度计算；内墙按图示基础底宽加工作宽度之间净长度计算。沟槽宽(m)按设计宽度加基础施工所需工作面宽度计算。突出墙面的附墙烟囱、垛等体积并入沟槽土方工程量内。

C. 挖沟槽、基坑、土方需放坡时，以施工组织设计规定计算，施工组织设计无明确规定时，放坡高度、比例按表9-6计算。

表9-6 放坡高度与放坡比例(1∶K)

土壤类别	放坡起点深度	人工挖土	机械挖土	
			坑内作业	坑上作业
一、二类土	超过1.20 m	1∶0.50	1∶0.33	1∶0.75
三类土	超过1.50 m	1∶0.33	1∶0.25	1∶0.67
四类土	超过2.00 m	1∶0.25	1∶0.10	1∶0.33

注：(1) 沟槽、基坑中土壤类别不同时，分别按其土壤类别、放坡比例以不同土壤厚度分别计算。

(2) 计算放坡工程量时交接处的重复工程量不扣除，符合放坡深度规定时才能放坡，放坡高度应自垫层下表面至设计室外地坪标高计算。

D. 基础施工所需工作面宽度按表9-7中的规定计算。

表9-7 基础施工所需工作面宽度

基础做法	每边各增加工作面宽度(c)(mm)
砖基础	200
浆砌毛石、条石基础	150
混凝土基础垫层支模板	300
混凝土基础支模板	300
基础垂直面做防水层	1 000(防水层面)

E. 沟槽、基坑需支挡土板时，挡土板面积按槽、坑边实际支挡板面积(即每块挡板的最长边×挡板的最宽边之积)计算。

F. 管道地沟、地槽、基坑深度，按图示槽、坑、垫层底面至室外地坪深度计算。

⑤ 回填土区分夯填、松填以立方米计算。

A. 基槽、坑回填土体积＝挖土体积－设计室外地坪以下埋设的体积(包括基础垫层、柱、墙基础及柱等)。

B. 室内回填土体积按主墙间净面积乘填土厚度计算，不扣除附垛及附墙烟囱等体积。

C. 管道沟槽回填，以挖方体积减去管外径所占体积计算。

⑥ 余土外运、缺土内运工程量按下式计算：

$$运土工程量 = 挖土工程量 - 回填土工程量 \quad (9\text{-}7)$$

正值为余土外运，负值为缺土内运。

(2) 机械土方

① 机械土、石方运距按下列规定计算：

A. 推土机推距：按挖方区重心至回填区重心之间的直线距离计算。

B. 铲运机运距：按挖方区重心至卸土区重心加转向距离 45 m 计算。

C. 自卸汽车运距：按挖方区重心至填土区(或堆放地点)重心的最短距离计算。

② 建筑场地原土碾压以平方米计算，填土碾压按图示填土厚度以 m^3 计算。

4) 应用案例

【例 9-2】 计算如图 9-23 所示建筑物人工平整场地工程量，并根据 2014 年江苏省计价定额计算定额综合单价(人工工资单价按 2014 计价定额，管理费率取定 25%，利润取定 12%，单位 mm)

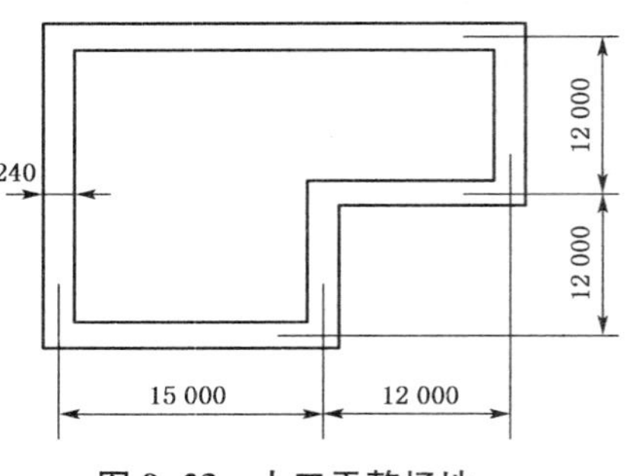

图 9-23 人工平整场地

【解】 (1) 人工平整场地工程量 $= (27 + 0.24 + 4) \times (24 + 0.24 + 4) - 12 \times 12 = 738.22\ m^2$

或 人工平整场地工程量 $= S_{平} = S_{底} + 2 \times L_{外} + 16$

$= [(27+0.24) \times (12+0.24) + (15+0.24) \times 12] + 2 \times [(15 + 0.24 + 24 + 0.24 + 12) \times 2] + 16 = 738.22\ m^2$

(2) 套定额

1-98 人工平整场地　综合单价：60.13 元/10 m^2

【例 9-3】 计算如图 9-24 所示的挖土方工程量。已知该土为三类干土。并根据 2014 年江苏省计价定额计算定额综合单价(人工工资单价按 2014 计价定额，管理费率取定 25%，利润取定 12%，单位 mm)。

【解】 (1) 基槽土方

基槽底宽：$B = 0.40 + 0.40 + 0.30 + 0.30 = 1.40\ m$

基槽高：$-1.5 - (-0.45) = 1.05$，不足 1.5 m，不需要放坡。

外墙基槽：

$V_{外墙} = L_{中} \times S$

$L_{中} = (4.20 + 4.20 + 4.20 + 5.70 + 3.30) \times 2 = 43.20\ m$

$S_{断面} = 1.05 \times 1.40 = 1.47\ m^2$

$V_{外墙} = 43.20 \times 1.47 = 63.50\ m^3$

内墙基槽：

$V_{内墙} = L_{净} \times S$

$L_{净} = 9.0 - 1.4 + (4.2 - 1.4) \times 2 = 13.20\ m$

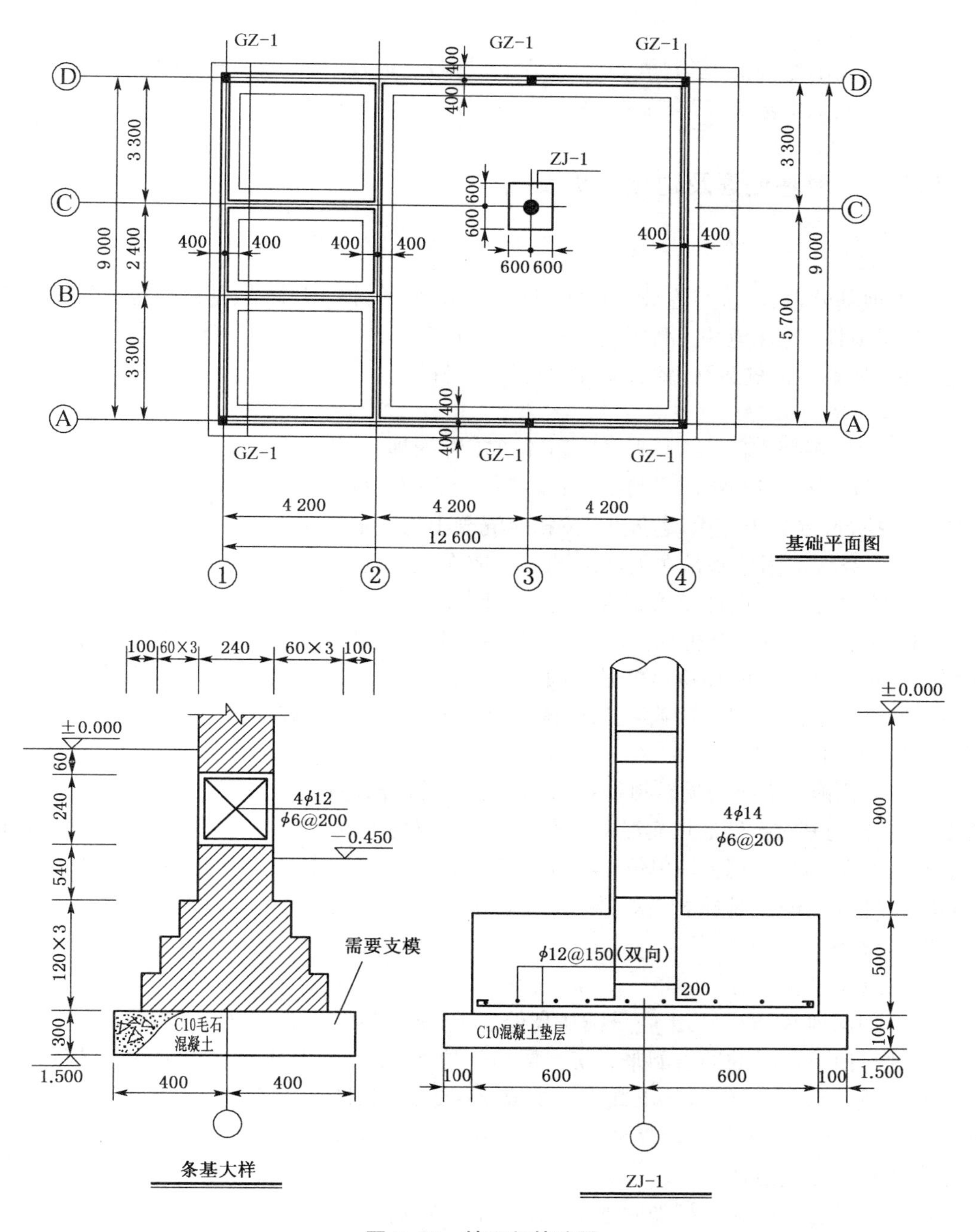

图 9-24　某工程基础图

$S_{断面} = 1.47\ m^2$

$V_{内墙} = 13.20 \times 1.47 = 19.40\ m^3$

$V_{基槽} = 63.50 + 19.40 = 82.90\ m^3$

(2) 基坑土方

$V_{坑} = (0.6 + 0.6 + 0.3 + 0.3) \times (0.6 + 0.6 + 0.3 + 0.3) \times 1.05 = 3.40\ m^3$

(3) 套定额

1-27　人工挖沟槽(三类干土,深 1.5 m 以内)　综合单价:47.47 元/m^3

1-55　人工挖基坑(三类干土,深 1.5 m 以内)　综合单价:53.80 元/m^3

9.3.2　地基处理及边坡支护工程

1) 概况

设置地基处理、基坑与边坡支护两部分,共 46 个子目。其中,地基处理包括强夯法加固地基、深层搅拌桩和粉喷桩、高压旋喷桩、灰土挤密桩、压密注浆等;基坑与边坡支护包括基坑锚喷护壁、斜拉锚桩成孔、钢管支撑、打拔钢板桩等。

2) 本节说明

(1) 本定额适用于一般工业与民用建筑工程的地基处理及边坡支护。其中,采用桩进行地基处理时安第三章相应子目执行;换填垫层适用于软弱地基的换填材料加固按第四章相应子目执行;混凝土支撑,若发生,按相应混凝土构件定额执行。

(2) 强夯法加固地基是在天然地基土上或在填土地基上进行作业的,不包括强夯前的试夯工作和费用。若设计要求试夯,可按设计要求另行计算。

(3) 深层搅拌桩不分桩径大小,执行相应子目。设计水泥量不同可换算,其他不调整。深层搅拌桩(三轴除外)和粉喷桩是按四搅二喷施工编制,设计为二搅一喷,定额人工、机械乘以系数 0.7;六搅三喷,定额人工、机械乘以系数 1.4。高压旋喷桩、压密注浆的浆体材料用量可按设计含量调整。

(4) 基坑钢管支撑为周转摊销材料,其场内运输、回库保养均已包含在内。支撑处需挖运土方,围檩与基坑护壁的填充混凝土未包括在内,发生时应按实另行计算。场外运输按金属Ⅲ类构件计算。打、拔钢板桩单位工程打桩工程量小于 50 t 时,人工、机械乘以系数 1.25。场内运输超过 300 m 时,应按相应构件运输子目执行,并扣除打桩子目中的场内运输费。

3) 工程量计算规则

(1) 强夯加固地基

强夯加固地基,即用几十吨重锤从高处落下,反复多次夯击地面,对地基进行强力夯实。利用重锤自由下落时的冲击能来夯实浅层填土地基,使表面形成一层较为均匀的硬层来承受上部荷载,经夯击后的地基承载力可提高 2~5 倍,压缩性可降低 200%~500%,影响深度在 10 m 以上。其工程量计算规则为以夯锤底面积计算,并根据设计要求的夯击能量和每点夯击数执行相应定额。

(2)深层搅拌桩、粉喷桩加固地基,利用水泥或其他固化剂通过特制的搅拌机械,在地基中将水泥和土体强制拌合,使软弱土硬结成整体,形成具有水稳性和足够强度的水泥土桩或地下连续墙,处理深度可达 8~12 m。其工程量计算按设计长度另加 500 mm(设计有规定的按设计要求)乘以设计截面积以立方米计算(重叠部分面积不得重复计算),群桩间的搭接不扣除。定额中已经包括 2 m 以内的钻进空搅因素,超过 2 m 以外的空搅体积按相应子目人工、深层搅拌桩机乘以系数 0.3,其他不计算。

(3) 高压旋喷桩

高压旋喷桩,是以高压旋转的喷嘴将水泥浆喷入土层与土体混合,形成连续搭接的水泥加固体。施工占地少、振动小、噪声较低，但容易污染环境，成本较高，对于特殊的不能使喷出浆液凝固的土质不宜采用。其钻孔长度按自然地面至设计桩底标高以长度计算，喷浆按设计加固桩的截面面积乘以设计桩长以体积计算。

(4) 灰土挤密桩

灰土挤密桩是将钢管打入土中，将管拔出后，在形成的桩孔回填 3∶7 灰土加以夯实而成。适用于处理湿陷性黄土、素填土以及杂填土地基。多用于加固杂填土地基、挤密土层。成孔方法与混凝土灌注桩比较类似，灰土 3∶7 为石灰和黏土的体积为 3∶7，其工程量按设计图示尺寸以桩长计算(包括桩尖)。

(5) 压密注浆

压密注浆是利用较高的压力灌入浓度较大的水泥浆或化学浆液，注浆开始时浆液总是先填充较大的空隙，然后在较大的压力下渗入土体空隙。随着土层孔隙水压力升高挤压土体，直至出现剪切裂缝，产生劈裂，浆液随之充填裂缝，形成浆脉，使得土体内形成新的网状骨架结构。浆脉在形成过程中由于占据了土体中一部分空间，加上土层内孔隙被浆液所渗透，从而将土体挤密，构成了新的浆脉复合地基，改善了土体的强度和防渗性能，同时也改变了土体物理力学性质，提高了软土地基的承载力。其钻孔按设计长度计算。注浆工程量按以下方式计算：设计图纸注明加固土体体积的，按注明的加固体积计算；设计图纸按布点形式图示土体加固范围的，则按两孔间距的一半作为扩散尺寸，以布点边线各加扩散半径形成计算平面，计算注浆体积；如果设计图纸上注浆点在钻孔灌注桩之间，按两注浆孔距的一半作为每孔的扩散半径，以此圆柱体体积计算。

(6) 基坑及边坡支护

基坑锚喷支护指的是借高压喷射水泥混凝土和打入岩层中的金属锚杆的联合作用(根据地质情况也可分别单独采用)加固岩层，其工程量计算规则为基坑锚喷护壁成孔、斜拉锚桩成孔及孔内注浆按设计图示尺寸以长度计算。护壁喷射混凝土按设计图示以面积计算。

土钉支护钉是由天然土体通过土钉墙就地加固并与喷射混凝土面相结合，形成一个类似重力挡土墙以此来抵抗墙后的土压力。其工程量计算：土锚杆按设计图示以长度计算。挂钢筋网按设计图纸以面积计算。

基坑钢管支撑以坑内的钢立柱、支撑、围檩、活络接头、法兰盘、预埋铁件的合并质量计算。

打、拔钢板桩按设计钢板桩质量计算。

9.3.3 桩基工程

1) 概述

桩基工程共计 94 个子目。内容包括：打预制钢筋混凝土方桩、送桩，打预制离心管桩、送桩，静力压预制钢筋混凝土方桩、送桩，静力压离心管桩、送桩、离心管桩、接桩，钻孔灌注混凝土桩，长螺旋钻孔灌注混凝土桩，打孔沉管灌注桩，打孔夯扩灌注混凝土桩，旋挖法灌注混凝土桩和灰土挤密桩，人工挖孔灌注混凝土桩，深沉搅拌桩和粉喷桩，基坑锚喷护壁，人工凿桩头、截断桩。

2）本节说明

(1) 本定额适用于一般工业与民用建筑工程的桩基础，不适用于水工建筑、公路、桥梁工程，也不适用于支架上、室内打桩。打试桩可按相应定额项目的人工、机械乘系数 2，试桩期间的停置台班结算时应按实调整。

(2) 本定额打桩机的类别、规格执行中不换算。打桩机及为打桩机配套的施工机械的进(退)场费和组装、拆卸费用，另按实际进场机械的类别、规格计算。

(3) 预制钢筋混凝土方桩的制作费，另按相关章节规定计算。打(压)桩定额项目中预制钢筋混凝土方桩损耗取定 C35 钢筋混凝土单价，设计要求的混凝土强度等级与定额取定不同时不作调整。打桩如设计有接桩，另按接桩定额执行，管桩、静力压桩的接桩另按有关规定计算。

(4) 本定额土壤级别已综合考虑，执行中不换算。子目中的桩长度是指包括桩尖及接桩后的总长度。

(5) 电焊接桩钢材用量，设计与定额不同时，按设计用量乘系数 1.05 调整，人工、材料、机械消耗量不变。

(6) 每个单位工程的打(灌注)桩工程量小于表 9-8 规定数量时，其人工、机械(包括送桩)按相应定额项目乘系数 1.25。

表 9-8　打桩最小工程量

项　　目	工程量
预制钢筋混凝土方桩	150 m^3
预制钢筋混凝土离心管桩	50 m^3
打孔灌注混凝土桩	60 m^3
打孔灌注砂桩、碎石桩、砂石桩	100 m^3
钻孔灌注混凝土桩	60 m^3

(7) 本定额以打直桩为准，如打斜桩，斜度在 1∶6 以内者，按相应定额项目人工、机械乘系数 1.25；如斜度大于 1∶6 者，按相应定额项目人工、机械乘系数 1.43。

(8) 地面打桩坡度以小于 15°为准，大于 15°打桩按相应定额项目人工、机械乘系数 1.15。如在基坑内(基坑深度大于 1.15 m)打桩或在地坪上打坑槽内(坑槽深度大于 1.0 m)桩时，按相应定额项目人工、机械乘系数 1.11。

(9) 各种灌注桩中的材料用量预算暂按表 9-9 内的充盈系数和操作损耗计算，结算时充盈系数按打桩记录灌入量进行调整，操作损耗不变。

$$定额含量 = 充盈系数 \times (1 + 损耗率) \tag{9-8}$$

各种灌注桩中设计钢筋笼时，按钢筋笼定额执行。

设计混凝土强度、等级或砂、石级配与定额取定不同，应按设计要求调整材料，其他不变。

(10) 钻孔灌注混凝土桩的钻孔深度是按 50 m 内综合编制的，超过 50 m 桩，钻孔人工、机械乘系数 1.10。人工挖孔灌注混凝土桩的挖孔深度是按 15 m 内综合编制的，超过 15 m 的桩，挖孔人工、机械乘系数 1.20。

表 9-9 充盈系数

项目名称	充盈系数	操作损耗率(%)
打孔沉管灌注混凝土桩	1.20	1.50
打孔沉管灌注砂(碎石)桩	1.20	2.00
打孔沉管灌注砂石桩	1.20	2.00
钻孔灌注混凝土桩(土孔)	1.20	1.50
钻孔灌注混凝土桩(岩石孔)	1.10	1.50
打孔沉管夯扩灌注混凝土桩	1.15	2.00

(11) 本定额打桩(包括方桩、管桩)已包括 300 m 内的场内运输,实际超过 300 m 时,应按构件运输相应定额执行,并扣除定额内的场内运输费。

(12) 本定额不包括打桩、送桩后场地隆起土的清除及填桩孔的处理(包括填的材料),现场实际发生时应另行计算。

(13) 凿出后的桩端部钢筋与底板或承台钢筋焊接应按钢筋工程中相应项目执行。

(14) 坑内钢筋混凝土支撑需截断按截断桩定额执行。

(15) 打孔沉管灌注桩分单打、复打,第一次按单打桩定额执行,在单打的基础上再次打,按复打桩定额执行。打孔夯扩灌注桩一次夯扩执行一次夯扩定额,再次夯扩时,应执行二次夯扩定额,最后在管内灌注混凝土到设计高度按一次夯扩定额执行。使用预制钢筋混凝土桩尖时,钢筋混凝土桩尖另加,定额中活瓣桩尖摊销费应扣除。

(16) 注浆管埋设定额按桩底注浆考虑,如设计采用侧向注浆,则人工和机械乘以系数 1.2。

(17) 灌注桩后注浆的注浆管、声测管埋设,注浆管、声测管如遇材质、规格不同时可以换算,其余不变。

(18) 因设计修改在桩间补打桩时,补打桩按相应打桩定额项目人工、机械乘系数 1.15。

3) 工程量计算规则

(1) 打预制钢筋混凝土桩的体积,按设计桩长(包括桩尖,不扣除桩尖虚体积)乘以桩截面面积以 m^3 计算;管桩的空心体积应扣除,管桩的空心部分设计要求灌注混凝土或其他填充材料时,应另行计算。

(2) 接桩:按每个接头计算。

(3) 送桩:以送桩长度(自桩顶面至自然地坪另加 500 mm)乘桩截面面积以 m^3 计算。

(4) 打孔沉管、夯扩灌注桩:

① 灌注混凝土、砂、碎石桩使用活瓣桩尖时,单打、复打桩体积均按设计桩长(包括桩尖)另加 250 mm(设计有规定的,按设计要求)乘以标准管外径以 m^3 计算。使用预制钢筋混凝土桩尖时,单打、复打桩体积均按设计桩长(不包括预制桩尖)另加 250 mm 乘以标准管外径以 m^3 计算。

② 打孔、沉管灌注桩空沉管部分,按空沉管的实体积计算。

③ 夯扩桩体积分别按每次设计夯扩前投料长度(不包括预制桩尖)乘以标准管内径体积计算,最后管内灌注混凝土按设计桩长另加 250 mm 乘以标准管外径体积计算。

④ 打孔灌注桩、夯扩桩使用预制钢筋混凝土桩尖的,桩尖个数另列项目计算,单打、复

打的桩尖按单打、复打次数之和计算(每只桩尖 30 元)。

(5) 泥浆护壁钻孔灌注桩:

① 钻土孔与钻岩石孔工程量应分别计算。土与岩石地层分类详见表 9-10。钻土孔自自然地面至岩石表面之深度乘设计桩截面积以 m^3 计算;钻岩石孔以入岩深度乘桩截面面积以 m^3 计算。

② 混凝土灌入量以设计桩长(含桩尖长)另加一个直径(设计有规定的,按设计要求)乘桩截面面积以 m^3 计算;地下室基础超灌高度按现场具体情况另行计算。

③ 泥浆外运的体积等于钻孔的体积以 m^3 计算。

(6) 凿灌注混凝土桩头按 m^3 计算,凿、截断预制方(管)桩均以根计算。

(7) 深层搅拌桩、粉喷桩加固地基,按设计长度另加 500 mm(设计有规定时,按设计要求)乘以设计截面面积以 m^3 计算(双轴的工程量不得重复计算),群桩间的搭接不扣除。

(8) 人工挖孔灌注混凝土桩中挖井坑土、挖井坑岩石、砖砌井壁、混凝土井壁、井壁内灌注混凝土均按图示尺寸以 m^3 计算。

(9) 长螺旋或旋挖法钻孔灌注桩的单桩体积,按设计桩长(含桩尖)另加 500 mm(设计有规定时,按设计要求)再乘以螺旋外径或设计截面面积以 m^3 计算。

(10) 基坑锚喷护壁成孔及孔内注浆按设计图纸以延长米计算,两者工程量应相等。护壁喷射混凝土按设计图纸以 m^2 计算。

(11) 土钉支护钉土锚杆按设计图纸以延长米计算,挂钢筋网按设计图纸以 m^2 计算。

表 9-10 地层分类表

层级别		代表性地层
土孔	Ⅰ	泥炭、植物层、耕植土、粉砂层、细砂层
	Ⅱ	黄土层、泥质砂层、火成岩风化层
	Ⅲ	泥灰层、硬黏土、白垩软层、砾石层
岩石孔	Ⅳ	页层、致密泥灰层、泥质砂岩、岩盐、石膏
	Ⅴ	泥质页岩、石灰岩、硬煤层、卵石层
	Ⅵ	长石砂岩、石英、石灰质砂岩、泥质及砂质片岩
	Ⅶ	云母片岩、石英砂岩、硅化石灰岩
	Ⅷ	片麻岩、轻风化的火成岩、玄武岩
	Ⅸ	硅化页岩及砂岩、粗粒花岗岩、花岗片麻岩
	Ⅹ	细粒花岗岩、花岗片麻岩、石英脉
	Ⅺ	刚玉岩、石英岩、含赤铁矿及磁铁矿的碧玉石
	Ⅻ	没有风化均质的石英岩、辉石及遂石碧玉
	Ⅳ	页层、致密泥灰层、泥质砂岩、岩盐、石膏

注:钻入岩石以Ⅳ类为准,如钻入岩石Ⅴ类时,人工、机械乘系数 1.15;如钻入岩石Ⅴ类以上时,应另行调整人工、机械用量。

4) 应用案例

【例 9-4】 某单位工程桩,设计为预制方桩 300 mm×300 mm,每根工程桩长 18 m(6+

6+6)，共200根。桩顶标高为−2.15 m，设计室外地面标高为−0.60 m，柴油打桩机施工，方桩包角钢接头。计算打桩、接桩及送桩工程量，并根据2014年江苏省计价定额计算定额综合单价(人工工资单价按2014计价定额，管理费费率取11%，利润取6%)。

【解】 工程量计算：

打预制方桩：$18\times0.3\times0.3\times200=324.00\ m^3$

胶泥接桩：按每根桩2个接头计算，$200\times2=400$个

送方桩：送桩深度$=2.15-0.6+0.5=2.05\ m$

送桩工程量$=0.3\times0.3\times200\times2.05=36.90\ m^3$

套用2004年江苏省计价表计算定额综合单价(见表9-11)。

表9-11 预制混凝土桩长<20 m

序号	定额编号	项目名称	计量单位	工程量	综合单价(元)	合计(元)
1	3-2	打预制混凝土方桩18 m以内	m^3	324.00	251.08	81 349.92
2	3-6	送预制混凝土方桩18 m以内	m^3	36.90	222.95	8 226.86
3	3-25	方桩包角钢	个	400.00	560.60	22 420.00

【例9-5】 如图9-25所示，某工程设计钻孔灌注混凝土桩25根，桩直径$D=900$ mm，设计桩长28 m，入岩(Ⅴ类)1.5 m，自然地面标高−0.6 m，桩顶标高−2.60 m，C30混凝土现场自拌，以自身的黏土及灌入的自来水进行护壁，砖砌泥浆池，泥浆外运按8 km，根据地质情况土孔混凝土充盈系数为1.25，岩石孔混凝土充盈系数为1.1，每根桩钢筋用量为0.750 t，该工程共使用一台桩机。请根据2014版《江苏省建筑与装饰工程计价定额》计算工程量，并计算定额综合单价(人工工资单价按2014计价定额，管理费费率取14%，利润取8%)。

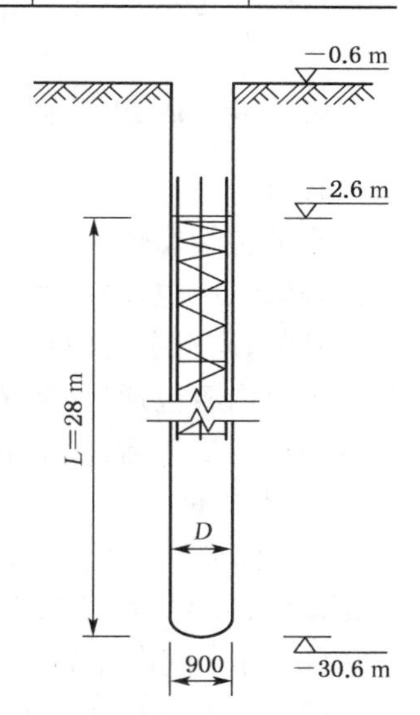

图9-25 钻孔灌注桩施工图

【解】 (1)工程量计算

钻土孔：$3.14\times0.45\times0.45\times(30.6-0.6-1.5)\times25=453.04\ m^3$

钻岩孔：$3.14\times0.45\times0.45\times1.5\times25=23.84\ m^3$

土孔混凝土：$3.14\times0.45\times0.45\times(28+0.9-1.5)\times25=435.56\ m^3$

岩孔混凝土：$3.14\times0.45\times0.45\times1.5\times25=23.84\ m^3$

泥浆池：$435.56+23.84=459.40\ m^3$

泥浆运输：$V_{钻土孔}+V_{钻岩石孔}=476.88\ m^3$

钢筋笼：$0.75\times25=18.75$ t

(2) 套定额(见表9-12)

表 9-12　钻孔灌注桩套定额

序号	定额编号	项目名称	计量单位	工程量	综合单价(元)	合计(元)
1	3-29	钻土孔(直径 1 000 mm 以内)	m^3	453.04	291.09	131 863.77
2	3-32	钻岩石孔(直径1 000 mm 以内)V类	m^3	23.84	1 084.57	25 856.15
3	3-39换	土孔混凝土	m^3	435.56	473.45	206 215.88
4	3-40	岩孔混凝土	m^3	23.84	421.18	10 040.93
5		砖砌泥浆池	m^3	435.56+23.84=459.40	2.00	9 184.8
6	(3-41)+3×(3-42)	泥浆运输(5 km 以内)	m^3	476.88	122.62	58 475.03
7	5—6换	钢筋笼	t	18.75	5 153.84	96 634.5
	小计					538 271.06

注：3-39换　458.83－351.03＋288.20×1.25×(1＋1.5%)＝473.45

5-6换　793.76×(1＋14%＋8%)＋4 185.45＝5 153.84

9.3.4　砌筑工程

1）概述

本节包括砌砖、砌石、构筑物和基础垫层四个部分共设置 112 个子目。砌砖主要内容包括：砖基础、砖柱、砌块墙、多孔砖墙、砖砌内墙、空斗墙、空花墙、填充墙、墙面砌贴砖、墙基防潮及其他；砌石主要内容包括：毛石基础、护坡、墙身、方整石墙、柱、台阶、荒料毛石加工；构筑物主要内容包括：烟囱砖基础、筒身及砖加工、烟囱内衬、烟道砌砖及烟道内衬、砖水塔。基础垫层主要包括：灰土垫层、炉渣垫层、砂石垫层等。

2）本节说明

(1) 标准砖墙不分清、混水墙及艺术形式复杂程度。砖、砖过梁、砖圈梁、腰线、砖垛、砖挑檐、附墙烟囱等因素已综合在定额内，不得另立项目计算。阳台砖隔断按相应内墙定额执行。

(2) 标准砖砌体如使用配砖，仍按本定额执行，不作调整。

(3) 空斗墙中门窗立边、门窗过梁、窗台、墙角、檩条下、楼板下、踢脚线部分和屋檐处的实砌砖已包括在定额内，不得另立项目计算。空斗墙中遇有实砌钢筋砖圈梁及单面附垛时，应另列项目按小型砌体定额执行。

(4) 砌块墙、多孔砖墙中，窗台虎头砖、腰线、门窗洞边接茬用标准砖已包括在定额内。

(5) 各种砖砌体的砖、砌块是按表 9-13 规格编制的，规格不同时可以换算。

表 9-13　砖、砌块换算表

砖名称	长×宽×高(mm)
普通黏土(标准)砖	240×115×53
KP1 黏土多孔砖	240×115×90

续表 9-13

砖名称	长×宽×高(mm)
黏土多孔砖	240×240×115　240×115×115
KM1 黏土空心砖	190×190×90
黏土三孔砖	190×190×90
黏土六孔砖	190×190×140
黏土九孔砖	190×190×190
页岩模数多孔砖	240×190×90　240×140×90 240×90×90　190×120×90
硅酸盐空心砌块(双孔)	390×190×190
硅酸盐空心砌块(单孔)	190×190×190
硅酸盐空心砌块(单孔)	190×190×90
硅酸盐砌块	880×430×240　580×430×240(长×高×厚) 430×430×240　280×430×240
加气混凝土块	600×240×150

(6) 除标准砖墙外,其他品种砖弧形墙其弧形部分每立方米砌体按相应项目人工增加15%,砖5%,其他不变。

(7) 砌砖、块定额中已包括了门、窗框与砌体的原浆勾缝在内,砌筑砂浆强度等级按设计规定应分别套用。

(8) 砖砌体内的钢筋加固及转角、内外墙的搭接钢筋以“t”计算,按“砌体、板缝内加固钢筋”定额执行。

(9) 砖砌挡土墙以顶面宽度按相应墙厚内墙定额执行,顶面宽度超过1砖按砖基础定额执行。

(10) 小型砌体系指砖砌门蹲、房上烟囱、地垅墙、水槽、水池脚、垃圾箱、台阶面上矮墙、花台、煤箱、垃圾箱、容积在3 m^3 内的水池、大小便槽(包括踏步)、阳台栏板等砌体。

(11) 砖砌围墙如设计为空斗墙、砌块墙时,应按相应项目执行,其基础与墙身除定额注明外应分别套用定额。

(12) 毛石、方整石零星砌体按窗台下墙相应定额执行,人工乘系数1.10。毛石地沟、水池按窗台下石墙定额执行。毛石、方整石围墙按相应墙定额执行。砌筑圆弧形基础、墙(含砖、石混合砌体),人工按相应项目乘系数1.10,其他不变。

(13) 砖烟囱毛石砌体基础按水塔的相应项目执行。

(14) 整板基础下垫层采用压路机碾压时,人工乘以系数0.9,垫层材料乘以系数1.75,增加光轮压路机(8 t)0.022台班,同时扣除定额中的电动夯实机台班(已有压路机的子目除外)。

(15) 混凝土垫层应另外执行第六章相应子目。

3) 工程量计算规则

(1) 砌筑工程量一般规则

① 计算墙体工程量时,应扣除门窗洞口、过人洞、空圈、嵌入墙身的钢筋混凝土柱、梁、

过梁、圈梁、挑梁、混凝土墙基防潮层和暖气包、壁龛的体积，不扣除梁头、梁垫、外墙预制板头、檩条头、垫木、木楞头、沿椽木、木砖、门窗走头、砖砌体内的加固钢筋、木筋、铁件、钢管及每个面积在 0.3 m² 以下的孔洞等所占的体积。突出墙面的窗台虎头砖、压顶线、山墙泛水、烟囱根、门窗套及三皮砖以内的腰线、挑檐等体积亦不增加。

② 附墙砖垛、三皮砖以上的腰线、挑檐等体积，并入墙身体积内计算。

③ 附墙烟囱、通风道、垃圾道按其外形体积并入所依附的墙体积内合并计算，不扣除每个横截面在 0.1 m² 以内的孔洞体积。

④ 弧形墙按其弧形墙中心线部分的体积计算。

(2) 墙体厚度的计算

标准砖计算厚度按表 9-14 计算。

表 9-14　标准砖墙计算厚度表

墙厚	1/4 砖	1/2 砖	3/4 砖	1 砖	$1\frac{1}{2}$砖	2 砖
砖墙计算厚度(mm)	53	115	178	240	365	430

(3) 基础与墙身的划分

① 砖墙：基础与墙身使用同一种材料时，以设计室内地坪(有地下室者以地下室设计室内地坪)为界，以下为基础，以上为墙身。基础、墙身使用不同材料时，位于设计室内地坪±300 mm 以内，以不同材料为分界线，超过±300 mm，以设计室内地坪分界。

② 石墙：外墙以设计室外地坪、内墙以设计室内地坪为界，以下为基础，以上为墙身。

③ 砖石围墙以设计室外地坪为分界线，以下为基础，以上为墙身。

(4) 砖石基础长度的确定

① 外墙墙基按外墙中心线长度计算。

② 内墙墙基按内墙基最上一步净长度计算。基础大放脚 T 形接头处重叠部分以及嵌入基础的钢筋、铁件、管道、基础防水砂浆防潮层、通过基础单个面积在 0.3 m² 以内孔洞所占的体积不扣除，但靠墙暖气沟的挑檐亦不增加。附墙垛基础宽出部分体积，并入所依附的基础工程量内。

砖基础的大放脚通常采用等高式和不等高式两种砌筑法，如图 9-26 所示。

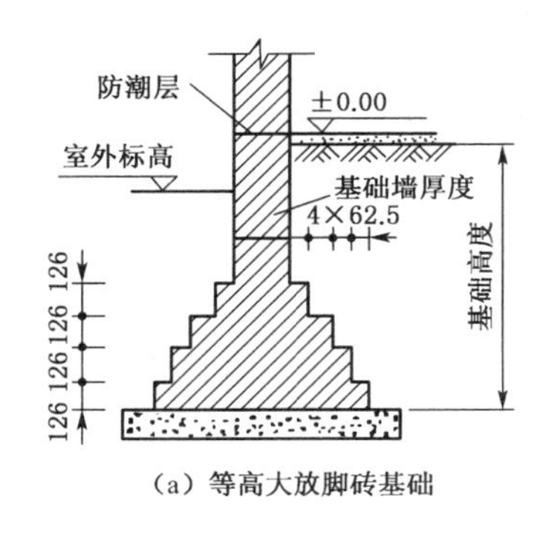

(a) 等高大放脚砖基础

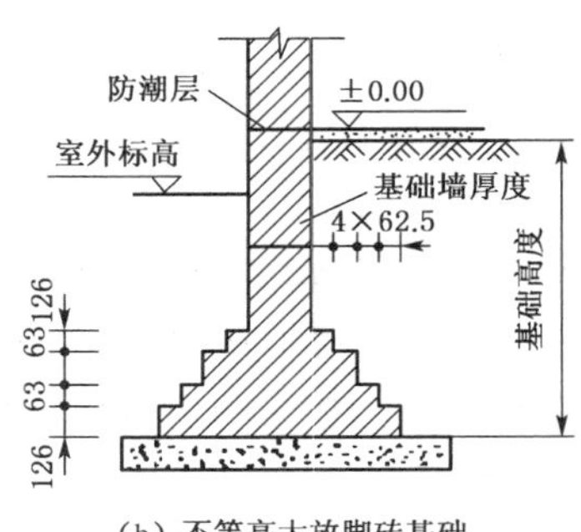

(b) 不等高大放脚砖基础

图 9-26　大放脚砖基础示意图

采用大放脚砌筑法时，砖基础断面积通常按下述两种方法计算。

A. 采用折加高度计算

$$基础断面积 = 基础墙宽度 \times (基础高度 + 折加高度) \tag{9-9}$$

式中：基础高度——垫层上表面至防潮层(或室内地面)的高度。

$$折加高度 = \frac{大放脚增加断面积放脚}{基础墙宽度} \tag{9-10}$$

B. 采用增加断面积计算

$$基础断面积 = 基础墙宽度 \times 基础高度 + 大放脚增加断面积 \tag{9-11}$$

为了计算方便，将砖基础大放脚的折加高度及大放脚增加断面积编成表格，见表 9-15。计算基础工程量时，可直接查折加高度和大放脚增加断面积表。

(5) 墙身长度的确定

外墙按外墙中心线，内墙按内墙净长线计算。

(6) 墙身高度的确定

设计有明确高度时以设计高度计算，未明确时按下列规定计算：

① 外墙：坡(斜)屋面无檐口天棚者，算至墙中心线屋面板底，无屋面板，算至椽子顶面；有屋架且室内外均有天棚者，算至屋架下弦底面另加 200 mm，无天棚，算至屋架下弦另加 300 mm；有现浇钢筋混凝土平板楼层者，应算至平板底面；有女儿墙者应自外墙梁(板)顶面至图示女儿墙顶面，有混凝土压顶者，算至压顶底面，分别以不同厚度按外墙定额执行。

② 内墙：内墙位于屋架下，其高度算至屋架底，无屋架，算至天棚底另加 120 mm；有钢筋混凝土楼隔层者，算至钢筋混凝土板底，有框架梁时，算至梁底面；同一墙上板厚不同时，按平均高度计算。

(7) 框架间砌体分别按内、外墙不同砂浆强度以框架间净面积乘墙厚计算，套相应定额。框架外表面镶包砖部分也并入墙身工程量内一并计算。

(8) 墙基防潮层按墙基顶面水平宽度乘以长度以 m^2 计算，有附垛时将附垛面积并入墙基内。

表 9-15　等高、不等高砖墙基础大放脚折加高度和大放脚增加断面积表

放脚层高	折加高度(m)												增加断面	
	1/2 砖 (0.115)		1 砖 (0.24)		$1\frac{1}{2}$砖 (0.365)		2 砖 (0.49)		$2\frac{1}{2}$砖 (0.615)		3 砖 (0.74)		m^2	
	等高	不等高	等高	不等高	等高	不等高	等高	不等高	等高	不等高	等高	不等高	等高	不等高
一	0.137	0.137	0.066	0.066	0.043	0.043	0.032	0.032	0.026	0.026	0.021	0.021	0.015 75	0.015 75
二	0.411	0.342	0.197	0.164	0.129	0.108	0.096	0.08	0.077	0.064	0.064	0.053	0.047 25	0.039 38
三			0.394	0.328	0.259	0.216	0.193	0.161	0.154	0.128	0.128	0.106	0.094 5	0.078 75
四			0.656	0.525	0.432	0.345	0.321	0.253	0.256	0.205	0.213	0.17	0.157 5	0.126
…	…	…	…	…	…	…	…	…	…	…	…	…	…	…

(9) 其他

① 砖砌台阶按水平投影面积以 m^2 计算。

② 毛石、方整石台阶均以图示尺寸按 m^3 计算,毛石台阶按毛石基础定额执行。

③ 墙面、柱、底座、台阶的剁斧以设计展开面积计算;窗台、腰线以 10 延长米计算。

④ 砖砌地沟沟底与沟壁工程量合并以 m^3 计算。

(10) 基础垫层按设计图示尺寸以 m^3 计算。外墙基础垫层长度按外墙中心线长度计算,内墙基础垫层长度按内墙基础垫层净长计算。

4) 应用案例

【例 9-6】 有一段如图 9-27 所示的外墙身,附墙砖垛,墙身高度 5 m,试计算墙体体积,并按照 2014 江苏省计价定额算出综合单价(人工费按 2014 江苏省计价定额计,管理费费率按 25%,利润率按 12%)。

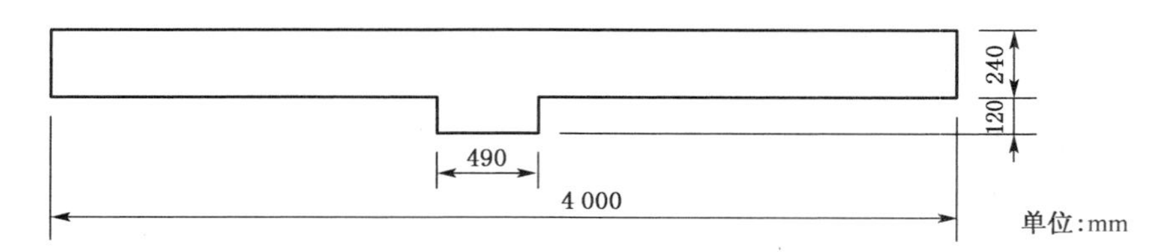

图 9-27 墙体计算图

【解】 计算工程量 $= (4 \times 0.24 + 0.49 \times 0.12) \times 5 = 5.094\ m^3$

套定额 4-35 1 砖外墙 综合单价:442.66 元/m^3

【例 9-7】 求如图 9-28 所示砖基础和防潮层的工程量,并按照 2014 江苏省计价定额算出综合单价(人工费按 2014 江苏省计价定额,管理费费率按 25%,利润率按 12%)。

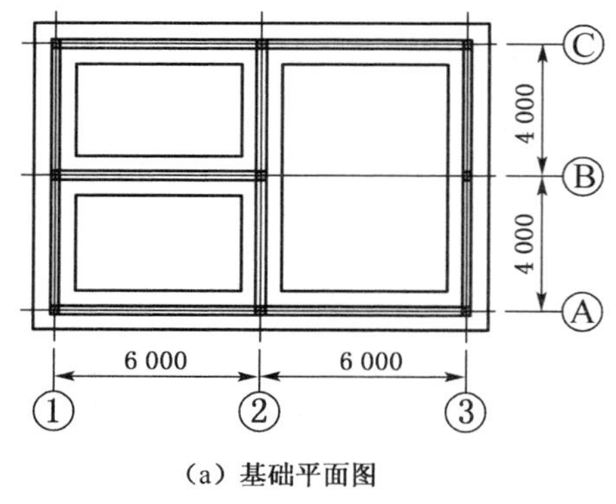

(a) 基础平面图

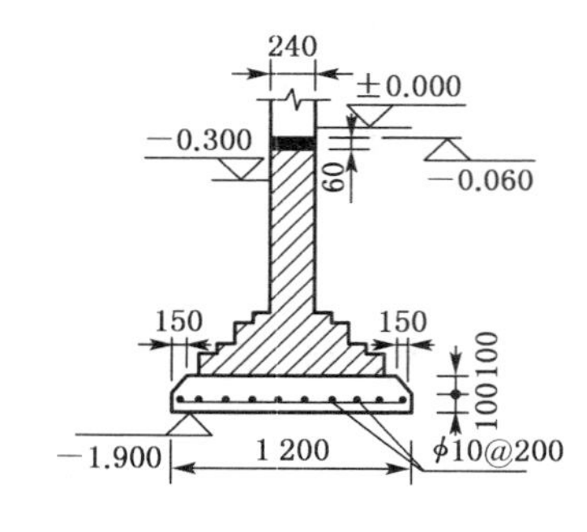

(b) 基础断面图

图 9-28

【解】 (1)工程量计算

① 外墙砖基础

$L_{中} = (6 + 6 + 4 + 4) \times 2 = 40\ m$

$S = 0.24 \times (1.7 + 0.525) = 0.534\ m^2$

$V_{外墙} = L_{中} \times S = 40 \times 0.534 = 21.36\ m^3$

② 内墙砖基础

$L_{净} = (8-0.24)+(6-0.24) = 13.52\ m$

$S = 0.24 \times (1.7+0.525) = 0.534\ m^2$

$V_{内墙} = L_{净} \times S = 13.52 \times 0.534 = 7.22\ m^3$

合计：$21.36 + 7.22 = 28.58\ m^3$

③ 防潮层

$S = (L_{中} + L_{净}) \times 0.24 = (40+13.52) \times 0.24 = 12.84\ m^2$

(2) 套定额(见表 9-16)

表 9-16 砖基础套定额

序号	定额编号	项目名称	计量单位	工程量	综合单价(元)	合计(元)
1	4-1	直形砖基础	m^3	28.58	406.25	11 610.63
2	4-53	墙基防潮层(防水混凝土6cm 厚)	$10m^2$	1.284	276.41	354.91
	小计					11 965.54

【例 9-8】 某一层接待室为三类工程，平、剖面图如图 9-29 所示。墙体中 C20 构造柱体积为 3.6 m^3(含马牙槎)，墙体中 C20 圈梁断面为 240 mm×300 mm，体积为1.99 m^3，屋面板混凝土标号 C20，厚 100 mm，门窗洞口上方设置混凝土过梁，体积为 0.54 m^3，窗下设 C20 窗台板，体积为 0.14 m^3，−0.06 m 处设水泥砂浆防潮层，防潮层以上墙体为 MU5KP1 黏土多孔砖 240 mm×115 mm×90 mm，M5 混合砂浆砌筑，防潮层以下为混凝土标准砖，门窗为彩色铝合金材质，尺寸见表 9-17。请计算墙体工程量，并按照 2014 江苏省计价定额计算墙体工程的合价(人工费按 2014 江苏省计价定额计，管理费费率取 25%，利润率取 12%)。

表 9-17 门窗表

名称	编号	洞口尺寸(mm)		数量
		宽	高	
门	M-1	2 000	2 400	1
	M-2	900	2 400	3
窗	C-1	1 500	1 500	3
	C-2	1 500	1 500	3

【解】 (1) 工程量计算

外墙长 $L = (9+6) \times 2 = 30\ m$

内墙长 $L = (6-0.24) \times 2 + 3 - 0.24 = 14.28\ m$

$S = [(30+14.28) \times (3.3-0.1+0.06) - (11.28+13.5)] = 119.57\ m^2$

$V = 119.57 \times 0.24 - 0.54 - 0.14 - 3.6 - 1.99 = 22.43\ m^3$

(2) 套定额

定额编号：4-28；项目名称：M5KP1 黏土多孔；数量：22.43 m^3；综合单价：311.14 元/m^3。合价：6 978.87 元。

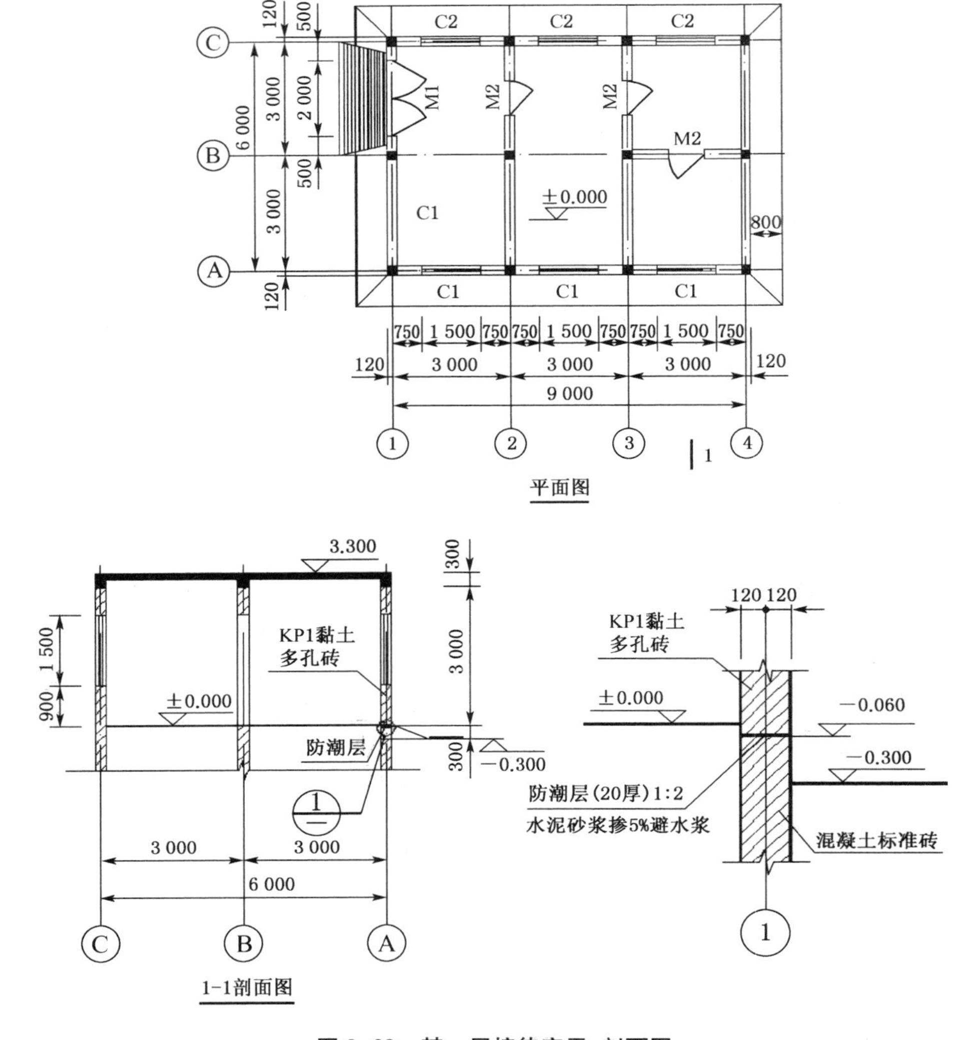

图 9-29　某一层接待室平、剖面图

9.3.5　钢筋工程

1）概述

本节为计价定额第 5 章内容，包括现浇构件、预制构件、预应力构件及其他四节共设置 51 个子目。

现浇构件主要包括普通混凝土钢筋、冷轧带肋钢筋、成型冷轧扭钢筋、钢筋笼、桩内主筋与底板钢筋焊接；预制构件主要包括现场预制混凝土构件钢筋、加工厂预制混凝土构件钢筋、点焊钢筋网片；预应力主要包括先张法、后张法钢筋，后张法钢丝束、钢绞线束钢筋；其他内容包括砌体、板缝内加固钢筋、铁件制作安装、电渣压力焊、锥螺纹、镦粗直螺纹、冷压套管接头。

2）本节说明

(1) 钢筋工程以钢筋的不同规格、不分品种按现浇构件钢筋、现场预制构件钢筋、加工厂预制构件钢筋、预应力构件钢筋、点焊网片分别编制定额项目。

(2) 钢筋工程内容包括除锈、平直、制作、绑扎(点焊)、安装以及浇灌混凝土时维护钢筋用工。

(3) 钢筋搭接所耗用的电焊条、电焊机、铅丝和钢筋余头损耗已包括在定额内,设计图纸注明的钢筋接头长度以及未注明的钢筋接头按规范的搭接长度应计入设计钢筋用量中。

(4) 先张法预应力构件中的预应力、非预应力钢筋工程量应合并计算,按预应力钢筋相应项目执行;后张法预应力构件中的预应力钢筋、非预应力钢筋应分别套用定额。

(5) 预制构件点焊钢筋网片已综合考虑了不同直径点焊在一起的因素,如点焊钢筋直径粗细比在两倍以上时,其定额工日按该构件中主筋的相应子目乘系数 1.25,其他不变(主筋是指网片中最粗的钢筋)。

(6) 粗钢筋接头采用电渣压力焊、套管接头、锥螺纹等接头者,应分别执行钢筋接头定额。计算了钢筋接头不能再计算钢筋搭接长度。

(7) 非预应力钢筋不包括冷加工,设计要求冷加工时应另行处理。预应力钢筋设计要求人工时效处理时应另行计算。

(8) 后张法钢筋的锚固是按钢筋帮条焊 V 形垫块编制的,如采用其他方法锚固时应另行计算。

(9) 基坑护壁孔内安放钢筋按现场预制构件钢筋相应项目执行;基坑护壁壁上钢筋网片按点焊钢筋网片相应项目执行。

(10) 钢筋制作、绑扎需拆分者,制作按 45%、绑扎按 55%折算。

(11) 钢筋、铁件在加工厂制作时,由加工厂至现场的运输费应另列项目计算。在现场制作的不计算此项费用。

(12) 后张法预应力钢丝束、钢绞线束不分单跨、多跨以及单向双向布筋,当构件长在 60 m 以内时,均按定额执行。定额中预应力筋按直径 5 mm 的碳素钢丝或直径 15～15.24 mm 的钢绞线编制的,采用其他规格时另行调整。定额按一端张拉考虑,当两端张拉时,有黏结锚具基价乘以系数 1.14,无黏结锚具乘系数 1.07。当钢绞线束用于地面预制构件时,应扣除定额中张拉平台摊销费。单位工程后张法预应力钢丝束、钢绞线束设计用量在 3 t 以内时,定额人工及机械台班有黏结张拉乘系数 1.63,无黏结张拉乘系数 1.80。

(13) 本定额无黏结钢绞线束以净重计量,若以毛重(含封油包塑的重量)计量时,按净重与毛重之比 1∶1.08 进行换算。

3）工程量计算规则

编制预算时,钢筋工程量可暂按构件体积(或水平投影面积、外围面积、延长米)乘钢筋含量计算。结算时按设计要求,无设计按下列规则计算:

(1) 一般规则

① 钢筋工程应区别现浇构件、预制构件、加工厂预制构件、预应力构件、点焊网片等以及不同规格分别按设计展开长度(展开长度、保护层、搭接长度应符合规范规定)乘理论重量以吨计算。

② 计算钢筋工程量时,搭接长度按规范规定计算。当梁、板(包括整板基础)ϕ8 以上的

通筋未设计搭接位置时，预算书暂按 8 m 一个双面电焊接头考虑，结算时应按钢筋实际定尺长度调整搭接个数，搭接方式按已审定的施工组织设计确定。

③ 先张法预应力构件中的预应力和非预应力钢筋工程量应合并按设计长度计算，按预应力钢筋定额（梁、大型屋面板、F 板执行 ϕ5 外的定额，其余均执行 ϕ5 内定额）执行。后张法预应力钢筋与非预应力钢筋分别计算，预应力钢筋按设计图规定的预应力钢筋预留孔道长度，区别不同锚具类型分别按下列规定计算：A. 低合金钢筋两端采用螺杆锚具时，预应力钢筋按预留孔道长度减 350 mm，螺杆另行计算；B. 低合金钢筋一端采用墩头插片，另一端采用螺杆锚具时，预应力钢筋长度按预留孔道长度计算；C. 低合金钢筋一端采用墩头插片，另一端采用帮条锚具时，预应力钢筋增加 150 mm，两端均用帮条锚具时，预应力钢筋共增加 300 mm 计算；D. 低合金钢筋采用后张混凝土自锚时，预应力钢筋长度增加 350 mm 计算。

④ 电渣压力焊、锥螺纹、套管挤压等接头以"个"计算。预算书中，底板、梁暂按 8 m 长 1 个接头的 50%计算；柱按自然层每根钢筋 1 个接头计算。结算时应按钢筋实际接头个数计算。

⑤ 桩顶部破碎混凝土后主筋与底板钢筋焊接分别分为灌注桩、方桩（离心管桩按方桩）以桩的根数计算。每根桩端焊接钢筋根数不调整。

⑥ 在加工厂制作的铁件（包括半成品铁件）、已弯曲成型钢筋的场外运输按吨计算。各种砌体内的钢筋加固分绑扎、不绑扎按吨计算。

⑦ 混凝土柱中埋设的钢柱，其制作、安装应按相应的钢结构制作、安装定额执行。

⑧ 基础中钢支架、预埋铁件的计算：

A. 基础中，多层钢筋的型钢支架、垫铁、撑筋、马凳等按已审定的施工组织设计合并用量计算，执行金属结构的钢托架制、安定额执行（并扣除定额中的油漆材料费 51.49 元）。现浇楼板中设置的撑筋按已审定的施工组织设计用量与现浇构件钢筋用量合并计算。

B. 预埋铁件、螺栓按设计图纸以吨计算，执行铁件制安定额。

C. 预制柱上钢牛腿按铁件以吨计算。

⑨ 后张法预应力钢丝束、钢绞线束按设计图纸预应力筋的结构长度（即孔道长度）加操作长度之和乘钢材理论重量计算（无黏结钢绞线封油包塑的重量不计算），其操作长度按下列规定计算：A. 钢丝束采用镦头锚具时，不论一端张拉或两端张拉均不增加操作长度（即结构长度等于计算长度）；B. 钢丝束采用锥形锚具时，一端张拉为 1.0 m，两端张拉为 1.6 m；C. 有黏结钢绞线采用多根夹片锚具时，一端张拉为 0.9 m，两端张拉为 1.5 m；D. 无黏结预应力钢绞线采用单根夹片锚具时，一端张拉为 0.6 m，两端张拉为 0.8 m；E. 用转角器张拉及特殊张拉的预应力筋，其操作长度应按实计算。

（2）钢筋直（弯）、弯钩、圆柱、柱螺旋箍筋及其他长度的计算

① 梁、板为简支，钢筋为Ⅱ、Ⅲ级钢时，可按下列规定计算：

A. 直钢筋[如图 9-30(a)]

$$净长 = L - 2c \tag{9-12}$$

B. 弯起钢筋[如图 9-30(b)]

$$净长 = L - 2c + 2 \times 0.414H' \tag{9-13}$$

当 θ 为 30°时，公式内 $0.414H'$ 改为 $0.268H'$；

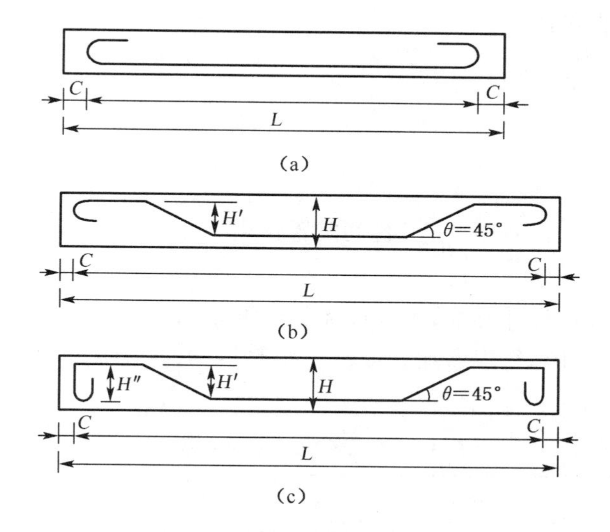

图 9-30　钢筋长度计算示意图

当 θ 为 60°时，公式内 0.414H'改为 0.577H'。

C. 弯起钢筋两端带直钩(如图 9-30(c))

$$净长 = L - 2c + 2H'' + 2 \times 0.414H' \tag{9-14}$$

当 θ 为 30°时，公式内 0.414H'改为 0.268H'；

当 θ 为 60°时，公式内 0.414H'改为 0.577H'。

D. 末端需作 90°、135°弯折时，其弯起部分长度按设计尺寸计算。

当 A、B、C 项采用Ⅰ级钢时，除按上述计算长度外，在钢筋末端应设弯钩，每只弯钩增加 6.25d。

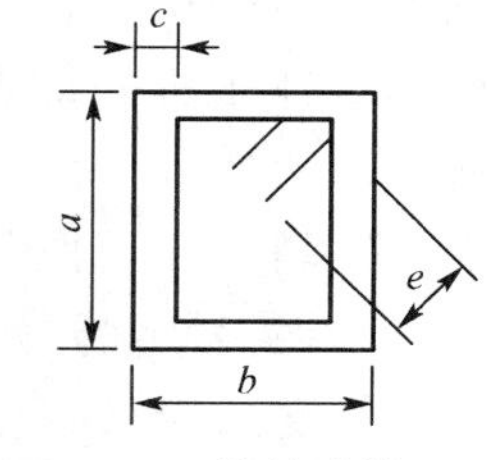

图 9-31　箍筋计算图

② 箍筋(如图 9-31)末端应作 135°弯钩，弯钩平直部分的长度 e 一般不应小于箍筋直径的 5 倍，对有抗震要求的结构不应小于箍筋直径的 10 倍。

当平直部分为 5d 时，箍筋长度

$$L = (a - 2c + 2d) \times 2 + (b - 2c + 2d) \times 2 + 14d \tag{9-15}$$

当平直部分为 10d 时，箍筋长度

$$L = (a - 2c + 2d) \times 2 + (b - 2c + 2d) \times 2 + 24d \tag{9-16}$$

③ 弯起钢筋终弯点外应留有锚固长度，在受拉区不应小于 20d；在受压区不应小于 10d。弯起钢筋斜长按表 9-18 系数计算。

④ 箍筋、板筋排列根数 $= \dfrac{L - 100\ \text{mm}}{设计间距} + 1$(但在加密区的根数按设计另增)　(9-17)

上式中 L＝柱、梁、板净长。柱梁净长计算方法同混凝土，其中柱不扣板厚。板净长指主(次)梁与主(次)梁之间的净长。计算中有小数时，向上舍入(如 4.1 取 5)。

⑤ 圆桩、柱螺旋箍筋长度计算：

箍筋长度　$$L = \sqrt{[(D - 2c + 2d)\pi]^2 + h^2} \times n \tag{9-18}$$

式中：D——圆桩、柱直径；

c——主筋保护层厚度；

d——箍筋直径；

h——箍筋间距；

n——箍筋道数。

箍筋道数
$$n = \frac{\text{箍筋配置长度}}{h} + 1 \tag{9-19}$$

⑥ 其他：有设计者按设计要求，当设计无具体要求时，按下列规定计算：A. 柱底插筋，按水平段长度 150 mm 计算每根增加长度；B. 斜筋挑钩，按交叉点外增加 $38d$ 计算每根增加长度(含端头弯钩)。

表 9-18　弯起钢筋斜长系数表

弯起角度	$\theta=30°$	$\theta=45°$	$\theta=60°$
斜边长度	$2H'$	$1.414H'$	$1.155H'$
底边长度	$1.732H'$	H'	$0.577H'$
斜边比底边增加	$0.268H'$	$0.414H'$	$0.577H'$

4) 应用案例

【例 9-9】 某室内正常环境下使用的 C25 板的配筋如图 9-32 所示，试计算该板钢筋的图算工程量。已知钢筋保护层厚度为 15 mm，ϕ6 钢筋的线密度为 0.222 kg/m，ϕ8 钢筋的线密度为 0.393 kg/m，求该板的图算钢筋工程量，并按照 2014 江苏省计价定额计算墙体工程的综合单价(人工费按 2014 江苏省计价定额取，管理费费率取 25%，利润率取 12%)。

【解】 (1) 计算工程量

A. ①号钢筋

长度：$L = (3-0.015\times2)+[0.414\times(0.1-0.015\times2)]\times2+2\times(0.1-0.015)$
$= 3.2$ m

根数：$N = (5-0.1)/0.2+1 = 26$

重量：$W_1 = 3.2\times26\times0.393 = 32.86$ kg

B. ②号钢筋

$L = (3-0.015\times2)+6.25\times2\times0.008 = 3.07$ m

$N = (5-0.1)/0.2+1 = 26$

$W_2 = 3.07\times26\times0.393 = 31.369$ kg

C. ③号钢筋

$L = (5-0.015\times2)+6.25\times2\times0.006 = 5.045$ m

$N = (3-0.1)/0.3+1+4 = 15$

$W_2 = 5.045\times15\times0.222 = 16.80$ kg

(2) 套定额

5-9　现场预制混凝土构件钢筋 ϕ20 以内　综合单价：5 590.80 元/t

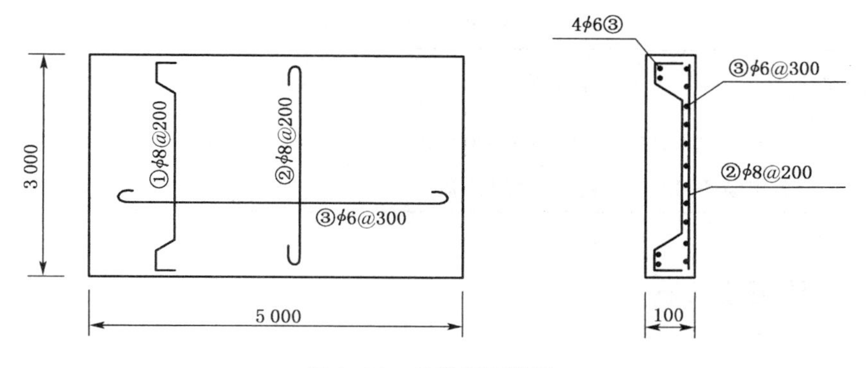

图 9-32 某楼板配筋图

【例 9-10】 图 9-33 为某非抗震结构三类工程项目，现场预制 C30 钢筋混凝土梁 YL-1，共计 20 根。请根据图 9-33 按 2014 年计价定额的规定计算设计钢筋用量(除②号钢筋和箍筋为Ⅰ级钢筋外，其余均为Ⅱ级钢筋，主筋保护层厚度为 25 mm)，并按照 2014 江苏省计价定额计算钢筋工程的合价(人工费按 2014 江苏省计价定额取，管理费费率取 25%，利润率取 12%)。

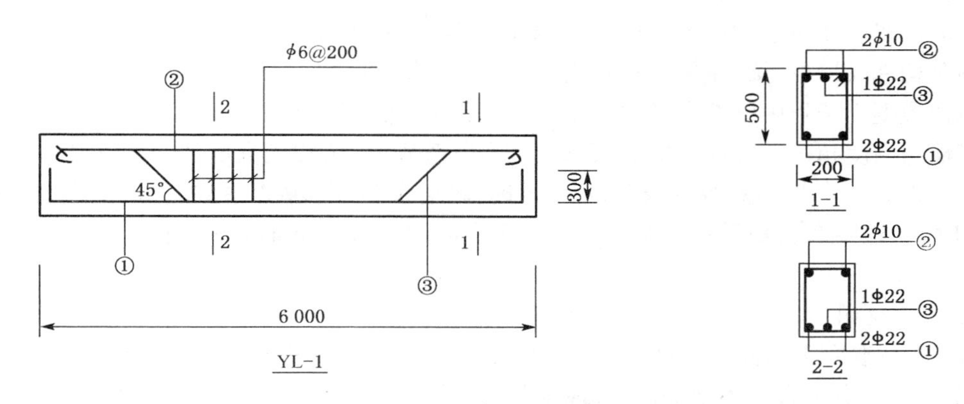

图 9-33 预制钢筋混凝土梁

【解】 结果见表 9-19 和表 9-20。

表 9-19 钢筋计算表

编号	直径(mm)	单根长度计算式	根数	总长度(m)	重量(kg)
1	ϕ22	6－0.025×2＋0.3×2＝6.55 m	40	262	781.81
2	ϕ10	6－0.025×2＋2×6.25×0.01＝6.075 m	40	243	149.93
3	ϕ22	6－0.025×2＋0.414×(0.5－0.025×2)×2＝6.32 m	20	126.45	377.33
4	ϕ6	(0.5－2×0.025＋2×0.006)×2(0.2－2×0.025＋2×0.006)×2＋14×0.006＝1.332 m	620	825.84	183.34
合计	ϕ20 以内	149.93＋183.34＝333.27 kg			
	ϕ20 以外	781.81＋377.33＝1 159.14 kg			

表 9-20　工程预算表

序号	定额编号	项目名称	计量单位	数量	综合单价(元/t)	合价(元)
1	5-9	现场预制混凝土构件钢筋 ϕ20 以内	t	0.333	5 590.80	1 861.74
2	5-10	现场预制混凝土构件钢筋 ϕ20 以外	t	1.159	4 851.29	5 622.65

9.3.6　混凝土工程

1）概述

本节包括自拌混凝土构件、商品混凝土泵送构件和商品混凝土非泵送构件三个部分，共设置 441 个子目。

自拌混凝土构件主要包括：现浇构件（基础、柱、梁、墙、板、其他），现场预制构件（桩、柱、梁、屋架、板、其他），加工厂预制构件，构筑物。

商品混凝土泵送构件主要包括：泵送现浇构件（基础、柱、梁、墙、板、其他），泵送预制构件（桩、柱、梁），泵送构筑物。

商品混凝土非泵送构件主要包括：非泵送现浇构件（基础、柱、梁、墙、板、其他），现场非泵送预制构件（桩、柱、梁、屋架、板、其他），非泵送构筑物。

泵送混凝土子目中已综合考虑了输送泵车台班、布拆管及清洗人工、泵管摊销费、冲洗费。当输送高度超过 30 m 时，输送泵车台班乘以系数 1.10；输送高度超过 50 m 时，输送泵车台班乘以系数 1.25；输送高度超过 100 m 时，输送泵车台班乘以系数 1.35；输送高度超过 150 m 时，输送泵车台班乘以系数 1.45；输送高度超过 200 m 时，输送泵车台班乘以系数 1.55。

2）本节说明

(1) 本章混凝土构件分为自拌混凝土构件、商品混凝土泵送构件、商品混凝土非泵送构件三部分，各部分又包括了现浇构件、现场预制构件、加工厂预制构件、构筑物等。

(2) 混凝土石子粒径取定：设计有规定的按设计规定，无设计规定的按表 9-21 规定计算。

表 9-21　混凝土石子粒径取定

石子粒径(mm)	构　件　名　称
5～16	预制板类构件、预制小型构件
5～31.5	现浇构件：矩形柱（构造柱除外）、圆柱、多边形柱（L、T、十形柱除外）、框架梁、单梁、连续梁、地下室防水混凝土墙。预制构件：柱、梁、桩
5～20	除以上构件外均用此粒径
5～40	基础垫层、各种基础、道路、挡土墙、地下室墙、大体积混凝土

注：本规定也适用于其他分部。

(3) 毛石混凝土中的毛石掺量是按 15%计算的，如设计要求不同时，可按比例换算毛石、混凝土数量，其余不变。

(4) 现浇柱、墙子目中，均已按规范规定综合考虑了底部铺垫 1∶2 水泥砂浆的用量。

(5) 室内净高超过 8 m 的现浇柱、梁、墙、板(各种板)的人工工日分别乘以下系数:净高在 12 m 以内乘 1.18;净高在 18 m 以内乘 1.25。

(6) 现场预制构件,如在加工厂制作,混凝土配合比按加工厂配合比计算;加工厂构件及商品混凝土改在现场制作,混凝土配合比按现场配合比计算;其工料、机械台班不调整。

(7) 加工厂预制构件其他材料费中已综合考虑了掺入早强剂的费用,现浇构件和现场预制构件未考虑使用早强剂费用,设计需使用或建设单位认可时,其费用可按每 m^3 混凝土增加 4.00 元计算。

(8) 加工厂预制构件采用蒸汽养护时,立窑、养护池养护每 m^3 构件增加 64 元。

(9) 小型混凝土构件,系指单体体积在 0.05 m^3 以内的未列出子目的构件。

(10) 混凝土养护中的草袋子改用塑料薄膜。

(11) 构筑物中混凝土、抗渗混凝土已按常用的强度等级列入基价,设计与子目取定不符的综合单价应调整。

(12) 构筑物中毛石混凝土的毛石掺量是按 20%计算的,如设计要求不同时,可按比例换算毛石、混凝土数量,其余不变。

(13) 钢筋混凝土水塔、砖水塔基础采用毛石混凝土、混凝土基础按烟囱相应项目执行。

(14) 构筑物中的混凝土、钢筋混凝土地沟是指建筑物室外的地沟,室内钢筋混凝土地沟按现浇构件相应项目执行。

(15) 泵送混凝土子目中已综合考虑了输送泵车台班、布拆管及清洗人工、泵管摊销费、冲洗费。当输送高度超过 30 m 时,输送泵车台班乘以 1.10;输送高度超过 50 m 时,输送泵车台班乘以 1.25。

3) 工程量计算规则

(1) 现浇混凝土工程量除另有规定者外,均按图示尺寸实体积以 m^3 计算。不扣除构件内钢筋、支架、螺栓孔、螺栓、预埋铁件及墙、板中 0.3 m^2 以内的孔洞所占体积。留洞所增加工、料不再另增费用。

(2) 现浇钢筋混凝土基础工程的工程量计算

① 钢筋混凝土带形基础在套定额时要区分有梁式和无梁式,带形无梁式基础指基础底板上无肋;带形有梁式基础指基础底板有肋,且肋部配置有纵向钢筋和箍筋。

② 带形基础混凝土工程量计算:

基础长度:外墙按中心线长度,内墙按净长线长度。有梁式带形基础指混凝土基础中设置梁的配筋结构。一般有突出基面的称明梁,暗藏在基础中的称暗梁。要注意的是暗藏在基础中的带形暗梁式基础不能套用有梁式基础定额子目,而要套带形无梁式基础定额子目。

③ 有梁带形混凝土基础,其梁高与梁宽之比在 4∶1 以内的,按有梁式带形基础计算(带形基础梁高是指底部到上部的高度);超过 4∶1 时,其基础底按无梁式带形基础计算,上部按墙计算。

④ 独立柱基、桩承台:按图示尺寸实体积以 m^3 算至基础扩大顶面。如图 9-34 所示。

独立基础是指基础扩大面顶面以下部分的实体。工程量计算公式如下:

$$V = ABh_1 + h_2/6[AB + ab + (A + a)(B + b)] \tag{9-20}$$

式中:A、B——分别为基础底面的长与宽(m);

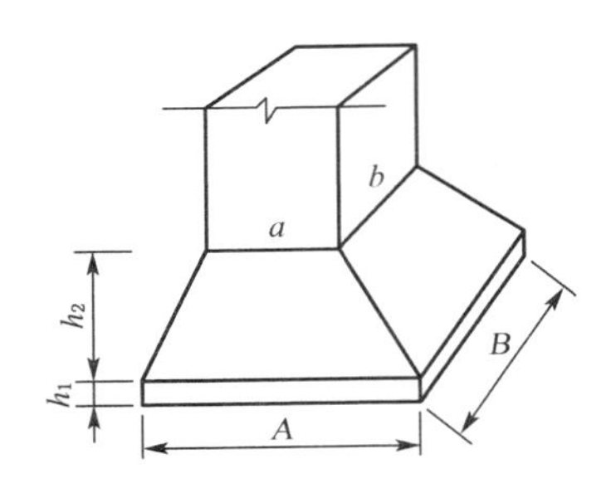

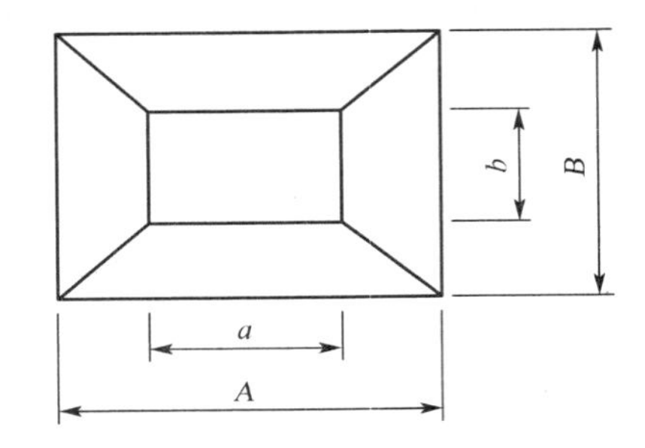

图 9-34　独立基础

a、b——分别为基础顶面的长与宽(m)；

h_1——基础底部长方体的高度(m)；

h_2——基础棱台的高度(m)。

⑤ 杯形基础套用独立柱基项目。杯口外壁高度大于杯口外长边的杯形基础，套"高颈杯形基础"项目。杯形基础的混凝土工程量也是按图示尺寸以 m^3 计算。其体积等于上下两个六面体体积及中间四棱台体积之和，再扣减杯槽的体积。

⑥ 满堂(板式)基础有梁式(包括反梁)、无梁式应分别计算，仅带有边肋者，按无梁式满堂基础套用子目。如图 9-35 所示。

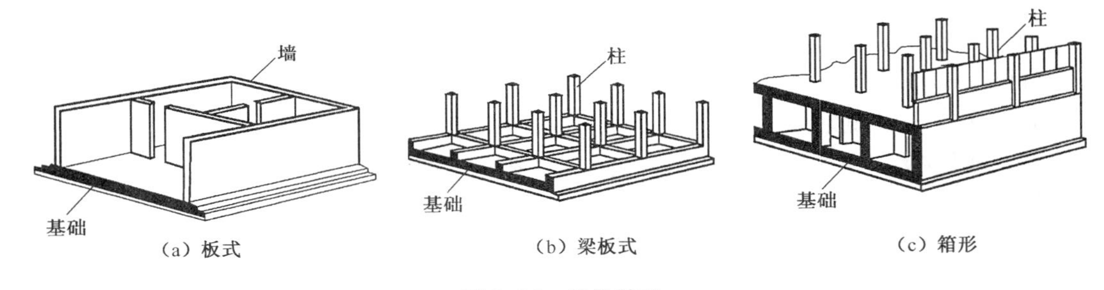

图 9-35　满堂基础

有梁式满堂基础的体积 ＝ 基础底板面积 × 板厚 ＋ 梁截面面积 × 梁长　　(9-21)

注：梁和柱的分界：柱高应从柱基上表面计算，即从梁的上表面计算，不能从底板的上表面计算柱高。

无梁式满堂基础体积 ＝ (底板面积 × 板厚) ＋ 柱帽总体积　　(9-22)

其中　　柱帽总体积＝柱帽个数×单个柱帽体积

⑦ 设备基础除块体以外，其他类型设备基础分别按基础、梁、柱、板、墙等有关规定计算，套相应的项目。

(3) 现浇混凝土柱的工程量计算

① 现浇柱的混凝土工程量，均按实际体积计算。依附于柱上的牛腿体积，按图示尺寸计算后并入柱的体积内，但依附于柱上的悬臂梁，则以柱的侧面为界，界线以外部分，悬臂梁的体积按实计算后执行梁的定额子目。

② 现浇混凝土劲性柱按矩形柱子目执行，型钢所占混凝土体积不扣除。

③ 柱的工程量按以下公式计算：

$$柱的体积 = 柱的截面面积 \times 柱高 \qquad (9-23)$$

计算钢筋混凝土现浇柱高时，应按照以下三种情况正确确定：A. 有梁板的柱高，自柱基上表面（或楼板上表面）算至上一层楼板的上表面之间的高度计算，不扣除板厚；B. 无梁板的柱高，自柱基上表面算至柱帽（或柱托）的下表面；C. 有预制板的框架柱高，自柱基上表面（或楼板上表面）算至上一层楼板的上表面，无楼层者，框架柱的高度从柱基上表面算至柱顶。

④ 现浇构造柱的混凝土工程量计算。为了加强建筑物结构的整体性，增强结构抗震能力，在混合结构墙体内增设钢筋混凝土构造柱，构造柱与砖墙用马牙槎咬接成整体。构造柱的工程量计算，与墙身嵌接部分的体积也并入柱身的工程量内。如图 9-36 所示。

计算公式为：

$$V = (B^2 + n \times 1/2 \times B \times b) \times H \qquad (9-24)$$

式中：V——构造柱混凝土体积；

B——构造柱宽度；

b——马牙槎宽度；

H——构造柱高度；

n——马牙槎咬接面数。

注意：构造柱按全高计算，应扣除与现浇板、梁相交部分的体积，与砖墙嵌接部分的混凝土体积并入柱身体积内计算。

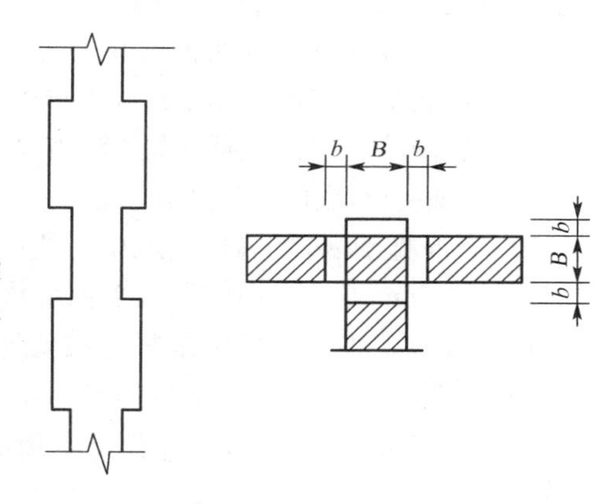

图 9-36 构造柱示意图

(4) 现浇混凝土梁的工程量计算

现浇钢筋混凝土梁按其形状、用途和特点，可分为基础梁、连续梁、圈梁、单梁或矩形梁和异形梁等分项工程项目。各类梁的工程量均按图示尺寸以 m^3 计算。即：

$$V(体积) = 梁长 \times 梁断面面积 \qquad (9-25)$$

计算时，应注意：

① 梁与柱连接时，梁长算至柱侧面。

② 主梁与次梁连接时，次梁长算至主梁侧面。伸入砖墙内的梁头、梁垫体积并入梁体积内计算。

③ 圈梁、过梁应分别计算，过梁长度按图示尺寸，图纸无明确表示时，按门窗洞口外围宽另加 500 mm 计算。平板与砖墙上混凝土圈梁相交时，圈梁高应算至板底面。

$$V_{圈梁} = 梁宽 \times (梁高 - 现浇板厚) \times 梁长 \times 根数 \qquad (9-26)$$

其中：梁长——算至两端构造柱之间的净长。

$$V_{过梁} = 梁宽 \times 梁高 \times (洞口宽度 + 0.5) \times 根数 \qquad (9-27)$$

注：圈梁与过梁相连时分开计算。

④ 依附于梁(包括阳台梁、圈过梁)上的混凝土线条(包括弧形线条)按延长米另行计算(梁宽算至线条内侧)。

⑤ 现浇挑梁按挑梁计算,其压入墙身部分按圈梁计算;挑梁与单、框架梁连接时,其挑梁应并入相应梁内计算。

⑥ 花篮梁二次浇捣部分执行圈梁子目。

(5) 现浇混凝土板工程量计算

其工程量计算按图示面积乘板厚以体积计算(梁板交接处不得重复计算),不扣除单个面积 0.3 m^2 以内的柱、垛以及孔洞所占体积。应扣除构件中压形钢板所占体积。

① 有梁板按梁(包括主、次梁)、板体积之和计算,有后浇板带时,后浇板带(包括主、次梁)应扣除。

② 无梁板按板和柱帽之和计算。

③ 平板按实体积计算。

④ 现浇挑檐、天沟与板(包括屋面板、楼板)连接时,以外墙面为分界线,与圈梁(包括其他梁)连接时,以梁外边线为分界线。外墙边线以外或梁外边线以外为挑檐、天沟。

⑤ 各类板伸入墙内的板头并入板体积内计算。

⑥ 预制板缝宽度在 100 mm 以上的现浇板缝按平板计算。

⑦ 后浇墙、板带(包括主、次梁)按设计图纸以 m^3 计算。

(6) 现浇混凝土墙工程量计算

现浇混凝土墙,外墙按图示中心线(内墙按净长)乘墙高、墙厚以 m^3 计算,应扣除门、窗洞口及 0.3 m^2 外的孔洞体积。单面墙垛其突出部分并入墙体体积内计算,双面墙垛(包括墙)按柱计算。弧形墙按弧线长度乘墙高、墙厚计算,地下室墙有后浇墙带时,后浇墙带应扣除。梯形断面墙按上口与下口的平均宽度计算。墙高的确定:

① 墙与梁平行重叠,墙高算至梁顶面;当设计梁宽超过墙宽时,梁、墙分别按相应项目计算。

② 墙与板相交,墙高算至板底面。

(7) 雨篷、阳台、楼梯工程量计算

① 混凝土雨篷、阳台、楼梯的混凝土含量设计与定额不符要调整,按设计用量加 1.5% 损耗进行调整。

② 雨篷(如图 9-37)。

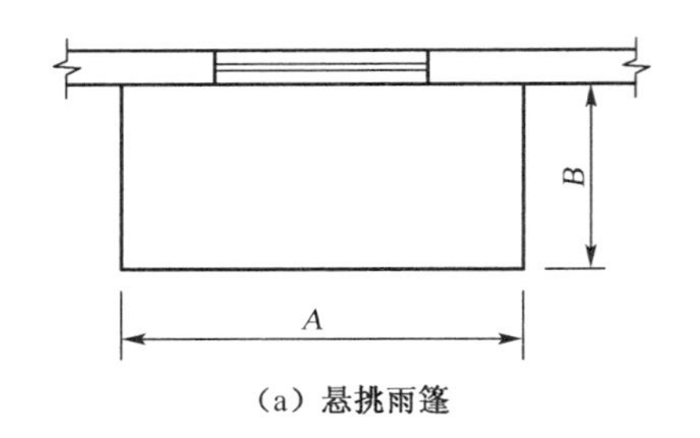

(a) 悬挑雨篷

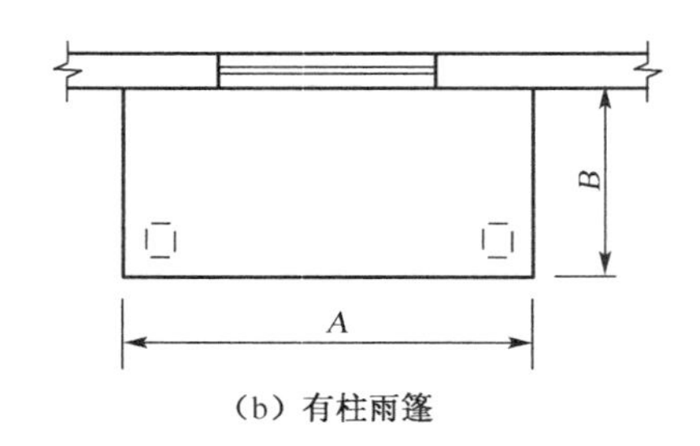

(b) 有柱雨篷

图 9-37 雨篷平面示意图

悬挑式　　　　　　　　　　雨篷投影面积 $S = A \times B$

式中：S——雨篷投影面积(m^2)；

B——雨篷宽度(m)；

A——雨篷长度(m)。

柱式：不执行雨篷子目，另按相应有梁板和柱子目执行。

③ 阳台：(如图 9-38)。阳台按与外墙面的关系可分为挑阳台、凹阳台；按其在建筑中所处的位置可分为中间阳台和转角阳台。对于伸出墙外的牛腿、檐口梁已包括在定额项目内，不得另行计算其工程量，但嵌入墙内的梁应单独计算工程量。

阳台投影面积 $S = A \times B$

式中：A——阳台长度(m)；

B——阳台宽度(m)。

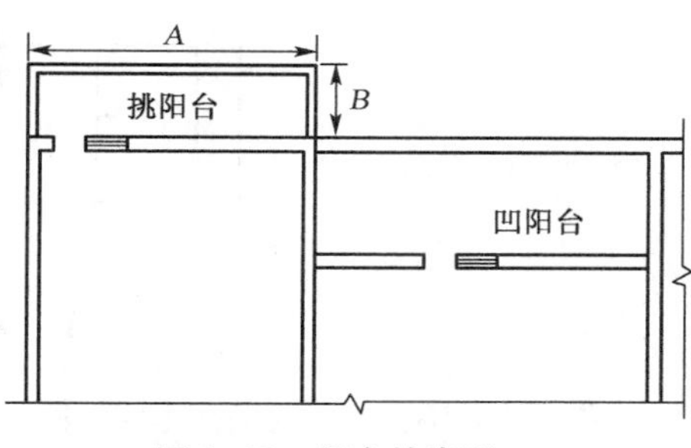

图 9-38 阳台的类型

④ 现浇阳台、雨篷和悬挑板的混凝土工程量计算：现浇钢筋混凝土阳台、雨篷，工程量均按伸出墙外边线的水平投影面积计算。伸出外墙的牛腿不另计算。水平、竖向悬挑板以 m^3 计算。

⑤ 整体楼梯包括休息平台、平台梁、斜梁及楼梯梁，按水平投影面积计算，不扣除宽度在 500 mm 以内的楼梯井，伸入墙内部分不另增加，楼梯与楼板连接时，楼梯算至楼梯梁外侧面。圆弧形楼梯包括圆弧形梯段、圆弧形边梁及与楼板连接的平台，按楼梯的水平投影面积计算。如图 9-39 所示。

注意：楼梯与楼板的划分以楼梯梁的外边缘为界，该楼梯梁已包括在楼梯水平投影面积内。如图 9-40 所示。

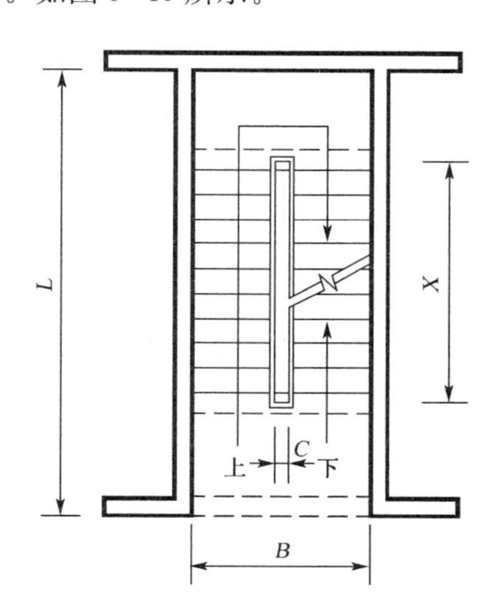

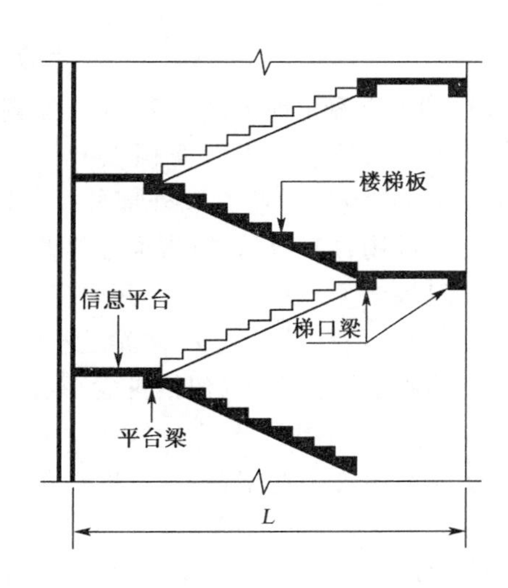

图 9-39 现浇钢筋混凝土楼梯

⑥ 阳台、沿廊栏杆的轴线柱、下嵌、扶手以扶手的长度按延长米计算。混凝土栏板、竖向挑板以 m^3 计算。栏板的斜长如图纸无规定时，按水平长度乘系数 1.18 计算。地沟底、壁应分别计算，沟底按基础垫层子目执行。

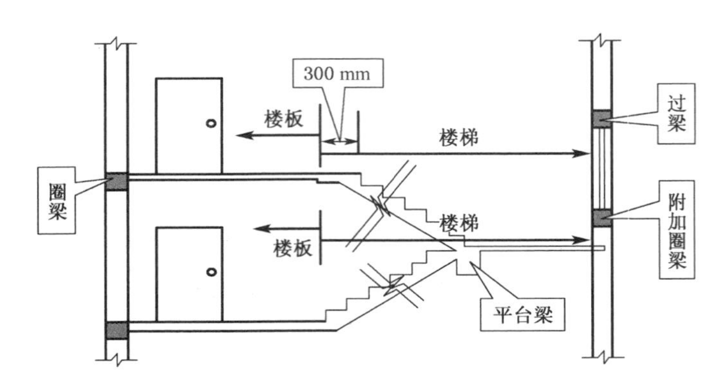

图 9-40 楼梯与楼板的划分

(8) 现浇挑檐、天沟的工程量计算

现浇挑檐、天沟的计算以外墙面为分界线，与圈梁(包括其他梁)连接时，以梁外边线为分界线。外墙边线以外或梁外边线以外为挑檐、天沟(如图 9-41)，其工程量包括水平段 A 和上弯部分 B 在内，执行挑檐天沟定额子目以 m^3 计算。

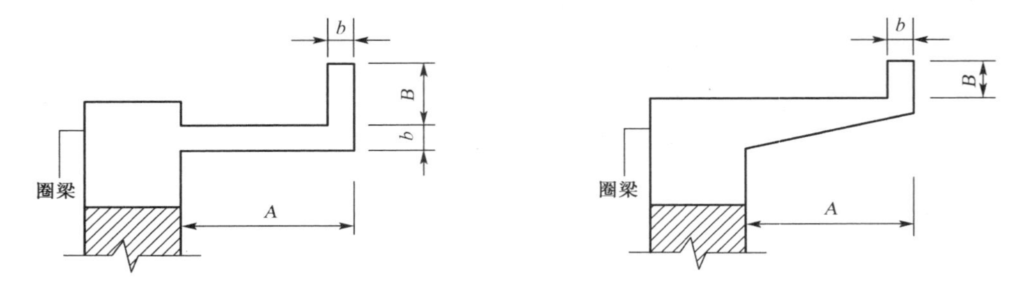

图 9-41 挑檐、天沟

(9) 室内混凝土地沟执行 5-43 子目，建筑物室外的地沟按本节构筑物中的相应子目执行。

(10) 台阶按水平投影面积以 m^2 计算，平台与台阶的分界线以最上层台阶的外口减 300 mm 宽度为准，台阶宽以外部分并入地面工程量计算。

(11) 现场、加工厂预制混凝土工程量，按以下规定计算：

① 混凝土工程量均按图示尺寸实体积以 m^3 计算，扣除圆孔板内圆孔体积，不扣除构件内钢筋、铁件、后张法预应力钢筋灌浆孔及板内小于 0.3 m^2 孔洞面积所占的体积。

② 预制桩按桩全长(包括桩尖)乘设计桩断面积(不扣除桩尖虚体积)以 m^3 计算。

③ 混凝土与钢杆件组合的构件，混凝土按构件实体积以 m^3 计算，钢拉杆按相应子目执行。

④ 漏空混凝土花格窗、花格芯按外形面积以 m^2 计算。

⑤ 天窗架、端壁、桁条、支撑、楼梯、板类及厚度在 50 mm 以内的薄型构件按设计图纸加定额规定的场外运输、安装损耗以 m^3 计算。

4) 应用案例

【例 9-11】 试求现浇杯形基础的混凝土体积，并按照 2014 江苏省计价定额算出综合单价(人工费按 2014 江苏省计价定额计，管理费费率取 25%，利润率取 12%)。如图 9-42 所示。

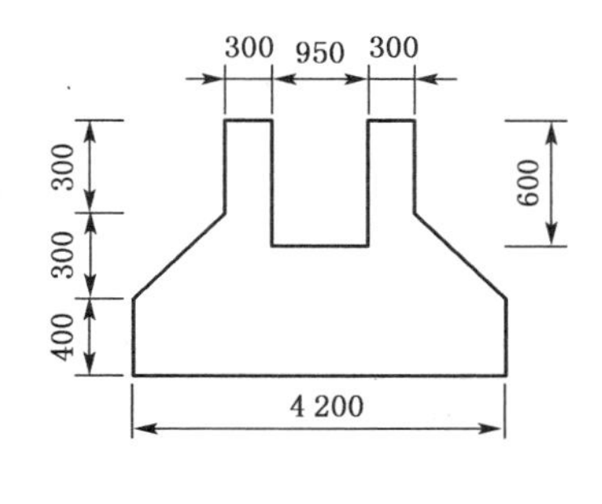

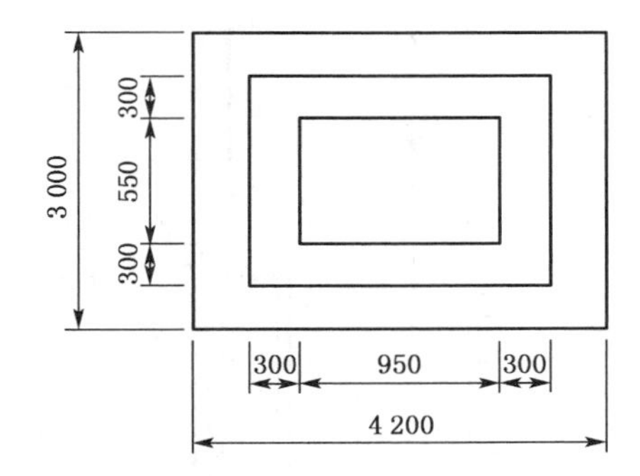

图 9-42 杯形基础

【解】 (1)工程量计算

下部六面体体积 $V_1 = 4.2 \times 3 \times 0.4 = 5.04\ m^3$

上部六面体体积 $V_2 = 1.55 \times 1.15 \times 0.3 = 0.535\ m^3$

四棱台体积 $V_3 = 0.3/6[4.2 \times 3 + 1.55 \times 1.15 + (4.2 + 1.55)(3 + 1.15)] = 1.91\ m^3$

杯槽体积 $V_4 = 0.95 \times 0.55 \times 0.6 = 0.314\ m^3$

杯形基础体积 $V = V_1 + V_2 + V_3 - V_4 = 5.04 + 0.535 + 1.91 - 0.314 = 7.171\ m^3$

(2) 套定额

6-5 高颈杯形基础 综合单价:382.28 元/m^3。

【例 9-12】 求如图 9-43 所示现场预制工字形柱的混凝土工程量,并按照 2014 江苏省计价定额算出综合单价(人工费按 2014 江苏省计价定额计,管理费费率取 25%,利润率取 12%)。

【解】 (1)计算工程量

工程量 $= 0.4 \times 0.4 \times 3.3 + 0.6 \times 0.4 \times (8.9 + 0.8) + (0.25 + 0.25 + 0.35) \times 0.35/2 \times 0.4 - (0.3 + 0.4) \times 0.1/2 \times 8.9 \times 2 = 0.528 + 2.328 + 0.06 - 0.623 = 2.293\ m^3$

(2) 套定额

6-63 I 形柱 综合单价:410.41 元/m^3

【例 9-13】 某全现浇框架主体结构工程(如图 9-44)要求按江苏省计价定额计算独立柱基、柱、梁、板的混凝土浇捣工程量,混凝土垫层标号 C10,其余混凝土标号均为 C25,并计算定额综合单价(钢筋暂不计算)。人工工资单价按 2014 江苏省计价定额取定,管理费费率取 25%,利润取 12%。

【解】 (1)计算混凝土垫层工程量

$4.20 \times 4.70 \times 0.10 \times 6 = 11.844\ m^3$

(2) 计算混凝土独立柱基工程量

$4.00 \times 4.50 \times 0.30 \times 6 = 32.40\ m^3$

$0.30/6 \times [4.00 \times 4.50 + 0.50 \times 0.60 + (4.00 + 0.50)(4.50 + 0.60)] \times 6 = 12.375\ m^3$

(3) 计算混凝土矩形柱工程量

$0.40 \times 0.50 \times (10.20 - 0.10 \times 2) \times 6 = 12.00\ m^3$

(4) 计算混凝土有梁板工程量

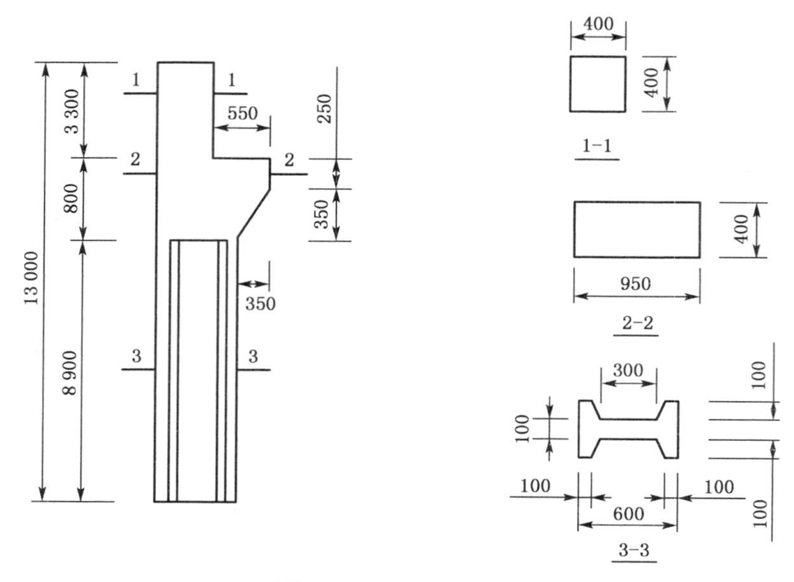

图 9-43 预制工字形柱

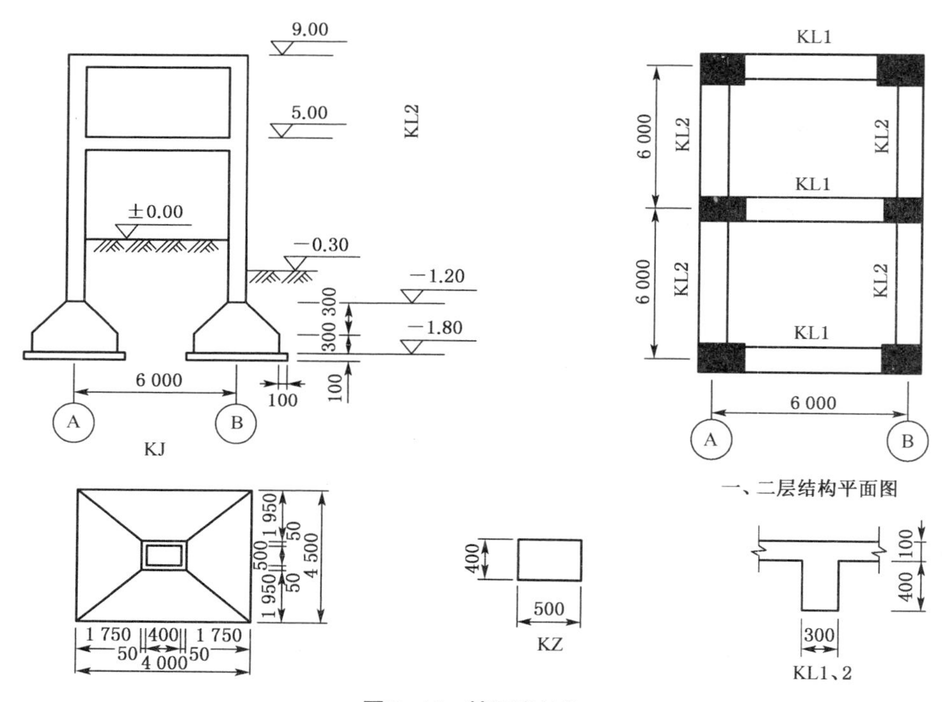

图 9-44 某现浇结构

KL1：$0.30 \times 0.40 \times 5.50 \times 3 \times 2 = 3.96\ m^3$

KL2：$0.30 \times 0.40 \times 5.60 \times 4 \times 2 = 5.38\ m^3$

板：$6.50 \times 12.40 \times 0.10 \times 2 = 16.12\ m^3$

合计：$25.46\ m^3$

(5) 计算定额综合单价

套 6-1　　C10 混凝土垫层　　　385.69 元/m^3

套 $6-8_{换}$　C25 混凝土独立柱基　371.51－253.26－239.68＝385.09 元/m^3

套 $6-14_{换}$　C25 混凝土矩形柱　506.05＋258.14－261.01＝503.18 元/m^3

套 $6-32_{换}$　C25 混凝土有梁板　430.43＋273.51－276.61＝427.33 元/m^3

9.3.7　金属结构工程

1）有关规定要点

（1）金属构件不论在附属企业加工厂还是在现场制作均执行本定额（现场制作需搭设操作平台，其平台摊销费按本章相应项目执行）。

（2）本定额中各种钢材数量均以型钢表示。实际不论使用何种型材，估价表中的钢材总数量和其他工料均不变。

（3）本定额的制作均按焊接编制，定额中的螺栓是在焊接之前临时加固螺栓，局部制作用螺栓连接，亦按本定额执行。

（4）本定额除注明者外，均包括现场内（工厂内）的材料运输、下料、加工、组装及成品堆放等全部工序。加工点至安装点的构件运输，应另按构件运输定额相应项目计算。

（5）本定额构件制作项目中，均已包括刷一遍防锈漆工料。

（6）金属结构制作定额中的钢材品种系按普通钢材为准，如用锰钢等低合金钢者，其制作人工乘系数 1.1。

（7）混凝土劲性柱内，用钢板、型钢焊接而成的 H、T 形钢柱，按 H、T 形钢构件制作定额执行。

（8）本定额各子目均未包括焊缝无损探伤（如 X 光透视、超声波探伤、磁粉探伤、着色探伤等），亦未包括探伤固定支架制作和被检工件的退磁。

（9）后张法预应力混凝土构件端头螺杆、轻钢檩条拉杆按端头螺杆螺帽定额执行；木屋架、钢筋混凝土组合屋架拉杆按钢拉杆定额执行。

（10）铁件是指埋入在混凝土内的预埋铁件。

2）工程量计算规则

（1）金属结构制作按图示钢材尺寸以吨计算，不扣除孔眼、切肢、切角、切边的重量，电焊条重量已包括在定额内，不另计算。在计算不规则或多边形钢板重量时均以矩形面积计算。

（2）实腹柱、钢梁、吊车梁、H 形钢、T 形钢构件按图示尺寸计算，其中钢梁、吊车梁腹板及翼板宽度按图示尺寸每边增加 8 mm 计算。

（3）钢柱制作工程量包括依附于柱上的牛腿及悬臂梁重量；制动梁的制作工程量包括制动梁、制动桁架、制动板重量；墙架的制作工程量包括墙架柱、墙架梁及连接柱杆重量。

（4）天窗挡风架、柱侧挡风板、挡雨板支架制作工程量均按挡风架定额执行。

（5）栏杆是指平台、阳台、走廊和楼梯的单独栏杆。

（6）钢平台、走道应包括楼梯、平台、栏杆合并计算，钢梯子应包括踏步、栏杆合并计算。

（7）钢漏斗制作工程量，矩形按图示分片，圆形按图示展开尺寸，并依钢板宽度分段计算，每段均以其上口长度(圆形以分段展开上口长度)与钢板宽度，按矩形计算，依附漏斗的型钢并入漏斗重量内计算。

(8) 晒衣架和钢盖板项目中已包括安装费在内，但未包括场外运输。

(9) 钢屋架单榀重量在 0.5 t 以下者，按轻型屋架定额计算。

(10) 轻钢檩条、拉杆以设计型号、规格按吨计算(重量＝设计长度×理论重量)。

(11) 预埋铁件按设计的形体面积、长度乘理论重量计算。

9.3.8 构件运输及安装工程

1) 有关规定要点

(1) 本定额包括混凝土构件、金属构件及门窗运输，运输距离应由构件堆放地(或构件加工厂)至施工现场的实际距离确定。

(2) 本定额综合考虑了城镇、现场运输道路等级、上下坡等各种因素，不得因道路条件不同而调整定额。

(3) 构件运输过程中，如遇道路、桥梁限载而发生的加固、拓宽和公安交通管理部门的保安护送以及沿途发生的过路、过桥等费用，应另行处理。现场预制构件已包括了机械回转半径 15 m 以内的翻身就位。如受现场条件限制，混凝土构件不能就位预制，运距在 150 m 以内，每立方米构件另加场内运输人工 0.12 工日，材料 4.10 元，机械 29.35 元。

(4) 加工厂预制构件安装，定额中已考虑运距在 500 m 以内的场内运输。

(5) 金属构件安装未包括场内运输费。如发生，单件在 0.5 t 以内、运距在 150 m 以内的，每吨构件另加场内运输人工 0.08 工日，材料 8.56 元，机械 14.72 元；单件在 0.5t 以上的金属构件按定额的相应项目执行。

(6) 场内运距如超过以上规定时，应扣去上列费用，另按 1 km 以内的构件运输定额执行。

2) 工程量计算规则

(1) 构件运输、安装工程量计算方法与构件制作工程量计算方法相同(即：运输、安装工程量＝制作工程量)。

(2) 加气混凝土板(块)，硅酸盐块运输每立方米折合钢筋混凝土构件体积 0.4 m^3 按Ⅱ类构件运输计算。

(3) 木门窗运输按门窗洞口的面积(包括框、扇在内)以 100 m^2 计算，带纱扇另增洞口面积的 40%计算。

(4) 预制构件安装后接头灌缝工程量均按预制钢筋混凝土构件实体积计算，柱与柱基的接头灌缝按单根柱的体积计算。

(5) 组合屋架安装，以混凝土实际体积计算，钢拉杆部分不另计算。

3) 应用案例

【例 9-14】 某工厂按施工图计算混凝土天窗架 30 m^3，加工厂制作，场外运输15 km，请计算混凝土天窗运输、安装工程量，并套定额子目，计算定额综合单价(人工工日单价按 2014 计价定额取定，管理费费率取 25%，利润取 12%)。

【解】 (1)混凝土天窗架场外运输工程量

$30\times1.018=30.54\ m^3$　套 8-16　30.54×337.93 元$/m^3=10\,320.38$ 元

(2) 混凝土天窗架安装工程量

$30\times1.01=30.30\ m^3$　套 8-80　$30.30\times877.41=26\,585.52$ 元

9.3.9 木结构工程

1) 有关规定要点

(1) 木结构工程均以一、二类木种为准，如采用三、四类木种，木门制作人工和机械费乘系数 1.3，木门安装人工乘系数 1.15，其他项目人工和机械费乘系数 1.35。

(2) 本定额是按已成型的两个切断面规格料编制的，两个切断面以前的锯缝损耗按总说明规定应另外计算。

(3) 木材断面或厚度均以毛料为准，如设计图纸注明的断面或厚度为净料时，应增加断面刨光损耗：一面刨光加 3 mm，两面刨光加 5 mm，圆木按直径增加 5 mm。

(4) 木材是以自然干燥条件下的木材编制的，需要烘干时，其烘干费用及损耗由各市确定。

(5) 厂库房大门的钢骨架制作已包括在子目中，其上、下轨及滑轮等应按五金铁件表相应项目执行。

(6) 厂库房大门、钢木大门及其他特种门的五金铁件表按标准图用量列出，仅作备料参考。

2) 工程量计算规则

(1) 门制作、安装工程量按门洞口面积计算。无框厂库房大门、特种门按设计门扇外围面积计算。

(2) 木屋架的制作安装工程量，按以下规定计算：

① 木屋架不论圆、方木，其制作安装均按设计断面以 m^3 计算，分别套相应子目，其后配长度及配制损耗已包括在子目内不另外计算(游沿木、风撑、剪刀撑、水平撑、夹板、垫木等木料并入相应屋架体积内)。

② 圆木屋架刨光时，圆木按直径增加 5 mm 计算，附属于屋架的夹板、垫木等已并入相应的屋架制作项目中，不另计算；与屋架连接的挑檐木、支撑等工程量并入屋架体积内计算。

③ 圆木屋架连接的挑檐木、支撑等为方木时，方木部分按矩形檩木计算。

④ 气楼屋架、马尾折角和正交部分的半屋架应并入相连接的正榀屋架体积内计算。

(3) 檩木按 m^3 计算，简支檩木长度按设计图示中距增加 200 mm 计算，如两端出山，檩条长度算至博风板。连续檩条的长度按设计长度计算，接头长度按全部连续檩木总体积的 5%计算。檩条托木已包括在子目内，不另计算。

(4) 屋面木基层，按屋面斜面积计算，不扣除附墙烟囱、风道、风帽底座和屋顶小气窗所占面积，小气窗出檐与木基层重叠部分亦不增加，气楼屋面的屋檐突出部分的面积并入计算。

(5) 木楼梯(包括休息平台和靠墙踢脚板)按水平投影面积计算，不扣除宽度 300 mm 以内楼梯井，伸入墙内部分的面积亦不另计算。

(6) 木柱、木梁制作安装均按设计断面竣工木料以 m^3 计算，其后备长度及配置损耗已包括在子目内。

9.3.10 防水及保温隔热工程

1) 有关规定要点

(1) 瓦材规格与定额不同时，瓦的数量可以换算，其他不变。换算公式：

$$[10\ m^2/(\text{瓦有效长度}\times\text{有效宽度})]\times 1.025(\text{操作损耗}) \tag{9-28}$$

(2) 油毡卷材屋面包括刷冷底子油一遍，但不包括天沟、泛水、屋脊、檐口等处的附加层在内，其附加层应另行计算。其他卷材屋面均包括附加层。

(3) 冷胶"二布三涂"项目，其"三涂"是指涂膜构成的防水层数，并非指涂刷遍数，每一涂层的厚度必须符合规范(每一涂层刷 2～3 遍)要求。

(4) 高聚物、高分子防水卷材粘贴，实际使用的黏结剂与本定额不同，单价可以换算，其他不变。

(5) 平、立面及其他防水是指楼地面及墙面的防水，分为涂刷、砂浆、粘贴卷材三部分，既适用于建筑物(包括地下室)又适用于构筑物。

(6) 各种卷材的防水层均已包括刷冷底子油一遍和平、立面交界处的附加层工料在内。

(7) 在黏结层上单撒绿豆砂者(定额中已包括绿豆砂的项目除外)，每 10 m^2 铺撒面积增加 0.066 工日。绿豆砂 0.078 t。

(8) 伸缩缝项目中，除已注明规格可调整外，其余项目均不调整。

(9) 玻璃棉、矿棉包装材料和人工均已包括在定额内。

(10) 凡保温、隔热工程用于地面时，增加电动夯实机 0.04 台班/m^3。

2) 工程量计算规则

(1) 瓦屋面按图示尺寸的水平投影面积乘以屋面坡度延长系数 C(见表 9-22)以 m^2 计算(瓦出线已包括在内)，不扣除房上烟囱、风帽底座、风道、屋面小气窗、斜沟等所占面积，屋面小气窗的出檐部分也不增加。

(2) 瓦屋面的屋脊、蝴蝶瓦的檐口花边、滴水应另列项目按延长米计算，四坡屋面斜脊长度按图 9-45 中的"b"乘以隅延长系数 D 以延长米计算，山墙泛水长度$=A\times C$，瓦穿铁丝、钉铁钉、水泥砂浆粉挂瓦条按每 10 m^2 斜面积计算。见表 9-22。

表 9-22 屋面坡度延长米系数表

坡度比例 $\frac{a}{b}$	角度 θ	延长系数 C	隅延长系数 D
$\frac{1}{1}$	45°	1.414 2	1.732 1
$\frac{1}{1.5}$	33°40′	1.201 5	1.562 0
$\frac{1}{2}$	26°34′	1.118 0	1.500 0
$\frac{1}{2.5}$	21°48′	1.077 0	1.469 7
$\frac{1}{3}$	18°26′	1.054 1	1.453 0

注:屋面坡度大于45°时,按设计斜面积计算。

(3) 彩钢夹芯板、彩钢复合板屋面按实铺面积以 m^2 计算,支架、槽铝、角铝等均包含在定额内。

(4) 彩板屋脊、天沟、泛水、包角、山头按设计长度以延长米计算,堵头已包含在定额内。

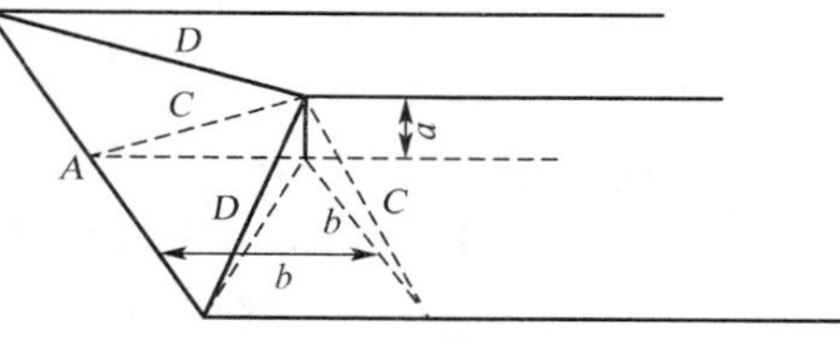

图 9-45 瓦屋面计算示意图

(5) 卷材屋面工程量按以下规定计算:

① 卷材屋面按图示尺寸的水平投影面积乘以规定的坡度系数以 m^2 计算,但不扣除房上烟囱,风帽底座、风道所占面积。女儿墙、伸缩缝、天窗等处的弯起高度按图示尺寸计算并入屋面工程量内;如图纸无规定时,伸缩缝、女儿墙的弯起高度按 250 mm 计算,天窗弯起高度按 500 mm 计算并入屋面工程量内;檐沟、天沟按展开面积并入屋面工程量内。

② 油毡屋面均不包括附加层在内,附加层按设计尺寸和层数另行计算;其他卷材屋面已包括附加层在内,不另行计算;收头、接缝材料已列入定额内。

(6) 刚性屋面、涂膜屋面工程量计算同卷材屋面。

(7) 平、立面防水工程量按以下规定计算:

① 涂刷油类防水按设计涂刷面积计算。

② 防水砂浆防水按设计抹灰面积计算,扣除凸出地面的构筑物、设备基础及室内铁道所占的面积,不扣除附墙垛、柱、间壁墙、附墙烟囱及 0.3 m^2 以内孔洞所占面积。

③ 粘贴卷材、布类

A. 平面:建筑物地面、地下室防水层按主墙(承重墙)间净面积以 m^2 计算,扣除凸出地面的构筑物、柱、设备基础等所占面积,不扣除附墙垛、间壁墙、附墙烟囱及 0.3 m^2 以内孔洞所占面积。与墙间连接处高度在 500 mm 以内者,按展开面积计算并入平面工程量内,超过 500 mm 时,按立面防水层计算。

B. 立面:墙身防水层按图示尺寸扣除立面孔洞所占面积(0.3 m^2 以内孔洞不扣)以 m^2 计算。

C. 构筑物防水层按实铺面积计算,不扣除 0.3 m^2 以内孔洞面积。

(8) 伸缩缝、盖缝、止水带按延长米计算,外墙伸缩缝在墙内、外双面填缝者,工程量应按双面计算。

(9) 屋面排水工程量按以下规定计算:

① 铁皮排水项目:水落管按檐口滴水处算至设计室外地坪的高度以延长米计算,檐口处伸长部分(即马腿弯伸长)、勒脚和泄水口的弯起均不增加,但水落管遇到外墙腰线(需弯起的)按每条腰线增加长度 25 cm 计算。檐沟、天沟均以图示延长米计算。白铁斜沟、泛水长度可按水平长度乘以延长系数或隅延长系数计算。水斗以个计算。

② 玻璃钢、PVC、铸铁水落管、檐沟均按图示尺寸以延长米计算。水斗、女儿墙弯头、铸铁落水口(带罩)均按只计算。

③ 阳台 PVC 管通水落管按只计算。每只阳台出水口至水落管中心线斜长按 1 m 计(内含 2 只 135°弯头,1 只异径三通)。

(10) 保温隔热工程量按以下规定计算:

① 保温隔热层按隔热材料净厚度(不包括胶结材料厚度)乘实铺面积按 m^3 计算。

② 地墙隔热层,按围护结构墙体内净面积计算,不扣除 0.3 m² 以内孔洞所占的面积。

③ 软木、聚苯乙烯泡沫板铺贴平顶以图示长乘宽乘厚的体积以 m³ 计算。

④ 屋面架空隔热板、天棚保温(沥青贴软木除外)层,按图示尺寸实铺面积计算。

⑤ 墙体隔热:外墙按隔热层中心线,内墙按隔热层净长乘图示尺寸的高度(如图纸无注明高度时,则下部由地坪隔热层起算,带阁楼时算至阁楼板顶面止,无阁楼时则算至檐口)及厚度以 m³ 计算,应扣除冷藏门洞口和管道穿墙洞口所占的体积。

⑥ 门口周围的隔热部分,按图示部位,分别套用墙体或地坪的相应定额以 m³ 计算。

⑦ 软木、泡沫塑料板铺贴柱帽、梁面,以图示尺寸按 m³ 计算。

⑧ 梁头、管道周围及其他零星隔热工程,均按实际尺寸以 m³ 计算,套用柱帽、梁面定额。

⑨ 池槽隔热层按图示池槽保温隔热层的长、宽及厚度以 m³ 计算,其中池壁按墙面计算,池底按地面计算。

⑩ 包柱隔热层,按图示柱的隔热层中心线的展开长度乘图示尺寸高度及厚度以 m³ 计算。

9.3.11 防腐耐酸工程

1) 有关规定要点

(1) 整体面层和平面砌块料面层,适用于楼地面、平台的防腐面层,整体面层厚度、砌块料面层的规格、结合层厚度、灰缝宽度、各种胶泥、砂浆、混凝土的配合比,设计与定额不同应换算,但人工、机械不变。

块料贴面结合层厚度、灰缝宽度取定如下:树脂胶泥、树脂砂浆结合层 6 mm,灰缝宽度 3 mm;水玻璃胶泥、水玻璃砂浆结合层 6 mm,灰缝宽度 4 mm;硫磺胶泥、硫磺砂浆结合层 6 mm,灰缝宽度 5 mm;花岗岩及其他条石结合层 15 mm,灰缝宽度 8 mm。

(2) 块料面层以平面砌为准,立面砌时按平面砌的相应子目人工乘以系数 1.38,踢脚板人工乘以系数 1.56,块料乘以系数 1.01,其他不变。

(3) 本部分中浇灌混凝土的项目需立模时,按混凝土垫层项目的含模量计算,按带形基础定额执行。

2) 工程量计算规则

(1) 防腐工程项目应区分不同防腐材料种类及厚度,按设计实铺面积以 m² 计算,应扣除凸出地面的构筑物、设备基础所占的面积。砖垛等突出墙面部分,按展开面积计算并入墙面防腐工程量内。

(2) 踢脚板按实铺长度乘以高度按 m² 计算,应扣除门洞所占面积并相应增加侧壁展开面积。

(3) 平面砌筑双层耐酸块料时,按单层面积乘系数 2.0 计算。

(4) 防腐卷材接缝附加层收头等工料已计入定额中,不另行计算。

(5) 烟囱内表面涂抹隔绝层,按筒身内壁的面积计算,并扣除孔洞面积。

9.3.12 厂区道路及排水工程

1）有关规定要点

（1）本定额适用于一般工业与民用建筑物（构筑物）所在的厂区或住宅小区内的道路、广场及排水。如该部分是按市政工程标准设计的，执行市政定额，设计图纸未注明时，按本定额执行。

（2）本部分定额中未包括的项目（如土方、垫层、面层和管道基础等），应按本定额其他分部的相应项目执行。

（3）管道铺设不论用人工或机械均执行本定额。

（4）停车场、球场、晒场，按道路相应定额执行，其压路机台班乘系数 1.20。

2）工程量计算规则

（1）整理路床、路肩和道路垫层、面层均按设计规定以 m^2 计算。路牙（沿）以延长米计算。

（2）钢筋混凝土井（池）底、壁、顶和砖砌井（池）壁不分厚度以实体积计算，池壁与排水管连接的壁上孔洞其排水管径在 300 mm 以内所占的壁体积不予扣除；超过 300 mm 时，应予扣除。所有井（池）壁孔洞上部砖已包括在定额内，不另计算。井（池）底、壁抹灰合并计算。

（3）路面伸缩缝锯缝、嵌缝均按延长米计算。

（4）混凝土、PVC 排水管按不同管径分别按延长米计算，长度按两井间净长度计算。

9.4 装饰分部分项工程预算

建筑装饰工程分外装饰和内装饰两部分。外装饰包括散水、台阶、勒脚、壁柱、雨篷、阳台、腰线、檐口、外墙门窗、外墙面等外表面的装饰。内装饰包括楼地面、顶棚、墙面、踢脚线、楼梯及栏杆、室内门窗、室内陈设等装饰。设计师在设计中既要讲求装饰效果，还要注重经济，核算成本，控制投资，使装饰工程既美观适用又经济实惠。

9.4.1 楼地面工程

楼地面工程中地面构造一般为面层、垫层和基层（素土夯实）；楼层地面构造一般为面层、填充层和楼板。当地面和楼层地面的基本构造不能满足使用或构造要求时，可增设结合层、隔离层、填充层、找平层等其他构造层次。如图 9-46 所示。

1）定额说明

（1）各种混凝土、砂浆强度等级、抹灰厚度，设计与定额规定不同时，可以换算。

（2）整体面层子目中均包括基层与装饰面层。找平层砂浆设计厚度不同，按每增、减 5 mm 找平层调整。黏结层砂浆厚度与定额不符时，按设计厚度调整。地面防潮层按相应

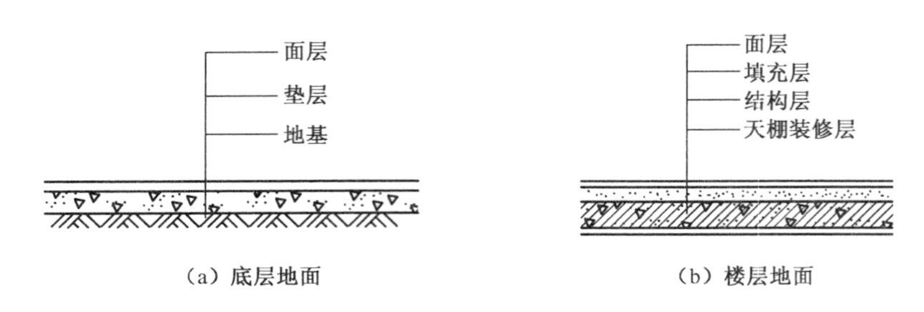

(a) 底层地面　　(b) 楼层地面

图 9-46　楼地面构造图

子目执行。

(3) 整体面层、块料面层中的楼地面项目，均不包括踢脚线工料；水泥砂浆、水磨石楼梯包括踏步、踢脚板、踢脚线、平台、堵头，不包括楼梯底抹灰。

(4) 踢脚线高度是按 150 mm 编制的，如设计踢脚线高度与定额高度不同时，材料按比例调整，其他不变。

(5) 水磨石面层定额项目已包括酸洗打蜡工料，设计不做酸洗打蜡，应扣除定额中的酸洗打蜡材料费及人工 0.51 工日/10 m^2，其余项目均不包括酸洗打蜡，应另列项目计算。

(6) 石材块料面板镶贴不分品种、拼色均执行相应子目。包括镶贴一道墙四周的镶边线(阴、阳角处含 45°角)，设计有两条或两条以上镶边者，按相应定额子目人工乘系数 1.10(工程量按镶边的工程量计算)，矩形分色镶贴的小方块仍按定额执行。

(7) 石材块料面板局部切除并分色镶贴成折线图案者称简单图案镶贴。切除分色镶贴成弧线形图案者称复杂图案镶贴，该两种图案镶贴应分别套用定额。

(8) 石材块料面板镶贴及切割费用已包括在定额内，但石材磨边未包括在内。设计磨边者，按相应子目执行。

(9) 对石材块料面板地面或特殊地面要求需成品保护者，不论采用何种材料进行保护，均按相应项目执行，但必须是实际发生时才能计算。

(10) 扶手、栏杆、栏板适用于楼梯、走廊及其他装饰性栏杆、栏板、扶手，栏杆定额项目中包括了弯头的制作、安装。设计栏杆、栏板的材料、规格、用量与定额不同，可以调整。定额中栏杆、栏板与楼梯踏步的连接是按预埋件焊接考虑。设计用膨胀螺栓连接时，每 10 m 另增人工 0.35 工日，M10×100 膨胀螺栓 10 只，铁件 1.25 kg，合金钢钻头 0.13 只，电锤 0.13 台班。

(11) 楼梯、台阶不包括防滑条，设计用防滑条者，按相应子目执行。螺旋形、圆弧形楼梯贴块料面层按相应项目的人工乘系数 1.20，块料面层材料乘系数 1.10，其他不变。现场锯割石材块料面板粘贴在螺旋形、圆弧形楼梯面，按实际情况另行处理。

(12) 斜坡、散水、明沟按《室外工程》苏 J08—2006 图编制，均包括挖(填)土、垫层、砌筑、抹面。采用其他图集时，材料含量可以调整，其他不变。

(13) 通往地下室车道的土方、垫层、混凝土、钢筋混凝土按相应子目执行。

(14) 本章不含铁件，如发生另行计算，按相应子目执行。

2) 工程量计算规则

(1) 地面垫层按室内主墙间净面积乘以设计厚度以 m^3 计算，应扣除凸出地面的构筑物、设备基础、室内铁道、地沟等所占体积，不扣除柱、垛、间壁墙、附墙烟囱及面积在

0.3 m^2 以内孔洞所占体积，但门洞、空圈、暖气包槽、壁龛的开口部分亦不增加。

（2）整体面层、找平层均按主墙间净空面积以 m^2 计算，应扣除凸出地面建筑物、设备基础、地沟等所占面积，不扣除柱、垛、间壁墙、附墙烟囱及面积在 0.3 m^2 以内的孔洞所占面积，但门洞、空圈、暖气包槽、壁龛的开口部分亦不增加。看台台阶、阶梯教室地面整体面层按展开后的净面积计算。

（3）地板及块料面层，按图示尺寸实铺面积以 m^2 计算，应扣除凸出地面的构筑物、设备基础、柱、间壁墙等不做面层的部分，0.3 m^2 以内的孔洞面积不扣除。门洞、空圈、暖气包槽、壁龛的开口部分的工程量另增并入相应的面层内计算。

（4）楼梯整体面层按楼梯的水平投影面积以 m^2 计算，包括踏步、踢脚板、中间休息平台、踢脚线、梯板侧面及堵头。楼梯井宽在 200 mm 以内者不扣除，超过 200 mm 者应扣除其面积，楼梯间与走廊连接的，应算至楼梯梁的外侧。

（5）楼梯块料面层按展开实铺面积以 m^2 计算，踏步板、踢脚板、休息平台、踢脚线、堵头工程量应合并计算。

（6）台阶（包括踏步及最上一步踏步口外延 300 mm）整体面层按水平投影面积以 m^2 计算；块料面层，按展开（包括两侧）实铺面积以 m^2 计算。

（7）水泥砂浆、水磨石踢脚线按延长米计算。其洞口、门口长度不予扣除，但洞口、门口、垛、附墙烟囱等侧壁也不增加；块料面层踢脚线，按图示尺寸以实贴延长米计算，门洞扣除，侧壁另加。

（8）多色简单、复杂图案镶贴石材块料面板，按镶贴图案的矩形面积计算。成品拼花石材铺贴按设计图案的面积计算。计算简单、复杂图案之外的面积，扣除简单、复杂图案面积时，也按矩形面积扣除。

（9）楼地面铺设木地板、地毯以实铺面积计算。楼梯地毯压棍安装以套计算。

（10）其他

① 栏杆、扶手、扶手下托板均按扶手的延长米计算，楼梯踏步部分的栏杆与扶手应按水平投影长度乘系数 1.18。

② 斜坡、散水、搓牙均按水平投影面积以 m^2 计算，明沟与散水连在一起，明沟按宽 300 mm 计算，其余为散水，散水、明沟应分开计算。散水、明沟应扣除踏步、斜坡、花台等的长度。

③ 明沟按图示尺寸以延长米计算。

④ 地面、石材面嵌金属和楼梯防滑条均按延长米计算。

3）应用案例

【例 9-15】 某大厦装修二楼会议室地面。具体做法如下：现浇混凝土板上做 40 厚 C20 细石混凝土找平，20 厚 1∶2 防水砂浆上铺设花岗岩（如图 9-47），需进行酸洗打蜡和成品保护。综合人工单价为 95 元/工日，管理费费率 48%，利润费率 15%，其他按计价定额规定不作调整。请按江苏省 2014 计价定额的有关规定和已知条件，编制该会议室楼面装饰中的相关定额工程量及黑色花岗岩地面的预算费用。

【解】（1）该会议室楼面装饰中的相关定额工程量计算如下：

① 40 厚 C20 细石混凝土找平层

工程量 $= (20 - 0.12 \times 2) \times (15 - 0.12 \times 2) = 291.66\ m^2$

其中，黑色花岗岩地面下的混凝土找平层工程量 $= 6 \times 6 - 3.14 \times 3 \times 3 = 7.74\ m^2$

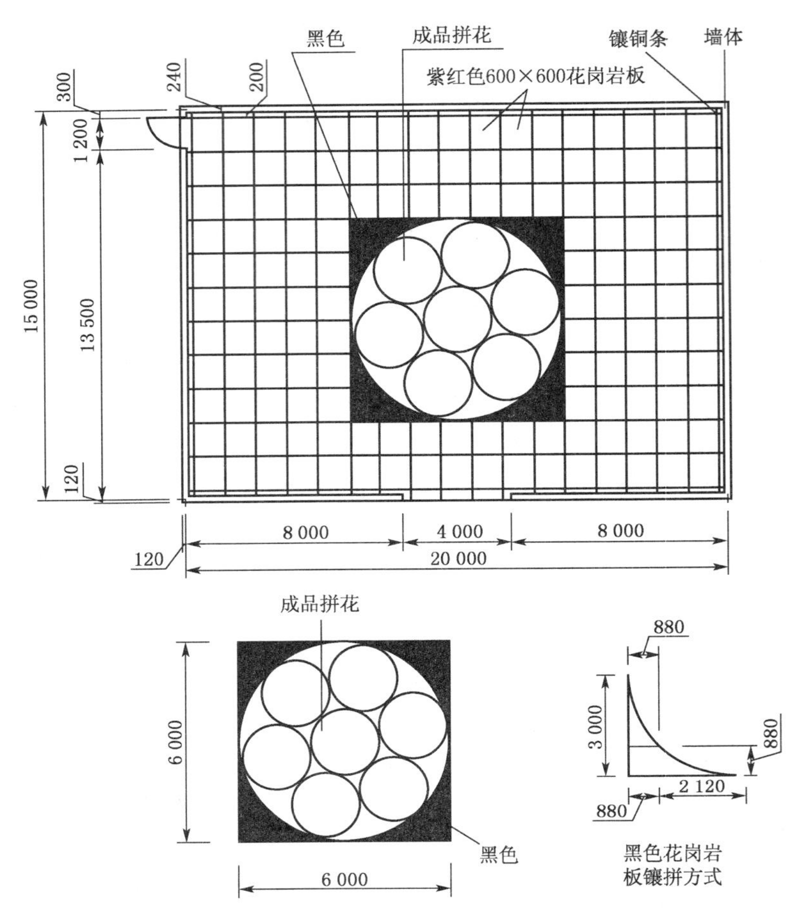

图 9-47 会议室地面装饰平面图及详图

② 20 厚 1∶2 防水砂浆上铺设花岗岩石材楼地面

花岗岩石材楼地面(紫红色) 工程量 $=(20-0.12\times2)\times(15-0.12\times2)-6\times6+1.2\times0.24+4\times0.24=256.91\ m^2$

花岗岩石材楼地面(黑色) 工程量 $=(3\times0.88+0.88\times2.12)\times4=18.02\ m^2$

花岗岩石材楼地面(成品图案) 工程量 $S=3.14\times r^2=3.14\times3^2=28.26\ m^2$

合计:$256.91+18.02+28.26=303.19\ m^2$

③ 酸洗打蜡

工程量 $=(20-0.12\times2)\times(15-0.12\times2)+1.2\times0.24+4\times0.24=292.91\ m^2$

其中,黑色花岗岩楼地面酸洗打蜡工程量 $=6\times6-3.14\times3\times3=7.74\ m^2$

④ 成品保护

工程量 $=(20-0.12\times2)\times(15-0.12\times2)+1.2\times0.24+4\times0.24=292.91\ m^2$

其中,黑色花岗岩楼地面成品保护工程量 $=6\times6-3.14\times3\times3=7.74\ m^2$

(2) 按计价定额计算黑色花岗岩地面的预算费用如下:

① 换算单价

$13\text{-}18_{换}$　C20 40 厚 C20 细石混凝土

换算单价：$(0.84 \times 95 + 4.67) \times (1 + 48\% + 15\%) + 106.20 = 243.89$ 元 /10 m²

13-55换　20 厚 1∶2 防水砂浆上铺设花岗岩石材楼地面

换算单价：$[(5.29 + 5.29 \times 20\%) \times 95 + 23.76] \times (1 + 48\% + 15\%) + 2\,867.99 - 48.41 + 0.202 \times 275.64 - 2\,750 + [(0.88 \times 3 + 0.88 \times 2.12) \times 4/7.74] \times 250 \times 10 = 6\,968.17$ 元 /10 m²

13-110换　酸洗打蜡

换算单价：$0.43 \times 95 \times (1 + 48\% + 15\%) + 6.94 = 73.53$ 元 /10 m²

18-75换　成品保护

换算单价：$0.05 \times 95 \times (1 + 48\% + 15\%) + 12.5 = 20.24$ 元 /10 m²

② 子目套用

13-18换　C20 40 厚 C20 细石混凝土费用 $= 7.74 \div 10 \times 243.89 = 188.77$ 元

13-55换　花岗岩石材楼地面费用 $= 18.02 \div 10 \times 6\,968.17 = 12\,556.64$ 元

13-110换　酸洗打蜡费用 $= 7.74 \div 10 \times 73.53 = 56.91$ 元

18-75换　成品保护费用 $= 7.74 \div 10 \times 20.24 = 15.67$ 元

黑色花岗岩地面的预算费用 $= 188.77 + 12\,556.64 + 56.91 + 15.67 = 12\,817.99$ 元

【例 9-16】 如图 9-48 所示某室内楼梯，扶手为硬木扶手成品（靠墙无扶手），栏杆为铸铁花栏杆，20 厚 1∶2 水泥砂浆上贴大理石面层，楼梯踢脚板及踢脚线（仅靠墙边做）均为 1∶3水泥砂浆贴同质大理石，试依据江苏省 2014 计价定额求与楼梯相关的工程量及其预算费用。

【解】 (1) 与楼梯相关的工程量计算如下：

① 因楼梯井的宽度超过 20 cm，故楼梯 20 厚 1∶2 水泥砂浆上贴大理石面层（含梯段踏步的踢脚板）的工程量：

$(1.6 \times 2 + 0.76) \times 4.9 - 0.76 \times 3.3 + 12 \times 1.6 \times 0.15 \times 2 = 22.66$ m²

② 楼梯踢脚线（仅靠墙边做）的工程量：

$(\sqrt{3.3^2 + 1.8^2}) \times 2 + 1.6 \times 2 + (1.6 + 1.6 + 0.76) = 14.68$ m

③ 楼梯扶手工程量：$3.3 \times 1.18 \times 2 + 0.76 = 8.55$ m

④ 楼梯铸铁花栏杆的工程量与扶手的工程量相同：8.55 m

(2) 按计价定额计算该楼梯的预算费用如下：

① 换算单价

13-48换　20 厚 1∶2 水泥砂浆上贴大理石面层

换算单价：$3\,497.12 - 48.41 + 0.202 \times 275.64 = 3\,504.39$ 元 /10 m²

13-156换　楼梯铸铁花栏杆带硬木扶手

换算单价：$2\,278.66 - 247.00 + 614.80 - 2.85 \times 85 \times (1 + 25\% + 12\%) = 2\,314.58$ 元 /10 m

② 子目套用

13-48换　大理石面层费用 $= 22.66 \div 10 \times 3\,504.39 = 7\,940.95$ 元

13-50　楼梯踢脚线费用 $= 14.68 \div 10 \times 477.53 = 701.01$ 元

13-156换　楼梯铸铁花栏杆带硬木扶手费用 $= 8.55 \div 10 \times 2\,314.58 = 1\,978.97$ 元

楼梯相关预算费用 $= 7\,940.95 + 701.01 + 1\,978.97 = 10\,620.93$ 元

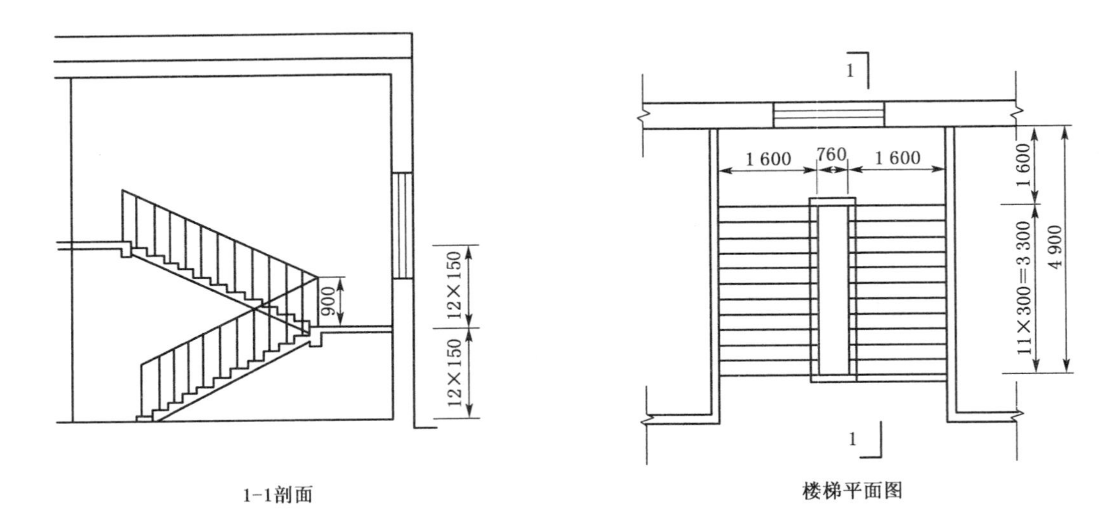

图 9-48　某楼梯贴大理石面层

9.4.2　墙柱面工程

1) 定额说明

(1) 定额按中级抹灰考虑,设计砂浆品种、饰面材料规格如与定额取定不同时,应按设计调整,但人工数量不变。

(2) 墙柱面工程内均不包括抹灰脚手架费用,脚手架费用按相应子目执行。

(3) 墙、柱的抹灰及镶贴块料面层所取定的砂浆品种、厚度,如设计与定额不同均应调整,砂浆用量按比例调整。外墙面砖基层刮糙处理,如基层处理设计采用保温砂浆时,此部分砂浆作相应换算,其他不变。

(4) 在圆弧形墙面、梁面抹灰或镶贴块料面层(包括挂贴、干挂石材块料面板),按相应子目人工乘 1.18(工程量按其弧形面积计算)。块料面层中带有弧边的石材损耗,应按实调整,每 10 m 弧形部分,切贴人工增加 0.6 工日,合金钢切割片 0.14 片,石料切割机 0.6 台班。

(5) 石材块料面板均不包括磨边,设计要求磨边或墙、柱面贴石材装饰线条者,按相应子目执行。设计线条重叠数次,套相应“装饰线条”数次。

(6) 外墙面窗间墙、窗下墙同时抹灰,按外墙抹灰相应子目执行,单独圈梁抹灰(包括门、窗洞口顶部)按腰线子目执行,附着在混凝土梁上的混凝土线条抹灰按混凝土装饰线条抹灰子目执行。但窗间墙单独抹灰或镶贴块料面层,按相应人工乘 1.15。

(7) 门窗洞口侧边、附墙垛等小面粘贴块料面层时,门窗洞口侧边、附墙垛等小面排板规格小于块料原规格并需要裁剪的块料面层项目,可套用柱、梁、零星项目。

(8) 内外墙贴面砖的规格与定额取定规格不符,数量应按下式换算:

$$\text{实际数量} = \frac{10\ \text{m}^2 \times (1 + \text{相应损耗率})}{(\text{砖长} + \text{灰缝宽}) \times (\text{砖宽} + \text{灰缝厚})} \qquad (9\text{-}29)$$

(9) 高在3.60 m以内的围墙抹灰均按内墙面相应子目执行。

(10) 石材块料面板上钻孔成槽由供应商完成的，扣除基价中人工的10%和其他机械费。按定额相应项目执行，定额中斩假石已包括底、面抹灰。

(11) 定额中混凝土墙、柱、梁面的抹灰底层已包括刷一道素水泥浆在内。设计刷两道、每增一道按定额相应子目执行。设计采用专用粘结剂时，可套用相应干粉型粘结剂粘贴子目，换算干粉型粘结剂材料为相应专用粘结剂。设计采用聚合物砂浆粉刷的，可套用相应子目，材料换算，其他不变。

(12) 外墙内表面的抹灰按内墙面抹灰子目执行；砌块墙面的抹灰按混凝土墙面相应抹灰子目执行。

(13) 干挂石材及大规格面砖所用的干挂胶(AB胶)每组的用量组成为：A组1.33 kg，B组0.67 kg。

(14) 设计木墙裙的龙骨与定额间距、规格不同时，应按比例换算。本定额仅编制了一般项目中常用的骨架与面层，骨架、衬板、基层、面层均应分开计算。

(15) 木饰面子目的木基层均未含防火材料，设计要求刷防火漆，按定额中相应子目执行。

(16) 装饰面层中均未包括墙裙压顶线、压条、踢脚线、门窗贴脸等装饰线，设计有要求时，应按相应子目执行。

(17) 幕墙材料品种、含量，设计要求与定额不同时应调整，但人工、机械不变。所有干挂石材、面砖、玻璃幕墙、金属板幕墙子目中不含钢骨架、预埋(后置)铁件的制作安装费，另按相应子目执行。

(18) 不锈钢、铝单板等装饰板块折边加工费及成品铝单板折边面积应计入材料单价中，不另计算。

(19) 网塑夹芯板之间设置加固方钢立柱、横梁应根据设计要求按相应子目执行。

(20) 本定额未包括玻璃、石材的车边、磨边费用。石材车边、磨边按相应子目执行；玻璃车边费用按市场加工费另行计算。

(21) 成品装饰面板现场安装，需做龙骨、基层板时，套用墙面相应子目。

2) 工程量计算规则

(1) 内墙面抹灰

① 内墙面抹灰面积应扣除门窗洞口和空圈所占的面积，不扣除踢脚线、挂镜线、0.3 m^2以内的孔洞和墙与构件交接处的面积；但其洞口侧壁和顶面抹灰亦不增加。垛的侧面抹灰面积应并入内墙面工程量内计算。

内墙面抹灰长度，以主墙间的图示净长计算，其高度按实际抹灰高度确定，不扣除间壁所占的面积。

② 石灰砂浆、混合砂浆粉刷中已包括水泥护角线，不另行计算。

③ 柱和单梁的抹灰按结构展开面积计算，柱与梁或梁与梁接头的面积不予扣除。砖墙中平墙面的混凝土柱、梁等的抹灰(包括侧壁)应并入墙面抹灰工程量内计算。凸出墙面的混凝土柱、梁面(包括侧壁)抹灰工程量应单独计算，按相应子目执行。

④ 厕所、浴室隔断抹灰工程量，按单面垂直投影面积乘系数2.3计算。

(2) 外墙抹灰

① 外墙面抹灰面积按外墙面的垂直投影面积计算,应扣除门窗洞口和空圈所占的面积,不扣除 0.3 m^2 以内的孔洞面积。但门窗洞口、空圈的侧壁、顶面及垛等抹灰,应按结构展开面积并入墙面抹灰中计算。外墙面不同品种砂浆抹灰,应分别计算,按相应子目执行。

② 外墙窗间墙与窗下墙均抹灰,以展开面积计算。

③ 挑沿、天沟、腰线、扶手、单独门窗套、窗台线、压顶等,均以结构尺寸展开面积计算。窗台线与腰线连接时,并入腰线内计算。

④ 外窗台抹灰长度,如设计图纸无规定时,可按窗洞口宽度两边共加 20 cm 计算。窗台展开宽度一砖墙按 36 cm 计算,每增加半砖宽则累增 12 cm。单独圈梁抹灰(包括门、窗洞口顶部)、附着在混凝土梁上的混凝土装饰线条抹灰均以展开面积以 m^2 计算。

⑤ 阳台、雨篷抹灰按水平投影面积计算。定额中已包括顶面、底面、侧面及牛腿的全部抹灰面积。阳台栏杆、栏板、垂直遮阳板抹灰另列项目计算。栏板以单面垂直投影面积乘系数 2.1。

⑥ 水平遮阳板顶面、侧面抹灰按其水平投影面积乘系数 1.5,板底面积并入天棚抹灰内计算。

⑦ 勾缝按墙面垂直投影面积计算,应扣除墙裙、腰线和挑沿的抹灰面积,不扣除门、窗套、零星抹灰和门、窗洞口等面积,但垛的侧面、门窗洞侧壁和顶面的面积亦不增加。

(3) 挂、贴块料面层

① 内、外墙面,柱梁面,零星项目镶贴块料面层,均按块料面层的建筑尺寸(各块料面层+粘贴砂浆厚度=25 mm)面积计算。门窗洞口面积扣除,侧壁、附垛贴面应并入墙面工程量中。内墙面腰线花砖按延长米计算。

② 窗台、腰线、门窗套、天沟、挑檐、盥洗槽、池脚等块料面层镶贴,均以建筑尺寸的展开面积(包括砂浆及块料面层厚度)按零星项目计算。

③ 石材块料面板挂、贴均按面层的建筑尺寸(包括干挂空间、砂浆、板厚度)展开面积计算。

④ 石材圆柱面按石材面外围周长乘以柱高(应扣除柱墩、柱帽、腰线高度)以 m^2 计算。石材圆柱形柱墩、柱帽、腰线按石材圆柱面外围周长乘其高度以 m^2 计算。

(4) 墙、柱木装饰及柱包不锈钢镜面

① 墙、墙裙、柱(梁)面的计算:木装饰龙骨、衬板、面层及粘贴切片板按净面积计算,并扣除门、窗洞口及 0.3 m^2 以上孔洞所占的面积,附墙垛及门、窗侧壁并入墙面工程量内计算。单独门、窗套按相应子目计算。柱、梁按展开宽度乘以净长计算。

② 不锈钢镜面、各种装饰板面均按展开面积计算。若地面天棚面有柱帽、柱脚时,则高度应从柱脚上表面至柱帽下表面计算。柱帽、柱脚,按面层的展开面积以 m^2 计算,套柱帽、柱脚子目。

③ 幕墙以框外围面积计算。幕墙与建筑顶端、两端的封边按图示尺寸以 m^2 计算,自然层的水平隔离与建筑物的连接按延长米计算(连接层包括上、下镀锌钢板在内)。幕墙上下设计有窗者,计算幕墙面积时,窗面积不扣除,但每 10 m^2 窗面积另增加人工 5 工日,增加的窗料及五金按实计算(幕墙上铝合金窗不再另外计算)。其中:全玻璃幕墙以结构外边按玻璃(带肋)展开面积计算,支座处隐藏部分玻璃合并计算。

3) 应用案例

【例 9-17】 某工程楼面建筑平面如图 9-49 所示，其中，M1：900 mm×2 400 mm，M2：900 mm×2 400 mm，C1：1 800 mm×1 800 mm。该建筑内墙净高为 3.3 m，窗台高 900 mm，内外墙厚均为 240 mm 砖墙。设计内墙裙为水泥砂浆贴 200 mm×300 mm 瓷砖，高度为1.8 m(与其对应的门窗洞口侧壁不贴瓷砖)，其余部分墙面为抹水泥珍珠岩砂浆抹面。试依据江苏省 2014 计价定额求室内墙裙、抹灰工程量及室内墙面装饰预算费用。

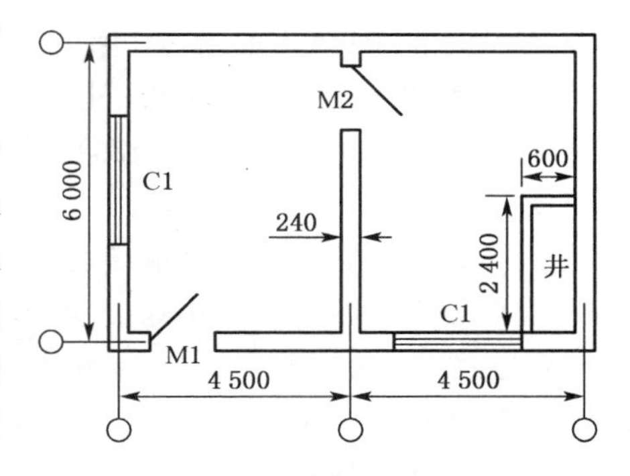

图 9-49 某工程楼面建筑平面示意图

【解】 (1) 室内墙裙、抹灰工程量计算如下：

① 瓷砖墙裙工程量

$S = 1.8 \times [(4.5 - 0.24 + 6 - 0.24) \times 2 \times 2 - 0.9 \times 3] - (1.8 - 0.9) \times 1.8 \times 2 = 67.28 - 3.24 = 64.04\ \text{m}^2$

② 墙面抹灰工程量

$S = 3.3 \times (4.5 - 0.24 + 6 - 0.24) \times 2 \times 2 - 1.8 \times 1.8 \times 2 - 0.9 \times 2.4 \times 3 - (67.28 - 3.24) = 132.26 - 6.48 - 6.48 - 64.04 = 55.26\ \text{m}^2$

(2) 按计价表计算室内墙面装饰预算费用如下：

14-80　瓷砖墙裙费用为：64.04 ÷ 10 × 2 621.93 = 16 790.84 元

14-54　墙面抹灰费用为：55.26 ÷ 10 × 342.80 = 1 894.31 元

墙面装饰预算费用合计为：16 790.84 + 1 894.31 = 18 685.15 元

【例 9-18】 试依据江苏省 2014 计价定额计算如图 9-50 所示墙面装饰工程量及其预算费用。该墙面装饰是在木龙骨上钉细木工板基层，细木工板、基层上粘贴镜面玻璃，墙上有一扇2 100 mm×1 500 mm 的窗，窗的侧壁贴面宽 120 mm，有一明式暖气罩。墙裙面层为胶合板(三夹)，高度为 0.8 m，墙裙做木压顶线。

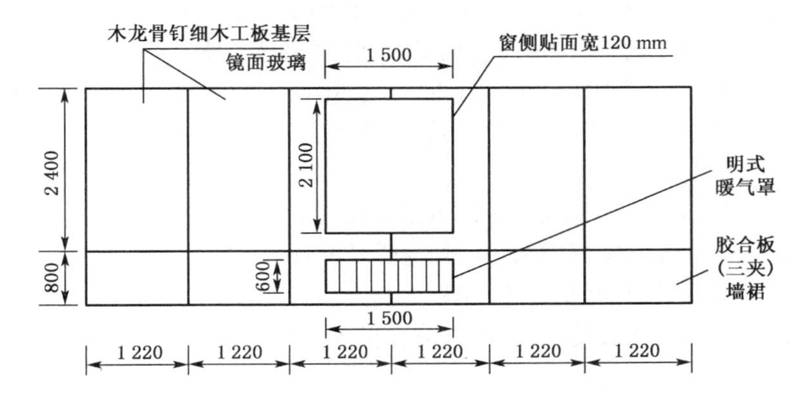

图 9-50 某建筑墙面装饰示意图

【解】 (1) 墙面装饰工程量计算如下：

① 木龙骨的工程量：

$1.22 \times 6 \times (2.4 + 0.8) + (2.1 + 1.5) \times 2 \times 0.12 - 1.5 \times 2.1 - 1.5 \times 0.6 = 23.424 + 0.864 - 3.15 - 0.9 = 20.238\ m^2$

② 木龙骨上钉细木工板基层的工程量：

$1.22 \times 6 \times 2.4 - 1.5 \times 2.1 + (2.1 + 1.5) \times 2 \times 0.12 = 17.568 - 3.15 + 0.864 = 15.28\ m^2$

③ 基层上镶贴镜面玻璃墙面的工程量同本例②，即 15.28 m^2。

④ 胶合板(三夹)墙裙的工程量：

$1.22 \times 6 \times 0.8 - 1.5 \times 0.6 = 4.96\ m^2$

⑤ 墙裙木压顶线工程量：$1.22 \times 6 = 7.32\ m$

⑥ 明式暖气罩的工程量：$1.5 \times 0.6 = 0.9\ m^2$

(2) 按计价表计算墙面装饰预算费用如下：

14-168　木龙骨费用为：$20.238 \div 10 \times 439.87 = 890.21$ 元

14-185　细木工板基层费用为：$15.28 \div 10 \times 539.94 = 825.03$ 元

14-211　镜面玻璃费用为：$15.28 \div 10 \times 1\,195.87 = 1\,827.29$ 元

14-189　胶合板(三夹)墙裙费用为：$4.96 \div 10 \times 228.58 = 113.38$ 元

18-22　木压顶线费用为：$7.32 \div 100 \times 629.48 = 46.08$ 元

18-56　明式暖气罩费用为：$0.9 \div 10 \times 1\,401.22 = 126.11$ 元

墙面装饰预算费用 $= 890.21 + 825.03 + 1\,827.29 + 113.38 + 46.08 + 126.11 = 3\,828.10$ 元

9.4.3　天棚工程

1) 定额说明

(1) 天棚的骨架基层分为简单型和复杂型两种。简单型是指每间面层在同一标高的平面上。复杂型是指每一间面层不在同一标高平面上，其高差在 100 mm 以上(含 100 mm)，但必须满足不同标高的少数面积占该间面积的 15%以上。

(2) 天棚吊筋、龙骨与面层应分开计算，按设计套用相应子目。本定额金属吊筋是按膨胀螺栓连接在楼板上考虑的，每付吊筋的规格、长度、配件及调整办法详见天棚吊筋子目，设计吊筋与楼板底面预埋铁件焊接时也执行本定额。吊筋子目适用于钢、木龙骨的天棚基层。设计小房间(厨房、厕所)内不用吊筋时，不能计算吊筋项目，并扣除相应定额中人工含量 0.67 工日/10 m^2。

(3) 本定额轻钢、铝合金龙骨是按双层编制的，设计为单层龙骨(大、中龙骨均在同一平面上)在套用定额时，应扣除定额中的小(付)龙骨及配件，人工乘系数 0.87，其他不变，设计小(付)龙骨用中龙骨代替时，其单价应调整。

(4) 胶合板面层在现场钻吸音孔时，按钻孔板部分的面积，每 10 m^2 增加人工 0.64 工日计算。

(5) 木质骨架及面层的上表面，未包括刷防火漆，设计要求刷防火漆时，应按相应子目计算。

(6) 上人型天棚吊顶检修道，分为固定、活动两种，应按设计分别套用定额。

(7) 天棚面的抹灰按中级抹灰考虑，所取定的砂浆品种、厚度详见附录七。设计砂浆品种(纸筋石灰浆除外)厚度与定额不同均应按比例调整，但人工数量不变。

(8) 天棚面层中回光槽按相应子目执行。

2) 工程量计算规则

(1) 本定额天棚饰面的面积按净面积计算,不扣除间壁墙、检修孔、附墙烟囱、柱垛和管道所占面积,但应扣除独立柱、0.3 m^2 以上的灯饰面积(石膏板、夹板天棚面层的灯饰面积不扣除)与天棚相连接的窗帘盒面积,整体金属板中间开孔的灯饰面积不扣除。

(2) 天棚中假梁、折线、叠线等圆弧形、拱形、特殊艺术形式的天棚饰面,均按展开面积计算。

(3) 天棚龙骨的面积按主墙间的水平投影面积计算。天棚龙骨的吊筋按每 10 m^2 龙骨面积套相应子目计算;全丝杆的天棚吊筋按主墙间的水平投影面积计算。

(4) 圆弧形、拱形的天棚龙骨应按其弧形或拱形部分的水平投影面积计算套用复杂型子目,龙骨用量按设计进行调整,人工和机械按复杂型天棚子目乘系数 1.8。

(5) 本定额天棚每间以在同一平面上为准,设计有圆弧形、拱形时,按其圆弧形、拱形部分的面积:圆弧形面层人工按其相应定额乘系数 1.15 计算,拱形面层的人工按相应子目乘系数 1.5 计算。

(6) 铝合金扣板雨篷、钢化夹胶玻璃雨篷均按水平投影面积计算。

(7) 天棚面抹灰

① 天棚面抹灰按主墙间天棚水平面积计算,不扣除间壁墙、垛、柱、附墙烟囱、检查洞、通风洞、管道等所占的面积。

② 密肋梁、井字梁、带梁天棚抹灰面积,按展开面积计算,并入天棚抹灰工程量内。斜天棚抹灰按斜面积计算。

③ 天棚抹面如抹小圆角者,人工已包括在定额中,材料、机械按附注增加。如带装饰线者,其线分别按三道线以内或五道线以内,以延长米计算(线角的道数以每一个突出的阳角为一道线)。

④ 楼梯底面、水平遮阳板底面和沿口天棚,并入相应的天棚抹灰工程量内计算。混凝土楼梯、螺旋楼梯的底板为斜板时,按其水平投影面积(包括休息平台)乘系数 1.18,底板为锯齿形时(包括预制踏步板),按其水平投影面积乘系数 1.5 计算。

3) 应用案例

【例 9-19】 某工程现浇井字梁天棚如图 9-51 所示,主、次梁断面尺寸分别为 400 mm×500 mm、200 mm×300 mm,若顶棚为现浇纸筋石灰砂浆面层,试依据江苏省 2014 计价定额计算其天棚抹灰工程量及预算费用。

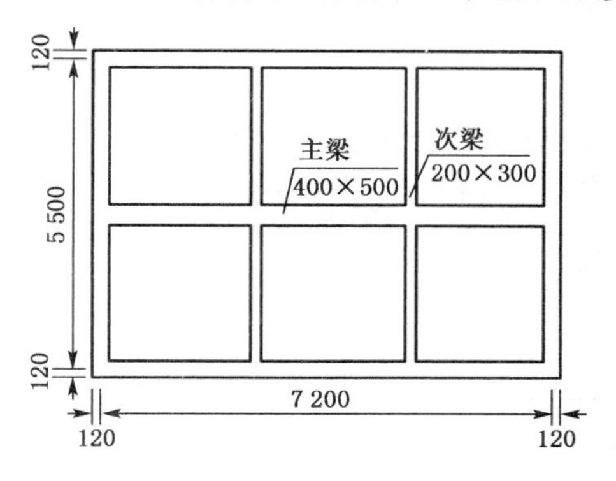

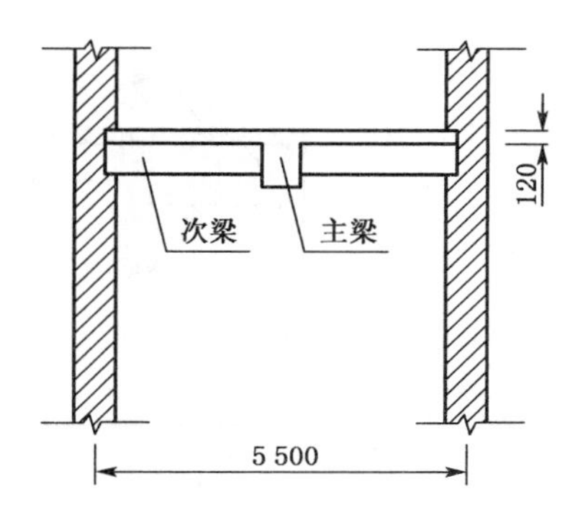

图 9-51 井字梁天棚抹灰面积计算图

【解】 (1) 天棚抹灰工程量计算如下:

(7.2 − 0.24) × (5.5 − 0.24) + (7.2 − 0.24) × 2 × (0.5 − 0.12) + (5.5 − 0.24 − 0.4) × (0.3 − 0.12) × 4 = 36.61 + 5.29 + 3.50 = 45.40 m²

(2) 按计价定额计算天棚抹灰预算费用如下:

15-83 45.40 ÷ 10 × 177.74 = 806.94 元

【例 9-20】 某会议室天棚吊顶如图 9-52 所示,采用 φ8 钢吊筋连接(每 10 m² 天棚吊筋每增减 100 mm 调整含量为 0.54 kg),装配式 U 型(不上人型)轻钢龙骨,平面纸面石膏板面层,面层规格 300 mm×600 mm。请按江苏省 2014 计价定额有关规定和已知条件,计算该项目会议室天棚吊顶工程量及其预算费用。

【解】 (1) 天棚吊顶工程量计算如下:

① 吊筋(高度 1.00 m)的工程量:

(12.00 − 0.24) × (9.00 − 0.24) − 7 × 5 = 11.76 × 8.76 − 35 = 68.02 m²

② 吊筋(高度 0.60 m) 的工程量:5 × 7 = 35 m²

③ 轻钢龙骨的工程量:11.76 × 8.76 = 103.02 m²

④ 石膏板面层的工程量:103.02 + (7 + 5) × 2 × 0.4 = 112.62 m²

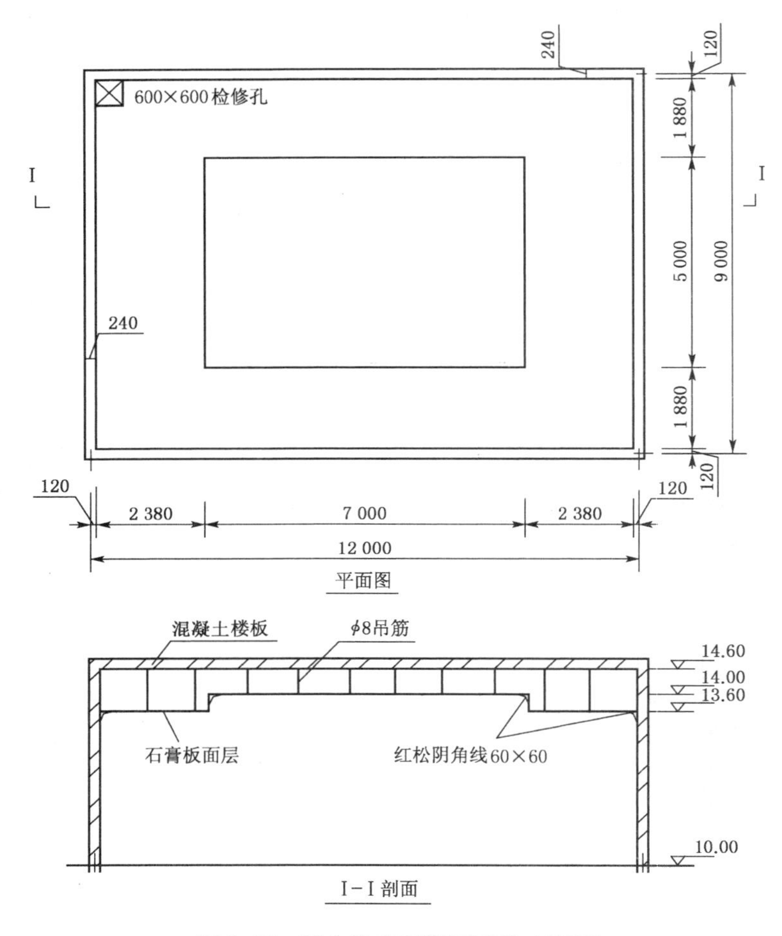

图 9-52 某会议室天棚吊顶平、剖面图

(2) 按计价表计算天棚吊顶工程预算费用如下：

① 换算单价

15-34换 ϕ8 吊筋(高度 0.60 m)

换算单价：60.54 − 4 × 0.54 × 4.02 = 51.86 元/10 m^2

② 子目套用

15-34 ϕ8 吊筋(高度 1.00 m) 费用 = 68.02 ÷ 10 × 60.54 = 411.79 元

15-34换 ϕ8 吊筋(高度 0.60 m) 费用 = 35 ÷ 10 × 51.86 = 181.51 元

15-6 装配式 U 型(不上人型) 轻钢龙骨费用 = 103.02 ÷ 10 × 673.37 = 6 937.06 元

15-45 纸面石膏板面层费用 = 112.62 ÷ 10 × 272.77 = 3 071.94 元

天棚吊顶工程预算费用 = 411.79 + 181.51 + 6 937.06 + 3 071.94 = 10 602.30 元

9.4.4 门窗工程

1) 定额说明

(1) 门窗工程分为购入构件成品安装，铝合金门窗制作安装，木门窗框、扇制作安装，装饰木门扇及门窗五金配件安装五部分。

(2) 购入构件成品安装门窗单价中，除地弹簧、门夹、管子、拉手等特殊五金外，玻璃及一般五金已包括在相应的成品单价中，一般五金的安装人工已包括在定额内，特殊五金和安装人工应按“门、窗配件安装”的相应子目执行。

(3) 铝合金门窗制作、安装

① 铝合金门窗制作、安装是按在构件厂制作，现场安装编制的，但构件厂至现场的运输费用应按当地交通部门的规定运费执行(运费不进入取费基价)。

② 铝合金门窗制作型材分为普通铝合金型材和断桥隔热铝合金型材两种，应按设计分别套用相应子目。各种铝合金型材含量的取定定额仅为暂定。设计型材的含量与定额不符，应按设计用量加 6%制作损耗调整。

③ 铝合金门窗的五金应按“门、窗五金配件安装”另列项目计算。

④ 门窗框与墙或柱的连接是按镀锌铁脚、尼龙膨胀螺钉连接考虑的，设计不同，定额中的铁脚、螺栓应扣除，其他连接件另外增加。

(4) 木门、窗制作与安装

① 定额编制了一般木门窗制、安及成品木门框扇的安装，制作是按机械和手工操作综合编制的。

② 定额均以一、二类木种为准，如采用三、四类木种，分别乘以下系数：木门、窗制作人工和机械费乘系数 1.30，木门、窗安装人工乘系数 1.15。

③ 木材规格是按已成型的两个切断面规格料编制的，两个切断面以前的锯缝损耗按总说明规定应另外计算。

④ 定额中注明的木材断面或厚度均以毛料为准，如设计图纸注明的断面或厚度为净料时，应增加断面刨光损耗：一面刨光加 3 mm，两面刨光加 5 mm，圆木按直径增加 5 mm。

⑤ 定额中的木材是以自然干燥条件下的木材编制的，需要烘干时，其烘干费用及损耗由各市确定。

⑥ 定额中门、窗框扇断面除注明者外均是按苏 J73-2 常用项目的Ⅲ级断面编制的，框以边框断面为准（框裁口若为钉条者应加贴条的断面），扇料以立梃断面为准。换算公式如下：

$$\frac{\text{设计断面(净料加刨光损耗)}}{\text{定额断面积}}\times\text{相应子目材积} \tag{9-30}$$

或　　[设计断面积－定额断面积]×相应子目框、扇每增减 10 cm^2 的材积　　(9-31)

⑦ 胶合板门的基价是按四八尺（1.22 m×2.44 m）编制的，剩余的边角料残值已考虑回收。如建设单位供应胶合板，按两倍门扇数量张数供应，每张裁下的边角料全部退还给建设单位（但残值回收取消）。若使用三七尺（0.91 m×2.13 m）胶合板，定额基价应按括号内的含量换算，并相应扣除定额中的胶合板边角料残值回收值。

⑧ 门窗制作安装的五金、铁件配件按“门窗五金配件安装”相应子目执行，安装人工已包括在相应定额内。设计门、窗玻璃品种、厚度与定额不符，单价应调整，数量不变。

⑨ 木质送、回风口的制作、安装按百叶窗定额执行。

⑩ 设计门、窗有艺术造型有特殊要求时，因设计差异变化较大，其制作、安装应按实际情况另行处理。

⑪ 定额子目如涉及钢骨架或者铁件的制作安装，另行套用相应子目。

⑫ “门窗五金配件安装”的子目中，五金规格、品种与设计不符时应调整。

2）工程量计算规则

（1）购入成品的各种铝合金门窗安装，按门窗洞口面积以 m^2 计算，购入成品的木门扇安装，按购入门扇的净面积计算。

（2）现场铝合金门窗扇制作、安装按门窗洞口面积以 m^2 计算。

（3）各种卷帘门按实际制作面积计算，卷帘门上有小门时，其卷帘门工程量应扣除小门面积。卷帘门上的小门按扇计算，卷帘门上电动提升装置以套计算，手动装置的材料、安装人工已包括在定额内，不另增加。

（4）无框玻璃门按其洞口面积计算。无框玻璃门中，部分为固定门扇、部分为开启门扇时，工程量应分开计算。无框门上带亮子时，其亮子与固定门扇合并计算。

（5）门窗框上包不锈钢板均按不锈钢板的展开面积以 m^2 计算，木门扇上包金属面或软包面均以门扇净面积计算。无框玻璃门上亮子与门扇之间的钢骨架横撑（外包不锈钢板），按横撑包不锈钢板的展开面积计算。

（6）门窗扇包镀锌铁皮，按门窗洞口面积以 m^2 计算；门窗框包镀锌铁皮、钉橡皮条、钉毛毡，按图示门窗洞口尺寸以延长米计算。

（7）木门窗框、扇制作、安装工程量按以下规定计算：

① 各类木门窗（包括纱门、纱窗）制作、安装工程量均按门窗洞口面积以 m^2 计算。

② 连门窗的工程量应分别计算，套用相应门、窗定额，窗的宽度算至门框外侧。

③ 普通窗上部带有半圆窗的工程量应按普通窗和半圆窗分别计算，其分界线以普通窗和半圆窗之间的横框上边线为分界线。

④ 无框窗扇按扇的外围面积计算。

3）应用案例

【例 9-21】 某茶馆设计有矩形窗上带半圆形木制固定玻璃窗，制作时刷底油一遍，设计洞口尺寸如图 9-53 所示，共 2 樘，请依据江苏省 2014 计价定额计算该玻璃窗工程量及预算费用。

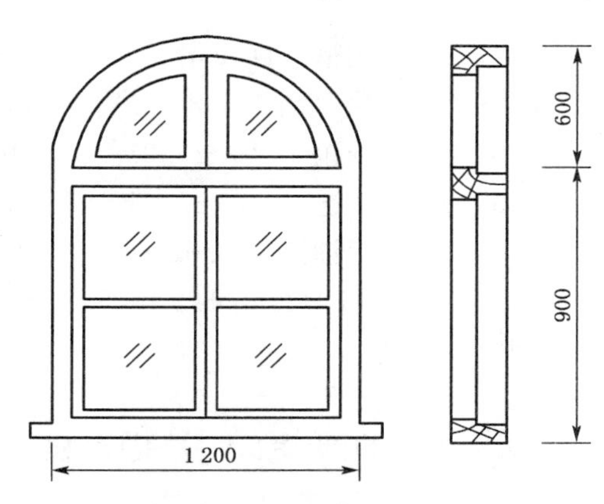

图 9-53 矩形窗上带半圆形木制固定玻璃窗

【解】 (1) 玻璃窗工程量计算如下：

① 矩形窗(普通窗)工程量 $= 1.2 \times 0.9 \times 2 = 2.16\ m^2$

② 半圆形木制固定窗工程量 $= 3.14 \times 0.6^2 \times \frac{1}{2} \times 2 = 1.13\ m^2$

(2) 玻璃窗预算费用计算如下：

① 矩形窗(普通窗)为有腰双扇玻璃窗

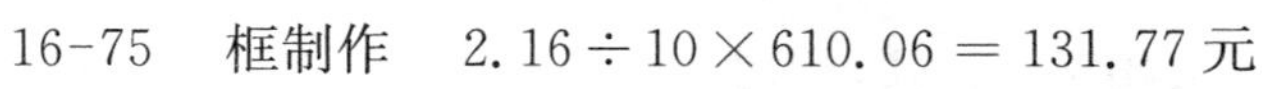

16-75 框制作 $2.16 \div 10 \times 610.06 = 131.77$ 元

16-76 框安装 $2.16 \div 10 \times 72.20 = 15.60$ 元

16-77 扇制作 $2.16 \div 10 \times 511.77 = 110.54$ 元

16-78 扇安装 $2.16 \div 10 \times 489.79 = 105.79$ 元

② 上部半圆形玻璃窗为无腰双扇玻璃窗(带框)

16-69 框制作 $1.13 \div 10 \times 564.69 = 63.81$ 元

16-70 框安装 $1.13 \div 10 \times 86.17 = 9.74$ 元

16-71 扇制作 $1.13 \div 10 \times 464.77 = 52.52$ 元

16-72 扇安装 $1.13 \div 10 \times 416.29 = 47.04$ 元

玻璃窗预算费用 $= 131.77 + 15.60 + 110.54 + 105.79 + 63.81 + 9.74 + 52.52 + 47.04 = 536.81$ 元

【例 9-22】 五冒头有腰镶板双扇门，门洞尺寸 1.60 m×2.20 m。门框毛料断面为 65 cm^2，门扇门肚板断面同《江苏省建筑与装饰工程计价定额》，门设球形执手锁 1 把，插销 2 只，门铰链 4 副，门底油 1 遍、刮腻子、调和漆 1 遍。设该门为三类土建工程中的分部分项工程，依据江苏省 2014 计价定额求该门的预算费用(注：材料差按计价表计算，不调整)。

【解】 (1) 按《计价表》计算规则计算工程量

门框制安 $1.60 \times 2.20 = 3.52\ m^2$

门扇制安 $3.52\ m^2$

门锁 1 把

插销 2 只

门铰链 4 副

门油漆 $3.52\ m^2$

(2)镶板木门的预算费用

16-167 门框制作 $3.52 \div 10 \times 342.31 = 120.49$ 元

16-168 门扇制作 $3.52 \div 10 \times 840.85 = 295.98$ 元

16-169 门框安装 $3.52 \div 10 \times 47.03 = 16.55$ 元

16-170 门扇安装 $3.52 \div 10 \times 191.88 = 67.54$ 元

16-171　门框断面每增 10 cm^2　3.52÷10×38.40＝13.52 元

16-312　执手锁　1×96.34＝96.34 元

16-313　插销　2×29.05＝58.10 元

16-314　铰链　4×32.41＝129.64 元

17-1　木门油漆　3.52÷10×334.40＝117.71 元

合计：120.49＋295.98＋16.55＋67.54＋13.52＋96.34＋58.10＋129.64＋117.71＝915.87 元

9.4.5　油漆、涂料、裱糊工程

1）定额说明

（1）本定额中涂料、油漆工程均采用手工操作，喷塑、喷涂、喷油采用机械喷枪操作，实际施工操作方法不同时，均按本定额执行。

（2）油漆项目中，已包括钉眼刷防锈漆的工、料并综合了各种油漆的颜色，设计油漆颜色与定额不符时，人工、材料均不调整。

（3）本定额已综合考虑分色及门窗内外分色的因素，如果需做美术图案者，可按实计算。

（4）定额中规定的喷、涂刷的遍数，如与设计不同时，可按每增减一遍相应子目执行。石膏板面套用抹灰面定额。

（5）本定额对硝基清漆磨退出亮定额子目未具体要求刷理遍数，但应达到漆膜面上的白雾光消除、磨退出亮。

（6）色聚氨酯漆已经综合考虑不同色彩的因素，均按本定额执行。

（7）本定额抹灰面乳胶漆、裱糊墙纸饰面是根据现行工艺，将墙面封油刮腻子、清油封底、乳胶漆涂刷及墙纸裱糊分列子目，本定额乳胶漆、裱糊墙纸子目已包括再次找补腻子在内。

（8）浮雕喷涂料小点、大点规格划分如下：

① 小点：点面积在 1.2 cm^2 以下。

② 大点：点面积在 1.2 cm^2 以上（含 1.2 cm^2）。

（9）涂料定额是按常规品种编制的，设计用的品种与定额不符，单价换算可以根据不同的涂料调整定额含量，其余不变。

（10）木材面油漆设计有漂白处理时，由甲、乙双方另行协商。

（11）涂刷金属面防火涂料厚度应达到国家防火规范的要求。

2）工程量计算规则

（1）天棚、墙、柱、梁面的喷（刷）涂料和抹灰面乳胶漆，工程量按实喷（刷）面积计算，但不扣除 0.3 m^2 以内的孔洞面积。

（2）木材面油漆：各种木材面的油漆工程量按构件的工程量乘相应系数计算。抹灰面、木材面、构件面及金属面油漆系数见表 9-23。

表 9-23 抹灰面、木材面、构件面及金属面油漆系数表

序号	项 目 名 称	系数	工程量计算方法
1	单层木门	1.00	按洞口面积计算
2	带上亮木门	0.96	
3	双层(一玻一纱)木门	1.36	
4	单层全玻门	0.83	
5	单层半玻门	0.90	
6	不包括门套的单层门扇	0.81	
7	凹凸线条几何图案造型单层木门	1.05	
8	木百叶门	1.50	
9	半木百叶门	1.25	
10	厂库房木大门、钢木大门	1.30	
11	双层(单裁口)木门	2.00	
12	单层玻璃窗	1.00	
13	双层(一玻一纱)窗	1.36	
14	双层(单裁口)窗	2.00	
15	三层(二玻一纱)窗	2.60	
16	单层组合窗	0.83	
17	双层组合窗	1.13	
18	木百叶窗	1.50	
19	不包括窗套的单层木窗扇	0.81	
20	木扶手(不带托板)	1.00	按延长米
21	木扶手(带托板)	2.60	
22	窗帘盒(箱)	2.04	
23	窗帘棍	0.35	
24	装饰线条宽在 150 mm 内	0.35	
25	装饰线条宽在 150 mm 外	0.52	
26	封檐板、顺水板	1.74	
27	纤维板、木板、胶合板天棚	1.00	长×宽
28	木方格吊顶天棚	1.20	
29	鱼鳞板墙	2.48	
30	暖气罩	1.28	

续表 9-23

序号	项目名称	系数	工程量计算方法
31	木间壁木隔断	1.90	外围面积 长(斜长)×高
32	玻璃间壁露明墙筋	1.65	
33	木栅栏、木栏杆(带扶手)	1.82	
34	零星木装修	1.10	展开面积
35	木墙裙	1.00	净长×高
36	有凹凸、线条几何图案的木墙裙	1.05	
37	木地板	1.00	长×宽 水平投影面积
38	木楼梯(不包括底面)	2.30	
39	槽形板、混凝土折板底面	1.30	长×宽
40	有梁板底(含梁底、侧面)	1.30	
41	混凝土板式楼梯底(斜板)	1.18	水平投影面积
42	混凝土板式楼梯底(锯齿形)	1.50	
43	混凝土花格窗、栏杆	2.00	长×宽 长×宽(高)
44	遮阳板、栏板	2.10	
45	单层钢门窗	1.00	洞口面积
46	双层钢门窗	1.50	
47	单钢门窗带纱门窗扇	1.10	
48	钢百叶门窗	2.74	
49	半截百叶钢门	2.22	
50	满钢门或包铁皮门	1.63	
51	钢折叠门	2.30	框(扇)外围面积
52	射线防护门	3.00	
53	厂库房平开、推拉门	1.70	
54	间　壁	1.90	长×宽
55	平板屋面	0.74	斜长×宽
56	瓦垄板屋面	0.89	
57	镀锌铁皮排水、伸缩缝盖板	0.78	水平投影面积 展开面积
58	吸气罩	1.63	

(3) 抹灰面的油漆、涂料、刷浆工程量=抹灰的工程量。

(4) 其他金属面油漆,按构件油漆部分表面积计算。

(5) 刷防火涂料计算规则如下:①隔壁、护壁木龙骨按其面层正立面投影面积计算;②柱木龙骨按其面层外围面积计算;③天棚龙骨按其水平投影面积计算;④木地板中木龙骨及木龙骨带毛地板按地板面积计算；⑤隔壁、护壁、柱、天棚面层及木地板刷防火涂料，执行其他木材面刷防火涂料相应子目。

（6）裱贴饰面按设计图示尺寸以面积计算。

3）应用案例

【例 9-23】 根据江苏省 2014 计价定额计算如图 9-54 所示内墙面贴壁纸工程量及预算费用。其中，M1：1 000 mm×2 000 mm；M2：900 mm×2 200 mm；C1：1 100 mm×1 500 mm；C2：1 600 mm×1 500 mm；C3：1 800 mm×1 500 mm。门窗洞口侧壁要贴墙纸，墙净高 $H=2.9$ m，内外墙厚均为240 mm，踢脚线高 0.15 m，门窗厚度均为 90 mm。墙面贴墙纸，要求对花，门窗洞的顶部和窗台也贴相同墙纸。

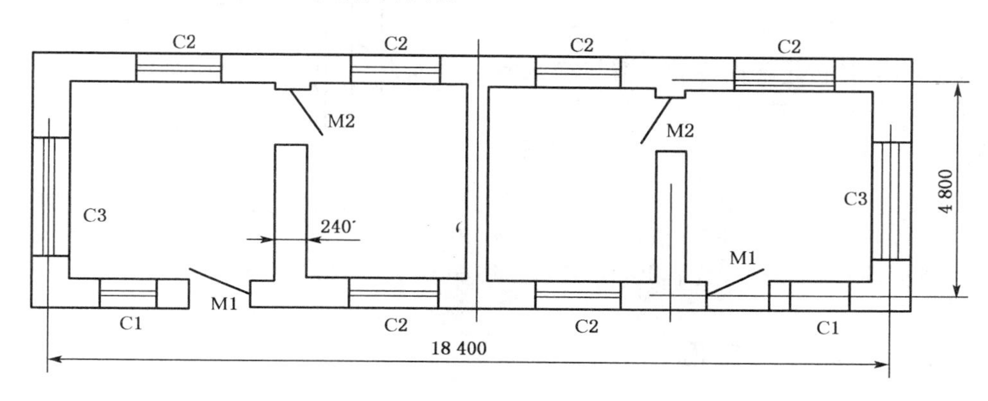

图 9-54　墙面贴壁纸示意图

【解】（1）内墙面贴壁纸工程量计算：根据计算规则，内墙面贴壁纸以实贴面积计算，并应扣除门窗洞口和踢脚板工程量，增加门窗洞口侧壁面积和窗户顶部及窗台相应面积。

① 墙净长 $L=(18.4-0.24\times4)\times2+(4.8-0.24)\times8=71.36$ m，墙高 $H=2.9$ m

② 扣除门窗、洞口踢脚板面积

踢脚线：$0.15\times71.36=10.70\ \text{m}^2$

M1：$1.0\times(2-0.15)\times2=3.70\ \text{m}^2$

M2：$0.9\times(2.2-0.15)\times4=7.38\ \text{m}^2$

C：$(1.8\times2+1.1\times2+1.6\times6)\times1.5=23.10\ \text{m}^2$

合计扣减面积 $=10.70+3.70+7.38+23.10=44.88\ \text{m}^2$

③ 增加门窗侧壁面积

M1：$\dfrac{0.24-0.09}{2}\times(2-0.15)\times4+\dfrac{0.24-0.09}{2}\times1.0\times2=0.71\ \text{m}^2$

M2：$(0.24-0.09)\times(2.2-0.15)\times4+(0.24-0.09)\times0.9\times2=1.50\ \text{m}^2$

C：$\dfrac{0.24-0.09}{2}\times[(1.8+1.5)\times2\times2+(1.1+1.5)\times2\times2+(1.6+1.5)\times2\times6]$

$=4.56\ \text{m}^2$

合计增加面积 $=0.71+1.50+4.56=6.77\ \text{m}^2$

④ 贴墙纸工程

$S=71.36\times2.9-44.88+6.77=168.83\ \text{m}^2$

(2) 墙面贴壁纸预算费用:17－240 168.83÷10×527.21＝8 900.89 元

【例 9-24】 某单位 2 楼会议室内的一面墙做 2 100 mm 高的凹凸木墙裙(如图 9-55),该木墙裙长 12 m,采用双层多层夹板基层(杨木芯十二厘板),其中底层多层夹板满铺,二层多层夹板面积为 12 m^2,在凹凸面层贴普通切片板,面积 23.4 m^2(不含踢脚线部分),其中斜拼 12 m^2。踢脚线用 $\delta=12$ mm 细木工板基层,面层贴普通切片板。油漆:润油粉,刮腻子,刷硝基清漆,磨退出亮。根据已知条件,请用江苏省 2014 计价定额的方式计算该会议室的油漆工程量及其预算费用。

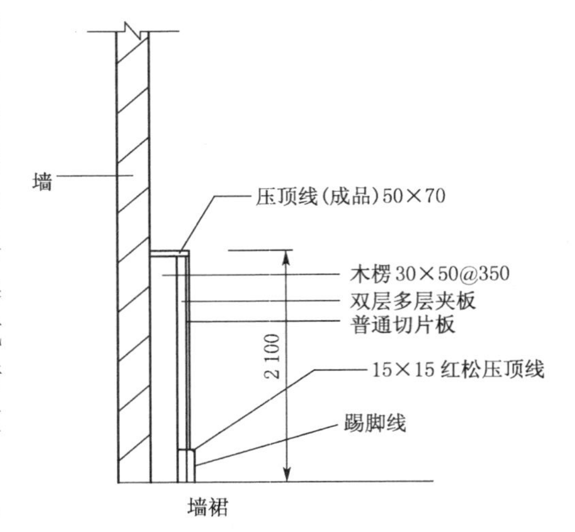

图 9-55　会议室内木墙裙示意图

【解】 (1) 该会议室的油漆工程量:1.05×2.1×12＝26.46 m^2

(2) 该会议室油漆的预算费用:17-79 润油粉,刮腻子,刷硝基清漆,磨退出亮墙裙 26.46÷10×1 096.69＝2 901.84 元

9.4.6　其他零星工程

1) 定额说明

(1) 本定额中除铁件、钢骨架已包含刷防锈漆一遍外,其余均未包括油漆、防火漆的工料,如设计涂刷油漆、防火漆按油漆相应子目套用。

(2) 本定额中招牌不区分为平面型、箱体型、简单型和复杂型。各类招牌、灯箱的钢骨架基层制作、安装套用相应子目,按吨计量。

(3) 招牌、灯箱内灯具未包括在内。

(4) 字体安装均以成品安装为准,不分字体均执行本定额。

(5) 本定额装饰线条安装为线条成品安装,定额均以安装在墙面上为准。设计安装在天棚面层时,按以下规定执行(但墙、顶交界处的角线除外):钉在木龙骨基层上,其人工按相应定额乘系数 1.34;钉在钢龙骨基层上乘系数 1.68;钉木装饰线条图案者人工乘系数 1.50(木龙骨基层上)及 1.80(钢龙骨基层上)。设计装饰线条成品规格与定额不同应换算,但含量不变。

(6) 石材装饰线条均以成品安装为准。石材装饰线条磨边、异型加工等均包括在成品线条的单价中,不再另计。

(7) 本定额中的石材磨边是按在工厂无法加工而必须在现场制作加工考虑的,实际由外单位加工的应另行计算。

(8) 成品保护是指对已做好的项目面层上覆盖保护层,保护层的材料不同不得换算,实际施工中未覆盖的不得计算成品保护。

(9) 货柜、柜类定额中未考虑面板拼花及饰面板上贴其他材料的花饰、造型艺术品,货架、柜类图见定额附件。该部分定额子目仅供参考使用。

(10) 石材的镜面处理另行计算。

(11) 石材面刷防护剂是指通过刷、喷、涂、滚等方法,使石材防护剂均匀分布在石材表面或渗透到石材内部形成一种保护,使石材具有防水、防污、耐酸碱、抗老化、抗冻融、抗生物侵蚀等功能,从而达到提高石材使用寿命和装饰性能的效果。

2) 工程量计算规则

(1) 招牌、灯箱面层按展开面积以 m^2 计算。

(2) 招牌字按每个字面积在 0.2 m^2 内、0.5 m^2 内、0.5 m^2 外三个子目划分,字不论安装在何种墙面或其他部位均按字的个数计算。

(3) 单线木压条、木花式线条、木曲线条、金属装饰条及多线木装饰条、石材线等安装均按外围延长米计算。

(4) 石材及块料磨边、胶合板刨边、打硅酮密封胶,均按延长米计算。

(5) 门窗套、筒子板按面层展开面积计算。窗台板按 m^2 计算。如图纸未注明窗台板长度时,可按窗框外围两边共加 100 mm 计算;窗口凸出墙面的宽度,按抹灰面另加 30 mm 计算。

(6) 暖气罩按外框投影面积计算。

(7) 窗帘盒及窗帘轨按延长米计算,如设计图纸未注明尺寸可按洞口尺寸加 30 cm 计算。

(8) 窗帘装饰布

① 窗帘布、窗纱布、垂直窗帘的工程量按展开面积计算。

② 窗水波幔帘按延长米计算。

(9) 石膏浮雕灯盘、角花按个数计算,检修孔、灯孔、开洞按个数计算,灯带按延长米计算,灯槽按中心线延长米计算。

(10) 石材防护剂按实际涂刷面积计算。成品保护层按相应子目工程量计算,台阶、楼梯按水平投影面积计算。

(11) 卫生间配件

① 石材洗漱台板工程量按展开面积计算。

② 浴帘杆按数量以每 10 支计算,浴缸拉手及毛巾架按数量以每 10 副计算。

③ 无基层成品镜面玻璃、有基层成品镜面玻璃,均按玻璃外围面积计算,镜框线条另计。

(12) 隔断的计算

① 半玻璃隔断是指上部为玻璃隔断,下部为其他墙体,其工程量按半玻璃设计边框外边线以 m^2 计算。

② 全玻璃隔断是指其高度自下横档底算至上横档顶面,宽度按两边立框外边以 m^2 计算。

③ 玻璃砖隔断:按玻璃砖格式框外围面积计算。

④ 浴厕木隔断,其高度自下横档底算至上横档顶面以 m^2 计算。门扇面积并入隔断面积内计算。

⑤ 塑钢隔断按框外围面积计算。

(13) 货架、柜橱类均以正立面的高(包括脚的高度在内)乘以宽以 m^2 计算。收银台以个计算，其他以延长米为单位计算。

3）应用案例

【例 9-25】 某宾馆单间客房卫生间内设大理石洗漱台、同种材料挡板、吊沿、镜面玻璃及毛巾架等配件。尺寸如下：大理石台板 1 400 mm×500 mm×20 mm，挡板宽度120 mm，吊沿 180 mm；玻璃镜 1 400 mm(宽)×1 120 mm(高)，无基层；毛巾架为不锈钢架，1 副/间。试依据江苏省 2014 计价定额计算 20 个标准间客房卫生间上述配件的工程量及预算费用。

【解】 (1) 20 个标准间客房卫生间上述配件的工程量计算如下：

① 大理石洗漱台、挡板、吊沿工程量：

[1.4×0.5＋(1.40＋0.50×2)×0.12 挡板＋1.40×0.18 吊沿]×20 ＝ 24.80 m^2

② 镜面玻璃(设计要求不带框)，工程量按玻璃面积计算，镜面积为：

1.40×1.12×20＝31.36 m^2

③ 不锈钢毛巾架工程量：1×20＝20(副)

(2) 客房卫生间预算费用

18-44　石材洗漱台　24.80÷10×5 253.15 ＝ 13 027.81 元

18-39　成品镜面玻璃安装，无基层　31.36÷10×1 111.46 ＝ 3 485.54 元

18-43　不锈钢毛巾架　20÷10×1 031.41 ＝ 2 062.82 元

合计：13 027.81＋3 485.54＋2 062.82 ＝ 18 576.17 元

【例 9-26】 某工程檐口上方设平面招牌，长 30 m，高 1.5 m，塑铝板面层，上嵌 10 个 1 000 mm×1 000 mm 有机玻璃面大字，试依据江苏省 2014 计价定额计算工程量及其预算费用。

【解】 (1) 上述工程的工程量计算

① 平面招牌(塑铝板面层)工程量计算：

工程量 ＝ 30×1.5 ＝ 45 m^2

② 有机玻璃字安装工程量计算：

有机玻璃字工程量 ＝ 10 个

每个字面积 ＝ 1×1 ＝ 1 m^2

(2) 上述工程预算费用

18-4　平面招牌(塑铝板面层)费用 ＝ 45÷10×1 733.12 ＝ 7 799.04 元

18-8　有机玻璃字安装(0.5 m^2 以外) ＝ 10÷10×636.30 ＝ 636.30 元

合计：7 799.04＋636.30 ＝ 8 435.34 元

9.5 施工措施项目预算

9.5.1 建筑物超高增加费用

1）定额说明

(1) 建筑物超高增加费

① 建筑物设计室外地面至檐口的高度(不包括女儿墙、屋顶水箱、突出屋面的电梯间、

楼梯间等的高度)超过 20 m 或建筑物超过 6 层时,应计算超高费。

② 超高费内容包括:人工降效、高压水泵摊销、除垂直运输机械外的机械降效费用、上下联络通讯等所需费用。超高费包干使用,不论实际发生多少,均按本定额执行,不调整。

③ 超高费按下列规定计算:A. 建筑物檐高超过 20 m 或层数超过 6 层部分的按其超过部分的建筑面积计算;B. 建筑物 20 m 或 6 层以上楼层,如层高超过 3.6 m 时,层高每增高 1 m(不足 0.1 m 按 0.1 m 计算),按相应定额的 20%计算;C. 建筑物檐高高度超过 20 m,但其最高一层或其中一层楼面未超过 20 m 且在 6 层以内时,则该楼层在 20 m 以上部分仅能计算每增高 1 m 的层高超高费;D. 同一建筑物中有 2 个或 2 个以上的不同檐口高度时,应分别按不同高度竖向切面的建筑面积套用定额;E. 单层建筑物(无楼隔层者)高度超过 20 m,其超过部分除构件安装按规定执行外,另再按相应项目计算每增高 1 m 的层高超高费。

(2) 单独装饰工程超高人工降效

① "高度"和"层数",只要其中一个指标达到规定即可套用该项目。

② 当同一个楼层中的楼面和天棚不在同一计算段内,按天棚面标高段为准计算。

2) 工程量计算规则

(1) 建筑物超高费以超过 20 m 或 6 层部分的建筑面积(m^2)计算。

(2) 单独装饰工程超高部分人工降效,以超过 20 m 或 6 层部分的工日分段计算。

3) 应用案例

【例 9-27】 如图 9-56 所示某民用公用框架结构大楼:主楼为 19 层,每层建筑面积为 1 400 m^2;附楼为 6 层,每层建筑面积为 1 800 m^2。主、附楼底层层高为 5.0 m,19 层层高为 4 m,其余各层层高均为 3.0 m。试依据江苏省 2014 计价定额计算该楼的超高费用。

【解】 (1)该楼的建筑物超高部分建筑面积工程量计算如下:

① 主楼 7~19 层(楼面 20 m 以上)建筑面积:13×1 400=18 200 m^2

② 主楼 19 层的层高超高建筑面积:1 400 m^2

③ 主楼 6 层超高建筑面积:1 400 m^2

④ 附楼 6 层超高建筑面积:1 800 m^2

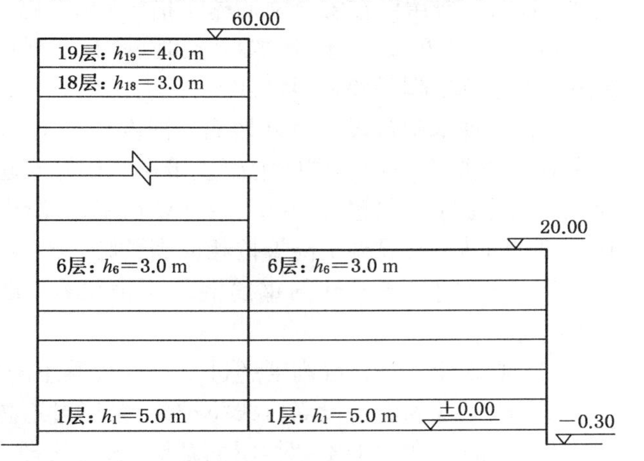

图 9-56 某框架结构工程的立面示意图

(2) 该楼的超高费用

计价表中一般建筑工程的管理费和利润已按三类工程标准计入综合单价内。对于不同层数组成的单位工程,当高层部分的面积(竖向切分)占总面积 30%以上时,按高层的指标确定工程类别,不足 30%的按低层指标确定工程类别。

该建筑高层部分的面积(竖向切分)占总面积的比例 = 19 × 1400 ÷ [19 × 1 400 + 6 × 1 800] = 71.12% > 30%,所以按高层的指标确定工程类别,该建筑属于一类工程。综合单价里的管理费和利润需要调整。

① 单价换算

$19\text{-}5_{换}$ 主楼 7~19 层超高

(50.02 + 6.67) × (1 + 31% + 12%) = 81.07 元 /m²

19-5+注$_{换1}$　主楼 19 层的层高超高

81.07 × 20% × 0.4 = 6.49 元 /m²

19-5+注$_{换2}$　主楼 6 层超高

81.07 × 20% × 0.3 = 4.86 元 /m²

19-1+注$_{换}$　附楼 6 层超高

(18.86 + 2.52) × (1 + 31% + 12%) × 20% × 0.3 = 1.83 元 /m²

② 子目套用

19-5$_{换}$　主楼 7 ~ 19 层超高费 = 81.07 × 18 200 = 1 475 474 元

19-5 + 注$_{换1}$　主楼 19 层的层高超高费 = 6.49 × 1 400 = 9 086 元

19-5 + 注$_{换2}$　主楼 6 层超高费 = 4.86 × 1 400 = 6 804 元

19-1 + 注$_{换}$　附楼 6 层超高费 = 1.83 × 1 800 = 3 294 元

该楼的超高费用 = 1 475 474 + 9 086 + 6 804 + 3 294 = 1 494 658 元

9.5.2 脚手架工程

1) 定额说明

(1) 综合脚手架

① 檐高在 3.60 m 内的单层建筑不执行综合脚手架定额。

② 综合脚手架项目仅包括脚手架本身的搭拆，不包括建筑物洞口临边、电器防护设施等费用，以上费用已在安全文明施工措施费中列支。

③ 单位工程在执行综合脚手架时，遇有下列情况应另列项目计算，以下项目不再计算超过 20 m 单项脚手架材料增加费。

A. 各种基础自设计室外地面起深度超过 1.5 m(砖基础至大放脚砖基底面、钢筋混凝土基础至垫层上表面)，同时混凝土带形基础底宽超过 3 m、满堂基础或独立柱基(包括设备基础)混凝土底面积超过 16 m² 应计算砌墙、混凝土浇捣脚手架。砖基础以垂直面积按单项脚手架中里架子、混凝土浇捣按相应满堂脚手架定额执行。

B. 层高超过 3.6 m 的钢筋混凝土框架柱、梁、墙混凝土浇捣脚手架按单项定额规定计算。

C. 独立柱、单梁、墙高度超过 3.6 m 混凝土浇捣脚手架按单项定额规定计算。

D. 施工现场需搭设高压线防护架、金属过道防护棚脚手架按单项定额规定执行。

E. 屋面坡度大于 45°时，屋面基层、盖瓦的脚手架费用应另行计算。

F. 未计算到建筑面积的室外柱、梁等，其高度超过 3.6 m 时，应另按单项脚手架相应定额计算。

G. 地下室的综合脚手架按檐高在 12 m 以内的综合脚手架相应定额乘以系数 0.5 执行。

H. 檐高 20 m 以下采用悬挑脚手架的可计取悬挑脚手架增加费用，20 m 以上悬挑脚手架增加费已包括在脚手架超高材料增加费中。

(2) 单项脚手架

① 本定额适用于综合脚手架以外的檐高在 20 m 以内的建筑物，不包括女儿墙、屋顶水

箱、突出主体建筑的楼梯间、电梯间等高度，前后檐高不同，按平均高度计算。檐高在 20 m 以上的建筑物，脚手架除按本定额计算外，其超过部分所需增加的脚手架加固措施等费用，均按超高脚手架材料增加费子目执行。构筑物、烟囱、水塔、电梯井按其相应子目执行。

② 除高压线防护架外，本定额已按扣件钢管脚手架编制，实际施工中不论使用何种脚手架材料，均按本定额执行。

③ 高度在 3.60 m 以内的墙面、天棚、柱、梁抹灰（包括钉间壁、钉天棚）用的脚手架费用套用 3.60 m 以内的抹灰脚手架。如室内（包括地下室）净高超过 3.60 m 时，天棚需抹灰（包括钉天棚）应按满堂脚手架计算，但其内墙抹灰不再计算脚手架。高度在 3.60 m 以上的内墙面抹灰，如无满堂脚手架可以利用时，可按墙面垂直投影面积计算抹灰脚手架。

④ 建筑物室内天棚面层净高在 3.60 m 内，吊筋与楼层的连接点高度超过 3.60 m，应按满堂脚手架相应定额综合单价乘以 0.60 计算。

⑤ 瓦屋面坡度大于 45°时，屋面基层、盖瓦的脚手架费用应另按实计算。

⑥ 室内天棚净高超过 3.60 m 的板下勾缝、刷浆、油漆可另行计算一次脚手架费用，按满堂脚手架相应项目乘以 0.10 计算；墙、柱梁面刷浆、油漆的脚手架按抹灰脚手架相应定额乘以 0.10 计算。

⑦ 当结构施工搭设的电梯井脚手架延续至电梯设备安装使用时，套用安装用电梯井脚手架时应扣除定额中的人工及机械。

⑧ 构件吊装脚手架按表 9-24 执行。单层轻钢厂房钢构件吊装脚手架执行单层轻钢厂房钢结构施工用脚手架，不再执行表 9-24。

表 9-24 构件吊装脚手架执行费用　　单位：元

混凝土构件（m^3）				钢构件（t）			
柱	梁	屋架	其他	柱	梁	屋架	其他
1.58	1.65	3.20	2.30	0.70	1.00	1.5	1.00

⑨ 需采用型钢悬挑脚手架时，除计算脚手架费用外，应计算外架子悬挑脚手架增加费。

⑩ 本定额满堂脚手架不适用于满堂机件式钢管支撑架（简称满堂支撑架），满堂支撑架应按搭设方案计价。

⑪ 单层轻钢厂房脚手架适用于单层轻钢厂房钢结构施工用脚手架，分钢柱梁安装脚手架、屋面瓦等水平结构安装脚手架和墙板、门窗、雨篷、天沟等竖向结构安装脚手架，不包括厂房内土建、装饰工作脚手架，实际发生时另执行相关子目。

⑫ 外墙镶（挂）贴脚手架定额适用于单独外装饰工程脚手架搭设。

⑬ 天棚、柱、梁、墙面不抹灰但满批腻子时，脚手架执行同抹灰脚手架。

⑭ 满堂支撑架适用于架体顶部承受钢结构、钢筋混凝土等施工荷载，对支撑构件起支撑平台作用的机件式脚手架。脚手架周转材料使用量大时，可区分租赁和自备材料两种情况计算，施工过程中对满堂支撑架的使用时间、材料的投入情况应及时核实并办理好相关手续，租赁费用应由甲乙双方协商进行核定后结算，乙方自备材料按定额中满堂支撑架使用费计算。

⑮ 建筑物外墙设计采用幕墙装饰，不需要砌筑墙体，根据施工方案需搭设外围防护脚手架的，且幕墙施工不利用外防护架，应按砌墙脚手架相应子目另计防护脚手架费。

(3) 超高脚手架材料增加费

① 本定额中脚手架是按建筑物檐高在 20 m 以内编制的，檐高超过 20 m 时应计算脚手架材料增加费。

② 檐高超过 20 m 脚手材料增加费内容包括：脚手架使用周期延长摊销费、脚手架加固。脚手架材料增加费包干使用，无论实际发生多少，均按本定额执行，不调整。

③ 檐高超过 20 m 脚手材料增加费按下列规定计算：

A. 综合脚手架

a. 檐高超过 20 m 部分的建筑物应按其超过部分的建筑面积计算。

b. 层高超过 3.6 m，每增高 0.1 m 按增高 1 m 的比例换算(不足 0.1 m 按 0.1 m 计算)，按相应项目执行。

c. 建筑物檐高高度超过 20 m，但其最高一层或其中一层楼面未超过 20 m 时，则该楼层在 20 m 以上部分仅能计算每增高 1 m 的增加费。

d. 同一建筑物中有 2 个或 2 个以上的不同檐口高度时，应分别按不同高度竖向切面的建筑面积套用相应子目。

e. 单层建筑物(无楼隔层者)高度超过 20 m，其超过部分构件安装按构件安装的规定执行外，另再按相应脚手架增加费项目计算每增高 1 m 的脚手架材料增加费。

B. 单项脚手架

a. 檐高超过 20 m 的建筑物，应根据脚手架计算规则按全部外墙脚手架面积计算。

b. 同一建筑物中有 2 个或 2 个以上的不同檐口高度时，应分别按不同高度竖向切面的外脚手架面积套用相应子目。

2) 工程量计算规则

(1) 综合脚手架

综合脚手架按建筑面积计算。单位工程中不同层高的建筑面积应分别计算。

(2) 单项脚手架

① 脚手架工程量计算一般规则

A. 凡砌筑高度超过 1.5 m 的砌体均需计算脚手架。

B. 砌墙脚手架均按墙面(单面)垂直投影面积以 m^2 计算。

C. 计算脚手架时，不扣除门窗洞口、空圈、车辆通道、变形缝等所占面积。

D. 同一建筑物高度不同时，按建筑物的竖向不同高度分别计算。

② 砌筑脚手架工程量计算规则

A. 外墙脚手架按外墙外边线长度(如外墙有挑阳台，则每个阳台计算一个侧面宽度，计入外墙面长度内，两户阳台连在一起的也只算一个侧面)乘以外墙高度以 m^2 计算。外墙高度指室外设计地坪至檐口(或女儿墙上表面)高度，坡屋面至屋面板下(或椽子顶面)墙中心高度。墙算至山尖 1/2 处的高度。

B. 内墙脚手架以内墙净长乘以内墙净高计算。有山尖者算至山尖 1/2 处的高度；有地下室时，自地下室室内地坪至墙顶面高度。

C. 砌体高度在 3.60 m 以内者，套用里脚手架；高度超过 3.60 m 者，套用外脚手架。

D. 山墙自设计室外地坪至山尖 1/2 处高度超过 3.60 m 时，该整个外山墙按相应外脚手架计算，内山墙按单排外架子计算。

E. 独立砖(石)柱高度在 3.60 m 以内者，脚手架以柱的结构外围周长乘以柱高计算，执行砌墙脚手架里架子；柱高超过 3.60 m 者，以柱的结构外围周长加 3.60 m 乘以柱高计算，执行砌墙脚手架外架子(单排)。

F. 砌石墙到顶的脚手架，工程量按砌墙相应脚手架乘系数 1.50。

G. 外墙脚手架包括一面抹灰脚手架在内，另一面墙可计算抹灰脚手架。

H. 砖基础自设计室外地坪至垫层(或混凝土基础)上表面的深度超过 1.50 m 时，按相应砌墙脚手架执行。

I. 突出屋面部分的烟囱，高度超过 1.50 m 时，其脚手架按外围周长加 3.60 m 乘以实砌高度按 12 m 内单排外脚手架计算。

③ 外墙镶(挂)贴脚手架工程量计算规则

A. 外墙镶(挂)贴脚手架工程量计算规则同砌筑脚手架中的外墙脚手架。

B. 吊篮脚手架按装修墙面垂直投影面积以 m^2 计算(计算高度从室外地坪至设计高度)。安拆费按施工组织设计或实际数量确定。

④ 现浇钢筋混凝土脚手架工程量计算规则

A. 钢筋混凝土基础自设计室外地坪至垫层上表面的深度超过 1.50 m，同时带形基础底宽超过 3.0 m、独立基础或满堂基础及大型设备基础的底面积超过 16 m^2 的混凝土浇捣脚手架应按槽、坑土方规定放工作面后的底面积计算，按满堂脚手架相应定额乘以系数 0.3 计算脚手架费用(使用泵送混凝土者，混凝土浇捣脚手架不得计算)。

B. 现浇钢筋混凝土独立柱、单梁、墙高度超过 3.60 m 应计算浇捣脚手架。柱的浇捣脚手架以柱的结构周长加 3.60 m 乘以柱高计算；梁的浇捣脚手架按梁的净长乘以地面(或楼面)至梁顶面的高度计算；墙的浇捣脚手架以墙的净长乘以墙高计算。套柱、梁、墙混凝土浇捣脚手架。

C. 层高超过 3.60 m 的钢筋混凝土框架柱、墙(楼板、屋面板为现浇板)所增加的混凝土浇捣脚手架费用，以框架轴线水平投影面积，按满堂脚手架相应子目乘以系数 0.3 执行；层高超过 3.60 m 的钢筋混凝土框架柱、梁、墙(楼板、屋面板为预制空心板)所增加的混凝土浇捣脚手架费用，以框架轴线水平投影面积，按满堂脚手架相应子目乘以系数 0.4 执行。

⑤ 贮仓脚手架，不分单筒或贮仓组，高度超过 3.60 m，均按外边线周长乘以设计室外地坪至贮仓上口之间高度以 m^2 计算。高度在 12 m 内，套双排外脚手架，乘系数 0.7 执行；高度超过 12 m 套 20 m 内双排外脚手架乘系数 0.7 执行(均包括外表面抹灰脚手架在内)。贮仓内表面抹灰按抹灰脚手架工程量计算规则执行。

⑥ 抹灰脚手架工程量计算规则

A. 钢筋混凝土单梁、柱、墙，按以下规定计算脚手架：

a. 单梁：以梁净长乘以地坪(或楼面)至梁顶面高度计算。

b. 柱：以柱结构外围周长加 3.60 m 乘以柱高计算。

c. 墙：以墙净长乘以地坪(或楼面)至板底高度计算。

B. 墙面抹灰：以墙净长乘以净高计算。

C. 如有满堂脚手架可以利用时，不再计算墙、柱、梁面抹灰脚手架。

D. 天棚抹灰高度在 3.60 m 以内，按天棚抹灰面(不扣除柱、梁所占的面积)以 m^2 计算。

⑦ 满堂脚手架工程量计算规则：天棚抹灰高度超过 3.60 m，按室内净面积计算满堂脚手架，不扣除柱、垛、附墙烟囱所占面积。

A. 基本层：高度在 8 m 以内计算基本层。

B. 增加层：高度超过 8 m，每增加 2 m，计算一层增加层，计算式如下：

$$增加层数 = [室内净高(m) - 8(m)]/2m \tag{9-32}$$

增加层数计算结果保留整数，小数在 0.6 以内舍去，在 0.6 以上进位。

C. 满堂脚手架高度以室内地坪面(或楼面)至天棚面或屋面板的底面为准(斜的天棚或屋面板按平均高度计算)。室内挑台栏板外侧共享空间的装饰如无满堂脚手架利用时，按地面(或楼面)至顶层栏板顶面高度乘以栏板长度以 m^2 计算，套相应抹灰脚手架定额。

⑧ 其他脚手架工程量计算规则

A. 高压线防护架按搭设长度以延长米计算。

B. 金属过道防护棚按搭设水平投影面积以 m^2 计算。

C. 斜道、烟囱、水塔、电梯井脚手架区别不同高度以座计算。滑升模板施工的烟囱、水塔，其脚手架费用已包括在滑模计价表内，不另计算脚手架。烟囱内壁抹灰是否搭设脚手架，按施工组织设计规定办理，其费用按相应满堂脚手架执行，人工增加 20%，其余不变。

D. 高度超过 3.60 m 的贮水(油)池，其混凝土浇捣脚手架按外壁周长乘以池的壁高以 m^2 计算，按池壁混凝土浇捣脚手架项目执行，抹灰者按抹灰脚手架另计。

E. 外架子悬挑脚手架增加费按悬挑脚手架部分的垂直投影面积计算。

F. 单层轻钢厂房脚手架柱、梁、屋面瓦等水平结构安装按厂房水平投影面积计算，墙板、门窗、雨篷等竖向结构安装按厂房垂直投影面积计算。

G. 满堂支撑架搭拆按脚手钢管重量计算，使用费(包括搭设、使用和拆除时间，不计算现场囤积和转运时间)按脚手钢管重量和使用天数计算。

(3) 檐高超过 20 m 脚手架材料增加费

① 综合脚手架

建筑物檐高超过 20 m，即可计算脚手架材料增加费。建筑物檐高超过 20 m，脚手架材料增加费，以建筑物超过 20 m 部分建筑面积计算。

② 单项脚手架

建筑物檐高超过 20 m 可计算脚手架材料增加费。建筑物檐高超过 20 m，脚手架材料增加费同外墙脚手架计算规则，从设计室外地面起算。

3) 应用案例

【例 9-28】 某写字楼工程，地上 5 层，层高 3.5 m，建筑物平面为 45 m×12 m 矩形；地下 1 层地下室，层高 3.3 m，建筑面积 1 000 m^2。请计算该工程脚手架项目的定额单价和合价(人、材、机单价按定额所示不调整，管理费和利润费率按相应的工程类别取定)。

【解】 根据费用定额(2014)类别划分说明第 16 条判断该建筑工程为二类工程。

(1) 地上部分建筑面积为 45×12×5＝2 700 m^2

综合脚手架定额 20－5

综合单价：(7.38＋1.36)×(1＋28%＋12%)＋9.43＝21.67 元/m^2

合价：21.67×2 700＝58 509.00 元

(2) 地下室建筑面积为 1 000 m^2

综合脚手架定额

综合单价：20－1×0.5＝[(6.56＋1.36)×(1＋28%＋12%)＋7.14]×0.5＝9.11 元/m^2

合价：9.11×1 000＝9 110.00 元

(3) 该项目脚手架费用合计:58 509.00+9 110.00=67 619.00 元

【例 9-29】 某多层工业厂房底层高度 11.54 m,采用 120 厚 YKB 的楼盖结构,建筑面积 390 m^2,室内净面积 300 m^2,天棚需刷油,试依据江苏省 2014 计价定额计算满堂脚手架费用。

【解】 满堂脚手架工程量计算如下:

(1) 底层室内净高 $H = 11.54 - 0.12 = 11.42\ m > 8\ m$

满堂脚手架(基本层高 8 m 以内) 工程量 = 300 m^2

(2) 增加层的计算

11.42 m > 8 m,需计算增加层,每增加 2 m 为一层。

$(11.42 - 8) \div 2 = 1.71$,取 2 个增加层

满堂脚手架(高 8 m 以上,每增加 2 m) 工程量 = $2 \times 300 = 600\ m^2$

(3) 满堂脚手架费用计算:

20-21 满堂脚手架(基本层高 8 m 以内)费用=300÷10×196.80=5 904.00 元

20-22 满堂脚手架(高 8 m 以上,每增加 2 m)费用=300÷10×2×44.54=2 672.40 元

合计:5 904.00+2 672.40=8 576.40 元

【例 9-30】 如例 9-27 中图 9-56 所示某民用公用框架结构大楼:主楼为 19 层,每层建筑面积为 1 400 m^2;附楼为 6 层,每层建筑面积 1 800 m^2。主、附楼底层层高为 5.0 m,19 层层高为4 m;其余各层层高均为 3.0 m。试依据江苏省 2014 计价定额计算该楼的脚手架超高材料增加费。

【解】 (1) 该楼的脚手架超高部分建筑面积工程量计算如下:

① 主楼 7~19 层(楼面 20 m 以上)建筑面积:13×1 400=18 200 m^2

② 主楼 19 层的层高超高建筑面积:1 400 m^2

③ 主楼 6 层超高建筑面积:1 400 m^2

④ 附楼 6 层超高建筑面积:1 800 m^2

(2) 综合脚手架超高脚手架材料增加费计算如下:

① 单价换算

$20\text{-}53_{换1}$ 主楼 19 层的层高超高材料增加单价 = $13.51 \times 20\% \times (4 - 3.6) = 1.08$ 元/m^2

$20\text{-}53_{换2}$ 主楼 6 层脚手架超高材料增加单价 = $13.51 \times 20\% \times (20.3 - 20) = 0.81$ 元/m^2

$20\text{-}49_{换}$ 附楼 6 层脚手架超高材料增加单价 = $9.05 \times 20\% \times (20.3 - 20) = 0.54$ 元/m^2

② 该楼的脚手架超高材料增加费计算如下:

20-53 主楼 7 ~ 19 层脚手架超高材料增加费 = 18 200 × 13.51 = 245 882.00 元

$20\text{-}53_{换1}$ 主楼 19 层的层高超高材料增加费 = 1 400 × 1.08 = 1 512.00 元

$20\text{-}53_{换2}$ 主楼 6 层脚手架超高材料增加费 = 1 400 × 0.81 = 1 134.00 元

$20\text{-}49_{换}$ 附楼 6 层脚手架超高材料增加费 = 1 800 × 0.54 = 972.00 元

合计:245 882.00 + 1 512.00 + 1 134.00 + 972.00 = 249 500.00 元

9.5.3 模板工程

1) 定额说明

模板工程分为现浇构件模板、现场预制构件模板、加工厂预制构件模板和构筑物工程模

板四个部分，使用时应分别套用。按设计图纸计算模板接触面积或使用混凝土含模量折算模板面积，两种方法仅能使用其中一种，相互不得混用。使用含模量者，竣工结算时模板面积不得调整。构筑物工程中的滑升模板是以 m^3 混凝土为单位的模板系综合考虑。倒锥形水塔水箱提升以“座”为单位。

(1) 现浇构件模板子目按不同构件分别编制了组合钢模板配钢支撑、复合木模板配钢支撑，使用时，任选一种套用。

(2) 预制构件模板子目，按不同构件，分别以组合钢模板、复合木模板、木模板、定型钢模板、长线台钢拉模、加工厂预制构件配混凝土地模、现场预制构件配砖胎模、长线台配混凝土地胎模编制，使用其他模板时不予换算。

(3) 模板工作内容包括清理、场内运输、安装、刷隔离剂、浇灌混凝土时模板维护、拆模、集中堆放、场外运输。木模板包括制作(预制构件包括刨光，现浇构件不包括刨光)，组合钢模板、复合木模板包括装箱。

(4) 现浇钢筋混凝土柱、梁、墙、板的支模高度以净高(底层无地下室者高需另加室内外高差)在 3.6 m 以内为准，净高超过 3.6 m 的构件其钢支撑、零星卡具及模板人工分别乘相应系数。根据施工规范要求属于高大支模的，其费用另行计算。

(5) 支模高度净高是指：

① 柱：无地下室底层是指设计室外地面至上层板底面、楼层板顶面至上层板底面。

② 梁：无地下室底层是指设计室外地面至上层板底面、楼层板顶面至上层板底面。

③ 板：无地下室底层是指设计室外地面至上层板底面、楼层板顶面至上层板底面。

④ 墙：整板基础板顶面(或反梁顶面)至上层板底面、楼层板顶面至上层板底面。

(6) 模板项目中，仅列出周转木材而无钢支撑的项目，其支撑量已含在周转木材中，模板与支撑按 7∶3 拆分。

(7) 模板材料已包含砂浆垫块与钢筋绑扎用的 22# 镀锌铁丝在内，现浇构件和现场预制构件不用砂浆垫块，而改用塑料卡，每 10 m^2 模板另加塑料卡费用每只 0.2 元，计 30 只，合计 6.00 元。

(8) 有梁板中的弧形梁模板按弧形梁定额执行(含模量＝肋形板含模量)，其弧形板部分的模板按板定额执行。砖墙基上带形混凝土防潮层模板按圈梁定额执行。

(9) 混凝土满堂基础底板面积在 1 000 m^2 内，若使用含模量计算模板面积，基础有砖侧模时，砖侧模的费用应另外增加，同时扣除相应的模板面积(总量不得超过总含模量)；超过 1 000 m^2 时，按混凝土接触面积计算。

(10) 地下室后浇墙带的模板应按已审定的施工组织设计另行计算，但混凝土墙体模板含量不扣。

(11) 带形基础、设备基础、栏板、地沟如遇圆弧形，除按相应定额的复合模板执行外，其人工、复合木模板乘系数 1.30，其他不变(其他弧形构件按相应定额执行)。

(12) 用钢滑升模板施工的烟囱、水塔、贮仓使用的钢提升杆是按 ϕ25 一次性用量编制的，设计要求不同时另行换算。施工是按无井架计算的，并综合了操作平台，不再计算脚手架和竖井架。

(13) 钢筋混凝土水塔、砖水塔基础采用毛石混凝土、混凝土基础时按烟囱相应项目执行。

(14) 烟囱钢滑升模板项目均已包括烟囱筒身、牛腿、烟道口；水塔钢滑升模板均已包括直筒、门窗洞口等模板用量。

(15) 倒锥壳水塔塔身钢滑升模板项目，也适用于一般水塔塔身滑升模板工程。

(16) 栈桥子目适用于现浇矩形柱、矩形连梁、有梁斜板栈桥，其超过 3.6 m 支撑按本定额有关说明执行。

(17) 本定额的混凝土、钢筋混凝土地沟是指建筑物室外的地沟，室内钢筋混凝土地沟按本定额相应项目执行。

(18) 现浇有梁板、无梁板、平板、楼梯、雨篷及阳台，底面设计不抹灰者，增加模板缝贴胶带纸人工 0.27 工日/10 m^2。

(19) 飘窗上下挑板、空调板按板式雨篷模板执行。

(20) 混凝土线条按小型构件定额执行。

2) 工程量计算规则

(1) 现浇混凝土及钢筋混凝土模板工程量，按以下规定计算：

① 现浇混凝土及钢筋混凝土模板工程量除另有规定者外，均按混凝土与模板的接触面积以 m^2 计算。若使用含模量计算模板接触面积者，工程量＝构件体积×相应项目含模量。

② 钢筋混凝土墙、板上单孔面积在 0.3 m^2 以内的孔洞，不予扣除，洞侧壁模板不另增加，但突出墙面的侧壁模板应相应增加。单孔面积在 0.3 m^2 以外的孔洞应予扣除，洞侧壁模板面积并入墙、板模板工程量之内计算。

③ 现浇钢筋混凝土框架分别按柱、梁、墙、板有关规定计算，墙上单面附墙柱、暗梁、暗柱并入墙内工程量计算，双面附墙柱按柱计算，但后浇墙、板带的工程量不扣除。

④ 设备螺栓套孔或设备螺栓分别按不同深度以“个”计算；二次灌浆，按实灌体积以 m^3 计算。

⑤ 预制混凝土板间或边补现浇板缝，缝宽在 100 mm 以上者，模板按平板定额计算。

⑥ 构造柱外露均应按图示外露部分计算面积(锯齿形，则按锯齿形最宽面计算模板宽度)，构造柱与墙接触面不计算模板面积。

⑦ 现浇混凝土雨篷、阳台、水平挑板，按图示挑出墙面以外板底尺寸的水平投影面积计算(附在阳台梁上的混凝土线条不计算水平投影面积)。挑出墙外的牛腿及板边模板已包括在内。复式雨篷挑口内侧净高超过 250 mm 时，其超过部分按挑檐定额计算(超过部分的含模量按天沟含模量计算)。

⑧ 整体直形楼梯包括楼梯段、中间休息平台、平台梁、斜梁及楼梯与楼板连接的梁，按水平投影面积计算，不扣除小于 500 mm 的梯井，伸入墙内部分不另增加。

⑨ 圆弧形楼梯按楼梯的水平投影面积以 m^2 计算(包括圆弧形梯段、休息平台、平台梁、斜梁及楼梯与楼板连接的梁)。

⑩ 楼板后浇带以延长米计算(整板基础的后浇带不包括在内)。

⑪ 现浇圆弧形构件除定额已注明者外，均按垂直圆弧形的面积计算。

⑫ 栏杆按扶手长度计算，栏板竖向挑板按模板接触面积以 m^2 计算。扶手、栏板的斜长按水平投影长度乘系数 1.18 计算。

⑬ 劲性混凝土柱模板，按现浇柱定额执行。

⑭ 砖侧模分不同厚度，按砌筑面积以 m^2 计算。

⑮ 后浇板带模板、支撑增加费，工程量按后浇板带设计长度以延长米计算。

⑯ 整板基础后浇带铺设热镀锌钢丝网，按实铺面积计算。

（2）现场预制钢筋混凝土构件模板工程量，按以下规定计算：

① 现场预制构件模板工程量，除另有规定者外，均按模板接触面积以 m^2 计算。若使用含模量计算模板面积者，其工程量＝构件体积×相应项目的含模量。砖地模费用已包括在定额含量中，不再另行计算。

② 漏空花格窗、花格芯按外围面积计算。

③ 预制桩不扣除桩尖虚体积。

④ 加工厂预制构件有此子目，而现场预制无此子目，实际在现场预制时模板按加工厂预制模板子目执行。现场预制构件有此子目，加工厂预制构件无此子目，实际在加工厂预制时，其模板按现场预制模板子目执行。

（3）加工厂预制构件的模板，除漏空花格窗、花格芯外，均按构件的体积以 m^3 计算。

① 混凝土构件体积一律按施工图纸的几何尺寸以实体积计算，空腹构件应扣除空腹体积。

② 漏空花格窗、花格芯按外围面积计算。

3）应用案例

【例 9-31】 如图 9-57 及图 9-58 所示，某办公楼（三类工程）屋面现浇框架钢筋混凝土有梁板，板厚为 100 mm，A、B、1、4 轴截面尺寸为 240 mm×500 mm，2、3 轴截面尺寸为240 mm×350 mm，柱截面尺寸为 400 mm×400 mm。请根据江苏省 2014 计价定额的有关规定，计算现浇框架钢筋混凝土有梁板的复合木模板工程量（按接触面积计算）及其预算费用。

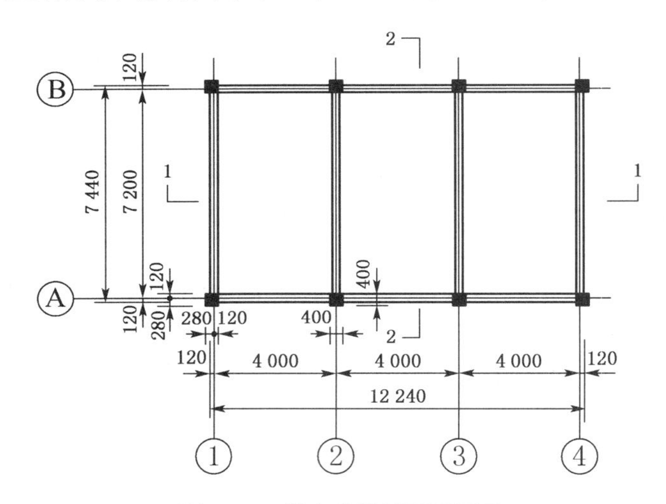

图 9-57 某办公楼屋面平面图

【解】 （1）现浇框架钢筋混凝土有梁板的复合木模板工程量（按接触面积计算）

有梁板中的肋梁部分模板应套用现浇板子目，所以在计算时本题的板和梁可一起计算。

① 底模工程量 ＝ 12.24 × 7.44 －（0.4 × 0.24 × 4 ＋ 0.24 × 0.24 × 4）＝ 90.46 m^2

② 板侧模工程量 ＝ {[12.24 －（0.24 × 2 ＋ 0.4 × 2）] ＋（7.44 － 0.24 × 2）} × 2 × 0.1 ＝ 3.58 m^2

③ 板下口梁侧模工程量

中间两根梁侧模工程量 ＝（7.44 － 0.24 × 2）× 0.25 × 4 ＝ 6.96 m^2

外墙上梁侧模工程量 ＝ {[12.24 －（0.24 × 2 ＋ 0.4 × 2）] ＋（7.44 － 0.24 × 2）} × 2 × 0.4 × 2 ＝ 28.67 m^2

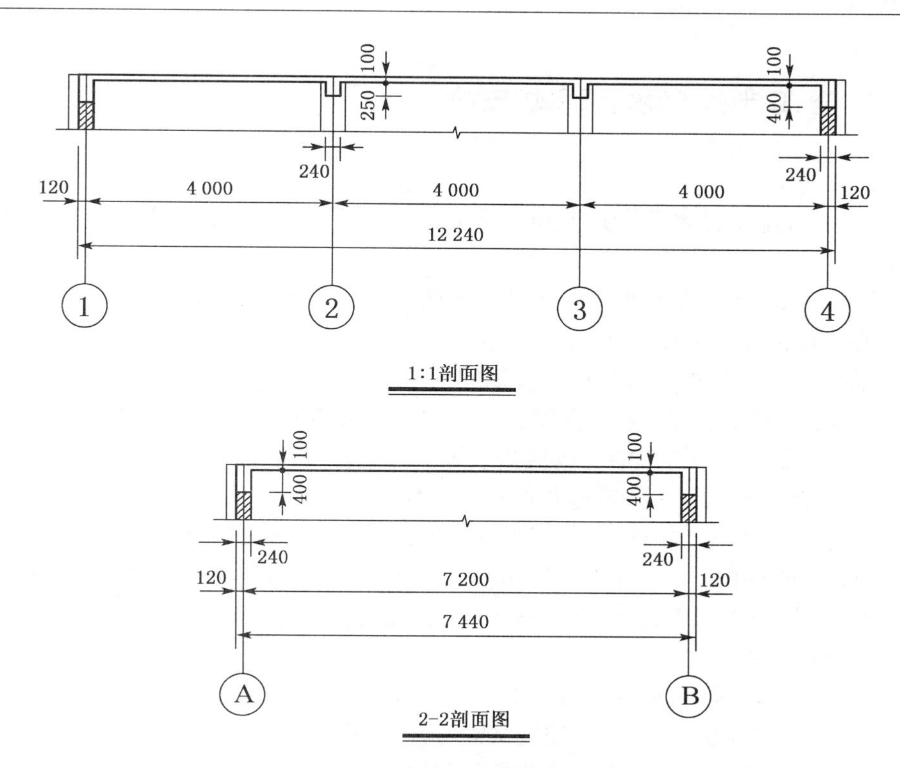

图 9-58 某办公楼屋面剖面图

合计：90.46＋3.58＋6.96＋28.67 = 129.67 m²

(2) 计算现浇框架钢筋混凝土有梁板的复合木模板预算费用

21-57 现浇板厚度 10 cm 内复合木模板 129.67 ÷ 10 × 503.57 = 6 529.79 元

【例 9-32】 设某二类工程中现浇钢筋混凝土框架柱(矩形)层高 8 m，浇注柱时无楼板，设计断面尺寸为 550 mm×500 mm，施工过程中采用复合木模板，请依据江苏省 2014 计价定额计算模板接触面积和模板费用。

【解】 (1) 模板接触面积工程量计算如下：

(0.55＋0.5) × 2 × 8 = 16.80 m²

(2) 模板费用计算如下：

① 单价换算

$21\text{-}27_{换1}$ 取费由三类工程换算为二类工程

202.88＋(285.36＋16.43) × (1＋28%＋12%) = 625.39 元 /10 m²

$21\text{-}27_{换2}$ 超过 3.6 m 增加费，取费由三类工程换算为二类工程

(8.64＋14.96) × 0.15＋285.36 × 0.6 × (1＋28%＋12%) = 243.24 元 /10 m²

② 子目套用

$21\text{-}27_{换1}$ 16.80 ÷ 10 × 625.39 = 1 050.66 元

$21\text{-}27_{换2}$ 16.80 ÷ 10 × 243.24 = 408.64 元

模板费用 1 050.66＋408.64 = 1 459.30 元

9.5.4 施工排水、降水、深基坑支护

1）定额说明

（1）人工土方施工排水是在人工开挖湿土、淤泥、流砂等施工过程中发生的机械排放地下水费用。

（2）基坑排水是指地下常水位以下且基坑底面积超过 150 m^2（两个条件同时具备）土方开挖以后，在基础或地下室施工期间所发生的排水包干费用（不包括±0.00 以上有设计要求待框架、墙体完成以后再回填基坑土方期间的排水）。

（3）井点降水项目适用于降水深度在 6 m 以内。井点降水使用时间按施工组织设计确定。井点降水材料使用摊销量中已包括井点拆除时材料损耗量。井点间距根据地质和降水要求由施工组织设计确定，一般轻型井点管间距为 1.2 m。

（4）强夯法加固地基坑内排水是指击点坑内的积水排抽台班费用。

（5）机械土方工作面中的排水费已包含在土方中，但地下水位以下的施工排水费用不包括，如发生，依据施工组织设计规定，排水人工、机械费用另行计算。

2）工程量计算规则

（1）人工土方施工排水不分土壤类别、挖土深度，按挖湿土工程量以 m^3 计算。

（2）人工挖淤泥、流砂施工排水按挖淤泥、流砂工程量以 m^3 计算。

（3）基坑、地下室排水按土方基坑的底面积以 m^2 计算。

（4）强夯法加固地基坑内排水，按强夯法加固地基工程量以 m^2 计算。

（5）井点降水 50 根为一套，累计根数不足一套者按一套计算，井点使用定额单位为套天，一天按 24 小时计算。井管的安装、拆除以根计算。

（6）深井管井降水安装、拆除按座计算，使用按座天计算，一天按 24 小时计算。

3）应用案例

【例 9-33】 某三类建筑工程项目整板基础，基础底面在地下常水位以下，基础面积 100 m×30 m。(1)若该工程采用坑底明沟排水，请计算基坑排水费用。(2)工程项目因地下水位太高，施工采用轻型井点降水，基础施工工期为 120 天，请依据江苏省 2014 计价定额计算轻型井点降水的费用（成孔产生的泥水处理不计）。

【解】 （1）若该工程采用坑底明沟排水，基坑排水费用计算如下：

① 基坑排水工程量的计算

计算条件：A. 地下常水位以下；B. 基坑底面积超过 150 m^2。

基坑排水面积＝(100＋0.3×2)×(30＋0.3×2)＝3 078.36 m^2

② 基坑排水费用

22-2　基坑排水　3 078.36÷10×298.07＝91 756.68 元

所以该工程基坑排水费用为 91 756.68 元。

（2）施工采用井点降水，基础施工工期为 120 天，井点降水的费用计算如下：

① 计算井点降水管工程量

(100＋0.3×2)÷1.2＝84 根

(30＋0.3×2)÷1.2＝26 根

井点降水管总根数：(84＋26)×2＝220 根

井点降水管套数:220 ÷ 50 = 5 套

② 该三类建筑工程井点降水费用计算如下:

22-11 轻型井点降水管安装费用 220 ÷ 10 × 783.61 = 17 239.42 元

22-12 轻型井点降水管拆除费用 220 ÷ 10 × 306.53 = 6 743.66 元

22-13 轻型井点降水管使用费用 5 × 481.93 × 372.81 = 898 341.62 元

所以该三类建筑工程井点降水费用为:17 239.42 + 6 743.66 + 898 341.62 = 922 324.70 元

9.5.5 建筑工程垂直运输

1) 定额说明

(1) 建筑物垂直运输

① 檐高是指设计室外地坪至檐口的高度,突出主体建筑物顶的女儿墙、电梯间、楼梯间、水箱等不计入檐口高度以内;层数指地面以上建筑物的层数,地下室、地面以上部分净高小于 2.1 m 的半地下室不计入层数。

② 本定额工作内容包括在江苏省调整后的国家工期定额内完成单位工程全部工程项目所需的垂直运输机械台班,不包括机械的场外运输、一次安装、拆卸、路基铺垫和轨道铺拆等费用。施工塔吊与电梯基础、施工塔吊和电梯与建筑物连接的费用单独计算。

③ 本定额项目划分是以建筑物"檐高"、"层数"两个指标界定的,只要其中一个指标达到定额规定,即可套用该定额子目。

④ 一个工程,出现两个或两个以上檐口高度(层数),使用同一台垂直运输机械时,定额不作调整;使用不同垂直运输机械时,应依照国家工期定额分别计算。

⑤ 当建筑物垂直运输机械数量与定额不同时,可按比例调整定额含量。本定额按卷扬机施工配两台卷扬机,塔式起重机施工配一台塔吊一台卷扬机(施工电梯)考虑。如仅采用塔式起重机施工,不采用卷扬机时,塔式起重机台班含量按卷扬机含量取定,卷扬机扣除。

⑥ 垂直运输高度小于 3.60 m 内的单层建筑物、单独地下室和围墙,不计算垂直运输机械台班。

⑦ 预制混凝土平板、空心板、小型构件的吊装机械费用已包括在本定额中。

⑧ 本定额中现浇框架系指柱、梁、板全部为现浇的钢筋混凝土框架结构。如部分现浇,部分预制,按现浇框架乘系数 0.96。

⑨ 柱、梁、墙、板构件全部现浇的钢筋混凝土框筒结构、框剪结构按现浇框架执行;筒体结构按剪力墙(滑模施工)执行。

⑩ 预制或现浇钢筋混凝土柱,预制屋架的单层厂房,按预制排架定额计算。

⑪ 单独地下室工程项目定额工期按不含打桩工期自基础挖土开始考虑。多幢房屋下有整体连通地下室时,上部房屋分别套用对应单项工程工期定额,整体连通地下室按单独地下室工程执行。

⑫ 在计算定额工期时,未承包施工的打桩、挖土等的工期不扣除。

⑬ 混凝土构件,使用泵送混凝土浇注者,卷扬机施工定额台班乘系数 0.96;塔式起重机施工定额中的塔式起重机台班含量乘系数 0.92。

⑭ 建筑物高度超过定额取定时,另行计算。

⑮ 采用履带式、轮胎式、汽车式起重机(除塔式起重机外)吊(安)装预制大型构件的工程,除按本定额规定计算垂直运输费外,另按构件吊(安)装有关规定计算构件吊(安)装费。

(2) 烟囱、水塔、筒仓垂直运输

烟囱、水塔、筒仓的"高度"指设计室外地坪至构筑物的顶面高度,突出构筑物主体顶的机房等高度不计入构筑物高度内。

2) 工程量计算规则

(1) 建筑物垂直运输机械台班用量,区分不同结构类型、檐口高度(层数),按国家工期定额套用单项工程工期以日历天计算。

(2) 单独装饰工程垂直运输机械台班,区分不同施工机械、垂直运输高度、层数,按定额工日分别计算。

(3) 烟囱、水塔、筒仓垂直运输机械台班,以"座"计算。超过定额规定高度时,按每增高1 m定额项目计算。高度不足1 m,按1 m计算。

(4) 施工塔吊、电梯基础,塔吊及电梯与建筑物连接件,按施工塔吊及电梯的不同型号以"台"计算。

3) 应用案例

【例 9-34】 某综合办公楼工程,要求按照国家定额工期提前15%工期竣工。该工程为三类土、条形基础,现浇框架结构五层,每层建筑面积950 m^2,檐口高度16.95 m,使用泵送商品混凝土浇筑混凝土构件,配备塔式起重机(315 kN·m)、卷扬机带塔1 t(单)$H=40$ m各一台。请依据江苏省2014计价定额计算该工程的建筑工程垂直运输费。

【解】 (1) 建筑工程垂直运输工程量计算

① 基础定额工期

1-2 50天×0.95(省调整系数) = 47.5 ≈ 48天

② 地上主体定额工期 1－1011 235天

定额工期合计:48 + 235 = 283天

(2) 建筑工程垂直运输费的计算

① 单价换算

23-8子目换算 该子目人工费、材料费为零,由于本工程使用泵送商品混凝土浇筑混凝土构件,塔式起重机(315 kN·m)、卷扬机带塔1 t(单)$H=40$ m的台班均要乘相应系数调整,管理费、利润也相应变化。

机械费:

塔式起重机:0.523 × 511.46 × 0.92 = 246.09元

卷扬机:0.873 × 177.33 × 0.96 = 148.62元

机械费小计:246.09 + 148.62 = 394.71元

管理费:394.71 × 25% = 98.68元

利润:394.71 × 12% = 47.37元

综合单价:394.71 + 98.68 + 47.37 = 540.76元

② 建筑工程垂直运输费:540.76 × 283 = 153 035.08元

9.5.6 场内二次搬运

1）定额说明

(1) 现场堆放材料有困难，材料不能直接运到单位工程周边需再次中转，建设单位不能按正常合理的施工组织设计提供材料，构件堆放场地和临时设施用地的工程而发生的二次搬运费用，执行本定额。

(2) 执行本定额时，应以工程所发生的第一次搬运为准。

(3) 水平运距的计算，分别以取料中心点为起点，以材料堆放中心为终点。超运距增加运距不足整数者，进位取整计算。

(4) 运输道路 15%以内的坡度已考虑，超过时另行处理。

(5) 松散材料运输不包括做方，但要求堆放整齐。如需做方者应另行处理。

(6) 机动翻斗车最大运距为 600 m，单(双)轮车最大运距为 120 m，超过时应另行处理。

2）工程量计算规则

(1) 砂子、石子、毛石、块石、炉渣、矿渣、石灰膏按堆积原方计算。

(2) 混凝土构件及水泥制品按实体积计算。

(3) 玻璃按标准箱计算。

(4) 其他材料按表中计量单位计算。

3）应用案例

【例 9-35】 某三类工程位于市区沿街位置，因施工现场狭窄，计有 40 万块水泥空心砌块和 550 t 弯曲成型钢筋发生二次转运，水泥空心砌块采用人力双轮车运输，转运运距 110 m，成型钢筋采用人力双轮车运输，转运运距 260 m，计算该工程定额二次转运费。

【解】 (1) 水泥空心砌块二次转运费

24-29　400 000 ÷ 1 000 × 168.78 = 67 512.00 元

24-30×1　400 000 ÷ 1 000 × 25.32 = 10 128.00 元

合计：67 512.00 + 10 128.00 = 77 640.00 元

(2) 弯曲成型钢筋二次转运费

24-107　550 × 25.32 = 13 926.00 元

24-108×4　550 × 2.11 × 4 = 4 642.00 元

合计：13 926.00 + 4 642.00 = 18 568.00 元

(3) 该工程定额二次转运费

77 640.00 + 18 568.00 = 96 208.00 元

9.6 ××小商店施工图预算编制实例

9.6.1 编制说明

(1) 编制依据：① ××设计院设计的××小商店施工图及设计说明；② 现场情况及施工条件；③《江苏省建筑与装饰工程计价定额》(2014 版)。

(2) 本工程施工图预算价差不做调整。

9.6.2 图纸说明

(1) 本工程为砖混结构两层楼房的小商店,室外楼梯。层高为 3 m。

(2) 设计标高:底层室内地坪高±0.00 m,室外自然地面标高为-0.45 m。

(3) 基础:开挖基槽底高程为-1.00 m。100 厚 C10 混凝土垫层,250 厚 C20 钢筋混凝土带形基础。M5 水泥砂浆砌一砖厚条形基础。20 厚 1∶2 水泥砂浆掺 5%防水剂基础墙身防潮层。

(4) 墙身:内外墙均 MU10 普通黏土砖,M5 混合砂浆砖墙,M7.5 混合砂浆砖柱。

(5) 地面:素土夯实,70 厚碎石夯实垫层,50 厚 C10 混凝土垫层,15 厚水泥砂浆面层,120 高 1∶2 水泥砂浆踢脚线。

(6) 楼面:采用 C30 预应力混凝土空心板,厚 120 mm,30 厚细石混凝土找平层,15 厚 1∶2 水泥砂浆面层,砖踢脚线做法同地面。

(7) 屋面:采用同楼面的空心板,炉渣找 3%坡,架空隔热板为 590 mm×590 mm×30 mm,配筋为双向 4ϕ4,下支砖墩为 240 mm×120 mm×240 mm(长×宽×高),M5 水泥砂浆砌筑。采用 APP 改性沥青卷材防水,防水层沿女儿墙上翻 500 mm。具体做法见施工图。

(8) 外墙面、砖柱、雨篷翻边 20 厚 1∶1∶6 混合砂浆打底和面层。

(9) 内墙面采用 15 厚 1∶3 混合砂浆打底,3 厚混合砂浆面,刷乳胶漆两遍。

(10) 顶棚混合砂浆抹灰,乳胶漆做法同墙面。

(11) 楼梯:C20 钢筋混凝土预制踏步,20 厚 1∶2.5 水泥砂浆面层,底面做法同顶棚。

(12) 挑廊:采用预制混凝土底板,面层做法同楼面;挑廊栏板做法见苏 J8055,用 80 厚 C20 细石混凝土现浇板,顶部配主筋 2ϕ8 通长,双向分布钢筋 ϕ4@200,板高 900;内侧 1∶2.5 水泥砂浆抹面,外侧做法同外墙面。

(13) 雨篷:现浇 70 厚 C20 钢筋混凝土板,底面抹灰同顶棚板底。

(14) 女儿墙:M5 混合砂浆砌一砖墙高 500 mm,C15 细石钢筋混凝土压顶,断面 300 mm×60 mm。女儿墙外面及压顶面层做法同外墙。

(15) 屋面排水:短跨双向排水,3%坡度,用 ϕ110PVC 水落管 2 根,配相应落水口及弯头。

(16) 门窗:M-1 采用铝合金卷闸门(2 970 mm×2 480 mm),M-2 带亮镶板门(900 mm×2 400 mm),C-1 采用塑钢推拉窗。M-2 安执手锁及定门器。

(17) 油漆:木门做一底二度奶黄调和漆,金属面做防锈漆一度,铅油二度。木扶手栗壳色一底二度调和漆。

(18) 台阶:M2.5 混合砂浆砌砖,面层做法同地面。台阶踏步有 2 阶,每阶踏步长 7.44 m,宽 0.3 m。

(19) 侧砖砌窗台,凸出墙面 60,1∶2.5 水泥砂浆抹面。

9.6.3 现场情况及施工条件

本工程位于市区,交通便利,所用一切建材均可直接运入现场。余土外运运距按 2 km,汽车运输计算。门窗及预制构件等均在场外生产,汽车运输 9 km。

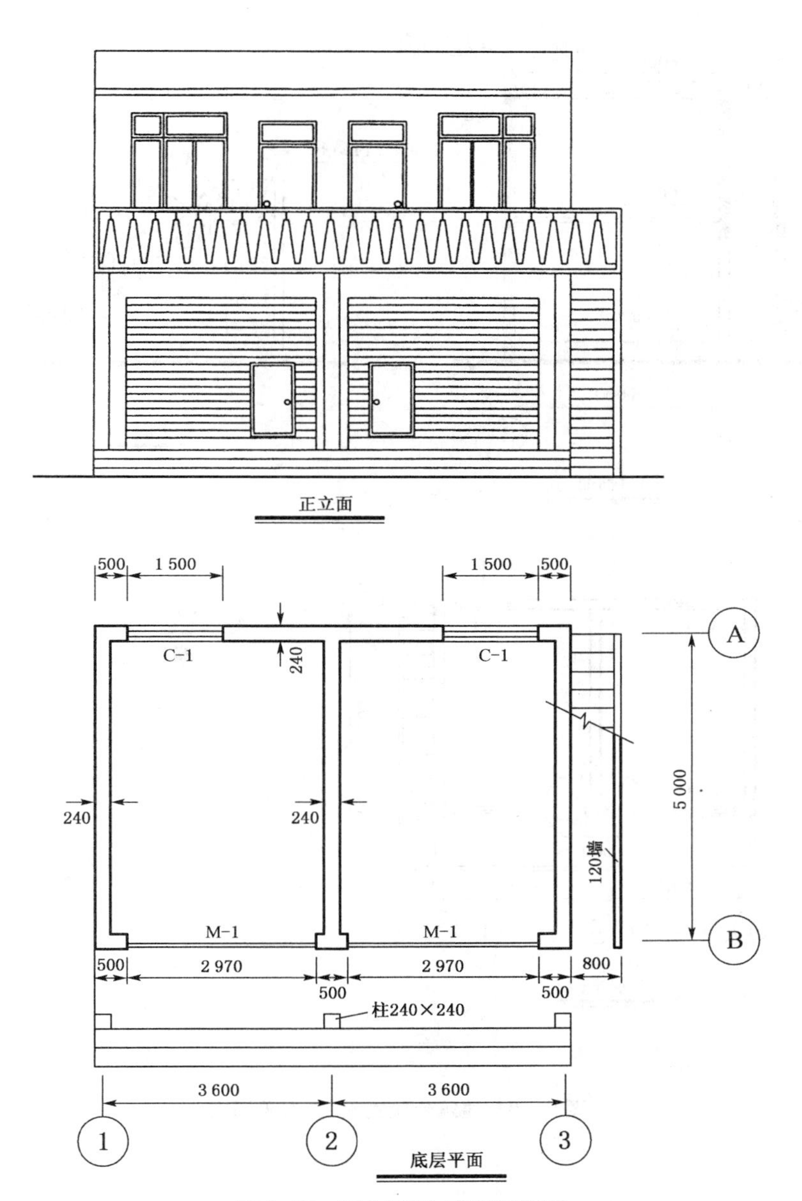

图 9-59 正立面图、底层平面图

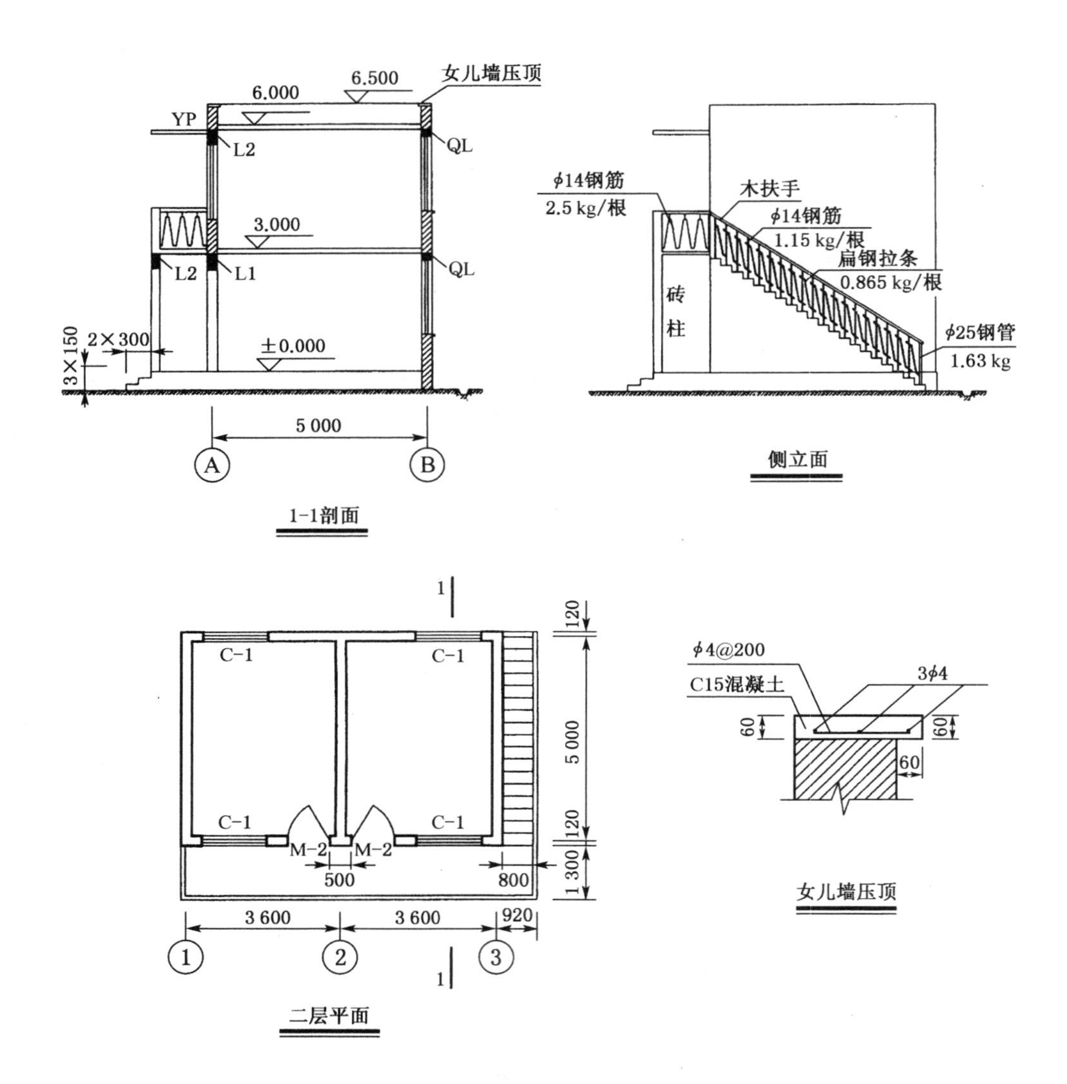

图 9-60 建筑物侧立面、二层平面图

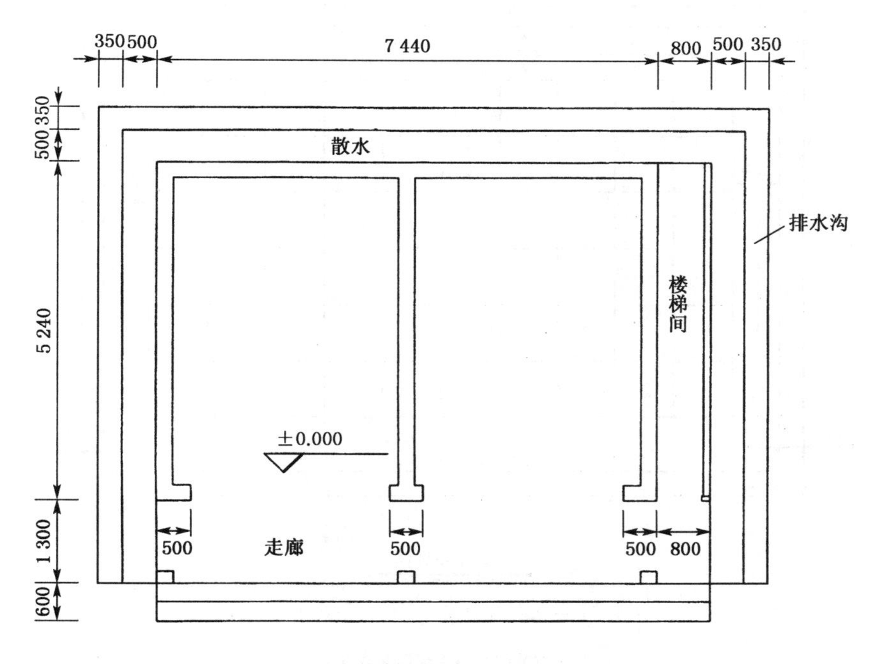

散水、排水沟平面图

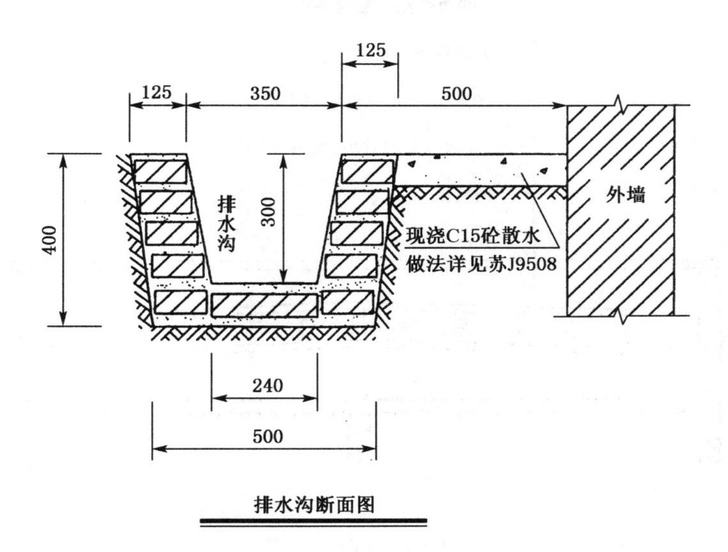

排水沟断面图

图 9-61 散水、排水沟平面图,排水沟断面图

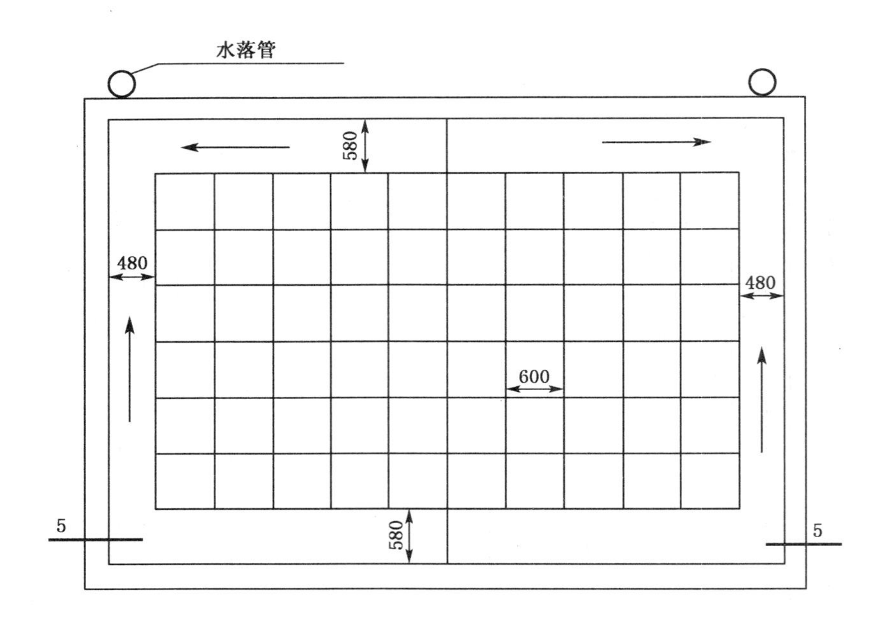

屋面布置图

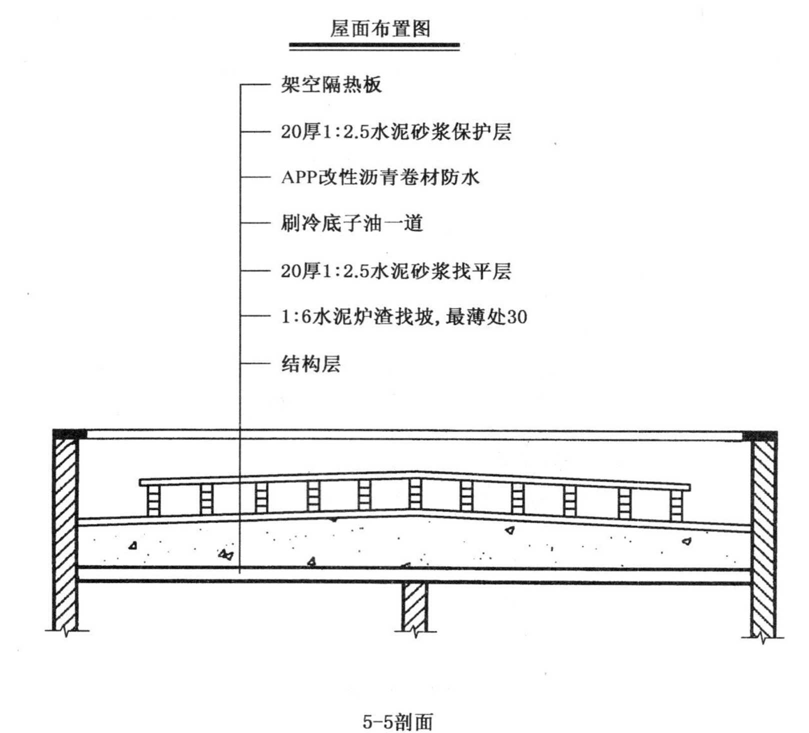

5-5剖面

图 9-62　屋面布置图

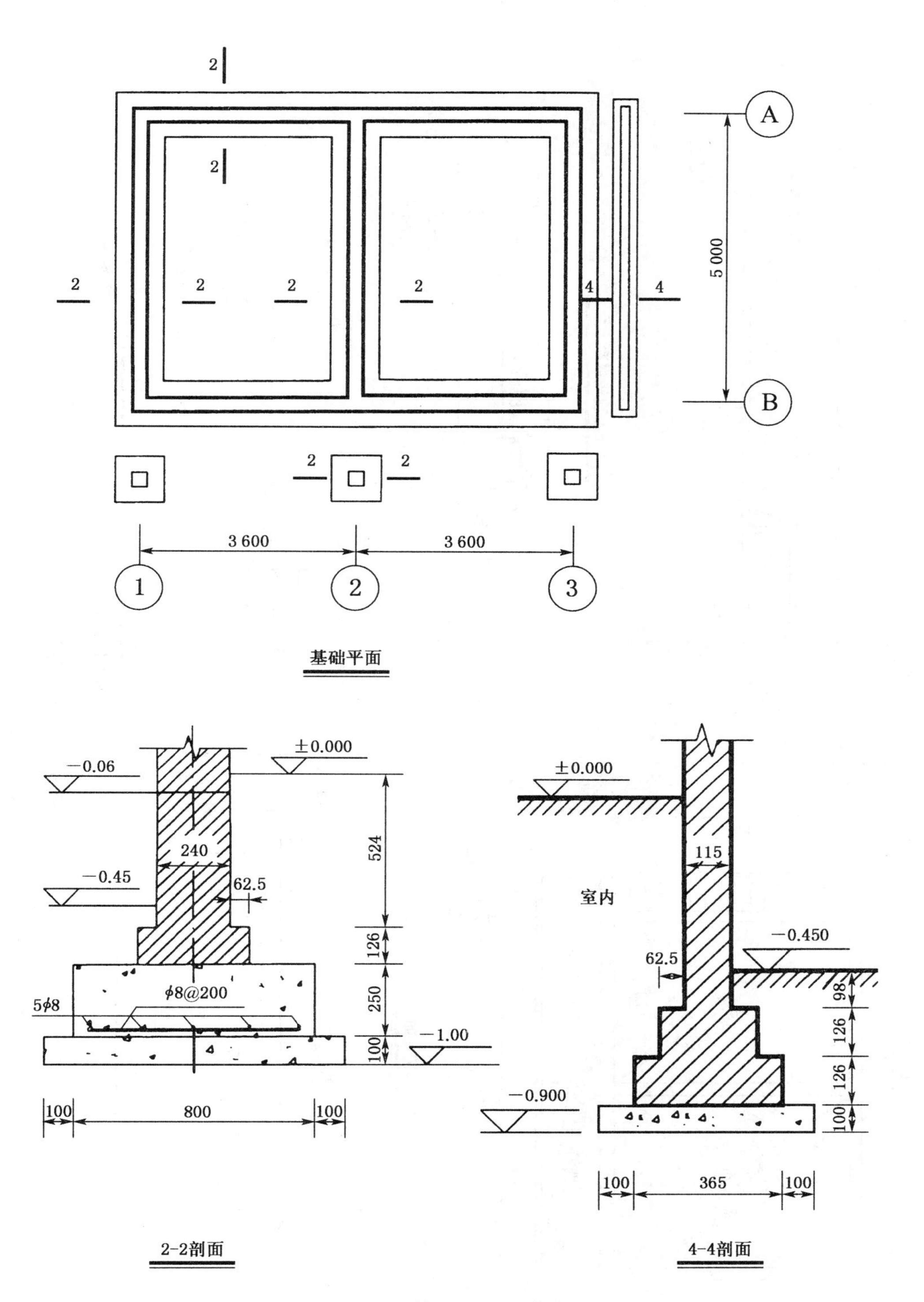

图 9-63　基础平面图、剖面图

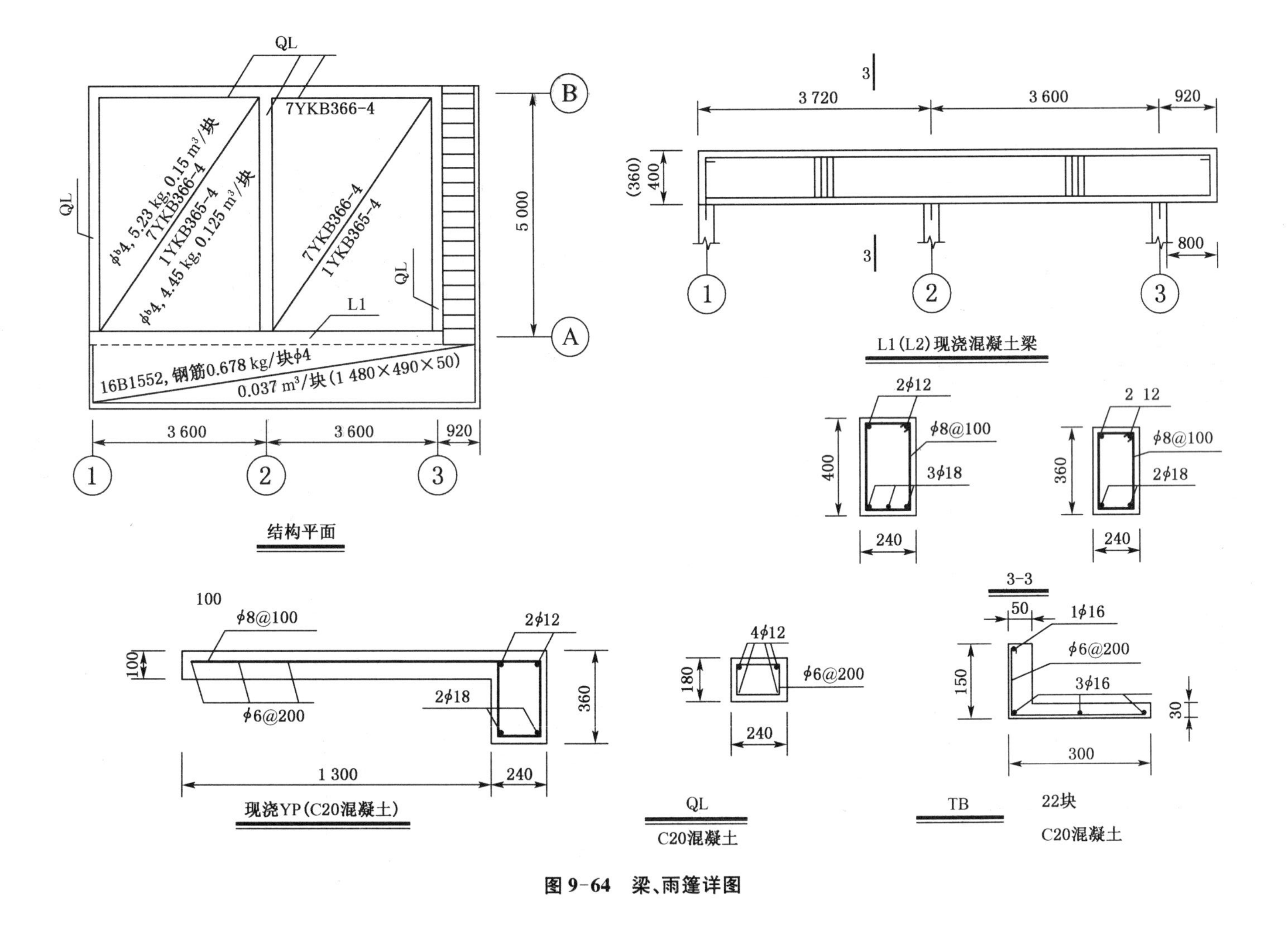

QL
7YKB366-4
φb4, 5.23 kg, 0.15 m³/块
7YKB366-4
1YKB365-4
φb4, 4.45 kg, 0.125 m³/块
7YKB366-4
1YKB365-4
QL
QL
L1
16B1552, 钢筋0.678 kg/块φ4
0.037 m³/块 (1 480×490×50)
5 000
B
A
3 600
3 600
920
1
2
3
结构平面
3
3 720
3 600
920
(360)
400
3
800
1
2
3
L1 (L2) 现浇混凝土梁
2φ12
φ8@100
3φ18
400
240
2 12
φ8@100
2φ18
360
240
100
φ8@100
2φ12
100
2φ18
φ6@200
360
1 300
240
现浇YP (C20混凝土)
4φ12
φ6@200
180
240
QL
C20混凝土
3-3
50
1φ16
φ6@200
3φ16
150
30
300
TB
22块
C20混凝土

图 9-64 梁、雨篷详图

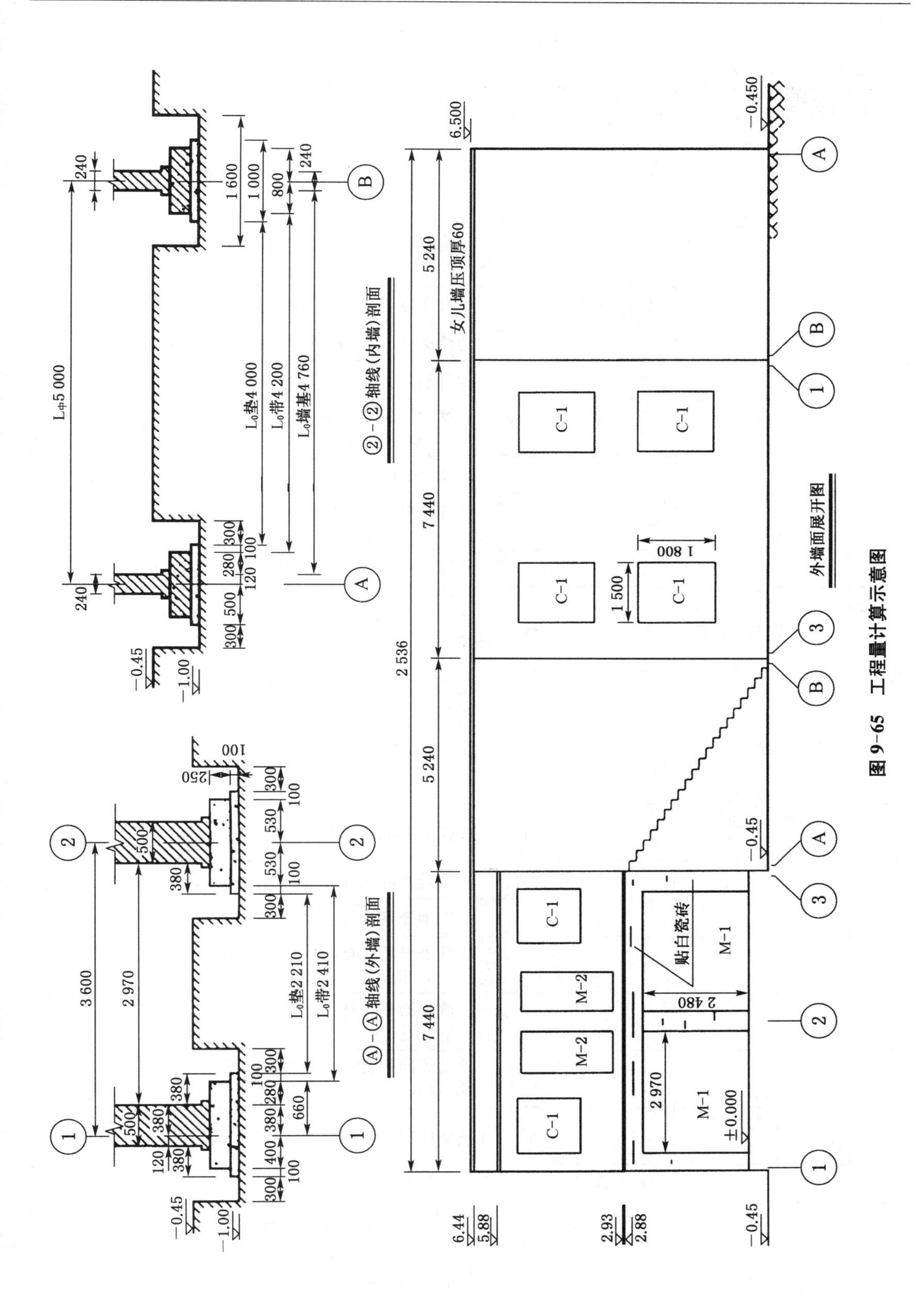

图 9-65 工程量计算示意图

表 9-25　工程量计算表

工程名称：××小商店土建

序号	分部分项工程名称	部位与编号	单位	计　算　式	计算结果
	第一章　土方及基础工程				
1	人工挖地槽（深1.5 m以内三类干土）		m^3	按沟槽长度乘沟槽截面积以 m^3 计算	23.84
		2-2 剖面		地槽宽度＝0.8＋0.3×2＝1.4 m	
				地槽深度＝1－0.45＝0.55 m，不放坡	
				地槽断面＝1.4×0.55＝0.77 m^2	
				长度＝外墙＋内墙＝(5＋7.2)×2＋(5－1.4)＝24.4＋3.6＝28 m	
				体积＝0.77×28＝21.56 m^3	
		4—4 剖面		楼梯外侧墙下地槽体积＝(0.365＋0.3×2)×5.24×(0.9－0.45)＝2.28 m^3	
				地槽体积合计＝21.56＋2.28＝23.84 m^3	
2	人工挖地坑（深1.5 m以内三类干土）		m^3	按基坑底面面积乘挖土深度以体积计以 m^3 计算	3.23
				挖基坑体积＝(0.8＋0.3×2)×(0.8＋0.3×2)×0.55×3＝3.23 m^3	
3	平整场地		m^2	按建筑物外墙外边线每边各加 2 m，以 m^2 计算	105.71
				(7.44＋4)×(5.24＋4)＝105.71 m^2	
4	地槽、地坑原土打底夯		m^2	按挖土底面积以 m^2 计算	50.14
				内墙地槽底面积＝3.6×1.4＝5.04 m^2	
				外墙地槽底面积＝24.4×1.4＝34.16 m^2	
				楼梯外侧墙下地槽面积＝(0.365＋0.3×2)×5.24＝5.06 m^2	
				基坑底面积＝(0.8＋0.3×2)×(0.8＋0.3×2)×3＝5.88 m^2	
				地槽底面积合计＝5.04＋34.16＋5.06＋5.88＝50.14 m^2	
5	C10 混凝土基础垫层		m^3	按垫层图示尺寸以 m^3 计算	3.44
		2—2 剖面		垫层断面＝1×0.1＝0.1 m^2	
				垫层长度＝外墙＋内墙＝24.4＋(5－1)＝28.4 m	
				外墙、内墙基下垫层＝0.1×28.4＝2.84 m^3	

续表 9-25

序号	分部分项工程名称	部位与编号	单位	计算式	计算结果
				砖柱下垫层=(0.8+0.2)×(0.8+0.2)×0.1×3=0.3 m^3	
		4—4 剖面		楼梯外侧墙基下垫层=(0.365+0.2)×0.1×5.24=0.30 m^3	
				垫层体积=2.84+0.3+0.30=3.44 m^3	
6	现浇 C20 钢筋混凝土基础		m^3	按钢筋混凝土基础图示尺寸以 m^3 计算	6.20
				基础断面=0.8×0.25=0.2 m^2	
				基础体积=外墙+内墙+砖柱下=0.2×24.4+0.2×(5−0.8)+0.8×0.8×0.25×3=6.20 m^3	
7	M5 水泥砂浆基础		m^3	按砖基础图示尺寸以 m^3 计算	5.75
		2—2 剖面		基础高=1−0.1−0.25=0.65 m	
				基础断面面积=0.24×(0.65+0.066)=0.172 m^2	
				基础体积=外墙+内墙=0.172×24.4+0.172×(5−0.24)=4.20+0.82=5.02m^3	
		4—4 剖面		楼梯外侧墙基体积=0.115×(0.8+0.411)×5.24=0.73 m^3	
				砖基础体积合计=5.02+0.73=5.75 m^3	
8	地槽、地坑回填土		m^3	按实际回填土方体积以 m^3 计算	15.03
				室外地坪以上砖基础体积=0.24×0.45×(24.4+5−0.24)+0.115×0.45×5.24=3.42 m^3	
				室外地坪以上砖柱体积=0.24×0.24×(3−0.12−0.36+0.45)×3=0.51 m^3	
				地槽、地坑回填土=挖土体积−(C10 混凝土基础垫层+钢筋混凝土基础+M5 水泥砂浆基础−室外地坪以上砖基础体积+砖柱体积−室外地坪以上砖柱体积)=23.84+3.23−(3.44+6.20+5.75−3.42+0.58−0.51)=15.03 m^3	
9	20 厚 1∶2 防水砂浆墙基防潮层		m^2	按实际面积以 m^2 计算	7.00
				0.24×(24.4+5−0.24)=7.00 m^2	
10	室内回填土		m^3	按室内主墙间实填土方体积以 m^3 计算	10.08
				地坪厚=0.07+0.05+0.015=0.135 m	

续表 9-25

序号	分部分项工程名称	部位与编号	单位	计　算　式	计算结果
				主墙间净面积＝7.44×5.24－7.00＝32.00 m^2	
				回填土厚＝0.45－0.135＝0.315 m	
				回填土体积＝0.315×32.00＝10.08 m^3	
11	室内地坪原土打底夯		m^2	按室内主墙间净面积以 m^2 计算	32.00
				7.44×5.24－7.00＝32.00 m^2	
12	余土外运		m^3	余土外运体积＝23.84＋3.23－15.03－10.08＝1.96 m^3	1.96
	第四章　砌筑工程				
13	M5 混合砂浆一砖内墙		m^3	按实砌墙体积以 m^3 计算	6.17
				内墙净长＝4.76 m，墙厚 0.24 m	
				墙净高＝(3.0－0.18－0.12)×2＝5.4 m	
				内墙体积＝0.24×5.4×4.76＝6.17 m^3	
14	M5 混合砂浆一砖外墙		m^3	外墙长＝(7.2＋5)×2＝24.4，墙厚 0.24	26.28
				外墙高＝6.5－0.06＝6.44 m	
				应扣除部分	
				外墙圈梁＋L1＋L2×0.5＝(1.88－0.41)＋0.79＋1.42×0.5＝2.97 m^3	
				门窗洞口面积＝1.5×1.8×6＋2.97×2.48×2＋0.9×2.4×2＝35.25 m^2	
				外墙体积＝0.24×(6.44×24.4－35.25)－2.97＝26.28 m^3	
15	M2.5 混合砂浆砖砌台阶		m^2	按水平投影面积以 m^2 计算	14.14
				7.44×(0.6＋1.3)＝14.14 m^2	
16	M5 水泥砂浆架空板砖垫		m^3	以实砌体积以 m^3 计算	0.53
				0.24×0.12×0.24×7×11＝0.53 m^3	
17	M5 混合砂浆楼梯墙		m^3	按实砌墙体积以 m^3 计算	0.99
				5×(3＋0.45)×0.5×0.115＝0.99 m^3	
18	M7.5 混合砂浆砖柱		m^3	砖柱基、柱身不分断面均以设计体积计算，柱身、柱基工程量合并计算	0.58
				砖柱高(不含基础大放脚部分)＝3＋1－0.12－0.36－0.1－0.25－0.126＝3.04 m	

续表 9-25

序号	分部分项工程名称	部位与编号	单位	计 算 式	计算结果
				不含基础大放脚部分砖柱体积＝0.24×0.24×3.04×3＝0.53 m^3	
				基础大放脚部分体积＝(0.24＋0.0625×2)×(0.24＋0.0625×2)×0.126×3＝0.05 m^3	
				砖柱体积合计＝0.53＋0.05＝0.58 m^3	
	第五章　钢筋工程			钢筋设计展开长度×钢筋理论重量	
19	1. 现浇构件				
	(1) 带形基础钢筋		kg	① 主筋 ϕ8@200	
				单根长度＝(0.8－0.025×2)＋2×6.25×0.008＝0.85 m	
				根数＝(7.2/0.2＋1)×2＋(5/0.2＋1)×3＝152	
				重量＝0.85×152×0.395＝51.03 kg	
				② 分布筋 5ϕ8	
				单根平均长度＝24.4＋5＝29.4 m	
				重量＝29.4×5×0.395＝58.07 kg	
				ϕ12 以内钢筋小计＝51.03＋58.07＝109.1 kg	
	(2) 砖柱钢筋		kg	单根长度＝(0.8－0.025×2)＋2×6.25×0.008＝0.85 m	
				根数＝(5＋5)×3＝30	
				ϕ12 以内钢筋重量＝0.85×30×0.395＝10.07 kg	
	(3) 圈梁钢筋 QL		kg	① 主筋 4ϕ12	
				单根长度＝(5＋0.24)×3＋(7＋0.24)＝22.96 m	
				重量＝4×22.96×0.888＝81.55 kg	
				② 箍筋 ϕ6@200	
				根数＝(5.24/0.2＋1)×3＋(7.44/0.2＋1)＝120	
				单根长度＝(0.24＋0.18)×2＝0.84 m	
				重量＝120×0.84×0.222＝22.38 kg	
				圈梁 ϕ12 以内钢筋总重＝(81.55＋22.38)×2(层)＝207.86 kg	
	(4) L1		kg	① 主筋 3ϕ18	
				单根长度＝(3.72＋3.6＋0.92－0.025×2)＋2×6.25×0.018＝8.42 m	

续表 9-25

序号	分部分项工程名称	部位与编号	单位	计算式	计算结果
				重量＝3×8.42×1.998＝50.47 kg	
				② 主筋 2ϕ12	
				单根长度＝(3.72＋3.6＋0.92－0.025×2)＋2×6.25×0.012＝8.34 m	
				重量＝2×8.34×0.888＝14.81 kg	
				③ 箍筋 ϕ8@100	
				根数＝(3.72＋3.6＋0.92－0.025×2)/0.1＋1＝83	
				单根长度＝(0.24＋0.40)×2＝1.28 m	
				重量＝83×1.28×0.395＝41.96 kg	
				L1ϕ12 以内钢筋总重量＝14.81＋41.96＝56.77 kg	
				L1ϕ25 以内钢筋总重量＝50.47 kg	
	(5) L2		kg	① 主筋 2ϕ18	
				单根长度＝(3.72＋3.6＋0.92－0.025×2)＋2×6.25×0.018＝8.42 m	
				重量＝2×8.42×1.998×2(根)＝67.29 kg	
				② 主筋 2ϕ12	
				等于 L1 重量×2(根)＝2×14.81＝29.62 kg	
				③ 箍筋 ϕ8@100	
				根数＝(3.72＋3.6＋0.92－0.025×2)/0.1＋1＝83	
				单根长度＝(0.24＋0.36)×2＝1.20 m	
				重量＝83×1.20×0.395×2(根)＝78.68 kg	
				L2ϕ12 以内钢筋总重量＝29.62＋78.68＝108.30 kg	
				L2ϕ25 以内钢筋总重量＝67.29 kg	
	(6) 现浇雨篷		kg	① 主筋 ϕ8@100	
				单根长度＝1.3＋0.24＋0.36－0.025×4＋0.05×2＝1.9 m	
				根数＝(3.72＋3.6＋0.92－0.1)/0.1＋1＝83	
				重量＝1.9×83×0.395＝62.29 kg	
				② 分布筋 ϕ6@200	
				单根长度＝3.72＋3.6＋0.92－0.025×2＋2×6.25×0.006＝8.27 m	

续表 9-25

序号	分部分项工程名称	部位与编号	单位	计 算 式	计算结果
				重量=8.27×8×0.222=14.69 kg	
				ϕ12 以内钢筋总重量=62.29+14.69=76.98 kg	
	(7) 女儿墙压顶		kg	① 主筋 3ϕ4	
				单根长度=24.4−4×(0.3−0.24)=24.16 m	
				重量=24.16×3×0.099=7.18 kg	
				② 分布筋 ϕ4@200	
				单根长度=0.3−0.025×2=0.25 m	
				数量=24.16/0.2=121	
				重量=0.25×121×0.099=2.99 kg	
				ϕ12 以内钢筋总重量=7.18+2.99=10.17 kg	
	(8) 挑廊栏板		kg	① 顶部主筋 2ϕ8	
				单根长度=3.72+3.6+0.92+1.3+0.25=9.79 m	
				重量=2×9.79×0.395=7.73 kg	
				② 双向分布筋 ϕ4@200	
				竖向筋数量=9.79/0.2+1=50	
				水平筋数量=0.9/0.2+1=6	
				重量=(1.2×50+9.79×6)×0.099=11.76 kg	
				ϕ12 以内钢筋小计=7.73+11.76=19.49 kg	
			kg	ϕ12 以内钢筋合计=109.1+10.07+207.86+56.77+108.30+76.98+10.17+19.49=598.74 kg	598.74
			kg	ϕ25 以内钢筋合计=50.47+67.29=117.76 kg	117.76
20	2. 工厂预制构件				139.74
	(1) L 形楼梯踏步钢筋		kg	① 主筋 1ϕ16	
				单根长度=(1.04−0.01×2)+2×6.25×0.016=1.22 m	
				重量=1.22×1×1.58×22=42.41 kg	
				② 主筋 3ϕ6	
				单根长度=(1.04−0.01×2)+2×6.25×0.006=1.10 m	
				重量=1.10×3×0.222×22(块)=16.12 kg	

续表 9-25

序号	分部分项工程名称	部位与编号	单位	计 算 式	计算结果
				③ 分布筋 ϕ6@200	
				单根长度＝(0.15－0.01×2)＋(0.30－0.01×2)＝0.41 m	
				根数＝(1.04－0.1)/0.2＋1＝6	
				重量＝0.41×6×22＝54.12 kg	
				ϕ16 以内总钢筋＝42.41＋16.12＋54.12＝112.65 kg	
	（2）屋面混凝土架空板钢筋（双向4ϕ4）		kg	ϕ16 以内总钢筋重量＝(0.59－0.01×2)×4×2×0.099×60(块)＝27.09 kg	
				工厂预制构件 ϕ16 以内钢筋合计＝112.65＋27.09＝139.74 kg	
21	3. 预应力构件钢筋		kg		175.09
	(1)预应力空心板钢筋		kg	先张法预应力筋(ϕ5 以内)重量＝5.23×28＋4.45×4＋0.678×16＝175.09 kg	
	第六章 混凝土工程				
22	QL(C20)		m^3	按断面面积乘长度以 m^3 计算	1.88
				断面＝0.24×0.18＝0.043 2 m^2	
				长度＝(5－0.24)×3＋7.44＝21.72 m	
				QL 体积＝0.043 2×21.72×2(层)＝1.88 m^3 其中内墙上圈梁体积＝0.043 2×(5－0.24)×2＝0.41 m^3	
23	现浇混凝土梁(C20)		m^3	按断面面积乘长度以 m^3 计算	
	L1(C20)			断面＝0.24×0.40＝0.096 m^2	0.79
				长度＝3.72＋3.6＋0.92＝8.24 m	
				L1 体积＝0.096×8.24＝0.79 m^3	
	L2(C20)		m^3	按断面面积乘长度以 m^3 计算	1.42
				断面＝0.24×0.36＝0.086 4 m^2	
				长度＝3.72＋3.6＋0.92＝8.24 m	
				L2 体积＝0.086 4×8.24×2(根)＝1.42 m^3	
24	现浇 YP(C20)		m^2	按伸出墙外水平投影面积以 m^2 计算	9.67
				水平投影面积＝7.44×1.3＝9.67 m^2	
25	现浇 C15 混凝土压顶		m^3	按断面面积乘长度以 m^3 计算	0.43

续表 9-25

序号	分部分项工程名称	部位与编号	单位	计 算 式	计算结果
				断面面积＝0.3×0.06＝0.018 m^2	
				压顶中心线长＝24.4－4×(0.3－0.24)＝24.16	
				压顶体积＝0.018×24.16＝0.43 m^3	
26	C20 预制 TB		m^3	按图示尺寸以 m^3 计算	0.34
				断面面积＝0.25×0.03＋0.15×0.05＝0.015 m^2	
				全部 TB 体积＝0.015×1.04×22＝0.34 m^3	
27	预制架空隔热板		m^3	按图示尺寸以 m^3 计算	0.624
				每块体积＝0.59×0.59×0.03＝0.010 4 m^3	
				总体积＝0.010 4×6×10＝0.624 m^3	
28	预应力混凝土空心板		m^3	按图示尺寸以 m^3 计算体积＝0.15×28＋0.125×4＋0.037×16＝5.29 m^3	5.29
	第六章 金属结构工程				
29	铁栏杆制作		t	按图示尺寸以重量计算	0.106
		楼梯 ϕ25	kg	1.63	
		ϕ14	kg	1.15×19＝21.85	
		扁钢拉条	kg	0.865×20＝17.3	
		挑廊 ϕ14	kg	2.5×26＝65	
				合计＝1.63＋21.85＋17.3＋65＝105.78 kg	
	第八章 构件运输与安装工程				
30	空心板运输		m^3	空心板制作体积×(1＋运输损耗)＝5.29×1.018＝5.39	5.39
31	架空板运输		m^3	0.624×1.018＝0.64 m^3	0.64
	踏步板运输		m^3	0.34×1.018＝0.35 m^3	0.35
32	铁栏杆运输		t		0.106
33	空心板安装		m^3	空心板制作体积×(1＋安装损耗)＝5.29×1.01＝5.34	5.34
34	踏步板安装		m^3	0.34×1.01＝0.34 m^3	0.34
35	铁栏杆安装		t		0.106
36	空心板接头灌缝		m^3		5.29
37	踏步板接头灌缝		m^3		0.34
38	架空板接头灌缝		m^3		0.624

续表 9-25

序号	分部分项工程名称	部位与编号	单位	计　算　式	计算结果
39	架空板安装		m^3	0.624×1.01＝0.63	0.63
	第十章　屋面及防水工程				
40	APP 改性沥青卷材防水		m^2	女儿墙泛水防水附加层＝(24.4－4×0.24)×0.5＝11.72 m^2	44.85
			m^2	防水面积＝7.44×5.24－24.4×0.24＋11.72＝44.85 m^2	
41	ϕ110PVC 水落管 2 根		m	(6＋0.45)×2＝12.9 m	12.9
42	落水斗		个	2	2
	第十三章　楼地面工程				
43	地面碎石垫层(70 mm)		m^3	按主墙间净面积乘厚度以 m^3 计算	2.24
				32.00×0.07＝2.24 m^3	
44	地面 C10 混凝土垫层(50 mm)		m^3	按主墙间净面积乘厚度以 m^3 计算	1.60
				32.00×0.05＝1.60 m^3	
45	楼地面 1∶2 水泥砂浆面层(15 mm)		m^2	32.00×2＝64.00 m^2	64
46	楼面 C20 细石混凝土找平层(30 mm)		m^2	按主墙间净面积以 m^2 计算(见序号 9)	32.00
47	水泥砂浆踢脚线		m	按内墙净长度以延长米计算	64.96
		①②③轴	m	(5－0.24)×4＝19.04 m	
		ⒶⒷ轴	m	(3.6－0.24)×4＝13.44 m	
				合计＝(19.04＋13.44)×2(层)＝64.96 m	
48	楼梯水泥砂浆抹面		m^2	按楼梯水平投影面积以 m^2 计算	4
				5×0.8＝4 m^2	
49	水泥砂浆砖砌台阶		m^2	按台阶水平投影面积以 m^2 计算	14.14
				7.44×(1.3＋0.6)＝14.14 m^2	
50	屋面 20 厚 1∶3 水泥砂浆找平层		m^2	同卷材防水(见序号 40)	44.85
	屋面 20 厚 1∶3 水泥砂浆保护层		m^2	7.44×5.24－24.4×0.24＝33.13 m^2	33.13
51	混凝土散水		m^2	按散水水平投影面积以 m^2 计算	9.96

续表 9-25

序号	分部分项工程名称	部位与编号	单位	计　算　式	计算结果
				宽 500 mm	
				散水中心线长=(7.44+5.24)×2+4×0.5−7.44=19.92 m	
				散水面积=0.5×19.92=9.96 m^2	
52	楼梯栏杆木扶手		m	按木扶手长度以延长米计算	5.90
				5×1.18=5.90 m	
	第十四章　墙柱面工程				
53	混合砂浆内墙面		m^2	按内墙面净面积以 m^2 计算	151.83
				毛面积=踢脚线长度×净高=[(5−0.24)×4+(3.6−0.24)×4]×(3−0.12)×2=187.08 m^2	
				净面积=毛面积−门窗面积(序号 61−63)=187.08−(16.2+14.73+4.32)=151.83 m^2	
54	水泥砂浆勒脚(500 高)		m^2	按抹灰面积以 m^2 计算	9.71
				(7.44+5.24−2.97)×2×0.5=9.71 m^2	
55	混合砂浆粉外墙面		m^2	按外墙面净面积以 m^2 计算	132.19
				外墙高=6.5+0.45−0.5=6.45 m	
				外墙毛面积=(7.74+5.24)×2×6.45=167.44 m^2	
				外墙净面积=毛面积−门窗面积=167.44−35.25=132.19 m^2	
56	水泥砂浆粉窗台		m^2	(窗宽+0.2)×0.36	3.67
		C1		(1.5+0.2)×0.36×6=3.67 m^2	
57	水泥砂浆粉女儿墙压顶		m^2	按压顶展开面积以 m^2 计算	10.15
				压顶展开宽度=0.3+0.006×2=0.42 m	
				压顶抹灰面积=0.42×24.16=10.15 m^2	
58	水泥砂浆粉雨篷、挑廊		m^2	雨篷(序号 24)+挑廊=9.67+(3.6×2+0.92+0.24)×1.3=20.54 m^2	20.54
	第十五章　天棚工程				
59	混合砂浆抹平顶		m^2	按图示尺寸以 m^2 计算	70.00
	(含楼梯底面)			32.00×2+0.8×5×1.5=70.00 m^2	

续表 9-25

序号	分部分项工程名称	部位与编号	单位	计 算 式	计算结果
60	预制板底网格纤维布贴缝		m^2	32.0×2+(3.6×2+0.92+0.12)×1.3=74.71 m^2	74.71
	第十六章 门窗工程				
61	C1 塑钢推拉窗		m^2	1.5×1.8×6=16.2 m^2	16.2
62	M1 铝合金卷闸门		m^2	2.97×2.48×2=14.73 m^2	14.73
63	M2 带亮镶板门		m^2	0.9×2.4×2=4.32 m^2	4.32
	第十七章 油漆、涂料、裱糊工程				
64	楼梯扶手油漆		m	木扶手长度(见序号 52)乘系数 5.90×2.6=15.34m	15.34
65	楼梯及挑廊铁栏杆		m^2	楼梯 ϕ25:1.63/(7 800×0.002)=0.1 ϕ14:1.15/1.208×3.14×0.014×19=0.8 扁钢拉条:2×0.052×1.1×20=2.29 挑廊 ϕ14: 2.5/1.208×3.14×0.014×26=2.37 合计:0.1+0.8+2.29+2.37=5.56	5.56
66	平顶、内墙面、雨篷、挑廊乳胶漆		m^2	平顶(序号 59)+内墙面(序号 53)+雨篷、挑廊(序号 58)=70+151.83+20.54=242.37 m^2	242.37
	第二十章 脚手架工程				
67	综合脚手架		m^2	建筑面积 7.44×5.24×2=77.97 m^2	77.97
	第二十一章 模板工程				
68	现浇混凝土基础模板		m^2	按混凝土体积与含模量乘积计算 6.2×1.89=11.72 m^2	11.72
69	现浇混凝土圈梁模板		m^2	按混凝土体积与含模量乘积计算 1.88×8.33=15.66 m^2	15.66
70	现浇混凝土单梁模板		m^2	按混凝土体积与含模量乘积计算 (0.79+1.42)×8.68=19.18 m^2	19.18
71	现浇混凝土雨篷模板		m^2	按雨篷水平投影面积计算 9.67 m^2	9.67
72	现浇混凝土压顶模板		m^2	按混凝土体积与含模量乘积计算 0.43×11.1=4.77 m^2	4.77
73	墙基混凝土垫层模板		m^2	按混凝土体积与含模量乘积计算 3.44×1=3.44	3.44

表 9-26 工程预算书

工程名称:××小商店土建

序号	定额编号	分部分项工程名称	单位	工程量	单价(元)	复价(元)
1	1-98	平整场地	10 m²	10.571	60.13	635.63
2	1-27	人工挖沟槽,地沟三类干土深<1.5 m	m³	23.84	47.47	1 131.70
3	1-59	人工挖地坑三类干土深<1.5 m	m³	3.23	53.80	173.77
4	1-99	原土打底夯 地面	10 m²	3.2	12.04	38.54
5	1-100	原土打底夯 基(槽)坑	10 m²	5.014	15.08	75.63
6	1-102	回填土夯填地面	m³	10.08	28.40	286.27
7	1-104	回填土夯填基(槽)坑	m³	15.03	31.17	468.45
8	1-92	单(双)轮车运土 运距<50 m	m³	1.96	20.05	39.30
9	4-1	直形砖基础(M5 水泥砂浆)	m³	5.75	406.25	2 335.94
10	4-52	防水砂浆墙基防潮层	10 m²	0.7	173.94	121.76
11	4-41	(M5 混合砂浆)1 标准砖内墙	m³	6.17	426.57	2 631.94
12	4-35	(M5 混合砂浆)1 标准砖外墙	m³	26.28	442.66	11 633.10
13	4-33	(M7.5 混合砂浆)1/2 标准砖外墙换为(混合砂浆 砂浆强度等级 M5)	m³	0.99	469.46	464.77
14	4-3	方形砖柱(M10 混合砂浆)换为(混合砂浆 砂浆强度等级 M5)	m³	0.58	498.97	289.40
15	4-55	(M5 混合砂浆)标准砖砌台阶 换为(混合砂浆 砂浆强度等级 M2.5)	10 m²	1.414	1693.01	2 393.92
16	4-57	(M5 混合砂浆)标准砖零星砌砖换为(水泥砂浆 砂浆强度等级 M5)	m³	0.53	525.45	278.49
17	6-1	(C10 混凝土)混凝土垫层现浇无筋	m³	3.44	385.69	1 326.77
18	6-3	(C20 混凝土)无梁式条形基础	m³	6.2	373.32	2 314.58
19	6-19	(C30 混凝土)单梁框架梁连续梁 换为(C20 混凝土31.5 mm 32.5 坍落度 35～50 mm)	m³	0.79	431.50	340.89
20	6-19	(C30 混凝土)单梁框架梁连续梁 换为(C20 混凝土31.5 mm 32.5 坍落度 35～50 mm)	m³	1.42	431.50	612.73
21	6-21	(C20 混凝土)圈梁	m³	1.88	498.27	936.75
22	6-47	(C20 混凝土)水平挑檐板式雨篷	10 m²	0.967	475.07	459.40
23	13-163	混凝土散水	10 m²	0.996	622.39	619.90
24	6-57	(C20 混凝土)压顶 换为(C15 混凝土 20 mm 32.5 坍落度 35～50 mm)	m³	0.43	520.93	224.00
25	6-37	(C30 混凝土)空心楼板	m³	5.29	557.05	2 946.80
26	8-9	Ⅱ类预制混凝土构件 运输运距<10 km	m³	5.39	176.90	953.48

续表 9-26

序号	定额编号	分部分项工程名称	单位	工程量	单价(元)	复价(元)
27	8-107	(C30 混凝土)圆孔板接头灌缝	m^3	5.29	173.84	919.64
28	8-87	混凝土圆孔板、槽(肋)形板履带式起重机安装	m^3	5.34	120.23	642.02
29	15-93	板底网格纤维布贴缝	10 m	7.47	26.93	201.15
30	6-109	(C30 混凝土)加工厂预制楼梯 踏步板	m^3	0.34	581.93	197.86
31	8-9	Ⅱ类预制混凝土构件 运输运距<10 km	m^3	0.35	176.90	61.91
32	8-91	混凝土楼梯(楼梯段、斜梁、楼梯平台板)履带式起重机安装	m^3	0.34	416.35	141.56
33	8-110	(C30 混凝土)楼梯段楼梯斜梁休息平台接头灌缝	m^3	0.34	58.20	19.79
34	6-112	(C30 混凝土)加工厂预制小型构件	m^3	0.62	692.34	429.25
35	8-9	Ⅱ类预制混凝土构件 运输运距<10 km	m^3	0.64	176.90	113.22
36	8-89	混凝土平板 履带式起重机安装	m^3	0.63	121.66	76.64
37	8-111	小型构件接头灌缝	m^3	0.62	125.40	77.75
38	5-1	现浇混凝土构件钢筋 直径 ϕ12 mm 以内	t	0.598	5 470.72	3 271.49
39	5-2	现浇混凝土构件钢筋 直径 ϕ25 mm 以内	t	0.118	4 998.87	589.87
40	5-11	加工厂预制混凝土构件钢筋 直径 ϕ16 mm 以内	t	0.14	5 634.03	788.76
41	5-15	先张法混凝土构件 预应力钢筋直径 ϕ5 mm 以内	t	0.175	6 876.15	1 203.33
42	7-43	圆(方)钢为主钢栏杆制作	t	0.106	6 986.93	740.61
43	8-33	Ⅱ类金属构件 运输运距<10 km	t	0.106	91.28	9.68
44	8-149	钢扶手、栏杆安装	t	0.106	1 503.43	159.36
45	16-32	镶板造型门安装	10 m^2	0.432	4 410.30	1 905.25
46	16-20	铝合金 卷帘门安装	10 m^2	1.473	2 234.47	3 291.38
47	16-12	塑钢窗安装	10 m^2	1.62	3 306.13	5 355.93
48	10-40	单层 APP 改性沥青防水卷材(热熔满铺法)	10 m^2	4.485	431.59	1935.70
49	10-202	PVC 水落管屋面排水 ϕ110	10 m	1.29	364.58	470.30
50	10-206	PVC 水斗屋面排水 ϕ110	10 只	0.2	422.04	84.41
51	13-9	垫层 碎石 干铺	m^3	2.24	171.45	384.05
52	13-11-1	垫层(C10 混凝土)不分格	m^3	1.6	393.27	629.23
53	13-22	水泥砂浆 楼地面 厚 20 mm 实际厚度(mm):15	10 m^2	3.2	165.31	528.99
54	13-23	水泥砂浆 楼地面 厚度每增(减)5 mm	10 m^2	—3.2	30.35	—97.12
55	13-18	找平层 细石混凝土 厚 40 mm 实际厚度(mm):30	10 m^2	3.2	206.96	662.28

续表 9-26

序号	定额编号	分部分项工程名称	单位	工程量	单价(元)	复价(元)
56	13-19	找平层 细石混凝土 厚度每增(减)5 mm	10 m^2	−3.2	46.13	−147.61
57	13-22	水泥砂浆 楼地面 厚 20 mm 实际厚度(mm):15	10 m^2	3.2	165.31	528.99
58	13-23	水泥砂浆 楼地面 厚度每增(减)5 mm	10 m^2	−3.2	30.35	−97.12
59	13-15	找平层 水泥砂浆(厚 20 mm)混凝土或硬基层上	10 m^2	4.485	130.68	586.12
60	13-22	水泥砂浆 楼地面 厚 20 mm	10 m^2	3.313	165.31	547.67
61	13-27	水泥砂浆 踢脚线	10 m	6.496	62.94	408.85
62	13-24	水泥砂浆 楼梯	10 m^2	0.4	827.94	331.17
63	13-25	水泥砂浆 台阶	10 m^2	1.414	408.18	577.16
64	14-38	砖墙内墙抹混合砂浆	10 m^2	15.183	209.95	3187.68
65	14-8	砖墙外墙抹水泥砂浆	10 m^2	0.971	254.64	247.26
66	14-37	砖墙外墙抹混合砂浆	10 m^2	13.219	235.95	3 118.99
67	14-15	门窗套、窗台、压顶抹水泥砂浆	10 m^2	0.367	797.01	292.50
68	14-15	门窗套、窗台、压顶抹水泥砂浆	10 m^2	1.015	797.01	808.96
69	14-14	阳台、雨篷抹水泥砂浆	10 m^2	2.05	1 026.61	2 104.55
70	15-88	混凝土天棚 混合砂浆面 预制	10 m^2	7	207.89	1 455.26
71	17-3	底油一遍、刮腻子、调和漆两遍 扶手	10 m	1.534	66.41	101.87
72	17-135	红丹防锈漆 第一遍 金属面	10 m^2	0.556	57.23	31.82
73	17-136	红丹防锈漆 第二遍 金属面	10 m^2	0.556	51.64	28.71
74	17-132	调和漆 第一遍 金属面	10 m^2	0.556	45.21	25.14
75	17-133	调和漆 第二遍 金属面	10 m^2	0.556	41.19	22.90
76	17-176	内墙面 在抹灰面上 901 胶混合腻子批、刷乳胶漆各三遍	10 m^2	24.237	236.43	5730.33
77	13-155	木栏杆 木扶手 制作安装	10 m	0.59	1 981.45	1 169.05
78	21-1	混凝土垫层 组合钢模板	10 m^2	0.344	558.01	191.96
79	21-3	现浇无梁式带形基础 组合钢模板	10 m^2	1.172	430.71	504.80
80	21-41	现浇圈梁、地坑支撑梁 组合钢模板	10 m^2	1.566	430.39	673.99
81	21-35	现浇挑梁、单梁、连续梁、框架梁 组合钢模板	10 m^2	1.918	606.76	1 163.77
82	21-75	现浇水平挑檐、板式雨篷 组合钢模板	10 m^2	0.967	896.76	867.17
83	21-93	现浇压顶 组合钢模板	10 m^2	0.477	552.95	263.76
84	20-1	综合脚手架檐高在 12 m 以内,层高在 3.6 m 内	m^2	77.97	17.99	1402.71
					1-77 合计	79 595.03
					78-84 合计	5 068.47

表 9-27　单位工程预算造价费用汇总表

工程名称:××小商店土建

序号	汇总内容	金额:(元)	其中:暂估价(元)
1	分部分项工程	79 595.03	
1.1	人工费	25 964.36	
1.2	材料费	40 881.79	
1.3	施工机具使用费	2 291.54	
1.4	企业管理费	7 065.61	
1.5	利润	3 390.27	
2	措施项目	7 608.38	
2.1	单价措施项目费	5 068.47	
2.2	总价措施项目费	2 539.91	
2.2.1	其中:安全文明施工措施费	2 539.91	
3	其他项目		—
3.1	其中:暂列金额		—
3.2	其中:专业工程暂估价		—
3.3	其中:计日工		—
3.4	其中:总承包服务费		—
4	规费	3 139.32	—
5	税金	3 143.93	—
投标报价合计=1+2+3+4+5		93 486.66	0

表 9-28　总价措施项目清单与计价表

工程名称:××小商店土建

序号	项目名称	计算基础	费率(%)	金额(元)
1	安全文明施工费			2539.91
1.1	基本费	分部分项合计+技术措施项目合计一分部分项设备费一技术措施项目设备费	3	2 539.91
1.2	增加费	分部分项合计+技术措施项目合计一分部分项设备费一技术措施项目设备费	0	
2	夜间施工	分部分项合计+技术措施项目合计一分部分项设备费一技术措施项目设备费	0	
3	非夜间施工照明	分部分项合计+技术措施项目合计一分部分项设备费一技术措施项目设备费	0	
4	二次搬运	分部分项合计+技术措施项目合计一分部分项设备费一技术措施项目设备费	0	

续表 9-28

序号	项目名称	计算基础	费率(%)	金额(元)
5	冬雨季施工	分部分项合计＋技术措施项目合计－分部分项设备费－技术措施项目设备费	0	
6	地上、地下设施，建筑物的临时保护设施	分部分项合计＋技术措施项目合计－分部分项设备费－技术措施项目设备费	0	
7	已完工程及设备保护	分部分项合计＋技术措施项目合计－分部分项设备费－技术措施项目设备费	0	
8	临时设施	分部分项合计＋技术措施项目合计－分部分项设备费－技术措施项目设备费	0	
9	赶工措施	分部分项合计＋技术措施项目合计－分部分项设备费－技术措施项目设备费	0	
10	按质论价	分部分项合计＋技术措施项目合计－分部分项设备费－技术措施项目设备费	0	
11	住宅分户验收	分部分项合计＋技术措施项目合计－分部分项设备费－技术措施项目设备费	0	
合　计				2 539.91

表 9-29　其他项目清单与计价汇总表

工程名称：××小商店土建

序号	项目名称	金额(元)	结算金额(元)	备　注
1	暂列金额			
2	暂估价			
2.1	材料(工程设备)暂估价			
2.2	专业工程暂估价			
3	计日工			
4	总承包服务费			
5	索赔与现场签证			
合　计				—

表 9-30　主要材料汇总表

工程名称：××小商店土建

序号	材料编码	材料名称	规格型号等特殊要求	单位	数量	备注
1	101022	中砂		t	56.368 3	
2	102011	道碴	40～80 mm	t	1.125 5	
3	102039	碎石	5～31.5 mm	t	2.931 9	
4	102040	碎石	5～16 mm	t	10.090 8	

续表 9-30

序号	材料编码	材料名称	规格型号等特殊要求	单位	数量	备注
5	102041	碎石	5～20 mm	t	6.822	
6	102042	碎石	5～40 mm	t	17.204 6	
7	105002	滑石粉		kg	82.890 5	
8	105012	石灰膏			1.966 6	
9	201008	标准砖	240 mm×115 mm ×53 mm	百块	246.412 8	
10	301002	白水泥		kg	41.93	
11	301023	水泥	32.5 级	t	12.742 2	
12	301026	水泥	42.5 级	t	2.806 3	
13	302164	预制混凝土块			0.105 8	
14	401029	普通成材			0.028 3	
15	401031	硬木成材			0.056 1	
16	401035	周转木材			0.259 2	
17	405015	复合木模板	18 mm		13.845 5	
18	405073	柳桉实拼门			4.363 2	
19	406002	毛竹		根	2.115	
20	501009	扁钢	—30×4—50×5	kg	28.202	
21	501114	型钢		t	0.123 5	
22	502018	钢筋(综合)		t	0.877	
23	502047	钢丝绳		kg	0.193 5	
24	502086	冷拔钢丝		t	0.190 8	
25	502112	圆钢	ϕ15—24	kg	32.090 1	
26	503152	钢压条		kg	1.076 4	
27	504098	钢支撑(钢管)		kg	24.759	
28	504177	脚手钢管		kg	62.921 3	
29	507042	底座		个	0.176 3	
30	507108	扣件		个	10.046 3	
31	508128	铝合金卷帘门			14.878 3	
32	508190	塑钢窗(推拉有亮)			16.2	
33	509006	电焊条	结 422	kg	7.941 1	
34	510122	镀锌铁丝	8#	kg	28.107 8	
35	510127	镀锌铁丝	18—22#	kg	5.644 3	

续表 9-30

序号	材料编码	材料名称	规格型号等特殊要求	单位	数量	备注
36	511205	对拉螺栓(止水螺栓)		kg	4.647 6	
37	511213	钢钉		kg	0.134 6	
38	511366	零星卡具		kg	7.407 3	
39	511421	木螺钉		百只	0.613 6	
40	511475	膨胀螺栓	M8×80	套	82.62	
41	511484	膨胀螺栓	M12×110	套	78.074 3	
42	511533	铁钉		kg	8.647 8	
43	513042	定型钢模板		kg	7.511 8	
44	513051	镀锌铁脚		个	126.36	
45	513109	工具式金属脚手		kg	5.084	
46	513274	冷拉工具		kg	6.931 8	
47	513287	组合钢模板		kg	1.925 3	
48	601031	调和漆		kg	0.992	
49	601036	防锈漆(铁红)		kg	0.629	
50	601041	酚醛清漆各色		kg	0.030 7	
51	601043	酚醛无光调和漆(底漆)		kg	0.368 2	
52	601057	红丹防锈漆		kg	0.492 9	
53	601106	乳胶漆(内墙)		kg	83.132 9	
54	601125	清油	C01—1	kg	8.483	
55	603045	油漆溶剂油		kg	0.450 6	
56	603050	石油液化气		kg	2.332 2	
57	604030	软填料(沥青玻璃棉毡)		kg	6.431 4	
58	605014	PVC 管	ϕ20 mm	m	4.733 9	
59	605024	PVC 束接	ϕ100 mm	只	5.574 6	
60	605154	塑料抱箍	PVCϕ100	副	15.714	
61	605155	塑料薄膜			56.417 5	
62	605280	塑料水斗(PVC 水斗)	ϕ100	只	2.04	
63	605291	塑料弯头(PVC)	ϕ100	只	0.735 3	
64	605356	增强塑料水管(PVC 水管)	ϕ100	m	13.158	
65	607018	石膏粉	325 目	kg	0.076 7	
66	608003	白布			0.018 5	
67	608049	草袋子	1×0.7 m		5.062 1	

续表 9-30

序号	材料编码	材料名称	规格型号等特殊要求	单位	数量	备注
68	608097	麻袋		条	0.010 7	
69	608101	麻绳		kg	0.063 1	
70	608144	砂纸		张	1.779 6	
71	608191	纸筋		kg	3.994 9	
72	609032	大白粉		kg	82.890 5	
73	609041	防水剂		kg	4.094	
74	610001	APP 及 SBS 基层处理剂		kg	15.921 8	
75	610004	APP 聚酯胎乙烯膜卷材	厚度 3		56.062 5	
76	610007	APP 封口油膏		kg	2.780 7	
77	610076	密封油膏		kg	5.945 4	
78	613003	801 胶		kg	25.127 4	
79	613098	胶水		kg	0.286 2	
80	613206	水		℃K	65.764 1	
81	613219	羧甲基纤维素		kg	5.574 5	
82	613249	氧气		℃K	0.531	
83	613253	乙炔气		℃K	0.230 9	
84	901030	场内运输费		元	187.297 1	
85	901114	回库修理、保养费		元	9.471 5	
86	901167	其他材料费		元	374.438 6	
87	65007	机械用电力		kWh	361.224 3	
88	65006	机械用柴油		kg	44.524 9	
89	65005	机械用汽油		kg	16.763 5	

习题

一、单项选择题

1. (　　)的工程项目都是在三条“线”和一个“面”的基数上连续计算出来的。

A. 80%～90%　　B. 60%～85%　　C. 70%～95%　　D. 70%～90%

2. 用单价法编制施工图预算的主要工作有：①套预算定额单价；②计算工程量；③做工料分析；④列出分部分项工程；⑤计算多项费用汇总造价；⑥准备工作；⑦复核整理。其编制步骤应为(　　)。

A. ⑥→②→①→④→③→⑤→⑦　　B. ⑥→④→②→①→③→⑤→⑦

C. ⑥→①→②→④→③→⑤→⑦　　D. ⑥→④→③→②→①→⑤→⑦

3. 某厂房外墙外围水平面积 1 519 m^2，内设有二层办公楼，层高 2 m，每层外墙外围水平面积 300 m^2，总建筑面积为(　　)。

A. 1 521 m^2　　B. 1 669 m^2　　C. 1 819 m^2　　D. 2 119 m^2

4. 建筑面积包括(　　)。

A. 使用面积、有效面积和结构面积。　　B. 使用面积、辅助面积和结构面积。

C. 使用面积、辅助面积和居住面积。　　D. 有效面积、辅助面积和结构面积。

5. 某住宅建筑各层外围水平面积为 400 m^2,共 6 层,二层以上每层有两个外阳台,每个水平面积为 5 m^2(有围护结构),建筑中间设置宽度为 300 mm 变形缝一条,缝长 10 m,则该建筑的总建筑面积为(　　)m^2。

A. 2 422　　B. 2 407　　C. 2 450　　D. 2 425

6. 根据《建筑工程建筑面积计算规范》(GB/T 50353—2013),下列内容中,不应计算建筑面积的是(　　)。

A. 用于检修的室外钢楼梯　　B. 悬挑宽度为 1.8 m 的有柱雨篷

C. 主体结构内的阳台　　D. 层高不足 2.2 m 的地下室

7. 挖土方的工程量以挖凿前的(　　)体积为准。

A. 虚方　　B. 夯实后　　C. 松填　　D. 天然密实

8. 基础与墙身采用不同材料时,当材料分界线与室内设计地面高度 h 在(　　)范围,以不同材料分界处为界分别计算基础和墙体工程量。

A. 在±300 mm 以内　　B. 在±300 mm 以外

C. 在±200 mm 以内　　D. 在±200 mm 以外

9. 楼梯间与走廊连接的,计算楼梯工程量时应算至楼梯梁的(　　)。

A. 内侧　　B. 外侧　　C. 内侧+300 mm　　D. 外侧+300 mm

10. 整体面层按主墙间净空面积以 m^2 计算,不扣除(　　)所占面积。

A. 间壁墙　　B. 设备基础　　C. 地沟　　D. 凸出地面建筑物

11. 有一截面为 490 mm×490 mm、高 3.6 m 的独立砖柱,镶贴人造石板材(厚25 mm),结合层为 1∶3 水泥砂浆,厚 15 mm,则镶贴块料工程量为(　　)m^2。

A. 7.05　　B. 7.99　　C. 8.21　　D. 7.63

12. 外窗台抹灰展开宽度一砖墙按(　　)计算。

A. 36 cm　　B. 24 cm　　C. 12 cm　　D. 37 cm

13. 天棚饰面的面积按净面积计算,应扣除(　　)所占面积。

A. 间壁墙　　B. 检修孔　　C. 柱垛　　D. 独立柱

14. 木楼梯(不包括底面)油漆工程量是以水平投影面积×(　　)。

A. 1.30　　B. 2.00　　C. 2.30　　D. 3.30

15. 有凹凸、线条几何图案的木墙裙油漆工程量是以净长×高×(　　)。

A. 0.9　　B. 1.05　　C. 1.1　　D. 1.2

16. 字安装不论安装在何种墙面或其他部位均按字的(　　)计算。

A. 个数　　B. 面积　　C. 重量　　D. 高度

17. 建筑物设计室外地面至檐口的高度超过(　　)m 时,应计算超高费。

A. 21　　B. 20　　C. 15　　D. 3.6

18. 凡砌筑高度超过(　　)m 的砌体均需计算脚手架。

A. 2　　B. 3.6　　C. 1.5　　D. 2.1

19. 以下说法正确的是(　　)。

A. 同一建筑物高度不同时，脚手架工程量不分别计算。

B. 内墙脚手架以内墙净长乘以内墙净高计算，有山尖者算至山尖顶的高度。

C. 柱的抹灰脚手架以柱结构外围周长加 3.60 m 乘以柱高计算。

D. 高压线防护架的脚手架工程量按面积计算。

20. 一般轻型井点管间距为(　　)m。

A. 1.2　　B. 2　　C. 1.5　　D. 3.6

21. 檐高(　　)m 内的单层建筑物和围墙，不计算垂直运输机械台班。

A. 1.2　　B. 2　　C. 3.6　　D. 4.2

22. 分部分项工程数量的有效位数应遵守(　　)规定。

A. 以“吨”为单位，应保留小数点后三位数字

B. 以“立方米”为单位，应保留小数点后三位数字

C. “平方米”、“米”为单位，应保留小数点后一位数字

D. 以“个”、“项”等为单位，应保留小数点后一位数字

二、多项选择题

1. 多层建筑物(　　)建筑面积。

A. 首层按照外墙结构外围水平面积计算

B. 二层及以上楼层按照外墙结构外围水平面积计算

C. 二层及以上楼层按照结构底板水平面积计算

D. 层高不足 2.20 m 者应按照 1/2 计算

2. 以下应计算建筑面积的有(　　)。

A. 地沟　　B. 地下仓库　　C. 地下车站　　D. 半地下车库

3. 根据《建筑工程建筑面积计算规则》，下列内容中应计算建筑面积的是(　　)。

A. 坡地建筑设计利用但无围护结构的吊脚架空层

B. 建筑门厅内层高不足 2.2 m 的回廊

C. 层高不足 2.2 m 的立体仓库

D. 公共建筑物内自动扶梯

4. 以下说法正确的是(　　)。

A. 现浇混凝土楼梯按图示尺寸的体积计算，预制楼梯按水平投影面积另加定额规定的场外运输及安装损耗量以后以 m^2 计算。

B. 现浇混凝土楼梯按水平投影面积计算，预制楼梯按图示尺寸的体积计算另加定额规定的场外运输及安装损耗量以后以 m^3 计算。

C. 水磨石踢脚线按延长米计算，不扣除洞口、空圈的长度，不增加洞口等侧壁长度；块料面层踢脚线按图示以实铺延长米计算，扣除门洞，另加侧壁的长度。

D. 水磨石踢脚线按图示以实铺延长米计算，扣除门洞，另加侧壁的长度；块料面层踢脚线按延长米计算，不扣除洞口、空圈的长度，不增加洞口等侧壁长度。

5. 钢筋工程的工程量计算可以采取(　　)方法。

A. 设计用量法　　B. 定额含钢量法

C. 含模量法　　D. 技术测定法

6. 计算装饰工程楼地面块料面层工程量时，应扣除（　　）。

A. 凸出地面的设备基础　　B. 柱

C. 间壁墙　　D. 0.3 m^2 以内的孔洞

7. 以下各项中（　　）的工程量是以延长米计算的。

A. 花岗岩楼地面　　B. 楼梯扶手

C. 明沟　　D. 楼梯防滑条

8. （　　）抹灰均以结构尺寸展开面积计算。

A. 挑沿　　B. 天沟　　C. 腰线　　D. 窗台线

9. 天棚面抹灰按主墙间天棚水平面积计算，不扣除（　　）等所占的面积。

A. 间壁墙　　B. 检修孔　　C. 垛　　D. 独立柱

10. 以下说法正确的是（　　）。

A. 现场铝合金门窗扇制作、安装按门窗洞口面积以 m^2 计算

B. 无框玻璃门中，部分为固定门扇、部分为开启门扇时，工程量不用分开计算

C. 门窗扇包镀锌铁皮，按门窗洞口面积以 m^2 计算

D. 普通窗上部带有半圆窗的工程量应按普通窗和半圆窗分别计算

11. 卫生间配件工程量说法正确的有（　　）。

A. 大理石洗漱台板工程量按展开面积计算

B. 浴缸拉手及毛巾架按数量以每 10 副计算

C. 有基层成品镜面玻璃，按玻璃的外围面积计算

D. 台阶、楼梯按水平投影面积计算

12. 超高费按（　　）规定计算。

A. 檐高超过 20 m 部分的建筑物应按其超过部分的建筑面积计算

B. 建筑物檐高高度超过 20 m，但其最高一层或其中一层楼面未超过 20 m 时，则该楼层在 20 m 以上部分仅能计算每增高 1 m 的层高超高费

C. 同一建筑物中有 2 个或 2 个以上的不同檐口高度时，应分别按不同高度竖向切面的建筑面积套用定额

D. 层高超过 3.6 m 时，以每增高 1 m（不足 0.1 m 按 0.1 m 计算）按相应子目的 20%计算，并随高度变化按比例递增

13. 模板工程量计算方法包括（　　）。

A. 按设计图纸计算模板接触面积法

B. 按使用混凝土含模量折算模板面积法

C. 大数法

D. 技术测定法

14. 基坑排水应同时具备（　　）两个条件。

A. 地下常水位以下　　B. 基坑底面积超过 30 m^2

C. 基坑底面积超过 150 m^2　　D. 地下水位较高

15. 建筑物垂直运输机械台班用量，应区分（　　）按国家工期定额以日历天计算。

A. 建筑面积　　B. 不同结构类型

C. 层数　　D. 檐口高度

16. 下列属于建筑安装工程措施费范围有(　　)。

A. 脚手架　　　　B. 构成工程实体的材料费

C. 材料二次搬运费　　　　D. 施工排水、降水费

三、计算题

1. 如图 9-66 所示,计算地下室及其出入口的建筑面积。外墙防潮层及其保护墙厚 120 mm,采光井无顶盖。结构层高为 3.0 m,出入口有顶盖。

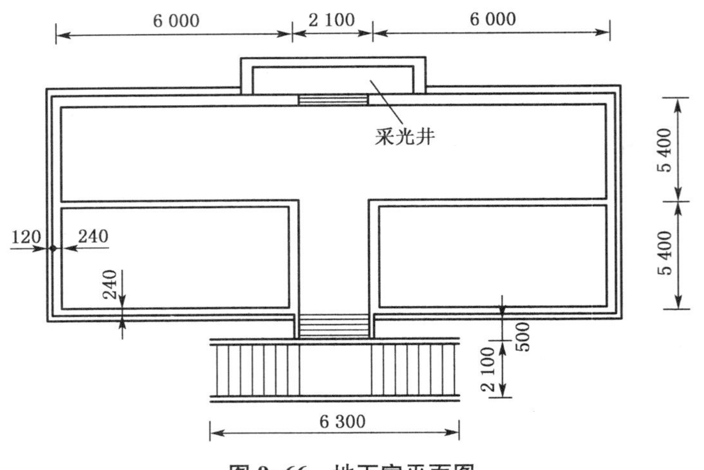

图 9-66　地下室平面图

2. 某接待室,为三类工程,其基础平面图、剖面图如图 9-67 所示。基础为 C20 钢筋混凝土条形基础,C10 素混凝土垫层,±0.00 m 以下墙身采用 M5 水泥砂浆标准砖砌筑,设计室外地坪为−0.150 m。

根据地质勘探报告,土壤类别为三类土,无地下水。该工程采用人工挖土,从垫层下表面起放坡,放坡系数为 1∶0.33,工作面从垫层边到地槽边为 200 mm,混凝土采用泵送商品混凝土。请按以上施工方案以及江苏省 2014 计价定额计算土方开挖、混凝土基础、砖基础定额工程量和综合单价。

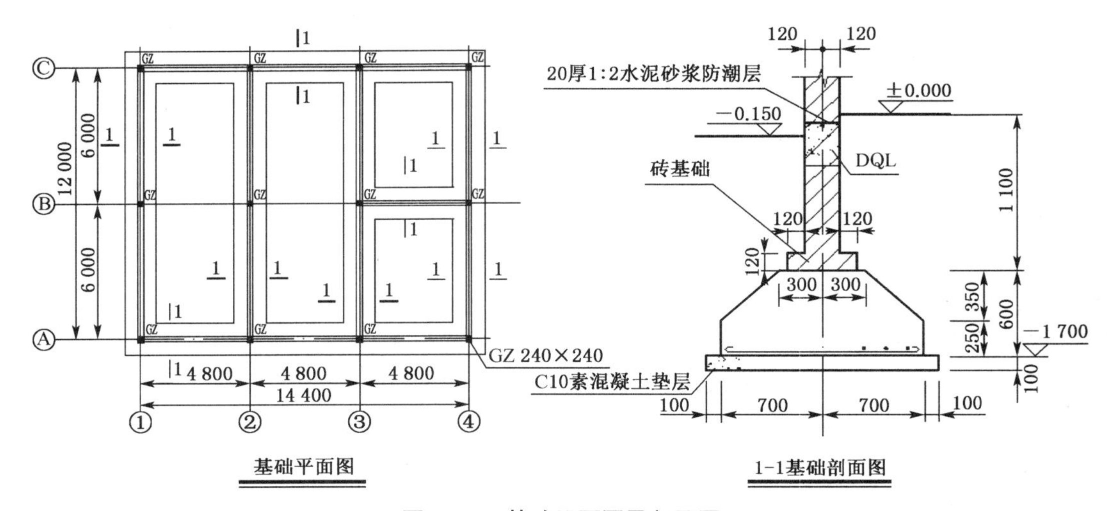

图 9-67　基础平面图及剖面图

3. 某工程桩基础是钻孔灌注混凝土桩(如图 9-68),C25 混凝土现场搅拌,土孔中混凝土充盈系数为 1.25,自然地面标高−0.45 m,桩顶标高−3.00 m,设计桩长 12.30 m,桩进入岩层 1 m,桩直径 600 mm,计 100 根,泥浆外运 5 km。计算钻孔灌注混凝土桩的工程量(凿桩头高度按一个桩径计)。

4. 计算如图 9-69 所示现浇单跨矩形梁(共 10 根)的钢筋定额工程量。保护层厚度以 25 mm 计算。

设计图中未明确的:保护层厚度 25 mm 计算,钢筋定尺长度大于 8 m,按 35d 计算搭接长度,箍筋及弯起筋按梁断面尺寸计算;锚固长度按图示尺寸计算。

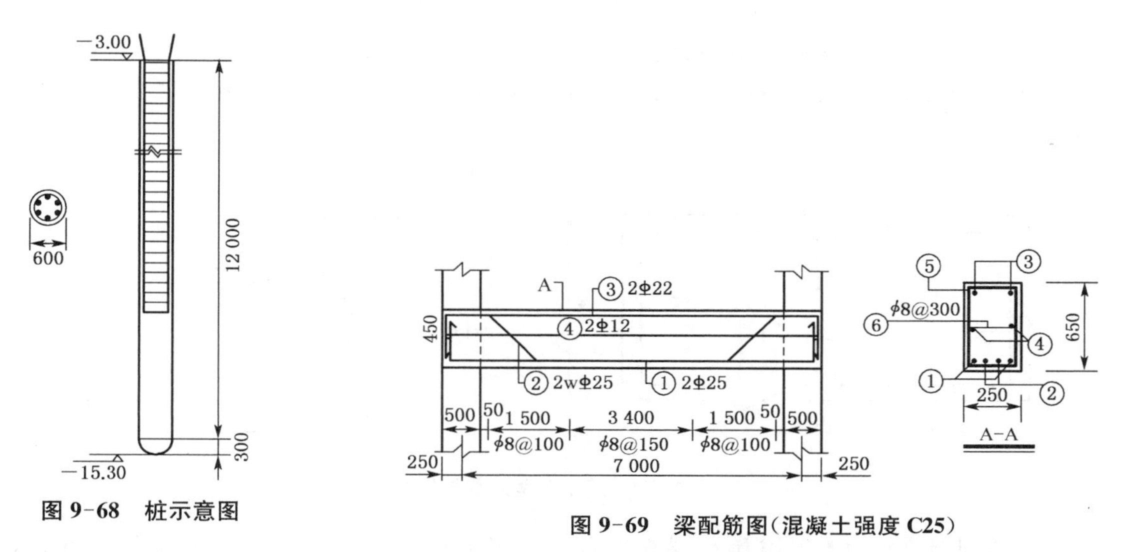

图 9-68 桩示意图

图 9-69 梁配筋图(混凝土强度 C25)

5. 如图 9-70 所示,门厅用 1∶2 水泥砂浆镶贴大理石踢脚线,高为 150 mm,门侧壁不贴大理石踢脚线,根据江苏省 2014 计价定额计算踢脚线工程量及预算费用。

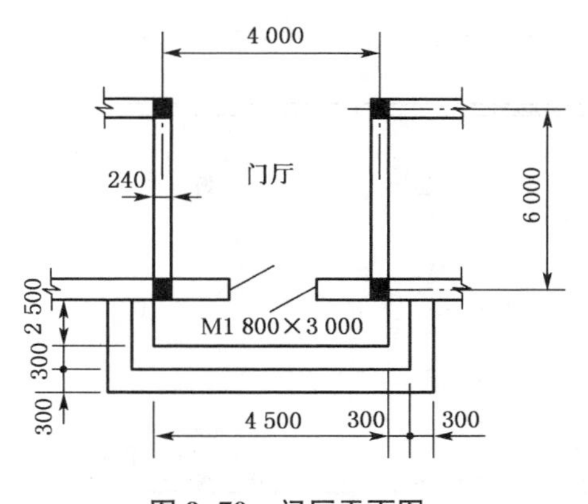

图 9-70 门厅平面图

6. 某办公楼室外地面为拼贴碎花岗岩地面,台阶、平台为贴花岗岩的面层,水泥砂浆镶贴的花岗岩,尺寸如图 9-71 所示。台阶踏步面加防滑双铜条,踏步两端各留 0.15 m 的空白。试依据江苏省 2014 计价定额计算花岗岩平台、台阶、拼碎花岗岩地面及防滑条等项的预算费用。

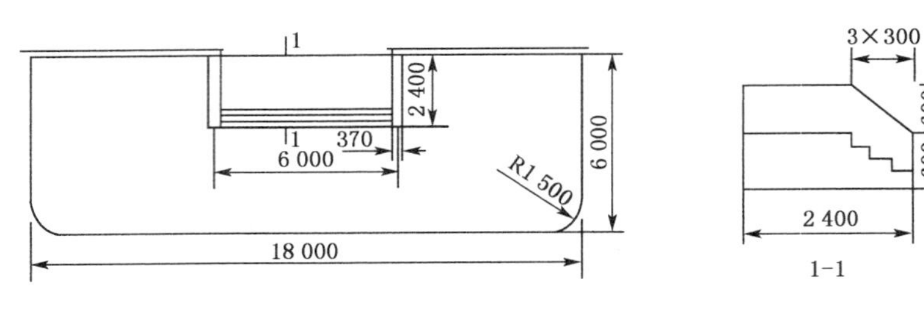

图 9-71　台阶、平台大样图

7. 某变电室，外墙面尺寸如图 9-72 所示。M：1 500 mm×2 000 mm，C1：1 500 mm×1 500 mm；C2：800 mm×1 200 mm。门窗侧面宽度 100 mm，外墙水泥砂浆粘贴规格 194 mm×94 mm，瓷质外墙砖，灰缝 5 mm，窗台面另选其他材料。计算外墙贴瓷质砖的工程量。

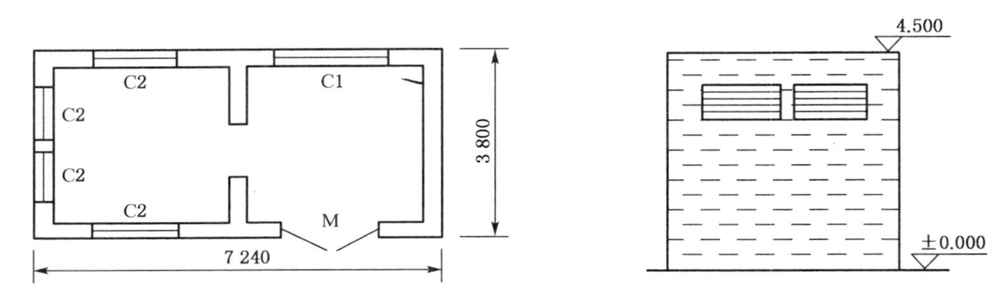

图 9-72　某变电室外墙面尺寸

8. 某建筑平面如图 9-73 所示，墙厚 240 mm，天棚基层为混凝土现浇板，柱断面为 400 mm×400 mm。

(1) 若天棚为麻刀石灰浆面层，计算天棚抹灰工程量。

(2) 若天棚面层粘贴 6 mm 厚铝塑板吊顶，计算天棚吊顶工程量。

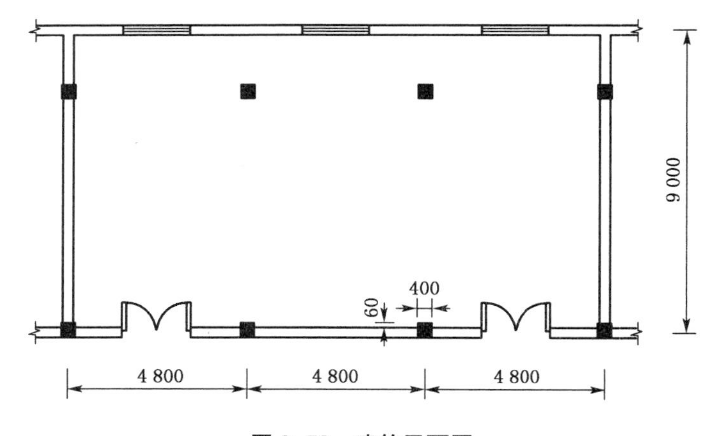

图 9-73　建筑平面图

10 工程量清单计价

教学目标

主要讲述工程量清单计价的基本理论和方法。通过本章学习，应达到以下目标：

(1) 熟悉建设工程工程量清单计价规范的相关内容。

(2) 掌握建筑工程、装饰工程的工程量清单计价。

(3) 理解清单计价与定额计价的异同点。

10.1 工程量清单计价规范

10.1.1 工程量清单计价概述

1) 工程量清单计价的概念

工程量清单计价是一种区别于定额计价法的新的计价模式，有广义与狭义之分。狭义的工程量清单计价是指在建设工程招投标中，由招标人或其委托具有资质的中介机构编制提供招标工程量清单，由投标人对招标人提供的招标工程量清单进行自主报价，通过市场竞争定价的一种工程造价计价模式。广义的工程量清单计价是指依照建设工程工程量清单计价规范等，通过市场手段，由建设产品的买方和卖方在建设市场上根据供求关系、信息状况进行自由竞价，最终确定建设工程施工全过程相关费用的活动。该活动主要包括：招标工程量清单的编制，招标控制价编制，投标报价的编制，工程合同价款的约定，竣工结算的办理以及施工过程中工程计量与工程价款的支付、索赔与现场签证、工程价款的调整和工程计价争议处理。

2) 工程量清单计价法的适用范围

(1) 项目类型

① 全部使用国有资金(含国家融资资金)投资或国有资金投资为主的工程建设项目施工发承包，不分工程建设规模，均必须采用工程量清单计价。

A. 使用国有资金投资项目的范围包括：使用各级财政预算资金的项目；使用纳入财政管理的各种政府性专项建设基金的项目；使用国有企事业单位自有资金，并且国有资产投资者实际拥有控制权的项目。

B. 国家融资项目的范围包括：使用国家发行债券所筹资金的项目；使用国家对外借款或者担保所筹资金的项目；使用国家政策性贷款的项目；国家授权投资主体融资的项目；国家特许的融资项目。

C. 国有资金(含国家融资资金)为主的工程建设项目是指国有资金占投资总额 50%以上,或虽不足 50%但国有投资者实质上拥有控股权的工程建设项目。

② 非国有资金投资的工程建设项目,宜采用工程量清单计价。对于非国有资金投资的工程建设项目,是否采用工程量清单方式计价由项目业主自主确定。当确定采用工程量清单计价时,则应执行工程量清单计价规范的规定。

(2) 项目阶段

使用工程量清单计价的阶段主要是:招标文件编制、投标报价的编制、合同价款的确定、工程价款调整、工程竣工结算等,当前工程量清单计价法主要用于工程的招投标及实施阶段的计价活动中。

① 工程招标阶段。招标人可自行或委托代理人编制招标工程量清单,同时,为了有利于客观、合理地评审投标报价和避免哄抬标价,造成国有资产或企业资产流失,招标人应编制招标控制价,作为招标人能够接受的最高交易价格。

② 工程投标报价与合同价款确定阶段。投标单位接到招标文件后,根据招标工程量清单和相关要求、现场实际情况以及拟定的施工组织设计,根据企业定额和市场价格信息,并参照行政主管部门发布的社会平均消耗定额编制报价。合同价款由发、承包双方依据招标文件和中标人的投标文件在书面合同中约定。

③ 施工阶段。签订施工合同后,承包方按进度计划完成一定的工程任务,按照合同约定确定的,包括在履行合同过程中按合同约定进行的工程变更、索赔和价款调整,与发包方在进行工程进度款结算或竣工结算时,应严格按照招标文件中约定的计价方法执行。

3) 工程量清单计价的作用

与在招投标过程中采用定额计价法相比,采用工程量清单计价方法具有以下作用:

(1) 提供了一个平等的竞争条件。如果采用传统的定额计价方法来投标报价,由于设计图纸的缺陷,不同投标企业的造价人员对图纸理解不一,计算出的工程量就不同,使得报价相去甚远,容易产生纠纷。而工程量清单报价就由招标方为投标方提供一个平等竞争的条件,统一的招标工程量清单,由企业根据自身的实力来填报不同的综合单价,可在一定程度上规范建筑市场环境。

(2) 满足市场经济条件下竞争的需要。招投标过程本身就是一个竞争的过程,招标方在招标文件中给出招标工程量清单,投标方根据工程概况、市场行情、企业自身素质等因素确定综合单价。综合单价是影响中标与否的重要因素,报高中不了标,报低又要赔本。这就要求施工企业加强自身的管理水平和技术水平,促进企业整体实力的提高,从而增强竞争实力。

(3) 有利于提高工程计价效率,能真正实现快速报价。工程量清单计价方式是各投标人以招标人提供的招标工程量清单为统一平台,结合自身的管理水平和施工方案进行报价,促进了各投标人企业定额的完善以及工程造价信息的积累和整理,体现了现代工程建设中快速报价的要求。

(4) 有利于工程款的拨付和工程造价的最终确定。中标后,业主要与中标施工企业签订施工合同,工程量清单报价基础上的中标价就成了合同价的基础。投标清单上的单价也就成了拨付工程款的依据。业主根据施工企业完成的工程量,可以很容易地确定进度款的拨付额。工程竣工后，再根据设计变更、工程量的增减乘以相应单价，业主也很容易确定工程的最终造价。

(5) 有利于业主对投资的控制。采用定额计价法，业主对因设计变更、工程量的增减所引起的工程造价变化不敏感，直到竣工结算时才知道这些变化对项目投资的影响有多大，但为时已晚。而采用工程量清单计价的方式则一目了然，在要进行设计变更时，结合综合单价能马上知道该变更对工程造价的影响，这样业主就能根据投资情况来进行变更方案的比较，最终确定最恰当的设计变更方案。

(6) 有利于实现风险的合理分担。采用工程量清单报价方式后，由于工程量的变更或计算错误等引起的造价变化，投标方不负责任，应由招标方(业主)承担，投标单位只对自己所报的成本、综合单价等负责，这种格局符合风险合理分担与责权利关系对等的一般原则。

根据“建设工程工程量清单计价规范”第 3.4 条的规定，根据我国工程建设特点，由于承包人使用机械设备、施工技术以及组织管理水平等自身原因造成施工费用增加的，应由承包人全部承担。投标人应完全承担的风险是技术风险和管理风险，如管理费和利润；应有限度承担的是市场风险，如承包人可承担 5%以内的材料价格风险，10%以内的施工机械使用费风险；应完全不承担的是法律、法规、规章和政策变化导致工程税金、规费、人工发生变化的风险。

4) 工程量清单计价方法与定额计价方法的区别

(1) 编制的依据不同。传统的定额计价法依据图纸和国家、省、有关专业部门制定的各种定额等进行计算，其性质为指导性。工程量清单计价模式下的主要计价依据是“清单计价规范”，其性质是含有强制性条文的国家标准，招标控制价根据招标文件、施工现场情况、合理的施工方法以及有关计价办法编制；企业的投标报价则根据企业定额和市场价格信息，或参照建设行政主管部门发布的社会平均消耗量定额编制。

(2) 编制工程量的主体不同。传统定额计价办法的工程量由招标单位和投标单位分别按图计算。工程量清单计价时的工程量由招标单位统一计算或委托有工程造价咨询资质的单位统一计算。招标工程量清单是招标文件的重要组成部分，各投标单位根据招标人提供的招标工程量清单和自身的技术装备、施工经验、企业定额、管理水平自主填写单价与合价。

(3) 编制工程造价时间不同。传统的定额计价法是在发出招标文件后招投标双方才编制投标报价和标底；工程量清单报价法必须在发出招标文件前编制工程量清单和招标控制价，因为这两者是招标文件的重要组成部分。

(4) 表现形式不同。传统的定额计价法一般是总价形式；工程量清单计价法一般是采用综合单价形式，工程量清单报价具有单价相对固定的特点，工程量发生变化时，单价一般不作调整。

(5) 费用组成不同。传统定额计价法的工程造价由直接费、间接费、利润和税金组成；工程量清单计价法的工程造价包括分部分项工程费、措施项目费、其他项目费、规费和税金。

(6) 项目编码不同。定额计价模式下，全国各省市定额子目不同；工程量清单计价模式下，全国实行统一项目编码，由 12 位阿拉伯数字表示。

(7) 评标方法不同。传统定额计价法一般采用接近标底中标法;工程量清单计价法一般采用合理低价中标法,既要对总价进行评分,还要对综合单价进行评分。

(8) 合同价调整方式不同。定额计价法合同价调整方式有变更签证、定额解释、政策性调整;而工程量清单计价法在一般情况下单价是相对固定的,减少了在合同施工过程中的调整活口,通常如无设计变更、错算、漏算等情况引起清单项目数量的增减,就能够基本保证合同价格的稳定性,避免索赔的发生。

(9) 投标价计算口径不同。工程量清单计价模式下,由于是统一根据招标方提供的招标工程量清单来报价,所以计算口径统一;定额计价模式下,各投标单位各自根据图纸计算工程量,计算出来的工程量不一致,所以在报价时就无法口径统一。

5) 工程量清单计价的基本原理

工程量清单计价的基本过程可以分为两个阶段:工程量清单的编制和利用工程量清单来编制投标报价(或招标控制价)。该基本原理过程如图 10-1 所示。

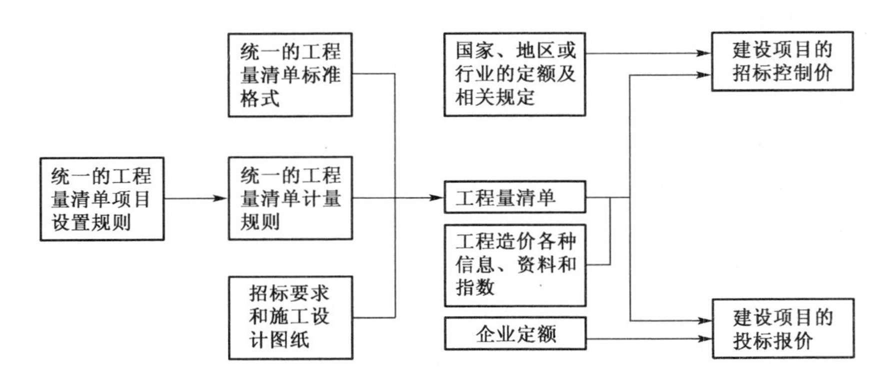

图 10-1 工程造价工程量清单计价过程示意图

10.1.2 工程量清单的编制

1) 工程量清单的概念与组成

(1) 工程量清单的概念

工程量清单是建设工程的分部分项工程项目、措施项目、其他项目的名称和相应数量以及规费和税金项目等内容的明细清单。招标工程量清单是招标文件不可分割的一部分,应由具有编制能力的招标人或受其委托具有相应资质的中介机构,依据《建设工程工程量清单计价规范》,国家或省级、行业建设主管部门颁发的计价依据和办法,拟订的招标文件、设计文件,与建设工程项目有关的标准、规范、技术资料和施工现场实际情况、工程特点及常规施工方案等进行编制。

(2) 工程量清单的组成

工程量清单由分部分项工程量清单、措施项目清单、其他项目清单、规费和税金项目清单组成。分部分项工程量清单为不可调整的闭口清单,投标人对招标文件提供的分部分项工程量清单必须逐一计价,对清单所列内容不允许作任何更改变动。措施项目清单为可调清单，投标人对招标文件中所列项目，可根据企业自身特点及拟建工程的实际情况作适当的变更增减。

2）工程量清单的作用

工程量清单是招投标活动中的一个信息载体，为潜在的投标者提供拟建工程的必要信息。除此之外，还具有以下作用：

(1) 为投标者提供了一个公开、公平、公正的竞争环境。工程量清单由招标人统一提供，使投标者在报价时站在同一起跑线上，创造了一个公平的竞争环境。

(2) 是计价和询标、评标的基础。工程量清单由招标人提供，无论是招标控制价的编制还是企业投标报价，都必须在清单的基础上进行。同样也为今后的询标、评标奠定了基础。招标人利用工程量清单编制的招标控制价，可供评标时参考。

(3) 为支付工程进度款、竣工结算及工程索赔提供了重要依据。在施工过程中，甲乙双方根据相关合同条款以及工程完成情况，工程量清单为支付工程进度款、竣工结算及工程索赔提供了重要依据。

3）工程量清单的编制依据

(1)《建设工程工程量清单计价规范》及相关工程的国家计量规范。

(2) 招标文件及其补充通知、答疑纪要。

(3) 建设工程设计文件及相关资料。

(4) 与建设工程有关的标准、规范、技术资料。

(5) 施工现场情况、地勘水文资料、工程特点及常规施工方案。

(6) 国家或省级、行业建设主管部门颁发的计价依据和办法。

(7) 其他相关资料。

4）工程量清单的编制方法

(1) 分部分项工程量清单的编制。根据《房屋建筑与装饰工程工程量计算规范》第4.2.1条规定，分部分项工程量清单应由项目编码、项目名称、项目特征、计量单位和工程量五个部分构成。编制分部分项工程量清单时应根据工程图纸及招标文件中的相关资料，然后参照《房屋建筑与装饰工程工程量计算规范》对应附录中规定的项目编码、项目名称、项目特征、计量单位和工程量计算规则进行编制。

① 项目编码的设置。根据2013《房屋建筑与装饰工程工程量计算规范》第4.2.2条规定，分部分项工程量清单的项目编码，应采用12位阿拉伯数字表示。1～9位应按附录的规定设置，10～12位应根据拟建工程的工程量清单项目名称和项目特征设置。同一招标工程的项目编码不得有重码。

分部分项工程量清单项目编码以五级编码设置，一、二、三、四级编码为全国统一，第五级编码应根据拟建工程的工程量清单项目名称由其编制人设置，并应自001起顺序编制。第一级表示专业工程代码(分2位)：01—房屋建筑与装饰工程，02—仿古建筑工程，03—通用安装工程，04—市政工程，05—园林绿化工程，06—矿山工程，07—构筑物工程，08—城市轨道交通工程，09—爆破工程，以后进入国标的专业工程代码以此类推；第二级表示附录分类顺序码(分2位)：01—土石方工程，02—地基处理与边坡支护工程，03—桩基工程，04—砌筑工程，05—混凝土及钢筋混凝土工程，09—屋面及防水工程等；第三级表示分部工程顺序码(分 2 位):01—打桩,02—灌注桩等;第四级表示分项工程项目名称顺序码(分 3 位):001—泥浆护壁成孔灌注桩,002—沉管灌注桩,003—干作业成孔灌注桩等;第五级表示清单项目名称顺序码(分 3 位):如 001 表示混凝土强度等级为 C25 的矩形柱,002 表示混凝土强度等级为 C30 的矩形柱。各级编码代表的含义如图 10-2 所示。

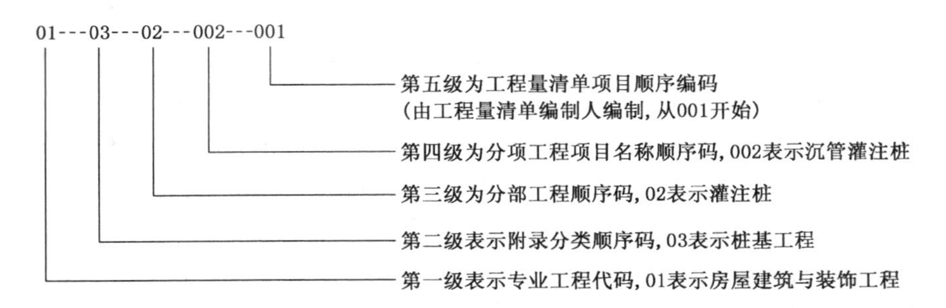

图 10-2　工程量清单项目编码设置示意图

② 项目名称的确定。分部分项工程量清单项目名称应根据 2013《房屋建筑与装饰工程工程量计算规范》附录的项目名称结合拟建工程的实际情况确定。如挖一般土方、挖沟槽土方、挖基坑土方、沉管灌注桩、砖基础等。

③ 项目特征的确定。项目特征是指构成分部分项工程项目、措施项目自身价值的本质特征。分部分项工程和单价措施项目清单的项目特征应按《房屋建筑与装饰工程工程量计算规范》附录中的项目特征,结合技术规范、标准图集、施工图纸,按照工程结构、使用采制及规格或安装位置等予以详细而准确地表述和说明,以能满足确定综合单价的需要为前提。在进行项目特征描述时,应掌握以下要点:

A. 必须描述的内容:a. 涉及正确计量的内容,如门窗洞口尺寸或框外围尺寸;b. 涉及结构要求的内容,如混凝土构件的混凝土的强度等级;c. 涉及材质要求的内容,如油漆的品种、管材的材质等;d. 涉及安装方式的内容,如管道工程中的钢管的连接方式。

B. 可不描述的内容:a. 对计量计价没有实质影响的内容,如对现浇混凝土柱高的高度、断面大小等特征可以不描述;b. 应由投标人根据施工方案确定的内容,如对石方的预裂爆破的单孔深度及装药量的特征规定;c. 应由投标人根据当地材料和施工要求确定的内容,如对混凝土构件中的混凝土拌合料使用的石子种类及粒径、砂的种类的特征规定;d. 应由施工措施解决的内容,如对现浇混凝土板、梁的标高的特征规定。

C. 可不详细描述的内容:a. 无法准确描述的内容,如土壤类别,可考虑将土壤类别描述为综合,注明由投标人根据地勘资料自行确定土壤类别,决定报价;b. 施工图纸、标准图集标注明确的,对这些项目可描述为见××图集××页号及节点大样等;c. 清单编制人在项目特征描述中应注明由投标人自定的,如土方工程中的“取土运距”、“弃土运距”等。

④ 计量单位的确定。分部分项工程量清单的计量单位应按附录中规定的计量单位确定,当计量单位有 2 个或 2 个以上时,应根据所编工程量清单项目的特征要求,选择最适宜表现该项目特征并方便计量的单位。例如,沉管灌注桩计量单位为“m”或“m^3”或“根”3 个计量单位,当项目特征描述中说明单桩长度,那么计量单位选择“根”更适宜。在同一个建设

项目(或标段、合同段)中,有多个单位工程的相同项目计量单位必须保持一致。

⑤ 工程量的计算。工程数量主要是按照设计图纸和《房屋建筑与装饰工程工程量计算规范》附录中的工程量计算规则确定的。工程量计算规则是指对清单项目工程量的计算规定,除另有说明外,所有清单项目的工程量应以实体工程为准,并以完成后的净值计算;投标人编制投标报价时,应在单价中考虑施工中的各种损耗和需要增加的工程量。

分部分项工程量清单项目工程量的有效位数应遵守下列规定:以“t”为计量单位的应保留小数点 3 位;以“m^3”、“m^2”、“m”、“kg”为计量单位的应保留小数点 2 位;以“项”、“套”、“个”、“组”等为计量单位的应取整数。

⑥ 补充项目的编制。编制工程量清单出现附录中未包括的项目,编制人应作补充,并报省级或行业工程造价管理机构备案,省级或行业工程造价管理机构应汇总报住房和城乡建设部标准定额研究所。

补充项目的编码由专业工程代码(01、02、03、04、05、06、07、08、09)与 B 和 3 位阿拉伯数字组成,并应从×B001 起顺序编制,同一招标工程的项目不得重码。工程量清单中需附有补充项目的名称、项目特征、计量单位、工程量计算规则、工程内容。

(2) 措施项目清单的编制

措施项目指为完成工程施工,发生于该工程施工准备和施工过程中的技术、安全、环境保护等方面的非工程实体项目的总称。《房屋建筑与装饰工程工程量计算规范》单价措施项目中列出了项目编码、项目名称、项目特征、计量单位、工程量计算规则的项目,编制工程量清单时,应按照规范的规定执行;总价措施项目仅列出项目编码、项目名称及工作内容和包含范围,未列出项目特征、计量单位和工程量计算规则的项目,编制工程量清单时,应按照规范附录 S 措施项目规定的项目编码、项目名称确定;若出现规范未列的项目,可根据工程实际情况补充。总价措施项目可按表 10-1 或附录中规定的项目选择列项,单价措施项目可按附录中规定的项目选择列项。若出现规范未列的项目,可根据工程实际情况补充。

表 10-1 总价措施项目一览表

序 号	项 目 名 称
1	安全文明施工(含环境保护、文明施工、安全施工、临时设施)
2	夜间施工
3	非夜间施工照明
4	二次搬运
5	冬雨季施工
6	地上、地下设施,建筑物的临时保护设施
7	已完工程及设备保护

① 措施项目清单列项要求。总价措施项目可依据表 10-1 或按《房屋建筑与装饰工程工程量计算规范》附录 S 中规定的项目和拟建工程正常施工方案、水文气象、地质资料、工期要求等工程实际情况选择列项。单价措施项目可按《房屋建筑与装饰工程工程量计算规范》

附录S中规定的项目选择列项，若出现规范未列的项目，可根据工程实际情况补充，单价措施项目见表10-2。通常情况下，招标人提供的措施项目清单是根据一般情况确定的，没有考虑不同投标人的施工装备、技术水平和不同施工方案，投标人投标时应根据自己编制的施工组织设计或施工方案确定措施项目，并对招标人提供的措施项目进行调整。因工程情况不同，出现《房屋建筑与装饰工程工程量计算规范》附录中未列的措施项目，可根据工程的具体情况对措施项目清单作补充，且补充项目的有关规定及编码的设置应按《房屋建筑与装饰工程工程量计算规范》第4.1.3条执行。投标人的投标报价一经报出，即被认为是包括了所有应该发生的措施项目的全部费用，将来措施项目发生时，投标人不得以任何借口提出索赔与调整。

表10-2 单价措施项目一览表

序号	项目名称
1	脚手架工程
2	混凝土模板及支架(撑)
3	垂直运输
4	超高施工增加
5	大型机械设备进出场及安拆
6	施工排水、降水

② 措施项目清单的编制依据。措施项目清单的编制除考虑工程本身的因素外，还涉及水文、气象、环境、安全等因素。A. 拟建工程的施工组织设计；B. 拟建工程的施工技术方案；C. 与拟建工程相关的工程施工规范和工程验收规范；D. 招标文件；E. 设计文件；F.《房屋建筑与装饰工程工程量计算规范》、《建设工程工程量清单计价规范》。

③ 措施项目清单的编制方式。一般来说，措施项目费用的发生与实际完成的实体工程量的多少关系不大，但有的非实体性项目，与完成的工程实体具有直接关系，并且是可以精确计量的项目，因此宜采用分部分项工程量清单的方式编制，列出项目编码、项目名称、项目特征、计量单位和工程量计算规则；不能计算工程量的项目清单，以项为计量单位进行编制，表中"计算基础"中安全文明施工费可为"定额基价"、"定额人工费"或"定额人工费＋定额机械费"，其他项目可为"定额人工费"或"定额人工费＋定额机械费"。按施工方案计算的措施费，若无"计算基础"和"费率"的数值，也可只填"金额"数值，但应在备注栏说明施工方案出处或计算方法。

④ 措施项目清单设置时应注意的问题。A. 参考拟建工程的施工组织设计，以确定环境保护、安全文明施工、材料的二次搬运等项目；B. 参阅施工技术方案，以确定夜间施工、大型机械设备进出场及安拆、混凝土模板与支架、脚手架、施工排水、施工降水、垂直运输机械等项目；C. 参阅相关的施工规范与工程验收规范，以确定施工技术方案没有表述，但是为了实现施工规范与工程验收规范要求而必须发生的技术措施；D. 确定招标文件中提出的某些必须通过一定的技术措施才能实现的要求；E. 确定设计文件中一些不足以写进技术方案，但是要通过一定的技术措施才能实现的内容。

(3) 其他项目清单的编制

其他项目清单是指分部分项工程量清单、措施项目清单所包含的内容以外,因招标人的特殊要求而发生的与拟建工程有关的其他费用项目和相应数量的清单。《建设工程工程量清单计价规范》第 4.4.1、4.4.6 条规定其他项目清单应根据拟建工程具体情况,宜按照“暂列金额;暂估价;计日工;总承包服务费”等内容列项。若有不足部分,编制人可根据工程的具体情况进行补充。

① 暂列金额的确定。暂列金额是由招标人的清单编制人根据工程特点,按有关计价规定预测后填写的,应详列项目名称、计量单位、暂定金额等。如不能详列,也可只列暂定金额总额,投标人应将上述暂定金额计入投标总价中。暂列金额包括在合同价内,但并不直接属承包人所有,而是由发包人暂定并掌握使用的一笔款项。

② 暂估价的确定。暂估价包括材料暂估单价、工程设备暂估单价、专业工程暂估价。材料(工程设备)暂估单价表由招标人填写,并在备注栏说明暂估价的材料拟用在哪些清单项目上,投标人应将上述材料暂估单价计入相应的工程量清单项目综合单价报价中。以“项”为计量单位给出的专业工程暂估价一般应是综合暂估价,应当包括除规费、税金以外的管理费、利润等。

③ 计日工的确定。计日工的项目名称、数量按完成发包人发出的计日工指令的数量确定;编制招标控制价时,单价由招标人按有关计价规定确定;编制投标报价时,单价由投标人自主报价。所以,计日工是以完成零星工作所消耗的人工、材料、机械台班数量进行计量,并按照计日工表中填报的适用项目的综合单价进行计价支付。

④ 总承包服务费的确定。总承包服务费分“发包人发包专业工程”和“发包人供应材料、采购工程设备”两部分,如需总承包方履行合同中约定的相关总包管理责任,这时总包单位要协调与分包单位的工作连接,可按约定计取总承包服务费。

(4) 规费、税金项目清单的编制

规费项目清单应按照下列内容列项:工程排污费;社会保险费,包括养老保险费、失业保险费、医疗保险费、生育保险费、工伤保险;住房公积金。出现未包含在上述规范中的项目,应根据省级政府或省级有关权力部门的规定列项。

税金项目清单应包括营业税、城市建设维护税、教育费附加及地方教育附加,由承包人负责缴纳。如国家税法发生变化或地方政府及税务部门依据职权对税种进行了调整,应对税金项目清单进行相应调整。

提示:《建设工程工程量清单计价规范》对工程量清单规定了统一的格式,分部分项工程量清单、措施项目清单、其他项目清单、规费和税金项目清单的表格以及与之对应的计价表格合并在一起,所以工程量清单格式见工程量清单计价格式中对应部分的内容。

10.1.3 工程量清单计价格式

1) 工程量清单项目费用确定

工程量清单计价的过程就是工程量清单项目费用的确定,采用工程量清单计价,建设工程造价由分部分项工程费、措施项目费、其他项目费、规费和税金组成。工程量清单计价采用综合单价计价。

(1) 分部分项工程费

$$分部分项工程费 = \sum 分部分项工程量 \times 相应分部分项清单综合单价 \quad (10\text{-}1)$$

其中 $清单综合单价 = 清单项目人、材、机费 + 管理费 + 利润 + 风险费 \quad (10\text{-}2)$

或 $清单综合单价 = \sum (定额工程量 \times 定额综合单价) \div 清单工程量 \quad (10\text{-}3)$

(2) 措施项目费

$$措施项目费 = \sum 各措施项目费 \quad (10\text{-}4)$$

(3) 其他项目费

$$其他项目费 = 暂列金额 + 暂估价 + 计日工 + 总承包服务费 \quad (10\text{-}5)$$

其中,招标人可根据工程的复杂程度、设计深度、工程环境条件等进行暂列金额的估算,暂列金额一般不宜超过分部分项工程费的 10%;暂估价由招标方在招标文件中给出,投标方照实计入;计日工费中的数量由招标方提供,单价由投标人自主报价;总承包服务费可按约定计取,通常是按:①招标人仅要求对分包的专业工程进行总承包管理和协调,按分包的专业工程估算造价的 1.5%(江苏省按 1%计)计算;②招标人要求对分包的专业工程进行总承包管理和协调,并同时要求提供配合服务时,根据招标文件列出的配合服务内容和提出的要求,按分包的专业工程估算造价的 3%~5%(江苏省按 2%~3%计)计算;③招标人自行供应材料的,按招标人供应材料价值的 1%计算。

(4) 规费

$$规费 = (分部分项工程费 + 措施项目费 + 其他项目费) \times 规费费率 \quad (10\text{-}6)$$

(5) 税金

$$税金 = 营业税 + 城乡建设维护税 + 教育费附加 + 地方教育附加 \quad (10\text{-}7)$$

(6) 单位工程报价

$$单位工程报价 = 分部分项工程费 + 措施项目费 + 其他项目费 + 规费 + 税金 \quad (10\text{-}8)$$

(7) 单项工程报价

$$单项工程报价 = \sum 单位工程报价 \quad (10\text{-}9)$$

(8) 建设项目总报价

$$建设项目总报价 = \sum 单项工程报价 \quad (10\text{-}10)$$

公式中综合单价指完成一个规定清单项目所需的人工费、材料和工程设备费、施工机具使用费和企业管理费与利润,以及一定范围内的风险费用。

2) 工程量清单计价格式内容组成

工程量清单计价模式下,主要有以下计价表格:

(1) 封面

工程计价文件封面包括招标工程清单封面、招标控制价封面、投标总价封面、竣工结算书封面和工程造价鉴定意见书封面，封面内容涉及工程名称、招标人、投标人、造价咨询人等签字、盖章。

(2) 扉页

扉页应按规定的内容填写、签字、盖章，除承包人自行编制的投标报价和竣工结算外，受委托编制的招标控制价、投标报价、竣工结算若为造价员编制的，应有负责审核的造价工程师签字、盖章以及工程造价咨询人盖章。扉页主要包括工程量清单扉页（见表 10-3）、招标控制价扉页（见表 10-4）、投标总价扉页（见表 10-5）、竣工结算总价扉页、工程造价鉴定意见书扉页。

表 10-3　招标工程量清单扉页

______________工程	
工程量清单	
招标人：__________ （单位盖章）	工程造价咨询人：__________ （单位资质专用章）
法定代表人 或其授权人：__________ （签字或盖章）	法定代表人 或其授权人：__________ （签字或盖章）
编制人：__________ （造价人员签字盖专用章） 编制时间：　年　月　日	复核人：__________ （造价工程师签字盖专用章） 复核时间：　年　月　日

表 10-4　招标控制价扉页

______________工程	
招标控制价	
招标控制价（小写）：______________________________	
（大写）：______________________________	
招标人：__________ （单位盖章）	工程造价咨询人：__________ （单位资质专用章）
法定代表人 或其授权人：__________ （签字或盖章）	法定代表人 或其授权人：__________ （签字或盖章）
编制人：__________ （造价人员签字盖专用章） 编制时间：　年　月　日	复核人：__________ （造价工程师签字盖专用章） 复核时间：　年　月　日

表 10-5　投标总价扉页

投标总价
招 标 人：______________________
工程名称：______________________
投标总价（小写）：______________________
（大写）：______________________
投标人：______________________
（单位盖章）
法定代表人
或其授权人：______________________
（签字或盖章）
编制人：______________________
（造价人员签字盖专用章）
编制时间：　年　月　日

（3）总说明

总说明按下列内容填写：

① 工程概况：工程的结构、建设规模、工程特征、计划工期、合同工期、施工现场实际情况、自然地理条件、环境保护要求等。

② 工程招标和分包范围。

③ 编制依据。

④ 工程质量、材料、施工等的特殊要求。

⑤ 其他需要说明的问题，如材料暂估价、专业工程暂估价的说明。

（4）汇总表

① 建设项目招标控制价（投标报价）汇总表（见表 10-6）。

表 10-6　建设项目招标控制价（投标报价）汇总表

工程名称：　　　　　　　　　　第　　页　共　　页

序号	单项工程名称	金额（元）	其中		
			暂估价（元）	安全文明施工费（元）	规费（元）
合计					

注：本表适用于建设项目招标控制价或投标报价的汇总。

② 单项工程招标控制价（投标报价）汇总表（见表 10-7）。

表 10-7 单项工程招标控制价(投标报价)汇总表

工程名称： 第 页 共 页

序号	单项工程名称	金额(元)	其 中		
			暂估价(元)	安全文明施工费(元)	规费(元)
合 计					

注:本表适用于单项工程招标控制价或投标报价的汇总。暂估价包括分部分项工程中的暂估价和专业工程暂估价。

③ 单位工程招标控制价(投标报价)汇总表(见表 10-8)。

表 10-8 单位工程招标控制价(投标报价)汇总表

工程名称： 第 页 共 页

序号	汇总内容	金额(元)	其中:暂估价(元)
1	分部分项工程费		
2	措施项目费		
2.1	其中:安全文明施工费		
3	其他项目费		
3.1	其中:暂列金额		
3.2	其中:专业工程暂估价		
3.3	其中:计日工		
3.4	其中:总承包服务费		
4	规费		
5	税金		
招标控制价合计＝1＋2＋3＋4＋5			

注:本表适用于单位工程招标控制价或投标报价的汇总。如无单位工程划分,单项工程也使用本表汇总。

④ 建设项目竣工结算汇总表。

⑤ 单项工程竣工结算汇总表。

⑥ 单位工程竣工结算汇总表。

(5) 分部分项工程和措施项目计价表

① 分部分项工程和单价措施项目清单与计价表(见表 10-9)。

② 综合单价分析表(见表 10-10)。

③ 综合单价调整表(见表 10-11)。

④ 总价措施项目清单与计价表(见表 10-12)。

表 10-9 分部分项工程和单价措施项目清单与计价表

工程名称： 标段： 第 页 共 页

序号	项目编码	项目名称	项目特征描述	计量单位	工程量	金额(元)		
						综合单价	合价	其中:暂估价
本页小计								
合 计								

注:为计取规费等的使用,可在表中增设其中:“定额人工费”。

表 10-10　综合单价分析表

工程名称：　　　　　　　　　　　　　　　标段：　　　　　　　　　　　　　　　第　　页　共　　页

项目编码				项目名称				计量单位		工程量	
清单综合单价组成明细											
定额编号	定额项目名称	定额单位	数量	单价(元)				合价(元)			
				人工费	材料费	机械费	管理费和利润	人工费	材料费	机械费	管理费和利润
人工单价		小　计									
元/工日		未计价材料费									
清单项目综合单价											
材料费明细	主要材料名称、规格、型号					单位	数量	单价(元)	合价(元)	暂估单价(元)	暂估合价(元)
	其他材料费							—		—	
	材料费小计							—		—	

注：(1) 如不使用省级或行业建设主管部门发布的计价依据，可不填定额项目、编号等。
　　(2) 招标文件提供了暂估单价的材料，按暂估的单价填入表内“暂估单价”栏及“暂估合价”栏。

表 10-11　综合单价调整表

工程名称：　　　　　　　　　　　　　　　标段：　　　　　　　　　　　　　　　第　　页　共　　页

序号	项目编码	项目名称	已标价清单综合单价(元)					调整后综合单价(元)				
			综合单价	其　中				综合单价	其　中			
				人工费	材料费	机械费	管理费和利润		人工费	材料费	机械费	管理费和利润
造价工程师(签章)：　发包人代表(签章)： 日期：								造价人员(签章)：　承包人代表(签章)： 日期：				

表 10-12　总价措施项目清单与计价表

工程名称：　　　　　　　　　　　　　　　标段：　　　　　　　　　　　　　　　第　　页　共　　页

序号	项目编码	项目名称	计算基础	费率(%)	金额(元)	调整费率(%)	调整后金额(元)	备注
		安全文明施工费						
		夜间施工增加费						
		二次搬运费						
		冬雨季施工增加费						

续表 10-12

序号	项目编码	项目名称	计算基础	费率(%)	金额(元)	调整费率(%)	调整后金额(元)	备注
		已完工程及设备保护费						
		合　计						

编制人(造价人员)：　　　　　　　　　　　　复核人(造价工程师)：

注：(1) "计算基础"中安全文明施工费可为"定额基价"、"定额人工费"或"定额人工费＋定额机械费"，其他项目可为"定额人工费"或"定额人工费＋定额机械费"。

(2) 按施工方案计算的措施费，若无"计算基础"和"费率"的数值，也可只填"金额"数值，但应在备注栏说明施工方案出处或计算方法。

(6) 其他项目清单表

① 其他项目清单与计价汇总表(见表 10-13)。

表 10-13　其他项目清单与计价汇总表

工程名称：　　　　　　　　　　标段：　　　　　　　　　　第　页共　页

序　号	项目名称	金额(元)	结算金额(元)	备　注
1	暂列金额			
2	暂估价			
2.1	材料(工程设备)暂估价/结算价	—		
2.2	专业工程暂估价/结算价			
3	计日工			
4	总承包服务费			
5	索赔与现场签证	—		
	合　计			—

注：材料(工程设备)暂估价进入清单项目综合单价，此处不汇总。

② 暂列金额明细表。

③ 材料(工程设备)暂估单价及调整表。

④ 专业工程暂估价及结算价表。

⑤ 计日工表。

⑥ 总承包服务费计价表。

⑦ 索赔与现场签证计价汇总表。

⑧ 费用索赔申请(核准)表。

⑨ 现场签证表。

(7) 规费、税金项目清单与计价表(见表 10-14)

(8) 工程款支付申请(核准)表、合同价款支付申请(核准)表、主要材料、工程设备一览表等

表 10-14 规费、税金项目清单与计价表

工程名称： 标段： 第 页 共 页

序号	项目名称	计算基础	费率(%)	金额(元)
1	规费	定额人工费		
1.1	社会保险费	定额人工费		
(1)	养老保险费	定额人工费		
(2)	失业保险费	定额人工费		
(3)	医疗保险费	定额人工费		
(4)	工伤保险	定额人工费		
(5)	生育保险费	定额人工费		
1.2	住房公积金	定额人工费		
1.3	工程排污费	按工程所在地环境保护部门收取标准,按实计入		
2	税金	分部分项工程费+措施项目费+其他项目费+规费-按规定不计税的工程设备金额		
合　计				

编制人(造价人员)： 复核人(造价工程师)：

10.2 建筑与装饰工程计量与计价

10.2.1 土(石)方工程

本部分共分 3 节 13 个项目,包括土方工程、石方工程和回填。适用于建筑物和构筑物的土石方开挖及回填工程。

工程量清单的工程量,按《房屋建筑与装饰工程工程量计算规范》规定“是拟建工程分项工程的实体数量”。

1）土方工程 010101

010101001,平整场地。项目特征:(1)土壤类别;(2)弃土运距;(3)取土运距。计量单位为“m^2”。工程量计算规则:按设计图示尺寸以建筑物首层建筑面积计算。工作内容包括:(1)土方挖填;(2)场地找平;(3)运输。

010101002,挖一般土方。项目特征:(1)土壤类别;(2)挖土深度;(3)取土运距。计量单位为“m^3”。工程量计算规则:按设计图示尺寸以体积计算。工作内容包括:(1)排地表水;(2)土方开挖;(3)围护(挡土板)及拆除;(4)基底钎探;(5)运输。

010101003,挖沟槽土方;010101004,挖基坑土方。项目特征:(1)土壤类别;(2)挖土深度;(3)取土运距。计量单位为“m^3”。工程量计算规则:按设计图示尺寸以基础垫层底面积

乘以挖土深度计算。工作内容:(1)排地表水;(2)土方开挖;(3)围护(挡土板)及拆除;(4)基底钎探;(5)运输。

010101005,冻土开挖。项目特征:(1)冻土厚度;(2)弃土运距。计量单位为“m^3”。工程量计算规则:按设计图示尺寸开挖面积乘厚度以体积计算。工程内容:(1)爆破;(2)开挖;(3)清理;(4)运输。

010101006,挖淤泥、流砂。项目特征:(1)挖掘深度;(2)弃淤泥、流砂距离。计量单位为“m^3”。工程量计算规则:按设计图示位置、界限以体积计算。工作内容:(1)开挖;(2)运输。

010101007,管沟土方。项目特征:(1)土壤类别;(2)管外径;(3)挖沟深度;(4)回填要求。计量单位为“m”或“m^3”。工程量计算规则:(1)以“m”计量,按设计图示以管道中心线长度计算。(2)以“m^3”计量,按设计图示管底垫层面积乘以挖土深度计算;无管底垫层按管外径的水平投影面积乘以挖土深度计算,不扣除各类井的长度,井的土方并入。工作内容:(1)排地表水;(2)土方开挖;(3)围护(挡土板)、支撑;(4)运输;(5)回填。

2) *石方工程 010102*

010102001,挖一般石方。项目特征:(1)岩土类别;(2)开凿深度;(3)弃碴运距。计量单位为“m^3”。工程量计算规则:按设计图示尺寸以体积计算。工作内容:(1)排地表水;(2)凿石;(3)运输。

010102002,挖沟槽石方。项目特征:(1)岩土类别;(2)开凿深度;(3)弃碴运距。计量单位为“m^3”。工程量计算规则:按设计图示尺寸沟槽底面积乘以挖石深度以体积计算。工作内容:(1)排地表水;(2)凿石;(3)运输。

010102003,挖基坑石方。项目特征:(1)岩土类别;(2)开凿深度;(3)弃碴运距。计量单位为“m^3”。工程量计算规则:按设计图示尺寸基坑底面积乘以挖石深度以体积计算。工作内容:(1)排地表水;(2)凿石;(3)运输。

010102004,挖管沟石方。项目特征:(1)岩石类别;(2)管外径;(3)挖沟深度。计量单位为“m”或“m^3”。工程量计算规则:(1)以“m”计量,按设计图示以管道中心线长度计算;(2)以“m^3”计量,按设计图示截面积乘以长度计算。工作内容:(1)排地表水;(2)凿石;(3)回填;(4)运输。

3) *回填 010103*

010103001,回填方。项目特征:(1)密实度要求;(2)填方材料品种;(3)填方粒径要求;(4)填方来源、运距。计量单位为“m^3”。工程量计算规则:按设计图示尺寸以体积计算。(1)场地回填:回填面积乘平均回填厚度;(2)室内回填:主墙间面积乘回填厚度,不扣除间隔墙。(3)基础回填:按挖方体积减去自然地坪以下埋设的基础体积(包括基础垫层及其他构筑物)。工作内容:(1)运输;(2)回填;(3)压实。

010103002,余方弃置。项目特征:(1)废弃料品种;(2)运距。计量单位为“m^3”。工程量计算规则:按挖方清单项目工程量减利用回填方体积(正数)计算。工作内容:余方点装料运输至弃置点。

4) *应用案例*

【例 10-1】 某三类建筑工程人工开挖基坑土方项目,基础垫层尺寸(每边比基础宽100 mm)2 m×4 m,挖土深度 2 m,三类干土,双轮车弃土距离 100 m,弃土量为挖土量的60%,共 20 个基坑。计算该分部分项工程量清单。

【解】 (1) 确定项目编码和计量单位

套《房屋建筑与装饰工程工程量计算规范》项目编码为 010101004001 和 010103002001，取计量单位为 m^3。

(2) 按《房屋建筑与装饰工程工程量计算规范》规定计算工程量

$$挖基坑土方 V = 2\ m \times 4\ m \times 2\ m \times 20\ 个 = 320\ m^3$$

$$余方弃置 V = 弃土量为挖土量的 60\% = 320 \times 60\% = 192\ m^3$$

清单格式见表 10-15。

表 10-15　清单格式

序号	项目编码	项目名称	项目特征	计量单位	工程数量
1	010101004001	挖基坑土方	1. 土壤类别：三类干土 2. 挖土深度：2 m 3. 弃土距离：100 m	m^3	320
2	010103002001	余方弃置	1. 废弃料品种：三类干土 2. 运距：100 m	m^3	192

(3) 按江苏省计价定额计算工程量

1-60　挖三类干土，深度 3 m 以内

基坑挖深 2 m，三类干土，因此需要放坡，放坡系数 1∶0.33。

由于无具体图纸，施工工作面暂时按混凝土基础、工作面 300 mm 计算，从基础边开始留设。

因此：基坑下口面积 $F_1 = (2 + 0.2 \times 2) \times (4 + 0.2 \times 2) = 2.4 \times 4.4 = 10.56\ m^2$

基坑上口面积 $F_2 = (2.4 + 2 \times 0.33 \times 2) \times (4.4 + 2 \times 0.33 \times 2) = 3.72 \times 5.72 = 21.28\ m^2$

基坑中部面积 $F_0 = (2.4 + 0.33 \times 2) \times (4.4 + 0.33 \times 2) = 3.06 \times 5.06 = 15.48\ m^2$

$$V = \frac{H}{6} \times (F_1 + 4F_0 + F_2) = 31.25\ m^3$$

$$总挖土量 = 31.25 \times 20\ 个 = 625.00\ m^3$$

1-92+1-95　　单(双)轮车运输 100 m

$$运土量 V = 625.00 \times 60\% = 375.00\ m^3$$

(4) 套价、组价

1-60　挖三类干土，深度 3 m 以内　综合单价：62.24 元/m^3

$$010101004001 \quad 清单综合单价 = \frac{\sum 定额工程量 \times 定额单价}{清单工程量} = \frac{625.00 \times 62.24}{320} = 121.56\ 元/m^3$$

1-92+1-95　单(双)轮车运输 100 m　综合单价:24.27 元/m^3

$$010103002001\quad 清单综合单价 = \frac{375.00 \times 24.27}{192} = 47.40\ 元/m^3$$

【例 10-2】 计算图 9-24 土方工程清单工程量和定额工程量(依据江苏省 2014《建筑与装饰工程计价定额》计算),并算出清单综合单价。已知土壤为三类干土,就地堆放土方为总挖土方量的 60%,其余运走,双轮车弃土距离 50 m。

【解】 (1)清单工程量

010101001001　平整场地　工程量:$S = (12.6 + 0.24) \times (9 + 0.24) = 118.64\ m^2$

010101003001　挖沟槽土方　垫层长:$L = L_中 + L_净 = 43.20 + 13.20 = 56.4\ m$

垫层宽:0.8 m,挖土深:1.05 m

$V = 56.4 \times 0.8 \times 1.05 = 47.38\ m^3$

010101004001　挖基坑土方　垫层长:1.4 m,垫层宽:1.4 m,挖土深度:1.05 m

$V = 1.4 \times 1.4 \times 1.05 = 2.06\ m^3$

010103002001　余方弃置　$V =$ 总挖土方量的 40% $= (47.38 + 2.06) \times 40\%$

$= 49.44 \times 40\% = 19.78\ m^3$

清单格式见表 10-16。

表 10-16　清单格式

序号	项目编码	项目名称	项目特征	计量单位	工程数量
1	010101001001	平整场地	1. 土壤类别:三类干土 2. 弃土距离:50 m	m^2	118.64
2	010101003001	挖沟槽土方	1. 土壤类别:三类干土 2. 挖土深度:1.05 m 3. 弃土距离:50 m	m^3	47.38
3	010101004001	挖基坑土方	1. 土壤类别:三类干土 2. 挖土深度:1.05 m 3. 弃土距离:50 m	m^3	2.06
4	010103002001	余方弃置	1. 废弃料品种:三类干土 2. 运距:50 m	m^3	19.78

(2) 定额工程量(依据江苏省 2014《建筑与装饰工程计价定额》计算)

1-98　人工平整场地　$S = (12.6 + 0.24 + 4) \times (9 + 0.24 + 4) = 222.96\ m^2$

1-27　人工挖地槽(三类干土,深 1.5 m 以内)

$V_{基槽} = 63.50 + 19.40 = 82.90\ m^3$ (计算过程详见例 9-3)

1-59　人工挖地坑(三类干土,深 1.5 m 以内)

$V_坑 = (0.6 + 0.6 + 0.3 + 0.3) \times (0.6 + 0.6 + 0.3 + 0.3) \times 1.05$

$= 3.40\ m^3$ (计算过程详见例 9-3)

1-92　单(双)轮车运输　$V_{基槽} = (82.90 + 3.40) \times 40\% = 34.52\ m^3$

(3) 组价,详见表 10-17

表 10-17 清单综合单价计算

序号	项目编号	项目名称	计量单位	工程量	综合单价(元)	合计(元)
1	010101001001	平整场地	m^2	118.64	113.00	13 406.58
	1-98	人工平整场地	m^2	222.96	60.13	13 406.58
2	010101003001	挖沟槽土方	m^3	47.38	82.90	3 935.26
	1-27	人工挖地槽(三类干土,深1.5 m以内)	m^3	82.90	47.47	3 935.26
3	010101004001	挖基坑土方	m^3	2.06	88.80	182.92
	1-59	人工挖地坑(三类干土,深1.5 m以内)	m^3	3.40	53.80	182.92
4	010103002001	余方弃置	m^3	19.78	34.52	692.13
	1-92	单(双)轮车运输	m^3	34.52	20.05	692.13

10.2.2 地基处理与边坡支护工程

本部分共2节28个项目,包括地基处理、基坑与边坡支护。

1) 地基处理 010201

010201001,换填垫层。项目特征:(1)材料种类及配比;(2)压实系数;(3)掺加剂品种。计量单位为“m^3”。工程量计算规则:按设计图示尺寸以体积计算。工作内容:(1)分层铺填;(2)碾压、振密或夯实;(3)材料运输。

010201002,铺设土工合成材料。项目特征:(1)部位;(2)品种;(3)规格。计量单位为“m^2”。工程量计算规则:按设计图示尺寸以面积计算。工作内容:(1)挖填锚固沟;(2)铺设;(3)固定;(4)运输。

010201003,预压地基。项目特征:(1)排水竖井种类、断面尺寸、排列方式、间距、深度;(2)预压方法;(3)预压荷载、时间;(4)砂垫层厚度。计量单位为“m^2”。工程量计算规则:按设计图示处理范围以面积计算。工作内容:(1)设置排水竖井、盲沟、滤水管;(2)铺设砂垫层、密封膜;(3)堆载、卸载或抽气设备安拆、抽真空;(4)材料运输。

010201004,强夯地基。项目特征:(1)夯击能量;(2)夯击遍数;(3)夯击点布置形式、间距;(4)地耐力要求;(5)夯填材料种类。计量单位为“m^2”。工程量计算规则:按设计图示处理范围以面积计算。工作内容:(1)铺设夯填材料;(2)强夯;(3)夯填材料运输。

010201005,振冲密实(不填料)。项目特征:(1)地层情况;(2)振密深度;(3)孔距。计量单位为“m^2”。工程量计算规则:按设计图示处理范围以面积计算。工作内容:(1)振冲加密;(2)泥浆运输。

010201006,振冲桩(填料)。项目特征:(1)地层情况;(2)空桩长度、桩长;(3)桩径;(4)填充材料种类。计量单位为“m”或“m^3”。工程量计算规则:(1)以“m”计量,按设计图示尺寸以桩长计算;(2)以“m^3”计量,按设计桩截面乘以桩长以体积计算。工作内容:(1)振冲成孔、填料、振实;(2)材料运输;(3)泥浆运输。

010201007,砂石桩。项目特征:(1)地层情况;(2)空桩长度、桩长;(3)桩径;(4)成孔方法;(5)材料种类、级配。计量单位为“m”或“m^3”。工程量计算规则:(1)以“m”计量,按设计图示尺寸以桩长(包括桩尖)计算;(2)以“m^3”计量,按设计桩截面积乘以桩长(包括桩尖)以体积计算。工作内容:(1)成孔;(2)填充、振实;(3)材料运输。

010201008,水泥粉煤灰碎石桩。项目特征:(1)地层情况;(2)空桩长度、桩长;(3)桩径;(4)成孔方法;(5)混合料强度等级。计量单位为“m”。工程量计算规则:按设计图示尺寸以桩长(包括桩尖)计算。工作内容:(1)成孔;(2)混合料制作、灌注、养护;(3)材料运输。

010201009,深层搅拌桩。项目特征:(1)地层情况;(2)空桩长度、桩长;(3)桩截面尺寸;(4)水泥强度等级、掺量。计量单位为“m”。工程量计算规则:按设计图示尺寸以桩长计算。工作内容:(1)预搅下钻、水泥浆制作、喷浆搅拌提升成桩;(2)材料运输。

010201010,粉喷桩。项目特征:(1)地层情况;(2)空桩长度、桩长;(3)桩径;(4)粉体种类、掺量;(5)水泥强度等级、石灰粉要求。计量单位为“m”。工程量计算规则:按设计图示尺寸以桩长计算。工作内容:(1)预搅下钻、喷粉搅拌提升成桩;(2)材料运输。

010201011,夯实水泥土桩。项目特征:(1)地层情况;(2)空桩长度、桩长;(3)桩径;(4)成孔方法;(5)水泥强度等级;(6)混合料配比。计量单位为“m”。工程量计算规则:按设计图示尺寸以桩长(包括桩尖)计算。工作内容:(1)成孔、夯底;(2)水泥土拌和、填料、夯实;(3)材料运输。

010201012,高压喷射注浆桩。项目特征:(1)地层情况;(2)空桩长度、桩长;(3)桩截面;(4)注浆类型、方法;(5)水泥强度等级。计量单位为“m”。工程量计算规则:按设计图示尺寸以桩长计算。工作内容:(1)成孔;(2)水泥浆制作、高压喷射注浆;(3)材料运输。

010201013,石灰桩。项目特征:(1)地层情况;(2)空桩长度、桩长;(3)桩径;(4)成孔方法;(5)掺和料种类、配合比。计量单位为“m”。工程量计算规则:按设计图示尺寸以桩长(包括桩尖)计算。工作内容:(1)成孔;(2)混合料制作、运输、夯填。

010201014,灰土(土)挤密桩。项目特征:(1)地层情况;(2)空桩长度、桩长;(3)桩径;(4)成孔方法;(5)灰土级配。计量单位为“m”。工程量计算规则:按设计图示尺寸以桩长(包括桩尖)计算。工作内容:(1)成孔;(2)灰土拌和、运输、填充、夯实。

010201015,柱锤冲扩桩。项目特征:(1)地层情况;(2)空桩长度、桩长;(3)桩径;(4)成孔方法;(5)桩体材料种类、配合比。计量单位为“m”。工程量计算规则:按设计图示尺寸以桩长计算。工作内容:(1)安拔套管;(2)冲孔、填料、夯实;(3)桩体材料制作、运输。

010201016,注浆地基。项目特征:(1)地层情况;(2)空钻深度、注浆深度;(3)注浆间距;(4)浆液种类及配比;(5)注浆方法;(6)水泥强度等级。计量单位为“m”或“m^3”。工程量计算规则:(1)以“m”计量,按设计图示尺寸以钻孔深度计算;(2)以“m^3”计量,按设计图示尺寸以加固体积计算。工作内容:(1)成孔;(2)注浆导管制作、安装;(3)浆液制作、压浆;(4)材料运输。

010201017,褥垫层。项目特征:(1)厚度;(2)材料品种及比例。计量单位为“m^2”或“m^3”。工程量计算规则:(1)以“m^2”计量,按设计图示尺寸以铺设面积计算;(2)以“m^3”计量,按设计图示尺寸以体积计算。工作内容:材料拌和、运输、铺设、压实。

2) 基坑与边坡支护 010202

010202001,地下连续墙。项目特征:(1)地层情况;(2)导墙类型、截面;(3)墙体厚度;(4)成槽深度;(5)混凝土种类、强度等级;(6)接头形式。计量单位为“m^3”。工程量计算规则:按设计图示墙中心线长乘以厚度乘以槽深以体积计算。工作内容:(1)导墙挖填、制作、安装、拆除;(2)挖土成槽、固壁、清底置换;(3)混凝土制作、运输、灌注、养护;(4)接头处理;(5)土方、废泥浆外运;(6)打桩场地硬化及泥浆池、泥浆沟。

010202002,咬合灌注桩。项目特征:(1)地层情况;(2)桩长;(3)桩径;(4)混凝土种类、强度等级;(5)部位。计量单位为"m"或"根"。工程量计算规则:(1)以"m"计量,按设计图示尺寸以桩长计算;(2)以"根"计量,按设计图示数量计算。工作内容:(1)成孔、固壁;(2)混凝土制作、运输、灌注、养护;(3)套管压拔;(4)土方、废泥浆外运;(5)打桩场地硬化及泥浆池、泥浆沟。

010202003,圆木桩。项目特征:(1)地层情况;(2)桩长;(3)材质;(4)尾径;(5)桩倾斜度。计量单位为"m"或"根"。工程量计算规则:(1)以"m"计量,按设计图示尺寸以桩长(包括桩尖)计算;(2)以"根"计量,按设计图示数量计算。工作内容:(1)工作平台搭拆;(2)桩机移位;(3)桩靴安装;(4)沉桩。

010202004,预制钢筋混凝土板桩。项目特征:(1)地层情况;(2)送桩深度、桩长;(3)桩截面;(4)沉桩方法;(5)连接方式;(6)混凝土强度等级。计量单位为"m"或"根"。工程量计算规则:(1)以"m"计量,按设计图示尺寸以桩长(包括桩尖)计算;(2)以"根"计量,按设计图示数量计算。工作内容:(1)工作平台搭拆;(2)桩机移位;(3)桩靴安装;(4)沉桩。

010202005,型钢桩。项目特征:(1)地层情况或部位;(2)送桩深度、桩长;(3)规格型号;(4)桩倾斜度;(5)防护材料种类;(6)是否拔出。计量单位为"t"或"根"。工程量计算规则:(1)以"t"计量,按设计图示尺寸以质量计算;(2)以"根"计量,按设计图示数量计算。工作内容:(1)工作平台搭拆;(2)桩机竖拆、移位;(3)打(拔)桩;(4)接桩;(5)刷防护材料。

010202006,钢板桩。项目特征:(1)地层情况;(2)桩长;(3)板桩厚度。计量单位为"t"或"m^2"。工程量计算规则:(1)以"t"计量,按设计图示尺寸以质量计算;(2)以"m^2"计量,按设计图示墙中心线长乘以桩长以面积计算。工作内容:(1)工作平台搭拆;(2)桩机移位;(3)打拔钢板桩。

010202007,锚杆(锚索)。项目特征:(1)地层情况;(2)锚杆(索)类型、部位;(3)钻孔深度;(4)钻孔直径;(5)杆体材料品种、规格、数量;(6)预应力;(7)浆液种类、强度等级。计量单位为"m"或"根"。工程量计算规则:(1)以"m"计量,按设计图示尺寸以钻孔深度计算;(2)以"根"计量,按设计图示数量计算。工作内容:(1)钻孔、浆液制作、运输、压浆;(2)锚杆(锚索)制作、安装;(3)张拉锚固;(4)锚杆(锚索)施工平台搭设、拆除。

010202008,土钉。项目特征:(1)地层情况;(2)钻孔深度;(3)钻孔直径;(4)置入方法;(5)杆体材料品种、规格、数量;(6)浆液种类、强度等级。计量单位为"m"或"根"。工程量计算规则:(1)以"m"计量,按设计图示尺寸以钻孔深度计算;(2)以"根"计量,按设计图示数量计算。工作内容:(1)钻孔、浆液制作、运输、压浆;(2)土钉制作、安装;(3)土钉施工平台搭设、拆除。

010202009,喷射混凝土、水泥砂浆。项目特征:(1)部位;(2)厚度;(3)材料种类;(4)混凝土(砂浆)类别、强度等级。计量单位为"m^2"。工程量计算规则:按设计图示尺寸以面积计算。工作内容:(1)修整边坡;(2)混凝土(砂浆)制作、运输、喷射、养护;(3)钻排水孔、安装排水管;(4)喷射施工平台搭设、拆除。

010202010,钢筋混凝土支撑。项目特征:(1)部位;(2)混凝土种类;(3)混凝土强度等级。计量单位为“m^3”。工程量计算规则:按设计图示尺寸以体积计算。工作内容:(1)模板(支架或支撑)制作、安装、拆除、堆放、运输及清理模内杂物、刷隔离剂等;(2)混凝土制作、运输、浇筑、振捣、养护。

010202011,钢支撑。项目特征:(1)部位;(2)钢材品种、规格;(3)探伤要求。计量单位为“t”。工程量计算规则:按设计图示尺寸以质量计算。不扣除孔眼质量,焊条、铆钉、螺栓等不另增加质量。工作内容:(1)支撑、铁件制作(摊销、租赁);(2)支撑、铁件安装;(3)探伤;(4)刷漆;(5)拆除;(6)运输。

10.2.3 桩基工程

本部分共 2 节 11 个项目,包括打桩与灌注桩。

1) 打桩 010301

010301001,预制钢筋混凝土方桩。项目特征:(1)地层情况;(2)送桩深度、桩长;(3)桩截面;(4)桩倾斜度;(5)沉桩方法;(6)接桩方式;(7)混凝土强度等级。计量单位为“m”或“m^3”或“根”。工程量计算规则:(1)以“m”计量,按设计图示尺寸以桩长(包括桩尖)计算;(2)以“m^3”计量,按设计图示截面积乘以桩长(包括桩尖)以实体积计算;(3)以“根”计量,按设计图示数量计算。工作内容:(1)工作平台搭拆;(2)桩机竖拆、移位;(3)沉桩;(4)接桩;(5)送桩。

010301002,预制钢筋混凝土管桩。项目特征:(1)地层情况;(2)送桩深度、桩长;(3)桩外径、壁厚;(4)桩倾斜度;(5)沉桩方法;(6)桩尖类型;(7)混凝土强度等级;(8)填充材料种类;(9)防护材料种类。计量单位为“m”或“根”。工程量计算规则:(1)以“m”计量,按设计图示尺寸以桩长(包括桩尖)计算;(2)以“m^3”计量,按设计图示截面积乘以桩长(包括桩尖)以实体积计算;(3)以“根”计量,按设计图示数量计算。工作内容:(1)工作平台搭拆;(2)桩机竖拆、移位;(3)沉桩;(4)接桩;(5)送桩;(6)桩尖制作安装;(7)填充材料、刷防护材料。

010301003,钢管桩。项目特征:(1)地层情况;(2)送桩深度、桩长;(3)材质;(4)管径、壁厚;(5)桩倾斜度;(6)沉桩方法;(7)填充材料种类;(8)防护材料种类。计量单位为“t”或“根”。工程量计算规则:(1)以“t”计量,按设计图示尺寸以质量计算;(2)以“根”计量,按设计图示数量计算。工作内容:(1)工作平台搭拆;(2)桩机竖拆、移位;(3)沉桩;(4)接桩;(5)送桩;(6)切割钢管、精割盖帽;(7)管内取土;(8)填充材料、刷防护材料。

010301004,截(凿)桩头。项目特征:(1)桩类型;(2)桩头截面、高度;(3)混凝土强度等级;(4)有无钢筋。计量单位为“m^3”或“根”。工程量计算规则:(1)以“m^3”计量,按设计桩截面乘以桩头长度以体积计算;(2)以“根”计量,按设计图示数量计算。工作内容:(1)截(切割)桩头;(2)凿平;(3)废料外运。

2) 灌注桩 010302

010302001,泥浆护壁成孔灌注桩。项目特征:(1)地层情况;(2)空桩长度、桩长;(3)桩径;(4)成孔方法;(5)护筒类型、长度;(6)混凝土种类、强度等级。计量单位为“m”或“m^3”或“根”。工程量计算规则:(1)以“m”计量,按设计图示尺寸以桩长(包括桩尖)计算;(2)以“m^3”计量,按不同截面在桩上范围内以体积计算;(3)以“根”计量,按设计图示数量计算。工作内容:(1)护筒埋设;(2)成孔、固壁;(3)混凝土制作、运输、灌注、养护;(4)土方、废泥浆外运;(5)打桩场地硬化及泥浆池、泥浆沟。

010302002,沉管灌注桩。项目特征:(1)地层情况;(2)空桩长度、桩长;(3)复打长度;(4)桩径;(5)沉管方法;(6)桩尖类型;(7)混凝土类别、强度等级。计量单位为"m"或"m^3"或"根"。工程量计算规则:(1)以"m"计量,按设计图示尺寸以桩长(包括桩尖)计算;(2)以"m^3"计量,按不同截面在桩上范围内以体积计算;(3)以"根"计量,按设计图示数量计算。工作内容:(1)打(沉)拔钢管;(2)桩尖制作、安装;(3)混凝土制作、运输、灌注、养护。

010302003,干作业成孔灌注桩。项目特征:(1)地层情况;(2)空桩长度、桩长;(3)桩径;(4)扩孔直径、高度;(5)成孔方法;(6)混凝土种类、强度等级。计量单位为"m"或"m^3"或"根"。工程量计算规则:(1)以"m"计量,按设计图示尺寸以桩长(包括桩尖)计算;(2)以"m^3"计量,按不同截面在桩上范围内以体积计算;(3)以"根"计量,按设计图示数量计算。工作内容:(1)成孔、扩孔;(2)混凝土制作、运输、灌注、振捣、养护。

010302004,挖孔桩土(石)方。项目特征:(1)地层情况;(2)挖孔深度;(3)弃土(石)运距。计量单位为"m^3"。工程量计算规则:按设计图示尺寸(含护壁)截面积乘以挖孔深度以"m^3"计算。工作内容:(1)排地表水;(2)挖土、凿石;(3)基底钎探;(4)运输。

010302005,人工挖孔灌注桩。项目特征:(1)桩芯长度;(2)桩芯直径、扩底直径、扩底高度;(3)护壁厚度、高度;(4)护壁混凝土种类、强度等级;(5)桩芯混凝土种类、强度等级。计量单位为"m^3"或"根"。工程量计算规则:(1)以"m^3"计量,按桩芯混凝土体积计算;(2)以"根"计量,按设计图示数量计算。工作内容:(1)护壁制作;(2)混凝土制作、运输、灌注、振捣、养护。

010302006,钻孔压浆桩。项目特征:(1)地层情况;(2)空钻长度、桩长;(3)钻孔直径;(4)水泥强度等级。计量单位为"m"或"根"。工程量计算规则:(1)以"m"计量,按设计图示尺寸以桩长计算;(2)以"根"计量,按设计图示数量计算。工作内容:钻孔、下注浆管、投放骨料、浆液制作、运输、压浆。

010302007,灌注桩后压浆。项目特征:(1)注浆导管材料、规格;(2)注浆导管长度;(3)单孔注浆量;(4)水泥强度等级。计量单位为"孔"。工程量计算规则:按设计图示以注浆孔数计算。工作内容:(1)注浆导管制作、安装;(2)浆液制作、运输、压浆。

3) 应用案例

【例 10-3】 某工程现场搅拌钢筋混凝土钻孔灌注桩,土壤类别三类土,单桩设计长度10 m,桩直径 450 mm,设计桩顶距自然地面高度 2 m,混凝土强度等级 C30,泥浆外运在5 km 以内,共计 100 根桩。试计算该项目清单工程量,并按江苏省 2014 建筑与装饰工程计价定额计算该分部分项工程综合单价(人工、材料、机械、管理费、利润按计价表不作调整)。

【解】 (1)清单工程量(见表 10-18)

表 10-18 清单工程量

序号	项目编码	项目名称	项目特征	计量单位	工程数量
1	010302001001	泥浆护壁成孔灌注桩	1. 地层情况:三类土 2. 单桩设计长度 10 m,100 根 3. 桩直径 450 mm 4. 成孔方法:钻孔 5. 混凝土强度等级:C30	m	1 000

(2)按计价定额计算各工程内容含量

钻土孔　　$0.225 \times 0.225 \times 3.14 \times (10+2) \div 10 = 0.191\ m^3/m$

桩身混凝土　　$0.225 \times 0.225 \times 3.14 \times (10+0.45) \div 10 = 0.166\ m^3/m$

泥浆外运　　$0.191\ m^3/m$

(3) 套用计价定额计算各工程内容(含量)单价及清单综合单价

3-28　钻土孔　　$0.191 \times 300.96 = 57.48$ 元/m

3-39　桩身混凝土　　$0.166 \times 458.83 = 76.17$ 元/m

3-41　泥浆外运　　$0.191 \times 112.21 = 21.43$ 元/m

　　　砖砌泥浆池　　$0.166 \times 2.0 = 0.332$ 元/m

钻孔灌注桩综合单价：$57.48 + 76.17 + 21.43 + 0.332 = 155.412$ 元/m

(4) 清单计价格式见表 10-19

表 10-19　清单计价格式

序号	项目编码	项目名称	计量单位	工程数量	金额(元)	
					综合单价	合价
1	010302001001	泥浆护壁成孔灌注桩	m	1 000	155.412	155 412

10.2.4　砌筑工程

本部分共分为 4 节 27 个项目，包括砖砌体、砌块砌体、石砌体和垫层，适用于建筑物、构筑物的砌筑工程。

1) *砖砌体 010401*

010401001，砖基础。项目特征：(1)砖品种、规格、强度等级；(2)基础类型；(3)砂浆强度等级；(4)防潮层材料种类。计量单位为"m^3"。工程量计算规则：按设计图示尺寸以体积计算。包括附墙垛基础宽出部分体积，扣除地梁(圈梁)、构造柱所占体积，不扣除基础大放脚 T 形接头处的重叠部分及嵌入基础内的钢筋、铁件、管道、基础砂浆防潮层和单个面积≤0.3 m^2 的孔洞所占体积，靠墙暖气沟的挑檐不增加。基础长度：外墙按外墙中心线，内墙按内墙净长线计算。工作内容：(1)砂浆制作、运输；(2)砌砖；(3)防潮层铺设；(4)材料运输。

010401002，砖砌挖孔桩护壁。项目特征：(1)砖品种、规格、强度等级；(2)砂浆强度等级。计量单位为"m^3"。工程量计算规则：按设计图示尺寸以"m^3"计算。工作内容：(1)砂浆制作、运输；(2)砌砖；(3)材料运输。

010401003，实心砖墙。项目特征：(1)砖品种、规格、强度等级；(2)墙体类型；(3)砂浆强度等级、配合比。计量单位为"m^3"。工程量计算规则：按设计图示尺寸以体积计算。扣除门窗洞口、过人洞、空圈、嵌入墙内的钢筋混凝土柱、梁、圈梁、挑梁、过梁及凹进墙内的壁龛、管槽、暖气槽、消火栓箱所占体积，不扣除梁头、板头、檩头、垫木、木楞头、沿缘木、木砖、门窗走头、砖墙内加固钢筋、木筋、铁件、钢管及单个面积≤0.3 m^2 的孔洞所占的体积。凸出墙面的腰线、挑檐、压顶、窗台线、虎头砖、门窗套的体积亦不增加。凸出墙面的砖垛并入墙体体积内计算。

墙长度：外墙按中心线、内墙按净长计算。

墙高度：(1)外墙：斜(坡)屋面无檐口天棚者算至屋面板底；有屋架且室内外均有天棚者算至屋架下弦底另加 200 mm；无天棚者算至屋架下弦底另加 300 mm，出檐宽度超过 600 mm 时按实砌高度计算；与钢筋混凝土楼板隔层者算至板顶。平屋顶算至钢筋混凝土板底。(2)内墙：位于屋架下弦者，算至屋架下弦底；无屋架者算至天棚底另加100 mm；有钢筋混凝土楼板隔层者算至楼板顶；有框架梁时算至梁底。(3)女儿墙：从屋面板上表面算至女儿墙顶面(如有混凝土压顶时算至压顶下表面)。(4)内、外山墙：按其平均高度计算。

框架间墙：不分内外墙按墙体净尺寸以体积计算。

围墙：高度算至压顶上表面(如有混凝土压顶时算至压顶下表面)，围墙柱并入围墙体积内。

工作内容：(1)砂浆制作、运输；(2)砌砖；(3)刮缝；(4)砖压顶砌筑；(5)材料运输。

010401004，多孔砖墙；010401005，空心砖墙。项目特征、计量单位、计算规则和工作内容同实心砖墙。

010401006，空斗墙。项目特征：(1)砖品种、规格、强度等级；(2)墙体类型；(3)砂浆强度等级、配合比。计量单位为"m^3"。工程量计算规则：按设计图示尺寸以空斗墙外形体积计算。墙角、内外墙交接处、门窗洞口立边、窗台砖、屋檐处的实砌部分体积并入空斗墙体积内。工作内容：(1)砂浆制作、运输；(2)砌砖；(3)装填充料；(4)刮缝；(5)材料运输。

010401007，空花墙。按设计图示尺寸以空花部分外形体积计算，不扣除空洞部分体积。其他同空斗墙。

010401008，填充墙。按设计图示尺寸以填充墙外形体积计算。其他同空斗墙。

010401009，实心砖柱。项目特征：(1)砖品种、规格、强度等级；(2)柱类型；(3)砂浆强度等级、配合比。计量单位为"m^3"。工程量计算规则：按设计图示尺寸以体积计算。扣除混凝土及钢筋混凝土梁垫、梁头所占体积。工作内容：(1)砂浆制作、运输；(2)砌砖；(3)刮缝；(4)材料运输。

010401010，多孔砖柱。项目特征、计量单位、计算规则和工作内容同实心砖柱。

010401011，砖检查井。项目特征：(1)井截面、深度；(2)砖品种、规格、强度等级；(3)垫层材料种类、厚度；(4)底板厚度；(5)井盖安装；(6)混凝土强度等级；(7)砂浆强度等级；(8)防潮层材料种类。计量单位为"座"。工程量计算规则：按设计图示数量计算。工作内容：(1)砂浆制作、运输；(2)铺设垫层；(3)底板混凝土制作、运输、浇筑、振捣、养护；(4)砌砖；(5)刮缝；(6)井池底、壁抹灰；(7)抹防潮层；(8)材料运输。

010401012，零星砌砖。项目特征：(1)零星砌砖名称、部位；(2)砖品种、规格、强度等级；(3)砂浆强度等级、配合比。计量单位为"m^3"或"m^2"或"m"或"个"。工程量计算规则：(1)以"m^3"计量，按设计图示尺寸截面积乘以长度计算；(2)以"m^2"计量，按设计图示尺寸水平投影面积计算；(3)以"m"计量，按设计图示尺寸长度计算；(4)以"个"计量，按设计图示数量计算。工作内容：(1)砂浆制作、运输；(2)砌砖；(3)刮缝；(4)材料运输。

010401013，砖散水、地坪。项目特征：(1)砖品种、规格、强度等级；(2)垫层材料种类、厚度；(3)散水、地坪厚度；(4)面层种类、厚度；(5)砂浆强度等级。计量单位为"m^2"。工程量计算规则：按设计图示尺寸以面积计算。工作内容：(1)土方挖、运、填；(2)地基找平、夯实；(3)铺设垫层；(4)砌砖散水、地坪；(5)抹砂浆面层。

010401014，砖地沟、明沟。项目特征：(1)砖品种、规格、强度等级；(2)沟截面尺寸；(3)垫层材料种类、厚度；(4)混凝土强度等级；(5)砂浆强度等级。计量单位为"m"。工程量计算规则：以"m"计量，按设计图示以中心线长度计算。工作内容：(1)土方挖、运、填；(2)铺设垫层；(3)底板混凝土制作、运输、浇筑、振捣、养护；(4)砌砖；(5)刮缝、抹灰；(6)材料运输。

2) *砌块砌体* 010402

010402001，砌块墙。项目特征：(1)砌块品种、规格、强度等级；(2)墙体类型；(3)砂浆强度等级。计量单位为"m^3"。工程量计算规则：按设计图示尺寸以体积计算，其他计算要求同实心砖墙。工作内容：(1)砂浆制作、运输；(2)砌砖、砌块；(3)勾缝；(4)材料运输。

010402002，砌块柱。项目特征：(1)砌块品种、规格、强度等级；(2)墙体类型；(3)砂浆强度等级。计量单位为"m^3"。工程量计算规则：按设计图示尺寸以体积计算。扣除混凝土及钢筋混凝土梁垫、梁头、板头所占体积。工作内容同砌块墙。

3) *石砌体* 010403

010403001，石基础。项目特征：(1)石料种类、规格；(2)基础类型；(3)砂浆强度等级。计量单位为"m^3"。工程量计算规则：按设计图示尺寸以体积计算。包括附墙垛基础宽出部分体积，不扣除基础砂浆防潮层及单个面积≤0.3 m^2 的孔洞所占体积，靠墙暖气沟的挑檐不增加体积。基础长度：外墙按中心线、内墙按净长计算。工作内容：(1)砂浆制作、运输；(2)吊装；(3)砌石；(4)防潮层铺设；(5)材料运输。

010403002，石勒脚。项目特征：(1)石料种类、规格；(2)石表面加工要求；(3)勾缝要求；(4)砂浆强度等级、配合比。计量单位为"m^3"。工程量计算规则：按设计图示尺寸以体积计算，扣除单个面积＞0.3 m^2 的孔洞所占的体积。工作内容：(1)砂浆制作、运输；(2)吊装；(3)砌石；(4)石表面加工；(5)勾缝；(6)材料运输。

010403003，石墙。项目特征：(1)石料种类、规格；(2)石表面加工要求；(3)勾缝要求；(4)砂浆强度等级、配合比。计量单位为"m^3"。工程量计算规则：按设计图示尺寸以体积计算，其他计算要求同实心砖墙。工作内容同石勒脚。

010403004，石挡土墙。项目特征同石勒脚。计量单位为"m^3"。工程量计算规则：按设计图示尺寸以体积计算。工作内容：(1)砂浆制作、运输；(2)吊装；(3)砌石；(4)变形缝、泄水孔、压顶抹灰；(5)滤水层；(6)勾缝；(7)材料运输。

010403005，石柱。项目特征、计量单位、工程量计算规则同石挡土墙。工作内容：(1)砂浆制作、运输；(2)吊装；(3)砌石；(4)石表面加工；(5)勾缝；(6)材料运输。

010403006，石栏杆，项目特征同石墙。计量单位为"m"。工程量计算规则：按设计图示以长度计算。工作内容同石柱。

010403007，石护坡。项目特征：(1)垫层材料种类、厚度；(2)石料种类、规格；(3)护坡厚度、高度；(4)石表面加工要求；(5)勾缝要求；(6)砂浆强度等级、配合比。计量单位为"m^3"。工程量计算规则：按设计图示尺寸以体积计算。工作内容同石柱。

010403008，石台阶，项目特征同石护坡。计量单位为"m^3"。工程量计算规则：按设计图示尺寸以体积计算。工作内容：(1)铺设垫层；(2)石料加工；(3)砂浆制作运输；(4)砌石；(5)石表面加工；(6)勾缝；(7)材料运输。

010403009，石坡道，项目特征同石护坡。计量单位为"m^2"。工程量计算规则：按设计图示以水平投影面积计算。工作内容同石台阶。

010403010，石地沟、明沟，计量单位为"m"。工程量计算规则：按设计图示以中心线长度计算。

4）垫层 010404

010404001，垫层。项目特征：垫层材料种类、配合比、厚度。计量单位为"m^3"。工程量计算规则：按设计图示尺寸以"m^3"计算。工作内容：(1)垫层材料的拌制；(2)垫层铺设；(3)材料运输。

5）应用案例

【例 10-4】 如图 10-3 所示某工程 M7.5 水泥砂浆砌筑 MU15 水泥实心砖墙基(砖规格 240 mm×115 mm×53 mm)。编制该砖基础砌筑项目清单工程量，并按照江苏省 2014 建筑与装饰工程计价定额计算清单综合单价(提示：砖砌体内无混凝土构件)。

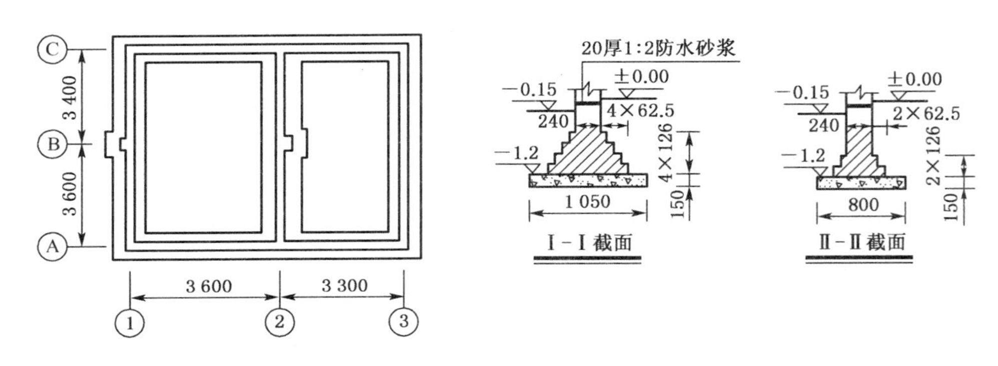

图 10-3 平面图与断面图

说明：①～③轴为Ⅰ-Ⅰ断面，A、C 轴为Ⅱ-Ⅱ断面；基础垫层为 C10 混凝土，附墙砖垛凸出半砖，宽一砖半。

【解】 该工程砖基础有 2 种截面规格，为避免工程局部变更引起整个砖基础报价调整的纠纷，应分别列项。

(1) 清单工程量计算

Ⅰ-Ⅰ截面：砖基础高度：$H = 1.2$ m

砖基础长度：$L = 7 \times 3 - 0.24 + 2 \times (0.365 - 0.24) \times 0.365 \div 0.24 = 21.14$ m

其中：$(0.365 - 0.24) \times 0.365 \div 0.24$ 为砖垛折加长度

大放脚截面：$S = n(n+1)ab = 4 \times (4+1) \times 0.126 \times 0.0625 = 0.1575\ m^2$

砖基础工程量：$V = L(Hd + s) = 21.14 \times (1.2 \times 0.24 + 0.1575) = 9.42\ m^3$

Ⅱ-Ⅱ截面：砖基础高度：$H = 1.2$ m，$L = (3.6 + 3.3) \times 2 = 13.8$ m

大放脚截面：$S = 2 \times (2+1) \times 0.126 \times 0.0625 = 0.0473\ m^2$

砖基础工程量：$V = 13.8 \times (1.2 \times 0.24 + 0.0473) = 4.63\ m^3$

外墙基垫层、防潮层工程量可以在项目特征中予以描述，这里不再列出。

工程量清单见表 10-20。

表 10-20 分部分项工程量清单

序号	项目编码	项目名称	计量单位	工程数量
1	010401001001	Ⅰ-Ⅰ砖墙基础：M7.5 水泥砂浆砌筑（240 mm×115 mm×53 mm）MU15 水泥实心砖一砖条形基础，四层等高式大放脚；－1.2 m 基底下 C10 混凝土垫层，长 20.58 m，宽 1.05 m，厚 150 mm；－0.06 m标高处 1∶2 防水砂浆 20 mm 厚防潮层	m^3	9.42
2	010401001002	Ⅱ-Ⅱ砖墙基础：M7.5 水泥砂浆砌筑（240 mm×115 mm×53 mm）MU15 水泥实心砖一砖条形基础，二层等高式大放脚；－1.2 m 基底下 C10 混凝土垫层，长 13.8 m，宽 0.8 m，厚 150 mm；－0.06 m 标高处 1∶2 防水砂浆 20 mm 厚防潮层	m^3	4.63

（2）定额工程量计算和套价、组价

根据表 10-20，砖基础的工程内容包括砂浆制作、运输、砌砖、防潮层铺设和材料运输。江苏省建筑与装饰工程计价表砌筑砖基础的章节中，工程内容已经包含有砂浆制作、运输、砌砖和材料运输，因此，完成砖基础的工作所需要计算的定额工程量只有砖基础工程量和防潮层工程量。

Ⅰ-Ⅰ砖墙基础：

砖基础定额工程量：9.42 m^3

防潮层工程量：$S = L \times B = 21.14 \times 0.24 = 5.074\ m^2$

套价： 4-1 直形砖基础 综合单价：406.25 元/m^3

4-52 墙基防潮层 综合单价：173.94 元/10 m^2

因此，Ⅰ-Ⅰ砖墙基础的清单综合单价$= \dfrac{9.42 \times 406.25 + 5.074 \div 10 \times 173.94}{9.42}$

$= 415.62$ 元/m^3

合价：9.42×415.62=3 915.14 元

Ⅱ-Ⅱ砖墙基础：

砖基础定额工程量：4.63 m^3

防潮层工程量：$S = L \times B = 13.8 \times 0.24 = 3.312\ m^2$

套价： 4-1 直形砖基础 综合单价：406.25 元/m^3

4-52 墙基防潮层 综合单价：173.94 元/10 m^2

因此，Ⅱ-Ⅱ砖墙基础的清单综合单价$= \dfrac{4.63 \times 406.25 + 3.312 \div 10 \times 173.94}{4.63}$

$= 418.69$ 元/m^3

合价：4.63 × 418.69 = 1 938.53 元

10.2.5 混凝土及钢筋混凝土工程

本部分内容分为 16 节共 76 个项目，适用于建筑物、构筑物的现浇和预制混凝土工程和钢筋工程，包括：现浇混凝土基础；现浇混凝土柱；现浇混凝土梁；现浇混凝土墙；现浇混凝土板；现浇混凝土楼梯；现浇混凝土其他构件；后浇带；预制混凝土柱；预制混凝土梁；预制混凝土屋架；预制混凝土板；预制混凝土楼梯；其他预制构件；钢筋工程；螺栓、铁件。

1）现浇混凝土基础 010501

010501001，垫层；010501002，带形基础；010501003，独立基础；010501004，满堂基础；010501005，桩承台基础。项目特征：(1)混凝土种类；(2)混凝土强度等级。计量单位为“m^3”。工程量计算规则：按设计图示尺寸以体积计算。不扣除构件内钢筋、预埋铁件和伸入承台基础的桩头所占体积。工作内容：(1)模板及支撑制作、安装、拆除、堆放、运输及清理模内杂物、刷隔离剂等；(2)混凝土制作、运输、浇筑、振捣、养护。

010501006，设备基础。项目特征：(1)混凝土种类；(2)混凝土强度等级；(3)灌浆材料、灌浆材料强度等级。计量单位、工程量计算规则及工作内容同垫层。

2）现浇混凝土柱 010502

010502001，矩形柱；010502002，构造柱。项目特征：(1)混凝土种类；(2)混凝土强度等级。计量单位为“m^3”。工程量计算规则为：按设计图示尺寸以体积计算。柱高：(1)有梁板的柱高，应自柱基上表面(或楼板上表面)至上一层楼板上表面之间的高度计算；(2)无梁板的柱高，应自柱基上表面(或楼板上表面)至柱帽下表面之间的高度计算；(3)框架柱的柱高：应自柱基上表面至柱顶高度计算；(4)构造柱按全高计算，嵌接墙体部分(马牙槎)并入柱身体积；(5)依附柱上的牛腿和升板的柱帽，并入柱身体积计算。工作内容：(1)模板及支架(撑)制作、安装、拆除、堆放、运输及清理模内杂物、刷隔离剂等；(2)混凝土制作、运输、浇筑、振捣、养护。

010502003，异形柱。项目特征：(1)柱形状；(2)混凝土种类；(3)混凝土强度等级。计量单位、工程量计算规则及工作内容同矩形柱。

3）现浇混凝土梁 010503

010503001，基础梁；010503002，矩形梁；010503003，异形梁；010503004，圈梁；010503005，过梁。项目特征：(1)混凝土种类；(2)混凝土强度等级。计量单位为“m^3”。工程量计算规则：按设计图示尺寸以体积计算，伸入墙内的梁头、梁垫并入梁体积内。梁长：(1)梁与柱连接时，梁长算至柱侧面；(2)主梁与次梁连接时，次梁长算至主梁侧面。工作内容：(1)模板及支架(撑)制作、安装、拆除、堆放、运输及清理模内杂物、刷隔离剂等；(2)混凝土制作、运输、浇筑、振捣、养护。

010503006，弧形、拱形梁。项目特征：(1)混凝土种类；(2)混凝土强度等级。计量单位为“m^3”。工程量计算规则：按设计图示尺寸以体积计算，伸入墙内的梁头、梁垫并入梁体积内。梁长：(1)梁与柱连接时，梁长算至柱侧面；(2)主梁与次梁连接时，次梁长算至主梁侧面。工作内容同基础梁。

4）现浇混凝土墙 010504

010504001，直形墙；010504002，弧形墙；010504003，短肢剪力墙；010504004，挡土墙。项目特征：(1)混凝土种类；(2)混凝土强度等级。计量单位为“m^3”。工程量计算规则：按设计图示尺寸以体积计算。扣除门窗洞口及单个面积>0.3 m^2 的孔洞所占体积，墙垛及突出墙面部分并入墙体体积内计算。工作内容：(1)模板及支架(撑)制作、安装、拆除、堆放、运输及清理模内杂物、刷隔离剂等；(2)混凝土制作、运输、浇筑、振捣、养护。

5）现浇混凝土板 010505

010505001，有梁板；010505002，无梁板；010505003，平板；010505004，拱板；010505005，薄壳板；010505006，栏板。项目特征：(1)混凝土种类；(2)混凝土强度等级。计量单位为“m^3”。工程量计算规则：按设计图示尺寸以体积计算，不扣除单个面积≤0.3 m^2 的柱、垛以及孔洞所占体积。压形钢板混凝土楼板扣除构件内压形钢板所占体积。有梁板(包括主、次梁与板)按梁、板体积之和计算，无梁板按板和柱帽体积之和计算，各类板伸入墙内的板头并入板体积内，薄壳板的肋、基梁并入薄壳体积内计算。工作内容：(1)模板及支架(撑)制作、安装、拆除、堆放、运输及清理模内杂物、刷隔离剂等；(2)混凝土制作、运输、浇筑、振捣、养护。

010505007，天沟(檐沟)、挑檐板。项目特征：(1)混凝土种类；(2)混凝土强度等级。计量单位为“m^3”。工程量计算规则：按设计图示尺寸以体积计算。工作内容同有梁板。

010505008，雨篷、悬挑板、阳台板。项目特征：(1)混凝土种类；(2)混凝土强度等级。计量单位为“m^3”。工程量计算规则：按设计图示尺寸以墙外部分体积计算。包括伸出墙外的牛腿和雨篷反挑檐的体积。工作内容同有梁板。

010505009，空心板。项目特征：(1)混凝土种类；(2)混凝土强度等级。计量单位为“m^3”。工程量计算规则：按设计图示尺寸以体积计算。空心板(GBF 高强薄壁蜂巢芯板等)应扣除空心部分体积。

010505010，其他板。项目特征：(1)混凝土种类；(2)混凝土强度等级。计量单位为“m^3”。工程量计算规则：按设计图示尺寸以体积计算。工作内容同有梁板。

6）现浇混凝土楼梯 010506

010506001，直形楼梯。项目特征：(1)混凝土种类；(2)混凝土强度等级。计量单位为“m^2”或“m^3”。工程量计算规则：(1)以“m^2”计量，按设计图示尺寸以水平投影面积计算，不扣除宽度≤500 mm 的楼梯井，伸入墙内部分不计算；(2)以“m^3”计量，按设计图示尺寸以体积计算。工作内容：(1)模板及支架(撑)制作、安装、拆除、堆放、运输及清理模内杂物、刷隔离剂等；(2)混凝土制作、运输、浇筑、振捣、养护。

010506002，弧形楼梯。项目特征、计量单位、工程量计算规则及工作内容同直形楼梯。

7）现浇混凝土其他构件 010507

010507001，散水、坡道。项目特征：(1)垫层材料种类、厚度；(2)面层厚度；(3)混凝土类别；(4)混凝土强度等级；(5)变形缝填塞材料种类。计量单位为“m^2”。工程量计算规则：以“m^2”计量，按设计图示尺寸以面积计算。不扣除单个≤0.3 m^2 的孔洞所占面积。工作内容：(1)地基夯实；(2)铺设垫层；(3)模板及支撑制作、安装、拆除、堆放、运输及清理模内杂物、刷隔离剂等；(4)混凝土制作、运输、浇筑、振捣、养护；(5)变形缝填塞。

010507002，室外地坪。项目特征：(1)地坪厚度；(2)混凝土强度等级。计量单位、工程量计算规划、工作内容同散水、坡道。

010507003，电缆沟、地沟。项目特征：(1)土壤类别；(2)沟截面净空尺寸；(3)垫层材料种类、厚度；(4)混凝土种类；(5)混凝土强度等级；(6)防护材料种类。计量单位为“m”。工程量计算规则：按设计图示以中心线长度计算。工作内容：(1)挖填、运土石方；(2)铺设垫层；(3)模板及支撑制作、安装、拆除、堆放、运输及清理模内杂物、刷隔离剂等；(4)混凝土制作、运输、浇筑、振捣、养护;(5)刷防护材料。

010507004,台阶。项目特征:(1)踏步高、宽;(2)混凝土种类;(3)混凝土强度等级。计量单位为“m^2”或“m^3”。工程量计算规则:(1)以“m^2”计量,按设计图示尺寸水平投影面积计算;(2)以“m^3”计量,按设计图示尺寸以体积计算。工作内容:(1)模板及支撑制作、安装、拆除、堆放、运输及清理模内杂物、刷隔离剂等;(2)混凝土制作、运输、浇筑、振捣、养护。

010507005,扶手、压顶。项目特征:(1)断面尺寸;(2)混凝土种类;(3)混凝土强度等级。计量单位为“m”或“m^3”。工程量计算规则:(1)以“m”计量,按设计图示的中心线延长米计算;(2)以“m^3”计量,按设计图示尺寸以体积计算。工作内容:(1)模板及支架(撑)制作、安装、拆除、堆放、运输及清理模内杂物、刷隔离剂等;(2)混凝土制作、运输、浇筑、振捣、养护。

010507006,化粪池、检查井。项目特征:(1)部位;(2)混凝土强度等级;(3)防水、抗渗要求。计量单位为“m^3”或“座”。工程量计算规则:(1)按设计图示尺寸以体积计算;(2)以“座”计量,按设计图示数量计算。工作内容:(1)模板及支架(撑)制作、安装、拆除、堆放、运输及清理模内杂物、刷隔离剂等;(2)混凝土制作、运输、浇筑、振捣、养护。

010507007,其他构件。项目特征:(1)构件的类型;(2)构件规格;(3)部位;(4)混凝土种类;(5)混凝土强度等级。计量单位为“m^3”。工程量计算规则及工作内容同化粪池。

8) 后浇带 010508

010508001,后浇带。项目特征:(1)混凝土种类;(2)混凝土强度等级。计量单位为“m^3”。工程量计算规则:按设计图示尺寸以体积计算。工作内容:(1)模板及支架(撑)制作、安装、拆除、堆放、运输及清理模内杂物、刷隔离剂等;(2)混凝土制作、运输、浇筑、振捣、养护及混凝土交接面、钢筋等的清理。

9) 预制混凝土柱 010509

010509001,矩形柱;010509002,异形柱。项目特征:(1)图代号;(2)单件体积;(3)安装高度;(4)混凝土强度等级;(5)砂浆(细石混凝土)强度等级、配合比。计量单位为“m^3”或“根”。工程量计算规则:(1)以“m^3”计量,按设计图示尺寸以体积计算;(2)以“根”计量,按设计图示尺寸以数量计算。工作内容:(1)模板制作、安装、拆除、堆放、运输及清理模内杂物、刷隔离剂等;(2)混凝土制作、运输、浇筑、振捣、养护;(3)构件运输、安装;(4)砂浆制作、运输;(5)接头灌缝、养护。

10) 预制混凝土梁 010510

010510001,矩形梁;010510002,异形梁;010510003,过梁;010510004,拱形梁;010510005,鱼腹式吊车梁;010510006,其他梁。项目特征:(1)图代号;(2)单件体积;(3)安装高度;(4)混凝土强度等级;(5)砂浆(细石混凝土)强度等级、配合比。计量单位为“m^3”或“根”。工程量计算规则:(1)以“m^3”计量,按设计图示尺寸以体积计算;(2)以“根”计量,按设计图示尺寸以数量计算。工作内容同矩形柱。

11) 预制混凝土屋架 010511

010511001,折线型;010511002,组合;010511003,薄腹;010511004,门式刚架;010511005,天窗架。项目特征:(1)图代号;(2)单件体积;(3)安装高度;(4)混凝土强度等

级;(5)砂浆(细石混凝土)强度等级、配合比。计量单位为“m^3”或“榀”。工程量计算规则:(1)以“m^3”计量,按设计图示尺寸以体积计算;(2)以“榀”计量,按设计图示尺寸以数量计算。工作内容同矩形梁。

12) 预制混凝土板 010512

010512001,平板;010512002,空心板;010512003,槽形板;010512004,网架板;010512005,折线板;010512006,带肋板;010512007,大型板。项目特征:(1)图代号;(2)单件体积;(3)安装高度;(4)混凝土强度等级;(5)砂浆(细石混凝土)强度等级、配合比。计量单位为“m^3”或“块”。工程量计算规则:(1)以“m^3”计量,按设计图示尺寸以体积计算。不扣除单个面积≤300 mm×300 mm 的孔洞所占体积,扣除空心板空洞体积。(2)以“块”计量,按设计图示尺寸以数量计算。工作内容同矩形梁。

010512008,沟盖板、井盖板、井圈。项目特征:(1)单件体积;(2)安装高度;(3)混凝土强度等级;(4)砂浆强度等级、配合比。计量单位为“m^3”或“块(套)”。工程量计算规则:(1)以“m^3”计量,按设计图示尺寸以体积计算;(2)以“块”计量,按设计图示尺寸以数量计算。工作内容同平板。

13) 预制混凝土楼梯 010513

010513001,楼梯。项目特征:(1)楼梯类型;(2)单件体积;(3)混凝土强度等级;(4)砂浆(细石混凝土)强度等级。计量单位为“m^3”或“段”。工程量计算规则:(1)以“m^3”计量,按设计图示尺寸以体积计算,扣除空心踏步板空洞体积;(2)以“段”计量,按设计图示数量计算。工作内容同矩形柱。

14) 其他预制构件 010514

010514001,垃圾道、通风道、烟道。项目特征:(1)单件体积;(2)混凝土强度等级;(3)砂浆强度等级。计量单位为“m^3”或“m^2”或“根(块、套)”。工程量计算规则:(1)以“m^3”计量,按设计图示尺寸以体积计算,单个面积≤300 mm×300 mm 的孔洞所占体积,扣除烟道、垃圾道、通风道的孔洞所占体积;(2)以“m^2”计量,按设计图示尺寸以面积计算,不扣除单个面积≤300 mm×300 mm 的孔洞所占面积;(3)以“根”计量,按设计图示尺寸以数量计算。工作内容同矩形柱。

010514002,其他构件。项目特征:(1)单件体积;(2)构件的类型;(3)混凝土强度等级;(4)砂浆强度等级。计量单位、工程量计算规则及工作内容同垃圾道、通风道、烟道。

15) 钢筋工程 010515

010515001,现浇构件钢筋;010515002,预制构件钢筋。项目特征:钢筋种类、规格。计量单位为“t”。工程量计算规则:按设计图示钢筋(网)长度(面积)乘单位理论质量计算。工作内容:(1)钢筋制作、运输;(2)钢筋安装;(3)焊接(绑扎)。

010515003,钢筋网片。项目特征:钢筋种类、规格。计量单位为“t”。工程量计算规则:按设计图示钢筋(网)长度(面积)乘单位理论质量计算。工作内容:(1)钢筋网制作、运输;(2)钢筋网安装;(3)焊接(绑扎)。

010515004,钢筋笼。项目特征:钢筋种类、规格。计量单位为“t”。工程量计算规则:按设计图示钢筋(网)长度(面积)乘单位理论质量计算。工作内容:(1)钢筋笼制作、运输;(2)钢筋笼安装;(3)焊接(绑扎)。

010515005，先张法预应力钢筋。项目特征：(1)钢筋种类、规格；(2)锚具种类。计量单位为“t”。工程量计算规则：按设计图示钢筋长度乘单位理论质量计算。工作内容：(1)钢筋制作、运输；(2)钢筋张拉。

010515006，后张法预应力钢筋；010515007，预应力钢丝；010515008，预应力钢绞线。项目特征：(1)钢筋种类、规格；(2)钢丝种类、规格；(3)钢绞线种类、规格；(4)锚具种类；(5)砂浆强度等级。计量单位为“t”。工程量计算规则：按设计图示钢筋(丝束、绞线)长度乘单位理论质量计算。(1)低合金钢筋两端均采用螺杆锚具时，钢筋长度按孔道长度减 0.35 m 计算，螺杆另行计算。(2)低合金钢筋一端采用镦头插片，另一端采用螺杆锚具时，钢筋长度按孔道长度计算，螺杆另行计算。(3)低合金钢筋一端采用镦头插片，另一端采用帮条锚具时，钢筋增加 0.15 m 计算；两端均采用帮条锚具时，钢筋长度按孔道长度增加 0.3 m 计算。(4)低合金钢筋采用后张混凝土自锚时，钢筋长度按孔道长度增加 0.35 m 计算。(5)低合金钢筋(钢绞线)采用 JM、XM、QM 型锚具，孔道长度≤20 m 时，钢筋长度增加 1 m 计算，孔道长度>20 m 时，钢筋长度增加 1.8 m 计算。(6)碳素钢丝采用锥形锚具，孔道长度≤20 m 时，钢丝束长度按孔道长度增加 1 m 计算，孔道长度>20 m 时，钢丝束长度按孔道长度增加 1.8 m 计算。(7)碳素钢丝采用镦头锚具时，钢丝束长度按孔道长度增加 0.35 m 计算。工作内容：(1)钢筋、钢丝、钢绞线制作、运输；(2)钢筋、钢丝、钢绞线安装；(3)预埋管孔道铺设；(4)锚具安装；(5)砂浆制作、运输；(6)孔道压浆、养护。

010515009，支撑钢筋(铁马)。项目特征：(1)钢筋种类；(2)规格。计量单位为“t”。工程量计算规则：按钢筋长度乘单位理论质量计算。工作内容：钢筋制作、焊接、安装。

010515010，声测管。项目特征：(1)材质；(2)规格型号。计量单位为“t”。工程量计算规则：按设计图示尺寸以质量计算。工作内容：(1)检测管截断、封头；(2)套管制作、焊接；(3)定位、固定。

16）螺栓、铁件 010516

010516001，螺栓。项目特征：(1)螺栓种类；(2)规格。计量单位为“t”。工程量计算规则：按设计图示尺寸以质量计算。工作内容：(1)螺栓、铁件制作、运输；(2)螺栓、铁件安装。

010516002，预埋铁件。项目特征：(1)钢材种类；(2)规格；(3)铁件尺寸。计量单位为“t”。工程量计算规则：按设计图示尺寸以质量计算。工作内容：(1)螺栓、铁件制作、运输；(2)螺栓、铁件安装。

010516003，机械连接。项目特征：(1)连接方式；(2)螺纹套筒种类；(3)规格。计量单位为“个”。工程量计算规则：按数量计算。工作内容：(1)钢筋套丝；(2)套筒连接。

17）应用案例

【例 10-5】 某工程二层楼面现浇混凝土结构，结构如图 10-4，已知楼层标高为4.5 m，混凝土强度等级 C30，①～③轴楼板厚 120 mm，③～④轴楼板厚 90 mm。计算该楼面梁、板清单工程量，编列清单及计算清单综合单价(按照江苏省 2014 计价定额计算定额工程量和套价，现场采用自拌混凝土)。

【解】 该楼面③～④轴间井字格面积为 4.86 m^2≤5 m^2，梁、板合并计算，②～③间>5 m^2，为一般板，梁、板分别列项计算。

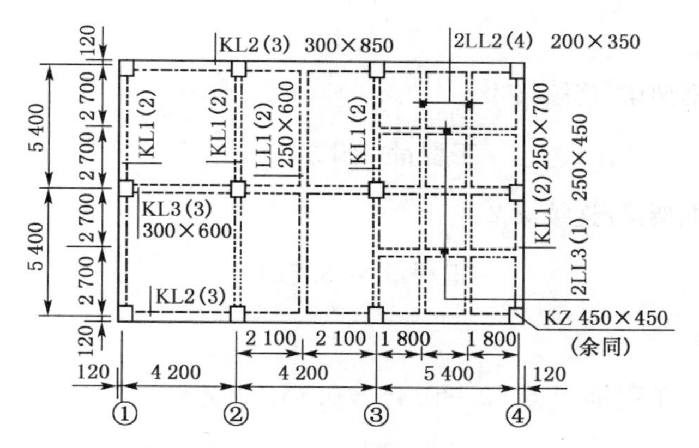

图 10-4　二层楼面结构图

（1）工程量计算见表 10-21

表 10-21　工程量计算表

构件号		计算式	单位	数量	备注
梁	KL1	(11.04−0.45×3)×0.7×0.25×4	m^3	6.78	梁 0.6 m 上
	KL2	(14.04−0.45×4)×0.85×0.3×2	m^3	6.24	梁 0.6 m 上
	KL3	(14.04−0.45×4)×0.6×0.3	m^3	2.20	梁 0.6 m 内
	LL1	(11.04−0.3×3)×0.6×0.25	m^3	1.52	梁 0.6 m 内
	LL2	(11.04−0.3×3−0.25×2)×0.35×0.2×2	m^3	1.35	井字板
	LL3	(5.4−0.125−0.13)×0.45×0.25×2	m^3	1.16	井字板
板	①～③	(8.4−0.13−0.25×2−0.125)×(11.04−0.3×3)×0.12	m^3	9.30	平板
	③～④	(5.4−0.125−0.2×2−0.13)×(11.04−0.3×3−0.25×2)×0.09	m^3	4.12	井字板

按照构件特征不同，该楼面梁、板按以下四个项目列项：

矩形梁(梁高 0.6 m 以上) $V = 6.78 + 6.24 = 13.02\ m^3$

矩形梁(梁高 0.6 m 以内) $V = 2.2 + 1.52 = 3.74\ m^3$

井字有梁板 $V = 1.35 + 1.16 + 4.12 = 6.63\ m^3$

平板(板厚 120 mm) $V = 9.3\ m^3$

（2）工程量清单编列见表 10-22

表 10-22　分部分项工程量清单

序号	项目编码	项目名称	计量单位	工程数量
1	010503002001	矩形梁：C30 钢筋混凝土，梁高 0.6 m 上，层高 4.5 m	m^3	13.02
2	010503002002	矩形梁：C30 钢筋混凝土，梁高 0.6 m 内，层高 4.5 m	m^3	3.74
3	010505001001	井字有梁板：C30 钢筋混凝土，层高 4.5 m	m^3	6.63
4	010505003001	平板：C30 钢筋混凝土，板厚 120 mm，层高 4.5 m	m^3	9.3

(3)定额工程量

6-19　单梁/框架梁/连续梁 1

$$工程量 = 13.02\ m^3$$

6-19　单梁/框架梁/连续梁 2

$$工程量 = 3.74\ m^3$$

6-32　有梁板

$$工程量 = 6.63 + 0.45 \times 0.45 \div 2 \times 6 = 7.24\ m^3$$

6-34　平板

$$工程量 = 9.3\ m^3$$

(4) 套价、组价

6-19　单梁/框架梁/连续梁 1、2　综合单价:448.53 元/m^3

6-32　有梁板　综合单价:430.43 元/m^3

6-34　平板　综合单价:446.90 元/m^3

因此

$$010503002001\ 矩形梁综合单价 = \frac{13.02 \times 448.53}{13.02} = 448.53\ 元/m^3，合价 = 5\,839.86\ 元$$

$$010503002002\ 矩形梁综合单价 = \frac{3.74 \times 448.53}{3.74} = 448.53\ 元/m^3，合价 = 1\,677.50\ 元$$

$$010505001001\ 有梁板综合单价 = \frac{7.24 \times 430.43}{7.24} = 430.43\ 元/m^3，合价 = 3\,116.31\ 元$$

$$010505003001\ 平板综合单价 = \frac{9.3 \times 446.90}{9.3} = 446.90\ 元/m^3，合价 = 4\,156.17\ 元$$

【例 10-6】 某工业建筑,檐高 14.2 m,图纸设计现场预制过梁列表如表 10-23,按照设计提供的标准图集计算清单工程量和编列项目清单及计算清单综合单价(按照江苏省 2014 计价定额计算定额工程量和套价)。

表 10-23　某工程预制构过梁数量表

序号	构件名称		件数	采用图集	单件体积	备注
1	过梁 C20	GL4123	10	03G322	0.073	梁高 180 mm
2		GL4124	6		0.073	
3		GL4182	12		0.099	
4		GL4183	10		0.132	梁高 240 mm
5		GL4184	20		0.132	

【解】 预制过梁可以按自然单位计量。过梁长度相同而高度不同,或高度相同而长度不同的,均以单根体积划分,分别编码列项。

(1) C20 钢筋混凝土预制过梁工程量计算

单根体积为 0.073 m^3/根的 10＋6＝16 根，0.099 m^3/根的 12 根，0.132 m^3/根的 10＋20＝30 根。

(2) 编列项目清单见表 10-24

表 10-24　分部分项工程量清单

序号	项目编码	项目名称	计量单位	工程量(m^3)
1	010510003001	C20 钢筋混凝土预制过梁制、运、安：梁断面尺寸 240 mm×180 mm，单根体积 0.073 m^3	根	16
2	010510003002	C20 钢筋混凝土预制过梁制、运、安：梁断面尺寸 240 mm×180 mm，单根体积 0.099 m^3	根	12
3	010510003003	C20 钢筋混凝土预制过梁制、运、安：梁断面尺寸 240 mm×240 mm，单根体积 0.132 m^3	根	30

(3) 定额工程量

过梁 1

6-22　过梁　混凝土工程量　$V = 0.073 \times 16 = 1.168\ m^3$

8-1　Ⅰ类构件运输　$V = 1.168\ m^3$

7-72　过梁构件安装　$V = 1.168\ m^3$

过梁 2

6-22　过梁　混凝土工程量　$V = 0.099 \times 12 = 1.188\ m^3$

8-1　Ⅰ类构件运输　$V = 1.188\ m^3$

8-72　过梁构件安装　$V = 1.188\ m^3$

过梁 3

6-22　过梁　混凝土工程量　$V = 0.132 \times 30 = 3.96\ m^3$

8-1　Ⅰ类构件运输　$V = 3.96\ m^3$

8-72　过梁构件安装　$V = 3.96\ m^3$

(4) 套价、组价

6-22　过梁　综合单价：567.88 元/m^3

8-1　Ⅰ类构件运输　综合单价：102.90 元/m^3

8-72　过梁构件安装　综合单价：108.48 元/m^3

因此：

010510003001 过梁综合单价 $= 1.168 \times (567.88 + 102.90 + 108.48)/16$

$= 56.89$ 元 / 根

010510003002 过梁综合单价 $= 1.188 \times (567.88 + 102.90 + 108.48)/12$

$= 77.15$ 元 / 根

010510003003 过梁综合单价 $= 3.96 \times (567.88 + 102.90 + 108.48)/30$

$= 102.08$ 元 / 根

【例 10-7】 计算如图 10-5 现浇单跨矩形梁(共 10 根)的钢筋清单工程量，并编列项目清单及计算清单综合单价(按照江苏省 2014 计价定额计算定额工程量和套价)。

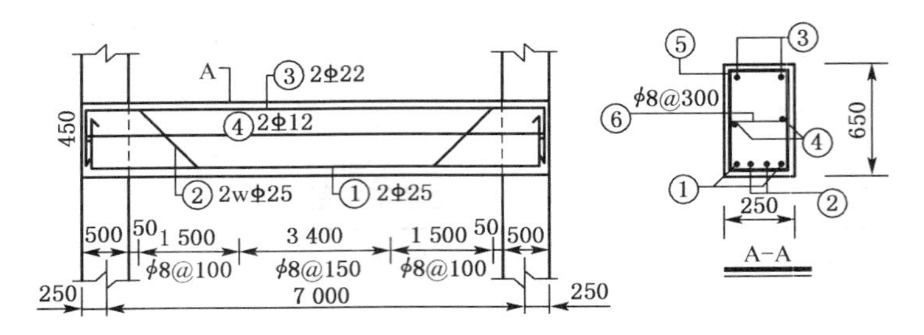

图 10-5　矩形梁配筋图(混凝土强度 C25)

【解】 该梁钢筋为现浇混凝土结构钢筋。

设计图中未明确的:保护层厚度按 25 mm 计算,钢筋定尺长度大于 8 m,按 $35d$ 计算搭接长度,箍筋及弯起筋按梁断面尺寸计算;锚固长度按图示尺寸计算。

(1) 清单工程量

① 2Φ25

$L = 7 + 0.25 \times 2 - 0.025 \times 2 + 0.45 \times 2 + 0.025 \times 35 = 9.225$ m

$W_1 = 9.225 \times 2$ 根 $\times 3.85 \times 10 = 710$ kg

② 2wΦ25

$L = 7 + 0.25 \times 2 - 0.025 \times 2 + 0.65 \times 0.4 \times 2 + 0.45 \times 2 + 0.025 \times 35$

$= 9.745$ m

$W_2 = 9.745 \times 2$ 根 $\times 3.85 \times 10 = 750$ kg

③ 2Φ22

$L = 7 + 0.25 \times 2 - 0.025 \times 2 + 0.45 \times 2 + 0.022 \times 35 = 9.12$ m

$W_3 = 9.12 \times 2 \times 2.986 \times 10 = 545$ kg

④ 2Φ12

$L = 7 + 0.25 \times 2 - 0.025 \times 2 + 0.012 \times 12.5 = 7.6$ m

$W_4 = 7.6 \times 2 \times 0.888 \times 10 = 135$ kg

⑤ ϕ8@150/100

$N = 3.4 \div 0.15 - 1 + (1.5 \div 0.1 + 1) \times 2 = 21.67 + 16 \times 2 = 53.67$ 只,取 54 只

$L = (0.25 + 0.65) \times 2 = 1.8$ m/只

$W_5 = 1.8 \times 0.395 \times 54 \times 10 = 384$ kg

⑥ ϕ8@300

$N = (7 - 0.25 \times 2) \div 0.3 + 1 = 23$

$L = 0.25 - 0.025 \times 2 + 12.5 \times 0.008 = 0.3$ m

$W_6 = 0.3 \times 0.395 \times 23 \times 10 = 27$ kg

工程量汇总:Ⅰ 级圆钢　$\sum W = 135 + 384 + 27 = 546$ kg

Ⅱ 级螺纹钢:$\sum W = 710 + 750 + 545 = 2\,005$ kg

项目工程量清单编列见表 10-25。

表 10-25　分部分项工程量清单

序号	项目编码	项目名称	计量单位	工程数量
1	010515001001	现浇混凝土钢筋：Ⅰ级圆钢，规格综合	t	0.546
2	010515001002	现浇混凝土钢筋：Ⅱ级螺纹钢，ϕ10 以上	t	2.005

（2）定额工程量

5-1 ϕ12 以内　　工程量＝0.546 t

5-2 ϕ25 以内　　工程量＝2.005 t

（3）套价、组价

5-1 ϕ12 以内　　综合单价：5 470.72 元/t

5-2 ϕ25 以内　　综合单价：4 998.87 元/t

因此：

010515001001 现浇混凝土钢筋综合单价＝5 470.72 元/t，合价为 2 987.01 元

010515001002 现浇混凝土钢筋综合单价＝4 998.87 元/t，合价为 10 022.73 元

10.2.6　金属结构工程

本部分内容分为 7 节共 31 个清单项目，金属结构工程适用于建筑物和构筑物的钢结构工程，包括钢网架，钢屋架、钢托架、钢桁架、钢桥架，钢柱，钢梁，钢板楼板、墙板，钢构件和金属制品。

1）钢网架 010601

010601001，钢网架，计量单位为“t”。工程量计算规则：按设计图示尺寸以质量计算。不扣除孔眼的质量，焊条、铆钉、螺栓等不另增加质量。

2）钢屋架、钢托架、钢桁架、钢桥架 010602

010602001，钢屋架，计量单位为“榀”或“t”。工程量计算规则：(1)以“榀”计量，按设计图示数量计算；(2)以“t”计量，按设计图示尺寸以质量计算。不扣除孔眼的质量，焊条、铆钉、螺栓等不另增加质量。

010602002，钢托架；010602003，钢桁架。计量单位为“t”。工程量计算规则：按设计图示尺寸以质量计算。不扣除孔眼的质量，焊条、铆钉、螺栓等不另增加质量。

010602004，钢架桥；计量单位“t”。工程量计算规则：按设计图示尺寸以质量计算。不扣除孔眼的质量，焊条、铆钉、螺栓等不另增加质量。

3）钢柱 010603

010603001，实腹钢柱；010603002，空腹钢柱。计量单位为“t”。工程量计算规则：按设计图示尺寸以质量计算。不扣除孔眼的质量，焊条、铆钉、螺栓等不另增加质量，依附在钢柱上的牛腿及悬臂梁等并入钢柱工程量内。

010603003，钢管柱，计量单位为“t”。工程量计算规则：按设计图示尺寸以质量计算。不扣除孔眼的质量，焊条、铆钉、螺栓等不另增加质量，钢管柱上的节点板、加强环、内衬管、牛腿等并入钢管柱工程量内。

4）钢梁 010604

010604001，钢梁；010604002，钢吊车梁。计量单位为“t”。工程量计算规则：按设计图

示尺寸以质量计算。不扣除孔眼的质量,焊条、铆钉、螺栓等不另增加质量,制动梁、制动板、制动桁架、车挡并入钢吊车梁工程量内。

5)钢板楼板、墙板 010605

010605001,钢板楼板,计量单位为“m^2”。工程量计算规则:按设计图示尺寸以铺设水平投影面积计算。不扣除单个面积≤0.3 m^2 的柱、垛及孔洞所占面积。

010605002,钢板墙板,计量单位为“m^2”。工程量计算规则:按设计图示尺寸以铺挂展开面积计算。不扣除单个面积≤0.3 m^2 的梁、孔洞所占面积,包角、包边、窗台泛水等不另加面积。

6)钢构件 010606

010606001,钢支撑、钢拉条;010606002,钢檩条;010606003,钢天窗架;010606004,钢挡风架;010606005,钢墙架;010606006,钢平台;010606007,钢走道;010606008,钢梯;010606009,钢护栏;010606012,钢支架;010606013,零星钢构件。计量单位为“t”。工程量计算规则:按设计图示尺寸以质量计算。不扣除孔眼的质量,焊条、铆钉、螺栓等不另增加质量。

010606010,钢漏斗;010606011,钢板天沟。计量单位为“t”。工程量计算规则:按设计图示尺寸以质量计算,不扣除孔眼的质量,焊条、铆钉、螺栓等不另增加质量,依附漏斗或天沟的型钢并入漏斗或天沟工程量内。

7)金属制品 010607

010607001,成品空调金属百叶护栏;010607002,成品栅栏。计量单位为“m^2”。工程量计算规则:按设计图示尺寸以框外围展开面积计算。

010607003,成品雨篷,计量单位为“m”或“m^2”。工程量计算规则:(1)以“m”计量,按设计图示接触边以“m”计算;(2)以“m^2”计量,按设计图示尺寸以展开面积计算。

010607004,金属网栏,计量单位为“m^2”。工程量计算规则:按设计图示尺寸以框外围展开面积计算。

010607005,砌块墙钢丝网加固;010607006,后浇带金属网。计量单位为“m^2”。工程量计算规则:按设计图示尺寸以面积计算。

8)应用案例

【例 10-8】 某单层工业厂房屋面钢屋架 12 榀,现场制作,该屋架每榀 2.76 t,刷红丹防锈漆 1 遍,防火漆 2 遍,调和漆 2 遍,构件安装,场内运输 650 m。履带式起重机安装高度 5.4 m,跨外安装。请按江苏省 2014 建筑与装饰工程计价定额计算钢屋架的综合清单单价(按三类工程考虑)。已知招标人编制分部分项工程量清单如表 10-26。

表 10-26 分部分项工程量清单

序号	项目编码	项目名称	项目特征描述	计量单位	工程量
1	010602001001	钢屋架	1. 钢材品种规格:∟50 mm×50 mm×4 mm 2. 单榀屋架重量:2.76 t 3. 屋架跨度 9 m,安装高度 5.4 m 4. 屋架无探伤要求 5. 屋架刷红丹防锈漆一遍 6. 屋架刷薄型防火涂料(1.5 h)	榀	12

【解】 按计价定额计算工程量，并套用计价定额综合单价：

单榀钢屋架工程量 2.76t

7-11	钢屋架制作	2.76 t×6 695.58 元/t = 18 479.8 元
17-146	钢屋架刷防火涂料	2.76 t×38×61.223 元/t = 6 421 元
8-25	钢屋架运输	2.76 t×52.71 元/t = 145.48 元
8-124换	钢屋架安装(跨外)	2.76 t×879.11 元/t = 2 426.34 元

单价换算：人工费 214.84×1.18 = 253.51 元

材料费 42.5 元

机械费 313.08+244.85×0.18 = 357.15 元

管理费 (253.51+357.15)×25% = 152.67 元

利　润 (253.51+357.15)×12% = 73.28 元

钢屋架综合单价：27 472.62 元/榀

分部分项工程量清单计价见表 10-27。

表 10-27　分部分项工程量清单计价表

序号	项目编码	项目名称	计量单位	工程数量	金额(元)	
					综合单价	合　价
1	010602001001	钢屋架	榀	12	27 472.62	329 671.44

10.2.7 木结构工程

本部分内容分为 3 节共 8 个清单项目，包括木屋架、木构件和屋面木基层。

1) 木屋架 010701

010701001，木屋架，计量单位为“榀”或“m^3”。工程量计算规则：(1)以“榀”计量，按设计图示数量计算；(2)以“m^3”计量，按设计图示的规格尺寸以体积计算。

010701002，钢木屋架，计量单位为“榀”。工程量计算规则：以“榀”计量，按设计图示数量计算。

2) 木构件 010702

010702001，木柱；010702002，木梁。计量单位为“m^3”。工程量计算规则：按设计图示尺寸以体积计算。

010702003，木檩，计量单位为“m^3”或“m”。工程量计算规则：(1)以“m^3”计量，按设计图示尺寸以体积计算；(2)以“m”计量，按设计图示尺寸以长度计算。

010702004，木楼梯，计量单位为“m^2”。工程量计算规则：按设计图示尺寸以水平投影面积计算。不扣除宽度≤300 mm 的楼梯井，伸入墙内部分不计算。

010702005，其他木构件，计量单位为“m^3”或“m”。工程量计算规则：(1)以“m^3”计量，按设计图示尺寸以体积计算；(2)以“m”计量，按设计图示尺寸以长度计算。

3) 屋面木基层 010703

010703001，屋面木基层，计量单位为“m^2”。工程量计算规则：按设计图示尺寸以斜面积计算。不扣除房上烟囱、风帽底座、风道、小气窗、斜沟等所占面积。小气窗的出檐部分不增加面积。

4）应用案例

【例 10-9】 某工程有 10 榀 6 m 跨度杉原木普通人字屋架，木屋架刷底漆、油调和漆、清漆 2 遍。试列出该木屋架的工程量清单。

【解】 （1）计算工程量

木屋架工程量＝10 榀

（2）工程量清单编制

工程量清单见表 10-28。

表 10-28 分部分项工程量清单

序号	项目编码	项目名称	项目特征描述	计量单位	工程量
1	010701001001	木屋架	跨度：6 m 材料品种、规格，抛光要求：杉原木普通人字屋架防护材料种类，油漆品种、刷漆遍数：刷底漆、油调和漆、清漆 2 遍	榀	10

10.2.8 门窗工程

门窗工程清单项目有 10 节 55 个项目，包括木门，金属门，金属卷帘（闸）门，厂库房大门、特种门，其他门，木窗，金属窗，门窗套，窗台板，窗帘、窗帘盒、轨。适用于门窗工程。

1）木门 010801

《房屋建筑与装饰工程工程量计算规范》附录表 H. 1 木门项目包括木质门、木质门带套、木质连窗门、木质防火门、木门框、门锁安装 6 个清单项目。

010801001，木质门；010801002，木质门带套；010801003，木质连窗门；010801004，木质防火门。项目特征：(1)门代号及洞口尺寸；(2)镶嵌玻璃品种、厚度。计量单位为“樘”或“m^2”。工程量计算规则：(1)以“樘”计量，按设计图示数量计算；(2)以“m^2”计量，按设计图示洞口尺寸以面积计算。工作内容：(1)门安装；(2)玻璃安装；(3)五金安装。

010801005，木门框。项目特征：(1)门代号及洞口尺寸；(2)框截面尺寸；(3)防护材料种类。计量单位为“樘”或“m^2”。工程量计算规则：(1)以“樘”计量，按设计图示数量计算；(2)以“m”计量，按设计图示框的中心线以延长米计算。工作内容：(1)木门框制作、安装；(2)运输；(3)刷防护材料。

010801006，门锁安装。项目特征：(1)锁品种；(2)锁规格。计量单位为“个”或“套”。工程量计算规则：按设计图示数量计算。工作内容：安装。

2）金属门 010802

《房屋建筑与装饰工程工程量计算规范》附录表 H. 2 金属门包括金属（塑钢）门、彩板门、钢质防火门和防盗门 4 个清单项目。

010802001，金属（塑钢）门。项目特征：(1)门代号及洞口尺寸；(2)门框或扇外围尺寸；(3)门框、扇材质；(4)玻璃品种、厚度。计量单位为“樘”或“m^2”。工程量计算规则：(1)以

"樘"计量,按设计图示数量计算;(2)以"m^2"计量,按设计图示洞口尺寸以面积计算。工作内容:(1)门安装;(2)五金安装;(3)玻璃安装。

010802002,彩板门。项目特征:(1)门代号及洞口尺寸;(2)门框或扇外围尺寸。计量单位为"樘"或"m^2"。工程量计算规则和工作内容同金属(塑钢)门。

010802003,钢质防火门。项目特征:(1)门代号及洞口尺寸;(2)门框或扇外围尺寸;(3)门框、扇材质。计量单位为"樘"或"m^2"。工程量计算规则和工作内容同金属(塑钢)门。

010802004,防盗门。项目特征同钢质防火门。计量单位为"樘"或"m^2"。工程量计算规则同金属(塑钢)门。工作内容:(1)门安装;(2)五金安装。

说明:(1)钢质防火门等,应按有框和无框分别编码列项;(2) 门五金包括卡销、滑轮、铰拉、执手、拉把、拉手、风撑、角码、牛角制、地弹簧、门销、门插、门铰等。

3) 金属卷帘(闸)门 010803

《房屋建筑与装饰工程工程量计算规范》附录表 H.3 金属卷帘(闸)门项目包括金属卷帘(闸)门、防火卷帘(闸)门 2 个清单项目。

010803001,金属卷帘(闸)门;010803002,防火卷帘(闸)门。项目特征:(1)门代号及洞口尺寸;(2)门材质;(3)启动装置品种、规格。计量单位为"樘"或"m^2"。工程量计算规则:(1)以"樘"计量,按设计图示数量计算;(2)以"m^2"计量,按设计图示洞口尺寸以面积计算。工作内容:(1)门运输、安装;(2)启动装置、活动小门、五金安装。

4) 厂库房大门、特种门 010804

《房屋建筑与装饰工程工程量计算规范》附录表 H.4 厂库房大门、特种门项目包括木板大门、钢木大门、全钢板大门、防护铁丝门、金属格栅门、钢质花饰大门和特种门 7 个清单项目。

010804001,木板大门;010804002,钢木大门;010804003,全钢板大门。项目特征:(1)门代号及洞口尺寸;(2)门框或扇外围尺寸;(3)门框、扇材质;(4)五金种类、规格;(5)防护材料种类。计量单位为"樘"或"m^2"。工程量计算规则:(1)以"樘"计量,按设计图示数量计算;(2)以"m^2"计量,按设计图示洞口尺寸以面积计算。工作内容:(1)门(骨架)制作、运输;(2)门、五金配件安装;(3)刷防护材料。

010804004,防护铁丝门。项目特征和工作内容同木板大门,计量单位为"樘"或"m^2"。工程量计算规则:(1)以"樘"计量,按设计图示数量计算;(2)以"m^2"计量,按设计图示门框或扇以面积计算。

010804005,金属格栅门。项目特征:(1)门代号及洞口尺寸;(2)门框或扇外围尺寸;(3)门框、扇材质;(4)启动装置的品种、规格。计量单位为"樘"或"m^2"。工程量计算规则:(1)以"樘"计量,按设计图示数量计算;(2)以"m^2"计量,按设计图示洞口尺寸以面积计算。工作内容:(1)门安装;(2)启动装置、五金配件安装。

010804006,钢质花饰大门。项目特征:(1)门代号及洞口尺寸;(2)门框或扇外围尺寸;(3)门框、扇材质。计量单位为"樘"或"m^2"。工程量计算规则:(1)以"樘"计量,按设计图示数量计算;(2)以"m^2"计量,按设计图示门框或扇以面积计算。工作内容:(1)门安装;(2)五金配件安装。

010804007,特种门。项目特征同钢质花饰大门。计量单位为"樘"或"m^2"。工程量计算规则:(1)以“樘”计量,按设计图示数量计算;(2)以“m^2”计量,按设计图示洞口尺寸以面积计算。工作内容同钢质花饰大门。

5) 其他门 010805

《房屋建筑与装饰工程工程量计算规范》附录表 H.5 其他门包括平开电子感应门、旋转门、电子对讲门、电动伸缩门、全玻自由门、镜面不锈钢饰面门、复合材料门 7 个清单项目。

010805001,平开电子感应门;010805002,旋转门。项目特征:(1)门代号及洞口尺寸;(2)门框或扇外围尺寸;(3)门框、扇材质;(4)玻璃品种、厚度;(5)启动装置的品种、规格;(6)电子配件品种、规格。计量单位为“樘”或“m^2”。工程量计算规则:(1)以“樘”计量,按设计图示数量计算;(2)以“m^2”计量,按设计图示洞口尺寸以面积计算。工作内容:(1)门安装;(2)启动装置、五金、电子配件安装。

010805003,电子对讲门;010805004,电动伸缩门。项目特征:(1)门代号及洞口尺寸;(2)门框或扇外围尺寸;(3)门材质;(4)玻璃品种、厚度;(5)启动装置的品种、规格;(6)电子配件品种、规格。计量单位为“樘”或“m^2”。工程量计算规则和工作内容同电子感应门。

010805005,全玻自由门。项目特征:(1)门代号及洞口尺寸;(2)门框或扇外围尺寸;(3)框材质;(4)玻璃品种、厚度。计量单位为“樘”或“m^2”。工程量计算规则同电子感应门。工作内容:(1)门安装;(2)五金安装。

010805006,镜面不锈钢饰面门;010805007,复合材料门。项目特征:(1)门代号及洞口尺寸;(2)门框或扇外围尺寸;(3)框、扇材质;(4)玻璃品种、厚度。计量单位为“樘”或“m^2”。工程量计算规则同电子感应门。工作内容:(1)门安装;(2)五金安装。

6) 木窗 010806

《房屋建筑与装饰工程工程量计算规范》附录表 H.6 木窗项目包括木质窗、木飘(凸)窗、木橱窗、木纱窗 4 个清单项目。

010806001,木质窗。项目特征:(1)窗代号及洞口尺寸;(2)玻璃品种、厚度。计量单位为“樘”或“m^2”。工程量计算规则:(1)以“樘”计量,按设计图示数量计算;(2)以“m”计量,按设计图示洞口尺寸以面积计算。工作内容:(1)窗安装;(2)五金、玻璃安装。

010806002,木飘(凸)窗。项目特征、计量单位、工作内容同木质窗。工程量计算规则:(1)以“樘”计量,按设计图示数量计算;(2)以“m^2”计量,按设计图示尺寸以框外围展开面积计算。

010806003,木橱窗。项目特征:(1)窗代号;(2)框截面及外围展开面积;(3)玻璃品种、厚度;(4)防护材料种类。计量单位为“樘”或“m^2”。工程量计算规则:(1)以“樘”计量,按设计图示数量计算;(2)以“m^2”计量,按设计图示尺寸以框外围展开面积计算。工作内容:(1)窗制作、运输、安装;(2)五金、玻璃安装;(3)刷防护材料。

010806004,木纱窗。项目特征:(1)窗代号及框的外围尺寸;(2)窗纱材料品种、规格。计算单位为“樘”或“m^2”。工程量计算规则:(1)以“樘”计量,按设计图示数量计算;(2)以“m^2”计量,按框的外围尺寸以面积计算。工作内容:(1)窗安装;(2)五金安装。

说明:木窗五金应包括折页、插销、风钩、木螺钉、滑楞滑轨(推拉窗)等。

7) 金属窗 010807

《房屋建筑与装饰工程工程量计算规范》附录表 H.7 金属窗项目包括金属(塑钢、断桥)窗、金属防火窗、金属百叶窗、金属纱窗、金属格栅窗、金属(塑钢、断桥)橱窗、金属(塑钢、断桥)飘(凸)窗、彩板窗和复合材料窗9个清单项目。

010807001,金属(塑钢、断桥)窗;010807002,金属防火窗。项目特征:(1)窗代号及洞口尺寸;(2)框、扇材质;(3)玻璃品种、厚度。计量单位为“樘”或“m^2”。工程量计算规则:(1)以“樘”计量,按设计图示数量计算;(2)以“m^2”计量,按设计图示洞口尺寸以面积计算。工作内容:(1)窗安装;(2)五金、玻璃安装。

010807003,金属百叶窗。项目特征和工程量计算规则同金属(塑钢、断桥)窗。计量单位为“樘”或“m^2”。工作内容:(1)窗安装;(2)五金安装。

010807004,金属纱窗。项目特征:(1)窗代号及洞口尺寸;(2)框材质;(3)窗纱材料品种、规格。计量单位为“樘”或“m^2”。工程量计算规则:(1)以“樘”计量,按设计图示数量计算;(2)以“m^2”计量,按框的外围尺寸以面积计算。工作内容同金属百叶窗。

010807005,金属格栅窗。项目特征:(1)窗代号及洞口尺寸;(2)框外围尺寸;(3)框、扇材质。计量单位为“樘”或“m^2”。工程量计算规则和工作内容同金属百叶窗。

010807006,金属(塑钢、断桥)橱窗。项目特征:(1)窗代号;(2)框外围展开面积;(3)框、扇材质;(4)玻璃品种、厚度;(5)防护材料种类。计量单位为“樘”或“m^2”。工程量计算规则:(1)以“樘”计量,按设计图示数量计算;(2)以“m^2”计量,按设计图示尺寸以框外围展开面积计算。工作内容:(1)窗制作、运输、安装;(2)五金、玻璃安装;(3)刷防护材料。

010807007,金属(塑钢、断桥)飘(凸)窗。项目特征:(1)窗代号;(2)框外围展开面积;(3)框、扇材质;(4)玻璃品种、厚度。计量单位为“樘”或“m^2”。工程量计算规则同金属(塑钢、断桥)橱窗。工作内容:(1)窗安装;(2)五金、玻璃安装。

010807008,彩板窗;010807009,复合材料窗。项目特征:(1)窗代号及洞口尺寸;(2)框外围尺寸;(3)框、扇材质;(4)玻璃品种、厚度。计量单位为“樘”或“m^2”。工程量计算规则:(1)以“樘”计量,按设计图示数量计算;(2)以“m^2”计量,按设计图示洞口尺寸或框外围以面积计算。工作内容同金属(塑钢、断桥)飘(凸)窗。

8) 门窗套 010808

《房屋建筑与装饰工程工程量计算规范》附录表H.8门窗套项目包括木门窗套、木筒子板、饰面夹板筒子板、金属门窗套、石材门窗套、门窗木贴脸、成品木门窗套7个清单项目。

010808001,木门窗套。项目特征:(1)窗代号及洞口尺寸;(2)门窗套展开宽度;(3)基层材料种类;(4)面层材料品种、规格;(5)线条品种、规格;(6)防护材料种类。计量单位为“樘”或“m^2”或“m”。工程量计算规则:(1)以“樘”计量,按设计图示数量计算;(2)以“m^2”计量,按设计图示尺寸以展开面积计算;(3)以“m”计量,按设计图示中心以延长米计算。工作内容:(1)清理基层;(2)立筋制作、安装;(3)基层板安装;(4)面层铺贴;(5)线条安装;(6)刷防护材料。

010808002,木筒子板;010808003,饰面夹板筒子板。项目特征:(1)筒子板宽度;(2)基层材料种类;(3)面层材料品种、规格;(4)线条品种、规格;(5)防护材料种类。计量单位为“樘”或“m^2”或“m”。工程量计算规则和工作内容同木门窗套。

010808004,金属门窗套。项目特征:(1)窗代号及洞口尺寸;(2)门窗套展开宽度;(3)基层材料种类;(4)面层材料品种、规格;(5)防护材料种类。计量单位为“樘”或“m^2”或“m”。工程量计算规则同木门窗套。工作内容:(1)清理基层;(2)立筋制作、安装;(3)基层板安装;(4)面层铺贴;(5)刷防护材料。

010808005，石材门窗套。项目特征：(1)窗代号及洞口尺寸；(2)门窗套展开宽度；(3)黏结层厚度、砂浆配合比；(4)面层材料品种、规格；(5)线条品种、规格。计量单位为“樘”或“m^2”或“m”。工程量计算规则同木门窗套。工作内容：(1)清理基层；(2)立筋制作、安装；(3)基层抹灰；(4)面层铺贴；(5)线条安装。

010808006，门窗木贴脸。项目特征：(1)门窗代号及洞口尺寸；(2)贴脸板宽度；(3)防护材料种类。计量单位为“樘”或“m”。工程量计算规则：(1)以“樘”计量，按设计图示数量计算；(2)以“m”计量，按设计图示尺寸以延长米计算。工作内容：安装。

010808007，成品木门窗套。项目特征：(1)门窗代号及洞口尺寸；(2)门窗套展开宽度；(3)门窗套材料品种、规格。计量单位为“樘”或“m^2”或“m”。工程量计算规则：(1)以“樘”计量，按设计图示数量计算；(2)以“m^2”计量，按设计图示尺寸以展开面积计算；(3)以“m”计量，按设计图示中心以延长米计算。工作内容：(1)清理基层；(2)立筋制作、安装；(3)板安装。

9）窗台板 010809

《房屋建筑与装饰工程工程量计算规范》附录表 H.9 窗台板项目包含木窗台板、铝塑窗台板、金属窗台板、石材窗台板 4 个清单项目。

010809001，木窗台板；010809002，铝塑窗台板；010809003，金属窗台板。项目特征：(1)基层材料种类；(2)窗台面板材质、规格、颜色；(3)防护材料种类。计量单位为“m^2”。工程量计算规则：按设计图示尺寸以展开面积计算。工作内容：(1)基层清理；(2)基层制作、安装；(3)窗台板制作、安装；(4)刷防护材料。

010809004，石材窗台板。项目特征：(1)黏结层厚度、砂浆配合比；(2)窗台板材质、规格、颜色。计量单位为“m^2”。工程量计算规则同木窗台板。工作内容：(1)基层清理；(2)抹找平层；(3)窗台板制作、安装。

说明：窗台板如为弧形，其长度以中心线计算。

10）窗帘、窗帘盒、轨 010810

《房屋建筑与装饰工程工程量计算规范》附录表 H.10 窗帘、窗帘盒、轨项目包含窗帘(杆)，木窗帘盒，饰面夹板、塑料窗帘盒，铝合金窗帘盒，窗帘轨 5 个清单项目。

010810001，窗帘。项目特征：(1)窗帘材质；(2)窗帘高度、宽度；(3)窗帘层数；(4)带幔要求。计量单位为“m^2”或“m”。工程量计算规则：(1)以“m”计量，按设计图示尺寸以成活后长度计算；(2)以“m^2”计量，按图示尺寸以窗帘盒展开面积计算。工作内容：(1)制作、运输；(2)安装。

010810002，木窗帘盒；010810003，饰面夹板、塑料窗帘盒；010810004，铝合金窗帘盒。项目特征：(1)窗帘盒材质、规格；(2)防护材料种类。计量单位为“m”。工程量计算规则：按设计图示尺寸以长度计算。工作内容：(1)制作、运输、安装；(2)刷防护材料。

010810005，窗帘轨。项目特征：(1)窗帘轨材质、规格；(2)轨的数量；(3)防护材料种类。计量单位为“m”。工程量计算规则和工作内容同木窗帘盒。

说明：窗帘盒如为弧形，其长度以中心线计算。

11）门窗工程清单计价注意要点

(1) 门窗套、贴脸板、筒子板和窗台板项目包括底层抹灰，如底层抹灰已包括在墙、柱面底层抹灰内，应在清单项目特征中进行描述，以便投标人报价。

(2) 门窗框与洞口之间的填塞应包括在报价内。

(3) 木门窗的制作应考虑木材的干燥损耗、刨光损耗、下料后备长度、门窗走头增加的体积等，在报价时应予以注意。

(4) 防护材料分防火、防腐、防虫、防潮、耐磨、耐老化等材料，应根据清单项目要求报价。

(5) 凡面层材料有品种、规格、品牌、颜色要求的，应在工程量清单中进行描述。

12) 应用案例

【例 10-10】 某学生宿舍铝合金推拉窗如图 10-6 所示，共 40 樘，现场制作、安装。双扇带亮推拉窗采用 6 mm 平板玻璃，一侧带铝合金纱扇，纱扇尺寸为 800 mm×1 200 mm。试编制金属窗的工程量清单和工程量清单计价。

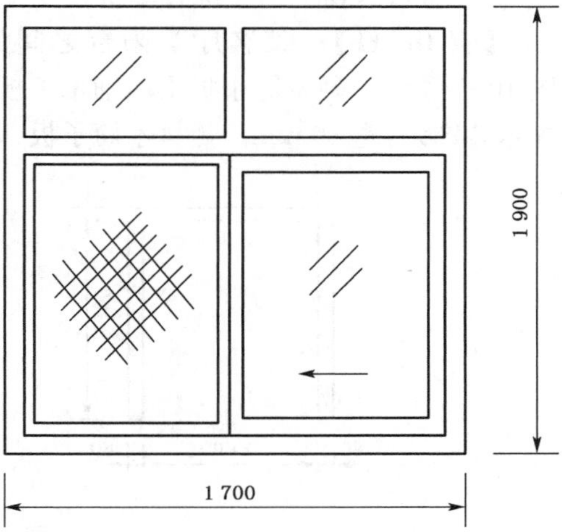

图 10-6 塑钢推拉窗

【解】 (1)编制金属窗的工程量清单(见表 10-29)

金属(铝合金)窗的工程量 = 40 樘

或

金属(铝合金)窗的工程量 = $1.7\times1.9\times40 = 129.20\ m^2$

金属纱窗的工程量 = 40 樘

或

金属纱窗的工程量 = $0.8\times1.2\times40 = 38.4\ m^2$

表 10-29 分部分项工程量清单

序号	项目编码	项目名称	项目特征	计量单位	工程量
1	010807001001	金属窗	1. 铝合金推拉窗 2. 窗尺寸：宽 1.7 m，高 1.9 m，双扇带亮推拉窗采用 6 mm 平板玻璃	樘	40
				m^2	129.20
2	010807004001	金属纱窗	一侧带纱扇，纱扇尺寸为800 mm×1 200 mm	樘	40
				m^2	38.4

(2)金属推拉窗的工程量清单计价

① 按计价定额规定计算工程内容的工程量

A. 铝合金推拉窗(双扇带亮)制安的工程量 = $1.7\times1.9\times40 = 129.20\ m^2$

B. 铝合金纱窗扇(单扇)制安的工程量 = $0.8\times1.2\times40 = 38.4\ m^2$

② 套用计价定额计算各项工程内容的综合价

16-45 铝合金推拉窗(普通铝型材)制安的综合价 = 129.20 ÷ 10 × 3 659.97 = 47 286.81 元

16-93 无腰纱窗扇(单扇)制作的综合价 = 38.4 ÷ 10 × 469.04 = 1 801.11 元

16-94 无腰纱窗扇(单扇)安装的综合价 = 38.4 ÷ 10 × 125.77 = 482.96 元

③ 计算金属窗的清单综合价、清单综合单价

A. 金属(铝合金)窗的清单综合价 = 47 286.81 元

金属推拉窗的清单综合单价 = 47 286.81 ÷ 129.20 = 366.00 元 / m²

或　　金属推拉窗的清单综合单价 = 47 286.81 ÷ 40 = 1 182.17 元 / 樘

B. 金属纱窗的清单综合价 = 1 801.11 + 482.96 = 2 284.07 元

金属纱窗的清单综合单价 = 2 284.07 ÷ 38.4 = 59.48 元 / m²

或　　金属纱窗的清单综合单价 = 2 284.07 ÷ 40 = 57.10 元 / 樘

【例 10-11】 某客厅与阳台之间的门洞为 2.6 m×2.1 m，设计做门套装饰，如图 10-7 所示。硬木筒子板采用细木工板基层，柚木板面层，厚 0.03 m，宽 0.3 m；贴脸采用榉木装饰条，宽 80 mm。计算木筒子板、贴脸的清单工程量。

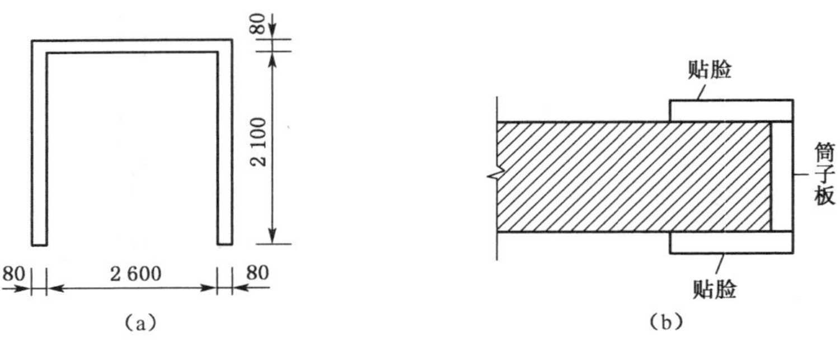

图 10-7　门洞贴面

【解】 计算筒子板、贴脸的清单工程量

(1) 木筒子板工程量(010808002001)=(2.60+2.1×2)×0.3=2.04 m²

(2) 门窗木贴脸工程量(010808006001)=[2.1×2+(2.6+0.08×2)]×2=13.92 m

10.2.9　屋面及防水工程

本部分分为 4 节共 21 个清单项目，包括：瓦、型材及其他屋面，屋面防水及其他，墙面防水、防潮和楼(地)面防水、防潮。

1) *瓦、型材及其他屋面 010901*

010901001，瓦屋面；010901002，型材屋面。计量单位为“m²”。工程量计算规则：按设计图示尺寸以斜面积计算。不扣除房上烟囱、风帽底座、风道、小气窗、斜沟等所占面积。小气窗的出檐部分不增加面积。

010901003，阳光板屋面；010901004，玻璃钢屋面。计量单位为“m²”。工程量计算规则：按设计图示尺寸以斜面积计算。不扣除屋面面积≤0.3 m²孔洞所占面积。

010901005，膜结构屋面。计量单位为“m²”。工程量计算规则：按设计图示尺寸以需要覆盖的水平投影面积计算。

2) *屋面防水及其他 010902*

010902001，屋面卷材防水；010902002，屋面涂膜防水。计量单位为“m²”。工程量计算规则：按设计图示尺寸以面积计算。(1)斜屋顶(不包括平屋顶找坡)按斜面积计算，平屋顶按水平投影面积计算；(2)不扣除房上烟囱、风帽底座、风道、屋面小气窗和斜沟所占面积；(3)屋面的女儿墙、伸缩缝和天窗等处的弯起部分并入屋面工程量内。

010902003,屋面刚性层。计量单位为"m^2"。工程量计算规则:按设计图示尺寸以面积计算。不扣除房上烟囱、风帽底座、风道等所占面积。

010902004,屋面排水管。计量单位为"m"。工程量计算规则:按设计图示尺寸以长度计算。如设计未标注尺寸,以檐口至设计室外散水上表面垂直距离计算。

010902005,屋面排(透)气管。计量单位为"m"。工程量计算规则:按设计图示尺寸以长度计算。

010902006,屋面(廊、阳台)(泄吐)水管。计量单位为"根(个)"。工程量计算规则:按设计图示数量计算。

010902007,屋面天沟、檐沟。计量单位为"m^2"。工程量计算规则:按设计图示尺寸以展开面积计算。

010902008,屋面变形缝。计量单位为"m"。工程量计算规则:按设计图示尺寸以长度计算。

3) 墙面防水、防潮 010903

010903001,墙面卷材防水;010903002,墙面涂膜防水;010903003,墙面砂浆防水(防潮)。计量单位为"m^2"。工程量计算规则:按设计图示尺寸以面积计算。

010903004,墙面变形缝。计量单位为"m"。工程量计算规则:按设计图示尺寸以长度计算。

4) 楼(地)面防水、防潮 010904

010904001,楼(地)面卷材防水;010904002,楼(地)面涂膜防水;010904003 楼(地)面砂浆防水(防潮)。计量单位为"m^2"。工程量计算规则:按设计图示尺寸以面积计算。(1)楼(地)面防水:按主墙间净空面积计算,扣除凸出地面的构筑物、设备基础等所占面积,不扣除间壁墙及单个面积≤0.3 m^2 柱、垛、烟囱和孔洞所占面积;(2)楼(地)面防水反边高度≤300 mm 算作地面防水,反边高度>300 mm 算作墙面防水。

010904004,楼(地)面变形缝。计量单位为"m"。工程量计算规则:按设计图示尺寸以长度计算。

5) 应用案例

【例 10-12】 某住宅刚性屋面做法如图 10-8 所示,已计算得清单工程量为112.09 m^2,铺设预制架空板 83.981 m^2,按清单计价规范列出工程量清单(见表 10-30)。

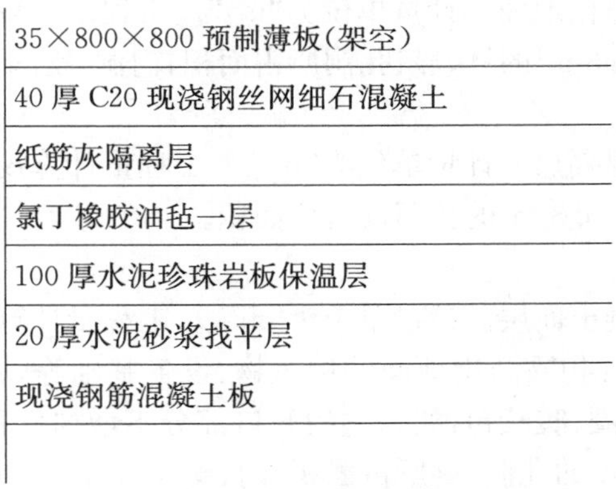

35×800×800 预制薄板(架空)
40 厚 C20 现浇钢丝网细石混凝土
纸筋灰隔离层
氯丁橡胶油毡一层
100 厚水泥珍珠岩板保温层
20 厚水泥砂浆找平层
现浇钢筋混凝土板

图 10-8 某屋面做法

【解】 清单项目列项:项目代码 010902003001 名称:屋面刚性层

清单工程量计算:屋面刚性层:$S = 13.44 \times 8.34 = 112.09\ m^2$

预制架空板铺设：$S = 0.81 \times 0.81 \times (5 \times 16 + 4 \times 6 \times 2) = 83.981\ m^2$

表 10-30　分部分项工程量清单

序号	项目编码	项目名称	计量单位	工程数量
1	010902003001	屋面刚性层 35 mm×800 mm×800 mm 架空预制薄板铺设 83.981 m²，40 mm 厚 C20 现浇细石混凝土，纸筋灰隔离层，氯丁橡胶油毡一层，100 mm 厚水泥珍珠岩板保温层，20 mm 厚水泥砂浆找平层	m²	112.09

10.2.10　保温、隔热、防腐工程

本部分分为 3 节共 16 个清单项目，包括：保温、隔热，防腐面层，其他防腐工程。

1）保温、隔热 011001

011001001，保温隔热屋面。计量单位为“m²”。工程量计算规则：按设计图示尺寸以面积计算。扣除面积>0.3 m²的孔洞及占位面积。

011001002，保温隔热天棚。计量单位为“m²”。工程量计算规则：按设计图示尺寸以面积计算。扣除面积>0.3 m²上柱、垛、孔洞所占面积，与天棚相连的梁按展开面积计算，并入天棚工程内。

011001003，保温隔热墙面。计量单位为“m²”。工程量计算规则：按设计图示尺寸以面积计算。扣除门窗洞口以及面积>0.3 m²的梁、孔洞所占面积；门窗洞口侧壁以及与墙相连的柱，并入保温墙体工程量内。

011001004，保温柱、梁。计量单位为“m²”。工程量计算规则：按设计图示尺寸以面积计算。(1)柱按设计图示柱断面保温层中心线展开长度乘保温层高度以面积计算，扣除面积>0.3 m²梁所占面积；(2)梁按设计图示梁断面保温层中心线展开长度乘保温层长度以面积计算。

011001005，保温隔热楼地面。计量单位为“m²”。工程量计算规则：按设计图示尺寸以面积计算。扣除面积>0.3 m²的柱、垛、孔洞所占面积，门洞、空圈、暖气包槽、壁龛的开口部分不增加面积。

011001006，其他保温隔热。计量单位为“m²”。工程量计算规则：按设计图示尺寸以展开面积计算。扣除面积>0.3 m²的孔洞及占位面积。

2）防腐面层 011002

011002001，防腐混凝土面层。计量单位为“m²”。工程量计算规则：按设计图示尺寸以面积计算。(1)平面防腐：扣除凸出地面的构筑物、设备基础等以及面积>0.3 m²的孔洞、柱、垛所占面积，门洞、空圈、暖气包槽、壁龛的开口部分不增加面积；(2)立面防腐：扣除门、窗、洞口以及面积>0.3 m²的孔洞、梁所占面积，门、窗、洞口侧壁、垛突出部分按展开面积并入墙面积内。

011002002，防腐砂浆面层；011002003，防腐胶泥面层；011002004，玻璃钢防腐面层；011002005，聚氯乙烯板面层；011002006，块料防腐面层。计量单位为“m²”。工程量计算规

则:按设计图示尺寸以面积计算。(1)平面防腐:扣除凸出地面的构筑物、设备基础等以及面积>0.3 m^2的孔洞、柱、垛所占面积,门洞、空圈、暖气包槽、壁龛的开口部分不增加面积;(2)立面防腐:扣除门、窗、洞口以及面积>0.3 m^2的孔洞、梁所占面积,门、窗、洞口侧壁、垛突出部分按展开面积并入墙面积内。

011002007,池、槽块料防腐面层。计量单位为"m^2"。工程量计算规则:按设计图示尺寸以展开面积计算。

3) 其他防腐 011003

011003001,隔离层。计量单位为"m^2"。工程量计算规则:按设计图示尺寸以面积计算。(1)平面防腐:扣除凸出地面的构筑物、设备基础等以及面积>0.3 m^2的孔洞、柱、垛所占面积,门洞、空圈、暖气包槽、壁龛的开口部分不增加面积;(2)立面防腐:扣除门、窗、洞口以及面积>0.3 m^2的孔洞、梁所占面积,门、窗、洞口侧壁、垛突出部分按展开面积并入墙面积内。

011003002,砌筑沥青浸渍砖。计量单位为"m^3"。工程量计算规则:按设计图示尺寸以体积计算。

011003003,防腐涂料。计量单位为"m^2"。工程量计算规则:按设计图示尺寸以面积计算。(1)平面防腐:扣除凸出地面的构筑物、设备基础等以及面积>0.3 m^2的孔洞、柱、垛所占面积,门洞、空圈、暖气包槽、壁龛的开口部分不增加面积;(2)立面防腐:扣除门、窗、洞口以及面积>0.3 m^2的孔洞、梁所占面积,门、窗、洞口侧壁、垛突出部分按展开面积并入墙面积内。

10.2.11 楼地面装饰工程

楼地面装饰工程量清单项目共8节40个项目,包括楼地面抹灰工程,块料面层,橡塑面层,其他材料面层,踢脚线,楼梯面层,台阶装饰,零星装饰项目,适用于楼地面、楼梯、台阶等装饰工程。

1) 楼地面抹灰工程 011101

《房屋建筑与装饰工程工程量计算规范》附录表 L.1 抹灰工程项目包括水泥砂浆楼地面、现浇水磨石楼地面、细石混凝土楼地面、菱苦土楼地面、自流坪楼地面、平面砂浆找平层6个清单项目。

011101001,水泥砂浆楼地面。项目特征:(1)找平层厚度、砂浆配合比;(2)素水泥浆遍数;(3)面层厚度、砂浆配合比;(4)面层做法要求。计量单位为"m^2"。工程量计算规则:按设计图示尺寸以面积计算。扣除凸出地面构筑物、设备基础、室内管道、地沟等所占面积,不扣除间壁墙及≤0.3 m^2的柱、垛、附墙烟囱及孔洞所占面积。门洞、空圈、暖气包槽、壁龛的开口部分不增加面积。工作内容:(1)基层清理;(2)抹找平层;(3)抹面层;(4)材料运输。

011101002,现浇水磨石楼地面。项目特征:(1)找平层厚度、砂浆配合比;(2)面层厚度、水泥石子浆配合比;(3)嵌条材料种类、规格;(4)石子种类、规格、颜色;(5)颜料种类、颜色;(6)图案要求;(7)磨光、酸洗、打蜡要求。计量单位为"m^2"。工程量计算规则同水泥砂浆楼地面。工作内容:(1)基层清理;(2)抹找平层;(3)面层铺设;(4)嵌缝条安装;(5)磨光、酸洗、打蜡;(6)材料运输。

011101003,细石混凝土楼地面。项目特征:(1)找平层厚度、砂浆配合比;(2)面层厚度、混凝土强度等级。计量单位为“m^2”。工程量计算规则同水泥砂浆楼地面。工作内容:(1)基层清理;(2)抹找平层;(3)面层铺设;(4)材料运输。

011101004,菱苦土楼地面。项目特征:(1)找平层厚度、砂浆配合比;(2)面层厚度;(3)打蜡要求。计量单位为“m^2”。工程量计算规则同水泥砂浆楼地面。工作内容:(1)基层清理;(2)抹找平层;(3)面层铺设;(4)打蜡;(5)材料运输。

011101005,自流坪楼地面。项目特征:(1)找平层厚度、砂浆配合比;(2)界面剂材料种类;(3)中层漆材料种类、厚度;(4)面漆材料种类、厚度;(5)面层材料种类。计量单位为“m^2”。工程量计算规则同水泥砂浆楼地面。工作内容:(1)基层处理;(2)抹找平层;(3)涂界面剂;(4)涂刷中层漆;(5)打磨、吸尘;(6)镘自流平面漆(浆);(7)拌和自流坪浆层;(8)铺面层。

011101006,平面砂浆找平层。项目特征:找平层厚度、砂浆配合比。计量单位为“m^2”。工程量计算规则:按设计图示尺寸以面积计算。工作内容:(1)基层清理;(2)抹找平层;(3)材料运输。

说明:(1) 构筑物、设备基础、室内管道、地沟等不需做整体面层的面积较大,为了准确计算工程量,该部分必须扣除;(2) 为了简化计算,间壁墙和 0.3 m^2 以内的柱、垛、附墙烟囱及孔洞和门洞、空圈、暖气包槽、壁龛的开口部分面积,因面积均比较小,不扣也不加,综合考虑;(3) 暖气包槽的开口部分是指暖气片凹入墙内,暖气片下面的地面部分;壁龛是指在墙体的一侧留洞,存放杂物用的壁柜;(4) 工作内容中包括地面垫层,编制楼地面工程量清单时,应按有、无垫层分别编码列项。

2) 块料面层 011102

《房屋建筑与装饰工程工程量计算规范》附录表 L.2 块料面层包括石材楼地面、碎石材楼地面、块料楼地面 3 个清单项目。

011102001,石材楼地面;011102002,碎石材楼地面。项目特征:(1)找平层厚度、砂浆配合比;(2)结合层厚度、砂浆配合比;(3)面层材料品种、规格、颜色;(4)嵌缝材料种类;(5)防护层材料种类;(6)酸洗、打蜡要求。计量单位为“m^2”。工程量计算规则:按设计图示尺寸以面积计算。门洞、空圈、暖气包槽、壁龛的开口部分并入相应的工程量内。工作内容:(1)基层清理;(2)抹找平层;(3)面层铺设、磨边;(4)嵌缝;(5)刷防护材料;(6)酸洗、打蜡;(7)材料运输。

011102003,块料楼地面。项目特征:(1)找平层厚度、砂浆配合比;(2)结合层厚度、砂浆配合比;(3)面层材料品种、规格、颜色;(4)嵌缝材料种类;(5)防护层材料种类;(6)酸洗、打蜡要求。计量单位为“m^2”。工程量计算规则和工作内容同石材楼地面。

说明:清单计算规则中“不扣除间壁墙和面积在 0.3 m^2 以内的柱、垛、附墙烟囱所占面积,门洞、空圈、暖气包槽、壁龛的开口部分不增加面积”与定额计算规则不同。

3) 橡塑面层 011103

《房屋建筑与装饰工程工程量计算规范》附录表 L.3 橡塑面层包括橡胶板楼地面、橡胶板卷材楼地面、塑料板楼地面、塑料卷材楼地面 4 个清单项目。

011103001,橡胶板楼地面;011103002,橡胶板卷材楼地面;011103003,塑料板楼地面;

011103004,塑料卷材楼地面。项目特征:(1)黏结层厚度、材料种类;(2)面层材料品种、规格、颜色;(3)压线条种类。计量单位为“m^2”。工程量计算规则:按设计图示尺寸以面积计算。门洞、空圈、暖气包槽、壁龛的开口部分并入相应的工程量内。工作内容:(1)基层清理;(2)面层铺贴;(3)压缝条装钉;(4)材料运输。

4) 其他材料面层 011104

《房屋建筑与装饰工程工程量计算规范》附录表 L. 4 其他材料面层包括地毯楼地面,竹木地板,金属复合地板,防静电活动地板 4 个清单项目。

011104001,地毯楼地面。项目特征:(1)面层材料品种、规格、颜色;(2)防护材料种类;(3)黏结材料种类;(4)压线条种类。计量单位为“m^2”。工程量计算规则:按设计图示尺寸以面积计算。门洞、空圈、暖气包槽、壁龛的开口部分并入相应的工程量内。工作内容:(1)基层清理;(2)铺贴面层;(3)刷防护材料;(4)装钉压条;(5)材料运输。

011104002,竹、木(复合)地板。项目特征:(1)龙骨材料种类、规格、铺设间距;(2)基层材料种类、规格;(3)面层材料品种、规格、颜色;(4)防护材料种类。计量单位为“m^2”。工程量计算规则同地毯楼地面。工作内容:(1)基层清理;(2)龙骨铺设;(3)基层铺设;(4)面层铺贴;(5)刷防护材料;(6)材料运输。

011104003,金属复合地板。项目特征:(1)龙骨材料种类、规格、铺设间距;(2)基层材料种类、规格;(3)面层材料品种、规格、颜色;(4)防护材料种类。计量单位为“m^2”。工程量计算规则和工作内容同竹、木(复合)地板。

011104004,防静电活动地板。项目特征:(1)支架高度、材料种类;(2)面层材料品种、规格、颜色;(3)防护材料种类。计量单位为“m^2”。工程量计算规则同地毯楼地面。工作内容:(1)基层清理;(2)固定支架安装;(3)活动面层安装;(4)刷防护材料;(5)材料运输。

说明:楼地面中若有填充层和隔离层,其所需费用应计入相应清单项目的报价中。

5) 踢脚线 011105

《房屋建筑与装饰工程工程量计算规范》附录表 L. 5 踢脚线包括水泥砂浆踢脚线、石材踢脚线、块料踢脚线、塑料板踢脚线、木质踢脚线、金属踢脚线、防静电踢脚线 7 个项目。

011105001,水泥砂浆踢脚线。项目特征:(1)踢脚线高度;(2)底层厚度、砂浆配合比;(3)面层厚度、砂浆配合比。计量单位为“m^2”或“m”。工程量计算规则:(1)以“m^2”计量,按设计图示长度乘高度以面积计算;(2)以“m”计量,按延长米计算。工作内容:(1)基层清理;(2)底层和面层抹灰;(3)材料运输。

011105002,石材踢脚线;011105003,块料踢脚线。项目特征:(1)踢脚线高度;(2)粘贴层厚度、材料种类;(3)面层材料品种、规格、颜色;(4)防护材料种类。计量单位为“m^2”或“m”。工程量计算规则同水泥砂浆踢脚线。工作内容:(1)基层清理;(2)底层抹灰;(3)面层铺贴、磨边;(4)擦缝;(5)磨光、酸洗、打蜡;(6)刷防护材料;(7)材料运输。

011105004,塑料板踢脚线。项目特征:(1)踢脚线高度;(2)黏结层厚度、材料种类;(3)面层材料种类、规格、颜色。计量单位为“m^2”或“m”。工程量计算规则同水泥砂浆踢脚线。工作内容:(1)基层清理;(2)基层铺贴;(3)面层铺贴;(4)材料运输。

011105005,木质踢脚线;011105006,金属踢脚线;011105007,防静电踢脚线。项目特征:(1)踢脚线高度;(2)基层材料种类、规格;(3)面层材料品种、规格、颜色。计量单位为“m^2”或“m”。工程量计算规则和工作内容同塑料板踢脚线。

6）楼梯面层 011106

《房屋建筑与装饰工程工程量计算规范》附录表 L.6 楼梯装饰包括石材楼梯面层、块料楼梯面层、拼碎块料面层、水泥砂浆楼梯面层、现浇水磨石楼梯面层、地毯楼梯面层、木板楼梯面层、橡胶板楼梯面层、塑料板楼梯面层 9 个项目。

011106001，石材楼梯面层；011106002，块料楼梯面层；011106003，拼碎块料面层。项目特征：(1)找平层厚度、砂浆配合比；(2)粘结层厚度、材料种类；(3)面层材料品种、规格、颜色；(4)防滑条材料种类、规格；(5)勾缝材料种类；(6)防护层材料种类；(7)酸洗、打蜡要求。计量单位为“m^2”。工程量计算规则：按设计图示尺寸以楼梯（包括踏步、休息平台及≤500 mm 的楼梯井）水平投影面积计算。楼梯与楼地面相连时，算至梯口梁内侧边沿；无梯口梁者，算至最上一层踏步边沿加 300 mm。工作内容：(1)基层清理；(2)抹找平层；(3)面层铺贴、磨边；(4)贴嵌防滑条；(5)勾缝；(6)刷防护材料；(7)酸洗、打蜡；(8)材料运输。

011106004，水泥砂浆楼梯面层。项目特征：(1)找平层厚度、砂浆配合比；(2)面层厚度、砂浆配合比；(3)防滑条材料种类、规格。计量单位为“m^2”。工程量计算规则同石材楼梯面层。工作内容：(1)基层清理；(2)抹找平层；(3)抹面层；(4)抹防滑条；(5)材料运输。

011106005，现浇水磨石楼梯面层。项目特征：(1)找平层厚度、砂浆配合比；(2)面层厚度、水泥石子浆配合比；(3)防滑条材料种类、规格；(4)石子种类、规格、颜色；(5)颜料种类、颜色；(6)磨光、酸洗打蜡要求。计量单位为“m^2”。工程量计算规则同石材楼梯面层。工作内容：(1)基层清理；(2)抹找平层；(3)抹面层；(4)贴嵌防滑条；(5)磨光、酸洗、打蜡；(6)材料运输。

011106006，地毯楼梯面层。项目特征：(1)基层种类；(2)面层材料品种、规格、颜色；(3)防护材料种类；(4)黏结材料种类；(5)固定配件材料种类、规格。计量单位为“m^2”。工程量计算规则同石材楼梯面层。工作内容：(1)基层清理；(2)铺贴面层；(3)固定配件安装；(4)刷防护材料；(5)材料运输。

011106007，木板楼梯面层。项目特征：(1)基层材料种类、规格；(2)面层材料品种、规格、颜色；(3)黏结材料种类；(4)防护材料种类。计量单位为“m^2”。工程量计算规则同石材楼梯面层。工作内容：(1)基层清理；(2)基层铺贴；(3)面层铺贴；(4)刷防护材料；(5)材料运输。

011106008，橡胶板楼梯面层；011106009，塑料板楼梯面层。项目特征：(1)黏结层厚度、材料种类；(2)面层材料品种、规格、颜色；(3)压线条种类。计量单位为“m^2”。工程量计算规则同石材楼梯面层。工作内容：(1)基层清理；(2)面层铺贴；(3)压缝条装钉；(4)材料运输。

说明：规范中“500 mm 以内的楼梯井面积不扣除，楼梯与楼地面相连时，算至梯口梁内侧边沿”，与定额计算规则中“200 mm 以内的楼梯井面积不扣除，楼梯与楼地面相连时，算至梯口梁外侧边沿”不同。

7）台阶装饰 011107

《房屋建筑与装饰工程工程量计算规范》附录表 L.7 台阶装饰项目包括石材台阶面、块料台阶面、拼碎块料台阶面、水泥砂浆台阶面、现浇水磨石台阶面、剁假石台阶面 6 个清单项目。

011107001，石材台阶面；011107002，块料台阶面；011107003，拼碎块料台阶面。项目特征：(1)找平层厚度、砂浆配合比；(2)黏结层材料种类；(3)面层材料品种、规格、颜色；(4)勾缝材料种类；(5)防滑条材料种类、规格；(6)防护材料种类。计量单位为“m^2”。工程量计算规则:按设计图示尺寸以台阶(包括最上一层踏步边沿加 300 mm)水平投影面积计算。工作内容:(1)基层清理;(2)抹找平层;(3)面层铺贴;(4)贴嵌防滑条;(5)勾缝;(6)刷防护材料;(7)材料运输。

011107004,水泥砂浆台阶面。项目特征:(1)找平层厚度、砂浆配合比;(2)面层厚度、砂浆配合比;(3)防滑条材料种类。计量单位为"m^2"。工程量计算规则同石材台阶面。工作内容:(1)基层清理;(2)抹找平层;(3)抹面层;(4)抹防滑条;(5)材料运输。

011107005,现浇水磨石台阶面。项目特征:(1)找平层厚度、砂浆配合比;(2)面层厚度、水泥石子浆配合比;(3)防滑条材料种类、规格;(4)石子种类、规格、颜色;(5)颜料种类、颜色;(6)磨光、酸洗、打蜡要求。计量单位为"m^2"。工程量计算规则同石材台阶面。工作内容:(1)清理基层;(2)抹找平层;(3)抹面层;(4)贴嵌防滑条;(5)打磨、酸洗、打蜡;(6)材料运输。

011107006,剁假石台阶面。项目特征:(1)找平层厚度、砂浆配合比;(2)面层厚度、砂浆配合比;(3)剁假石要求。计量单位为"m^2"。工程量计算规则同石材台阶面。工作内容:(1)清理基层;(2)抹找平层;(3)抹面层;(4)剁假石;(5)材料运输。

8) 零星装饰 011108

《房屋建筑与装饰工程工程量计算规范》附录表 L.8 零星装饰项目包括石材零星项目、拼碎石材零星项目、块料零星项目、水泥砂浆零星项目 4 个清单项目。

011108001,石材零星项目;011108002,拼碎石材零星项目;011108003,块料零星项目。项目特征:(1)工程部位;(2)找平层厚度、砂浆配合比;(3)贴结合层厚度、材料种类;(4)面层材料品种、规格、颜色;(5)勾缝材料种类;(6)防护材料种类;(7)酸洗、打蜡要求。计量单位为"m^2"。工程量计算规则:按设计图示尺寸以面积计算。工作内容:(1)清理基层;(2)抹找平层;(3)面层铺贴、磨边;(4)勾缝;(5)刷防护材料;(6)酸洗、打蜡;(7)材料运输。

011108004,水泥砂浆零星项目。项目特征:(1)工程部位;(2)找平层厚度、砂浆配合比;(3)面层厚度、砂浆厚度。计量单位为"m^2"。工程量计算规则同石材零星项目。工作内容:(1)清理基层;(2)抹找平层;(3)抹面层;(4)材料运输。

说明:零星装饰适用于小面积(0.5 m^2以内)少量分散的楼地面装饰,其工程部位或名称应在清单项目中进行描述。楼梯、台阶侧面装饰可按零星装饰项目编码列项,并在清单项目中进行描述。

9) 楼地面工程清单计价注意要点

(1) 楼地面抹灰、橡塑面层报价中通常包括垫层(含地面)、找平层、面层等内容;块料面层报价中通常包括垫层(含地面)、找平层、面层、面层防护处理等内容;其他材料面层报价中通常包括垫层(含地面)、找平层、地楞、面层等内容。

(2) 包括垫层的地面和不包括垫层的楼面应分别计算工程量。在编制清单时,用第五级项目编码将地面和楼面分别列项,在清单计价时,按计价表的规定套相应计价表定额计价。有填充层和隔离层的楼地面往往有二层找平层,报价时应注意。

(3) 台阶面层与平台面层是同一种材料时,台阶计算最上一层踏步(加 300 mm),平台面层中必须扣除该面积。如平台计算面层后,台阶不再计算最上一层踏步面积,但应将最后一步台阶的踢脚板面层考虑在报价内。

10) 应用案例

【例 10-13】 某大厦装修二楼会议室地面。具体做法如下:现浇混凝土板上做 40 mm

厚 C20 细石混凝土找平，20 mm 厚 1∶2 防水砂浆上铺设花岗岩（如图 9-47），需进行酸洗打蜡和成品保护。综合人工单价为 40 元/工日，管理费费率 48%，利润费率 15%，其他按计价定额规定不作调整。要求：(1)编制黑色花岗岩地面的工程量清单；(2)计算黑色花岗岩地面工程量清单综合单价。

【解】 (1)编制黑色花岗岩地面的工程量清单（见表 10-31）

黑色花岗岩地面的清单工程量 $= 6\times6-3\times3\times3.14=7.74\ \mathrm{m^2}$

(2) 计算黑色花岗岩地面工程量清单综合单价

① 按计价表规定计算工程内容的工程量（参见例 9-15）

C20 40 mm 厚 C20 细石混凝土找平：7.74 $\mathrm{m^2}$

花岗岩石材楼地面：18.02 $\mathrm{m^2}$

酸洗打蜡：7.74 $\mathrm{m^2}$

成品保护：7.74 $\mathrm{m^2}$

表 10-31　黑色花岗岩地面的工程量清单

序号	项目编码	项目名称	项目特征	单位	数量
1	011102001001	石材楼地面	1. 40 mm 厚 C20 细石混凝土找平 2. 1∶2 防水 20 mm 厚水泥砂浆 3. 铺设花岗岩(黑色) 4. 酸洗、打蜡 5. 成品保护	$\mathrm{m^2}$	7.74

② 套用计价表定额计算各项工程内容的合价（参见例 9-15）

黑色花岗岩地面的合价 = 188.77 + 12 556.64 + 56.91 + 15.67 = 12 817.99 元

③ 计算黑色花岗岩地面工程量清单综合单价

黑色花岗岩地面工程量清单综合单价 = 12 817.99 ÷ 7.74 = 1 656.07 元 / $\mathrm{m^2}$

【例 10-14】 某厂房平面图如图 10-9 所示。水泥砂浆地面做法：夯实地基上 100 mm 厚碎石，60 mm 厚 C20 混凝土不分格垫层，20 mm 厚 1∶2 水泥砂浆面层压实抹光。水泥砂浆踢脚线高150 mm，10 mm 厚 1∶2 水泥砂浆底面（假设该工程内容为一类土建建筑工程中的分部分项工程，材料价格按计价表）。要求计算：(1)水泥砂浆地面、水泥砂浆踢脚线的工程量清单；(2)水泥砂浆地面、水泥砂浆踢脚线的工程量清单计价。门尺寸见表 10-32。

表 10-32　门尺寸表

型　号	尺　寸(mm)
M-1	1 000×2 000
M-2	1 200×2 000
M-3	900×2 400

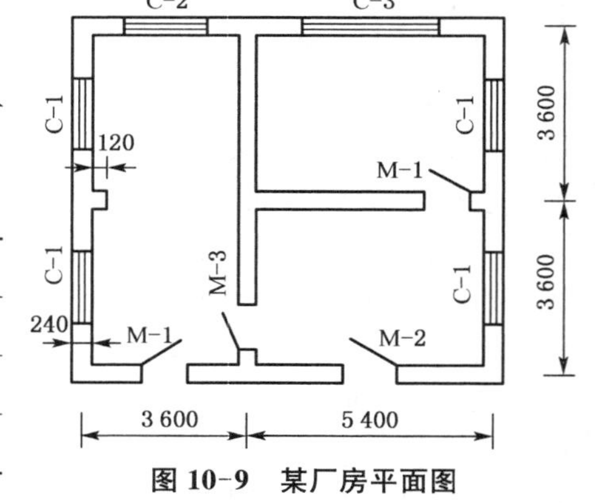

图 10-9　某厂房平面图

【解】 (1) 水泥砂浆地面、水泥砂浆踢脚线的工程量清单（见表 10-33）

水泥砂浆地面工程量＝主墙间净面积－构筑物面积＝(3.6－0.24)×(3.6＋3.6－

0.24)+(5.4−0.24)×(3.6+3.6−0.24×2)=58.06 m²

水泥砂浆踢脚线工程量=踢脚线净长度×高度=[(3.6−0.24+3.6×2−0.24)×2+(5.4−0.24+3.6−0.24)×2×2−1×3(M-1)−1.2(M-2)−0.9×2(M-3)+0.12×2×6(门侧面)+0.12×2×1(垛侧面)]×0.15=7.56 m²

表 10-33 水泥砂浆地面、踢脚线的工程量清单

序号	项目编码	项目名称	项目特征	单位	数量
1	011101001001	水泥砂浆楼地面	1. 夯实地基上 100 mm 厚碎石 2. 60 mm 厚 C20 混凝土垫层 3. 20 mm 厚 1∶2 水泥砂浆面层压实抹光	m²	58.06
2	011105001001	水泥砂浆踢脚线	1. 踢脚线高 150 mm 2. 10 mm 厚 1∶2 水泥砂浆底面	m²	7.56

(2)水泥砂浆地面、水泥砂浆踢脚线的工程量清单计价

① 水泥砂浆地面的工程量清单计价

A. 按计价表规定计算工程内容的工程量

水泥砂浆地面的定额工程量=主墙间净面积−构筑物面积=(3.6−0.24)×(3.6+3.6−0.24)+(5.4−0.24)×(3.6+3.6−0.24×2)=58.06 m²

100 mm 厚碎石垫层的定额工程量=58.06×0.1=5.81 m³

60 mm 厚 C20 混凝土垫层的定额工程量=58.06×0.06=3.48 m³

B. 套用计价表定额计算各项工程内容的综合价

a. 换算单价

13-9换　碎石干铺

换算单价:171.45−11.13+(43.46+1.06)×31%=174.12 元/m³

13-11换　C20 现浇混凝土垫层(不分格)

换算单价:395.95+(257.27−235.22)−28.27+(105.78+7.28)×31%=424.78 元/m³

13-22换　1∶2 水泥砂浆面层

换算单价:165.31−19.68+(73.80+4.91)×31%=170.03 元/10 m²

b. 计算各项工程内容的综合价

13-9换　5.81×174.12=1 011.64 元

13-11换　3.48×424.78=1 478.23 元

13-22换　84.09÷10×170.03=1 429.78 元

合计:1 011.64+1 478.23+1 429.78=3 919.65 元

C. 计算水泥砂浆地面的综合价、综合单价

水泥砂浆地面的工程量清单综合价:3 919.65 元

水泥砂浆地面的工程量清单综合单价:3 919.65÷58.06=67.51 元/m³

② 水泥砂浆踢脚线的工程量清单计价

A. 按计价表规定计算工程内容的工程量

水泥砂浆踢脚线的定额工程量=(3.6−0.24+3.6×2−0.24)×2+(5.4−0.24+3.6−0.24)×2×2=54.72 m

B. 套用计价表定额计算各项工程内容的综合价

a. $13\text{-}27_{换}$　1∶2 水泥砂浆踢脚线

换算单价：62.94－9.68＋(37.72＋0.98)×31%＝65.26 元/10 m

b. 计算水泥砂浆踢脚线的综合价

$13\text{-}27_{换}$　54.72÷10×65.26＝357.10 元

C. 计算水泥砂浆踢脚线的清单综合价、清单综合单价

水泥砂浆踢脚线的工程量清单综合价：357.10 元

水泥砂浆踢脚线的工程量清单综合单价：357.10÷7.56＝47.24 元/m^2

10.2.12　墙、柱面装饰与隔断、幕墙工程

墙、柱面装饰与隔断、幕墙工程量清单项目共 10 节 35 个项目，包括墙面抹灰、柱(梁)面抹灰、零星抹灰、墙面块料面层、柱(梁)面镶贴块料、镶贴零星块料、墙饰面、柱(梁)饰面、幕墙工程、隔断等，适用于一般抹灰、装饰抹灰、块料镶贴和饰面工程。

1) 墙面抹灰 011201

《房屋建筑与装饰工程工程量计算规范》附录表 M.1 墙面抹灰工程包括墙面一般抹灰、墙面装饰抹灰、墙面勾缝、立面砂浆找平层 4 个清单项目。

011201001，墙面一般抹灰；011201002，墙面装饰抹灰。项目特征：(1)墙体类型；(2)底层厚度、砂浆配合比；(3)面层厚度、砂浆配合比；(4)装饰面材料种类；(5)分格缝宽度、材料种类。计量单位为"m^2"。工程量计算规则：按设计图示尺寸以面积计算。扣除墙裙、门窗洞口及单个＞0.3 m^2 的孔洞面积，不扣除踢脚线、挂镜线和墙与构件交接处的面积，门窗洞口和孔洞的侧壁及顶面不增加面积。附墙柱、梁、垛、烟囱侧壁并入相应的墙面面积内。(1)外墙抹灰面积按外墙垂直投影面积计算。(2)外墙裙抹灰面积按其长度乘以高度计算。(3)内墙抹灰面积按主墙间的净长乘以高度计算。①无墙裙的，高度按室内楼地面至天棚底面计算；②有墙裙的，高度按墙裙顶至天棚底面计算；③有吊顶天棚抹灰，高度算至天棚底。(4)内墙裙抹灰面按内墙净长乘以高度计算。工作内容：(1)基层清理；(2)砂浆制作、运输；(3)底层抹灰；(4)抹面层；(5)抹装饰面；(6)勾分格缝。

011201003，墙面勾缝。项目特征：(1)勾缝类型；(2)勾缝材料种类。计量单位为"m^2"。工程量计算规则同墙面一般抹灰。工作内容：(1)基层清理；(2)砂浆制作、运输；(3)勾缝。

011201004，立面砂浆找平层。项目特征：(1)基层类型；(2)找平层砂浆厚度、配合比。计量单位为"m^2"。工程量计算规则同墙面一般抹灰。工作内容：(1)基层清理；(2)砂浆制作、运输；(3)抹灰找平。

说明：(1)墙面抹灰不扣除与构件交接处的面积，是指墙与梁的交接处所占面积，不包括墙与楼板的交接。(2)墙面抹灰分内外墙面、墙裙等部位，分别列项。(3)0.5 m^2 以内小面积抹灰，应按零星抹灰中的相应分项工程工程量清单项目编码列项。(4)石灰砂浆、水泥砂浆、水泥混合砂浆、聚合物水泥砂浆、麻刀石灰浆、纸筋石灰浆、石膏灰等的抹灰，应按墙面抹灰中的一般抹灰工程量清单项目编码列项；水刷石、斩假石、干粘石、墙面砖等，应按墙面抹灰中的装饰抹灰工程量清单项目编码列项。

2）柱(梁)面抹灰 011202

《房屋建筑与装饰工程工程量计算规范》附录表 M.2 柱(梁)面抹灰工程包括柱、梁面一般抹灰，柱、梁面装饰抹灰，柱、梁面砂浆找平，柱、梁面勾缝 4 个清单项目。

011202001，柱、梁面一般抹灰；011202002，柱、梁面装饰抹灰。项目特征：(1)柱(梁)体类型；(2)底层厚度、砂浆配合比；(3)面层厚度、砂浆配合比；(4)装饰面材料种类；(5)分格缝宽度、材料种类。计量单位为“m^2”。工程量计算规则：(1)柱面抹灰：按设计图示柱断面周长乘高度以面积计算；(2)梁面抹灰：按设计图示梁断面周长乘长度以面积计算。工作内容：(1)基层清理；(2)砂浆制作、运输；(3)底层抹灰；(4)抹面层；(5)勾分格缝。

011202003，柱、梁面砂浆找平。项目特征：(1)柱(梁)体类型；(2)找平的砂浆厚度、配合比。计量单位为“m^2”。工程量计算规则同柱、梁面一般抹灰。工作内容：(1)基层清理；(2)砂浆制作、运输；(3)抹灰找平。

011202004，柱、梁面勾缝。项目特征：(1)勾缝类型；(2)勾缝材料种类。计量单位为“m^2”。工程量计算规则：按设计图示柱断面周长乘高度以面积计算。工作内容：(1)基层清理；(2)砂浆制作、运输；(3)勾缝。

说明：柱断面周长是指结构断面周长，高度为实际抹灰高度。

3）零星抹灰 011203

《房屋建筑与装饰工程工程量计算规范》附录表 M.3 零星抹灰工程包括零星项目一般抹灰、零星项目装饰抹灰、零星项目砂浆找平 3 个清单项目。

011203001，零星项目一般抹灰。项目特征：(1)基层类型、部位；(2)底层厚度、砂浆配合比；(3)面层厚度、砂浆配合比；(4)装饰面材料种类；(5)分格缝宽度、材料种类。计量单位为“m^2”。工程量计算规则：按设计图示尺寸以面积计算。工作内容：(1)基层清理；(2)砂浆制作、运输；(3)底层抹灰；(4)抹面层；(5)抹装饰面；(6)勾分格缝。

011203002，零星项目装饰抹灰。项目特征：(1)基层类型、部位；(2)底层厚度、砂浆配合比；(3)面层厚度、砂浆配合比；(4)装饰面材料种类；(5)分格缝宽度、材料种类。计量单位为“m^2”。工程量计算规则和工作内容同零星项目一般抹灰。

011203003，零星项目砂浆找平。项目特征：(1)基层类型部位；(2)找平的砂浆厚度、配合比。计量单位为“m^2”。工程量计算规则同零星项目一般抹灰。工作内容：(1)基层清理；(2)砂浆制作、运输；(3)抹灰找平。

说明：零星抹灰适用于各种壁柜、碗柜、过人洞、暖气壁龛、池槽、花台和挑檐、天沟、腰线、窗台线、窗台板、门窗套、压顶、栏板扶手、遮阳板、雨篷周边等面积小于 0.5 m^2 以内少量分散的抹灰。

4）墙面块料面层 011204

《房屋建筑与装饰工程工程量计算规范》附录表 M.4 墙面块料面层包括石材墙面、拼碎石材墙面、块料墙面、干挂石材钢骨架 4 个清单项目。

011204001，石材墙面；011204002，拼碎石材墙面；011204003，块料墙面。项目特征：(1)墙体类型；(2)安装方式；(3)面层材料品种、规格、颜色；(4)缝宽、嵌缝材料种类；(5)防护材料种类；(6)磨光、酸洗、打蜡要求。计量单位为“m^2”。工程量计算规则：按镶贴表面积计算。工作内容：(1)基层清理；(2)砂浆制作、运输；(3)黏结层铺贴；(4)面层安装；(5)嵌缝；(6)刷防护材料；(7)磨光、酸洗、打蜡。

011204004，干挂石材钢骨架。项目特征：(1)骨架种类、规格；(2)防锈漆品种遍数。计量单位为“t”。工程量计算规则：按设计图示以质量计算。工作内容：(1)骨架制作、运输、安装；(2)刷漆。

说明：(1) 镶贴面积按墙的外围饰面尺寸计算，饰面尺寸是指饰面的表面尺寸；(2) 0.5 m^2以内小面积镶贴块料面层，应按零星镶贴块料中的相应分项工程工程量清单项目编码列项。

5) 柱(梁)面镶贴块料 011205

《房屋建筑与装饰工程工程量计算规范》附录表 M.5 柱(梁)面镶贴块料包括石材柱面、块料柱面、拼碎块柱面、石材梁面、块料梁面 5 个清单项目。

011205001，石材柱面；011205002，块料柱面；011205003，拼碎块柱面。项目特征：(1)柱截面类型、尺寸；(2)安装方式；(3)面层材料品种、规格、颜色；(4)缝宽、嵌缝材料种类；(5)防护材料种类；(6)磨光、酸洗、打蜡要求。计量单位为“m^2”。工程量计算规则：按镶贴表面积计算。工作内容：(1)基层清理；(2)砂浆制作、运输；(3)黏结层铺贴；(4)面层安装；(5)嵌缝；(6)刷防护材料；(7)磨光、酸洗、打蜡。

011205004，石材梁面；011205005，块料梁面。项目特征：(1)安装方式；(2)面层材料品种、规格、颜色；(3)缝宽、嵌缝材料种类；(4)防护材料种类；(5)磨光、酸洗、打蜡要求。计量单位为“m^2”。工程量计算规则同石材柱面。工作内容：(1)基层清理；(2)砂浆制作、运输；(3)黏结层铺贴；(4)面层安装；(5)嵌缝；(6)刷防护材料；(7)磨光、酸洗、打蜡。

6) 镶贴零星块料 011206

《房屋建筑与装饰工程工程量计算规范》附录表 M.6 镶贴零星块料包括石材零星项目、块料零星项目、拼碎块零星项目 3 个清单项目。

011206001，石材零星项目；011206002，块料零星项目；011206003，拼碎块零星项目。项目特征：(1)基层类型、部位；(2)安装方式；(3)面层材料品种、规格、颜色；(4)缝宽、嵌缝材料种类；(5)防护材料种类；(6)磨光、酸洗、打蜡要求。计量单位为“m^2”。工程量计算规则：按镶贴表面积计算。工作内容：(1)基层清理；(2)砂浆制作、运输；(3)面层安装；(4)嵌缝；(5)刷防护材料；(6)磨光、酸洗、打蜡。

说明：(1)零星镶贴块料面层项目适用于小面积 0.5 m^2 以内少量分散的块料面层；(2) 各种壁柜、碗柜、过人洞、暖气壁龛、池槽、花台和挑檐、天沟、窗台线、压顶、栏板、扶手、遮阳板、雨篷周边等镶贴块料面层，应按零星镶贴块料中的相应分项工程工程量清单项目编码列项。

7) 墙饰面 011207

《房屋建筑与装饰工程工程量计算规范》附录表 M.7 墙饰面工程包括墙面装饰板和墙面装饰浮雕 2 个清单项目。

011207001，墙面装饰板。项目特征：(1)龙骨材料种类、规格、中距；(2)隔离层材料种类、规格；(3)基层材料种类、规格；(4)面层材料品种、规格、颜色；(5)压条材料种类、规格。计量单位为“m^2”。工程量计算规则：按设计图示墙净长乘以净高以面积计算。扣除门窗洞口及单个大于 0.3 m^2的孔洞所占面积。工作内容：(1)基层清理；(2)龙骨制作、运输、安装；(3)钉隔离层；(4)基层铺钉；(5)面层铺贴。

011207002，墙面装饰浮雕。项目特征：(1)基层类型；(2)浮雕材料种类；(3)浮雕样式。

计量单位为“m^2”。工程量计算规则：按设计图示尺寸以面积计算。工作内容：(1)基层清理；(2)材料制作、运输；(3)安装成型。

说明：门窗、附墙柱、梁、垛、烟囱侧壁面积要增加。

8）柱(梁)饰面 011208

《房屋建筑与装饰工程工程量计算规范》附录表 M. 8 柱(梁)饰面工程包括柱(梁)面装饰和成品装饰柱 2 个清单项目。

011208001，柱(梁)面装饰。项目特征：(1)龙骨材料种类、规格、中距；(2)隔离层材料种类；(3)基层材料种类、规格；(4)面层材料品种、规格、颜色；(5)压条材料种类、规格。计量单位为“m^2”。工程量计算规则：按设计图示饰面外围尺寸以面积计算，柱帽、柱墩并入相应柱饰面工程量内。工作内容：(1)清理基层；(2)龙骨制作、运输、安装；(3)钉隔离层；(4)基层铺钉；(5)面层铺贴。

011208002，成品装饰柱。项目特征：(1)柱截面、高度尺寸；(2)柱材质。计量单位为“根”或“m”。工程量计算规则：以“根”计量，按设计数量计算；(2)以“m”计量，按设计长度计算。工作内容：柱运输、固定、安装。

9）幕墙工程 011209

《房屋建筑与装饰工程工程量计算规范》附录表 M. 9 幕墙工程包括带骨架幕墙、全玻(无框玻璃)幕墙 2 个清单项目。

011209001，带骨架幕墙。项目特征：(1)骨架材料种类、规格、中距；(2)面层材料品种、规格、颜色；(3)面层固定方式；(4)隔离带、框边封闭材料品种、规格；(5)嵌缝、塞口材料种类。计量单位为“m^2”。工程量计算规则：按设计图示框外围尺寸以面积计算。与幕墙同种材质的窗所占面积不扣除。工作内容：(1)骨架制作、运输、安装；(2)面层安装；(3)隔离带、框边封闭；(4)嵌缝、塞口；(5)清洗。

011209002，全玻(无框玻璃)幕墙。项目特征：(1)玻璃品种、规格、颜色；(2)黏结塞口材料种类；(3)固定方式。计量单位为“m^2”。工程量计算规则：按设计图示尺寸以面积计算。带肋全玻幕墙按展开面积计算。工作内容：(1)幕墙安装；(2)嵌缝、塞口；(3)清洗。

说明：(1) 各类幕墙的周边封口，若采用相同材料，按其展开面积，并入相应幕墙的工程量内计算；若采用不同材料，其工程量应单独计算。(2) 带肋全玻璃幕墙是指玻璃幕墙带玻璃肋，玻璃肋的工程量应合并在玻璃幕墙工程量内计算。

10）隔断 011210

《房屋建筑与装饰工程工程量计算规范》附录表 M. 10 隔断包括木隔断、金属隔断、玻璃隔断、塑料隔断、成品隔断、其他隔断 6 个清单项目。

011210001，木隔断。项目特征：(1)骨架、边框材料种类、规格；(2)隔板材料品种、规格、颜色；(3)嵌缝、塞口材料品种；(4)压条材料种类。计量单位为“m^2”。工程量计算规则：按设计图示框外围尺寸以面积计算。不扣除单个≤0.3 m^2的孔洞所占面积；浴厕门的材质与隔断相同时，门的面积并入隔断面积内。工作内容：(1)骨架及边框制作、运输、安装；(2)隔板制作、运输、安装；(3)嵌缝、塞口；(4)装钉压条。

011210002，金属隔断。项目特征：(1)骨架、边框材料种类、规格；(2)隔板材料品种、规格、颜色；(3)嵌缝、塞口材料品种。计量单位为“m^2”。工程量计算规则同木隔断。工作内容：(1)骨架及边框制作、运输、安装；(2)隔板制作、运输、安装；(3)嵌缝、塞口。

011210003，玻璃隔断。项目特征：(1)边框材料种类、规格；(2)玻璃品种、规格、颜色；(3)嵌缝、塞口材料品种。计量单位为“m^2”。工程量计算规则：按设计图示框外围尺寸以面积计算。不扣除单个≤0.3 m^2的孔洞所占面积。工作内容：(1)边框制作、运输、安装；(2)玻璃制作、运输、安装；(3)嵌缝、塞口。

011210004，塑料隔断。项目特征：(1)边框材料种类、规格；(2)隔板材料品种、规格、颜色；(3)嵌缝、塞口材料品种。计量单位为“m^2”。工程量计算规则同玻璃隔断。工作内容：(1)骨架及边框制作、运输、安装；(2)隔板制作、运输、安装；(3)嵌缝、塞口。

011210005，成品隔断。项目特征：(1)隔断材料品种、规格、颜色；(2)配件品种、规格。计量单位为“m^2”或“间”。工程量计算规则：(1)以“m^2”计算，按设计图示框外围尺寸以面积计算；(2)以“间”计量，按设计间的数量以“间”计算。工作内容：(1)隔断运输、安装；(2)嵌缝、塞口。

011210006，其他隔断。项目特征：(1)骨架、边框材料种类、规格；(2)隔板材料品种、规格、颜色；(3)嵌缝、塞口材料品种。计量单位为“m^2”。工程量计算规则：按设计图示框外围尺寸以面积计算。不扣除单个≤0.3 m^2的孔洞所占面积。工作内容：(1)骨架及边框安装；(2)隔板安装；(3)嵌缝、塞口。

说明：隔断是指不封顶或封顶但保持通风采光、轻且薄的隔墙。

11) 墙、柱面装饰与隔断、幕墙工程清单计价注意要点

(1) 主墙的界定：是指结构厚度在 120 mm 以上(不含 120 mm)的各类墙体。

(2) 柱面抹灰项目、石材柱面项目、块料柱面项目适用于矩形柱、异形柱(包括圆形柱、半圆形柱等)。

(3) 墙、柱面勾缝指清水砖、石墙加浆勾缝，不包括清水砖、石墙的原浆勾缝。

(4) 工作内容中的“抹面层”是指一般抹灰的普通抹灰(一层底层和一层面层，或不分层一遍成活)、中级抹灰(一层底层、一层中层和一层面层，或一层底层、一层面层)、高级抹灰(一层底层、数层中层和一层面层)的面层。

(5) 工作内容中的“抹装饰面”是指装饰抹灰(抹底灰、涂刷 108 胶溶液、刮或刷水泥浆液、抹中层、抹装面层)的面层。

(6) 零星抹灰和镶贴零星块料面层项目适用于小面积 0.5 m^2以内少量分散的抹灰和块料面层。

(7) 隔断上的门窗可包括在隔断项目报价内，也可单独编码列项，要在清单项目名称栏中进行描述。若门窗包括在隔断项目报价内，则门窗洞口面积不扣除。

(8) 设置在幕墙上的窗，材质相同可包括在幕墙项目报价内，并在清单项目中进行描述，材质不同应单独编码列项。门应单独编码列项。

12) 应用案例

【例 10-15】 某建筑物外墙面贴瓷砖(如图 9-54)，图中 M1：1 000 mm×2 000 mm；M2：900 mm×2 200 mm；C1：1 100 mm×1 500 mm；C2：1 600 mm×1 500 mm；C3：1 800 mm×1 500 mm。门窗洞口外侧壁要贴瓷砖，门窗洞的顶部及窗台也贴相同瓷砖，外墙净高 H=3 m，内外墙厚均为240 mm，门窗厚度均为 90 mm。外墙面贴瓷砖做法为：12 mm厚 1∶3 水泥砂浆底层，5 mm 厚素水泥砂浆结合层，外贴规格为 108 mm×108 mm 的瓷砖，面层酸洗打蜡(与楼地面相同)。瓷砖为 0.6 元/块，其余材料价格按定额价。要求

计算:(1)外墙瓷砖墙面的工程量清单;(2)瓷砖墙面的工程量清单计价。

【解】 (1)瓷砖墙面的工程量清单(见表 10-34)

① 外墙净长 $L = [(18.4 + 0.24) + (4.8 + 0.24)] \times 2 = 47.36$ m,墙高 $H = 3$ m

② 扣除门窗面积

M1:$1.0 \times 2 \times 2 = 4.00\ \text{m}^2$

C:$(1.8 \times 2 + 1.1 \times 2 + 1.6 \times 6) \times 1.5 = 23.10\ \text{m}^2$

合计扣减面积 $= 4.00 + 23.10 = 27.10\ \text{m}^2$

③ 增加门窗侧壁面积

M1:$\dfrac{0.24 - 0.09}{2} \times 2 \times 4 + \dfrac{0.24 - 0.09}{2} \times 1.0 \times 2 = 0.75\ \text{m}^2$

C:$\dfrac{0.24 - 0.09}{2} \times [(1.8 + 1.5) \times 2 \times 2 + (1.1 + 1.5) \times 2 \times 2 + (1.6 + 1.5) \times 2 \times 6]$

$= 4.56\ \text{m}^2$

合计增加面积 $= 0.75 + 4.56 = 5.31\ \text{m}^2$

④ 瓷砖墙面的工程量 $= 47.36 \times 3 - 27.10 + 5.31 = 120.29\ \text{m}^2$

表 10-34 分部分项工程量清单

序号	项目编码	项目名称	项目特征	计量单位	工程量
1	011204003001	块料墙面	1. 砖墙面 2. 12 mm 厚 1∶3 水泥砂浆底层,5 mm 厚素水泥砂浆结合层,外贴规格为250 mm×330 mm 的瓷砖 3. 面层酸洗打蜡	m^2	120.29

(2) 块料(瓷砖)墙面的工程量清单计价

块料墙面发生的工程内容:素水泥砂浆粘贴规格为 108 mm×108 mm 的瓷砖,面层酸洗打蜡。

① 按计价表规定计算工程内容的工程量

外墙瓷砖工程量 $= 120.29\ \text{m}^2$

块料面层酸洗、打蜡工程量 $= 120.29\ \text{m}^2$

② 换算单价

$14\text{-}80_{换}$ $2\,621.93 - 15.94 + 24.11 - 2\,050.00 + 10.25 \div (0.108 \times 0.108) \times 0.6 = 1\,107.36$ 元 /10m^2

③ 套用计价表定额计算各项工程内容的综合价

$14\text{-}80_{换}$ 外墙瓷砖的综合价 $= 120.59 \div 10 \times 1\,107.36 = 13\,353.65$ 元

13-110 面层酸洗打蜡的综合价 $= 120.59 \div 10 \times 57.02 = 685.89$ 元

合计:$13\,353.65 + 685.89 = 14\,039.54$ 元

④ 计算块料(瓷砖)墙面的清单综合价、清单综合单价

块料(瓷砖) 墙面的清单综合价 $= 14\,039.54$ 元

块料(瓷砖) 墙面的清单综合单价 $= 14\,039.54 \div 120.59 = 116.42$ 元 /m^2

【例 10-16】 某学院大门砖柱 6 根,砖柱面为 1∶2.5 水泥砂浆粘贴花岗岩,面层酸洗

打蜡（与楼地面相同），尺寸如图 10-10 所示。编制：(1)柱面镶贴块料工程量清单；(2)柱面镶贴块料的工程量清单计价。

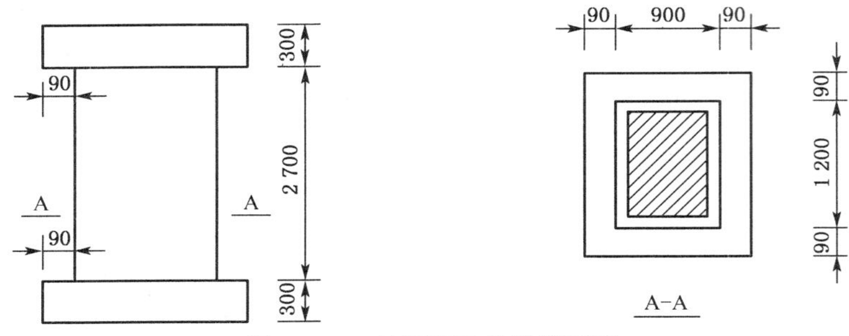

图 10-10　柱面挂贴花岗岩面板

【解】 (1)编制柱面镶贴块料工程量清单（见表 10-35）

柱面贴花岗岩工程量 = 柱设计外围周长 × 高度

$= (0.9 + 1.20) \times 2 \times 2.7 \times 6 = 68.04\ m^2$

表 10-35　分部分项工程量清单

序号	项目编码	项目名称	项目特征	计量单位	工程量
1	011205001001	石材柱面	1. 砖柱面 2. 1∶2.5 水泥砂浆粘贴花岗岩 3. 面层酸洗打蜡	m^2	68.04

(2) 柱面镶贴块料的工程量清单计价

柱面镶贴块料发生的工程内容：1∶2.5 水泥砂浆粘贴花岗岩，面层酸洗打蜡。

① 按计价定额规定计算工程内容的工程量

柱面镶贴花岗岩工程量 = 68.04 m^2

块料面层酸洗、打蜡工程量 = 68.04 m^2

② 套用计价表定额计算各项工程内容的综合价

14-124　　砖柱面挂贴花岗岩的综合价 = 68.04 ÷ 10 × 3 738.79 = 25 438.73 元

13-110　　面层酸洗打蜡的综合价 = 68.04 ÷ 10 × 57.02 = 387.96 元

合计：25 438.73 + 387.96 = 25 826.69 元

③ 计算石材柱面的清单综合价、清单综合单价

石材柱面的清单综合价 = 25 826.69 元

石材柱面的清单综合单价 = 25 826.69 ÷ 68.04 = 379.58 元 /m^2

10.2.13　天棚工程

天棚工程量清单项目共 4 节 10 个项目，包括天棚抹灰、天棚吊顶、采光天棚工程、天棚其他装饰等。

1) 天棚抹灰 011301

《房屋建筑与装饰工程工程量计算规范》附录表 N.1 天棚抹灰工程包括天棚抹灰

(011301001)一个清单项目。项目特征:(1)基层类型;(2)抹灰厚度、材料种类;(3)砂浆配合比。计量单位为"m^2"。工程量计算规则:按设计图示尺寸以水平投影面积计算。不扣除间壁墙、垛、柱、附墙烟囱、检查口和管道所占的面积;带梁天棚的梁两侧抹灰面积并入天棚面积内;板式楼梯底面抹灰按斜面积计算,锯齿形楼梯底板抹灰按展开面积计算。工作内容:(1)基层清理;(2)底层抹灰;(3)抹面层。

说明:雨篷、阳台及挑檐底面抹灰应按天棚抹灰编码列项。

2) 天棚吊顶 011302

《房屋建筑与装饰工程工程量计算规范》附录表 N. 2 天棚吊顶工程包括吊顶天棚、格栅吊顶、吊筒吊顶、藤条造型悬挂吊顶、织物软雕吊顶、装饰网架吊顶 6 个清单项目。

011302001,吊顶天棚。项目特征:(1)吊顶形式、吊杆规格、高度;(2)龙骨材料种类、规格、中距;(3)基层材料种类、规格;(4)面层材料品种、规格;(5)压条材料种类、规格;(6)嵌缝材料种类;(7)防护材料种类。计量单位为"m^2"。工程量计算规则:按设计图示尺寸以水平投影面积计算。天棚面中的灯槽及跌级、锯齿形、吊挂式、藻井式天棚面积不展开计算。不扣除间壁墙、检查口、附墙烟囱、柱垛和管道所占面积;扣除单个$>0.3\ m^2$的孔洞、独立柱及与天棚相连的窗帘盒所占的面积。工作内容:(1)基层清理、吊杆安装;(2)龙骨安装;(3)基层板铺贴;(4)面层铺贴;(5)嵌缝;(6)刷防护材料。

011302002,格栅吊顶。项目特征:(1)龙骨材料种类、规格、中距;(2)基层材料种类、规格;(3)面层材料品种、规格;(4)防护材料种类。计量单位为"m^2"。工程量计算规则:按设计图示尺寸以水平投影面积计算。工作内容:(1)基层清理;(2)安装龙骨;(3)基层板铺贴;(4)面层铺贴;(5)刷防护材料。

011302003,吊筒吊顶。项目特征:(1)吊筒形状、规格;(2)吊筒材料种类;(3)防护材料种类。计量单位为"m^2"。工程量计算规则同格栅吊顶。工作内容:(1)基层清理;(2)吊筒制作安装;(3)刷防护材料。

011302004,藤条造型悬挂吊顶;011302005,织物软雕吊顶。项目特征:(1)骨架材料种类、规格;(2)面层材料品种、规格。计量单位为"m^2"。工程量计算规则同格栅吊顶。工作内容:(1)基层清理;(2)龙骨安装;(3)铺贴面层。

011302006,装饰网架吊顶。项目特征:(1)网架材料品种、规格。计量单位为"m^2"。工程量计算规则同格栅吊顶。工作内容:(1)基层清理;(2)网架制作安装。

说明:(1)天棚面层油漆防护,应按油漆、涂料、裱糊工程中相应分项工程工程量清单项目编码列项。(2)天棚压线、装饰线,应按其他工程中相应分项工程工程量清单项目编码列项。(3)当天棚设置保温隔热吸声层时,应按《房屋建筑与装饰工程工程量计算规范》附录 J 防腐、隔热、保温工程中相应分项工程工程量清单项目编码列项。(4)天棚吊顶的平面、跌级、锯齿形、阶梯形、吊挂式、藻井式以及矩形、弧形、拱形等应在清单项目中进行描述。(5)天棚抹灰与天棚吊顶工程量计算规则有所不同:天棚抹灰不扣除柱、垛所占面积;天棚吊顶不扣除柱、垛所占面积,但扣除独立柱所占面积。柱、垛是指与墙体相连的柱而突出墙体部分。

3) 采光天棚工程 011303

《房屋建筑与装饰工程工程量计算规范》附录表 N. 3 采光天棚工程就采光天棚(011303001)一个清单项目。项目特征:(1)骨架类型;(2)固定类型,固定材料品种、规格;(3)面层材料品种、规格;(4)嵌缝、塞口材料种类。计量单位为"m^2"。工程量计算规则:按框外围展开面积计算。工作内容：(1)清理基层；(2)面层制安；(3)嵌缝、塞口；(4)清洗。

4) 天棚其他装饰 011304

《房屋建筑与装饰工程工程量计算规范》附录表 N. 4 天棚其他装饰项目包括灯带(槽)和送风口、回风口 2 个清单项目。

011304001，灯带(槽)。项目特征：(1)灯带型式、尺寸；(2)格栅片材料品种、规格；(3)安装固定方式。计量单位为“m^2”。工程量计算规则：按设计图示尺寸以框外围面积计算。工作内容：安装、固定。

011304002，送风口、回风口。项目特征：(1)风口材料品种、规格；(2)安装固定方式；(3)防护材料种类。计量单位为“个”。工程量计算规则：按设计图示数量计算。工作内容：(1)安装、固定；(2)刷防护材料。

说明：(1)灯带分项已包括了灯带的安装和固定；(2)计算工程量时无论送风口、回风口所占的面积是否大于 0.3 m^2，送风口、回风口另外按“个”计算。

5) 天棚工程清单计价注意要点

(1) 天棚的检查孔、天棚内的检修走道、灯槽等应包括在报价内。

(2) “抹装饰线条”线角的道数以一个突出的棱角为一道线，应在报价时注意。

(3) 天棚面层适用于石膏板、埃特板、装饰吸声罩面板、塑料装饰罩面板、纤维水泥加压板、金属装饰板、木质饰板、玻璃饰面。

(4) 格栅吊顶面层适用于木格栅、金属格栅、塑料格栅等。

(5) 吊筒吊顶适用于木(竹)质吊筒、金属吊筒、塑料吊筒以及圆形、矩形、扁钟形吊筒等。

(6) 灯带格栅有不锈钢格栅、铝合金格栅、玻璃类格栅等。

(7) 送风口、回风口适用于金属、塑料、木质风口。

6) 应用案例

【例 10-17】 某会议室天棚吊顶如图 9-52 所示，采用 ϕ8 钢吊筋连接(每 10 m^2 天棚吊筋每增减 100 mm 调整含量为 0.54 kg)，装配式 U 型(不上人型)轻钢龙骨，间距 450 mm×450 mm，纸面石膏板面层。要求编制吊顶天棚工程量清单和工程量清单计价。

【解】 (1)编制吊顶天棚工程量清单(见表 10-36)

$$吊顶天棚工程量 = (12.00 - 0.24) \times (9.00 - 0.24) = 103.02\ m^2$$

表 10-36 分部分项工程量清单

序号	项目编码	项目名称	项目特征	计量单位	工程量
1	011302001001	吊顶天棚	1. U 型(不上人型)轻钢龙骨，间距 450 mm×450 mm 2. 龙骨上铺钉纸面石膏板面层	m^2	103.02

(2)吊顶天棚工程的工程量清单计价

① 按计价定额规定计算工程内容的工程量(见例 9-20)

吊筋(高度 1.00 m)的工程量：68.02 m^2

吊筋(高度 0.60 m)的工程量：35 m^2

轻钢龙骨的工程量：103.02 m^2

石膏板面层的工程量：112.62 m²

② 套用计价定额计算各项工程内容的综合价(见例 9-20)

A. 换算单价

15-34换　　φ8 吊筋(高度 0.60 m)换算单价：51.86 元/10m²

B. 子目套用

15-34　　φ8 吊筋(高度 1.00 m)费用：411.79 元

15-34换　　φ8 吊筋(高度 0.60 m)费用：181.51 元

15-6　　装配式 U 型(不上人型)轻钢龙骨费用：6 937.06 元

15-45　　纸面石膏板面层费用：3 071.94 元

合计：411.79 + 181.51 + 6 937.06 + 3 071.94 = 10 602.30 元

③ 计算吊顶天棚工程的清单综合价、清单综合单价

吊顶天棚工程的清单综合价 = 10 602.30 元

吊顶天棚工程的清单综合单价 = 10 602.30 ÷ 103.02 = 102.91 元 /m²

10.2.14 油漆、涂料、裱糊工程

油漆、涂料、裱糊工程量清单项目有 8 节 36 个项目，包括门油漆、窗油漆、木扶手及其他板条线条油漆、木材面油漆、金属面油漆、抹灰面油漆、喷刷涂料、裱糊等，适用于门窗油漆、金属和抹灰面油漆工程。

1) 门油漆 011401

《房屋建筑与装饰工程工程量计算规范》附录表 P.1 门油漆工程包括木门油漆、金属门油漆 2 个清单项目。

011401001，木门油漆。项目特征：(1)门类型；(2)门代号及洞口尺寸；(3)腻子种类；(4)刮腻子遍数；(5)防护材料种类；(6)油漆品种、刷漆遍数。计量单位为“樘”或“m²”。工程量计算规则：(1)以“樘”计量，按设计图示数量计量；(2)以“m²”计量，设计图示洞口尺寸以面积计算。工作内容：(1)基层清理；(2)刮腻子；(3)刷防护材料、油漆。

011401002，金属门油漆。项目特征和工程量计算规则同木门油漆。计量单位为“樘”或“m²”。工作内容：(1)除锈、基层清理；(2)刮腻子；(3)刷防护材料、油漆。

2) 窗油漆 011402

《房屋建筑与装饰工程工程量计算规范》附录表 P.2 窗油漆工程包括木窗油漆、金属窗油漆 2 个清单项目。

011402001，木窗油漆。项目特征：(1)窗类型；(2)窗代号及洞口尺寸；(3)腻子种类；(4)刮腻子遍数；(5)防护材料种类；(6)油漆品种、刷漆遍数。计量单位为“樘”或“m²”。工程量计算规则：(1)以“樘”计量，按设计图示数量计量；(2)以“m²”计量，按设计图示洞口尺寸以面积计算。工作内容：(1)基层清理；(2)刮腻子；(3)刷防护材料、油漆。

011402002，金属窗油漆。项目特征和工程量计算规则同木门窗油漆。计量单位为“樘”或“m²”。工作内容：(1)除锈、基层清理；(2)刮腻子；(3)刷防护材料、油漆。

3) 木扶手及其他板条线条油漆 011403

《房屋建筑与装饰工程工程量计算规范》附录表 P.3 木扶手及其他板条线条油漆工程

包括木扶手油漆(011403001),窗帘盒油漆(011403002),封檐板、顺水板油漆(011403003),挂衣板、黑板框油漆(011403004),挂镜线、窗帘棍、单独木线油漆(011403005)5 个清单项目。项目特征:(1)断面尺寸;(2)腻子种类;(3)刮腻子遍数;(4)防护材料种类;(5)油漆品种、刷漆遍数。计量单位为"m"。工程量计算规则:按设计图示尺寸以长度计算。工作内容:(1)基层清理;(2)刮腻子;(3)刷防护材料、油漆。

说明:木扶手区别带托板与不带托板分别编码(第五级编码)列项。

4) 木材面油漆 011404

《房屋建筑与装饰工程工程量计算规范》附录表 P.4 木材面油漆包括木护墙、木墙裙油漆,窗台板、筒子板、盖板、门窗套、踢脚线油漆,清水板条顶棚、檐口油漆,木方格吊顶天棚油漆,吸音板墙面、天棚面油漆,暖气罩油漆,其他木材面油漆,木间壁、木隔断油漆,玻璃间壁露明墙筋油漆,木栅栏、木栏杆(带扶手)油漆,衣柜、壁柜油漆,梁柱饰面油漆,零星木装修油漆,木地板油漆,木地板烫硬蜡面 15 个清单项目。

011404001,木护墙、木墙裙油漆;011404002,窗台板、筒子板、盖板、门窗套、踢脚线油漆;011404003,清水板条顶棚、檐口油漆;011404004,木方格吊顶天棚油漆;011404005,吸音板墙面、天棚面油漆;011404006,暖气罩油漆;011404007,其他木材面油漆。项目特征:(1)腻子种类;(2)刮腻子遍数;(3)防护材料种类;(4)油漆品种、刷漆遍数。计量单位为"m^2"。工程量计算规则:按设计图示尺寸以面积计算。工作内容:(1)基层清理;(2)刮腻子;(3)刷防护材料、油漆。

011404008,木间壁、木隔断油漆;011404009,玻璃间壁露明墙筋油漆;011404010,木栅栏、木栏杆(带扶手)油漆。项目特征和工作内容同木护墙、木墙裙油漆。计量单位为"m^2"。工程量计算规则:按设计图示尺寸以单面外围面积计算。

011404011,衣柜、壁柜油漆;011404012,梁柱饰面油漆;011404013,零星木装修油漆。项目特征:(1)腻子种类;(2)刮腻子遍数;(3)防护材料种类;(4)油漆品种、刷漆遍数。计量单位为"m^2"。工程量计算规则:按设计图示尺寸以油漆部分展开面积计算。工作内容:(1)基层清理;(2)刮腻子;(3)刷防护材料、油漆。

011404014,木地板油漆。项目特征和工作内容同衣柜、壁柜油漆。计量单位为"m^2"。工程量计算规则:按设计图示尺寸以面积计算。空洞、空圈、暖气包槽、壁龛的开口部分并入相应的工程量内。

011404015,木地板烫硬蜡面。项目特征:(1)硬蜡品种;(2)面层处理要求。工程量计算规则同木地板油漆。工作内容:(1)基层清理;(2)烫蜡。

说明:(1)木护墙、木墙裙油漆应区分有造型与无造型,分别编码列项;(2)博风板工程量按中心线斜长计算,有大刀头的每个大刀头增加长度 50 cm;(3)窗帘盒应区分明式与暗式,分别编码列项;(4)木地板、木楼梯油漆应区分地板面、楼梯面分别编码列项。

5) 金属面油漆 011405

《房屋建筑与装饰工程工程量计算规范》附录表 N.5 金属面油漆包括金属面油漆(011405001)一个项目。项目特征:(1)构件名称;(2)腻子种类;(3)刮腻子要求;(4)防护材料种类;(5)油漆品种、刷漆遍数。计量单位为"t"或"m^2"。工程量计算规则:(1)以"t"计量,按设计图示尺寸以质量计算;(2)以"m^2"计量,按设计展开面积计算。工作内容:(1)基层清理;(2)刮腻子;(3)刷防护材料、油漆。

说明:金属面油漆应依据金属面油漆调整系数的不同区分金属面和金属构件,分别编码列项。

6）抹灰面油漆 011406

《房屋建筑与装饰工程工程量计算规范》附录表 P.6 抹灰面油漆包括抹灰面油漆、抹灰线条油漆、满刮腻子 3 个清单项目。

011406001,抹灰面油漆。项目特征:(1)基层类型;(2)腻子种类;(3)刮腻子遍数;(4)防护材料种类;(5)油漆品种、刷漆遍数;(6)部位。计量单位为“m^2”。工程量计算规则:按设计图示尺寸以面积计算。工作内容:(1)基层清理;(2)刮腻子;(3)刷防护材料、油漆。

011406002,抹灰线条油漆。项目特征:(1)线条宽度、道数;(2)腻子种类;(3)刮腻子遍数;(4)防护材料种类;(5)油漆品种、刷漆遍数。计量单位为“m”。工程量计算规则:按设计图示尺寸以长度计算。工作内容同抹灰面油漆。

011406003,满刮腻子。项目特征:(1)基层类型;(2)腻子种类;(3)刮腻子遍数。计量单位为“m^2”。工程量计算规则:按设计图示尺寸以面积计算。工作内容:(1)基层清理;(2)刮腻子。

说明:抹灰面的油漆应注意基层的类型,如一般抹灰墙柱面与拉条灰、拉毛灰、甩毛灰等油漆的耗工量与材料消耗量的不同。

7）喷刷涂料 011407

《房屋建筑与装饰工程工程量计算规范》附录表 P.7 喷刷涂料包括墙面喷刷涂料,天棚喷刷涂料,空花格、栏杆刷涂料,线条刷涂料,金属构件刷防火涂料,木材构件喷刷防火涂料 6 个项目。

011407001,墙面喷刷涂料;011407002,天棚喷刷涂料。项目特征:(1)基层类型;(2)喷刷涂料部位;(3)腻子种类;(4)刮腻子要求;(5)涂料品种、喷刷遍数。计量单位为“m^2”。工程量计算规则:按设计图示尺寸以面积计算。工作内容:(1)基层清理;(2)刮腻子;(3)刷、喷涂料。

011407003,空花格、栏杆刷涂料。项目特征:(1)腻子种类;(2)刮腻子遍数;(3)涂料品种、刷喷遍数。计量单位为“m^2”。工程量计算规则:按设计图示尺寸以单面外围面积计算。工作内容:(1)基层清理;(2)刮腻子;(3)刷、喷涂料。

011407004,线条刷涂料。项目特征:(1)基层清理;(2)线条宽度;(3)刮腻子遍数;(4)刷防护材料、油漆。计量单位为“m”。工程量计算规则:按设计图示尺寸以长度计算。工作内容同空花格、栏杆刷涂料。

011407005,金属构件刷防火涂料。项目特征:(1)喷刷防火涂料构件名称;(2)防火等级要求;(3)涂料品种、喷刷遍数。计量单位为“t”或“m^2”。工程量计算规则:(1)以“t”计量,按设计图示尺寸以质量计算;(2)以“m^2”计量,按设计展开面积计算。工作内容:(1)基层清理;(2)刷防护材料、油漆。

011407006,木材构件喷刷防火涂料。项目特征:同金属构件刷防火涂料。计量单位为“m^2”。工程量计算规则:以“m^2”计量,按设计图示尺寸以面积计算。工作内容:(1)基层清理;(2)刷防火材料。

8）裱糊 011408

《房屋建筑与装饰工程工程量计算规范》附录表 P.8 裱糊工程包括墙纸裱糊(011408001)、织锦缎裱糊(011408002)2 个清单项目。项目特征:(1)基层类型;(2)裱糊部位;(3)腻子种类;(4)刮腻子遍数;(5)黏结材料种类;(6)防护材料种类;(7)面层材料品种、规格、颜色。计量单位为“m²”。工程量计算规则:按设计图示尺寸以面积计算。工作内容:(1)基层清理;(2)刮腻子;(3)面层铺粘;(4)刷防护材料。

9) 油漆、涂料、裱糊工程清单计价注意要点

(1) 木扶手区别带托板与不带托板,在编制清单时,用第五级项目编码将不同的木扶手分别列项,在清单计价时,按计价表的规定套相应计价表定额计价。

(2) 有线角、线条、压条的油漆、涂料面的工料消耗应包括在报价内。

(3) 抹灰面的油漆、涂料,应注意基层的类型,在清单计价时,按计价表的规定套相应计价表定额计价。

(4) 空花格、栏杆刷涂料工程量按外框单面垂直投影面积计算,应注意其展开面积工料消耗应包括在报价内。

(5) 刮腻子应注意刮腻子遍数,是满刮还是找补腻子。在清单计价时,按计价表的规定套相应计价表定额计价。

(6) 墙纸和织锦缎的裱糊,应注意设计要求对花还是不对花。在报价时套相应计价表定额计价。

10) 应用案例

【例 10-18】 某学生宿舍的钢质推拉窗(单层)如图 10-11 所示,共 40 樘,油漆为红丹防锈漆 1 遍,调和漆 3 遍。编制钢质推拉窗油漆工程量清单和工程量清单计价。

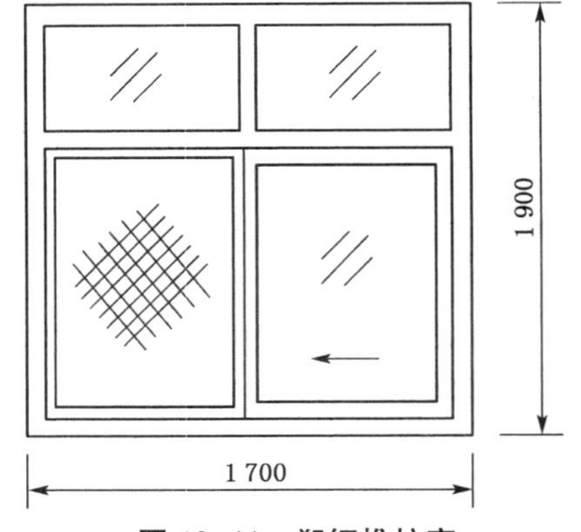

图 10-11 塑钢推拉窗

【解】 (1)编制窗油漆工程量清单(见表 10-37)

金属窗油漆工程量 = 40 樘

或 金属窗油漆工程量 $= 1.7 \times 1.9 \times 40 = 129.20\ \text{m}^2$

表 10-37 分部分项工程量清单

序号	项目编码	项目名称	项目特征	计量单位	工程量
1	011402002001	金属窗油漆	1. 钢质推拉窗 2. 油漆为红丹防锈漆 1 遍,调和漆 3 遍	樘	40
				m²	129.20

(2)编制金属窗油漆的工程量清单计价

① 按计价定额规定计算工程内容的工程量

单层钢门窗红丹防锈漆 1 遍的工程量 $= 1.7 \times 1.9 \times 40 = 129.20\ \text{m}^2$

单层钢门窗调和漆 3 遍的工程量 $= 1.7 \times 1.9 \times 40 = 129.20\ \text{m}^2$

② 套用计价定额计算各项工程内容的综合价

17-134　单层钢门窗红丹防锈漆 1 遍的综合价 $= 129.20 \div 10 \times 82.50 = 1\,065.90$ 元

17-130+17-131　单层钢门窗调和漆 3 遍的综合价 $= 129.20 \div 10 \times (164.28 + 84.38) = 3\,212.69$ 元

合计:$1\,065.90 + 3\,212.69 = 4\,278.59$ 元

③ 计算金属窗油漆的清单综合价、清单综合单价

金属窗油漆的清单综合价 = 4 278.59 元

金属窗油漆的清单综合单价 = 4 278.59 ÷ 129.20 = 33.12 元 /m²

或　　金属窗油漆的清单综合单价 = 4 278.59 ÷ 40 = 106.96 元 / 樘

10.2.15 其他装饰工程

其他装饰工程量清单项目有 8 节 62 个项目，包括柜类货架，压条、装饰线，扶手、栏杆、栏板装饰，暖气罩，浴厕配件，雨篷、旗杆，招牌、灯箱，美术字等，适用于装饰物件的制作、安装工程。

1）柜类货架 011501

《房屋建筑与装饰工程工程量计算规范》附录表 O. 1 柜类货架包括柜台(011501001)、酒柜(011501002)、衣柜(011501003)、存包柜(011501004)、鞋柜(011501005)、书柜(011501006)、厨房壁柜(011501007)、木壁柜(011501008)、厨房低柜(011501009)、厨房吊柜(011501010)、矮柜(011501011)、吧台背柜(011501012)、酒吧吊柜(011501013)、酒吧台(011501014)、展台(011501015)、收银台(011501016)、试衣间(011501017)、货架(011501018)、书架(011501019)、服务台(011501020)20 个清单项目。项目特征：(1)台柜规格；(2)材料种类、规格；(3)五金种类、规格；(4)防护材料种类；(5)油漆品种、刷漆遍数。计量单位为“个”或“m”或“m³”。工程量计算规则：(1)以“个”计量，按设计图示数量计量；(2)以“m”计量，按设计图示尺寸以延长米计算；(3)以“m³”计量，按设计图示尺寸以体积计算。工作内容：(1)台柜制作、运输、安装(安放)；(2)刷防护材料、油漆；(3)五金件安装。

2）压条、装饰线 011502

《房屋建筑与装饰工程工程量计算规范》附录表 Q. 2 压条、装饰线包括金属装饰线、木质装饰线、石材装饰线、石膏装饰线、镜面玻璃线、铝塑装饰线、塑料装饰线和 GRC 装饰线条 8 个清单项目。

011502001，金属装饰线；011502002，木质装饰线；011502003，石材装饰线；011502004，石膏装饰线。项目特征：(1)基层类型；(2)线条材料品种、规格、颜色；(3)防护材料种类。计量单位为“m”。工程量计算规则：按设计图示尺寸以长度计算。工作内容：(1)线条制作、安装；(2)刷防护材料。

011502005，镜面玻璃线；011502006，铝塑装饰线；011502007，塑料装饰线。项目特征：(1)基层类型；(2)线条材料品种、规格、颜色；(3)防护材料种类。计量单位为“m”。工程量计算规则和工作内容同金属装饰线。

011502008，GRC 装饰线条。项目特征：(1)基层类型；(2)线条规格；(3)线条安装部位；(4)填充材料种类。计量单位为“m”。工作内容：线条制作安装。工程量计算规则：按设计图示尺寸以长度计算。

3）扶手、栏杆、栏板装饰 011503

《房屋建筑与装饰工程工程量计算规范》附录表 Q. 3 扶手、栏杆、栏板装饰包括金属扶手、栏杆、栏板，硬木扶手、栏杆、栏板，塑料扶手、栏杆、栏板，GRC 栏杆、扶手，金属靠墙扶手，硬木靠墙扶手，塑料靠墙扶手，玻璃栏板 8 个清单项目。

011503001，金属扶手、栏杆、栏板；011503002，硬木扶手、栏杆、栏板；011503003，塑料扶

手、栏杆、栏板。项目特征:(1)扶手材料种类、规格、品牌;(2)栏杆材料种类、规格、品牌;(3)栏板材料种类、规格、品牌、颜色;(4)固定配件种类;(5)防护材料种类。计量单位为"m"。工程量计算规则:按设计图示以扶手中心线长度(包括弯头长度)计算。工作内容:(1)制作;(2)运输;(3)安装;(4)刷防护材料。

011503004,GRC栏杆、扶手。项目特征:(1)栏杆的规格;(2)安装间距;(3)扶手类型、规格;(4)填充材料种类。计量单位、工程量计算规则、工作内容同金属扶手、栏杆、栏板。

011503005,金属靠墙扶手;011503006,硬木靠墙扶手;011503007,塑料靠墙扶手。项目特征:(1)扶手材料种类、规格;(2)固定配件种类;(3)防护材料种类。计量单位为"m"。工程量计算规则和工作内容同金属扶手、栏杆、栏板。

011503008,玻璃栏板。项目特征:(1)栏杆玻璃的种类、规格、颜色;(2)固定方式;(3)固定配件种类。计量单位为"m"。工程量计算规则和工作内容同金属扶手、栏杆、栏板。

4) 暖气罩 011504

《房屋建筑与装饰工程工程量计算规范》附录表Q.4暖气罩工程包括饰面板暖气罩(011504001)、塑料板暖气罩(011504002)、金属暖气罩(011504003)3个清单项目。项目特征:(1)暖气罩材质;(2)防护材料种类。计量单位为"m^2"。工程量计算规则:按设计图示尺寸以垂直投影面积(不展开)计算。工作内容:(1)暖气罩制作、运输、安装;(2)刷防护材料、油漆。

5) 浴厕配件 011505

《房屋建筑与装饰工程工程量计算规范》附录表Q.5浴厕配件项目包括洗漱台、晒衣架、帘子杆、浴缸拉手、卫生间扶手、毛巾杆(架)、毛巾环、卫生纸盒、肥皂盒、镜面玻璃、镜箱11个清单项目。

011505001,洗漱台。项目特征:(1)材料品种、规格、颜色;(2)支架、配件品种、规格。计量单位为"个"或"m^2"。工程量计算规则:(1)按设计图示尺寸以台面外接矩形面积计算,不扣除孔洞、挖弯、削角所占面积,挡板、吊沿板面积并入台面面积内;(2)按设计图示数量计算。工作内容:(1)台面及支架、运输、安装;(2)杆、环、盒、配件安装;(3)刷油漆。

011505002,晒衣架;011505003,帘子杆;011505004,浴缸拉手;011505005,卫生间扶手。项目特征和工作内容同洗漱台。计量单位为"个"。工程量计算规则:按设计图示数量计算。

011505006,毛巾杆(架);011505007,毛巾环;011505008,卫生纸盒;011505009,肥皂盒。项目特征:(1)材料品种、规格、颜色;(2)支架、配件品种、规格。计量单位为"套"或"副"或"个"。工程量计算规则同晒衣架。工作内容:(1)台面及支架制作、运输、安装;(2)杆、环、盒、配件安装;(3)刷油漆。

011505010,镜面玻璃。项目特征:(1)镜面玻璃品种、规格;(2)框材质、断面尺寸;(3)基层材料种类;(4)防护材料种类。计量单位为"m^2"。工程量计算规则:按设计图示尺寸以边框外围面积计算。工作内容:(1)基层安装;(2)玻璃及框制作、运输、安装。

011505011,镜箱。项目特征:(1)箱体材质、规格;(2)玻璃品种、规格;(3)基层材料种类;(4)防护材料种类;(5)油漆品种、刷漆遍数。计量单位为"个"。工程量计算规则:按设计图示数量计算。工作内容:(1)基层安装;(2)箱体制作、运输、安装;(3)玻璃安装;(4)刷防护材料、油漆。

6) 雨篷、旗杆 011506

《房屋建筑与装饰工程工程量计算规范》附录表Q.6雨篷、旗杆项目包括雨篷吊挂饰面、金属旗杆、玻璃雨篷3个清单项目。

011506001,雨篷吊挂饰面。项目特征:(1)基层类型;(2)龙骨材料种类、规格、中距;(3)面层材料品种、规格;(4)吊顶(天棚)材料品种、规格;(5)嵌缝材料种类;(6)防护材料种类。计量单位为"m^2"。工程量计算规则:按设计图示尺寸以水平投影面积计算。工作内容:(1)底层抹灰;(2)龙骨基层安装;(3)面层安装;(4)刷防护材料、油漆。

011506002,金属旗杆。项目特征:(1)旗杆材料、种类、规格;(2)旗杆高度;(3)基础材料种类;(4)基座材料种类;(5)基座面层材料、种类、规格。计量单位为"根"。工程量计算规则:按设计图示数量计算。工作内容:(1)土石挖、填、运;(2)基础混凝土浇筑;(3)旗杆制作、安装;(4)旗杆台座制作、饰面。

011506003,玻璃雨篷。项目特征:(1)玻璃雨篷固定方式;(2)龙骨材料种类、规格、中距;(3)玻璃材料品种、规格;(4)嵌缝材料种类;(5)防护材料种类。计量单位为"m^2"。工程量计算规则:按设计图示尺寸以水平投影面积计算。工作内容:(1)龙骨基层安装;(2)面层安装;(3)刷防护材料、油漆。

7) 招牌、灯箱 011507

《房屋建筑与装饰工程工程量计算规范》附录表O.7招牌、灯箱工程包括平面、箱式招牌,竖式标箱,灯箱,信报箱4个清单项目。

011507001,平面、箱式招牌。项目特征:(1)箱体规格;(2)基层材料种类;(3)面层材料种类;(4)防护材料种类。计量单位为"m^2"。工程量计算规则:按设计图示尺寸以正立面边框外围面积计算。复杂形的凸凹造型部分不增加面积。工作内容:(1)基层安装;(2)箱体及支架制作、运输、安装;(3)面层制作、安装;(4)刷防护材料、油漆。

011507002,竖式标箱;011507003,灯箱。项目特征和工作内容同平面、箱式招牌。计量单位为"个"。工程量计算规则:按设计图示数量计算。

011507004,信报箱。项目特征:(1)箱体规格;(2)基层材料种类;(3)面层材料种类;(4)保护材料种类;(5)户数。计量单位为"个"。工程量计算规则:按设计图示数量计算。工作内容同平面、箱式招牌。

8) 美术字 011508

《房屋建筑与装饰工程工程量计算规范》附录表Q.8美术字项目包括泡沫塑料字(011508001)、有机玻璃字(011508002)、木质字(011508003)、金属字(011508004)、吸塑字(011508005)5个清单项目。项目特征:(1)基层类型;(2)镌字材料品种、颜色;(3)字体规格;(4)固定方式;(5)油漆品种、刷漆遍数。计量单位为"个"。工程量计算规则:按设计图示数量计算。工作内容:(1)字制作、运输、安装;(2)刷油漆。

9) 其他零星工程清单计价注意要点

(1) 洗漱台项目适用于石质(天然石材、人造石材等)、玻璃等,洗漱台现场制作,切割、磨边等人工、机械的费用应包括在报价内。

(2) 旗杆的砌砖或混凝土台座,台座的饰面可按相关附录的章节另行编码列项,也可将旗杆台座及台座面层一并纳入报价。

(3) 台柜、台面材料(石材、金属等)、内隔板材料、连接件、配件等均应包括在台柜项目报价内。

10.2.16 拆除工程

拆除工程量清单项目有15节37个项目，包括砖砌体拆除，混凝土及钢筋混凝土构件拆除，木构件拆除，抹灰层拆除，块料面层拆除，龙骨及饰面拆除，屋面拆除，铲除油漆涂料裱糊面，栏杆栏板、轻质隔断隔墙拆除，门窗拆除，金属构件拆除，管道及卫生洁具拆除，灯具、玻璃拆除，其他构件拆除，开孔（打洞）等。

1）*砖砌体拆除* 011601

《房屋建筑与装饰工程工程量计算规范》附录表R.1砖砌体拆除项目包括砖砌体拆除（011601001）1个清单项目。项目特征：(1)砌体名称；(2)砌体材质；(3)拆除高度；(4)拆除砌体的截面尺寸；(5)砌体表面的附着物种类。计量单位为"m^3"或"m"。工程量计算规则：(1)以"m^3"计量，按拆除的体积计算；(2)以"m"计量，按拆除的延长米计算。工作内容：(1)拆除；(2)控制扬尘；(3)清理；(4)建渣场内、外运输。

2）*混凝土及钢筋混凝土构件拆除* 011602

《房屋建筑与装饰工程工程量计算规范》附录表R.2混凝土及钢筋混凝土构件拆除项目包括混凝土构件拆除（011602001）、钢筋混凝土构件拆除（011602002）2个清单项目。项目特征：(1)构件名称；(2)拆除构件的厚度或规格尺寸；(3)构件表面的附着物种类。计量单位为"m^3"或"m^2"或"m"。工程量计算规则：(1)以"m^3"计算，按拆除构件的混凝土体积计算；(2)以"m^2"计算，按拆除部位的面积计算；(3)以"m"计算，按拆除部位的延长米计算。工作内容：(1)拆除；(2)控制扬尘；(3)清理；(4)建渣场内、外运输。

3）*木构件拆除* 011603

《房屋建筑与装饰工程工程量计算规范》附录表R.3木构件拆除项目包括木构件拆除（011603001）1个清单项目。项目特征：(1)构件名称；(2)拆除构件的厚度或规格尺寸；(3)构件表面的附着物种类。计量单位为"m^3"或"m^2"或"m"。工程量计算规则：(1)以"m^3"计算，按拆除构件的体积计算；(2)以"m^2"计算，按拆除的面积计算；(3)以"m"计算，按拆除部位的延长米计算。工作内容同混凝土构件拆除。

4）*抹灰层拆除* 011604

《房屋建筑与装饰工程工程量计算规范》附录表R.4抹灰层拆除项目包括平面抹灰层拆除（011604001）、立面抹灰层拆除（011604002）、天棚抹灰面拆除（011604003）3个清单项目。项目特征：(1)拆除部位；(2)抹灰层种类。计量单位为"m^2"。工程量计算规则：按拆除部位的面积计算。工作内容：(1)拆除；(2)控制扬尘；(3)清理；(4)建渣场内、外运输。

5）*块料面层拆除* 011605

《房屋建筑与装饰工程工程量计算规范》附录表R.5块料面层拆除项目包括平面块料拆除（011605001）、立面块料拆除（011605002）2个清单项目。项目特征：(1)拆除的基层类型；(2)饰面材料种类。计量单位为"m^2"。工程量计算规则：按拆除面积计算。工作内容：(1)拆除；(2)控制扬尘；(3)清理；(4)建渣场内、外运输。

6）*龙骨及饰面拆除* 011606

《房屋建筑与装饰工程工程量计算规范》附录表R.6龙骨及饰面拆除项目包括楼地面龙骨及饰面拆除（011606001）、墙柱面龙骨及饰面拆除（011606002）、天棚面龙骨及饰面拆除

(011606003)3 个清单项目。项目特征:(1)拆除的基层类型;(2)龙骨及饰面种类。计量单位为"m^2"。工程量计算规则:按拆除面积计算。工作内容:(1)拆除;(2)控制扬尘;(3)清理;(4)建渣场内、外运输。

7) 屋面拆除 011607

《房屋建筑与装饰工程工程量计算规范》附录表 R.7 屋面拆除项目包括刚性层拆除、防水层拆除 2 个清单项目。

011607001,刚性层拆除。项目特征:刚性层厚度。计量单位为"m^2"。工程量计算规则:按铲除部位的面积计算。工作内容:(1)拆除;(2)控制扬尘;(3)清理;(4)建渣场内、外运输。

011607002,防水层拆除。项目特征:防水层种类。计量单位为"m^2"。工程量计算规则和工作内容同刚性层拆除。

8) 铲除油漆涂料裱糊面 011608

《房屋建筑与装饰工程工程量计算规范》附录表 R.8 铲除油漆涂料裱糊面项目包括铲除油漆面(011608001)、铲除涂料面(011608002)、铲除裱糊面(011608003)3 个清单项目。项目特征:(1)铲除部位名称;(2)铲除部位的截面尺寸。计量单位为"m"或"m^2"。工程量计算规则:(1)以"m^2"计算,按铲除部位的面积计算;(2)以"m"计算,按铲除部位的延长米计算。工作内容:(1)铲除;(2)控制扬尘;(3)清理;(4)建渣场内、外运输。

9) 栏杆栏板、轻质隔断隔墙拆除 011609

《房屋建筑与装饰工程工程量计算规范》附录表 R.9 栏杆栏板、轻质隔断隔墙拆除项目包括栏杆、栏板拆除和隔断隔墙拆除 2 个清单项目。

011609001,栏杆、栏板拆除。项目特征:(1)栏杆(板)的高度;(2)栏杆、栏板种类。计量单位为"m"或"m^2"。工程量计算规则:(1)以"m^2"计量,按拆除部位的面积计算;(2)以"m"计量,按拆除的延长米计算。工作内容:(1)拆除;(2)控制扬尘;(3)清理;(4)建渣场内、外运输。

011609002,隔断隔墙拆除。项目特征:(1)拆除隔墙的骨架种类;(2)拆除隔墙的饰面种类。计量单位为"m^2"。工程量计算规则:按拆除部位的面积计算。工作内容同栏杆、栏板拆除。

10) 门窗拆除 011610

《房屋建筑与装饰工程工程量计算规范》附录表 R.10 门窗拆除项目包括木门窗拆除(011610001)、金属门窗拆除(011610002)2 个清单项目。项目特征:(1)室内高度;(2)门窗洞口尺寸。计量单位为"樘"或"m^2"。工程量计算规则:(1)以"m^2"计量,按拆除面积计算;(2)以"樘"计量,按拆除樘数计算。工作内容:(1)拆除;(2)控制扬尘;(3)清理;(4)建渣场内、外运输。

11) 金属构件拆除 011611

《房屋建筑与装饰工程工程量计算规范》附录表 R.11 金属构件拆除项目包括钢梁拆除,钢柱拆除,钢网架拆除,钢支撑、钢墙架拆除,其他金属构件拆除 5 个清单项目。

011611001,钢梁拆除;011611002,钢柱拆除。项目特征:(1)构件名称;(2)拆除构件的规格尺寸。计量单位为"t"或"m"。工程量计算规则:(1)以"t"计算,按拆除构件的质量计算;(2)以"m"计算,按拆除延长米计算。工作内容:(1)拆除;(2)控制扬尘;(3)清理;(4)建渣场内、外运输。

011611003,钢网架拆除。项目特征和工作内容同钢梁拆除。计量单位为"t"。工程量计算规则:按拆除构件的质量计算。

011611004,钢支撑、钢墙架拆除;011611005,其他金属构件拆除。项目特征和工作内容同钢梁拆除。计量单位为“t”或“m”。工程量计算规则:(1)以“t”计算,按拆除构件的质量计算;(2)以“m”计算,按拆除延长米计算。

12) 管道及卫生洁具拆除 011612

《房屋建筑与装饰工程工程量计算规范》附录表 R. 12 管道及卫生洁具拆除项目包括管道拆除、卫生洁具拆除 2 个清单项目。

011612001,管道拆除。项目特征:(1)管道种类、材质;(2)管道上的附着物种类。计量单位为“m”。工程量计算规则:按拆除管道的延长米计算。工作内容:(1)拆除;(2)控制扬尘;(3)清理;(4)建渣场内、外运输。

011612002,卫生洁具拆除。项目特征:卫生洁具种类。计量单位为“套”或“个”。工程量计算规则:按拆除的数量计算。工作内容同管道拆除。

13) 灯具、玻璃拆除 011613

《房屋建筑与装饰工程工程量计算规范》附录表 R. 13 灯具、玻璃拆除项目包括灯具拆除、玻璃拆除 2 个清单项目。

011613001,灯具拆除。项目特征:(1)拆除灯具高度;(2)灯具种类。计量单位为“套”。工程量计算规则:按拆除的数量计算。工作内容:(1)拆除;(2)控制扬尘;(3)清理;(4)建渣场内、外运输。

011613002,玻璃拆除。项目特征:(1)玻璃厚度;(2)拆除部位。计量单位为“m^2”。工程量计算规则:按拆除的面积计算。工作内容同灯具拆除。

14) 其他构件拆除 011614

《房屋建筑与装饰工程工程量计算规范》附录表 R. 14 其他构件拆除项目包括暖气罩拆除、柜体拆除、窗台板拆除、筒子板拆除、窗帘盒拆除、窗帘轨拆除 6 个清单项目。

011614001,暖气罩拆除。项目特征:暖气罩材质。计量单位为“个”或“m”。工程量计算规则:(1)以“个”为单位计量,按拆除个数计算;(2)以“m”为单位计量,按拆除延长米计算。工作内容:(1)拆除;(2)控制扬尘;(3)清理;(4)建渣场内、外运输。

011614002,柜体拆除。项目特征:(1)柜体材质;(2)柜体尺寸:长、宽、高。计量单位为“个”或“m”。工程量计算规则和工作内容同暖气罩拆除。

011614003,窗台板拆除。项目特征:窗台板平面尺寸。计量单位为“块”或“m”。工程量计算规则:(1)以“块”计量,按拆除数量计算;(2)以“m”计量,按拆除的延长米计算。工作内容同暖气罩拆除。

011614004,筒子板拆除。项目特征:筒子板的平面尺寸。计量单位为“块”或“m”。工程量计算规则同窗台板拆除。工作内容同暖气罩拆除。

011614005,窗帘盒拆除。项目特征:窗帘盒的平面尺寸。计量单位为“m”。工程量计算规则:按拆除的延长米计算。工作内容同暖气罩拆除。

011614006,窗帘轨拆除。项目特征:窗帘轨的材质。计量单位为“m”。工程量计算规则同窗帘盒拆除。工作内容同暖气罩拆除。

15) 开孔(打洞)011615

《房屋建筑与装饰工程工程量计算规范》附录表 R. 15 开孔(打洞)项目包括开孔(打洞)(011615001)1 个清单项目。项目特征:(1)部位;(2)打洞部位材质;(3)洞尺寸。计量单位为“个”。工程量计算规则:按数量计算。工作内容:(1)拆除;(2)控制扬尘;(3)清理;(4)建渣场内、外运输。

10.2.17 措施项目

措施项目工程量清单项目有 7 节 52 个项目,包括脚手架工程,混凝土模板及支架(撑),垂直运输,超高施工增加,大型机械设备进出场及安拆,施工排水、降水,安全文明施工及其他措施项目。

1) 脚手架工程 011701

《房屋建筑与装饰工程工程量计算规范》附录表 S.1 脚手架工程项目包括综合脚手架、外脚手架、里脚手架、悬空脚手架、挑脚手架、满堂脚手架、整体提升架和外装饰吊篮 8 个清单项目。

011701001,综合脚手架。项目特征:(1)建筑结构形式;(2)檐口高度。计量单位为“m^2”。工程量计算规则:按建筑面积计算。工作内容:(1)场内、场外材料搬运;(2)搭、拆脚手架、斜道、上料平台;(3)安全网的铺设;(4)选择附墙点与主体连接;(5)测试电动装置、安全锁等;(6)拆除脚手架后材料的堆放。

011701002,外脚手架;011701003,里脚手架。项目特征:(1)搭设方式;(2)搭设高度;(3)脚手架材质。计量单位为“m^2”。工程量计算规则:按所服务对象的垂直投影面积计算。工作内容:(1)场内、场外材料搬运;(2)搭、拆脚手架、斜道、上料平台;(3)安全网的铺设;(4)拆除脚手架后材料的堆放。

011701004,悬空脚手架。项目特征:(1)搭设方式;(2)悬挑宽度;(3)脚手架材质。计量单位为“m^2”。工程量计算规则:按搭设的水平投影面积计算。工作内容同外脚手架。

011701005,挑脚手架。项目特征同悬空脚手架。计量单位为“m”。工程量计算规则:按搭设长度乘以搭设层数以延长米计算。工作内容同外脚手架。

011701006,满堂脚手架。项目特征:(1)搭设方式;(2)搭设高度;(3)脚手架材质。计量单位为“m^2”。工程量计算规则:按搭设的水平投影面积计算。工作内容同外脚手架。

011701007,整体提升架。项目特征:(1)搭设方式及启动装置;(2)搭设高度。计量单位为“m^2”。工程量计算规则:按所服务对象的垂直投影面积计算。工作内容:(1)场内、场外材料搬运;(2)选择附墙点与主体连接;(3)搭、拆脚手架、斜道、上料平台;(4)安全网的铺设;(5)测试电动装置、安全锁等;(6)拆除脚手架后材料的堆放。

011701008,外装饰吊篮。项目特征:(1)升降方式及启动装置;(2)搭设高度及吊篮型号。计量单位为“m^2”。工程量计算规则:按所服务对象的垂直投影面积计算。工作内容:(1)场内、场外材料搬运;(2)吊篮的安装;(3)测试电动装置、安全锁、平衡控制器等;(4)吊篮的拆卸。

2) 混凝土模板及支架(撑)011702

《房屋建筑与装饰工程工程量计算规范》附录表 S.2 混凝土模板及支架(撑)项目包括 32 个清单项目。

011702001,基础。项目特征:基础类型。计量单位为“m^2”。工程量计算规则:按模板与现浇混凝土构件的接触面积计算。(1)现浇钢筋混凝土墙、板单孔面积$\leqslant 0.3m^2$的孔洞不予扣除,洞侧壁模板亦不增加;单孔面积$>0.3m^2$时应予扣除,洞侧壁模板面积并入墙、板工程量内计算。(2)现浇框架分别按梁、板、柱有关规定计算;附墙柱、暗梁、暗柱并入墙内工程量内计算。(3)柱、梁、墙、板相互连接的重叠部分均不计算模板面积。(4)构造柱按图示外露部分计算模板面积。工作内容:(1)模板制作;(2)模板安装、拆除、整理堆放及场内外运输;(3)清理模板黏结物及模内杂物、刷隔离剂等。

011702002,矩形柱;011702003,构造柱。项目特征:无。计量单位为"m^2"。工程量计算规则和工作内容同基础。

011702004,异形柱。项目特征:柱截面形状。计量单位为"m^2"。工程量计算规则和工作内容同基础。

011702005,基础梁。项目特征:梁截面形状。计量单位为"m^2"。工程量计算规则和工作内容同基础。

011702006,矩形梁。项目特征:支撑高度。计量单位为"m^2"。工程量计算规则和工作内容同基础。

011702007,异形梁。项目特征:(1)梁截面形状;(2)支撑高度。计量单位为"m^2"。工程量计算规则和工作内容同基础。

011702008,圈梁;011702009,过梁。项目特征:无。计量单位为"m^2"。工程量计算规则和工作内容同基础。

011702010,弧形、拱形梁。项目特征:(1)梁截面形状;(2)支撑高度。计量单位为"m^2"。工程量计算规则和工作内容同基础。

011702011,直形墙;011702012,弧形墙;011702013,短肢剪力墙、电梯井壁。项目特征:无。计量单位为"m^2"。工程量计算规则和工作内容同基础。

011702014,有梁板;011702015,无梁板;011702016,平板;011702017,拱板;011702018,薄壳板;011702019,空心板;011702020,其他板。项目特征:支撑高度。计量单位为"m^2"。工程量计算规则和工作内容同基础。

011702021,栏板。项目特征:无。计量单位为"m^2"。工程量计算规则和工作内容同基础。

011702022,天沟、檐沟。项目特征:构件类型。计量单位为"m^2"。工程量计算规则:按模板与现浇混凝土构件的接触面积计算。工作内容同基础。

011702023,雨篷、悬挑板、阳台板。项目特征:(1)构件类型;(2)板厚度。计量单位为"m^2"。工程量计算规则:按图示外挑部分尺寸的水平投影面积计算,挑出墙外的悬臂梁及板边不另外计算。工作内容同基础。

011702024,楼梯。项目特征:类型。计量单位为"m^2"。工程量计算规则:按楼梯(包括休息平台、平台梁、斜梁和楼层板的连接梁)的水平投影面积计算,不扣除宽度≤500mm 的楼梯井所占面积,楼梯踏步、踏步板、平台梁等侧面模板不另计算,伸入墙内部分亦不增加。工作内容同基础。

011702025,其他现浇构件。项目特征:构件类型。计量单位为"m^2"。工程量计算规则:按模板与现浇混凝土构件的接触面积计算。工作内容同基础。

011702026,电缆沟、地沟。项目特征:(1)沟类型;(2)沟截面。计量单位为"m^2"。工程量计算规则:按模板与电缆沟、地沟接触面积计算。工作内容同基础。

011702027,台阶。项目特征:台阶踏步宽。计量单位为"m^2"。工程量计算规则:按图示台阶水平投影面积计算,台阶端头两侧不另计算模板面积。架空式混凝土台阶,按现浇楼梯计算。工作内容同基础。

011702028,扶手。项目特征:扶手断面尺寸。计量单位为"m^2"。工程量计算规则:按模板与扶手的接触面积计算。工作内容同基础。

011702029,散水。项目特征:无。计量单位为"m^2"。工程量计算规则:按模板与散水的接触面积计算。工作内容同基础。

011702030,后浇带。项目特征:后浇带部位。计量单位为"m^2"。工程量计算规则:按模板与后浇带的接触面积计算。工作内容同基础。

011702031,化粪池。项目特征:(1)化粪池部位;(2)化粪池规格。计量单位为"m^2"。工程量计算规则:按模板与混凝土接触面积计算。工作内容同基础。

011702032,检查井。项目特征:(1)检查井部位;(2)检查井规格。计量单位为"m^2"。工程量计算规则:按模板与混凝土接触面积计算。工作内容同基础。

3) 垂直运输 011703

《房屋建筑与装饰工程工程量计算规范》附录表 S.3 垂直运输项目包括垂直运输(011703001)1 个清单项目。项目特征:(1)建筑物建筑类型及结构形式;(2)地下室建筑面积;(3)建筑物檐口高度、层数。计量单位为"m^2"或"天"。工程量计算规则:(1)按建筑面积计算;(2)按施工工期日历天数计算。工作内容:(1)垂直运输机械的固定装置、基础制作、安装;(2)行走式垂直运输机械轨道的铺设、拆除、摊销。

4) 超高施工增加 011704

《房屋建筑与装饰工程工程量计算规范》附录表 S.4 超高施工增加项目包括超高施工增加(011704001)1 个清单项目。项目特征:(1)建筑物建筑类型及结构形式;(2)建筑物檐口高度、层数;(3)单层建筑物檐口高度超过 20 m、多层建筑物超过 6 层部分的建筑面积。计量单位为"m^2"。工程量计算规则:按建筑物超高部分的建筑面积计算。工作内容:(1)建筑物超高引起的人工工效降低以及由于人工工效降低引起的机械降效;(2)高层施工用水加压水泵的安装、拆除及工作台班;(3)通讯联络设备的使用及摊销。

5) 大型机械设备进出场及安拆 011705

《房屋建筑与装饰工程工程量计算规范》附录表 S.5 大型机械设备进出场及安拆包括大型机械设备进出场及安拆(011705001)1 个清单项目。项目特征:(1)机械设备名称;(2)机械设备规格型号。计量单位为"台次"。工程量计算规则:按使用机械设备的数量计算。工作内容:(1)安拆费包括施工机械、设备在现场进行安装拆卸所需人工、机械和试运转费用以及机械辅助设施的折旧、搭设、拆除等费用;(2)进出场费包括施工机械、设备整体或分体自停放地点运至施工现场或由一施工地点运至另一施工地点所发生的运输、装卸、辅助材料等费用。

6) 施工排水、降水 011706

《房屋建筑与装饰工程工程量计算规范》附录表 S.6 施工排水、降水包括成井和排水、降水 2 个清单项目。

011706001,成井。项目特征:(1)成井方式;(2)地层情况;(3)成井直径;(4)井(滤)管类型、直径。计量单位为"m"。工程量计算规则:按设计图示尺寸以钻孔深度计算。工作内容:(1)准备钻孔机械、埋设护筒、钻机就位,泥浆制作、固壁,成孔、出渣、清孔等;(2)对接上、下井管(滤管),焊接,安放,下滤料,洗井,连接试抽等。

011706002,排水、降水。项目特征:(1)机械规格型号;(2)降、排水管规格。计量单位为

“昼夜”。工程量计算规则:按排、降水日历天数计算。工作内容:(1)管道安装、拆除,场内搬运等;(2)抽水、值班、降水设备维修等。

7) 安全文明施工及其他措施项目 011707

《房屋建筑与装饰工程工程量计算规范》附录表 S.7 安全文明施工及其他措施项目包括安全文明施工(含环境保护、文明施工、安全施工、临时设施)(011707001),夜间施工(011707002),非夜间施工照明(011707003),二次搬运(011707004),冬雨季施工(011707005),地上地下设施、建筑物的临时保护设施(011707006),已完工程及设备保护(011707007)7 个清单项目。项目的工作内容及包含范围有明确的描述,计算方法见本书第 2 章。

10.3 ××小商店工程量清单计价编制实例

案例说明:图纸、图纸说明等资料见本书 9.6 节。依据《建设工程工程量清单计价规范》(GB 50500—2013)、《房屋建筑与装饰工程工程量计算规范》(GB 50854—2013)计算清单工程量;依据现行造价方面的政策文件、10.3.1 计算的工程量、招标文件(略)要求编制投标报价。

10.3.1 计算清单工程量

表 10-38 工程量计算表

工程名称:××小商店土建

序号	项目编码	项目名称	项目特征	单位	计算式	计算结果
A. 土(石)方工程						
1	010101001001	平整场地	土壤类别:三类土	m^2	按设计图示尺寸以建筑物首层面积计算	38.99
					7.44×5.24=38.99 m^2	
2	010101003001	挖沟槽土方	1. 土壤类别:三类土 2. 基础类型:条形 3. 垫层底宽、底面积:宽 1 m,底面积 28.4 m^2 4. 挖土深度:1.5 m 以内	m^3	按设计图示尺寸以基础垫层底面积乘以挖土深度计算	16.95
					2-2 剖面:垫层长度=外墙+内墙=24.4+(5−1)=28.4 m	
					垫层底面积=28.4×1=28.4 m^2	
					挖土深度=1−0.45=0.55 m	
					挖基础土方=28.4×0.55=15.62 m^3	
					4-4 剖面:(0.365+0.2)×5.24×(0.9−0.45)=1.33 m^3	
					小计=15.62+1.33=16.95 m^3	

续表 10-38

序号	项目编码	项目名称	项目特征	单位	计算式	计算结果
3	010101004001	挖基坑土方	1. 土壤类别:三类土 2. 基础类型:独立 3. 垫层底宽、底面积:底宽 1 m,底面积 1 m^2 4. 挖土深度:1.5 m 以内	m^3	按设计图示尺寸以基础垫层底面积乘以挖土深度计算	1.65
					挖基础土方＝1×1×0.55×3＝1.65 m^3	
4	010103001001	回填方		m^3	按设计图示尺寸以体积计算	16.64
					地槽、地坑回填土:挖方体积减去设计室外地坪以下埋设的基础体积(包括基础垫层及其他构筑物)	
					室外地坪以上砖基础体积＝0.24×0.45×(24.4＋5－0.24)＋0.115×0.45×5.24＝3.42 m^3	
					室外地坪以上砖柱体积＝0.24×0.24×(3－0.12－0.36＋0.45)×3＝0.51 m^3	
					土(石)方回填＝挖方体积－(C10 混凝土基础垫层＋钢筋混凝土基础＋M5 水泥砂浆基础－室外地坪以上砖基础体积＋砖柱体积－室外地坪以上砖柱体积)＝16.95＋1.65－(3.44＋6.20＋5.75－3.42＋0.58－0.51)＝6.56 m^3	
				m^3	房心回填土:按室内主墙间实填土方体积以 m^3 计算	
					地坪厚＝0.07＋0.05＋0.015＝0.135 m	
					主墙间净面积＝7.44×5.24－7.00＝32.00 m^2	
					回填土厚＝0.45－0.135＝0.315 m	
					房心回填土体积＝0.315×32.00＝10.08 m^3	
					回填土合计＝6.56＋10.08＝16.64 m^3	
5	010103002001	余方弃置		m^3	按挖方清单项目工程量减利用回填方体积(正数)计算 16.95＋1.65－16.64＝1.96 m^3	1.96

续表 10-38

序号	项目编码	项目名称	项目特征	单位	计算式	计算结果
D. 砌筑工程						
6	010401001001	砖基础	1. 砖品种、规格、强度等级：黏土砖 2. 基础类型：条形 3. 基础深度：650 mm 4. 砂浆强度等级：水泥M5.0	m^3	按设计图示尺寸以体积计算	5.75
					基础高＝1－0.1－0.25＝0.65 m	
					基础断面面积＝0.24×(0.65＋0.066)＝0.172 m^2	
					基础体积＝外墙＋内墙＝0.172×24.4＋0.172×(5－0.24)＝4.20＋0.82＝5.02 m^3	
					楼梯外侧墙基体积＝0.115×(0.8＋0.411)×5.24＝0.73 m^3	
					砖基础体积合计＝5.02＋0.73＝5.75 m^3	
7	010401003001	实心砖墙	1. 砖品种、规格、强度等级：黏土砖 2. 墙体类型：内墙 3. 墙体厚度：240 mm 4. 砂浆强度等级、配合比：混合M5.0	m^3	按设计图示尺寸以体积计算	6.17
					内墙净长＝4.76 m，墙厚 0.24 m	
					墙净高＝(3.0－0.18－0.12)×2＝5.4 m	
					内墙体积＝0.24×5.4×4.76＝6.17 m^3	
8	010401003002	实心砖墙	1. 砖品种、规格、强度等级：黏土砖 2. 墙体类型：外墙 3. 墙体厚度：240 mm 4. 墙体高度：6.44 m	m^3	外墙长＝(7.2＋5)×2＝24.4，墙厚 0.24 m	26.28
					外墙高＝6.5－0.06＝6.44 m	
					应扣除部分：外墙圈梁＋L1＋L2×0.5＝(1.88－0.41)＋0.79＋1.42×0.5＝2.97 m^3	
					门窗洞口面积＝1.5×1.8×6＋2.97×2.48×2＋0.9×2.4×2＝35.25 m^2	
					外墙体积＝0.24×(6.44×24.4－35.25)－2.97＝26.28 m^3	
9	010401003003	实心砖墙	1. 砖品种、规格、强度等级：黏土砖 2. 墙体类型：外墙 3. 墙体厚度：115 mm 4. 墙体高度：2.75 m 5. 砂浆强度等级、配合比：混合M5.0	m^3	按实砌墙体积以 m^3 计算	0.99
					5×(3＋0.45)×0.5×0.115＝0.99 m^3	

续表 10-38

序号	项目编码	项目名称	项目特征	单位	计算式	计算结果
10	010401009001	实心砖柱	1. 砖品种、规格、强度等级:黏土砖 2. 柱类型:矩形 3. 柱截面:240 mm×240 mm 4. 柱高:3.0 m 5. 砂浆强度等级、配合比:混合 M7.5	m^3	按设计图示尺寸以体积计算	0.58
					砖柱高(不含基础大放脚部分)=3+1−0.12−0.36−0.1−0.25−0.126=3.04 m	
					不含基础大放脚部分砖柱体积=0.24×0.24×3.04×3=0.53 m^3	
					基础大放脚部分体积=(0.24+0.0625×2)×(0.24+0.0625×2)×0.126×3=0.05 m^3	
					砖柱体积合计=0.53+0.05=0.58 m^3	
11	010401012001	零星砌砖	1. 零星砌砖名称、部位:台阶 2. 砂浆强度等级、配合比:混合 M2.5	m^2	按水平投影面积以 m^2 计算	14.14
					7.44×(0.6+1.3)=14.14 m^2	
12	010401012002	零星砌砖	1. 零星砌砖名称、部位:砖墩 2. 砂浆强度等级、配合比:水泥 M5.0	m^3	按设计图示尺寸截面面积乘以长度计算	0.53
					0.24×0.12×0.24×7×11=0.53 m^3	
			E. 混凝土及钢筋混凝土工程			
13	010501001001	垫层	混凝土强度等级:C10	m^3	按设计图示尺寸以体积计算	3.44
					计算过程见表 9-25 序号 5	
14	010501002001	带形基础	混凝土强度等级:C20	m^3	按设计图示尺寸以体积计算	6.20
					基础断面=0.8×0.25=0.2 m^2	
					基础体积=外墙+内墙+砖柱下=0.2×24.4+0.2×(5−0.8)+0.8×0.8×0.25×3=6.20 m^3	
15	010503002001	现浇混凝土梁(C20)		m^3	按断面面积乘长度以 m^3 计算	0.79
		矩形梁	1. 梁底标高:2.48 m 2. 梁截面:240 mm×400 mm 3. 混凝土强度等级:C20		断面=0.24×0.40=0.096 m^2	
					长度=3.72+3.6+0.92=8.24 m	
					L1 体积=0.096×8.24=0.79 m^3	

续表 10-38

序号	项目编码	项目名称	项目特征	单位	计算式	计算结果
16	010503002002	矩形梁	1. 梁底标高：5.52 m，2.52 m 2. 梁截面：240 mm×360 mm 3. 混凝土强度等级：C20	m^3	按断面面积乘长度以 m^3 计算	1.42
					断面=0.24×0.36=0.086 4 m^2	
					长度=3.72+3.6+0.92=8.24 m	
					L2 体积=0.086 4×8.24×2=1.42 m^3	
17	010503004001	圈梁	1. 梁底标高：5.7 m，2.7 m 2. 梁截面：240 mm×180 mm 3. 混凝土强度等级：C20	m^3	按断面面积乘长度以 m^3 计算	1.88
					断面=0.24×0.18=0.043 2 m^2	
					长度=(5−0.24)×3+7.44=21.72 m	
					QL 体积=0.043 2×21.72×2=1.88 m^3 其中内墙上圈梁体积=0.043 2×(5−0.24)×2=0.41 m^3	
18	010505008001	雨篷、悬挑板、阳台板	混凝土强度等级：C20	m^3	按设计图示尺寸以墙外部分体积计算	0.967
					体积=7.44×1.3×0.1=0.967 m^3	
19	010507001001	散水、坡道	混凝土强度等级：C20	m^2	按散水水平投影面积以 m^2 计算	9.96
					散水中心线长=(7.44+5.24)×2+4×0.5−7.44=19.92 m	
					散水面积=0.5×19.92=9.96 m^2	
20	010507005001	扶手、压顶	1. 断面尺寸：0.3 m×0.06 m 2. 混凝土种类：压顶 3. 混凝土强度等级：C15	m	按设计图示的延长米计算	24.16
					压顶中心线长=24.4−4×(0.3−0.24)=24.16 m	
21	010512002001	空心板	1. 安装高度：3 m，6 m 2. 混凝土强度等级：C30	m^3	按设计图示尺寸以体积计算	5.29
					0.15×28+0.125×4+0.037×16=5.29 m^3	
22	010513001001	楼梯	1. 楼梯类型：墙承式 2. 单件体积：2 m^3 内 3. 混凝土强度等级：C30	m^3	按图示尺寸以 m^3 计算	0.34
					断面面积=0.25×0.03+0.15×0.05=0.015 m^2	
					全部 TB 体积=0.015×1.04×22=0.34 m^3	

续表 10-38

序号	项目编码	项目名称	项目特征	单位	计算式	计算结果
23	010514002001	其他构件	1. 构件的类型:架空板 2. 单件体积:0.01 m^3 3. 安装高度:3.24 m	m^3	按图示尺寸以 m^3 计算	0.624
					每块体积=0.59×0.59×0.03=0.010 4 m^3	
					总体积=0.010 4×6×10=0.624 m^3	
24	010515001001	现浇构件钢筋	钢筋种类、规格:12 内	t	0.598 t(计算过程请参照第 9 章案例相应部分,下同)	0.598
25	010515001002	现浇构件钢筋	钢筋种类、规格:25 内	t	0.118 t	0.118
26	010515005001	先张法预应力钢筋	钢筋种类、规格:16 内	t	0.140 t	0.140
27	010515005002	先张法预应力钢筋	钢筋种类、规格:5 内	t	0.175 t	0.175
			F. 金属结构工程			
28	010606009001	钢护栏	铁栏杆制作	t	按图示尺寸以重量计算	0.106
			楼梯 ϕ25	kg	1.63 kg	
			ϕ14	kg	1.15×19=21.85 kg	
			扁钢拉条	kg	0.865×20=17.3 kg	
			挑廊 ϕ14	kg	2.5×26=65 kg	
					合计=1.63+21.85+17.3+65=105.78 kg	
			H. 门窗工程			
29	010801001001	木质门	1. M2 镶板造型门,单扇面积:900 mm×2 400 mm 2. 骨架材料种类:二等圆木	樘	2	2
30	010803001001	金属卷闸门	M1,门材质、框外围尺寸:2 970 mm×2 480 mm	樘	2	2
31	010807001001	金属(塑钢、断桥)窗	1. 窗类型:推拉窗 2. 框材质、外围尺寸:1 500 mm×1 800 mm	樘	6	6

续表 10-38

序号	项目编码	项目名称	项目特征	单位	计算式	计算结果
			I. 屋面及防水工程			
32	010902001001	屋面卷材防水	1. 卷材品种、规格：APP改性沥青防水卷材 2. 防水层做法：一遍		按设计图示尺寸以面积计算	44.85
				m^2	女儿墙泛水防水附加层＝(24.4－4×0.24)×0.5＝11.72 m^2	
				m^2	防水面积＝7.44×5.24－24.4×0.24＋11.72＝44.85 m^2	
33	010902004001	屋面排水管	排水管品种、规格、品牌、颜色：塑料(PVC)	m	按设计图示尺寸以长度计算	12.9
					(6＋0.45)×2＝12.9 m	
			K. 楼地面装饰工程			
34	011101001001	水泥砂浆楼地面	1. 垫层材料种类、厚度：碎石，70 mm 2. 面层厚度、砂浆配合比：15 mm，水泥砂浆1∶2	m^2	按设计图示尺寸以面积计算	32.00
					地面面积＝7.44×5.24－7.00＝32 m^2	
35	011101001002	水泥砂浆楼地面	1. 找平层厚度、砂浆配合比：30 mm 2. 面层厚度、砂浆配合比：15 mm，水泥砂浆1∶2	m^2	按设计图示尺寸以面积计算	32.00
					楼面面积＝7.44×5.24－7.00＝32 m^2	
36	011101001003	水泥砂浆楼地面	面层厚度、砂浆配合比：20 mm，水泥砂浆1∶3	m^2	按设计图示尺寸以面积计算	33.13
					面积＝7.44×5.24－24.4×0.24＝33.13 m^2	
37	011105001001	水泥砂浆踢脚线	踢脚线高度：120 mm	m^2	按设计图示长度乘以高度以面积计算	7.80
			①②③轴		(5－0.24)×4＝19.04 m	
			ⒶⒷ轴		(3.6－0.24)×4＝13.44 m	
					面积＝0.12×(19.04＋13.44)×2(层)＝7.80 m^2	
38	011106004001	水泥砂浆楼梯面层		m^2	按楼梯水平投影面积以 m^2 计算	4

续表 10-38

序号	项目编码	项目名称	项目特征	单位	计算式	计算结果
					5×0.8=4 m^2	
39	011107004001	水泥砂浆台阶面		m^2	按设计图示尺寸以台阶水平投影面积计算	14.14
					7.44×(0.6+1.3)=14.14 m^2	
L. 墙、柱面装饰与隔断、幕墙工程						
40	011201001001	墙面一般抹灰	墙体类型:内墙	m^2	按设计图示尺寸以面积计算	151.83
					毛面积=踢脚线长度×净高=[(5-0.24)×4+(3.6-0.24)×4]×(3-0.12)×2=187.08 m^2	
					净面积=187.08-35.25=151.83 m^2	
41	011201001002	墙面一般抹灰	墙体类型:外墙,水泥砂浆勒脚(500 mm高)	m^2	按抹灰面积以 m^2 计算	9.71
					(7.44+5.24-2.97)×2×0.5=9.71 m^2	
42	011201001003	墙面一般抹灰	墙体类型:混合砂浆粉外墙面	m^2	按外墙面净面积以 m^2 计算	132.19
					外墙高=6.5+0.45-0.5=6.45 m	
					外墙毛面积=(7.74+5.24)×2×6.45=167.44 m^2	
					外墙净面积=167.44-35.25=132.19 m^2	
43	011201001004	墙面一般抹灰	墙体类型:水泥砂浆粉窗台	m^2	(窗宽+0.2)×0.36	3.67
					(1.5+0.2)×0.36×6=3.67 m^2	
44	011201001005	墙面一般抹灰	墙体类型:水泥砂浆粉女儿墙压顶	m^2	按压顶展开面积以 m^2 计算	10.15
					压顶展开宽度=0.3+0.06×2=0.42 m	
					压顶抹灰面积=0.42×24.16=10.15 m^2	
45	011201001006	墙面一般抹灰	墙体类型:水泥砂浆粉雨篷、挑廊	m^2	9.67+(3.6×2+0.92+0.24)×1.3=20.54 m^2	20.54
M. 天棚工程						
46	011301001001	天棚抹灰	1. 基层类型:预制混凝土板 2. 抹灰厚度、材料种类:混合砂浆抹平顶(含楼梯底面)	m^2	按设计图示尺寸以水平投影面积计算	70.00
					32.00×2+0.8×5×1.5=70.00 m^2	

续表 10-38

序号	项目编码	项目名称	项目特征	单位	计算式	计算结果
N. 油漆、涂料、裱糊工程						
47	011403001001	木扶手油漆	楼梯扶手油漆	m	按设计图示尺寸以长度计算	5.90
48	011405001001	金属面油漆	楼梯及挑廊铁栏杆	t	按设计图示尺寸以质量计算	0.106
49	011406001001	抹灰面油漆	基层类型：一般抹灰面，平顶、内墙面、雨篷、挑廊乳胶漆	m^2	按设计图示尺寸以面积计算	242.37
					70＋151.83＋20.54＝242.37 m^2	
O. 其他装饰工程						
50	011503002001	硬木扶手、栏杆、栏板	楼梯栏杆木扶手	m	按设计图示尺寸以扶手中心线长度(包括弯头长度)计算	5.90
					5×1.18＝5.90 m	

10.3.2 投标报价书

表 10-39 工程项目投标报价汇总表

工程名称：××小商店土建

序号	单项工程名称	金额(元)	其中：(元)		
			暂估价	安全文明施工费	规费
1	土建	93 486.66		2 539.91	3 139.32
合计		93 486.66		2 539.91	3 139.32

表 10-40 单项工程投标报价汇总表

工程名称：××小商店土建

序号	单项工程名称	金额(元)	其中：(元)		
			暂估价	安全文明施工费	规费
1	土建	93 486.66		2 539.91	3 139.32
合计		93 486.66		2 539.91	3 139.32

表 10-41 单位工程投标报价汇总表

工程名称:××小商店土建

序号	汇总内容	金额(元)	其中:暂估价(元)
1	分部分项工程	79 595.03	
1.1	人工费	25 964.36	
1.2	材料费	40 881.79	
1.3	施工机具使用费	2 291.54	
1.4	企业管理费	7 065.61	
1.5	利润	3 390.27	
2	措施项目	7 608.38	
2.1	单价措施项目费	5 068.47	
2.2	总价措施项目费	2 539.91	
2.2.1	其中:安全文明施工措施费	2 539.91	
3	其他项目		—
3.1	其中:暂列金额		—
3.2	其中:专业工程暂估价		—
3.3	其中:计日工		—
3.4	其中:总承包服务费		—
4	规费	3 139.32	—
5	税金	3 143.93	—
投标报价合计=1+2+3+4+5		93 486.66	0

表 10-42　分部分项工程量清单与计价表

工程名称：××小商店土建　　　　第 1 页　共 4 页

序号	项目编码	项目名称	项目特征描述	计量单位	工程量	金额(元)		
						综合单价	合价	其中：暂估价
		整个项目					79 595.03	
1	010101001001	平整场地	土壤类别：三类土	m^2	38.99	16.31	635.93	
2	010101003001	挖沟槽土方	1. 土壤类别：三类土 2. 基础类型：条形 3. 垫层底宽、底面积：宽 1 m，底面积 28.4 m^2 4. 挖土深度：1.5 m 以内	m^3	16.95	66.78	1 131.92	
3	010101004001	挖基坑土方	1. 土壤类别：三类土 2. 基础类型：独立 3. 垫层底宽、底面积：底宽 1 m，底面积 1 m^2 4. 挖土深度：1.5 m 以内	m^3	1.65	105.31	173.76	
4	010103001001	回填方		m^3	16.64	52.22	868.94	
5	010103002001	余方弃置		m^3	1.96	20.05	39.3	
6	010401001001	砖基础	1. 砖品种、规格、强度等级：黏土砖 2. 基础类型：条形 3. 基础深度：650 4. 砂浆强度等级：水泥 M5.0	m^3	5.75	427.44	2 457.78	
7	010401003002	实心砖墙	1. 砖品种、规格、强度等级：粘土砖 2. 墙体类型：内墙 3. 墙体厚度：240 4. 砂浆强度等级、配合比：混合 M5.0	m^3	6.17	426.57	2 631.94	
8	010401003001	实心砖墙	1. 砖品种、规格、强度等级：粘土砖 2. 墙体类型：外墙 3. 墙体厚度：240 4. 墙体高度：6.44 m	m^3	26.28	442.66	11 633.1	
9	010401003003	实心砖墙	1. 砖品种、规格、强度等级：粘土砖 2. 墙体类型：外墙 3. 墙体厚度：115 4. 墙体高度：2.75 m 5. 砂浆强度等级、配合比：混合 M5.0	m^3	0.99	469.46	464.77	
10	010401009001	实心砖柱	1. 砖品种、规格、强度等级：粘土砖 2. 柱类型：矩形 3. 柱截面：240×240 4. 柱高：3.0 m 5. 砂浆强度等级、配合比：混合 M7.5	m^3	0.58	498.96	289.4	
			本页小计				20 326.84	

续表 10-42 分部分项工程量清单与计价表

工程名称：××小商店土建　　　　第 2 页　共 4 页

序号	项目编码	名称	项目特征描述	计量单位	工程量	金额(元)		
						综合单价	合价	其中暂估价
11	010401012001	零星砌砖	1. 零星砌砖名称、部位：台阶 2. 砂浆强度等级、配合比：混合 M2.5	m^3	14.14	169.31	2 394.04	
12	010401012002	零星砌砖	1. 零星砌砖名称、部位：砖墩 2. 砂浆强度等级、配合比：水泥 M5.0	m^3	0.53	525.48	278.5	
13	010501001001	垫层	混凝土强度等级：C10	m^3	3.44	385.69	1 326.77	
14	010501002001	带形基础	混凝土强度等级：C20	m^3	6.2	373.32	2 314.58	
15	010503002001	矩形梁	1. 梁底标高：2.48 m 2. 梁截面：240×400 3. 混凝土强度等级：C20	m^3	0.79	431.5	340.89	
16	010503002002	矩形梁	1. 梁底标高：5.52 m，2.52 m 2. 梁截面：240×360 3. 混凝土强度等级：C20	m^3	1.42	431.5	612.73	
17	010503004001	圈梁	1. 梁底标高：5.7 m，2.7 m 2. 梁截面：240×180 3. 混凝土强度等级：C20	m^3	1.88	498.27	936.75	
18	010505008001	雨篷、悬挑板、阳台板	混凝土强度等级：C20	m^3	0.97	473.6	459.39	
19	010507001001	散水、坡道	混凝土强度等级：C20	m^2	9.96	62.24	619.91	
20	010507005001	扶手、压顶	1. 断面尺寸：0.3×0.06 2. 构件的类型：压顶 3. 混凝土强度等级：C15	m	24.16	9.28	224.2	
21	010512002001	空心板	1. 安装高度：3 m，6 m 2. 混凝土强度等级：C30	m^3	5.29	1 070.52	5 663.05	
22	010513001001	楼梯	1. 楼梯类型：墙承式 2. 单件体积：2 m^3 内 3. 混凝土强度等级：C30	m^3	0.34	1 238.58	421.12	
23	010514002001	其他板	1. 构件的类型：架空板 2. 单件体积：0.01 m^3 3. 安装高度：3.24 m	m^3	0.62	1 123.92	696.83	
24	010515001001	现浇构件钢筋	钢筋种类、规格：12 内	t	0.598	5 470.72	3 271.49	
25	010515001002	现浇构件钢筋	钢筋种类、规格：25 内	t	0.118	4 998.86	589.87	
26	010515005001	预制构件钢筋	钢筋种类、规格：16 内	t	0.14	5 634.09	788.77	
27	010515005002	先张法预应力钢筋	钢筋种类、规格：5 内	t	0.175	6 876.1	1 203.32	
28	010606009001	钢护栏		t	0.106	8 581.75	909.67	
本页小计							23 051.88	

续表 10-42 分部分项工程量清单与计价表

工程名称：××小商店土建　　　　第 3 页　共 4 页

序号	项目编码	名称	项目特征描述	计量单位	工程量	金额(元)		
						综合单价	合价	其中暂估价
29	010801001001	木质门	1. 框截面尺寸、单扇面积：900×2 400 2. 骨架材料种类：二等圆木	樘	2	952.63	1 905.26	
30	010803001001	金属卷帘(闸)门	框外围尺寸：2 970×2 480	樘	2	1 645.7	3 291.4	
31	010807001001	金属(塑钢、断桥)窗	1. 窗类型：推拉窗 2. 框材质、外围尺寸：1 500×1 800	樘	6	892.65	5 355.9	
32	010902001001	屋面卷材防水	1. 卷材品种、规格：APP 改性沥青防水卷材 2. 防水层做法：一遍	m^2	44.85	43.16	1 935.73	
33	010902004001	屋面排水管	排水管品种、规格、品牌、颜色：塑料(PVC)	m	12.9	43.01	554.83	
34	011101001001	水泥砂浆楼地面	1. 垫层材料种类、厚度：碎石，70 2. 面层厚度、砂浆配合比：15，水泥砂浆 1∶2	m^2	32	45.18	1 445.76	
35	011101001002	水泥砂浆楼地面	1. 找平层厚度、砂浆配合比：30 2. 面层厚度、砂浆配合比：15，水泥砂浆 1∶2	m^2	32	29.57	946.24	
36	011101001003	水泥砂浆楼地面	面层厚度、砂浆配合比：20，水泥砂浆 1∶3	m^2	33.13	34.24	1 134.37	
37	011105001001	水泥砂浆踢脚线	踢脚线高度：120	m^2	7.8	52.42	408.88	
38	011106004001	水泥砂浆楼梯面层	找平层厚度、砂浆配合比：20，水泥砂浆 1∶2	m^2	4	82.8	331.2	
39	011107004001	水泥砂浆台阶面		m^2	14.14	40.81	577.05	
40	011201001001	墙面一般抹灰	墙体类型：内墙	m^2	151.83	20.99	3 186.91	
41	011201001002	墙面一般抹灰	墙体类型：外墙，勒脚(500 高)	m^2	9.71	25.45	247.12	
42	011201001003	墙面一般抹灰	墙体类型：外墙	m^2	132.19	23.59	3 118.36	
43	011201001004	墙面一般抹灰	墙体类型：窗台	m^2	3.67	79.7	292.5	
44	011201001005	墙面一般抹灰	墙体类型：女儿墙压顶	m^2	10.15	79.71	809.06	
45	011201001006	墙面一般抹灰	墙体类型：雨篷	m^2	20.54	102.67	2 108.84	
46	011301001001	天棚抹灰	1. 基层类型：预制混凝土板 2. 抹灰厚度、材料种类：混合砂浆抹平顶(含楼梯底面)	m^2	70	20.79	1 455.3	
47	011403001001	木扶手油漆	楼梯扶手油漆	m	5.9	17.27	101.89	
			本页小计				29 206.6	

续表 10-42 分部分项工程量清单与计价表

工程名称：××小商店土建 第 4 页 共 4 页

序号	项目编码	名称	项目特征描述	计量单位	工程量	金额（元）		
						综合单价	合价	其中暂估价
48	011405001001	金属面油漆	楼梯及挑廊铁栏杆	t	0.106、	1 024.21	108.57	
49	011406001001	抹灰面油漆	基层类型：一般抹灰面，平顶、内墙面、雨棚、挑廊乳胶漆	m^2	242.37	23.65	5 732.05	
50	011503002001	硬木扶手、栏杆、栏板	楼梯栏杆木扶手	m	5.9	198.15	1 169.09	
		分部分项合计					79 595.03	
51	011702001001	基础 模板		m^2	3.44	55.8	191.95	
52	011702001002	基础 模板		m^2	11.72	43.07	504.78	
53	011702008001	圈梁 模板		m^2	15.66	43.04	674.01	
54	011702006001	矩形梁模板		m^2	19.18	60.69	1164.03	
55	011702023001	雨篷、悬挑板、阳台板 模板		m^2	9.67	89.68	867.21	
56	011702025001	其他现浇构件 模板		m^2	4.77	55.3	263.78	
57	011701001001	综合脚手架		m^2	1	1 402.71	1 402.71	
		单价措施合计					5 068.47	
本页小计							12 078.18	
合 计							84 663.5	

表 10-43　分部分项工程量清单综合单价分析表一(节选)

工程名称：××小商店土建　　　　　标段：　　　　　第 1 页　共 49 页

<table>
<tr><td colspan="2">项目编码</td><td colspan="2">010101001001</td><td colspan="2">项目名称</td><td colspan="3">平整场地</td><td>计量单位</td><td>m^2</td><td>工程量</td><td colspan="2">38.99</td></tr>
<tr><td colspan="14">清单综合单价组成明细</td></tr>
<tr><td rowspan="2">定额编号</td><td rowspan="2">定额项目名称</td><td rowspan="2">定额单位</td><td rowspan="2">数量</td><td colspan="5">单　价</td><td colspan="5">合　价</td></tr>
<tr><td>人工费</td><td>材料费</td><td>机械费</td><td>管理费</td><td>利润</td><td>人工费</td><td>材料费</td><td>机械费</td><td>管理费</td><td>利润</td></tr>
<tr><td>1-98</td><td>平整场地</td><td>10 m^2</td><td>0.2711</td><td>43.89</td><td>0</td><td>0</td><td>10.97</td><td>5.27</td><td>11.9</td><td>0</td><td>0</td><td>2.97</td><td>1.43</td></tr>
<tr><td colspan="2">综合人工工日</td><td colspan="7">小计</td><td>11.9</td><td>0</td><td>0</td><td>2.97</td><td>1.43</td></tr>
<tr><td colspan="2">三类工 77 元/工日</td><td colspan="7">未计价材料费</td><td colspan="5">0</td></tr>
<tr><td colspan="9">清单项目综合单价</td><td colspan="5">16.31</td></tr>
<tr><td rowspan="3">材料费明细</td><td colspan="5">主要材料名称、规格、型号</td><td>单位</td><td colspan="2">数量</td><td>单价(元)</td><td>合价(元)</td><td>暂估单价(元)</td><td colspan="2">暂估合价(元)</td></tr>
<tr><td colspan="5"></td><td></td><td colspan="2"></td><td></td><td></td><td></td><td colspan="2"></td></tr>
<tr><td colspan="5"></td><td></td><td colspan="2"></td><td></td><td></td><td></td><td colspan="2"></td></tr>
</table>

续表 10-43 分部分项工程量清单综合单价分析表一（节选）

工程名称：××小商店土建　　　　标段：　　　　第 1 页　共 49 页

项目编码		010401001001		项目名称		砖基础			计量单位	m^3	工程量	5.75	
清单综合单价组成明细													
定额编号	定额项目名称	定额单位	数量	单价					合价				
				人工费	材料费	机械费	管理费	利润	人工费	材料费	机械费	管理费	利润
4-1	直形砖基础（M5 水泥砂浆）	m^3	1	98.4	263.38	5.89	26.07	12.51	98.4	263.38	5.89	26.07	12.51
4-52	防水砂浆墙基防潮层	10 m^2 投影面积	0.121 7	58.22	87.13	5.15	15.84	7.6	7.09	10.61	0.63	1.93	0.93
综合人工工日		小计							105.49	273.99	6.52	28	13.44
二类工 82 元/工日		未计价材料费							0				
清单项目综合单价									427.44				
材料费明细	主要材料名称、规格、型号					单位	数量		单价（元）	合价（元）	暂估单价（元）	暂估合价（元）	
	标准砖 240×115×53					百块	5.22		42	219.24			
	水泥 32.5 级					kg	66.773 2		0.31	20.7			
	中砂					t	0.427 098 4		69.37	29.63			
	水					m^3	0.184 28		4.7	0.87			
	其他材料费								—	3.56	—	0	
	材料费小计								—	274	—	0	

续表 10-43　分部分项工程量清单综合单价分析表一（节选）

工程名称：××小商店土建　　　　标段：　　　　第 5 页　共 49 页

项目编码	010501002001		项目名称		带形基础				计量单位	m^3	工程量	6.2	
清单综合单价组成明细													
定额编号	定额项目名称	定额单位	数量	单价					合价				
				人工费	材料费	机械费	管理费	利润	人工费	材料费	机械费	管理费	利润
6-3	（C20 混凝土）无梁式条形基础	m^3	1	61.5	246.32	31.2	23.18	11.12	61.5	246.32	31.2	23.18	11.12
综合人工工日		小计							61.5	246.32	31.2	23.18	11.12
二类工 82 元/工日		未计价材料费							0				
清单项目综合单价									373.32				
材料费明细	主要材料名称、规格、型号					单位	数量		单价（元）	合价（元）	暂估单价（元）	暂估合价（元）	
	水泥 32.5 级					kg	342.055		0.31	106.04			
	中砂					t	0.692 23		69.37	48.02			
	水					m^3	1.302 7		4.7	6.12			
	碎石 5～40mm					t	1.367 205		62	84.77			
	其他材料费								—	1.38	—	0	
	材料费小计								—	246.33	—	0	

表 10-43 分部分项工程量清单综合单价分析表一（节选）

工程名称：××小商店土建　　　　标段：　　　　第 30 页　共 49 页

项目编码		011702001002		项目名称		基础 模板			计量单位	m²	工程量	11.72	
清单综合单价组成明细													
定额编号	定额项目名称	定额单位	数量	单价					合价				
				人工费	材料费	机械费	管理费	利润	人工费	材料费	机械费	管理费	利润
21-3	现浇无梁式带形基础组合钢模板	10 m²	0.1	214.84	120.6	11.52	56.59	27.16	21.48	12.06	1.15	5.66	2.72
人工单价		小计							21.48	12.06	1.15	5.66	2.72
二类工 82 元/工日		未计价材料费							0				
清单项目综合单价									43.07				
材料费明细	主要材料名称、规格、型号					单位	数量		单价(元)	合价(元)	暂估单价(元)	暂估合价(元)	
	其他材料费					元	0.5		1	0.5			
	周转木材					m³	0.004 1		1 850	7.59			
	其他材料费								—	3.97	—	0	
	材料费小计								—	12.06	—	0	

表 10-44　分部分项工程量清单综合单价分析表

工程名称:××小商店土建　　　　　　　　　　　　　　　　　　　　　第 1 页　共 7 页

序号	编码	子目名称	单位	工程量	综合单价组成(元)					综合单价
					人工费	材料费	机械费	管理费	利润	
1	010101001001	平整场地	m²	38.99	11.9			2.98	1.43	16.31
	1-98	平整场地	10 m²	10.571	11.9			2.97	1.43	
2	010101003001	挖沟槽土方	m³	16.95	48.74			12.19	5.85	66.78
	1-27	人工挖沟槽,地沟三类干土深<1.5 m	m³	23.84	48.74			12.18	5.85	
3	010101004001	挖基坑土方	m³	1.65	76.87			19.22	9.22	105.31
	1-59	人工挖地坑三类干土深<1.5 m	m³	3.23	76.87			19.22	9.22	
4	010103001001	回填方	m³	16.64	35.87		2.25	9.53	4.57	52.22
	1-99	原土打底夯 地面	10 m²	3.2	1.48		0.21	0.42	0.2	
	1-100	原土打底夯基(槽)坑	10 m²	5.014	2.78		0.53	0.83	0.4	
	1-102	回填土夯填地面	m³	10.08	12.13		0.43	3.14	1.51	
	1-104	回填土夯填基(槽)坑	m³	15.03	19.47		1.08	5.14	2.47	
5	010103002001	余方弃置	m³	1.96	14.63			3.66	1.76	20.05
	1-92	单(双)轮车运土运距<50 m	m³	1.96	14.63			3.66	1.76	
6	010401001001	砖基础	m³	5.75	105.49	273.99	6.52	28	13.44	427.44
	4-1	直形砖基础(M5 水泥砂浆)	m³	5.75	98.4	263.38	5.89	26.07	12.51	
	4-52	防水砂浆墙基防潮层	10 m² 投影面积	0.7	7.09	10.61	0.63	1.93	0.93	
7	010401003002	实心砖墙	m³	6.17	108.24	270.39	5.76	28.5	13.68	426.57
	4-41	(M5 混合砂浆)1 标准砖内墙	m³	6.17	108.24	270.39	5.76	28.5	13.68	
8	010401003001	实心砖墙	m³	26.28	118.9	271.87	5.76	31.17	14.96	442.66
	4-35	(M5 混合砂浆)1 标准砖外墙	m³	26.28	118.9	271.87	5.76	31.17	14.96	
9	010401003003	实心砖墙	m³	0.99	136.94	275.13	4.91	35.46	17.02	469.46
	4-33	(M7.5 混合砂浆)1/2 标准砖外墙换为(混合砂浆 砂浆强度等级 M5)	m³	0.99	136.94	275.13	4.91	35.46	17.02	

续表 10-44 分部分项工程量清单综合单价分析表

工程名称:××小商店土建 第 2 页 共 7 页

序号	编码	子目名称	单位	工程量	综合单价组成(元)					综合单价
					人工费	材料费	机械费	管理费	利润	
10	010401009001	实心砖柱	m^3	0.58	158.26	274.41	5.64	40.98	19.67	498.96
	4-3	方形砖柱(M10 混合砂浆) 换为(混合砂浆 砂浆强度等级 M5)	m^3	0.58	158.26	274.42	5.64	40.98	19.67	
11	010401012001	零星砌砖	m^2	14.14	40.51	110.58	2.36	10.72	5.14	169.31
	4-55	(M5 混合砂浆) 标准砖砌台阶 换为(混合砂浆 砂浆强度等级 M2.5)	10 m^2	1.414	40.51	110.58	2.36	10.72	5.14	
12	010401012002	零星砌砖	m^3	0.53	182.87	267.89	5.15	47.01	22.56	525.48
	4-57	(M5 混合砂浆) 标准砖零星砌砖 换为(水泥砂浆 砂浆强度等级 M5)	m^3	0.53	182.87	267.88	5.15	47	22.57	
13	010501001001	垫层	m^3	3.44	112.34	222.07	7.09	29.86	14.33	385.69
	6-1	(C10 混凝土) 混凝土垫层现浇无筋	m^3	3.44	112.34	222.07	7.09	29.86	14.33	
14	010501002001	带形基础	m^3	6.2	61.5	246.32	31.2	23.18	11.12	373.32
	6-3	(C20 混凝土) 无梁式条形基础	m^3	6.2	61.5	246.32	31.2	23.18	11.12	
15	010503002001	矩形梁	m^3	0.79	114.8	260.13	10.29	31.27	15.01	431.5
	6-19	(C30 混凝土) 单梁框架梁连续梁 换为(C20 混凝土 31.5 mm 32.5 坍落度 35～50 mm)	m^3	0.79	114.8	260.13	10.29	31.27	15.01	
16	010503002002	矩形梁	m^3	1.42	114.8	260.13	10.29	31.27	15.01	431.5
	6-19	(C30 混凝土) 单梁框架梁连续梁 换为(C20 混凝土 31.5 mm 32.5 坍落度 35～50 mm)	m^3	1.42	114.8	260.13	10.29	31.27	15.01	
17	010503004001	圈梁	m^3	1.88	157.44	268.48	10.29	41.93	20.13	498.27
	6-21	(C20 混凝土) 圈梁	m^3	1.88	157.44	268.48	10.29	41.93	20.13	
18	010505008001	雨篷、悬挑板、阳台板	m^3	0.97	151.23	246.18	14.77	41.5	19.92	473.6

续表 10-44 分部分项工程量清单综合单价分析表

工程名称：××小商店土建　　　　第 3 页　共 7 页

序号	编码	子目名称	单位	工程量	综合单价组成（元）					综合单价
					人工费	材料费	机械费	管理费	利润	
	6-47	（C20 混凝土）水平挑檐板式雨篷	10 m²	0.967	151.23	246.18	14.77	41.51	19.92	
19	010507001001	散水、坡道	m²	9.96	19.11	34.62	1.05	5.04	2.42	62.24
	13-163	混凝土散水	10 m²	0.996	19.11	34.62	1.05	5.04	2.42	
20	010507005001	扶手、压顶	m	24.16	3.12	4.64	0.26	0.85	0.41	9.28
	6-57	（C20 混凝土）压顶 换为（C15 混凝土20 mm 32.5 坍落度 35～50 mm）	m³	0.43	3.12	4.64	0.26	0.85	0.41	
21	010512002001	空心板	m³	5.29	310.78	403.32	176.23	121.75	58.44	1 070.52
	6-37	（C30 混凝土）空心楼板	m³	5.29	161.54	291.75	32.11	48.41	23.24	
	8-9	Ⅱ类预制混凝土构件 运输运距＜10 km	m³	5.39	20.4	3.65	108.5	32.23	15.47	
	8-107	（C30 混凝土）圆孔板接头灌缝	m³	5.29	81.18	61.71	0.67	20.46	9.82	
	8-87	混凝土圆孔板、槽(肋)形板履带式起重机安装	m³	5.34	31.45	30.39	34.95	16.6	7.96	
	15-93	板底网格纤维布贴缝	10 m	7.47	16.21	15.82		4.05	1.95	
22	010513001001	楼梯	m³	0.34	337.97	344.53	314.62	163.15	78.31	1 238.58
	6-109	（C30 混凝土）加工厂预制楼梯 踏步板	m³	0.34	146.79	311.89	50.32	49.29	23.65	
	8-9	Ⅱ类预制混凝土构件 运输运距＜10 km	m³	0.35	20.62	3.69	109.62	32.56	15.62	
	8-91	混凝土楼梯（楼梯段、斜梁、楼梯平台板）履带式起重机安装	m³	0.34	133.65	21.31	154.68	72.09	34.59	
	8-110	（C30 混凝土）楼梯段楼梯斜梁休息平台接头灌缝	m³	0.34	36.91	7.64		9.24	4.44	
23	010514002001	其他板	m³	0.62	380.32	334.21	196.11	144.11	69.17	1 123.92
	6-112	（C30 混凝土）加工厂预制小型构件	m³	0.62	241.9	291.98	50.32	73.06	35.06	

续表 10-44　分部分项工程量清单综合单价分析表

工程名称：××小商店土建　　　　第 4 页　共 7 页

序号	编码	子目名称	单位	工程量	综合单价组成（元）					综合单价
					人工费	材料费	机械费	管理费	利润	
	8-9	Ⅱ类预制混凝土构件 运输运距<10 km	m^3	0.64	20.66	3.7	109.92	32.65	15.68	
	8-89	混凝土平板 履带式起重机安装	m^3	0.63	31.66	32.05	35.18	16.71	8.02	
	8-111	小型构件接头灌缝	m^3	0.62	86.1	6.48	0.69	21.69	10.42	
24	010515001001	现浇构件钢筋	t	0.598	885.6	4 149.06	79.11	241.18	115.77	5 470.72
	5-1	现浇混凝土构件钢筋 直径 ϕ12 mm 以内	t	0.598	885.6	4 149.06	79.11	241.19	115.77	
25	010515001002	现浇构件钢筋	t	0.118	523.98	4 167.46	82.88	151.72	72.82	4 998.86
	5-2	现浇混凝土构件钢筋 直径 ϕ25 mm 以内	t	0.118	523.98	4 167.49	82.88	151.69	72.8	
26	010515005001	预制构件钢筋	t	0.14	1 003.71	4 158.5	73.36	269.27	129.25	5 634.09
	5-11	加工厂预制混凝土构件钢筋 直径 ϕ16 mm以内	t	0.14	1 003.71	4 158.47	73.36	269.29	129.29	
27	010515005002	先张法预应力钢筋	t	0.175	1 450.57	4 781.49	78.34	382.23	183.47	6 876.1
	5-15	先张法混凝土构件 预应力钢筋直径 ϕ5 mm 以内	t	0.175	1 450.57	4 781.5	78.34	382.23	183.49	
28	010606009001	钢护栏	t	0.106	2 111.6	4 698.58	722.83	708.61	340.13	8 581.75
	7-43	圆（方）钢为主钢栏杆制作	t	0.106	1 106.23	4 605.56	632.08	434.53	208.58	
	8-33	Ⅱ类金属构件运输运距<10 km	t	0.106	9.25	8.56	51.13	15.09	7.26	
	8-149	钢扶手、栏杆安装	t	0.106	996.13	84.46	39.62	258.96	124.25	
29	010801001001	木质门	樘	2	54.72	876.78	0.65	13.84	6.64	952.63
	16-32	镶板造型门安装	10 m^2	0.432	54.72	876.78	0.65	13.84	6.65	
30	010803001001	金属卷帘（闸）门	樘	2	338.68	1 167.03	10.71	87.35	41.93	1 645.7
	16-20	铝合金卷帘门安装	10 m^2	1.473	338.68	1 167.03	10.71	87.35	41.93	
31	010807001001	金属（塑钢、断桥）窗	樘	6	100.52	749.02	4.32	26.21	12.58	892.65
	16-12	塑钢窗安装	10 m^2	1.62	100.52	749.02	4.32	26.21	12.58	

续表 10-44　分部分项工程量清单综合单价分析表

工程名称：××小商店土建　　　　　　　　　　　　第 5 页　共 7 页

序号	编码	子目名称	单位	工程量	综合单价组成(元)					综合单价
					人工费	材料费	机械费	管理费	利润	
32	010902001001	屋面卷材防水	m^2	44.85	4.92	36.42		1.23	0.59	43.16
	10-40	单层 APP 改性沥青防水卷材(热熔满铺法)	10 m^2	4.485	4.92	36.42		1.23	0.59	
33	010902004001	屋面排水管	m	12.9	4.26	37.17		1.07	0.51	43.01
	10-202	PVC 水落管屋面排水 ϕ110	10 m	1.29	3.77	31.29		0.94	0.45	
	10-206	PVC 水斗屋面排水 ϕ110	10 只	0.2	0.48	5.88		0.12	0.06	
34	011101001001	水泥砂浆楼地面	m^2	32	14.65	23.99	0.81	3.87	1.86	45.18
	13-9	垫层 碎石 干铺	m^3	2.24	3.04	7.73	0.07	0.78	0.37	
	13-11-1	垫层(C10 混凝土)不分格	m^3	1.6	5.29	11.92	0.36	1.41	0.68	
	13-22	水泥砂浆 楼地面 厚 20,实际厚度 15	10 m^2	3.2	7.38	5.75	0.49	1.97	0.95	
	13-23	水泥砂浆 楼地面 厚度每增(减)5	10 m^2	−3.2	−1.07	−1.41	−0.12	−0.3	−0.14	
35	011101001002	水泥砂浆楼地面	m^2	32	11.89	12.3	0.72	3.15	1.51	29.57
	13-18	找平层 细石混凝土 厚 40,实际厚度 30	10 m^2	3.2	6.89	10.62	0.47	1.84	0.88	
	13-19	找平层 细石混凝土 厚度每增(减)5	10 m^2	−3.2	−1.31	−2.66	−0.11	−0.36	−0.17	
	13-22	水泥砂浆 楼地面厚 20,实际厚度 15	10 m^2	3.2	7.38	5.75	0.49	1.97	0.95	
	13-23	水泥砂浆 楼地面厚度每增(减)5	10 m^2	−3.2	−1.07	−1.41	−0.12	−0.3	−0.14	
36	011101001003	水泥砂浆楼地面	m^2	33.13	14.82	12.34	1.16	4	1.92	34.24
	13-15	找平层 水泥砂浆(厚 20) 混凝土或硬基层上	10 m^2	4.485	7.44	6.59	0.66	2.03	0.97	
	13-22	水泥砂浆 楼地面 厚 20	10 m^2	3.313	7.38	5.75	0.49	1.97	0.95	
37	011105001001	水泥砂浆踢脚线	m^2	7.8	31.41	8.26	0.82	8.06	3.87	52.42

续表 10-44　分部分项工程量清单综合单价分析表

工程名称：××小商店土建　　　　第 6 页　共 7 页

序号	编码	子目名称	单位	工程量	综合单价组成（元）					综合单价
					人工费	材料费	机械费	管理费	利润	
	13-27	水泥砂浆 踢脚线	10 m	6.496	31.41	8.26	0.82	8.06	3.86	
38	011106004001	水泥砂浆 楼梯面层	m^2	4	51.91	10.42	0.92	13.21	6.34	82.8
	13-24	水泥砂浆 楼梯	10 m^2	0.4	51.91	10.42	0.92	13.21	6.34	
39	011107004001	水泥砂浆台阶面	m^2	14.14	21.89	9.73	0.8	5.67	2.72	40.81
	13-25	水泥砂浆 台阶	10 m^2	1.414	21.89	9.73	0.8	5.67	2.72	
40	011201001001	墙面一般抹灰	m^2	151.83	11.15	4.98	0.54	2.92	1.4	20.99
	14-38	砖墙内墙抹混合砂浆	10 m^2	15.183	11.15	4.98	0.54	2.92	1.4	
41	011201001002	墙面一般抹灰	m^2	9.71	13.61	6.04	0.56	3.54	1.7	25.45
	14-8	砖墙外墙抹水泥砂浆	10 m^2	0.971	13.61	6.04	0.56	3.54	1.7	
42	011201001003	墙面一般抹灰	m^2	132.19	12.79	5.3	0.56	3.34	1.6	23.59
	14-37	砖墙外墙抹混合砂浆	10 m^2	13.219	12.79	5.3	0.56	3.34	1.6	
43	011201001004	墙面一般抹灰	m^2	3.67	53.22	5.98	0.59	13.45	6.46	79.7
	14-15	门窗套、窗台、压顶抹水泥砂浆	10 m^2	0.367	53.22	5.99	0.59	13.45	6.46	
44	011201001005	墙面一般抹灰	m^2	10.15	53.22	5.99	0.59	13.45	6.46	79.71
	14-15	门窗套、窗台、压顶抹水泥砂浆	10 m^2	1.015	53.22	5.99	0.59	13.45	6.46	
45	011201001006	墙面一般抹灰	m^2	20.54	63.8	13.5	1.29	16.27	7.81	102.67
	14-14	阳台、雨篷抹水泥砂浆	10m2	2.054	63.8	13.5	1.29	16.27	7.81	
46	011301001001	天棚抹灰	m^2	70	12.38	3.39	0.32	3.18	1.52	20.79
	15-88	混凝土天棚 混合砂浆面 预制	10 m^2	7	12.38	3.39	0.32	3.18	1.52	
47	011403001001	木扶手油漆	m	5.9	11.05	2.13		2.76	1.33	17.27

续表 10-44　分部分项工程量清单综合单价分析表

工程名称：××小商店土建　　　　　　　　　　第 7 页　共 7 页

序号	编码	子目名称	单位	工程量	综合单价组成(元)					综合单价
					人工费	材料费	机械费	管理费	利润	
	17-3	底油一遍、刮腻子、调和漆两遍扶手	10 m	1.534	11.05	2.13		2.76	1.33	
48	011405001001	金属面油漆	t	0.106	419.06	450.09		104.77	50.29	1 024.21
	17-135	红丹防锈漆 第一遍 金属面	10 m²	0.556	106.98	153.58		26.79	12.83	
	17-136	红丹防锈漆 第二遍 金属面	10 m²	0.556	102.55	130.4		25.66	12.36	
	17-132	调和漆 第一遍 金属面	10 m²	0.556	106.98	90.53		26.79	12.83	
	17-133	调和漆 第二遍 金属面	10 m²	0.556	102.55	75.53		25.66	12.36	
49	011406001001	抹灰面油漆	m²	242.37	12.07	7.11		3.02	1.45	23.65
	17-176	内墙面 在抹灰面上 901 胶混合腻子批、刷乳胶漆各三遍	10 m²	24.237	12.07	7.11		3.02	1.45	
50	011503002001	硬木扶手、栏杆、栏板	m	5.9	77.95	91.36		19.49	9.35	198.15
	13-155	木栏杆 木扶手制作安装	10m	0.59	77.95	91.36		19.49	9.35	

表 10-45　总价措施项目清单与计价表

工程名称：××小商店土建

序号	项目名称	计算基础	费率(%)	金额(元)
1	安全文明施工费			2 539.91
1.1	基本费	分部分项合计+技术措施项目合计－分部分项设备费－技术措施项目设备费	3	2 539.91
1.2	增加费	分部分项合计+技术措施项目合计－分部分项设备费－技术措施项目设备费	0	
2	夜间施工	分部分项合计+技术措施项目合计－分部分项设备费－技术措施项目设备费	0	
3	非夜间施工照明	分部分项合计+技术措施项目合计－分部分项设备费－技术措施项目设备费	0	
4	二次搬运	分部分项合计+技术措施项目合计－分部分项设备费－技术措施项目设备费	0	

续表 10-45

序号	项目名称	计算基础	费率(%)	金额(元)
5	冬雨季施工	分部分项合计＋技术措施项目合计－分部分项设备费－技术措施项目设备费	0	
6	地上、地下设施，建筑物的临时保护设施	分部分项合计＋技术措施项目合计－分部分项设备费－技术措施项目设备费	0	
7	已完工程及设备保护	分部分项合计＋技术措施项目合计－分部分项设备费－技术措施项目设备费	0	
8	临时设施	分部分项合计＋技术措施项目合计－分部分项设备费－技术措施项目设备费	0	
9	赶工措施	分部分项合计＋技术措施项目合计－分部分项设备费－技术措施项目设备费	0	
10	按质论价	分部分项合计＋技术措施项目合计－分部分项设备费－技术措施项目设备费	0	
11	住宅分户验收	分部分项合计＋技术措施项目合计－分部分项设备费－技术措施项目设备费	0	
合　　计				2 539.91

表 10-46　其他项目清单与计价汇总表

工程名称：××小商店土建

序号	项目名称	金额(元)	结算金额(元)	备　　注
1	暂列金额			
2	暂估价			
2.1	材料(工程设备)暂估价			
2.2	专业工程暂估价			
3	计日工			
4	总承包服务费			
5	索赔与现场签证			
合　　计				—

表 10-47　暂列金额明细表

工程名称：××小商店土建

序号	项目名称	计量单位	暂定金额(元)	备注
合　　计				—

表 10-48　材料(工程设备)暂估单价及调整表

工程名称:××小商店土建

序号	材料编码	材料(工程设备)名称、规格、型号	计量单位	数量		暂估(元)		确认(元)		差额±(元)		备注
				投标	确认	单价	合价	单价	合价	单价	合价	
合计												

表 10-49　专业工程暂估价及结算价表

工程名称:××小商店土建

序号	工程名称	工程内容	暂估金额(元)	结算金额(元)	差额±(元)	备注
合　计						—

表 10-50　计 日 工 表

工程名称:××小商店土建

编号	项目名称	单位	暂定数量	实际数量	综合单价(元)	合　价	
						暂定	实际
1	人工						
1.1							
人工小计							
2	材料						
2.1							
材料小计							
3	机械						
3.1							
机械小计							
4	企业管理费和利润						
4.1							
企业管理费和利润小计							
总　计							

表 10-51 总承包服务费计价表

工程名称：××小商店土建

序号	项目名称	项目价值(元)	服务内容	计算基础	费率(%)	金额(元)
合 计						

表 10-52 规费、税金项目计价表

工程名称：××小商店土建

序号	项目名称	计算基础	计算基数(元)	计算费率(%)	金额(元)
1	规费	工程排污费＋社会保险费＋住房公积金	3 139.32		3 139.32
1.1	社会保险费	分部分项工程＋措施项目＋其他项目－分部分项设备费－技术措施项目设备费	87 203.41	3	2 616.1
1.2	住房公积金	分部分项工程＋措施项目＋其他项目－分部分项设备费－技术措施项目设备费	87 203.41	0.5	436.02
1.3	工程排污费	分部分项工程＋措施项目＋其他项目－分部分项设备费－技术措施项目设备费	87 203.41	0.1	87.2
2	税金	分部分项工程＋措施项目＋其他项目＋规费－甲供设备费	90 342.73	3.48	3 143.93
合计		6 283.25			

表 10-53 发包人提供材料和工程设备一览表

工程名称：××小商店土建

序号	材料编码	材料(工程设备)名称、规格、型号	单位	数量	单价(元)	合价(元)	交货方式	送达地点	备注

表 10-54 乙供材料、设备表

工程名称：××小商店土建

序号	材料编码	材料名称	规格、型号等特殊要求	单位	数量	单价(元)	合价(元)
1	01010100	钢筋	综合	t	0.873 12	4 020	3 509.94
2	01030200	冷拔钢丝		t	0.190 75	4 205	802.1
3	01050101	钢丝绳		kg	0.193 52	6.7	1.3
4	01270100	型钢		t	0.111 87	4 080	456.43
5	02090101	塑料薄膜		m^2	66.801 7	0.8	53.44
6	02270105	白布		m^2	0.048 7	4	0.19
7	02290301	麻绳		kg	0.063 1	6.7	0.42

续表 10-54

序号	材料编码	材料名称	规格、型号等特殊要求	单位	数量	单价(元)	合价(元)
8	02290401	麻袋		条	0.010 68	5	0.05
9	02330104	草袋		m^2	5.062 12	1.5	7.59
10	03032113	塑料胀管螺钉		套	252.72	0.1	25.27
11	03070132	膨胀螺栓	M12×110	套	78.069	1	78.07
12	03070216	镀锌铁丝	8#	kg	13.270 46	4.9	65.03
13	03270202	砂纸		张	1.747 84	1.1	1.92
14	03410205	电焊条	J422	kg	6.490 09	5.8	37.64
15	03510201	钢钉		kg	0.134 55	7	0.94
16	03510701	铁钉		kg	2.858 27	4.2	12
17	03510705	铁钉	70 mm	kg	0.365 8	4.2	1.54
18	03570237	镀锌铁丝	22#	kg	5.699 78	5.5	31.35
19	03590100	垫铁		kg	0.639 2	5	3.2
			……				

习题

一、单项选择题

1. 综合单价=(　　)

A. 人工费+材料费+机械费

B. 人工费+材料费+机械费+管理费

C. 人工费+材料费+机械费+管理费+利润

D. 人工费+材料费+机械费+管理费+利润+风险因素

2. 工程量清单主要由(　　)等组成。

A. 分部分项工程量清单、措施项目清单

B. 分部分项工程量清单、措施项目清单和其他项目清单

C. 分部分项工程量清单、措施项目清单、其他项目清单、施工组织设计

D. 分部分项工程量清单、措施项目清单、其他项目清单和现场情况清单

3. 如使用不同材料砌筑,墙与基础的分界线应是(　　)。

A. 设计室内地坪　　B. 设计室外地坪

C. 材料分界线　　D. 根据材料分界线与室内地坪的位置而定

4. 有一 2 砖厚墙体,长 8 m,高 5 m,开有门窗总面积为 6 m^2,2 个通风口各为 0.25 m^2,门窗洞口上的钢筋混凝土过梁总体积为 0.5 m^3,则该段墙体的砌砖清单工程量为(　　)m^3。

A. 16.5　　B. 16.16　　C. 15.92　　D. 16.75

5. 某建筑采用现浇整体楼梯,楼层共 4 层自然层,楼梯间净长 6 m,净宽 4 m,楼梯井宽 450 mm,长 3 m,则该现浇楼梯的混凝土清单工程量为(　　)。

A. 22.65 m^3　　B. 24.00 m^3　　C. 67.95 m^3　　D. 72.00 m^3

6. 根据《房屋建筑与装饰工程工程量计算规范》，下列基础土方的工程量计算，正确的是(   )。

A. 基础设计底面积×基础埋深

B. 基础设计底面积×基础设计高度

C. 基础垫层设计底面积×挖土深度埋深

D. 基础垫层设计底面积×基础设计高度和垫层厚度之和

7. 根据《房屋建筑与装饰工程工程量计算规范》，平整场地工程量计算规则是(   )。

A. 按建筑物外围面积乘以平均挖土厚度计算

B. 按建筑物外边线外加 2 m 以平面面积计算

C. 按建筑物首层面积乘以平均挖土厚度计算

D. 按设计图示尺寸以建筑物首层面积计算

8. 有梁板(包括主、次梁与板)的工程量(   )。

A. 分别计算梁、板体积　　　　B. 按梁板平均厚度计算体积之和

C. 按梁、板体积之和计算　　　　D. 按梁板水平投影面积计算

9. 现浇混凝土挑檐、雨篷与圈梁连接时，其工程量计算的分界线应为(   )。

A. 圈梁外边线　　B. 圈梁内边线　　C. 外墙外边线　　D. 板内边线

10. 根据《房屋建筑与装饰工程工程量计算规范》，以下关于砖砌体工程量计算，正确的说法是(   )。

A. 砖砌台阶按设计图示尺寸以体积计算

B. 砖散水按设计图示尺寸以体积计算

C. 砖地沟按设计图示尺寸以中心线长度计算

D. 砖明沟按设计图示尺寸以水平面积计算

11. 图示钢筋长度=(   )－保护层厚度＋弯起钢筋增加长度＋两端弯钩长度＋图纸注明的搭接长度。

A. 构件长度　　B. 构件尺寸　　C. 支座距离　　D. 轴线长度

12. 根据《房屋建筑与装饰工程工程量计算规范》，下列金属结构工程中，计量单位按平方米计的有(   )。

A. 钢屋架、钢桁架　　　　B. 钢漏斗、钢管柱

C. 金属网、钢构件　　　　D. 压型钢板楼板、墙板

13. 根据《房屋建筑与装饰工程工程量计算规范》，屋面防水工程量的计算，正确的是(   )。

A. 平、斜屋面卷材防水均按设计图示尺寸以水平投影面积计算

B. 屋面女儿墙、伸缩缝等处弯起部分卷材防水不另增加面积

C. 屋面排水管设计未标注尺寸的，以檐口至地面散水上表面垂直距离计算

D. 铁皮、卷材天沟按设计图示尺寸以长度计算

14. 计算楼梯装饰工程量时以水平投影面积计算，楼梯与楼地面相连时，算至梯口梁(   )。

A. 中心线　　B. 轴线　　C. 外侧边沿　　D. 内侧边沿

15. 根据《房屋建筑与装饰工程工程量计算规范》，下列关于有设备基础、地沟、间壁墙

的水泥砂浆楼地面整体面层工程量计算，正确的是(　　)。

A. 按设计图示尺寸以面积计算，扣除设备基础、地沟所占面积，门洞开口部分不再增加

B. 按内墙净面积计算，设备基础、间壁墙、地沟所占面积不扣除，门洞开口部分不再增加

C. 按设计净面积计算，扣除设备基础、地沟、间壁墙所占面积，门洞开口部分不再增加

D. 按设计图示尺寸面积乘以设计厚度以体积计算

16. 根据《房屋建筑与装饰工程工程量计算规范》，计算楼地面工程量时，门洞、空圈、暖气包槽、壁龛开口部分面积不并入相应工程量的项目是(　　)。

A. 竹木地板　　B. 水泥砂浆楼地面　C. 塑料板楼地面　　D. 楼地面化纤地毯

17. 根据《房屋建筑与装饰工程工程量计算规范》，下列关于墙柱装饰工程量计算，正确的是(　　)。

A. 柱饰面按柱设计高度以长度计算

B. 柱面抹灰按柱断面周长乘以高度以面积计算

C. 带肋全玻幕墙按外围尺寸以面积计算

D. 装饰板墙面按墙中心线长度乘以墙高以面积计算

18. 根据《房屋建筑与装饰工程工程量计算规范》的有关规定，天棚面层工程量清单计算中，下面说法正确的是(　　)。

A. 天棚面中的灯槽、跌级展开增加的面积另行计算并入天棚

B. 扣除间壁墙所占面积

C. 天棚检查孔、灯槽单独列项

D. 天棚面中的灯槽、跌级展开增加的面积不另计算

19. 根据《房屋建筑与装饰工程工程量计算规范》，按设计图示尺寸以长度计算油漆工程量的是(　　)。

A. 窗帘盒　　B. 木墙裙　　C. 踢脚线　　D. 木栏杆

20. 根据《房屋建筑与装饰工程工程量计算规范》，下列关于油漆装饰工程量计算中叙述错误的是(　　)。

A. 门窗油漆按设计图示数量或单面洞口面积计算

B. 金属面油漆按设计图示尺寸以质量计算

C. 喷刷涂料按照图示尺寸以面积计算

D. 木扶手油漆按设计图示尺寸以单面外围面积计算

21. 根据《房屋建筑与装饰工程工程量计算规范》，下列装饰装修工程中，工程量按设计图示尺寸以长度(m)为计量单位计算的是(　　)。

A. 窗台板　　B. 空花格、栏杆刷乳胶漆

C. 天棚灯带装饰　　D. 现浇水磨石台阶面

22. 根据《房屋建筑与装饰工程工程量计算规范》，下列按数量计算工程量的是(　　)。

A. 镜面玻璃　　B. 金属旗杆　　C. 石材装饰线　　D. 箱式招牌

二、多项选择题

1. 根据《房屋建筑与装饰工程工程量计算规范》，砖基础砌筑工程量按设计图示尺寸以体积计算，但应扣除(　　)。

A. 地梁所占体积　　B. 构造柱所占体积

C. 嵌入基础内的管道所占体积　　D. 砂浆防潮层所占体积

E. 圈梁所占体积

2. 下列关于钢筋混凝土灌注桩工程量计算的叙述中正确的是(　　)。

A. 按设计桩长(不包括桩尖)以 m 计　　B. 按根计

C. 按设计桩长(算至桩尖)以 m 计　　D. 按设计桩长(算至桩尖)+0.25 m 计

E. 按设计桩长×断面以 m^3 计

3. 凸出墙面但不能另行计算工程量并入墙体的砌体有(　　)。

A. 腰线　　B. 砖过梁　　C. 压顶　　D. 砖垛

E. 虎头砖

4. 计算混凝土工程量时正确的工程量清单计算规则是(　　)。

A. 现浇混凝土构造柱不扣除预埋铁件体积

B. 无梁板的柱高自楼板上表面算至柱冒下表面

C. 伸入墙内的现浇混凝土梁头体积不计算

D. 现浇混凝土墙中,墙跺及突出部分不计算

E. 现浇混凝土楼梯伸入墙内部分不计算

5. 整体楼梯工程量计算中其水平投影面积包括(　　)。

A. 休息平台　　B. 斜梁　　C. 框架梁　　D. 平台梁

E. 楼梯的连接梁

6. 根据设计规范,按室内正常环境条件下设计的钢筋混凝土构件,混凝土保护层厚度为 25 mm 的是(　　)。

A. 板　　B. 墙　　C. 梁　　D. 柱

E. 有垫层的基础

7. 计算钢构件工程量时下列叙述正确的是(　　)。

A. 按钢材体积 m^3 计

B. 按钢材重量 t 计

C. 构件上的孔洞扣除,螺栓、铆钉重量增加

D. 构件上的孔洞不扣除,螺栓、铆钉重量不增加

E. 不规则多边形钢板,以其外接圆面积计

8. 地面防水层工程量,按主墙间净面积计算,应扣除地面的(　　)所占面积。

A. 0.3 m^2 孔洞　　B. 间壁墙　　C. 设备基础　　D. 构筑物

E. $<$0.3 m^2 的垛、柱

9. 计算墙体抹灰工程量时应扣除(　　)。

A. 墙裙　　B. 踢脚线　　C. 门洞口　　D. 块料踢脚

E. 窗洞口

10. 根据《房屋建筑与装饰工程工程量计算规范》,以下关于装饰装修工程量计算,正确的说法是(　　)。

A. 门窗套按设计图示尺寸以展开面积计算

B. 木踢脚线油漆按设计图示尺寸以长度计算

C. 金属面油漆按设计图示构件以质量计算

D. 窗帘盒按设计图示尺寸以长度计算

E. 木门、木窗均按设计图示尺寸以面积计算

11. 关于楼梯装饰工程量计算规则正确的说法是(　　)。

A. 按设计图示尺寸以楼梯水平投影面积计算

B. 踏步、休息平台应单独另行计算

C. 踏步应单独另行计算,休息平台不应单独另行计算

D. 踏步、休息平台不单独另行计算

E. 休息平台应单独另行计算,而踏步不应单独计算

12. 根据《房屋建筑与装饰工程工程量计算规范》,装饰装修工程中的门窗油漆工程,其工程量应按设计图示(　　)计算。

A. 双面洞口面积　B. 洞口体积　C. 数量　D. 单面洞口面积

E. 高度

13. 根据《房屋建筑与装饰工程工程量计算规范》的有关规定,下列项目工程量清单计算时,以数量为计量单位的有(　　)。

A. 砖窨井　B. 金属门　C. 木制窗　D. 窗台板

E. 窗帘轨

三、计算题

1. 已知 010101003 挖沟槽土方的清单工程量为 450 m^3,010103002001 余方弃置的清单工程量为 385 m^3,按照江苏省 2014 建筑与装饰工程计价定额查出来的子目见表 10-55,试计算定额子目的综合单价,并计算 010101003 挖沟槽土方和 010103002001 余土弃置的清单综合单价(写出计算式,填入表格 10-56)。

表 10-55

定额编号	项目名称	单位	其中(元)		
			人工费	材料费	机械费
1-28	人工挖地槽(三类干土,深度 3 m 以内)	m^3	39.27	0	0
1-100	基槽坑原土打底夯	m^3	9.24	0	1.77
1-92	双轮车运土(50 m 以内)	m^3	14.63	0	0
1-264	自卸汽车运土(5 km 以内)	1 000 m^3	0	40.42	14 585.76

表 10-56

项目编码	项目名称	单位	工程量	综合单价	合价
010101003	挖基础土方	m^3	450		
1-28	人工挖地槽(三类干土、深度 3 m 以内)	m^3	580		
1-100	基槽坑原土打底夯	10 m^2	300		
010103002001	余方弃置	m^3	385		
1-92	双轮车运土(50 m 以内)	m^3	280		
1-264	自卸汽车运土(5 km 以内)	1 000 m^3	0.235		

2. 某建筑物为三类工程，地下室(如图 10-12)墙外壁做涂料防水层，施工组织设计确定用反铲挖掘机挖土，土壤为三类土，机械挖土坑内作业，土方外运 1 km，回填土已堆放在距场地 150 m 处，计算挖基础土方清单工程量及回填土清单工程量。

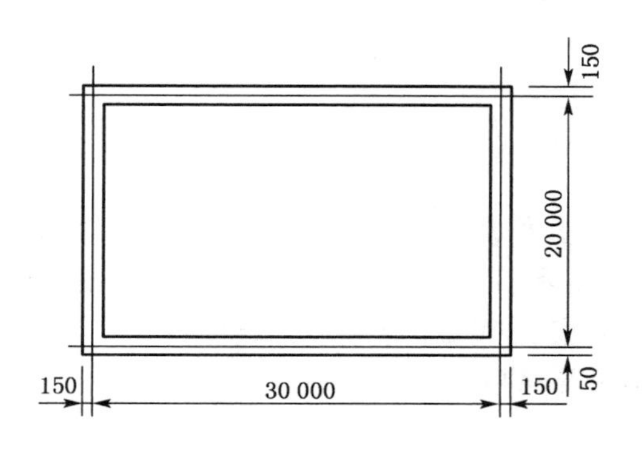

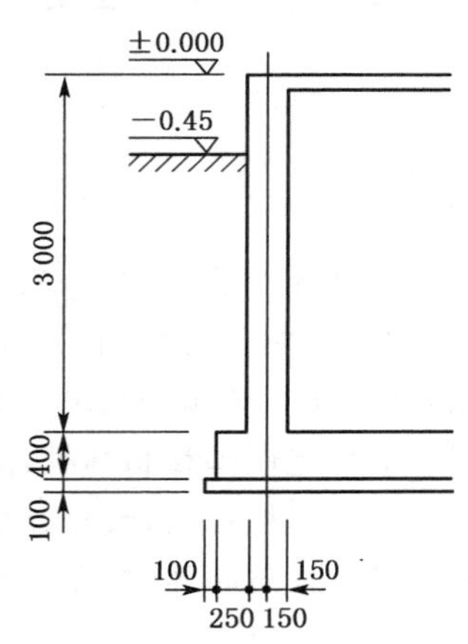

图 10-12　地下室平面、剖面图

3. 某室内大厅大理石楼地面由装饰一级企业施工。做法：20 mm 厚 1∶3 水泥砂浆找平，8 mm 厚 1∶1 水泥砂浆粘贴大理石面层，贴好后酸洗打蜡，如图 10-13 所示。请按照清单计价规范计算大理石楼地面清单工程量，并编制分部分项工程量清单表。

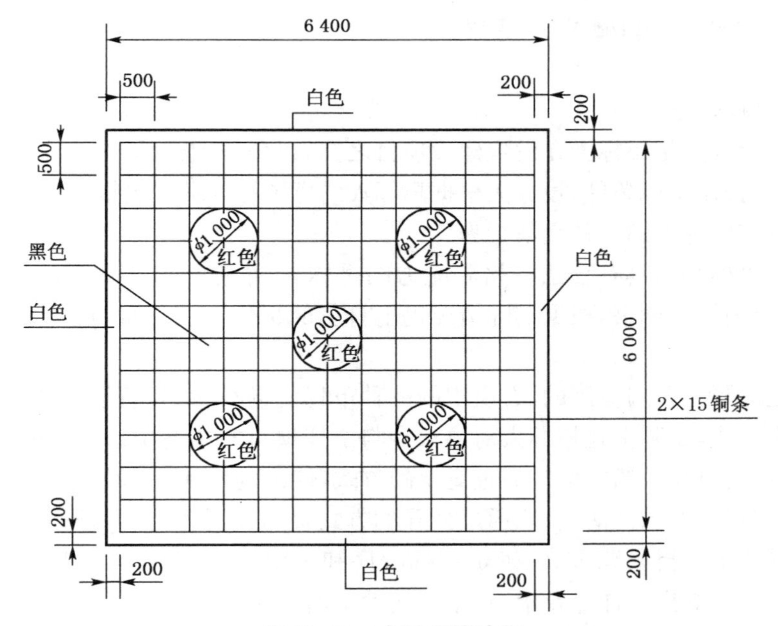

图 10-13　大理石楼地面

11 建设工程施工招标投标报价

教学目标

主要讲述了建设工程招标投标的基本概念、基本原则和特点;招标文件的主要内容和编制原则;招标控制价的编制;投标文件的编制原则和报价技巧、开标、评标、定标的一般程序及方法,并介绍了施工合同的签订及合同价的确定。通过本章学习,应达到以下目标:

(1) 掌握建设工程招标投标的概念、招标投标程序、评标过程和方法。

(2) 掌握招标控制价、投标报价的编制。

(3) 掌握合同的签订、合同价的确定。

11.1 建设工程招标投标概述

11.1.1 招投标的概念及意义

1) 招投标的概念

建设工程招标是指招标人在发包建设项目之前,以公告或邀请书的形式提出招标项目的有关要求,并公布招标条件,投标人根据招标人的意图和要求提出报价,择日当场开标,以便从中择优选定中标人的一种交易行为。

建设工程投标是指具有合法资格和能力的投标人,根据招标条件,经过初步研究和估算,在指定期限内填写标书,根据实际情况提出自己的报价,企图通过竞争被招标人选中的一种交易行为。

招投标是国际上普遍应用的、有组织的一种市场交易行为,是贸易中的一种工程、货物或服务的买卖方式,实际上是招标人对要求参与工程项目实施的申请人(即投标人)进行审查、评比和选定的过程。招投标是通过竞争的方式,使市场机制发挥作用。从招标人的角度看,招标是一项特定的采购活动,须通过公开的方式提出交易条件,以征得卖方的响应。买方(招标人)须着重分析采购方案、确定招标程序和组织方法、对所需货品及实施项目的质量、技术标准、规格等提出详尽要求,对招标活动中所涉及的法律问题及相关规定进行研究并具体实施。从投标人的角度看,投标是利用特定的商业机会进行竞争或获取承包权的活动,是对招标行为的一种响应,是卖方(投标人)为获得较大货品供应权或建设项目承包权而响应招标人提出的交易条件。卖方需要深入研究买方提出的各项条件,并以响应这些条件为前提而确定投标方案,确定价格、技术措施、投标策略及竞争手段。

2) 建设工程招投标应遵循的原则

《招标投标法》规定,招标投标活动应当遵循公开、公平、公正和诚实信用的原则。

(1) 公开原则。公开原则即要求招投标的活动具有高透明度，实行招标信息、招标程序公开，使每一个投标人获得同等的信息、知悉招标的一切条件和要求。公开原则应贯穿于整个招标投标全过程。

(2) 公平原则。公平原则即要求给予所有投标人平等的机会，使其享有同等的权利，并履行相应的义务，不歧视任何一方。

(3) 公正原则。公正原则即要求评标时，客观地按照事先公布的条件和标准对待每一个投标人。

(4) 诚实信用原则。招标投标当事人应当以诚实、善意的态度行使权利，履行义务，以维护双方的利益平衡，以及自身利益与社会利益的平衡。当事人不得滥用权力及规避法律或者合同规定的义务；必须在法律的范围内，以符合其社会经济目的的方式行使自己的权利。

3) 建设工程招投标的意义

建设工程招投标是市场经济的产物，是期货交易的一种方式，是市场经济条件下最普遍、最常见的择优方式。推行工程招投标的目的，是要在建筑市场中建立竞争机制。招标人通过招标活动来选择条件优越者，使其以最佳的工期、质量和成本匹配获得合格的产品，达到预期的投资效益；投标人也通过这种方式选择项目和招标人，以使自己通过承包项目取得合理利润，保证自身的生存和发展。推行建设工程招标投标制度，其意义在于：

(1) 创造一个择优的竞争环境。建设项目招投标方式的引入，有利于创造公平竞争的市场环境，促进企业间的公平竞争。投标人只有在质量、价格、售后服务等方面在同行中胜出才可能中标，体现了商机面前人人平等的原则，同时进一步推动企业的发展和建筑市场的繁荣。

(2) 保护招标投标当事人的合法权益。招标投标当事人包括招标人、投标人和招标代理。在招投标过程中，当事人的合法权益受到法律的保护，任何单位和个人不得以任何形式非法干预招投标活动；招标人有权组织开标、评标和定标，评标的过程和结果受法律的保护。

(3) 提高招投标双方的经济效益。作为一种市场交易活动，招标和投标活动具有与其他商品交易方式同样的特点，即追求综合效益最大化。无论投资方还是承包方，均是为了使各自的利益达到最大化。对于买方，即招标人，在招标过程中，希望通过市场竞争，货比三家，以有限的资金获得最大的收益。对于卖方或承包方，即投标人，可通过投标方式选择合适的投标项目；而且，投标人在竞争中将不断提高资源的利用率，通过工程获得利润并扩充自己的市场占有率。

(4) 实现资源的合理配置。受市场经济的影响，投标方必须不停地调整自身的专业结构，发展自己的专业优势，扬长避短，才能在市场上立于不败之地；同时，招标人通过招标行为，评定在技术、质量、服务、管理上具有优势的中标单位，从而达到建设资金合理利用、充分发挥作用的目的。通过这种招投标各参与方的市场化活动，资源无疑会得到优化配置和节约利用。

(5) 保护国家利益和社会公共利益。根据《招标投标法》规定，属于国家投资、融资的建设项目，公共建设项目以及使用国际组织和外国政府贷款、援助的项目等，强制采用招投标方式。由于招投标方式给项目建设所带来的优越性，此规定有助于节约建设资金、合理使用国有资源、保护民众利益和社会公共利益。

(6) 降低工程造价。建设工程项目招投标制的推行,使建筑市场基本形成了以市场定价为主的价格机制,从而使工程价格更加趋于合理。推行招投标制最明显的表现是若干投标人之间出现的激烈竞争,其中价格上的竞争是这种市场竞争中最直接、最集中的表现。各竞争单位为获得最大的主动权,无疑将不断提高自己的综合能力,以最低的成本获取最大的收益,从而切实地在降低自己个别劳动消耗水平上下足工夫,这样使工程项目的社会平均劳动消耗水平下降,带来项目的平均建设成本下降,使建设项目的造价相应降低。

11.1.2 建设工程招投标的法律体系

招标投标法律体系包含了以《招标投标法》为核心的一系列法律、法规、规章。

1)《招标投标法》

《招标投标法》由中华人民共和国第九届全国人民代表大会常务委员会第十一次会议于1999年8月30日通过,自2000年1月1日起施行。共分为五章,六十八条,分别对招标、投标、开标、评标和中标作出了规定。

2)《工程建设项目施工招标投标办法》

为了规范工程建设项目施工招标投标活动,根据《招标投标法》和国务院有关部门的职责分工,国家计委、建设部、铁道部、交通部、信息产业部、水利部、中国民用航空总局审议通过了《工程建设项目施工招标投标办法》,自2003年5月1日起施行。

3)《工程建设项目货物招标投标办法》

为了规范工程建设项目的货物招标投标活动,保护国家利益、社会公共利益和招标投标活动当事人的合法权益,保证工程质量,提高投资效益,根据《招标投标法》和国务院有关部门的职责分工,国家发展改革委、建设部、铁道部、交通部、信息产业部、水利部、中国民用航空总局审议通过了《工程建设项目货物招标投标办法》,自2005年3月1日起施行。

4)《工程建设项目招标范围和规模标准规定》

《工程建设项目招标范围和规模标准规定》于2000年4月4日由国务院批准,2000年5月1日国家发展计划委员会发布实施,它确定了必须进行招标的工程建设项目的具体范围和规模标准。

5)《中华人民共和国招标投标法实施条例》

《中华人民共和国招标投标法实施条例》于2012年2月1日起施行。该条例认真总结招标投标法实施以来的实践经验,制定出台配套行政法规,将法律规定进一步具体化,增强可操作性。并针对新情况、新问题充实完善有关规定,进一步筑牢工程建设和其他公共采购领域预防和惩治腐败的制度屏障,维护招标投标活动的正常秩序。

6)其他部门规章

这些部门规章都有自己的适用范围,一般在本行业范围内适用。

(1) 2003年8月1日起施行的《工程建设项目勘察设计招标投标办法》。

(2) 2000年10月18日建设部颁发的《建筑工程设计招标投标管理办法》。

(3) 2001年6月1日建设部令颁布的《房屋建筑和市政基础设施工程施工招标投标管理办法》。

11.1.3 建设工程招投标的范围

1）必须招标的工程建设项目范围

《招标投标法》第三条规定，在中华人民共和国境内进行下列工程建设项目包括项目的勘察、设计、施工、监理以及与工程建设有关的重要设备、材料等的采购，必须进行招标。

（1）大型基础设施、公用事业等关系社会公共利益、公众安全的项目。

（2）全部或者部分使用国有资金投资或者国家融资的项目。

（3）使用国际组织或者外国政府贷款、援助资金的项目。

《工程建设项目招标范围和规模标准规定》将强制招标的范围进一步界定如下：

（1）关系社会公共利益、公众安全的基础设施项目，包括能源、交通运输、邮电通讯、水利、城市设施、生态环境保护等项目。

（2）关系社会公共利益、公众安全的公用事业项目，包括市政工程、科技、教育、文化、卫生、社会福利、商品住宅等项目。

（3）使用国有资金投资项目，包括使用各级财政预算资金、纳入财政管理的各种政府性专项建设基金、国有企事业单位自有资金等项目。

（4）国家融资项目，包括国家使用发行债券所筹资金、国家对外借款或者担保所筹资金、国家政策性贷款、国家授权投资主体融资、国家特许的融资等项目。

（5）使用国际组织或者外国政府资金的项目，包括使用世界银行、亚洲开发银行等国际组织贷款、外国政府及其机构贷款、国际组织或外国政府援助资金等项目。

2）强制招标的工程建设项目标准

以上强制性招标范围内的各类工程建设项目达到下列标准之一的，必须进行招标：

（1）施工单项合同估算价在 200 万元人民币以上的。

（2）重要设施、材料等货物采购，单项合同估算价在 100 万元人民币以上的。

（3）勘察、设计、监理等服务采购，单项合同估算价在 50 万元人民币以上的。

（4）单项合同估算价低于以上标准，但项目总投资额在 3 000 万元人民币以上的。

同时，《房屋建筑和市政基础设施工程施工招标投标管理办法》第三条规定，房屋建筑和市政基础设施工程（以下简称工程）的施工单项合同估算价在 200 万元人民币以上，或者项目总投资在 3 000 万元人民币以上的，必须进行招标。省、自治区、直辖市人民政府建设主管部门报经同级人民政府批准，可以根据实际情况，规定本地区必须进行工程施工招标的具体范围和规模标准，但不得缩小本办法确定的必须进行施工招标的范围。

3）可以不进行招标的项目

《招标投标法》第六十六条规定："涉及国家安全、国家秘密、抢险救灾或者属于利用扶贫资金实行以工代赈、需要使用农民工等特殊情况，不适宜进行招标的项目，按照国家有关规定可以不进行招标。"

第六十七条规定："使用国际组织或者外国政府贷款、援助资金的项目进行招标，贷款方、资金提供方对招标投标的具体条件和程序有不同规定的，可以适用其规定，但违背中华人民共和国的社会公共利益的除外。"

《中华人民共和国招标投标法实施条例》第九条：除《招标投标法》第六十六条规定的可

以不进行招标的特殊情况外，有下列情形之一的，可以不进行招标：

(1) 需要采用不可替代的专利或者专有技术。

(2) 采购人依法能够自行建设、生产或者提供。

(3) 已通过招标方式选定的特许经营项目投资人依法能够自行建设、生产或者提供。

(4) 需要向原中标人采购工程、货物或者服务，否则将影响施工或者功能配套要求。

(5) 国家规定的其他特殊情形。

招标人为适用前款规定弄虚作假的，属于《招标投标法》第四条规定的规避招标。

11.1.4 建设工程招投标的方式

1) 按竞争程度进行分类

《招标投标法》第十条规定，招标分为公开招标和邀请招标。

(1) 公开招标。公开招标，是招标人在指定的报刊、信息网络或其他媒体上发布招标公告，邀请具备资格的投标申请人参加投标，并按有关招标投标法律、法规、规章的规定，择优选定中标人的招标方式。发布招标公告是公开招标最显著的特征之一，也是公开招标的第一个环节。招标公告在何种媒介上发布，直接决定了招标信息的传播范围，进而影响到招标的竞争程度和招标效果。

国家重点建设项目和各省、自治区、直辖市人民政府确定的地方重点建设项目，以及全部使用国有资金投资或者国有资金投资占控股或者主导地位的工程建设项目，应当公开招标。采用公开招标可为所有的承包商提供一个平等竞争的机会，业主有较大的选择余地，有利于降低工程造价，提高工程质量和缩短工期。

(2) 邀请招标。邀请招标，也称选择性招标，指由招标人根据供应商或承包商的资信和业绩，选择特定的、具备资格的法人或其他组织(不能少于 3 家)，向其发出投标邀请书，邀请其参加投标，并按有关招标投标法律、法规、规章的规定，择优选定中标人的招标方式。

采用邀请招标这种招标方式，由于被邀请参加竞标的投标者数目有限，不仅可以节省招标费用，而且还能提高每个投标者的中标几率，所以对招标、投标双方都有利。

有下列情形之一的，经批准可以进行邀请招标：

① 项目技术复杂或有特殊要求，只有少量几家潜在投标人可供选择的。

② 受自然地域环境限制的。

③ 涉及国家安全、国家秘密或者抢险救灾，适宜招标但不宜公开招标的。

④ 拟公开招标的费用与项目的价值相比，不值得的。

⑤ 法律、法规规定不宜公开招标的。

国家重点建设项目的邀请招标，应当经国务院发展改革部门批准；地方重点建设项目的邀请招标，应当经各省、自治区、直辖市人民政府批准。全部使用国有资金投资或者国有资金投资占控股主导地位的并需要审批的工程建设项目的邀请招标，应当经项目审批部门批准，但项目审批部门只审批立项的，由有关行政监督部门审批。

(3) 公开招标与邀请招标的区别

① 发布信息的方式不同。公开招标采用公告的形式发布，邀请招标采用投标邀请书的形式发布。

② 选择的范围不同。公开招标因使用招标公告的形式，针对的是一切潜在的对招标项目感兴趣的法人或其他组织，招标人事先不知道投标申请人的数量；邀请招标针对已经了解的法人或其他组织，而且事先已经知道投标申请人的数量。

③ 竞争的范围不同。由于公开招标使所有符合条件的法人或其他组织都有机会参加投标，竞争的范围较广，竞争性体现得也比较充分，招标人拥有绝对的选择余地，容易获得最佳招标效果；邀请招标中投标申请人的数目有限，竞争的范围有限，招标人拥有的选择余地相对较小，有可能提高中标的合同价，也有可能将某些在技术上或报价上更有竞争力的供应商或承包商遗漏。

④ 公开的程度不同。公开招标中，所有的活动都必须严格按照预先指定并为大家所知的程序和标准公开进行，大大减少了作弊的可能性；相对而言，邀请招标的公开程度逊色一些，产生不法行为的机会也就多一些。

⑤ 时间和费用不同。由于邀请招标不发公告，招标文件只送几家，使整个招标投标的时间大大缩短，招标费用也相应减少；公开招标的程序比较复杂，从发布公告到资格审查，有许多时间上的要求，要准备较多的招标文件，因而耗时较长，费用也比较高。

由此可见，两种招标方式各有千秋，从不同角度比较，会得出不同的结论。在实际中，各国或国际组织的做法也不尽相同。有的未给出倾向性的意见，而是把自由裁量权交给了招标人，由招标人根据项目的特点，自主决定采用公开或者邀请方式，只要不违反法律规定，最大限度地体现了“公开、公平、公正”的招标原则即可。

2）按招标范围进行分类

可以分为国际招标和国内招标。

(1) 国际招标。国际招标是指符合招标文件规定的国内、国外法人或其他组织，单独或联合其他法人或其他组织参加投标，按照招标文件规定的币种结算的招标活动。

(2) 国内招标。国内招标是指符合招标文件规定的国内法人或其他组织，单独或联合其他国内法人或其他组织参加投标，并用人民币结算的招标活动。

3）从招标组织形式进行分类

(1) 自行招标。《招标投标法》第十二条规定：“招标人具有编制招标文件和组织评标能力的，可以自行办理招标事宜。任何单位和个人不得强制其委托招标代理机构办理招标事宜。依法必须进行招标的项目，招标人自行办理招标事宜的，应当向有关行政监督部门备案。”

《工程建设项目自行招标试行办法》规定，招标人自行办理招标事宜，应当具有编制招标文件和组织评标的能力，具体包括：①具有项目法人资格（或者法人资格）；②具有与招标项目规模和复杂程度相适应的工程技术、概预算、财务和工程管理等方面专业技术力量；③有从事同类工程建设项目招标的经验；④设有专门的招标机构或者拥有 3 名以上专职招标业务人员；⑤熟悉和掌握招标投标法及有关法规规章。

(2) 委托招标。委托招标，是指招标人不具备自行招标条件，委托招标代理机构办理招标事宜的行为。

招标代理机构，是依法设立、从事招标代理业务并提供相关服务的社会中介组织。

招标代理机构应当具备下列条件：①有从事招标代理业务的营业场所和相应资金；②有能够编制招标文件和组织评标的相应专业力量；③有符合法律规定条件，可以作为评标委员会成员人选的技术、经济等方面的专家库。

工程招标代理机构可以跨省、自治区、直辖市承担工程招标代理业务。乙级工程招标代理机构只能承担工程投资额 3 000 万元以下的工程招标代理业务。任何单位和个人不得限制或者排斥工程招标代理机构依法开展工程招标代理业务。

《工程建设项目招标代理机构资格认定办法》规定，工程招标代理机构可以接受招标人委托编制工程招标方案、招标文件、工程标底(或招标控制价)和草拟工程合同等。

招标人采用竞争方式选择招标代理机构的，应当从业绩、信誉、从业人员素质、服务方案等方面进行考察。

11.1.5 建设工程招投标的种类

1) 建设工程项目总承包招标

建设工程项目总承包招标又叫建设项目全过程招标，在国外称之为“交钥匙”承包方式。它是指从项目建议书开始，包括可行性研究报告、勘察设计、设备材料询价与采购、工程施工、生产准备、投料试车，直到竣工投产、交付使用全面实行招标。工程总承包企业根据建设单位提出的工程使用要求，对项目建议书、可行性研究、勘察设计、设备询价与选购、材料订货、工程施工、职工培训、试生产、竣工投产等实行全面投标报价。

2) 建设工程勘察招标

建设工程勘察招标是指招标人就拟建工程的勘察任务发布通告，以法定方式吸引勘察单位参加竞争，经招标人审查获得投标资格的勘察单位按照招标文件的要求，在规定的时间内向招标人填报标书，招标人从中选择条件优越者完成勘察任务。

3) 建设工程设计招标

建设工程设计招标是指招标人就拟建工程的设计任务发布通告，以吸引设计单位参加竞争，经招标人审查获得投标资格的设计单位按照招标文件的要求，在规定的时间内向招标人填报标书，招标人从中择优确定中标单位来完成工程设计任务。设计招标主要是设计方案招标，工业项目可进行可行性研究方案招标。

4) 建设工程施工招标

建设工程施工招标，是指招标人就拟建的工程发布公告或者邀请，以法定方式吸引建筑施工企业参加竞争，招标人从中选择条件优越者完成工程建设任务的法律行为。

5) 建设工程监理招标

建设工程监理招标，是指招标人为了委托监理任务的完成，以法定方式吸引监理单位参加竞争，招标人从中选择条件优越者的法律行为。

6) 建设工程材料设备招标

建设工程材料设备招标，是指招标人就拟购买的材料设备发布公告或者邀请，以法定方式吸引建设工程材料设备供应商参加竞争，招标人从中选择条件优越者购买其材料设备的法律行为。

11.1.6 建设工程施工招标应具备的条件

(1) 投资概算已经批准。

（2）建设项目已经正式列入国家、部门或地方的年度固定资产投资计划。
（3）建设用地的征用工作已经完成。
（4）有能够满足招标内容需要的资料。
（5）建设资金已经落实。

11.1.7　建设工程招投标的程序

（1）办理审批手续。
（2）发布招标公告或投标邀请书。
（3）资格审查。
（4）编制招标文件。
（5）编制标底或招标控制价。
（6）踏勘现场。
（7）答疑。

11.2　建设工程招标控制价的编制

根据《招标投标法》和《建设工程工程量清单计价规范》(GB 50500—2013)的规定，国有资金投资的工程进行招标，为有利于客观、合理地评审投标报价和避免哄抬标价，造成国有资产流失，招标人应编制招标控制价。

11.2.1　招标控制价概述

1）招标控制价的概念

招标控制价也称为拦标价、预算控制价、最高投标限价，是招标人根据国家或省级、行业建设主管部门颁发的有关计价依据和办法，以及拟定的招标文件和招标工程量清单，编制的招标工程的最高限价。

招标控制价是工程造价的表现形式之一，应由招标人根据招标项目的具体情况自行编制；当招标人不具有编制招标控制价的能力时，可委托具有工程造价资质的工程造价咨询企业编制。对于国有资金投资的工程，招标人编制并公布的招标控制价相当于招标人的采购预算，同时要求其不能超过批准的预算。因此，招标控制价是招标人在工程招标时能接受的投标人报价的最高限价。当招标控制价超过批准的概算时，招标人应将其报原概算审批部门审核。投标人的投标报价高于招标控制价时，其投标应予以拒绝。

招标控制价应在招标时公布，不应上调或下浮，招标人应将招标控制价及有关资料报送工程所在地工程造价管理机构备查。

投标人经复核认为招标人公布的招标控制价未按照《建设工程工程量清单计价规范》的规定进行编制的，应在招标控制价公布后5天内向招投标监督机构或(和)工程造价管理机构投诉。招投标监督机构应会同工程造价管理机构对投诉进行处理，发现确有错误的，应责成招标人修改。

2）招标控制价与标底

设立招标控制价与以往设标底招标或无标底招标相比，具有明显的优势：

（1）可有效控制投资，防止恶性哄抬报价带来的投资风险。

（2）提高了透明度，避免了暗箱操作等导致腐败、不公平竞争现象的产生。

（3）可使投标人不受标底的左右，自主报价，公平竞争。

（4）既设置了控制上限，又尽量减少了招标人对评标基准价的影响。

（5）招标控制价的公布，可使招标人将投资控制在一定范围内，提高其交易成功的可能性；同时还可降低投标人与招标人之间信息的不对称性，降低投标人的投标成本。

3）招标控制价的编制依据

（1）建设工程工程量清单计价规范。

（2）国家或省级、行业建设主管部门颁发的计价定额和计价办法。

（3）建设工程设计文件及相关资料。

（4）招标文件中的工程量清单及有关要求。

（5）与建设项目相关的标准、规范、技术资料。

（6）工程造价管理机构发布的工程造价信息；工程造价信息没有发布的参照市场价。

（7）其他相关资料。

4）招标控制价编制的一般原则

（1）编制招标控制价应考虑现行预算定额、市场价格和相关政策规定。根据国家公布的统一工程项目划分、统一计量单位、统一计算规则以及施工图纸、招标文件，并参照国家、行业或地方批准发布的定额和技术标准规范，以及生产要素市场价格、有关部门对工程造价计价中费用或费用标准的规定，确定工程量和编制招标控制价。

（2）招标控制价的计价内容、计价依据应与招标文件的规定完全一致，特别要注意招标文件所列明的招标范围、材料供应方式、材差计算、材料和施工的特殊要求、技术措施规定等。

（3）招标控制价作为招标工程限定的最高工程造价，应力求准确。分部分项工程费应根据招标文件中的分部分项工程量清单项目的特征描述及有关要求，按有关规定确定综合单价；综合单价中应包括招标文件中要求投标人承担的风险费用，要根据施工工期，预测市场材料价格行情，计算风险费用，将可能在以后发生的材料价格浮动因素包含在招标控制价中；招标文件提供了暂估单价的材料，按暂估的单价计入综合单价。

（4）招标控制价应由分部分项工程费、措施项目费、其他项目费和规费、税金五部分组成，原则上不能超过批准的投资概算。

（5）招标控制价应考虑人工、材料、设备、机械台班等价格变化因素，应包括不可预见费（特殊情况）、预算包干费、措施费（赶工措施费、施工技术措施费）、现场因素费用、保险以及固定价格的工程风险金等，工程质量要求优良的还应增加相应费用。

（6）招标控制价应在招标文件中公布，招标人不得只公布招标控制价总价，应公布招标控制价的各组成部分和各分部工程的费用小计等内容，并不应上调或下浮。招标控制价及有关资料应报送工程所在地工程造价管理机构备查。

(7) 一个工程只能设立一个招标控制价,且招标控制价不宜设置得过高或过低。

5) 招标控制价编制中需要考虑的因素

招标工程的招标控制价不等同于工程概算或施工图预算,它比预算深化和全面。编制招标控制价应依据完整、有效的勘察报告、设计图纸,并严格执行清单计价规范。消耗量水平、人工工资单价、有关费用标准按建设行政主管部门颁发的计价表(定额)和计价办法执行;材料价格按工程所在地造价管理部门发布的市场指导价取定;没有指导价的可参照市场信息价或市场询价。措施项目计价应考虑目前的施工管理水平和拟建工程常用的施工方案。

编制一个合理的招标控制价还须考虑以下因素:

(1) 招标控制价必须适应目标工期的要求,对提前工期的因素有所反映。实际招标工程的目标工期往往不等同于国家颁布的定额工期,而需要缩短工期。承包人为此需考虑相应的施工措施,增加人员和设备数量,加班加点,付出比正常工期更多的人力、物力、财力,这样无疑会增加工程成本。因此,在编制招标控制价时,必须考虑这一因素,将赶工费和奖励一并计入招标控制价。

(2) 招标控制价必须适应招标方的质量要求,对高于国家验收规范的质量因素有所反映,体现优质优价。

(3) 招标控制价必须合理考虑本招标工程采购渠道和市场价格的变化,考虑材料的差价因素。在编制招标控制价时所用的市场价格有变化的材料及其价格,应列入清单,随同招标文件、图纸发给投标人,供报价时参考,也要将某些市场采购的大宗的、主要的材料分别注明。如全部采购材料委托投标人办理的,须按市场价格,并将全部差价列入招标控制价。

(4) 招标控制价须充分考虑招标工程范围因素。地下工程及"三通一平"等招标范围内的费用应正确地计入招标控制价。

(5) 招标控制价应合理考虑现场条件和合理的施工方案。不同的施工现场条件和施工组织设计,对工程造价影响较大。在编制招标控制价时,应对现场实际情况认真了解,考虑由于自然条件导致的施工不利因素;应认真分析当前的社会施工水平和通常的施工方案,从而采用比较合理的编制依据。

(6) 招标控制价应根据招标文件或合同条件的规定,按规定的工程发承包模式,考虑相应的风险费用。对关系职工切身利益的人工费不宜纳入风险,材料价格的风险宜控制在5%以内,施工机械使用费的风险可控制在10%以内。

招标控制价的编制,除依据设计图纸进行费用的计算外,还需考虑图纸以外的费用,包括由合同条件、现场条件、主要施工方案、施工措施等所产生费用的取定,依据招标文件或合同条件规定的不同要求,计算招标控制价总价,再在计算总价的基础上,综合考虑工期要求、质量要求等其他因素对工程造价的影响,最终确定招标控制价。

6) 招标控制价的编制内容

招标控制价应由分部分项工程费、措施项目费、其他项目费和规费、税金组成。

(1) 分部分项工程费。分部分项工程费应根据招标文件中的分部分项工程量清单项目的特征描述及有关要求,按工程量计价规范,国家或省级、行业建设主管部门颁发的计价定额和计价办法,招标文件中的工程量清单及有关要求,与建设项目有关的标准、规范、技术资料,工程造价管理机构发布的工程造价信息、市场信息以及其他的相关资料,并考虑要求投标人承担的风险费用,确定综合单价,进行招标控制价的计算。提供了暂估单价的材料,按暂估的单价计入综合单价。

(2) 措施项目费。措施项目费应根据招标文件中的措施项目清单和拟建工程的施工组织设计计价。可以计算工程量的措施项目,应按分部分项工程量清单的方式采用综合单价计价;其余的措施项目可以"项"为单位的方式计价,应包括除规费、税金外的全部费用。措施项目清单中的安全文明施工费应按照国家或省级、行业建设主管部门的规定计价,不能作为竞争性费用。

(3) 其他项目费。其他项目费应按下列规定计价:

① 暂列金额应根据工程特点,按有关计价规定估算,一般可以分部分项工程量清单费的10%~15%为参考。

② 暂估价中的材料单价应根据工程造价信息或参照市场价格估算,暂估价中的专业工程金额应分不同专业,按有关计价规定估算。

③ 对于计日工,招标人应根据工程特点,按照列出的计日工项目和有关计价依据计算。

④ 总承包服务费应根据招标文件列出的内容和向总承包人提出的要求,参考以下标准计算:招标人仅要求对分包的专业工程进行总承包管理和协调时,按分包的专业工程估算造价的1.5%计算;招标人要求对分包的专业工程进行总承包管理和协调,并同时要求提供配合服务时,根据招标文件中列出的配合服务内容和提出的要求,按分包的专业工程估算造价的3%~5%计算;招标人自行供应材料的,按招标人供应材料价值的1%计算。

(4) 规费和税金。规费和税金应按国家或省级、行业建设主管部门的规定计算,不得作为竞争性费用。

7) 招标控制价的编制方法

根据《建设工程施工发包与承包计价管理办法》,工程计价方法包括工料单价法和综合单价法。实行工程量清单计价时应采用综合单价法,其综合单价为完成一个规定计量单位的分部分项清单项目或措施清单项目所需的费用,包括人工费、材料费、施工机械使用费、企业管理费、利润以及包含一定范围风险因素的风险费。

编制招标控制价时应采用综合单价。用综合单价编制招标控制价,要根据统一的项目划分,按照统一的工程量计算规则计算工程量,确定分部分项工程项目以及措施项目的工程量清单。然后根据具体项目分别计算得到综合单价,填入工程量清单中,再与工程量相乘得到合价,汇总之后考虑规费、税金即可得到招标控制价。

(1) 采用工程量清单计价法编制招标控制价时,应注意以下几个方面:

① 若编制工程量清单与编制招标控制价不是同一单位时,应注意发放招标文件中的工程量清单与编制招标控制价的工程量清单在格式、内容、项目特征描述等各方面保持一致,避免由此造成的招标失败或评标的不公正。

② 工程量清单必须准确全面。

③ 仔细区分清单中分部分项工程清单费用、措施项目清单费用、其他项目清单费用和规费、税金等各项费用的组成,避免重复计算。

(2) 采用工程量清单计价法编制招标控制价的具体步骤

① 准备工作。首先,应收集招标控制价的编制依据,熟悉建设工程设计文件及相关资料,如发现图纸之间有矛盾或不符之处及说明不够明确的地方,应要求设计单位会同建设单

位交底、补充。这些涉及工程做法、用料标准及设备选型等的内容，必然影响到招标控制价的价格，因此必须做好记录并在招标文件中加以补充说明。其次，要勘察施工现场，对现场条件及周围环境进行实地了解，以此作为施工方案、包干系数和技术措施费等有关费用的依据。第三，要了解招标文件中有关招标范围、材料、半成品和设备的加工订货情况，工程质量和工期要求，物资供应方式等情况。此外，还要进行市场调查，掌握材料、设备的市场价格，以正确确定暂估价等价格。

② 计算工程量。应以工程施工图设计与说明(包括所采用的全部标准图或通用图册)当地的预算定额或综合预算定额的项目划分及其工程量计算规则及《建设工程工程量清单计价规范》为依据，并执行当地的其他与此有关的补充定额、规定等。此外，还必须根据工程现场情况，考虑合理的施工方法和施工机械，正确套用定额，分部分项地逐项计算出工程量，并经过认真校核，以确保其正确性。工程量不但是计算招标控制价的依据，也是投标企业计算标价的统一依据。对于钢筋的用量与定额间的差额，也应加以实际"抽筋"调整后列入工程量。

③ 确定单价。凡符合定额者首先均应正确套用；其次是定额单价的换算，即大部分工程内容及工序符合定额，只是局部材料不同而定额规定允许换算者，应加以换算；第三是定额缺项，须编制补充单价，应根据施工详图、定额项目划分、计量单位及材料预算价格的选用和新材料价格的补充等，确定合理的单价。

④ 计算主要材料量。主要材料量通常指钢材、水泥、木材三材。钢材应包括土建、水、暖、空调、电气等的全部钢筋、型钢、管材、钢板等。所有主材均应根据定额的消耗量及各单位工程的工程量计算。主要材料量首先是满足招标控制价中材料调整差价之用，同时也是衡量投标企业所报主材用量的尺度，作为决标条件之一，或作为确定工程用量的标准。

⑤ 工料费的调整。按地区对定额中确定的人工工资和主要材料的单价，要求在招标控制价中按市场价或一定的定价和系数加以调整差价，以弥补过大的悬殊。

⑥ 确定分部分项工程费。各分部分项工程量与各相应单价乘积之和即为分部分项工程费。

⑦ 确定措施项目费、其他项目费用、规费和税金等。

⑧ 招标控制价造价汇总。

11.2.2 招标控制价的确定和审查

1) 审查招标控制价的目的

审查招标控制价的目的是检查招标控制价编制是否真实、准确。招标控制价如有漏洞，应予以调整和修正。如果招标控制价超过概算，应按照有关规定进行处理，不得以压低招标控制价作为压低投资的手段。

2) 招标控制价审查的内容

(1) 审查招标控制价的计价依据：承包范围、招标文件规定的计价方法等。

(2) 审查招标控制价的组成内容：工程量清单及其单价组成，措施费费用组成，其他项目费、规费、税金的计取，有关文件规定的调价因素等。

(3) 审查招标控制价相关费用：人工、材料、机械台班的市场价格，现场因素费用，不可预见费用，对于采用固定价格合同的还应审查在施工周期内价格的风险系数等。

11.3 建设项目施工投标价的编制

投标是投标人寻找并选取合适的招标信息，在同意并遵循招标人的各项规定和要求、按照计算工程造价的相关计价依据；计算出工程总造价，在此基础上考虑各种影响工程造价的因素并研究投标策略，提出自己的投标文件，以期通过竞争被招标人选中的交易过程。

投标活动具有与普通买卖方式不同的特点，投标人之间的竞争直接、激烈，招标方在一定的期限内接受多个投标人提交的投标文件，并通过综合评标，即对投标文件的技术内容、商务内容和投标人的资质、社会信誉、履约能力等进行综合评价，选出中标人。报价是工程施工投标的关键因素之一，对投标人投标的成败和将来实施工程的盈亏起着决定性作用，是投标文件中的重要组成部分。

在投标竞争中，作出可行投标决策和恰当报价是投标单位夺标获胜并赢利的手段。而提出合理的、有竞争力的工程报价价格，是投标单位战胜其他对手，并被招标人所接受，从而承揽到工程施工任务的关键。所以，投标报价工作是一切施工企业经营管理工作的核心。

投标人的投标报价应根据本企业的管理水平、装备能力、技术力量、劳动效率、技术措施及本企业的定额，计算出由本企业完成该工程的预计直接费，再加上实际可能发生的一切间接费，即实际预测的工程成本，根据投标中竞争的情况进行盈亏分析，确定利润并考虑适当的风险费，作出竞争决策的原则之后，最后提出报价书。由于每个施工企业的业务水平、装备力量和管理水平不同，因此即使是对于同一个招标工程，各施工企业的投标报价也是不同的。只有信誉好、质量优、工期合理、施工措施好、报价合理的企业才能中标。

11.3.1 投标报价的主要考虑因素

投标人要想在投标中获胜，除了需要从投标文件和项目业主对招标公司的介绍获得信息，还必须进行广泛的调查研究、询价、社交活动，以获得尽可能详细真实的信息，这是影响投标决策的重要因素。

(1) 本企业的各项业务能力能否适应投标工程的要求。主要考虑本企业的设计能力、机械设备能力、工人和技术人员的业务水平、类似工程经验、招标项目的竞争激烈程度、器材设备的交货条件、对工程的熟悉程度和管理经验、中标承包后对本企业的影响等。

(2) 招标人的意图和招标文件的要求。招标人是否接受投标人对建设单位提出种种优惠的条件。例如：帮助串换甲供材、提供贷款或延迟付款、提前交工、免费提供一定量的维修材料等优惠条件。

(3) 招标项目的全面情况。包括图纸和说明书，现场地上、地下条件，如地形、交通、水源、电源、水文地质，项目的专业性、难度、技术要求条件、工期情况，这些都是拟订施工方案的依据和条件。是否有可以改进设计的地方，如果发现该工程中某些设计不合理并可改进，或可利用某项新技术以降低造价时，除了正常报价外，还可另附修改设计的比较方案，提出有效措施以降低造价和缩短工期。这种方式往往会得到建设单位的赏识而大大提高中标机会。

(4) 项目业主及其代理人的基本情况。包括资历、业务水平、工作能力、个人的性格和作风等,这些都是有关今后在施工承包结算中能否顺利进行的主要因素。

(5) 项目建设所需资源供应情况。劳动力、建筑材料和机械设备等资源的供应来源、价格、供货条件以及市场预测等情况;专业分包,如空调、电气、电梯等专业安装力量情况;银行贷款利率、担保收费、保险费率等与投标报价有关的因素。

(6) 相关法规、规范。如企业法、合同法、劳动法、关税、外汇管理法、工程管理条例以及技术规范等。

(7) 竞争对手的情况。包括对手企业的历史、信誉、经营能力、技术水平、设备力量、以往投标报价的情况和经常采用的投标策略等。

11.3.2 投标报价的编制依据

《建设工程工程量清单计价规范》第 6.2.1 条规定,投标报价的编制依据为:工程量清单计价规范;国家或省级、行业建设主管部门颁发的计价办法;企业定额,国家或省级、行业建设主管部门颁发的计价定额;招标文件、工程量清单及其补充通知、答疑纪要;建设工程设计文件及相关资料;施工现场情况、工程特点及拟定的投标施工组织设计或施工方案;与建设项目相关的标准、规范等技术资料;市场价格信息或工程造价管理机构发布的工程造价信息;其他的相关资料。

11.3.3 投标报价的编制方法

我国工程项目投标报价的方法一般包括传统计价模式(定额计价模式)和工程量清单计价模式下的投标报价。全部使用国有资金投资或国有资金投资为主的工程建设项目,必须采用工程量清单计价。

1) 传统计价模式投标报价

以定额计价模式投标报价是采用国家、部门或地区统一规定的定额和取费标准进行工程造价计价的模式,通常是采用主管部门制定预算定额来编制。投标人按照定额规定的工程量计算规则,套用定额基价确定直接工程费、措施费,再按规定的费用定额计取间接费、利润和税金各项费用,最后汇总形成投标价。

采用定额计价模式进行投标报价在我国大多数省市现行的报价编制中比较常用。在计算工程造价前,应充分熟悉施工图纸和招标文件,了解设计意图、工程全貌,同时还要了解并掌握工程现场情况。

传统计价模式的工、料、机消耗量是根据“社会平均水平”综合测定,取费标准是根据不同地区价格水平平均测算,企业自主报价的空间很小,不能结合项目具体情况、自身技术管理水平和市场价格自主报价,也不能满足招标人对建筑产品质优价廉的要求。同时,由于工程量计算由招投标的各方单独完成,计价基础不统一,不利于招标工作的规范性。在工程完工后,工程结算繁琐,易引起争议。

2）以工程量清单计价模式投标报价

工程量清单计价模式是指按照工程量清单规范规定的全国统一工程量计算规则，由招标人提供工程量清单和有关技术说明，投标人根据企业自身的定额水平和市场价格进行计价的模式。工程量清单计价法是国际通用的竞争性招标方式所要求的报价方法。

该方法一般是由招标控制价编制单位根据项目业主委托，将招标工程全部项目和内容按规定的计算规则计算出工程量，列在清单上作为招标文件的组成部分，供投标人逐项填报单价，计算出总价，作为投标报价，然后通过评标竞争，最终确定合同价。工程量清单报价由招标人给出工程量清单，投标人填报单价，单价应完全依据企业自身的技术、管理水平等企业实力而定，以满足市场竞争的需要。

采取工程量清单综合单价计算投标报价时，投标人填入工程量清单中的单价是综合单价，综合单价分为全费用综合单价和部分费用综合单价。全费用综合单价包括人工费、材料费、机械费、其他直接费、间接费、利润、税金以及材料差价和风险金等全部费用，将工程量与该单价相乘得出合价，将全部合价汇总后加上措施项目费即得出投标总报价。而分部分项工程费、措施项目费和其他项目费用均采用部分综合单价计价。

目前，我国以使用传统计价模式为主，但由于工程量清单计价模式是符合市场经济和国际惯例的计价方式，今后我国将以使用工程量清单计价模式为主。

11.3.4 计算投标报价的程序

1）确定投标项目，组织投标报价班子

投标也需要作出大量的人力物力投入，施工企业对投标项目也必须有所选择。施工企业要认真研究招标文件，分析了解工程项目所在地与承包工程有关的法律和法规、当地的经济发展计划及其实施情况、交通运输情况、工业和技术水平、建筑行业的情况以及金融情况等，再结合企业自身情况，确定恰当的投标项目。如果某些条件是投标人不具备或不能达到的，就不能投标，以免在以后的工作中处于被动；相反，若本单位在某些条件上具有明显优势，则应争取中标，以获得较佳的经济效益。

施工投标较为复杂，招标人给的投标时间又非常短，要在较短的时间内拿出一份理想的报价来，必须组建一个高效精干的投标班子。在人员构成上要选派精通业务、掌握招投标知识、反应敏捷、应变能力强的骨干人员，还应注意人员的专业配套。投标报价班子应详细分析研究招标文件，分清双方的经济责任，特别是对暂设工程、材料供应方式及有争议之处应予以重视和充分地掌握。企业决策层通过对行情的综合分析和对本企业的经营实力及经营目标的权衡，得出最终报价。

2）现场调查、市场调查与询价

调查工程项目所在地的政治、经济、法律、社会、自然条件等对投标和中标后履行合同有影响的各种客观因素。主要应调查下列项目：

（1）项目环境调查

① 政治情况：对国际工程项目，应调查所在国的社会制度与政治制度；政局是否稳定，有无发生政变、暴动和内战的因素；与邻国的关系如何，有无发生边境冲突或封锁边界的可能；与我国的双边关系如何。

② 经济条件：工程项目所在地的经济发展情况和自然资源状况；港口、铁路、公路、航空交通运输及电信联络情况；当地的科学技术水平。

③ 法律方面：工程项目所在地与承包活动有关的法律、地方性法规等。

④ 社会情况：当地的生活习惯；居民的宗教信仰；民族或部族间的关系；工会的活动情况；社会治安状况。

⑤ 自然条件：工程所在地的地理位置和地形与地貌；气象情况，包括气温、湿度、主导风向与风力、年降水量等；地震、洪水、台风与自然灾害情况，水文情况。

⑥ 市场情况：建筑与安装材料、施工机械设备、燃料、动力、供水与生活用品的供应情况，价格水平，过去几年的批发物价及零售物价指数，以及今后的变化趋势和预测；主要构件半成品及商品混凝土的供应能力和价格；劳务市场状况，包括工人的技术水平、工资水平、有关劳动保险和福利待遇的规定。

（2）工程项目自身情况调查

特别要对交通运输条件、地质、地形、气候、劳动力来源、水电、材料供应、临时道路、利用永久性工程的可能性、建设单位可提供的临时房屋等，在计算报价前必须详细掌握，并尽可能利用客观已有的有利条件。

招标工程项目本身的具体情况如何是决定投标报价的微观因素，在投标之前必须尽可能详尽地了解。其工程项目调查的主要内容包括：①工程性质、规模、发包范围；②工程的技术规模和对材料性能、设备规格型号、供应商家，以及对工人技术水平的要求；③对总工期和分批竣工交付使用的要求；④施工现场的地形、土质、地下水位、交通运输、给排水、供电、通讯条件等情况；⑤工程项目业主的资信情况、项目资金来源及落实情况；⑥工程价款的支付方式；⑦业主监理工程师的资历与工作作风等。

3）计算或复核工程量

《建设工程工程量清单计价规范》(GB 50500—2013)第 4.1.2 条(强制性条文)规定：“招标工程量清单必须作为招标文件的组成部分，其准确性和完整性由招标人负责。”按该条的条文解释，投标人依据工程量清单进行报价，对工程量清单不负有核实的义务，更不具有修改和调整的权力。本条规定可避免所有投标人按照同一图纸计算工程量的重复劳动，节省大量的社会财富和时间，并有利于公平竞争，避免工程招标中的弄虚作假、暗箱操作等不规范的招标行为。

招标文件中通常都附有工程量表，投标人必须依据该工程量清单进行报价。同时，投标者还应根据图纸仔细核算工程量，如发现漏项或相差较大时，应通知招标人要求更正。未经招标人允许，一般不得修改工程量表所列工程量。对工程量表中的差错，投标人也可按不平衡报价的思路报价。

有些项目不采用工程量清单计价，招标文件中可能不提供工程量表，仅有招标图纸，则需要投标者根据设计图纸和当地现行的工程量计算规则自行计算工程量。在计算中应注意以下几点：

（1）划分分部分项工程项目与当地现行定额项目保持一致。

（2）按照一定顺序计算工程量，避免漏算或重算。

（3）严格按设计图纸标明的尺寸、数据计算。

（4）在计算中要结合已定的施工方案或施工方法。

(5) 严格按照工程量计算规则计算工程量。

(6) 工程量计算完毕应进行复核,检查项目、计算式、数字、单位等是否有误。

如果投标的项目规模较大,而投标时间又比较短,要在较短的时间内核算全部工程数量是十分困难的,投标人在报价时应重点核算那些工程数量较大、造价较高的项目。

4) 制定项目管理规划

项目管理规划作为指导项目管理工作的纲领性文件,应对项目管理的目标、依据、内容、组织、资源、方法、程序和控制措施进行确定。项目管理规划的目的是确定项目管理的目标、依据、内容、组织、资源、方法、程序和控制措施,以保证实施项目管理的项目成功进行。

项目管理规划是工程投标报价的重要依据,要想降低工程成本,提高报价的竞争能力,在正式估算工程造价以前,首先要拟定出一个在组织上是科学的、技术上先进的、费用上是经济的项目管理规划。项目管理规划中确定的施工方法,采用的施工装备和技术措施,对工程成本都有直接的影响。

大中型项目应单独编制项目管理实施规划;承包人的项目管理实施规划可以用施工组织设计或质量计划代替,但应能够满足项目管理实施规划的要求。

根据项目管理的需要,项目管理规划文件可分为项目管理规划大纲和项目实施规划两类。

工程项目管理规划大纲是项目管理工作中具有战略性、全局性和宏观性的指导文件。工程项目管理规划大纲对项目管理的全过程进行规划,为全过程的项目管理提出方向和纲领,是施工单位承揽业务、编制投标文件的依据,并作为中标后签订合同的依据。

项目管理实施规划应以项目管理规划大纲的总体构想和决策意图为指导,具体规定各项管理业务要求、方法。它是项目管理人员的行为指南,是项目管理规划大纲的细化,应具有操作性。

5) 报价计算与分析

《建设工程工程量清单计价规范》规定,"投标价是投标人投标时报出的工程合同价",即投标人对承建工程所要发生的各种费用的计算。拟定合理的投标价格是投标报价工作的核心。

拟定工程的投标价格,其方法与编制工程预算基本相同,但其价格的确定则与编制工程预算有所不同。

投标报价由每个承包商根据合同、施工技术规范(或标准)、当地政府的有关法令、税收、具体工程招标文件和现场情况,市场信息、分包询价和自己的技术力量,以及施工装备、管理经营水平、投标策略、作价技巧等,以动态的方法定价,以竞争中争取获胜又能赢利。投标价由投标人自主确定,但不得低于成本。

(1) 单价的确定。在确定单价时,应将构成分部分项工程的所有费用项目都归入其中。人工费、材料费、机械费应该是根据分部分项工程的人工、材料、机械消耗量及其相应的市场价格计算而得。单价应符合拟投标工程的实际情况,反映市场价格的变化。单价确定后,与经复核的工程量相乘后汇总,即可计算合价。

(2) 确定分包工程费。对需分包的工程,投标报价时应进行分包询价,对分包人的能力进行评估,确定合适的分包工程费。

(3) 确定利润。投标人预期利润取值的确定既要考虑到可获得最大的可能利润,又要保证投标价格具有一定的竞争性。投标报价时投标人应根据市场竞争情况，确定正确的投标策略，确定在该工程上的利润率。

(4) 确定风险费。投标人在投标时应该根据该工程规模及工程所在地的实际情况等因素，对可能的风险因素进行逐项分析后确定一个比较合理的费用比率。

(5) 确定投标价格。按上述内容计算出来的某些费用可能存在偏差，甚至可能出现漏项或重复计算的内容，因而还必须对计算出来的工程总价进行核对、调整。投标人应采取多种方法，从多个角度对投标项目进行盈亏分析及预测，分析可以通过采取哪些措施降低成本、增加盈利，从而确定最后的投标报价。

11.3.5 投标报价策略和技巧

虽然报价不是中标的唯一竞争条件，但无疑是主要的条件，尤其是在其他条件(如企业信誉、工期、措施、质量等)相似的情况下，报价是决标的主要因素。要提高投标报价的竞争力，必须根据所收集和积累的工程投标信息，迅速提出有竞争力的报价。有竞争力的报价是指该投标报价合理，既不过多地超过竞争对手并能为建设单位接受，又能在中标后顺利地执行合同并获得合理的利润。

报价的原则首先是保本，在保本的前提下，根据竞争条件来考虑利润率，通常选择采取“保本有利”或“保本薄利”的原则参加报价竞争。

1) 投标报价决策

投标报价决策指投标决策人召集算标人、高级顾问人员共同研究，就上述标价计算结果和标价的静态、动态风险分析进行讨论，作出调整计算标价的最后决定。一般来说，报价决策并不仅限于具体计算，而是应当由决策人、高级顾问与算标人员一起，对各种影响报价的因素进行恰当的分析，除了对算标时提出的各种方案、基价、费用摊入系数等予以审定和进行必要的修正外，更重要的是要综合考虑期望的利润和承担风险的能力。低报价是中标的重要因素，但不是唯一条件。

2) 投标报价的策略

承包工程的投标策略是一门科学，是要研究如何用最小的代价来取得最大的经济效益。而“策略”、“技巧”来自施工企业的经验积累，对客观规律的认识和对实际情况的了解，同时也少不了决策的能力和魄力。

投标报价策略指承包商在投标竞争中的工作部署及其参与投标竞争的方法手段。投标人的决策活动贯穿于投标全过程，是工程竞标的关键。投标的实质是竞争，竞争的焦点是技术、质量、价格、管理、经验和信誉等综合实力，因此必须随时掌握竞争对手的情况和招标项目业主的意图，及时制定正确的策略，争取主动。投标策略主要有投标目标策略、技术方案策略、投标方式策略和经济效益策略等。

(1) 投标目标策略：投标目标策略指导投标人应该重点对哪些适宜的招标项目去投标。

(2) 技术方案策略：技术方案和配套设备档次的高低决定了整个工程项目的基础价格，投标前应根据项目业主投资的大小和意图进行技术方案决策，并指导报价。

(3) 投标方式策略：投标方式策略指导投标人进行投标需采取的策略，如是否联合合作伙伴投标等。中小型企业依靠大型企业的技术、产品和声誉的支持进行联合投标是提高其竞争力的一种良策。

（4）经济效益策略：经济效益策略直接指导投标报价，制订报价策略必须考虑投标人的数量、主要竞争对手的优势、竞争实力的强弱和支付条件等因素，根据不同情况可计算出高、中、低3套报价方案。

① 常规价格策略。常规价格即中等水平的价格，根据系统设计方案，核定施工工作量，确定工程成本，经过风险分析，确定应得的预期利润后进行汇总。然后再结合竞争对手的情况进行适当调整，确定最终投标价。

② 保本微利策略。如果夺标的目的是为了在该地区打开局面，树立信誉，占领市场和建立样板工程，则可采取保本微利策略，甚至不排除承担风险，宁愿先亏后盈。此策略适用于以下情况：A. 投标对手多，竞争激烈，支付条件好，项目风险小；B. 技术难度小、工作量大、配套数量多、各家企业都乐意承揽的项目；C. 为开拓市场，急于寻找客户或解决企业目前的生产困境。

③ 高价策略。符合下列情况的投标项目可采用高价策略：A. 专业技术要求高、技术密集型的项目；B. 支付条件不理想、风险大的项目；C. 竞争对手少，各方面自己都占绝对优势的项目；D. 工期短，设备和劳力超常规的项目；E. 特殊约定（如要求保密等）需要有特殊条件的项目。

3）报价技巧

报价技巧是指在投标报价中所采用的手法或技巧，有利于项目业主接受本报价，增加中标的可能性。常采用的报价技巧有：

（1）不平衡报价法：是指一个工程项目总报价基本确定后，通过调整内部各个项目的报价，以期既不提高总报价、不影响中标，又能在结算时得到更理想的经济效益。如以下情况可采用不平衡报价：

① 能够早日结账收款的项目可适当提高其综合单价。

② 预计今后工程量会增加的项目单价适当提高，将工程量可能减少的项目单价降低。

③ 设计图纸不明确，估计修改后工程量要增加的，可以提高单价；工程内容解说不清楚的则可适当降低一些单价，待澄清后可再要求提价。

④ 暂定项目，又叫任意项目或选择项目，对这类项目要具体分析。

（2）多方案报价法：对于一些招标文件，如果发现工程范围不很明确，条款不清楚或很不公正，或技术规范要求过于苛刻时，则要在充分估计投标风险的基础上，按多方案报价法处理。即是按原招标文件报一个价，然后再提出，如某条款作某些变动，报价可降低多少，由此可报出一个较低的价。这样，可以降低总价，吸引项目业主。

（3）增加建议方案法：有时招标文件中规定，可以提一个建议方案，即可修改原设计方案，提出投标人的方案。投标人这时应抓住机会，组织一批有经验的设计和施工工程师，对原招标文件的设计和施工方案仔细研究，提出更为合理的方案以吸引项目业主，促成自己的方案中标。建议方案不要写得太具体，要保留方案的技术关键，防止项目业主将此方案交给其他承包商。同时，建议方案一定要比较成熟，有很好的可操作性。

（4）分包商报价的采用：总承包商在投标前找2～3家分包商分别报价，而后选择其中一家信誉较好、实力较强和报价合理的分包商签订协议，同意该分包商作为本分包工程的唯一合作者，并将分包商的姓名列到投标文件中，但要求该分包商相应地提交投标保函。如果该分包商认为这家总承包商确实有可能中标，他可能会愿意接受这一条件。这种把分包商的利益同投标人捆在一起的做法，不但可以防止分包商事后反悔和涨价，还可能迫使分包时报出较合理的价格，以便共同争取中标。

(5) 突然降价法：投标报价中各竞争对手往往通过多种渠道和手段来刺探对手的情况，因而在报价时可以采取迷惑对手的方法。即先按一般情况报价或表现出自己对该工程兴趣不大，到投标快截止时再突然降价，为最后中标打下基础。采用这种方法时，一定要在准备投标限价的过程中考虑好降价的幅度，在临近投标截止日期前，根据情报信息与分析判断再做最后决策。如果中标，因为开标只降总价，在签订合同后可采用不平衡报价的思想调整工程量表内的各项单价或价格，以取得更高效益。

(6) 根据招标的不同特点采用不同的报价：投标报价时，既要考虑自身的优势和劣势，也要分析招标项目的特点，按照工程项目的不同特点、类别和施工条件等来选择报价策略。

① 报价可高一些的情况：A. 施工条件差的项目；B. 特殊的工程，或专业要求高的技术密集型工程，而本公司在这些方面又有专长，声望也较高；C. 总价低的小工程，以及自己不愿做但又不方便不投标的工程；D. 工期要求急或竞标者少的工程，或者支付条件不理想的工程等。

② 遇到如下情况，报价可以低一些：A. 施工条件好、工作简单、工程量大、投标对手多、竞争激烈的工程；B. 支付条件好的工程；C. 意在打开某个地区市场，或在该地区面临工程结束，机械设备等无工地转移时，或本公司在附近有工程，而本项目又可以用该工程的设备、劳务，或有条件短期内突击完成的工程；D. 非急需工程。

(7) 无利润竞标

缺乏竞争优势的承包商，在不得已的情况下，只好在做标中不考虑利润，以期夺标。这种办法一般是处于以下条件时采用：

① 有可能在中标后，将部分工程分包给一些索价较低的分包商。

② 对于分期建设的项目，先以低价获得首期工程，而后创造机会赢得第二期工程中的竞争优势，并在以后的实施中赚得利润。

③ 较长时期内，承包商没有在建的工程项目，如果再不中标就难以维持生存。因此，虽然本工程无利可图，但能维持公司的正常运转，可以帮助公司渡过暂时的困难，以求将来的发展。

(8) 优惠条件法

当招标文件中的评标方法可考虑某些优惠条件时，在投标中能给项目业主一些优惠条件，如贷款、垫资、提供材料、设备等，以解决项目业主的某些困难，是投标取胜的重要因素。

11.4 开标、评标、定标

开标、评标、定标，是由招标人或由招标人委托的招标代理机构，依据法定程序以及相关法律法规、招标文件规定，经过开标、评标、定标等阶段，择优选定中标单位。在此过程中，应当严格遵循客观公正、科学合理、竞争优先、严格保密的原则，由招标投标管理部门对其工作实施监督管理。

11.4.1 开标

开标指招标人按照招标文件规定的时间、地点，在招标投标管理机构监督下，由招标人主持，当众启封投标文件及补充函件，公布投标文件的主要内容和审定的招标控制价。开标地点应当为招标文件中预先确定的地点。对已经建立有形建筑市场(建设工程交易中心)的地区，开标、评标、定标应在有形建筑市场(建设工程交易中心)进行。

1) 有下列情形之一的，评标委员会应当否决其投标

(1) 投标文件未经投标单位盖章和单位负责人签字。

(2) 投标联合体没有提交共同投标协议。

(3) 投标人不符合国家或者招标文件规定的资格条件。

(4) 同一投标人提交两个以上不同的投标文件或者投标报价，但招标文件要求提交备选投标的除外。

(5) 投标报价低于成本或者高于招标文件设定的最高投标限价。

(6) 投标文件没有对招标文件的实质性要求和条件作出响应。

(7) 投标人有串通投标、弄虚作假、行贿等违法行为。

2) 开标会议的一般程序

《标准施工招标文件》(2007年版)规定，主持人按下列程序进行开标：

(1) 宣布开标纪律。

(2) 公布在投标截止时间前递交投标文件的投标人名称，并点名确认投标人是否派人到场。

(3) 宣布开标人、唱标人、记录人、监标人等有关人员姓名。

(4) 按照投标人须知前附表规定检查投标文件的密封情况。

(5) 按照投标人须知前附表的规定确定并宣布投标文件开标顺序。

(6) 设有标底的，公布标底。

(7) 按照宣布的开标顺序当众开标，公布投标人名称、标段名称、投标保证金的递交情况、投标报价、质量目标、工期及其他内容，并记录在案。

(8) 投标人代表、招标人代表、监标人、记录人等有关人员在开标记录上签字确认。

(9) 开标结束。

11.4.2 评标

评标活动应遵循公平、公正、科学和择优的原则，对投标人的报价、工期、主要材料用量、施工方案、质量安全业绩、财务状况、优惠条件、企业信誉等进行综合评价，择优确定中标单位。

1) 评审的流程

(1) 评标准备。成立评标工作组，组建评标委员会并选举评标委员会负责人，准备评标

会议。评标委员会成员应当编制供评标使用的相应表格，认真研究招标文件，了解和熟悉招标项目的基本情况，招标项目的范围和性质，招标文件中规定的主要技术要求、标准和商务条款，招标文件规定的评标标准、评标方法和在评标过程中考虑的相关因素。

(2) 初步评审。初步评审主要是对偏差的处理。

① 细微偏差。细微偏差是指投标文件在实质上响应招标文件的要求，但在个别地方存在漏项或者提供了不完整的技术信息和数据等情况，并且补正这些遗漏或者不完整不会对其他投标人造成不公平的结果。细微偏差不影响投标文件的有效性。

评标委员会可以书面方式要求投标人对投标文件中含义不明确、对同类问题表述不一致或者有明显文字和计算错误的内容作必要的澄清、说明或者补正。

澄清、说明或者补正应以书面方式进行并不得超出投标文件的范围或者改变投标文件的实质性内容。评标委员会不得向投标人提出带有暗示性或诱导性的问题，或向其明确投标文件中的遗漏和错误。

② 重大偏差。重大偏差是投标文件有未能对招标文件作出实质性响应，按规定作出废标处理的偏差。投标文件不响应招标文件的实质性要求和条件的，招标人应当拒绝，并不允许投标人通过修正或撤销其不符合要求的差异，使之成为具有响应性的投标。

(3) 详细评审。经初步评审合格的投标文件，评标委员会应当根据招标文件确定的评标标准和方法，对其技术部分和商务部分作进一步评审、比较。评标委员会应当根据招标文件，审查并逐项列出投标文件的全部投标偏差。评标委员会在评标过程中发现的问题，应当及时作出处理或者向招标人提出处理建议，并做书面记录。

(4) 评标报告。评标报告是指评标委员会经过对各投标书评审后向招标人提出的结论性报告，作为定标的主要依据。评标完成后，评标委员会应当向招标人提交书面评标报告和中标候选人名单。中标候选人应当不超过 3 个，并标明排序。

评标报告应当由评标委员会全体成员签字。对评标结果有不同意见的评标委员会成员应当以书面形式说明其不同意见和理由，评标报告应当注明该不同意见。评标委员会成员拒绝在评标报告上签字又不书面说明其不同意见和理由的，视为同意评标结果。

评标委员会应当对上述情况作出书面说明并记录在案。推荐中标候选人的数量由招标人自行确定，一般为 3 人向招标人提交书面评标报告后，评标委员会即告解散。

(5) 中标

① 公示中标候选人。依法必须进行招标的项目，招标人应当自收到评标报告之日起 3 日内公示中标候选人，公示期不得少于 3 日。投标人或者其他利害关系人对依法必须进行招标的项目的评标结果有异议的，应当在中标候选人公示期间提出。招标人应当自收到异议之日起 3 日内作出答复；作出答复前，应当暂停招标投标活动。

② 确定中标人。招标人根据评标委员会提出的书面评标报告和推荐的中标候选人确定中标人。招标人也可以授权评标委员会直接确定中标人。

国有资金占控股或者主导地位的依法必须进行招标的项目，招标人应当确定排名第一的中标候选人为中标人。排名第一的中标候选人放弃中标、因不可抗力不能履行合同、不按照招标文件要求提交履约保证金或者被查实存在影响中标结果的违法行为等情形，不符合中标条件的，招标人可以按照评标委员会提出的中标候选人名单排序依次确定其他中标候选人为中标人，也可以重新招标。

在确定中标人前，招标人不得与投标人就投标价格、投标方案等实质性内容进行谈判。招标人不得向中标人提出压低报价、增加工作量、缩短工期或其他违背中标人意愿的要求，以此作为发出中标通知书和签订合同的条件，招标人也不得直接指定分包人。

招标人应当接受评标委员会推荐的中标候选人，不得在评标委员会推荐的中标候选人之外确定中标人。

评标委员会提出书面评标报告后，招标人一般应当在15日内确定中标人。中标人确定后，招标人应当向中标人发出中标通知书。招标人将中标结果通知所有未中标的投标人。

(6) 招标投标情况的书面报告及其备案。招标人应当自确定中标人之日起15日内，向有关行政主管部门提交招标投标情况的书面报告。

2) 评审的内容

(1) 技术标的评审：技术标的评审的目的在于确认备选的中标人完成本招标项目方案的可靠性。与资格评审不同的是，这种评审的重点在于评审投标人将怎样实施招标项目。如对于施工标，技术评审的主要内容包括技术方案的可行性、施工进度计划的可靠性、施工质量保证体系及措施、工程材料和机械设备供应的技术性能、分包计划等。

(2) 商务标的评审：商务标的评审的目的在于从投标人的成本、财务和经济分析等方面评定投标报价的合理性和可靠性，并评估授标给各投标人的不同经济效果和风险。参加商务评审的人员通常是成本、财务方面的专家，有时还有估价及经济管理方面的专家。商务评审的主要内容包括投标报价计算的正确性、构成的合理性、分包工程价格的可靠性和合理性、投标人的财务状况和财务能力等。

(3) 在上述工作基础上进行综合评价和比较，最终选定中标人。

11.4.3 评标方法

1) 经评审的最低投标价法

评标委员会对满足招标文件实质要求的投标文件，根据规定的量化因素及量化标准进行价格折算，按照经评审的投标价由低到高的顺序推荐中标候选人，或根据招标人授权直接确定中标人，但投标报价低于其成本的除外。经评审的投标价相等时，投标报价低的优先；投标报价相等的，由招标人自行确定。

经评审的最低投标价法是在通过了严格的资格预审和其他评标内容都符合要求的情况下，只按投标报价来定标的一种方法，一般适用于具有通用技术、性能标准或者招标人对其技术、性能没有特殊要求的招标项目。

2) 综合评估法

评标委员会对满足招标文件实质性要求的投标文件，按照规定的评分标准进行打分，并按得分由高到低的顺序推荐中标候选人，或根据招标人授权直接确定中标人，但投标报价低于其成本的除外。综合评分相等时，以投标报价低的优先；投标报价也相等的，由招标人自行确定。

综合评定法是在充分阅读标书、认真分析标书优劣的基础上，经评委充分讨论后确定中标单位的评标定标方法。

标书内容包括工程预算书、工期目标、质量等级目标、施工组织设计、优惠条件、报价、本次投标的项目经理 2 年内施工实绩及优良工程证书等。衡量投标文件是否最大限度地满足招标文件中规定的各项评价标准，可以采取折算为货币的方法、打分的方法或者其他方法。评标委员会对各个评审因素进行量化时，应当将量化指标建立在同一基础或者同一标准上，使各投标文件具有可比性。对技术部分和商务部分进行量化后，评标委员会应当对这两部分的量化结果进行加权，计算出每一投标的综合评估价或者综合评估分。

评委按招标文件中确定的评标原则进行综合评标，若评委意见分歧较大，不能取得一致意见，可采用投票法决定中标单位。

11.5 建设工程施工合同的签订

合同是平等的自然人、法人、其他组织之间设立、变更、终止民事权利义务关系的协议。合同中所确立的权利义务，必须是当事人依法可以享有的权利和能够承担的义务，这是合同具有法律效力的前提。如果在订立合同过程中有违法行为，当事人不仅达不到预期的目的，还应根据违法情况承担相应的法律责任。

建设工程合同是承包人进行工程建设，发包人支付价款的合同。对于招标投标项目来说，签订建设工程合同是其最后一项工作。合同的订立应满足平等自愿、公平守法、诚实信用的基本原则。

11.5.1 建设工程施工合同的签订

工程施工合同的签订是一项十分严肃的法律行为，必须按一定的程序进行。根据我国的法律和国内外通行的做法，签订承包合同要经过“要约”、“承诺”、“鉴证和公证”三步程序。

所谓“要约”，就是订立合同的一方，就某项经济活动向另一方提出具体要求和订立合同的建议；所谓“承诺”，就是另一方接受要约方要约的内容和订立合同的建议。在招标、投标双方订立承包合同的时候，“要约”和“承诺”这一过程已通过招标单位招标，投标单位投标，在有关单位参与监督下决标而实现。在招标文件中均列有合同条款，投标单位在标书中都有按经济合同要求履行职责的承诺。因此，中标后工程施工合同的签订必须以招标文件和投标书为依据；合同的内容必须与招标文件和投标书一致。在订立合同时，合同双方不应再讨价还价，重点应放在研究合同条款的进一步完善、严密上，使合同条款公正、合理。

一般来说，企业不应要求中标单位承担招标文件中所附技术规范中没有规定的工作责任，也不得修改投标内容作为授予合同的条件，双方要重视合同的法律性质，因为合同一经签订，就成为制约双方的法律规范，双方必须严格遵守。

合同协议书和合同条款经合同双方合法代表签字，并加盖双方单位公章以及双方鉴证单位公章后方能生效。

1）工程施工合同的作用

签订合同是承包商经过投标报价取得工程项目的承建权，执行合同是承包商完成所承包工程项目的施工建设过程，因此，承包商自始至终都是围绕工程合同开展工作，以合同的基本内容为工作基础的。工程合同的作用可以概括为以下几个方面：

(1) 合同是约束合同当事人行为的准则。合同是业主和承包商的行为准则，无论是承包国内建设工程项目还是国际工程项目，承包商和业主的行为和工作内容都是以合同为依据的，因为合同的订立，是双方的法律行为，双方都必须受合同的约束。

(2) 合同的签订有利于明确双方的权利和义务。由于合同规定了双方的权利和义务，因而订立合同就使双方产生一定权利和义务的相互关系。双方的这种权利义务关系属于一种法律关系，必须切实履行，否则将承担相应的经济责任和法律责任。

(3) 合同的签订，有利于保护合同当事人双方的合法权益。合同一经双方签字，不经双方同意，任何一方都无权擅自变更合同内容。合同签订以后，双方都必须按照合同所规定的条款履行合同，任何一方如不履行合同中所规定应予履行的义务，将视为违约，违约方将承担由此造成的损失。

(4) 合同的签订，为解决双方产生的经济纠纷提供了依据。在双方执行合同的过程中不可避免地会出现这样或那样的经济纠纷。经济合同纠纷一般可通过友好协商、第三方调解、仲裁、法院裁决等方式来解决，但只有合同才是解决双方经济纠纷的唯一依据。

2) 签订建设工程施工合同应具备的条件

工程项目应具备如下条件方可签订施工合同：

(1) 初步设计已经完成并经过批准。

(2) 工程项目已列入年度建设计划。

(3) 有足够满足施工所需要的图纸和有关的技术资料。

(4) 业主建设资金和主要建筑材料、设备来源已经基本落实。

(5) 招标投标项目，其中标通知书已经下达。

(6) 其他条件。如承发包双方签订施工合同，必须具备相应资质条件和履行施工合同的能力；承办人员签订合同时应具备法定代表人的授权委托书。

3) 订立施工合同前的准备工作

订立施工合同前要做好合同文本的分析工作，从以下几个方面进行分析：

(1) 施工合同的合法性分析。具体包括：当事人双方的资格审查；工程项目已具备招标投标、签订和实施合同的一切条件；工程施工合同的内容(条款)和所指行为符合合同法和其他各种法律的要求，如劳动保护、环境保护、税赋等法律要求等。

(2) 施工合同的完备性分析。具体包括：属于施工合同的各种文件(特别是工程技术、环境、水文地质等方面的说明文件和设计文件，如图纸、规范等)齐全、施工合同条款齐全、对各种问题都有规定、不漏项等。

(3) 合同双方责任和权益及其关系分析。主要分析合同双方的责任和权益是否互为前提条件。如：若合同规定发包人有一项权力，则要分析该项权力的行使对承包人的影响，该权力是否需要制约，发包人有无滥用这个权力的可能，发包人使用该权力应承担什么责任，以此提出对这项权力的制约。同时，还应注意发包人与承包人的责任和权益应尽可能具体、详细，并注意其范围的限定。

(4) 合同条款之间的联系分析。由于合同条款所定义的合同事件和合同问题具有一定的逻辑关系(如实施顺序关系、空间上和技术上的互相依赖关系、责任和权利的平衡和制约关系、完整性要求等),使得合同条款之间有一定的内在联系。因此,在合同分析中还应注意合同条款之间的内在联系,同样一种表达方式,在不同的合同环境中,或有不同的上下文,则可能有不同的风险。通过内在联系分析,可以看出合同条款之间的缺陷、矛盾、不足之处和逻辑上的问题等。

(5) 合同实施的后果和违约责任分析。如在合同实施过程中会有哪些意想不到的情况,这些情况发生后应如何处理,本工程是否过于复杂或范围过大,超过自己的能力;自己如果不能履行合同义务应承担什么样的法律责任,后果如何;对方如果不能履行合同义务应承担什么样的法律责任等。

4) 签订施工合同的程序

依法必须进行招标的项目,发包人应通过招标方式选择施工承包单位。中标通知书发出后,中标人应当与发包人及时签订施工合同,对双方的责任、义务、权益等合同内容作出进一步的文字明确。依照我国《招标投标法》的规定,中标通知书发出 30 天内,中标人应与发包人依据招标文件、投标书等签订施工合同。投标书中已确定的合同条款在签订时不得更改,确定的合同价应与中标价相一致。如果中标人拒绝与发包人签订合同,发包人有权不再返还其投标保证金,中标人还应当依法承担法律责任。

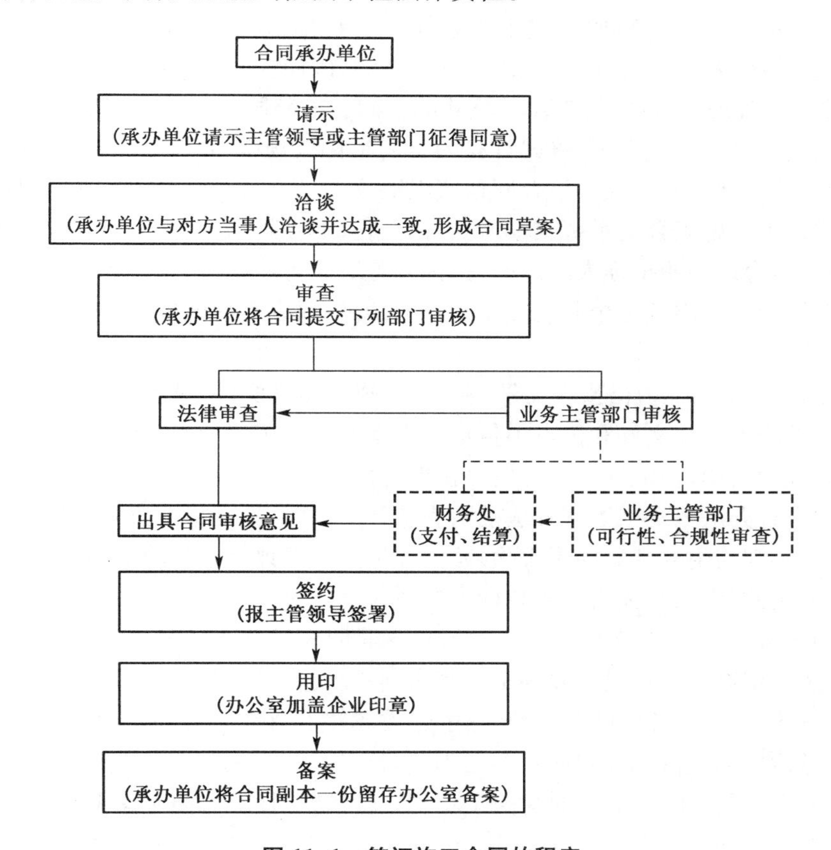

图 11-1 签订施工合同的程序

招标投标管理机构应协助项目业主做好施工合同的谈判工作。要依据合同条件,逐条与承包单位进行谈判。经谈判双方对施工合同内容取得完全一致意见后,即可正式签订施工合同文件,经双方签字、盖章后,施工合同即生效。

招标人最迟应当在书面合同签订后5日内向中标人和未中标的投标人退还投标保证金及同期银行存款利息。

招标文件要求中标人提交履约保证金或者其他形式履约担保的,中标人应当提交;拒绝提交的,视为放弃中标项目。招标人要求中标人提供履约保证金或其他形式履约担保的,招标人应当同时向中标人提供工程款支付担保。

11.5.2 施工合同的格式和内容

1)施工合同的格式

合同是双方对招标成果的认可,是招标之后、开工之前双方签订的工程施工、付款和结算的凭证。合同的形式应在招标文件中确定,投标人应在投标文件中作出响应。承发包双方应尽可能采用标准的合同范本订立施工合同。目前的建筑工程施工合同格式一般采用如下几种方式:

(1) 参考FIDIC合同格式订立的合同。FIDIC合同是国际通用的规范合同文本。它一般用于大型的国家投资项目和世界银行贷款项目。采用这种合同格式,可以有效地避免工程竣工结算时的经济纠纷。但因其使用条件较严格,因而在一般中小型项目中较少采用。

(2)《建设工程施工合同示范文本》格式的合同。按照国家工商管理部门和建设部推荐的《建设工程施工合同示范文本》格式订立的合同是比较规范,也是公开招标的中小型工程项目采用最多的一种合同格式。该合同格式由协议书、通用条款、专用条款和附件组成。

整个《建设工程施工合同示范文本》是招标文件的延续,故一些项目在招标文件中就拟定了补充条款内容以表明招标人的意向;投标人若对此有异议时,可在招标答疑(澄清)会上提出,并在投标函中提出施工企业能接受的补充条款;双方对补充条款再有异议时可在询标时得到最终统一。

(3)《〈标准施工招标资格预审文件〉和〈标准施工招标文件〉试行规定》(9部委第56号令)。行业标准施工招标文件和试点项目招标人编制的施工招标资格预审文件、施工招标文件,应不加修改地引用《标准施工招标资格预审文件》中的"申请人须知"(申请人须知前附表除外)、"资格审查办法"(资格审查办法前附表除外),以及《标准施工招标文件》中的"投标人须知"(投标人须知前附表和其他附表除外)、"评标办法"(评标办法前附表除外)、"通用合同条款"。《标准文件》中的其他内容供招标人参考。

(4) 简明标准施工招标文件(2012年版)。《简明标准施工招标文件》适用于工期不超过12个月、技术相对简单且设计和施工不是由同一承包人承担的小型项目施工招标。

(5) 自由格式合同。自由格式合同是由建设单位和施工企业协商订立的合同,它一般适用于通过邀请招标或议标发包而定的工程项目。这种合同是一种非正规的合同形式,往往会由于一方(主要是建设单位)对建筑工程复杂性、特殊性等方面考虑不周,从而使其在工程实施阶段陷于被动。

2)《建设工程施工合同(示范文本)》的内容

《建设工程施工合同(示范文本)》(GF—1999—0201)(以下简称为《施工合同文本》)是各类公用建筑、民用住宅、工业厂房、交通设施及线路、管道的施工和设备的合同文本。《施工合同文本》由《协议书》、《通用条款》、《专用条款》三部分组成，并附有三个附件：《承包方承揽工程项目一览表》、《发包方供应材料设备一览表》和《房屋建筑工程质量保修书》。

（1）协议书。《协议书》是总纲性合同，其中规定了合同当事人双方最主要的权利义务，规定了组成合同的文件及合同当事人对履行合同义务的承诺，合同当事人需在《协议书》上签字盖章。《协议书》的内容包括工程概况、工程承包范围、合同工期、质量标准、合同价款、组成合同的文件及双方的承诺等。

（2）通用条款。《通用条款》是根据《合同法》、《建筑法》等法律对承发包双方的权利义务作出的规定，除双方协商一致对其中的某些条款做了修改、补充或取消外，双方都必须履行。《通用条款》具有很强的通用性，基本适用于各类建设工程。

（3）专用条款。由于建筑工程的条件各不相同，《通用条款》不能完全适用于各个具体工程，因此以《专用条款》对其作必要的修改和补充，使《通用条款》和《专用条款》成为双方统一意愿的体现。《专用条款》的条款号与《通用条款》相一致，但主要是空格，由当事人根据工程的具体情况予以明确或对《通用条款》进行修改、补充。

（4）附件。《施工合同文本》的附件，是对施工合同当事人的权利义务的进一步明确，并且使得施工合同当事人的有关工作一目了然，便于执行和管理。

11.5.3 工程合同价的确定

工程合同价即约定完成承包范围内全部工程并承担质量保修责任的价款，它是工程合同中双方当事人最关心的核心条款，是由发包人、承包人依据中标通知书中的中标价格在协议书内的约定。合同价款在协议书内约定后，任何一方不能擅自更改。

《建筑工程施工发包与承包计价管理办法》规定，工程合同价可以采用三种方式：固定合同价、可调合同价和成本加酬金合同价。

1）固定合同价

固定合同价是指在约定的风险范围内价款不再调整的合同。双方须在《专用条款》内约定合同价款包含的风险范围、风险费用的计算方法和承包风险范围以外对合同价款影响的调整方法，在约定的风险范围内合同价款不再调整。固定合同价可分为固定合同总价和固定合同单价两种方式。

（1）固定合同总价。固定合同总价的价格计算是以设计图纸、工程量及规范等为依据，承、发包双方就承包工程协商一个固定的总价，即承包方按投标时发包方接受的合同价格实施工程，并一次包死，无特定情况不作变化。

采用这种合同，合同总价只有在设计和工程范围发生变更的情况下才能随之作相应的变更。因此，采用固定总价合同，承包方要承担合同履行过程中的主要风险，要承担实物工程量、工程单价等变化而可能造成损失的风险。在合同执行过程中，承、发包双方均不能以工程量、设备和材料价格、工资变动等为理由，提出对合同总价调值的要求。因此，作为合同总价计算依据的设计图纸、说明、规定及规范需对工程作出详尽的描述，承包方要在投标时对一切费用上升的因素作出估计并将其包含在投标报价之中。承包方因为可能要为许多不可预见的因素付出代价，所以往往会加大不可预见费用，致使这种合同的投标价格较高。固定合同总价一般适用于以下情况：

① 招标时的设计深度已达到施工图设计要求，工程设计图纸完整齐全，项目、范围及工程量计算依据确切，合同履行过程中不会出现较大的设计变更，承包方依据的报价工程量与实际完成的工程量不会有较大的差异。

② 规模较小，技术不太复杂的中小型工程。承包方一般在报价时可以合理地预见到实施过程中可能遇到的各种风险。

③ 合同工期较短，一般为一年内的工程。

(2) 固定合同单价。分为估算工程量单价和纯合同单价。

① 估算工程量单价。由发包方提出工程量清单，列出分部分项工程量，承包方以此为基础填报相应单价，累计计算后得出合同价格。但最后的工程结算价应按照实际完成的工程量来计算，即按合同中的分部分项工程单价和实际工程量，计算得出工程结算和支付的工程总价格。采用这种合同时，要求实际完成的工程量与原估计的工程量不能有实质性的变化。由于投标人报出的单价是以招标文件给出的工程量为基础计算的，工程量大幅度地增加或减少，会使得投标人按比例分摊到单价中的一些固定费用与实际严重不符，要么使投标人获得超额利润，要么使许多固定费用收不回来。FIDIC 的《土木工程施工合同条件》中建议工程结束总结算时，如果工程量超过±15%，则对单价进行调整，或者当某一分部或分项工程的实际工程量与招标文件的工程量相差超过±25%且该分项目的价格占有效合同 2%以上时，该分项应调整单价。总之，不论如何调整，在签订合同时必须写明具体的调整方法，以免日后发生纠纷。

② 纯合同单价。采用这种计价方式的合同时，发包方只向承包方给出发包工程的有关分部分项工程以及工程范围，不对工程量作任何规定。即在招标文件中仅给出工程内各个分部分项工程一览表、工程范围和必要的说明，而不必提供实物工程量。承包方在投标时只需要对这类给定范围的分部分项工程作出报价即可，合同实施过程中按实际完成的工程量进行结算。这种合同计价方式主要适用于没有施工图或工程量不明却急需开工的紧迫工程，如设计单位来不及提供正式施工图纸或虽有施工图但由于某些原因不能比较准确地计算工程量的情况。

2) 可调合同价

可调合同价是指合同总价或者单价，在合同实施期内根据合同约定的办法调整，即在合同的实施过程中可以按照约定，随资源价格等因素的变化而调整的价格。

(1) 可调合同总价。可调合同的总价一般也是以设计图纸及规定、规范为基础，在报价及签约时，按招标文件的要求和当时的物价来计算合同总价。在合同执行过程中，若由于通货膨胀而使所用的工料成本增加，则可对合同总价进行相应的调整。可调合同总价的合同总价保持不变，而在合同条款中增加调价条款，如果出现通货膨胀这一不可预见的费用因素，合同总价就可按约定的调价条款作相应调整。可调总价合同列出的有关调价的特定条款，往往是在合同专用条款中列明，这种合同与固定总价合同的不同之处在于它分摊了合同实施中出现的风险：由发包方承担通货膨胀的风险，承包方承担合同实施中实物工程量、成本和工期因素等其他风险。可调总价合同适用于工程内容和技术经济指标规定很明确的项目，或工期在 1 年以上的工程项目。

(2) 可调合同单价。合同单价的可调，一般是在工程招标文件中规定，在合同中签订的单价，根据合同约定的条款，如在工程实施过程中物价发生变化等，可作调整。有的工程在招标或签约时，因某些不确定因素而在合同中暂定某些分部分项工程的单价，在工程结算时，再根据实际情况和合同约定对合同单价进行调整，确定实际结算单价。

3）成本加酬金合同价

合同中确定的工程合同价，其工程成本中的直接费（一般包括人工、材料及机械设备费）按实支付，管理费及利润按事先协商好的某一种方式支付。这种合同形式主要适用于在工程内容及技术指标尚未全面确定，报价依据尚不充分的情况下，项目业主方又因工期要求紧迫而急于上马的工程、施工风险很大的工程，或者项目业主和承包商之间具有良好的合作经历和高度的信任，承包商在某方面具有独特的技术、特长和经验的工程。其缺点是发包单位对工程总造价不易控制，而承包商在施工中也不注意精打细算，因为是按照一定比例提取管理费及利润，往往成本越高，管理费及利润也越高。

11.5.4 不同计价模式对合同价和合同签订的影响

采用不同的计价模式会直接影响到合同价的形成方式，从而最终影响合同的签订和实施。与定额计价方法相比，工程量清单的计价方法能确定更为合理的合同价，并且便于合同的实施。

1）工程量清单计价使工程造价更接近工程实际价值

采用工程量清单计价时，确定合同价的两个重要因素——投标报价和招标控制价都以实物法编制，采用的消耗量、价格、费率都是市场波动值，因此使合同价能更好地反映工程的性质和特点，更接近市场价值。

2）工程量清单计价易于对工程造价进行动态控制

在定额计价模式下，无论合同采用固定价还是可调价格，无论工程量变化多大或施工工期多长，双方只要约定采用国家定额、国家造价管理部门调整的材料指导价和颁布的价格调整系数，便适用于合同内、外项目的结算。工程量清单报价是基于工程量清单上所列量值，招标人为避免由于对图纸理解不同而引起的问题，一般不要求报价人对工程量提出意见或作出判断。但是工程量变化会改变施工组织，改变施工现场情况，从而引起施工成本、利润率、管理费率变化，因此带来项目单价的变化。新的计价模式能实现真正意义上的工程造价动态控制。

3）合同风险承担主体的变化

在合同条款的约定上，应加强双方的风险和责任意识。在定额计价模式下，由于计价方法单一，承发包双方对有关风险和责任意识不强；工程量清单计价模式下，招投标双方对合同价的确定共同承担责任。招标人提供工程量，承担工程量变更或计算错误的责任，投标人只对自己所报的成本、单价负责。工程量结算时，根据实际完成的工程量，按约定的办法调整，双方对工程情况的理解以不同的方式体现在合同价中，招标方以工程量清单表现，投标方体现在报价中。

另外，一般工程项目造价已通过清单报价明确下来，在日后的施工过程中，施工企业为获取最大利益，会利用工程变更和索赔手段追求额外的利润。因此，双方对合同管理的意识会大大加强，合同条款的约定会更加周密。

工程量清单计价模式赋予造价控制工作新的内容和侧重点。工程量清单成为报价的统一基础,使获得竞争性投标报价得到有力保证,招标控制价的编制和公开使评定的中标价更为合理,合同条款更注重风险的合理分摊,更注重对造价的动态控制,更注重对价格调整及工程变更、索赔等方面的约定。

11.5.5 施工合同签订过程中的注意事项

1) 关于合同文件部分

招投标过程中形成的补遗、修改、书面答疑、各种协议等均应作为合同文件的组成部分。特别应注意作为付款和结算依据的工程量和价格清单,应根据评标阶段作出的修正稿重新整理、审定,并且应标明按完成的工程量测算付款和按总价付款的内容。

2) 关于合同条款的约定

在编制合同条款时,应注重有关风险和责任的约定,将项目管理的理念融入合同条款中,尽量将风险量化,明确责任,公正地维护双方的利益。需要重视以下几类条款:

(1) 程序性条款:目的在于规范工程价款结算依据的形成,预防不必要的纠纷。程序性条款贯穿于合同行为的始终,包括信息往来程序、计量程序、工程变更程序、索赔处理程序、价款支付程序、争议处理程序等。编写时注意明确具体步骤,约定时间期限。

(2) 有关工程计量的条款:注重计算方法的约定,应严格确定计量内容(一般按净值计量),加强隐蔽工程计量的约定。计量方法一般按工程部位和工程特性确定,以便于核定工程量及便于计算工程价款为原则。

(3) 有关工程计价的条款:应特别注意价格调整条款,如对未标明价格或无单独标价的工程,是采用重新报价方法,还是采用定额及取费方法,或者协商解决,在合同中应约定相应的计价方法。对于工程量变化的价格调整,应约定费用调整公式;对工程延期的价格调整、材料价格上涨等因素造成的价格调整,应在合同中约定是采用补偿方式还是变更合同价。

(4) 有关双方职责的条款:为进一步划清双方责任,量化风险,应对双方的职责进行恰当的描述。对那些未来很可能发生并影响工作、增加合同价款及延误工期的事件和情况加以明确,防止索赔、争议的发生。

(5) 工程变更的条款:适当规定工程变更和增减总量的限额及时间期限。如在 FIDIC 合同条款中规定,单位工程的增减量超过原工程量 15%应相应调整该项的综合单价。

(6) 索赔条款:明确索赔程序、索赔的支付、争端解决方式等。

3) 合同内容与招标文件、投标文件内容的一致性

招标人和中标人应当依照《招标投标法》等法规的规定签订书面合同,合同的标的、价款、质量、履行期限等主要条款应当与招标文件和中标人投标文件的内容一致。招标人和中标人不得再行订立背离合同实质性内容的其他协议。

【案例 11-1】 2003 年初,某设备物资有限公司对某地下停车库建设项目进行招标。计划建造 1 600 多个车位,投资总额达 1.2 亿元,其中设备费达 8 000 万元,被称为停车项目的三峡工程。此项目吸引了国内外众多停车设备制造企业的目光,国内排行前 10 名中的 5 家企业参与了竞标。在中国“非典”疫情最严重的时候,瑞士德莱亚公司董事长德莱亚先生 2 次亲临北京参与竞标。然而,令国内外停车业界大跌眼镜的是,6 月 24 日,历时 2 个月的招投标结果竞标落北京一家没有资质的企业(以下简称 A 公司)和一家德国公司(以下简称 B

公司）。

但是，A 公司在国内连经营机械式停车设备的经历都没有，更不用说制造、安装、维护和保养的能力，它仅仅是一个技术开发公司，至今也没有获得国家停车设备制造资质证书。

B 公司又是一个怎样的公司呢？记者在网上查到了几易其名的 B 公司近几年的情况：2000 年底，B 公司总裁向法院提出破产申请；2001 年初，德国一家地方法院正式宣布 B 公司解体；2001 年初，尚在申请破产过程中的 B 公司总裁又成立了一家停车技术公司，员工只有 3 个人，注册资金只有 25 000 欧元，固定资产为 0。

就是这样的两个公司，非常"巧合"地组成联合竞标单位一举中标。

在招投标过程中，参与竞标的国内外厂商都收到了一份北京某系统集成有限公司（以下简称 C 公司）的"委托代理合同"。合同上写明，C 公司要作为这些厂商的委托代理人参与停车库工程的投标。正是这家公司先以设计院的名义来到停车委员会，请求推荐停车设备生产厂商，随后又以用户的名义到国内的厂家和国外进行考察。如此大的项目当然令国内外厂商喜出望外，纷纷热情招待、尽抖家底。等到了招投标的最后阶段，C 公司又摇身一变，成了停车设备代理商。

从设计院到用户再到停车设备代理商，不停地变换自己身份的 C 公司，在整个招投标过程中到底扮演了什么角色？它与中标的两个公司又有什么关系呢？事实是 C 公司与 A 公司互有股份。

就在正式开标之前，A 公司将另一家公司投标资料的光盘以某种理由要走，炮制了一份与别人几近相同的标书。

在评标过程中，由于没有任何熟悉机械式停车设备的专家，此次招投标对停车技术方案、设备技术性能、企业制造能力的评价等方面均缺乏考虑。

得知这一情况以后，2003 年 6 月，北京市建委招投标办公室立即召集参与竞标的 6 家公司和招标方开会研究，要求重新进行评标，并且通知停车协会，要求提供专家名单。但是，时隔一天，招标方就突然宣布中标单位已经评出。而此时的停车协会尚在召集行业内的专家。

虽然此次招投标过程已然尘埃落定，但人们的担心却是：这个工程会不会演变成"豆腐渣工程"？中标单位竞标的技术方案存在不少问题，比如，在住宅用户使用的条件下，一个 260 个车位的车库中只设有 2 台升降机、2 个出口，这会严重影响车辆的存取速度，尤其是在上下班高峰期间，甚至可能发生车辆严重阻塞而无法存取的情况。北京某小区就是因为这个问题造成车库闲置不用，甚至成为废库。投资巨大的车库卖出以后，如果变成废库，损失的不仅仅是广大的业主，还有国家的利益。

试回答如下问题：

（1）《招标投标法》对 2 个以上法人或者其他组织组成一个联合体，以一个投标人的身份共同投标有何规定。

（2）《招标投标法》对评标委员会的组成有何规定？

（3）本案例中，有哪些违反现行法律法规之处？

【案例解析】

（1）《招标投标法》第三十一条规定："2 个以上法人或者其他组织可以组成一个联合体，以一个投标人的身份共同投标。""联合体各方均应当具备承担招标项目的相应能力；国家有关规定或者招标文件对投标人资格条件有规定的,联合体各方均应当具备规定的相应资格条件。由同一专业的单位组成的联合体,按照资质等级较低的单位确定资质等级。"本案中,A公司根本不具备承担招标项目的能力;而B公司为达到中标目的,与A公司合作组成联合体,其联合体并没有招标人要求的资质。

(2)《招标投标法》第三十七条规定:"评标由招标人依法组建的评标委员会负责。依法必须进行招标的项目,其评标委员会由招标人的代表和有关技术、经济等方面的专家组成,成员人数为5人以上单数,其中技术、经济等方面的专家不得少于成员总数的2/3。"而此次招标过程中,先后进行过2次评标,但是评标委员会的组成人员均不是机械式停车行业的专家,评标结果的权威性、可信度均值得怀疑。

(3)除上述两条外,《招标投标法》第三十二条规定:"投标人不得相互串通投标报价,不得排挤其他投标人的公平竞争,不得损害招标人或者其他投标人的合法权益。""投标人不得与招标人串通投标,损害国家利益、社会公共利益或者他人的合法权益。"A公司借用其他公司的投标资料光盘,有串通投标之嫌。

习题

一、单项选择题

1. 一般认为,投标是一种(   )。

A. 履约 B. 要约 C. 要约邀请 D. 竞拍行为

2. 在设备购置评标中,采用技术规格简单的初级商品,由于其性能质量相同,可把价格作为唯一尺度,将合同授予(   )的投标者。

A. 报价适中 B. 报价合理 C. 报价最低 D. 报价最高

3. 下列建设工程施工合同文件出现矛盾时,应优先考虑执行的是(   )。

A. 工程量清单 B. 工程预算书 C. 工程变更协议书 D. 施工图纸

4. 在投标报价程序中,在调查研究、收集信息资料后,应当(   )。

A. 对是否参加投标作出决定 B. 确定投标方案

C. 办理资格审查 D. 进行投标计价

5. 下列说法不正确的是(   )。

A.《招标投标法》规定招标方式分为公开招标和邀请招标两类

B. 只有不属于法规规定必须招标的项目才可以采用直接委托方式

C. 建设行政主管部门派人参加开标、评标、定标的活动,监督招标按法定程序选择中标人;所派人员可作为评标委员会的成员,但不得以任何形式影响或干涉招标人依法选择中标人的活动

D. 公开招标中,评标的工作量较大,所需招标时间长,费用高

6. 下列关于投标报价策略论述正确的是(   )。

A. 工期要求紧但支付条件理想的工程应较大幅度地提高报价

B. 施工条件好且工程量大的工程可适当提高报价

C. 一个建设项目总报价确定后,内部调整时,地基基础部分可适当提高报价

D. 当招标文件部分条款不公正时,可采用增加建议方案法报价

7. 根据《招标投标法》的有关规定,下列项目不属于必须招标范围的是(   )。

A. 某高速公路工程

B. 国家博物馆的修葺工程

C. 2008 年奥运会的游泳馆建设项目

D. 王某给自己盖的别墅

8. 根据《招标投标法》,以下项目中可以不进行招标的是(　　)。

A. 个人投资建设的所有工程

B. 国外资金占工程投资总额超过一半的项目

C. 施工企业自建自用的工程,且该施工企业资质等级符合工程要求的

D. 部分由国家投资建设的项目

9. 根据《工程建设项目招标范围和规模标准规定》的规定,属于工程建设项目招标范围的工程建设项目,施工单项合同估算价在(　　)人民币以上的,必须进行招标。

A. 50 万元　　B. 100 万元　　C. 150 万元　　D. 200 万元

10. 根据《工程建设项目招标范围和规模标准规定》的规定,属于工程建设项目招标范围的工程建设项目,重要设备、材料等货物的采购,单项合同估算价在(　　)人民币以上的,必须进行招标。

A. 50 万元　　B. 100 万元　　C. 150 万元　　D. 200 万元

二、论述题

1. 什么是公开招标、邀请招标?试对公开招标与邀请招标进行分析比较。

2. 投标报价有哪些常见技巧和策略?

三、计算题

某工程 A、B、C、D、E 投标报价分别为 1 582.63 万元、1 695.01 万元、1 665.13 万元、1 597.78万元、1 510.81 万元,去掉最高价和最低价算术平均数的 98%为基准价,高于或低于基准价 1%扣 0.5 分,基准价为满分 70 分。试求基准价和各投标单位商务标得分。

12 工程价款结算

教学目标

主要讲述工程结算的基本理论和方法。通过本章学习,应达到以下目标:

(1) 掌握工程预付款的计算、工程进度款的结算、工程变更和索赔费用的计算。

(2) 熟悉工程结算、工程变更和索赔的程序。

12.1 概述

建筑工程结算是由施工企业进行编制的确定工程实际造价的技术经济文件;竣工决算是工程竣工之后,由建设单位编制用来综合反映竣工建设项目或单项工程的建设成果和财务情况的总结性文件。在履行施工合同过程中,工程价款结算分为预付款结算、进度款结算和竣工价款结算三个阶段。

承包人在施工过程中消耗的生产资料及支付给工人的报酬,必须通过预付款和进度款的形式,定期或分期向发包人结算得到补偿。长期以来,我国施工单位没有足够的流动资金,施工所需周转资金要通过向发包人收取预付款和结算进度款予以补充和补偿。

12.1.1 工程结算的概念

1) 概念

工程价款结算,是指施工单位将已完成的部分工程,经有关单位验收后,按照国家规定向建设单位办理工程价款清算的一项日常性工作。其中包括预收工程备料款、中间结算和竣工结算,在实际工作中称为工程结算。其目的是用以补偿施工过程中的资金和物资的耗用,保证工程施工的顺利进行。

由于建筑工程施工周期长,如果待工程竣工后再结算价款,显然会使施工单位的资金发生困难。施工单位在工程施工过程中消耗的生产资料和支付的工人工资所需要的周转资金,必须要通过向建设单位预收备料款和结算工程款的形式,定期予以补充和补偿。

2) 工程价款结算的依据

工程竣工后进行工程价款结算时,主要的依据有:①工程竣工报告和工程竣工验收单;②建设工程施工合同;③施工图预算、施工图纸、设计变更、施工变更和索赔资料;④现行建筑安装工程预算定额或计价表、预算价格、费用定额、其他取费标准及调价规定;⑤有关施工技术资料等。

12.1.2 工程价款结算的方式

按照财政部、建设部印发的《建设工程价款结算暂行办法》(财建〔2004〕369 号)的规定，工程价款结算与支付的方式有以下两种：

1) 分段结算与支付

分段结算是按照工程形象进度，划分不同阶段进行结算。分段结算可以按月预支工程款。为了简化手续，可将房屋建筑物划分几个形象部位，例如划分为±0.00 以下基础结构工程、±0.00 以上主体结构工程、装修工程、室外工程及收尾等形象部位，确定各部位完成后支付施工合同价一定百分比的工程款。这样的结算不受月度限制，各形象部位达到完工标准就可以进行该部位的工程结算，中小型工程常采用这种办法。可参照的结算比例为：工程开工后，按合同价款拨付 10%～20%；±0.00 以下基础结构工程完成，经验收合格后，拨付 20%；工程主体完成，经验收合格后，拨付 35%～55%；工程竣工验收合格后，拨付5%～10%。

总价合同通常按形象进度付款。总价合同结算管理的重点：一要注意工程变更；二要注意付款条件。

2) 按月结算与支付

按月结算是实行每月结算一次工程款、竣工后清算的办法。即根据工程形象进度，按照已完分部分项工程的工程量，按月结算(或预支)工程价款，合同工期在两个年度以上的工程，在年终进行工程盘点，办理年度结算。

单价合同通常按月付款，其结算管理的重点是计量支付。

实行按月结算的优点是：

(1) 能准确地计算已完分部分项工程量，加强施工过程的质量管理，“干多少活，给多少钱”。

(2) 有利于发包人对已完工程进行验收和承包人考核月度成本情况。

(3) 承包人的工程价款收入符合其完工进度，使生产耗费得到及时合理的补偿，有利于承包人的资金周转。

(4) 有利于发包人对建设资金实行控制，根据进度控制分期付款。施工过程中如发生设计变更，承包人须根据施工合同规定，及时提出变更工程价款要求，办理有关手续，并在当月工程进度款中同期结算。

通常，发包人只办理承包人(总包人)的付款事项。分包人的工程款由分包人根据总分包合同规定向承包人(总包人)提出分包付款数额，由承包人(总包人)审查后列入“工程价款结算账单”统一向发包人办理收款手续，然后结转给分包人。分包工程属于专业安装工程和其他特殊工程，经承包人(总包人)的书面委托、发包人同意，分包人亦可直接与发包人办理有关结算。

12.2 工程预付款结算

12.2.1 工程预付款的概念

1) 概念

施工企业承包工程，一般都实行包工包料，需要有一定数量的备料周转金。我国目前是由建设单位在开工前拨给施工企业一定数额的预付款(预付备料款),构成施工企业为该承包工程项目储备和准备主要材料、结构件所需要的流动资金。

按照我国有关规定,实行工程预付款的,双方应当在专用条款内约定发包方向承包方预付工程款的时间和数额,开工后按约定的时间和比例逐次扣回。《建设工程工程量清单计价规范》(GB 50500—2013)中第 10.1.2 条和第 10.1.3 条规定:承包人应在签订合同或发包人提供与预付款等额的预付款保函(如有)后,向发包人提交预付款支付申请,发包人应在收到支付申请的 7 天内进行核实后向承包人发出预付款支付证书,并在签发支付证书的 7 天后向承包人支付预付款。发包人没有按时支付预付款的,承包人可催告发包人支付;发包人在付款期满后的 7 天内仍未支付的,承包人可在付款期满后的第 8 天起暂停施工。发包人应承担由此增加的费用和(或)延误的工期,并向承包人支付合理利润。预付款的支付比例不宜高于合同价款的 30%。承包人对预付款必须专用于合同工程。计价执行《建设工程工程量清单计价规范》(GB 50500—2013)的工程,实体性消耗和非实体性消耗总值应在合同中分别约定预付款比例。

工程预付款仅用于承包方支付施工开始时与本工程有关的动员费用。如承包方滥用此款,发包方有权立即收回。

2) 预付备料款的拨付

预付备料款在施工合同签订后拨付。拨付备料款的安排要适应工程承包的方式,并在施工合同中明确约定。一般按以下三种方式处理:

(1) 包工包全部材料工程。当预付备料款数额确定后,由建设单位通过其开户银行,将备料款一次性或按施工合同规定分次付给施工单位。

(2) 包工包地方材料工程。当供应材料范围和数额确定后,建设单位应及时向施工单位结算。

(3) 包工不包料工程。建设单位不需要向施工单位预付备料款。

12.2.2 工程预付款的支付与扣还

1) 工程合同价款的约定

(1) 工程合同价款约定的要求。实行招投标的工程合同价款应在中标通知书发出之日起 30 天内,由发、承包双方依据招标文件和中标人的投标文件在书面合同中约定。不实行招投标的工程合同价款,在发、承包双方认可的工程价款基础上,由发、承包双方在合同中约定。

实行招标的工程,合同约定不得违背招、投标文件中关于工期、造价、质量等方面的实质性内容。招标文件与中标人投标文件不一致的地方,以投标文件为准。采用工程量清单计价的工程宜采用单价合同。

(2) 工程合同价款约定的内容。发、承包双方应在合同条款中对下列事项进行约定,合同中没有约定或约定不明的,由双方协商确定;协商不能达成一致的,按清单计价规范执行。

① 预付工程款的数额、支付时限及抵扣方式。

② 工程进度款的支付方式、数额及时限。

③ 工程施工中发生变更时.工程价款的调整方法、索赔方式、时限要求及金额支付

方式。

④ 发生工程价款纠纷的解决方法。

⑤ 约定承担风险的范围及幅度以及超过约定范围和幅度的调整办法。

⑥ 工程竣工价款的结算与支付方式、数额及时限。

⑦ 工程质量保证(保修)金的数额、预扣方式及时限。

⑧ 安全措施和意外伤害保险费用。

⑨ 工期及工期提前或延后的奖惩办法。

⑩ 与履行合同、支付价款相关的担保事项。

2) 工程计量与价款支付

施工企业承包工程,一般都实行包工包料,这就需要有一定数量的备料周转金。在工程承包合同条款中,一般要明文规定发包人在开工前拨付给承包人一定限额的工程预付款。预付款是发包人为解决承包人在施工准备阶段资金周转问题提供的协助。此预付款构成施工企业为该承包工程项目储备主要材料、结构件所需的流动资金。

支付预付款是公平合理的,因为承包人早期使用的金额相当大。预付款相当于发包人给承包人的无息贷款。

工程预付款亦是国际工程承发包的一种通行做法。国际上的工程预付款不仅有材料、设备预付款,还有为施工人员组织、完成临时设施工程等准备工作之用的动员预付款。根据国际土木工程施工合同规定,预付款一般为合同总价的 10%~15%。世界银行贷款的工程项目预付款较高,但不会超过 20%。近几年来,国际上减少工程预付款额度的做法有扩展的趋势,一些国家纷纷压低预付款的额度。但无论如何,工程预付款仍是支付工程价款的前提。

预付款的有关事项,如数量、支付时间和方式、支付条件、偿(扣)还方式等,应在施工合同中明确规定。《建筑工程施工发包与承包计价管理办法》规定:建筑工程的发、承包双方应当根据建设行政主管部门的规定,结合工程款、建设工期和包工包料情况在合同中约定预付工程款的具体事宜。凡是没有签订施工合同和不具备施工条件的工程,发包人不得预付备料款,不准以备料款为名转移资金;承包人收取备料款后 2 个月仍不开工或发包人无故不按施工合同规定付给备料款的,可以根据施工合同的约定分别要求收回或付出备料款。

按施工合同规定由发包人供应材料的,按招标文件提供的"发包人供应材料价格表"所示的暂定价或定额取定材料预算价或材料指导价,由发包人将材料转给承包人。材料价款在结算工程款时陆续抵扣。这部分材料,承包人不应收取备料款。

预付备料款的计算公式为:

$$\text{预付备料款} = \text{施工合同价或年度建安工作量} \times \text{预付备料款额度}(\%) \qquad (12\text{-}1)$$

预付备料款的额度,执行地方规定或由合同双方商定。原则是要保证施工所需材料和构件的正常储备。数额太少,备料不足,可能造成施工生产停工待料;数额太多,影响投资的有效使用。施工招标时在合同条件中应约定工程预付款的百分比。

备料款的数额可以根据施工工期、建安工作量、主要材料和构件费用占建安工作量的比例以及材料储备周期等因素经测算确定。对于施工企业常年应备的备料款数额,可按下式计算:

$$预付备料款数额=\frac{全年建安工作量\times主材比重}{年度施工日历天数}\times材料储备天数 \quad (12-2)$$

$$预付备料款额度=\frac{预付备料款数额}{年度建安工作量}\times 100\% \quad (12-3)$$

式中：年度施工天数按 365 天日历天计算，材料储备天数由当地材料供应的在途天数、加工天数、整理天数、供应间隔天数、保险天数等因素决定。

3）工程预付款的扣还

（1）预付备料款的扣回办法。建设单位拨付给施工单位的备料款，属于预付性质款项。因此，随着施工工程进展情况，应以抵充工程价款的方式陆续扣回。预付备料款扣回常有以下三种办法：

① 采用固定的比例（分次）扣回备料款。如有的地区规定，当工程施工进度达 60%以后即开始抵扣备料款。扣回的比例是按每次完成 10%进度后即扣预付备料款总额的 25%。

② 采用工程竣工前一次抵扣备料款。工程施工前一次性拨付备料款，而在施工过程中不分次抵扣。当已付工程进度款与预付备料款之和达到施工合同总价的 95%时便停付工程进度款，待工程竣工验收后一并结算。

③ 可以从未施工工程所需的主要材料及构件的价值相当于工程预付款数额时起扣，从每次结算工程价款中，按材料比重扣抵工程价款，竣工前全部扣清。

（2）备料款的起扣点和扣还数额的确定

① 工程备料款起扣点的方式

工程备料款开始扣还时的工程进度状态称为工程备料款的起扣点。确定备料款起扣点的原则是：未完施工工程所需主要材料和构件的费用=工程备料款数额。

工程备料款起扣点有以下两种方式：

A. 累计工作量起扣点法——是用累计完成建筑安装工作量的数额表示的方式。

B. 工作量百分比起扣点法——是用累计完成建筑安装工作量与年度建筑安装工作量百分比表示的方式。

② 工程备料款扣还时起扣点的确定

A. 累计工作量起扣点法——当累计完成建安工作量达起扣点数额时就可开始扣还备料款。其计算公式为：

$$Q=P-M/N \quad (12-4)$$

式中：Q——起扣点，即备料款开始扣回时的累计完成工作量金额；

M——预付工程备料款数额；

P——年度建筑安装工作量；

N——主要材料比例。

B. 工作量百分比起扣点法——当累计完成建安工作量占年度建安工作量的百分比达起扣点的百分比时，就可扣还备料款。其计算公式为：

$$d=Q/P=1-M/(P\times N) \quad (12-5)$$

式中：d——工作量百分比起扣点。

其他符号含义同前。

C. 预付备料款扣还数额计算

a. 分次扣还备料款法。

第一次扣还备料款数额计算公式为：

$$A_1 = (F—Q) \times N \tag{12-6}$$

第二次及其以后各次扣还备料款数额计算公式为：

$$A_i = F_i \times N \tag{12-7}$$

b. 一次扣还备料款法。当未完建安工作量等于预付备料款时，用其全部未完工程价款一次抵扣工程备料款，施工企业停止向建设单位收取工程价款。采用该法需计算出停止收取工程价款的起点，其计算公式为：

$$K = P(1 - 5\%) - M \tag{12-8}$$

式中：A_1——第一次扣还工程备料款数额；

A_i——第 i 次扣还工程备料款数额；

F——累计完成建筑安装工作量；

F_i——第 i 次扣还工程备料款时，当次结算完成的建筑安装工作量；

K——停止收取工程价款的起点；

5%——扣留工程价款比例，一般取 5%～10%，其目的是为了加快收尾工程的进度，扣留的工程价款在竣工结算时结清。

其他符号含义同前。

4）应用案例

【例 12-1】 某工程计划完成年度建筑安装工作量为 750 万元，按本地区规定工程备料款额度为 25%，材料比例为 50%，试计算累计工作量起扣点。

【解】 工程备料款数额为：750 × 25% = 187.5 万元

累计工作量表示的起扣点为：750 − 187.5/50% = 375 万元

【例 12-2】 某建设项目计划完成年度建筑安装工作量为 850 万元，工程备料款为 212.5 万元，材料比例为 50%，工程备料款起扣点为累计完成建筑安装工作量 425 万元，7 月份累计完成建筑安装工作量 510 万元，当月完成建筑安装工作量 112 万元，8 月份当月完成建筑安装工作量 108 万元。试计算 7 月份和 8 月份月终结算时应抵扣工程备料款数额。

【解】 7 月份应抵扣工程备料款数额为：(510 − 425) × 50% = 42.5 万元

8 月份应抵扣工程备料款数额为：108 × 50% = 54 万元

12.2.3 FIDIC 合同条件下工程费用的支付

1）工程支付的范围和条件

(1) 工程支付的范围

FIDIC 合同条件所规定的工程支付的范围主要包括两部分：一部分费用是工程量清单中的费用，这部分费用是承包人在投标时，根据合同条件的有关规定提出的报价，并经项目业主认可的费用；另一部分费用是工程量清单以外的费用，这部分费用虽然在工程量清单中没有规定，但是在合同条件中却有明确的规定，因此它也是工程支付的一部分。

(2) 工程支付的条件

① 质量合格是工程支付的必要条件。支付以工程计量为基础，计量必须以质量合格为前提。所以，并不是对承包人已完成的工程全部支付，而只支付其中质量合格的部分，对于工程质量不合格的部分一律不予支付。

② 符合合同条件。一切支付均需要符合合同约定的要求。例如，工程预付款的支付款额要符合标书附录中规定的数量，支付的条件应符合合同条件的规定，即承包人提供履约保函和动员预付款保函之后才予以支付动员预付款。

③ 变更项目必须有工程师的变更通知。没有工程师的指示承包人不得作任何变更。如果承包人没有收到指示就进行变更的话，他无理由就此类变更的费用要求补偿。

④ 支付金额必须大于期中支付证书规定的最小限额。合同条件约定，如果在扣除保留金和其他金额之后的净额少于标书附录中规定的期中支付证书的最小限额时，工程师没有义务开具任何支付证书。不予支付的金额将按月结转，直到达到或超过最低限额时才予以支付。

⑤ 承包人的工作使工程师满意。为了确保工程师在工程管理中的核心地位，并通过经济手段约束承包人履行合同中规定的各项责任和义务，合同条件充分赋予了工程师有关支付方面的权力。对于承包人申请支付的项目，即使达到以上所述的支付条件，但承包人其他方面的工作未能使工程师满意，工程师可以通过任何期中支付证书对其所签发过的任何原有的证书进行任意修正或更改，也有权在任何期中支付证书中删去或减少该工作的价值。

2) 工程支付的项目

(1) 工程量清单项目

工程量清单项目分为一般项目、暂列金额和计日工作 3 种。

① 一般项目。一般项目是指工程量清单中除暂列金额和计日工作以外的全部项目。这类项目的支付是以经过工程师计量的工程数量为依据，乘以工程量清单中的单价，其单价一般是不变的。这类项目的支付占了工程费用的绝大部分，工程师应给予足够的重视。但这类支付的程序比较简单，一般通过签发期中支付证书支付进度款。

② 暂列金额。暂列金额是指包括在合同中，供给工程任何部分的施工，或提供给货物、材料、设备或服务，或提供给不可预料事件之费用的一项金额。这项金额按照工程师的指示可能全部或部分使用，或根本不予动用。没有工程师的指示，承包人不能进行暂列金额项目的任何工作。承包人按照工程师的指示完成的暂列金额项目的费用若能按工程量表中开列的费率和价格估价则按此估价，否则承包人应向工程师出示与暂列金额开支有关的所有报价单、发票、凭证、账单或收据。工程师根据上述资料，按照合同的约定，确定支付金额。

③ 计日工作。计日工作是指承包人在工程量清单的附件中，按工种或设备填报单价的计日工作劳务费和机械台班费。一般用于工程量清单中没有合适项目，且不能安排大批量的流水施工的零星附加工作。只有当工程师根据施工进展的实际情况，指示承包人实施以计日工作计价的工作时，承包人才有权获得用计日工作计价的付款。使用计日工作费用的计算一般采用下述方法：

A. 按合同中包括的计日工作计划表中所定的项目和承包人在其投标书中所确定的费率和价格计算。

B. 对于清单中没有定价的项目，应按实际发生的费用加上合同中规定的费率计算有关费用。承包人应向工程师提供可能需要的能够证实所付款额的收据或其他凭证，并且在订购材料之前，向工程师提交订货报价单供其审批。

对这类按计日工作制实施的工程，承包人应在该工程持续进行过程中，每天向工程师提交从事该工作的承包人员的姓名、职业和工时的确切清单，一式两份，以及表明所有该项工程所用的承包人设备和临时工程的标识、型号、使用时间及所用的生产设备和材料的数量、型号。

由于承包人在投标时计日工作的报价并不影响其评标总价，因此一般计日工作的报价较高。在工程施工过程中，工程师应尽量少用或不用计日工作这种形式。大部分采用计日工作形式实施的工程，也可以采用工程变更的形式。

(2) 工程量清单以外项目

① 动员预付款。当承包人按照合同约定提交一份保函后，项目业主应支付一笔预付款，作为用于动员的无息贷款。预付款总额、分期预付的次数和时间安排(如果次数多于一次)及使用的货币和比例，应按投标书附录中的规定。

在还清预付款前，承包人应确保此保函一直有效并可执行，但其总额可根据付款证书列明的承包人付还的金额逐渐减少。如果保函条款中规定了期满日期，而在期满日期前 28 天预付款未还清时，承包人应将保函有效期延至预付款还清为止。

预付款应通过付款证书中按百分比扣减的方式付还。除非投标书附录中规定其他百分比。扣减应从确认的期中付款(不包括预付款、扣减款和保留金的付还)累计额超过中标合同金额减去暂列金额后余额的 10%时的付款证书开始；扣减应按每次付款证书中金额(不包括预付款、扣减额和保留金的付还)的 25%的摊还比率，并按预付款的货币和比例计算，直到预付款还清为止。

如果在颁发工程接收证书前，或按照由项目业主终止、由承包人暂停和终止、由不可抗力的规定终止前，预付款尚未还清，则全部余额应立即成为承包人对项目业主的到期付款。

② 材料、设备预付款。材料、设备预付款一般是指运至工地尚未用于工程的材料、设备预付款，对承包人买进并运至工地的材料、设备，项目业主应支付无息预付款，预付款按材料设备的某一比例(通常为发票价的 80%)支付。在支付材料、设备预付款时，承包人需提交材料、设备供应合同或订货合同的影印件，要注明所供应材料的性质和金额等主要情况；材料已运到工地并经工程师认可其质量和储存方式。

材料、设备预付款按合同中的规定从承包人应得的工程款中分批扣除。扣除次数和各次扣除金额随工程性质不同而异，一般要求最迟在合同规定的完工日期前 3 个月扣清，最好是材料设备恰好用完，该材料设备的预付款即扣还完毕。

③ 保留金。保留金是为了确保在施工阶段或在缺陷责任期间，由于承包人未能履行合同义务，由项目业主(或工程师)指定他人完成应由承包人承担的工作所发生的费用。保留金的限额一般为合同总价的 5%，从第一次付款证书开始，按投标函附录中标明的保留金百分比乘以当月末已实施的工程价值，加上工程变更、法律改变和成本改变应增加的任何款额，直到累计扣留达到保留金的限额为止。

FIDIC 合同条件(1999 年第 1 版)第 14.9 条规定，当已颁发工程接收证书时，工程师应确认将保留金的前一半支付给承包人。如果某分项工程或部分工程颁发了接收证书，保留金应按一定比例予以确认和支付。此比例应是该分项工程或部分工程估算的合同价值除以估算的最终合同价格所得比例的40%。

在各缺陷通知期限的最后一个期满日期后，工程师应立即对付给承包人保留金未付的余额加以确认。如果对某分项工程颁发了接收证书，保留金后一半在该分项工程的缺陷通知期限届满的当日应立即予以确认和支付。此比例应是该分项工程的估算合同价值除以估算的最终合同价格所得比例的40%。但如果在此时尚有工作要做，工程师应有权在这些工作完成前，暂不颁发这些工作估算费用的证书。在计算上述各百分比时，无需考虑法规改变和成本改变所进行的任何调整。

④ 工程变更的费用。工程变更也是工程支付中的一个重要项目。工程变更费用的支付依据是工程变更令和工程师对变更项目所确定的变更费用，支付时间和支付方式也是列入期中支付证书予以支付。

⑤ 索赔费用。索赔费用的支付依据是工程师批准的索赔审批书及其计算而得的款额；支付时间则随工程月进度款一并支付。

⑥ 价格调整费用。价格调整费用是按照合同条件规定的计算方法调整的款额，其中包括因法律改变和成本改变的调整。

⑦ 迟付款利息。如果承包人没有在按照合同规定的时间收到付款，承包人应有权就未付款额按月计算复利，收取延误期的融资费用。该延误期应认为从按照合同规定的支付日期算起，而不考虑颁发任何期中付款证书的日期。除非专用条件中另有规定，上述融资费用应以高出支付货币所在国中央银行的贴现率加3个百分点的年利率进行计算，并应该用同种货币支付。承包人应有权得到上述付款，不需要正式通知或证明，且不损害其任何其他权利或补偿。

⑧ 项目业主索赔。项目业主索赔主要包括拖延工期的误期损害赔偿费和缺陷工程损失等。这类费用可从承包人的保留金中扣除，也可从支付给承包人的款项中扣除。

3）工程费用支付的程序

(1) 承包人提出付款申请。工程费用支付的一般程序是首先由承包人提出付款申请，填报一系列工程师指定格式的月报表，说明承包人认为这个月其应得的有关款项。

(2) 工程师审核，编制期中付款证书。工程师在28天内对承包人提交的付款申请进行全面审核，修正或删除不合理的部分，计算付款净金额。计算付款净金额时，应扣除该月应扣除的保留金、动员预付款、材料设备预付款、违约金等。若净金额小于合同规定的期中支付的最小限额时，工程师则不需要开具任何付款证书。

(3) 项目业主支付。项目业主收到工程师签发的付款证书后，按合同规定的时间付款给承包人。

12.3 工程进度款结算

施工企业在施工过程中，按逐月(或形象进度)完成的工程数量计算各项费用，向发包人办理工程进度款的支付(即中间结算)。

12.3.1 工程计量

1）工程计量的作用

(1)工程计量是控制工程造价的关键环节。工程计量是指根据设计文件及承包合同中关于工程量计算的规定,工程师对承包人申报的已完成工程的工程量进行的核验。通常,工程量表中的工程量是在编制招标文件时,在图纸和规范的基础上计算的工作量,在施工中工程量往往会发生改变,所以招标时计算的工程量一般不直接作为结算工程价款的依据。只有工程师计量所确定的数量,才能作为向承包人支付工程价款的凭证。

(2) 工程计量是约束承包人履行合同义务的手段。工程计量不仅是控制项目投资费用支出的关键环节,同时也是约束承包人履行合同义务、强化承包人合同意识的手段。FIDIC合同条件规定,项目业主对承包人的付款,是以工程师批准的付款证书为凭据的,工程师对计量支付有充分的批准权和否决权。对于不合格的工作和工程,工程师可以拒绝计量。同时,工程师通过按时计量,可以及时掌握承包人工作的进展情况和工程进度。当工程师发现工程进度严重偏离计划目标时,可要求承包人及时分析原因、采取措施、加快进度。因此,在施工过程中,项目管理机构可以通过计量支付手段控制工程按合同进行。

2）工程计量的程序

(1) 我国《建设工程施工合同(示范文本)》约定的工程计量程序。《建设工程施工合同(示范文本)》规定,工程计量的一般程序是:承包人应按专用条款约定的时间,向工程师提交已完工程量的报告,工程师接到报告后 7 天内按设计图纸核实已完工程量,并在计量前 24 小时通知承包人,承包人为计量提供便利条件并派人参加。承包人收到通知后不参加计量,计量结果有效,作为工程价款支付的依据。工程师收到承包人报告后 7 天内未进行计量,从第 8 天起,承包人报告中开列的工程量即视为已被确认,作为工程价款支付的依据。工程师不按约定时间通知承包人,使承包人不能参加计量,计量结果无效。对承包人超出设计图纸范围和因承包人原因造成返工的工程量,工程师不予计量。

(2) FIDIC 合同条件约定的工程计量程序。按照 FIDIC 施工合同约定,当工程师要求测量工程的任何部分时,应向承包人代表发出计量合作通知,承包人代表应及时亲自或另派合格代表,协助工程师进行测量,并提供工程师要求的任何具体材料。如果承包人未能到场或派代表到场,工程师(或其代表)所作测量应作为准确测量,予以认可。

除合同另有规定外,凡需根据记录进行测量的任何永久工程,此类记录应由工程师准备。承包人应根据业主或工程师的要求,到场与工程师对记录进行检查和协商,达成一致后应在记录上签字。如果承包人未到场,应认为该记录准确,予以认可。如果承包人检查后不同意该记录,应向工程师发出通知,说明认为该记录不准确的部分。工程师收到通知后,应审查该记录,进行确认或更改。如果承包人在被要求检查记录 14 天内没有发出此类通知,该记录应作为准确记录,予以认可。

3）工程计量的依据

(1) 质量合格证书。对于承包人已完成的工程,并不是全部进行计量,而只是质量达到合同标准的已完成的工程才予以计量。所以工程计量必须与质量管理紧密配合,经过专业工程师检验,工程质量达到合同规定的标准后,由专业工程师签署报验申请表(质量合格证书），只有质量合格的工程才予以计量。所以说质量管理是计量管理的基础，计量又是质量管理的保障，通过计量支付，强化承包人的质量意识。

（2）工程量清单计价规范和技术规范。工程量清单计价规范和技术规范是确定计量方法的依据，因为工程量清单计价规范和技术规范的“计量支付”条款规定了清单中每一项工程的计量方法，同时还规定了按规定的计量方法确定的单价所包括的工作内容和范围。

（3）设计图纸。单价合同以实际完成的工程量进行结算，凡是被工程师计量的工程数量并不一定是承包人实际施工的数量。计量的几何尺寸要以设计图纸为依据，工程师对承包人超出设计图纸要求增加的工程量和自身原因造成返工的工程量不予计量。

12.3.2 工程进度款计量

1）已完工程量的计量

根据工程量清单计价规范形成的合同价中包含综合单价和总价包干两种不同形式，应采取不同的计量方法。除专用合同条款另有约定外，综合单价子目已完成工程量按月计算，总价包干子目的计量周期按批准的支付分解报告确定。

（1）综合单价子目的计量。已标价工程量清单中的单价子目工程量为估算工程量。若发现工程量清单中出现漏项、工程量计算偏差，以及工程量变更引起的工程量增减，应在工程进度款支付即中间结算时调整，结算工程量是承包人在履行合同义务过程中实际完成，并按合同约定的计量方法进行计量的工程量。

（2）总价包干子目的计量。总价包干子目的计量和支付应以总价为基础，不因物价波动引起的价格调整的因素而进行调整。承包人实际完成的工程量，是进行工程目标管理和控制进度支付的依据。承包人在合同约定的每个计量周期内，对已完成的工程进行计量，并提交专用条款约定的合同总价支付分解表所表示的阶段性或分项计量的支持性资料，以及所达到工程形象目标或分阶段需完成的工程量和有关计量资料。总价包干子目的支付分解表形成一般有以下 3 种方式：

① 对于工期较短的项目，将总价包干子目的价格按合同约定的计量周期平均。

② 对于合同价值不大的项目，按照总价包干子目的价格占签约合同价的百分比，以及各个支付周期内所完成的总价值，以固定百分比方式均摊支付。

③ 根据有合同约束力的进度计划、预先确定的里程碑形象进度节点（或者支付周期）、组成总价子目的价格要素的性质（与时间、方法和（或）当期完成合同价值等的关联性），将组成总价包干子目的价格分解到各个形象进度节点（或者支付周期中），汇总形成支付分解表。实际支付时，经检查核实其实际形象进度，达到支付分解表的要求后，即可支付经批准的每阶段总价包干子目的支付金额。

2）已完工程量复核

承包人应按照合同约定，向发包人递交已完工程量报告。发包人应在接到报告后按合同约定进行核对。

当发、承包双方在合同中未对工程量的计量时间、程序、方法和要求作约定时，按以下规定办理：

（1）承包人应在每个月末或合同约定的工程段完成后向发包人递交上月或上一工程段

已完工程量报告。

(2) 发包人应在接到报告后7天内按施工图纸(含设计变更)核对已完工程量,并应在计量前24小时通知承包人,承包人应提供条件并按时参加。

(3) 计量结果:①如发、承包双方均同意计量结果,则双方应签字确认。②如承包人收到通知后不参加计量核对,则由发包人核实的计量应认为是对工程量的正确计量。③如发包人未在规定的核对时间内进行计量核对,承包人提交的工程计量视为发包人已经认可。④如发包人未在规定的核对时间内通知承包人,致使承包人未能参加计量核对的,则由发包人所作的计量核实结果无效。⑤对于承包人超出施工图纸范围或因承包人原因造成返工的工程量,发包人不予计量。⑥如承包人不同意发包人核实的计量结果,承包人应在收到上述结果后7天内向发包人提出,申明承包人认为不正确的详细情况。发包人收到后,应在2天内重新核对有关工程量的计量,或予以确认,或进行修改。

发、承包双方认可的核对后的计量结果,应作为支付工程进度款的依据。

3) 承包人提交进度款支付申请

工程量经复核认可后,承包人应在每个付款周期末向发包人递交进度款支付申请,并附相应的证明文件。除合同另有约定外,进度款支付申请应包括下列内容:①本期已实施工程的价款;②累计已完成的工程价款;③累计已支付的工程价款;④本周期已完成计日工金额;⑤应增加和扣减的变更金额;⑥应增加和扣减的索赔金额;⑦应抵扣的工程预付款;⑧应扣减的质量保证金;⑨根据合同应增加和扣减的其他金额;⑩本付款周期实际应支付的工程价款。

4) 进度款支付时间

发包人应按合同约定的时间核对承包人的支付申请,并应按合同约定的时间和比例向承包人支付工程进度款。当发、承包双方在合同中未对工程进度款支付申请的核对时间以及工程进度款支付时间、支付比例作约定时,根据财政部、建设部印发的《建设工程价款结算暂行办法》(财建〔2004〕369号)第十三条的相关规定办理:①发包人应在收到承包人的工程进度款支付申请后14天内核对完毕,否则从第15天起承包人递交的工程进度款支付申请视为被批准;②发包人应在批准工程进度款支付申请的14天内,向承包人按不低于计量工程价款的60%、不高于计量工程价款的90%向承包人支付工程进度款;③发包人在支付工程进度款时,应按合同约定的时间、比例(或金额)扣回工程预付款。

发包人未在合同约定时间内支付工程进度款,承包人应及时向发包人发出要求付款的通知,发包人收到承包人通知后仍不按要求付款,可与承包人协商签订延期付款协议,经承包人同意后延期支付。协议应明确延期支付的时间和从付款申请生效后按同期银行贷款利率计算应付款的利息。

发包人不按合同约定支付工程进度款,双方又未达成延期付款协议,导致施工无法进行时,承包人可停止施工,由发包人承担违约责任。

5) 质量保证金

建设工程质量保证金(以下简称保证金)是指发包人与承包人在建设工程承包合同中约定,从应付的工程款中预留,用以保证承包人在缺陷责任期内对建设工程出现的缺陷进行维修的资金。质量保证金的计算额度不包括预付款的支付、扣回以及价格调整的金额。

(1) 保证金的预留和返还

① 承发包双方的约定。发包人应当在招标文件中明确保证金预留、返还等内容,并与

承包人在合同条款中对涉及保证金的下列事项进行约定：A. 保证金预留、返还方式；B. 保证金预留比例、期限；C. 保证金是否计付利息，如计付利息，利息的计算方式；D. 缺陷责任期的期限及计算方式；E. 保证金预留、返还及工程维修质量、费用等争议的处理程序；F. 缺陷责任期内出现缺陷的索赔方式。

② 保证金的预留。从第一个付款周期开始，在发包人的进度付款中，按约定比例扣留质量保证金，直至扣留的质量保证金总额达到专用条款约定的金额或比例为止。全部或者部分使用政府投资的建设项目，按工程价款结算总额5%左右的比例预留保证金。社会投资项目采用预留保证金方式的，预留保证金的比例可参照执行。

③ 保证金的返还。缺陷责任期内，承包人认真履行合同约定的责任。约定的缺陷责任期满，承包人向发包人申请返还保证金。发包人在接到承包人返还保证金申请后，应于14日内会同承包人按照合同约定的内容进行核实。如无异议，发包人应当在核实后14日内将保证金返还给承包人。逾期支付的，从逾期之日起，按照同期银行贷款利率计付利息，并承担违约责任。发包人在接到承包人返还保证金申请后14日内不予答复，经催告后14日内仍不予答复，视同认可承包人的返还保证金申请。缺陷责任期满时，承包人没有完成缺陷责任的，发包人有权扣留与未履行责任剩余工作所需金额相应的质量保证金余额，并有权根据约定要求延长缺陷责任期，直至完成剩余工作为止。

(2) 保证金的管理及缺陷修复

① 保证金的管理。缺陷责任期内，实行国库集中支付的政府投资项目，保证金的管理应按国库集中支付的有关规定执行。其他的政府投资项目，保证金可以预留在财政部门或发包方。缺陷责任期内，如发包人被撤销，保证金随交付使用资产一并移交使用单位管理，由使用单位代行发包人职责。社会投资项目采用预留保证金方式的，发、承包双方可以约定将保证金交由金融机构托管；采用工程质量保证担保、工程质量保险等其他保证方式的，发包人不得再预留保证金，并按照有关规定执行。

② 缺陷责任期内缺陷责任的承担。缺陷责任期内，由承包人原因造成的缺陷，承包人应负责维修，并承担鉴定及维修费用。如承包人不维修也不承担费用，发包人可按合同约定扣除保证金，并由承包人承担违约责任。承包人维修并承担相应费用后，不免除对工程的一般损失赔偿责任。由他人原因造成的缺陷，发包人负责组织维修，承包人不承担费用，且发包人不得从保证金中扣除费用。

12.3.3 工程进度款的计算

按照施工合同约定的时间、方式和工程师确认的工程量，承包人按构成合同价款相应项目的单价和取费标准计算，要求支付工程进度款。

工程进度款的计算主要涉及两个方面：一是工程量的计量；二是单价的计算方法。

当施工合同采用可调工料单价法计价，在计量后，按下列步骤计算工程进度款：

(1) 根据已完工程量的项目名称、分项编号、单价，计算得出合价。

(2) 将本月所完全部项目合价相加，得出直接工程费小计。

(3) 按合同规定计算措施费、间接费、利润。

(4) 按合同规定计算差价。

(5) 按规定计算规费、税金。

(6) 累计本月应收工程进度款。

当施工合同采用固定综合单价法计价，计算工程进度款比用可调工料单价法方便、省事，工程量得到确认后，只要将工程量与综合单价相乘得出合价，再计算规费和税金即可完成本月进度款的计算工作。基本算法是：

$$\text{工程进度款} = \sum(\text{计量工程量} \times \text{综合单价}) \times (1 + \text{规费费率}) \times (1 + \text{税金率}) \tag{12-9}$$

在工程量清单计价方式下，能够获得支付的项目必须是工程量清单中的项目，综合单价必须按已标价的工程量清单确定。

承包人提出的付款申请除了对所完成的工程量要求付款以外，还包括变更工程款、索赔款、价格调整等。

1) 开工前期进度款结算

从工程项目开工，到施工进度累计完成的产值小于"起扣点"，这期间称为开工前期。

此时，每月结算的工程进度款应等于当月(期)已完成的产值。其计算公式为：

$$\begin{aligned}\text{本月(期)应结算的工程进度款} &= \text{本月(期)已完成产值} \\ &= \sum \text{本月已完成工程量} \times \text{预算单价} + \text{相应收取的其他费用}\end{aligned} \tag{12-10}$$

2) 施工中期进度款结算

当工程施工进度累计完成的产值达到起扣点以后，至工程竣工结束前1个月，这期间称为施工中期。此时，每月结算的工程进度款，应扣除当月(期)应扣回的工程预付备料款。其计算公式为：

$$\text{本月(期)应抵扣的预付备料款} = \text{本月(期)已完成产值} \times \text{主材费所占比重} \tag{12-11}$$

$$\begin{aligned}\text{本月(期)应结算的工程进度款} &= \text{本月(期)已完成产值} - \text{本月(期)应抵扣的预付备料款} \\ &= \text{本月(期)已完成产值} \times (1 - \text{主材费所占比重})\end{aligned} \tag{12-12}$$

3) 对于起扣点恰好处于本月完成产值的当月

其计算公式为：

$$\text{起扣点当月应抵扣的预付备料款} = (\text{累计完成产值} - \text{起扣点}) \times \text{主材费所占比重} \tag{12-13}$$

$$\begin{aligned}&\text{起扣点当月应结算的工程进度款} \\ &\quad = \text{本月(期)完成产值} - (\text{累计完成产值} - \text{起扣点}) \times \text{主材费所占比重}\end{aligned} \tag{12-14}$$

4) 工程尾期进度款结算

按照国家有关规定，工程项目总造价中应预留一定比例的尾款作为质量保修费用，又称保留金。待工程项目保修期结束后，视保修情况最后支付。

工程尾期(最后月)的进度款，除按施工中期的办法结算外，尚应扣留保留金。其计算公式为：

$$应扣保留金 = 工程合同造价 \times 保留金比例 \tag{12-15}$$

式中，保留金比例按合同规定计取，一般取5%。

$$\begin{aligned}&最后月(期)应结算的工程尾款\\&\quad = 最后月(期)完成产值 \times (1 - 主材费所占比重) - 应扣保留金\end{aligned} \tag{12-16}$$

12.3.4 应用案例

【例12-3】 某工程合同价款为300万元，主材和结构构件费用为工程价款的62.5%，施工合同规定预付备料款为合同价款的25%，留尾款5%。每月实际完成工作量和合同价款调增额见表12-1。求每月结算工程款和竣工结算工程款（为解题方便，合同价款调整额列入竣工结算时处理）。

表12-1 每月实际完成工作量和合同价款调增额 单位：万元

月份	1月	2月	3月	4月	5月	6月	调增额
完成工作量	20	50	70	75	60	25	30

【解】 预付备料款 = 300 × 25% = 75万元

起扣点 = 300 − 75/62.5% = 180万元

1月应结算工程款20万元，累计结算额为20万元。

2月应结算工程款50万元，累计结算额为70万元。

3月应结算工程款70万元，累计结算额为140万元。

4月完成工作量75万元，因140＋75＝215万元＞180万元，且215－180＝35万元，应从中扣还预付款，故应结算工程款为(75－35)＋35×(1－62.5%)＝53.125万元，累计结算额为193.125万元。

5月应结算工程款为60×(1－62.5%)＝22.5万元，累计结算额为215.625万元。

6月应结算工程款为25×(1－62.5%)＝9.375万元，累计结算额为225万元。

至此，预付及已结算进度款共300万元，因合同价款增加30万元，故竣工结算价款为330万元。合同规定留尾款5%，应留款330×5%＝16.5万元，故6月份最终付款为9.375＋30－16.5＝22.875万元。

【例12-4】 某项目业主与承包人签订了某建筑安装工程项目总包施工合同。承包范围包括土建工程和水、电、通风建筑设备安装工程，合同总价为4 800万元。工期为2年，第1年已完成2 600万元，第2年应完成2 200万元。承包合同规定：

(1) 项目业主应向承包人支付当年合同价25%的工程预付款。

(2) 工程预付款应从未施工工程中所需的主要材料及构配件价值相当于工程预付款时起扣，每月以抵充工程款的方式陆续收回。主要材料及设备费比重按62.5%考虑。

(3) 工程质量保证金为承包合同总价的3%，经双方协商，项目业主从每月承包人的工程款中按3%的比例扣留。在缺陷责任期满后，质量保证金及其利息扣除已支出费用后的剩余部分退还给承包人。

（4）项目业主按实际完成建安工作量每月向承包人支付工程款，但当承包人每月实际完成的建安工作量少于计划完成建安工作量的10%以上（含10%）时，项目业主可按5%的比例扣留工程款，在工程竣工结算时将扣留工程款退还给承包人。

（5）除设计变更和其他不可抗力因素外，合同价格不作调整。

（6）由项目业主直接提供的材料和设备在发生当月的工程款中扣回其费用。

经项目业主的工程师代表签认的承包人在第2年各月计划和实际完成的建安工作量以及项目业主直接提供的材料、设备价值见表12-2。

表12-2　工程结算数据表　　单位：万元

月份	1～6月	7月	8月	9月	10月	11月	12月
计划完成建安工作量	1 100	200	200	200	190	190	120
实际完成建安工作量	1 110	180	210	205	195	180	120
项目业主直供材料设备的价值	90.56	35.5	24.4	10.5	21	10.5	5.5

试问：

（1）工程预付款是多少？

（2）工程预付款从几月份开始起扣？

（3）1月至6月以及其他各月项目业主应支付给承包人的工程款是多少？

（4）竣工结算时，项目业主应支付给承包人的工程结算款是多少？

【解】（1）工程预付款金额为：$2\,200 \times 25\% = 550$ 万元

（2）工程预付款的起扣点为：$2\,200 - 550/62.5\% = 1\,320$ 万元

开始起扣工程预付款的时间为8月份，因为8月份累计实际完成的建安工作量为：

$1\,110 + 180 + 210 = 1\,500$ 万元 $> 1\,320$ 万元

（3）① 1月至6月份

项目业主应支付给承包人的工程款为：$1\,110 \times (1 - 3\%) - 90.56 = 986.14$ 万元

② 7月份

该月份建安工作量实际值与计划值比较未达到计划值，相差 $(200 - 180)/200 = 10\%$

应扣留的工程款为：$180 \times 5\% = 9$ 万元

项目业主应支付给承包人的工程款为：$180 \times (1 - 3\%) - 9 - 35.5 = 130.1$ 万元

③ 8月份

应扣工程预付款为：$(1\,500 - 1\,320) \times 62.5\% = 112.5$ 万元

项目业主应支付给承包人的工程款为：$210 \times (1 - 3\%) - 112.5 - 24.4 = 66.8$ 万元

④ 9月份

应扣工程预付款金额为：$205 \times 62.5\% = 128.125$ 万元

项目业主应支付给承包人的工程款为：$205 \times (1 - 3\%) - 128.125 - 10.5 = 60.225$ 万元

⑤ 10月份

应扣工程预付款金额为：$195 \times 62.5\% = 121.875$ 万元

项目业主应支付给承包人的工程款为：$195 \times (1 - 3\%) - 121.875 - 21 = 46.275$ 万元

⑥ 11月份

该月份建安工作量实际值与计划值比较，未达到计划值，相差：

$(190-180)/190=5.26\%<10\%$，工程款不扣

应扣工程预付款金额为：$180\times62.5\%=112.5$ 万元

项目业主应支付给承包人的工程款为：$180\times(1-3\%)-112.5-10.5=51.6$ 万元

⑦ 12月份

应扣工程预付款金额为：$120\times62.5\%=75$ 万元

项目业主应支付给承包人的工程款为：$120\times(1-3\%)-75-5.5=35.9$ 万元

(4) 竣工结算时，项目业主应支付给承包人的工程结算款为：$180\times5\%=9$ 万元

12.4 调价结算

12.4.1 工程造价动态(调价)结算

1) 工程造价动态(调价)结算的概念

动态结算是指把各种动态因素渗透到结算过程中，使结算价大体能反映实际的消耗费用。工程结算时是否实行动态结算，选用什么方法调整价差，应根据施工合同规定行事。

2) 工程造价价差及造价调整概念

造价价差是指工程所需的人工、材料、设备等费用，因价格变动而对造价产生的相应变化值。造价调整是指在预算编制期至结算期内，因人工、材料、设备等价格的增减变化，对原预算根据已签订的施工合同规定对工程造价允许调整的范围进行调整。

3) 动态结算方法

常用的动态结算方法有按实际价格结算、按调价文件结算、按调价系数结算3种。

(1) 按实际价格结算。是指某些工程的施工合同规定对施工单位供应的主要材料价格按实际价格结算的方法。但对这种结算方法应在施工合同中规定建设单位有权要求施工单位选择更廉价的供应来源和有权核价。按实结算法应注意以下要点：

① 材料消耗量的确定应以预算用量为准

A. 木材：如果木结构构件的实际做法与定额取定完全一致时，木材的定额消耗量即为木材的实际用量；如果实际做法、断面与定额取定不完全一致时，则应按定额规定进行调整。

B. 钢材：用量应按设计图纸计算重量，套相应单项定额求得总耗用量。使用含钢量法报价的，竣工结算时必须按图纸用量计算调整。

C. 水泥：如果水泥制品的制作、水泥等级与定额规定完全一致时，水泥用量按定额消耗量标准计算；如果与定额规定不完全一致时，则应按定额规定进行调整。

D. 其他特殊材料：一般按图纸用量与定额规定的损耗率标准计算的损耗量之和计算。

② 按实结算部分材料的实际价格的确定。建材的实际价格应按各地区公布的同期内的材料市场平均价格为标准计算。如果施工单位能够出具材料购买发票，且经核实是真实

的，则按发票价，再考虑运杂费、采购保管费测定实际价。如果发票价格与同质同料的市场平均价格差别悬殊，且无特殊原因的，则不认可发票价。

③ 材料购买的时间性。材料购买时间应按工程施工进度要求，确定与之相适应的市场价格标准。若材料购买时间与施工进度时间偏差较大，导致材料购买的真实价格与施工时的市场价格不一致，也应按施工时的市场价格为依据进行结算。

(2) 按调价文件结算。是指施工合同双方采用当时的预算价格承包，施工合同期内按照工程造价管理部门调价文件规定的材料指导价格，对在结算期内已完工程材料用量乘以价差，进行调整的方法。其计算公式为：

$$\text{各项材料用量} = \sum \text{结算期内已完工程工程量} \times \text{定额用量} \tag{12-17}$$

$$\text{调价价值} = \sum \text{各项材料用量} \times (\text{结算期预算指导价} - \text{原预算价格}) \tag{12-18}$$

(3) 按调价系数结算

施工合同双方采用当时的预算价格承包，在合理工期内按照工程造价管理部门规定的调价系数(以定额直接费或定额材料费为计算基础)，对原合同造价在预算价格的基础上，调整由于实际人工费、材料费、机械费等费用上涨及工程变更等因素造成的价差。其计算公式为：

$$\text{结算期定额直接费} = \sum \text{结算期已完工程工程量} \times \text{预算单价} \tag{12-19}$$

$$\text{调价价值} = \text{结算期定额直接费} \times \text{调价系数} \tag{12-20}$$

12.4.2　《计价规范》关于调价结算的规定

《建设工程工程量清单计价规范》(GB 50500—2013)规定：

(1) 出现合同价款调增事项(不含工程量偏差、计日工、现场签证、施工索赔)后的 14 天内，承包人应向发包人提交合同价款调增报告并附上相关资料。若承包人在 14 天内未提交合同价款调增报告的，视为承包人对该事项不存在调整价款。

(2)发包人应在收到承包人合同价款调增报告及相关资料之日起 14 天内对其核实，予以确认的应书面通知承包人。如有疑问，应向承包人提出协商意见。发包人在收到合同价款调增报告之日起 14 天内未确认也未提出协商意见的，视为承包人提交的合同价款调增报告已被发包人认可。发包人提出协商意见的，承包人应在收到协商意见后的 14 天内对其核实，予以确认的应书面通知发包人。如承包人在收到发包人的协商意见后 14 天内既不确认也未提出不同意见的，视为发包人提出的意见已被承包人认可。

(3) 如发包人与承包人对不同意见不能达成一致的，只要不实质影响发、承包双方履约的，双方应实施该结果，直到其按照合同争议的解决被改变为止。

(4) 出现合同价款调减事项(不含工程量偏差、施工索赔)后的 14 天内，发包人应向承包人提交合同价款调减报告并附相关资料。若发包人在 14 天内未提交合同价款调减报告的，视为发包人对该事项不存在调整价款。

(5) 经发、承包双方确认调整的合同价款，作为追加(减)合同价款，与工程进度款或结算款同期支付。

1）法律法规变化

招标工程以投标截止日前28天，非招标工程以合同签订前28天为基准日，其后国家的法律、法规、规章和政策发生变化引起工程造价增减变化的，发、承包双方应当按照省级或行业建设主管部门或其授权的工程造价管理机构据此发布的规定调整合同价款。因承包人原因导致工期延误，且按照以上规定的调整时间在合同工程原定竣工时间之后，不予调整合同价款。

2）工程变更的变化

工程变更引起已标价工程量清单项目或其工程数量发生变化，应按照下列规定调整：

（1）已标价工程量清单中有适用于变更工程项目的，采用该项目的单价。但当工程变更导致该清单项目的工程数量发生变化，且工程量偏差超过15%，此时，该项目单价的调整应按照《建设工程工程量清单计价规范》(GB 50500—2013)第9.6.2条的规定调整。

（2）已标价工程量清单中没有适用但有类似于变更工程项目的，可在合理范围内参照类似项目的单价。

（3）已标价工程量清单中没有适用也没有类似于变更工程项目的，由承包人根据变更工程资料、计量规则和计价办法、工程造价管理机构发布的信息价格和承包人报价浮动率提出变更工程项目的单价，报发包人确认后调整。承包人报价浮动率可按下列公式计算：

$$\text{招标工程：承包人报价浮动率 } L = (1 - \text{中标价} / \text{招标控制价}) \times 100\%$$

$$\text{非招标工程：承包人报价浮动率 } L = (1 - \text{报价值} / \text{施工图预算}) \times 100\%$$

（4）已标价工程量清单中没有适用也没有类似于变更工程项目，且工程造价管理机构发布的信息价格缺价的，由承包人根据变更工程资料、计量规则、计价办法和通过市场调查等取得有合法依据的市场价格提出变更工程项目的单价，报发包人确认后调整。

工程变更引起施工方案改变，并使措施项目发生变化的，承包人提出调整措施项目费的，应事先将拟实施的方案提交发包人确认，并详细说明与原方案措施项目相比的变化情况。拟实施的方案经发、承包双方确认后执行。该情况下，应按照下列规定调整措施项目费：

（1）安全文明施工费，按照实际发生变化的措施项目调整。

（2）采用单价计算的措施项目费，按照实际发生变化的措施项目按《建设工程工程量清单计价规范》(GB 50500—2013)第9.3.1条的规定确定单价。

（3）按总价（或系数）计算的措施项目费，按照实际发生变化的措施项目调整，但应考虑承包人报价浮动因素，即调整金额按照实际调整金额乘以《建设工程工程量清单计价规范》第9.3.1条规定的承包人报价浮动率计算。

如果承包人未事先将拟实施的方案提交给发包人确认，则视为工程变更不引起措施项目费的调整或承包人放弃调整措施项目费的权利。

如果工程变更项目出现承包人在工程量清单中填报的综合单价与发包人招标控制价或施工图预算相应清单项目的综合单价偏差超过15%，则工程变更项目的综合单价可由发、承包双方按照下列规定调整：

（1）当 $P_0 < P_1 \times (1 - L) \times (1 - 15\%)$ 时，该类项目的综合单价按照 $P_1 \times (1 - L) \times (1 - 15\%)$ 调整。

(2) 当 $P_0 > P_1 \times (1+15\%)$ 时，该类项目的综合单价按照 $P_1 \times (1+15\%)$ 调整。

式中：P_0——承包人在工程量清单中填报的综合单价；

P_1——发包人招标控制价或施工预算相应清单项目的综合单价；

L——《建设工程工程量清单计价规范》(GB 50500—2013)第 9.3.1 条定义的承包人报价浮动率。

如果发包人提出的工程变更因为非承包人原因删减了合同中的某项原定工作或工程，致使承包人发生的费用或(和)得到的收益不能被包括在其他已支付或应支付的项目中，也未被包含在任何替代的工作或工程中，则承包人有权提出并得到合理的利润补偿。

3) 项目特征描述不符

发包人在招标工程量清单中对项目特征的描述，应被认为是准确的和全面的，并且与实际施工要求相符合。承包人应按照发包人提供的工程量清单，根据其项目特征描述的内容及有关要求实施合同工程，直到其被改变为止。

合同履行期间，出现实际施工设计图纸(含设计变更)与招标工程量清单任一项目的特征描述不符，且该变化引起该项目的工程造价增减变化的，应按照实际施工的项目特征重新确定相应工程量清单项目的综合单价，计算调整的合同价款。

4) 工程量清单缺陷

合同履行期间，出现招标工程量清单项目缺项的，发、承包双方应调整合同价款。

招标工程量清单中出现缺项，造成新增工程量清单项目的，应按照《建设工程工程量清单计价规范》(GB 50500—2013)第 9.3.1 条规定确定单价，调整分部分项工程费。

由于招标工程量清单中分部分项工程出现缺项，引起措施项目发生变化的，应按照《建设工程工程量清单计价规范》(GB 50500—2013)第 9.3.2 条的规定，在承包人提交的实施方案被发包人批准后计算调整的措施费用。

5) 工程量偏差

合同履行期间，出现工程量偏差，且符合《建设工程工程量清单计价规范》(GB 50500—2013)第 9.6.2、9.6.3 条规定的，发、承包双方应调整合同价款。出现《建设工程工程量清单计价规范》(GB 50500—2013)第 9.3.3 条情形的，应先按照其规定调整，再按照本条规定调整。

对于任一招标工程量清单项目，如果因本条规定的工程量偏差和《建设工程工程量清单计价规范》(GB 50500—2013)第 9.3 条规定的工程变更等原因导致工程量偏差超过 15%，调整的原则为：当工程量增加 15%以上时，其增加部分工程量的综合单价应予调低；当工程量减少 15%以上时，减少后剩余部分工程量的综合单价应予调高。此时，按下列公式调整结算分部分项工程费：

(1) 当 $Q_1 > 1.15Q_0$ 时，$S = 1.15Q_0 \times P_0 + (Q_1 - 1.15Q_0) \times P_1$。

(2) 当 $Q_1 < 0.85Q_0$ 时，$S = Q_1 \times P_1$。

式中：S——调整后的某一分部分项工程费结算价；

Q_1——最终完成的工程量；

Q_0——招标工程量清单中列出的工程量；

P_1——按照最终完成工程量重新调整后的综合单价；

P_0——承包人在工程量清单中填报的综合单价。

如果工程量出现《建设工程工程量清单计价规范》(GB 50500—2013)第 9.6.2 条的变

化，且该变化引起相关措施项目相应发生变化，如按系数或单一总价方式计价的，工程量增加的措施项目费调增，工程量减少的措施项目费适当调减。

6）物价变化

合同履行期间，出现工程造价管理机构发布的人工、材料、工程设备和施工机械台班单价或价格与合同工程基准日期相应单价或价格比较出现涨落，且符合以下规定的，发、承包双方应调整合同价款：

（1）人工单价发生涨落的，应按照合同工程发生的人工数量和合同履行期与基准日期人工单价对比的价差的乘积计算或按照人工费调整系数计算调整的人工费。

（2）承包人采购材料和工程设备的，应在合同中约定可调材料、工程设备价格变化的范围或幅度。如没有约定，则材料、工程设备单价变化超过5%，施工机械台班单价变化超过10%，则超过部分的价格应予调整。该情况下，应按照价格系数调整法或价格差额调整法计算调整的材料设备费和施工机械费。

（3）发生合同工程工期延误的，应按照下列规定确定合同履行期用于调整的价格或单价：因发包人原因导致工期延误的，则计划进度日期后续工程的价格或单价，采用计划进度日期与实际进度日期两者的较高者；因承包人原因导致工期延误的，则计划进度日期后续工程的价格或单价，采用计划进度日期与实际进度日期两者的较低者。

（4）承包人在采购材料和工程设备前，应向发包人提交一份能阐明采购材料、工程设备数量和新单价的书面报告。发包人应在收到承包人书面报告后的3个工作日内核实，并确认用于合同工程后，对承包人采购材料和工程设备的数量和新单价予以确定；发包人对此未确定也未提出修改意见的，视为承包人提交的书面报告已被发包人认可，作为调整合同价款的依据。承包人未经发包人确定即自行采购材料和工程设备，再向发包人提出调整合同价款的，如发包人不同意，则合同价款不予调整。

（5）发包人供应材料和工程设备的，以上几条规定均不适用，由发包人按照实际变化调整，列入合同工程的工程造价内。

一般情况下，因物价波动引起的价格调整，可采用以下2种方法中的某一种计算。

（1）采用价格指数调整价格差额。此方式主要适用于使用的材料品种较少，但每种材料使用量较大的土木工程，如公路、水坝等。因人工、材料和设备等价格波动影响合同价格时，根据投标函附录中的价格指数和权重表约定的数据，按以下价格调整公式计算差额并调整合同价格：

$$\Delta P = P_0\left[A + \left(B_1 \times \frac{F_{t1}}{F_{01}} + B_2 \times \frac{F_{t2}}{F_{02}} + B_3 \times \frac{F_{t3}}{F_{03}} + \cdots + B_n \times \frac{F_{tn}}{F_{0n}}\right) - 1\right] \tag{12-21}$$

式中：ΔP——需调整的价格差额；

P_0——根据进度付款、竣工付款和最终结清等付款证书中，承包人应得到的已完成工程量的金额，此项金额不包括价格调整，不计质量保证金的扣留和支付及预付款的支付和扣回，变更及其他金额已按现行价格计价的，也不计在内；

A——定值权重（即不调部分的权重）；

$B_1, B_2, B_3, \cdots, B_n$——各可调因子的变值权重（即可调部分的权重），即各可调因子在投标函投标总报价中所占的比例；

$F_{t1}, F_{t2}, F_{t3}, \cdots, F_{tn}$——各可调因子的现行价格指数，指根据进度付款、竣工付款和最终结清等约定的付款证书相关周期最后一天前 42 天的各可调因子的价格指数；

$F_{01}, F_{02}, F_{03}, \cdots, F_{0n}$——各可调因子的基本价格指数，指基准日期（即投标截止时间前 28 天）的各可调因子的价格指数。

以上价格调整公式中的各可调因子、定值和变值权重，以及基本价格指数及其来源在投标函附录价格指数和权重表中约定。价格指数应首先采用有关部门提供的价格指数，缺乏上述价格指数时，可以有关部门提供的价格代替。

在运用这一价格调整公式进行工程价格差额调整中，应注意以下三点：

① 暂时确定调整差额。在计算调整差额时得不到现行价格指数的，可暂用上一次价格指数计算，并在以后的付款中再按实际价格指数进行调整。

② 权重的调整。按变更范围和内容所约定的变更，导致原定合同中的权重不合理时，由监理人与承包人和发包人协商后进行调整。

③ 承包人工期延误后的价格调整。由于承包人原因未在约定的工期内竣工的，则对原约定竣工日期后继续施工的工程，在使用价格调整公式时，应采用原约定竣工日期与实际竣工日期的两个价格指数中较低的一个作为现行价格指数。

（2）采用造价信息调整价格差额。施工期内，因人工、材料、设备和机械台班价格波动影响合同价格时，人工、机械使用费按照国家或省、自治区、直辖市建设行政管理部门、行业建设管理部门或其授权的工程造价管理机构发布的人工成本信息、机械台班单价或机械使用费系数进行调整；需要进行价格调整的材料，其单价和采购数应由监理人复核，监理人确认需调整的材料单价及数量，作为调整工程合同价格差额的依据。

7）因不可抗力事件导致的费用

因不可抗力事件导致的费用，发、承包双方应按以下原则分别承担并调整工程价款：

（1）工程本身的损害、因工程损害导致第三方人员伤亡和财产损失以及运至施工场地用于施工的材料和待安装的设备的损害，由发包人承担。

（2）发包人、承包人人员伤亡由其所在单位负责，并承担相应费用。

（3）承包人的施工机械设备损坏及停工损失，由承包人承担。

（4）停工期间，承包人应发包人要求留在施工场地的必要的管理人员及保卫人员的费用，由发包人承担。

（5）工程所需清理、修复费用，由发包人承担。

12.4.3 应用案例

【例 12-5】 某承包商于某年承包某外资工程项目施工，与业主签订的承包合同的部分内容有：

（1）工程合同价 2 000 万元，工程价款采用调值公式动态结算。该工程的人工费占工程价款的 35%，材料费占 50%，不调值费用占 15%。具体的调值公式为：

$$P = P_0 \times (0.15 + 0.35A/A_0 + 0.23B/B_0 + 0.12C/C_0 + 0.08D/D_0 + 0.07E/E_0)$$

式中：A_0、B_0、C_0、D_0、E_0——基期价格指数；

A、B、C、D、E——工程结算日期的价格指数。

（2）开工前业主向承包商支付合同价 20％的工程预付款，当工程进度款达到 60％时，开始从工程结算款中按 60％抵扣工程预付款，竣工前全部扣清。

（3）工程进度款逐月结算。

（4）业主自第一个月起，从承包商的工程价款中按 5％的比例扣留质量保证金。工程保修期为 1 年。

该合同的原始报价日期为当年 3 月 1 日。结算各月份的工资、材料价格指数见表 12-3。

表 12-3　工资、材料价格指数表

代号	A_0	B_0	C_0	D_0	E_0
3 月指数	100	153.4	154.4	160.3	144.4
代号	A	B	C	D	E
5 月指数	110	156.2	154.4	162.2	160.2
6 月指数	108	158.2	156.2	162.2	162.2
7 月指数	108	158.4	158.4	162.2	164.2
8 月指数	110	160.2	158.4	164.2	162.4
9 月指数	110	160.2	160.2	164.2	162.8

未调值前各月完成的工程情况为：5 月份完成工程 200 万元，本月业主供料部分材料费为 5 万元；6 月份完成工程 300 万元；7 月份完成工程 400 万元，另外由于业主方设计变更，导致工程局部返工，造成拆除材料费损失 1 500 元，人工费损失 1 000 元，重新施工人工、材料等费用合计 1.5 万元；8 月份完成工程 600 万元，另外由于施工中采用的模板形式与定额不同，造成模板增加费用 3 000 元；9 月份完成工程 500 万元，另有批准的工程索赔款 1 万元。

问题：

（1）工程预付款是多少？

（2）确定每月业主应支付给承包商的工程款。

（3）工程在竣工半年后，发生屋面漏水，业主应如何处理此事？

【解】（1）工程预付款：2 000 万元×20％＝400 万元

（2）工程预付款的起扣点：$T = 2\,000$ 万元 $\times 60\% = 1\,200$ 万元

每月终业主应支付的工程款如下：

5 月份月终支付：

$200 \times (0.15 + 0.35 \times 110/100 + 0.23 \times 156.2/153.4 + 0.12 \times 154.4/154.4 + 0.08 \times 162.2/160.3 + 0.07 \times 160.2/144.4) \times (1 - 5\%) - 5 = 194.08$ 万元

6 月份月终支付：

$300 \times (0.15 + 0.35 \times 108/100 + 0.23 \times 158.2/153.4 + 0.12 \times 156.2/154.4 + 0.08 \times$

162.2/160.3＋0.07×162.2/144.4)×(1－5％)＝298.16 万元

7 月份月终支付：

[400×(0.15＋0.35×108/100＋0.23×158.4/153.4＋0.12×158.4/154.4＋0.08×162.2/160.3＋0.07×164.2/144.4)＋0.15＋0.1＋1.5]×(1－5％)＝400.34 万元

8 月份月终支付：

600×(0.15＋0.35×110/100＋0.23×160.2/153.4＋0.12×158.4/154.4＋0.08×164.2/160.3＋0.07×162.4/144.4)×(1－5％)－300×60％＝423.62 万元

9 月份月终支付：

[500×(0.15＋0.35×110/100＋0.23×160.2/153.4＋0.12×160.2/154.4＋0.08×164.2/160.3＋0.07×162.8/144.4)＋1]×(1－5％)－(400－300×60％)＝284.74 万元

(3) 工程在竣工半年后，发生屋面漏水，由于在保修期内，业主应首先通知原承包商进行维修。如果原承包商不能在约定的时限内派人维修，业主也可委托他人进行修理，费用从质量保证金中支付。

12.5 工程变更与索赔

12.5.1 工程变更

1) 工程变更的概念

工程变更指在施工过程中，按照施工合同约定的程序对部分或全部工程在材料、工艺、功能、构造、尺寸、技术指标、工程数量及施工方法等方面作出的改变。发包人、设计人、承包人、监理人各方均有权提出工程变更。

(1) 工程变更的主要内容

施工过程中，由于多方面的情况变更，经常出现工程量变化、施工条件变化以及发包人与承包人在执行合同中的争执等许多问题。这些问题的产生，一方面是由于勘察设计工作粗糙，以致在施工过程中发现许多招标文件中没有考虑或估算不准确的工程量，因而不得不改变施工项目或增减工程量；另一方面是由于发生不可预见的事件，如自然或社会原因引起的停工和工期拖延等。

工程变更具有广泛的含义。全部合同文件的任何部分的改变，不论是形式的、质量的还是数量的变化，都称之为工程变更。除设计图纸变更外，合同条件、技术规范、施工顺序与时间的变化亦属于工程变更。最常见、最主要的是设计变更和施工条件变更。工程变更主要有以下一些内容：

① 施工条件变更。通常的情况是：招标文件与现场情况不符；招标文件中表达不清(包括设计图纸和说明书互相矛盾以及发现设计文件出现遗漏或错误)；施工现场的地质、水文等情况使施工受到限制；招标文件指出的自然或人为的施工条件与实际情况不符；在招标文件中明确指出的设计施工条件，但却发生了未预料到的实际情况。

② 工程内容变更。通常是承包人根据发包人的要求提出修改、设计变更的工程内容。

③ 延长工期。由于天气等客观条件的影响而使工程被迫暂时停工，必须向发包人提出延长工期的要求。

④ 缩短工期。因发包人根据某些特殊理由必须缩短工期，要求加快施工进度。

⑤ 因投资和物价的变动而改变承包金额。在施工过程中，由于工资或物价发生较大变动，引起承包金额不当时，向发包人提出改变承包金额。

⑥ 天灾及其他不可抗力引起的问题。如暴风、大雨、洪水、海潮、地震、滑坡、沉陷、火灾等自然或人为事件，对已完工程部分、临时设施、已运进现场的施工材料、施工机械和工具等造成的重大损失。

工程变更通常都涉及费用的变化和施工进度的拖延，变更工程部分往往要重新确定单价，需要调整合同价款；承包人也经常利用变更的契机进行合理或不合理的索赔。

(2) 工程设计变更

① 施工中发生工程设计变更，承包人按照经发包人认可的变更设计文件进行变更施工，其中，政府投资项目重大变更，需按基本建设程序报批后方可施工。现行建设工程施工合同(示范文本)约定：施工中发包人需对原工程设计进行变更，应提前14天以书面形式向承包人发出变更通知。

② 在工程设计变更确定后14天内，设计变更涉及工程价款调整的，由承包人向发包人提出，经发包人审核同意后调整合同价款。

③ 工程设计变更确定后14天内，如承包人未提出变更工程价款报告，则发包人可根据所掌握的资料决定是否调整合同价款和调整的具体金额。重大工程变更涉及工程价款变更报告和确认的时限由发、承包双方协商确定。收到变更工程价款报告一方，应在收到之日起14天内予以确认或提出协商意见，自变更工程价款报告送达之日起14天内，对方未确认也未提出协商意见时，视为变更工程价款报告已被确认。承包人在双方确定变更后14天内不向工程师提出变更工程价款报告时，视为该项变更不涉及合同价款的变更。

④ 确认增(减)的工程变更价款作为追加(减)合同价款与工程进度款同期支付。

⑤ 因变更导致合同价款的增减及造成的承包人损失，由发包人承担，延误的工期相应顺延。

(3) 施工条件变更

施工条件变更是指未能预见的现场条件或不利的自然条件，即在施工中实际遇到的现场条件同招标文件中描述的现场条件有本质的差异，使承包人向发包人提出工程单价和施工时间的变更要求，或由此而引起索赔。

控制由于施工条件变化所引起的合同价款变化，重点在于把握工程单价和施工工期变化的合理性。施工合同对施工条件的变更并没有十分严格的定义，承包人应充分做好现场记录资料和试验数据的收集整理工作，使合同价款的调整处理更具有科学性和说服力。

2)《建设工程施工合同(示范文本)》约定的工程变更价款的确定方法

(1) 合同中已有适用于变更工程的价格，按合同已有的价格变更合同价款。当变更项目和内容直接适用合同中已有项目时，由于合同中的工程量单价和价格由承包人投标时提供，用于变更工程，容易被发包人、承包人及工程师所接受，从合同意义上讲也是比较公平的。

(2) 合同中只有类似于变更工程的价格，可以参照类似价格变更合同价款。当变更项目和内容类似合同中已有项目时,可以将合同中已有项目工程量清单的单价和价格拿来间接套用,即依据工程量清单,通过换算后采用;或者是部分套用,即依据工程量清单,取其价格中的某一部分使用。

(3) 合同中没有适用或类似于变更工程的价格,由承包人提出适当的变更价格,经工程师确认后执行。合同中没有适用或类似于变更工程的价格,很自然地应当需要协商单价和价格。在承包人或发包人提出适当的变更价格后,经由授权的工程师确认后执行。如双方不能达成一致,可提请工程所在地工程造价管理机构进行咨询或按合同约定的争议解决程序办理。为了合理减少承包人的风险,遵照“谁引起的风险谁承担责任”的原则。

3) FIDIC 合同条件下工程的变更与估价

(1) 工程变更

① 变更权。根据 FIDIC 施工合同条件(1999 年第 1 版)的约定,在颁发工程接收证书前的任何时间,工程师可通过发布指示或要求承包商提交建议书的方式提出变更。承包商应遵守并执行每项变更,除非承包商立即向工程师发出通知,说明承包商难以取得变更所需的货物。工程师接到此类通知后,应取消、确认或改变原指示。每项变更可包括:A. 合同中包括的任何工作内容的数量的改变(但此类改变不一定构成变更);B. 任何工作内容的质量或其他特性的改变;C. 任何部分工程的标高、位置和尺寸的改变;D. 任何工作的删减,但要交由他人实施的工作除外;E. 永久工程所需的任何附加工作、生产设备、材料或服务,包括任何有关的竣工试验、钻孔、其他试验勘探工作;F. 实施工程的顺序或时间安排的改变。除非得到工程师指示或批准了变更,承包商不得对永久工程作任何改变和修改。

② 变更程序。如果工程师在发出变更指示前要求承包商提出一份建议书,承包商应尽快作出书面回应,或提出他不能照办的理由(如果情况如此),或提交:A. 对建议要完成的工作的说明以及实施的进度计划;B. 根据进度计划和竣工时间的要求,承包商对进度计划作出必要修改的建议书;C. 承包商对变更估价的建议书。工程师收到此类建议书后应尽快给予批准、不批准或提出意见的回复。在等待答复期间,承包商不应延误任何工作。应由工程师向承包商发出执行每项变更并附上做好各项费用记录的任何要求和指示,承包商应确认收到该指示。

③ 工程变更的估价。除非合同中另有规定,否则工程师应通过 FIDIC(1999 年第 1 版)第 12.1 款和第 12.2 款确定测量方法及适宜的费率和价格,对各项工作的内容进行估价,再按照 FIDIC 第 3.5 款确定合同价格。各项工作内容的适宜费率或价格,应为合同对此类工作内容规定的费率或价格,如果合同中无某项内容,应取类似工作的费率或价格。但在以下情况下,最好对有关工作内容采用新的费率或价格。

第一种情况:A. 如果此项工作实际测量的工程量比工程量表或其他报表中规定的工程量的变动大于 10%;B. 工程量的变化与该项工作规定的费率的乘积超过了中标的合同金额的 0.01%;C. 由此工程量的变化直接造成该项工作单位成本的变动超过 1%;D. 这项工作不是合同中规定的“固定费率项目”。

第二种情况:A. 此工作是根据变更与调整的指示进行的;B. 合同中没有规定此项工作的费率或价格;C. 因为该项工作与合同中的任何工作没有类似的性质或不在类似的条件下进行,所以没有一个规定的费率或价格适用。

每种新的费率或价格应考虑以上描述的有关事项对合同中相关费率或价格加以合理调整后得出。如果没有相关的费率或价格可供推算新的费率或价格，应根据实施该工作的合理成本和合理利润，并考虑其他相关事项后得出。工程师应在商定或确定适宜费率或价格前，确定用于期中付款证书的临时费率或价格。

12.5.2 工程索赔

发包人、承包人未能按施工合同约定履行自己的各项义务或发生错误，给另一方造成经济损失的，由受损方按合同约定提出索赔，索赔金额按施工合同约定支付。

1) 工程索赔的概念

工程索赔是在工程承包合同履行中，当事人一方由于另一方未履行合同所规定的义务或者出现了应当由对方承担的风险而遭受损失时，向另一方提出赔偿要求的行为。建设工程施工中的索赔是发、承包双方行使正当权利的行为，承包人可向发包人索赔，发包人也可向承包人索赔。但在工程实践中，发包人索赔数量较小，而且处理方便。可以通过冲账、扣拨工程款、扣保证金等实现对承包人的索赔；而承包人对发包人的索赔则比较困难一些。通常情况下，索赔是指承包人(施工单位)在合同实施过程中，对非自身原因造成的工程延期、费用增加而要求发包人给予补偿损失的一种权利要求。

索赔有较广泛的含义，可以概括为以下三个方面：

(1) 一方违约使另一方蒙受损失，受损方向对方提出赔偿损失的要求。

(2) 发生应由发包人承担责任的特殊风险或遇到不利自然条件等情况，使承包人蒙受较大损失而向发包人提出补偿损失要求。

(3) 承包人本应当获得的正当利益，由于没能及时得到监理人的确认和发包人应给予的支付，而以正式函件向发包人索赔。

当合同一方向另一方提出索赔时，要有正当的索赔理由，且有索赔事件发生时的有效证据，并应在本合同约定的时限内提出。

2) 工程索赔产生的原因

(1) 当事人违约。当事人违约常常表现为没有按照合同约定履行自己的义务。发包人违约常常表现为没有为承包人提供合同约定的施工条件、未按照合同约定的期限和数额付款等。监理人未能按照合同约定完成工作，如未能及时发出图纸、指令等也视为发包人违约。承包人违约的情况则主要是没有按照合同约定的质量、期限完成施工，或者由于不当行为给发包人造成其他损害。

(2) 不可抗力或不利的物质条件。不可抗力又可以分为自然事件和社会事件。自然事件主要是工程施工过程中不可避免发生并不能克服的自然灾害，包括地震、海啸、瘟疫、水灾等；社会事件则包括国家政策、法律、法令的变更及战争、罢工等。不利的物质条件通常是指承包人在施工现场遇到的不可预见的自然物质条件、非自然的物质障碍和污染物，包括地下和水文条件。

(3) 合同缺陷。合同缺陷表现为合同文件规定不严谨甚至矛盾、合同中的遗漏或错误。在这种情况下，工程师应当给予解释，如果这种解释将导致成本增加或工期延长，发包人应当给予补偿。

(4) 合同变更。合同变更表现为设计变更、施工方法变更、追加或者取消某些工作、合同规定的其他变更等。

(5) 监理人指令。监理人指令有时也会产生索赔,如监理人指令承包人加速施工、进行某项工作、更换某些材料、采取某些措施等,并且这些指令不是由于承包人的原因造成的。

(6) 其他第三方原因。其他第三方原因常常表现为与工程有关的第三方的问题而引起的对本工程的不利影响。

3) 工程索赔的分类

工程索赔依据不同的标准可以进行不同的分类。

(1) 按索赔的合同依据分类

① 合同中明示的索赔。合同中明示的索赔是指承包人所提出的索赔要求,在该工程项目的合同文件中有文字依据,承包人可以据此提出索赔要求,并取得经济补偿。这些在合同文件中有文字规定的合同条款,称为明示条款。

② 合同中默示的索赔。合同中默示的索赔,即承包人的该项索赔要求,虽然在工程项目的合同条款中没有专门的文字叙述,但可以根据该合同的某些条款的含义,推论出承包人有索赔权。这种索赔要求同样具有法律效力,有权得到相应的经济补偿。这种有经济补偿含义的条款,在合同管理工作中被称为"默示条款"或称为"隐含条款"。默示条款是一个广泛的合同概念,它包含合同明示条款中没有写入但符合双方签订合同时设想的愿望和当时环境条件的一切条款。这些默示条款,或者从明示条款所表述的设想愿望中引申出来,或者从合同双方在法律上的合同关系引申出来,经合同双方协商一致,或被法律和法规所指明,都成为合同文件的有效条款,要求合同双方遵照执行。

(2) 按索赔目的分类

① 工期索赔。由于非承包人责任的原因而导致施工进程延误,要求批准顺延合同工期的索赔,称之为工期索赔。工期索赔形式上是对权利的要求,以避免在原定合同竣工日不能完工时,被发包人追究拖期违约责任。一旦获得批准合同工期顺延后,承包人不仅免除了承担拖期违约赔偿费的严重风险,而且可能提前工期得到奖励,最终仍反映在经济收益上。

② 费用索赔。费用索赔的目的是要求经济补偿。当施工的客观条件改变导致承包人增加开支,要求对超出计划成本的附加开支给予补偿,以挽回不应由其承担的经济损失。

(3) 按索赔事件的性质分类

① 工程延误索赔。因发包人未按合同要求提供施工条件,如未及时交付设计图纸、施工现场、道路等,或因发包人指令工程暂停或不可抗力事件等原因造成工期拖延的,承包人对此提出索赔。这是工程中常见的一类索赔。

② 工程变更索赔。由于发包人或监理人指令增加或减少工程量或增加附加工程、修改设计、变更工程顺序等,造成工期延长和费用增加,承包人对此提出索赔。

③ 合同被迫终止的索赔。由于发包人或承包人违约以及不可抗力事件等原因造成合同非正常终止,无责任的受害方因其蒙受经济损失而向对方提出索赔。

④ 工程加速索赔。由于发包人或监理人指令承包人加快施工速度,缩短工期,引起承包人的人、财、物的额外开支而提出的索赔。

⑤ 意外风险和不可预见因素索赔。在工程实施过程中,因人力不可抗拒的自然灾害、特殊风险以及一个有经验的承包人通常不能合理预见的不利施工条件或外界障碍,如地下

水、地质断层、溶洞、地下障碍物等引起的索赔。

⑥ 其他索赔。如因货币贬值、汇率变化、物价上涨、政策法令变化等原因引起的索赔。

4）施工索赔的程序

（1）索赔的证据

一方向另一方提出索赔，必须要有正当理由，且有索赔事件发生时的有效证据。

① 对索赔证据的要求

A. 真实性。索赔证据必须是在实施合同过程中确定存在和发生的，必须完全反映实际情况，能经得住推敲。

B. 全面性。所提供的证据应能说明事件的全过程。索赔报告中涉及的索赔理由、事件过程、影响、索赔数额等都应有相应证据，不能零乱和支离破碎。

C. 关联性。索赔的证据应当能够互相说明，相互具有关联性，不能互相矛盾。

D. 及时性。索赔证据的取得及提出应当及时，符合合同约定。

E. 具有法律证明效力。一般要求证据必须是书面文件，有关记录、协议、纪要必须是双方签署的；工程中重大事件、特殊情况的记录、统计必须由合同约定的发包人现场代表或监理工程师签证认可。

② 索赔证据的种类：招标文件、工程合同、发包人认可的施工组织设计、工程图纸、技术规范等；工程各项有关的设计交底记录、变更图纸、变更施工指令等；工程各项经发包人或合同中约定的发包人现场代表或监理工程师签认的签证；工程各项往来信件、指令、信函、通知、答复等；工程各项会议纪要；施工计划及现场实施情况记录；施工日报及工长工作日志、备忘录；工程送电、送水、道路开通、封闭的日期及数量记录；工程停电、停水和干扰事件影响的日期及恢复施工的日期记录；工程预付款、进度款拨付的数额及日期记录；工程图纸、图纸变更、交底记录的送达份数及日期记录；工程有关施工部位的照片及录像等；工程现场气候记录，如有关天气的温度、风力、雨雪等；工程验收报告及各项技术鉴定报告等；工程材料采购、订货、运输、进场、验收、使用等方面的凭据；国家和省级或行业建设主管部门有关影响工程造价、工期的文件、规定等。

（2）承包人的索赔

2013 清单规范第 9.14.2 条指出：根据合同约定，承包人认为非承包人原因发生的事件造成了承包人的损失，应按以下程序向发包人提出索赔：①承包人应在索赔事件发生后 28 天内，向发包人提交索赔意向通知书，说明发生索赔事件的事由。承包人逾期未发出索赔意向通知书的，丧失索赔的权利。② 承包人应在发出索赔意向通知书后 28 天内，向发包人正式提交索赔通知书。索赔通知书应详细说明索赔理由和要求，并附必要的记录和证明材料。③ 索赔事件具有连续影响的，承包人应继续提交延续索赔通知，说明连续影响的实际情况和记录。④ 在索赔事件影响结束后的 28 天内，承包人应向发包人提交最终索赔通知书，说明最终索赔要求，并附必要的记录和证明材料。

（3）发包人的索赔

承包人未能按合同约定履行自己的各项义务或发生错误，给发包人造成经济损失，发包人可按上述时限向承包人提出索赔。

（4）承包人索赔的程序

① 承包人在合同约定的时间内向发包人递交费用索赔意向通知书。

② 发包人指定专人收集与索赔有关的资料。

③ 承包人在合同约定的时间内向发包人递交费用索赔申请表。

④ 发包人指定的专人初步审查费用索赔申请表，符合《建设工程工程量清单计价规范》(GB 50500—2013)第 9.14.2 条规定的条件时予以受理。

⑤ 发包人指定的专人进行费用索赔核对，经造价工程师复核索赔金额后，与承包人协商确定并由发包人批准。

⑥ 发包人指定的专人应在合同约定的时间内签署费用索赔审批表，或发出要求承包人提交有关索赔的进一步详细资料的通知，待收到承包人提交的详细资料后，按本条第 4、5 款的程序进行。

若承包人的费用索赔与工程延期索赔要求相关联时，发包人在作出费用索赔的批准决定时，应结合工程延期的批准，综合作出费用索赔和工程延期的决定。

(5) 发包人索赔的程序

若发包人认为由于承包人的原因造成额外损失，发包人应在确认引起索赔的事件后，按合同约定向承包人发出索赔通知。

承包人在收到发包人索赔通知后并在合同约定时间内未向发包人作出答复，视为该项索赔已经认可。

当合同中对此未作具体约定时，按以下规定办理：

① 发包人应在确认引起索赔的事件发生后 28 天内向承包人发出索赔通知，否则承包人免除该索赔的全部责任。

② 承包人在收到发包人索赔报告后的 28 天内应作出回应，表示同意或不同意并附具体意见。如在收到索赔报告后的 28 天内未向发包人作出答复，视为该项索赔报告已经认可。

5) 索赔费用的计算

费用索赔的项目同合同价款的构成类似，也包括直接费、管理费、利润等。索赔费用的计算方法基本上与报价计算相似。

实际费用法是索赔计算最常用的一种方法。计算原则是以承包人为某项索赔事件所支付的实际开支为根据，向发包人要求费用补偿。用实际费用法计算时，一般是先计算与索赔事件有关的直接费用，然后计算应分摊的管理费、利润等。关键是选择合理的分摊方法。由于实际费用法所依据的是实际发生的成本记录或单据，在施工过程中，系统而准确地积累记录资料非常重要。

(1) 人工费索赔。人工费索赔包括完成合同范围之外的额外工作所花费的人工费用，由于发包人责任的工效降低所增加的人工费用，由于发包人责任导致的人员窝工费，法定的人工费增长等。

(2) 材料费索赔。材料费索赔包括完成合同范围之外的额外工作所增加的材料费，由于发包人责任的材料实际用量超过计划用量而增加的材料费，由于发包人责任的工程延误所导致的材料价格上涨和材料超期储存费用，有经验的承包人不能预料的材料价格大幅度上涨等。

(3) 施工机械使用费索赔。施工机械使用费索赔包括完成合同范围之外的额外工作所增加的机械使用费，由于发包人责任的工效降低所增加的机械使用费，由于发包人责任导致机械停工的窝工费等。机械窝工费的计算，如系租赁施工机械，一般按实际租金计算(应扣除运行使用费用)；如系承包人自有施工机械，一般按机械折旧费加人工费(司机工资)计算。

(4) 管理费索赔。按国际惯例，管理费包括现场管理费和公司管理费。由于我国工程造价没有区别现场管理费和公司管理费，因此有关管理费的索赔需综合考虑。

① 现场管理费索赔包括完成合同范围之外的额外工作所增加的现场管理费，由于发包人责任的工程延误期间的现场管理费等。对部分工人窝工损失索赔时，如果有其他工程仍然进行(非关键线路上的工序)，一般不予计算现场管理费索赔。

② 公司管理费索赔主要指工程延误期间所增加的公司管理费。

国际惯例中，管理费的索赔有以下分摊计算方法：

A. 日费率分摊法。计算公式为：

$$日管理费 = \frac{合同价款中所包含的管理费}{合同工期} \tag{12-22}$$

$$管理费索赔额 = 日管理费 \times 合同延误天数 \tag{12-23}$$

B. 直接费分摊法。计算公式为：

$$单位直接费的管理费率 = \frac{管理费总额}{总直接费} \times 100\% \tag{12-24}$$

$$管理费索赔额 = 索赔直接费 \times 单位工程直接费的管理费率 \tag{12-25}$$

(5) 利润。工程范围变更引起的索赔，承包人是可以列入利润的。而对于工程延误的索赔，由于延误工期并未影响或削减某些项目的实施，未导致利润减少，因此一般很难在延误的费用索赔中加进利润损失。当工程顺利完成，承包人通过工程结算实现了分摊在工程单价中的全部期望利润，但如果因发包人的原因工程终止，承包人可以对合同利润未实现部分提出索赔要求。索赔利润的款额计算与原报价的利润率保持一致，即在工程成本的基础上，乘以原报价利润率，作为该项索赔款的利润。

6) 现场签证

(1) 现场签证的概念。现场签证是指施工企业就施工图纸、设计变更所确定的工程内容以外，施工图预算或预算定额取费中未包含而施工过程中又实际发生费用的施工内容所办理的签证。它是施工过程中所遇到的某些特殊情况实施的书面依据，由此发生的价款也成为工程造价的组成部分。由于现代工程规模和投资都较大，技术含量高，建设周期长，设备材料价格变化快，工程合同不可能对整个施工期可能出现的情况作出准确的预见和约定，工程预算也不可能对整个施工期所发生的费用作出详尽的预测。而且在实际施工中，主客观条件的变化又会给施工过程带来许多不确定的因素。因此，在项目实施整个过程中发生的最终以价款形式体现在工程结算中的现场签证成为控制工程造价的重要环节。它是计算预算外费用的原始依据，是建设工程施工阶段造价管理的主要组成部分。现场签证的正确与否，直接影响到工程造价。

(2) 现场签证的范围。合同造价确定后，施工过程中如有工程变更和材料代用，可由施工单位根据变更核定单和材料代用单来编制变更补充预算，经建设单位签证，对原合同价进行调整。为明确建设单位和施工单位的经济关系和责任，凡施工中发生一切合同预算未包括的工程项目和费用，必须及时根据施工合同规定办理签证，以免事后发生补签和结算困难。

① 追加合同价款签证。指在施工过程中发生的，经建设单位确认后按计算合同价款的方法增加合同价款的签证。主要内容如下：A. 设计变更增减费用，建设单位、设计单位和授权部门签发设计变更单，施工单位应及时编制增减预算，确定变更工程价款，向建设单位办理结算。B. 材料代用增减费用，因材料数量不足或规格不符，应由施工单位的材料部门提出经技术部门决定的材料代用单，经设计单位、建设单位签证后，施工单位应及时编制增减预算，向建设单位办理结算。C. 设计原因造成的返工、加固和拆除所发生的费用，可按实结算确定。D. 技术措施费，施工时采取施工合同中没有包括的技术措施及因施工条件变化所采取的措施费用，应及时与建设单位办理签证手续。E. 材料价差，合同规定允许调整的材料价格的变化，可以计算材料价格的差值。

② 费用签证。指建设单位在合同价款之外需要直接支付的开支的签证，主要内容如下：A. 图纸资料延期交付造成的窝工损失；B. 停水、停电、材料计划供应变更、设计变更造成停工、窝工的损失；C. 停建、缓建和设计变更造成材料积压或不足的损失；D. 因停水、停电、设计变更造成机械停置的损失；E. 其他费用，包括建设单位不按时提供各种许可证，不按期提供建设场地，不按期拨款的利息或罚金的损失，计划变更引起临时工招募或遣散等费用。

(3) 现场签证程序要求。承包人应在收到发包人指令后的 7 天内向发包人提交现场签证报告，报告中应写明所需的人工、材料和施工机械台班的消耗量等内容。发包人应在收到现场签证报告后的 48 小时内对报告内容进行核实，予以确认或提出修改意见。发包人在收到承包人现场签证报告后的 48 小时内未确认也未提出修改意见的，视为承包人提交的现场签证报告已被发包人认可。现场签证工作完成后的 7 天内，承包人应按照现场签证内容计算价款，报送发包人确认后作为追加合同价款，与工程进度款同期支付。

12.5.3 偏差分析

1) 造价(投资)偏差的概念

在造价(投资)控制中，把投资的实际值与计划值的差异叫做投资偏差，即：

投资偏差 = 已完工程实际投资 − 已完工程计划投资 (12-26)

投资偏差结果为正，表示投资超支；结果为负，表示投资节约。但是，必须特别指出，进度偏差对投资偏差分析的结果有重要影响，如果不加考虑就不能正确反映投资偏差的实际情况。例如，某一阶段的投资超支，可能是由于进度超前导致的，也可能是由于物价上涨导致的。所以，必须引入进度偏差的概念。

进度偏差 1 = 已完工程实际时间 − 已完工程计划时间 (12-27)

为了与投资偏差联系起来，进度偏差也可表示为：

进度偏差 2 = 拟完工程计划投资 − 已完工程计划投资 (12-28)

所谓拟完工程计划投资，是指根据进度计划安排在某一确定时间内所应完成的工程内容的计划投资。

拟完工程计划投资 = 拟完工程量(计划工程量) × 计划单价 (12-29)

进度偏差结果为正值，表示工期拖延；结果为负值，表示工期提前。

2）局部偏差、累计偏差的概念

局部偏差有两层含义：一是对于整个项目而言，指各单项工程、单位工程及分部分项工程的投资偏差；二是对于整个项目已经实施的时间而言，是指在每一个控制周期内所发生的投资偏差。

累计偏差是一个动态的概念，其数值总是与具体的时间联系在一起，第一个累计偏差在数值上等于局部偏差，最终的累计偏差就是整个项目的投资偏差。

局部偏差的引入，可使项目投资管理人员清楚地了解偏差发生的时间、所在的单项工程，这有利于分析其发生的原因。而累计偏差所涉及的工程内容较多、范围较大，且原因也较复杂，因而累计偏差分析必须以局部偏差分析为基础。从另一方面来看，因为累计偏差分析是建立在对局部偏差进行综合分析的基础上，所以其结果更能显示出代表性和规律性，对投资控制工作在较大范围内具有指导作用。

3）绝对偏差、相对偏差的概念

绝对偏差是指投资实际值与计划值比较所得到的差额。绝对偏差的结果很直观，有助于投资管理人员了解项目投资出现偏差的绝对数额，并据此采取一定措施，制定或调整投资支付计划和资金筹措计划。但是，绝对偏差也有其局限性。例如，同样是 1 万元的投资偏差，对于总投资为 1 000 万元的项目和总投资为 10 万元的项目而言，其严重性显然是不同的。因此又引入相对偏差这一参数。

$$\text{相对偏差} = \frac{\text{绝对偏差}}{\text{投资计划值}} = \frac{\text{投资实际值} - \text{投资计划值}}{\text{投资计划值}} \tag{12-30}$$

与绝对偏差一样，相对偏差可正可负，且两者同号。正值表示投资超支；反之表示投资节约。两者都只涉及投资的计划值和实际值，既不受项目层次的限制，也不受项目实施时间的限制，因而在各种投资比较中均可采用。

4）偏差程度

偏差程度是指投资实际值对计划值的偏离程度，其表达式为：

$$\text{偏差程度} = \frac{\text{投资实际值}}{\text{投资计划值}} \tag{12-31}$$

偏差程度可参照局部偏差和累计偏差分为局部偏差程度和累计偏差程度。注意累计偏差程度并不等于局部偏差程度的简单相加。以月为控制周期，其公式为：

$$\text{局部偏差程度} = \frac{\text{当月投资实际值}}{\text{当月投资计划值}} \tag{12-32}$$

将偏差程度与进度结合起来，引入进度偏差程度的概念，则可得到以下公式：

$$\text{进度偏差程度} = \frac{\text{已完工程实际时间}}{\text{已完工程计划时间}} \tag{12-33}$$

或

$$\text{进度偏差程度} = \frac{\text{拟完工程计划投资}}{\text{已完工程计划投资}} \tag{12-34}$$

上述各组偏差和偏差程度变量都是投资比较的基本内容和主要参数。投资比较的程度越深，为下一步的偏差分析提供的支持就越有力。

5）偏差分析的方法

偏差分析可采用不同的方法，常用的有横道图法、表格法和曲线法。

(1) 横道图法。用横道图法进行投资偏差分析，是用不同的横道标识已完工程计划投资、拟完工程计划投资和已完工程实际投资，横道的长度与其金额成正比例，见图 12-1。横道图法具有形象、直观、一目了然等优点，它能够准确表达出投资的绝对偏差，而且能一眼感受到偏差的严重性。但是，这种方法反映的信息量少，一般在项目的较高管理层应用。

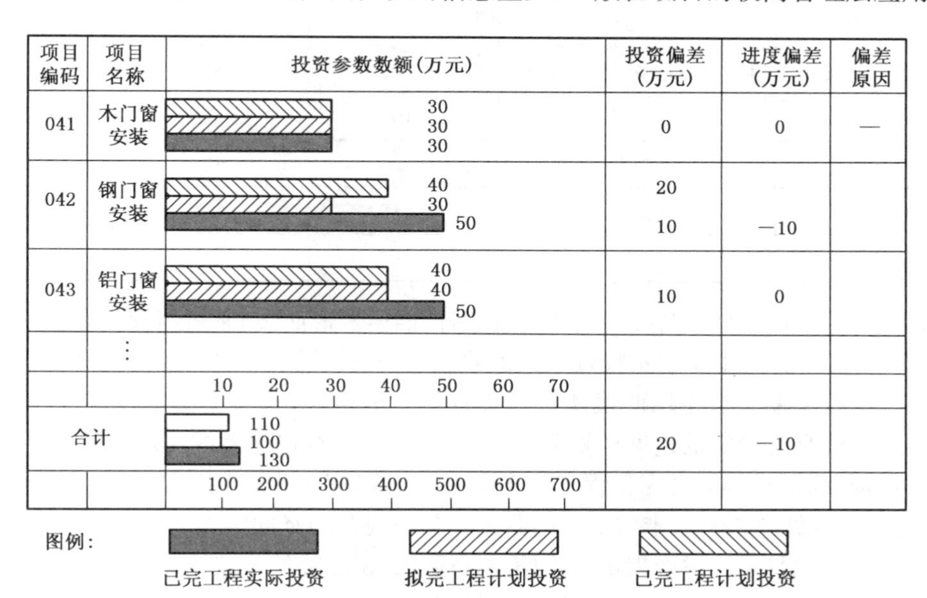

图 12-1 横道图法表示的投资偏差分析

(2) 表格法。表格法是进行偏差分析最常用的一种方法。它将项目编号、名称、各投资参数以及投资偏差数综合归纳在一张表格中，并且直接在表格中进行比较。由于各偏差参数都在表中列出，使得投资管理者能够综合地了解并处理这些数据。

用表格法进行偏差分析具有如下优点：①灵活、适用性强，可根据实际需要设计表格，进行增减项；②信息量大，可以反映偏差分析所需的资料，从而有利于投资控制人员及时采取有针对性的措施，加强控制；③表格处理可借助于计算机，从而节约大量数据处理所需的人力，并大大提高效率。

表 12-4 是用表格法进行偏差分析的例子。

表 12-4 投资偏差分析表

项目编码	(1)	011	012	013
项目名称	(2)	土方工程	打桩工程	基础工程
单位	(3)	m^3	m	m^3
计划单价	(4)	5	6	8

续表 12-4

项目编码	(1)	011	012	013
拟完工程量	(5)	10	11	10
拟完工程计划投资	(6)＝(4)×(5)	50	66	80
已完工程量	(7)	12	16.67	7.5
已完工程计划投资	(8)＝(4)×(7)	60	100	60
实际单价	(9)	5.83	4.8	10.67
其他款项	(10)			
已完工程实际投资	(11)＝(7)×(9)＋(10)	70	80	80
投资绝对偏差	(12)＝(11)－(8)	10	－20	20
投资相对偏差	(13)＝(12)÷(8)	0.167	－0.2	－0.33
进度绝对偏差	(14)＝(6)－(8)	－10	－34	20
进度相对偏差	(15)＝(14)÷(6)	－0.2	－0.52	0.25

(3) 曲线法(赢值法)。曲线法是用投资累计曲线(S 形曲线)来进行投资偏差分析的一种方法,见图 12-2。其中 a 表示投资实际值曲线,p 表示投资计划值曲线,两条曲线之间的竖向距离表示投资偏差。在用曲线法进行投资偏差分析时,首先要确定投资计划值曲线。投资计划值曲线是与确定的进度计划联系在一起的。同时,也应考虑实际进度的影响,应当引入 3 条投资参数曲线,即已完工程实际投资曲线 a,已完工程计划投资曲线 b 和拟完工程计划投资曲线 p,见图 12-3。图 12-3 中曲线 a 与曲线 b 的竖向距离 AB 表示投资偏差,曲线 b 与曲线 p 的水平距离 BP 表示进度偏差。图 12-3 反映的偏差为累计偏差。用曲线法进行偏差分析同样具有形象、直观的特点,但这种方法很难直接用于定量分析,只能对定量分析起一定的指导作用。

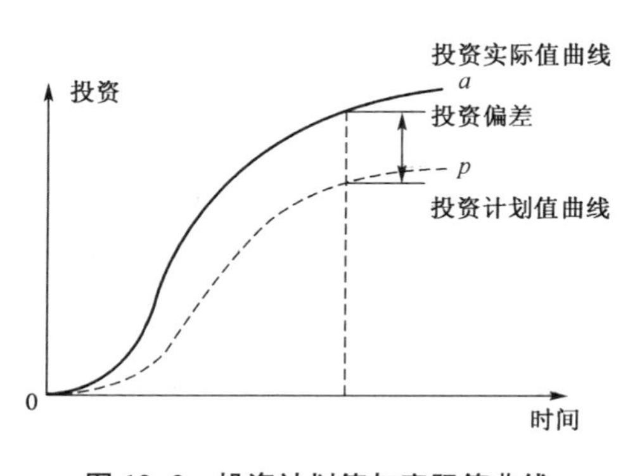

图 12-2 投资计划值与实际值曲线

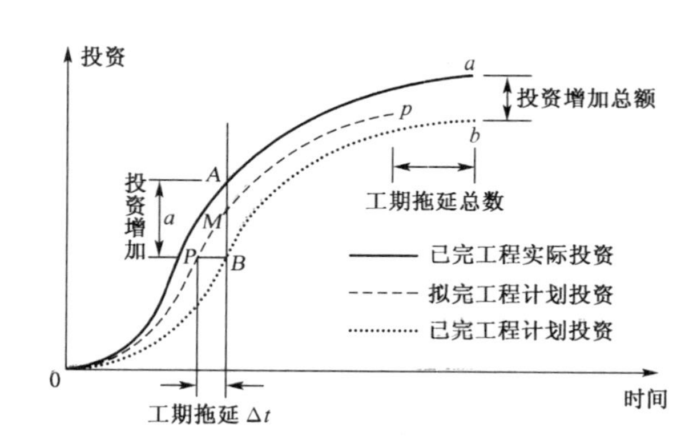

图 12-3 3 条投资参数曲线

6) 偏差原因分析

偏差分析的一个重要目的就是要找出引起偏差的原因,从而有可能采取有针对性的措施,减少或避免相同原因的偏差再次发生。在进行偏差原因分析时,首先应当将已经导致和可能导致偏差的各种原因逐一列举出来。导致不同工程项目产生投资偏差的原因具有一定共性,因而可以通过对已建项目的投资偏差原因进行归纳、总结,为该项目采用预防措施提供依据。一般来说,产生投资偏差的原因见图 12-4。

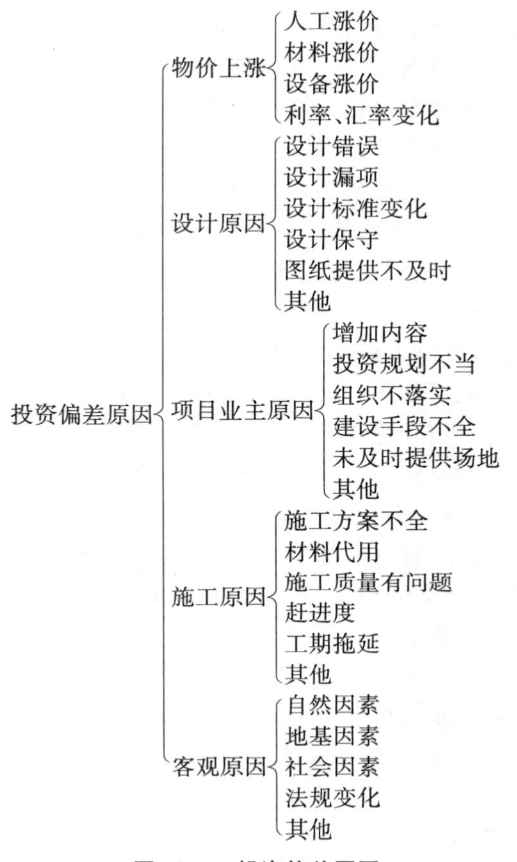

图 12-4 投资偏差原因

7) 纠偏

对偏差原因进行分析的目的是为了有针对性地采取纠偏措施,从而实现投资的动态控制和主动控制。

纠偏首先要确定纠偏的主要对象,比如上面介绍的偏差原因,有些是无法避免和控制的,比如客观原因,只能对其中少数原因做到防患于未然,力求减少该原因所产生的经济损失。对于施工原因所导致的经济损失通常是由承包人自己承担的,从投资控制的角度只能加强合同的管理,避免被承包人索赔。所以,这些偏差原因都不是纠偏的主要对象。纠偏的主要对象是项目业主原因和设计原因造成的投资偏差。在确定了纠偏的主要对象之后,就需要采取有针对性的纠偏措施。纠偏可采用组织措施、经济措施、技术措施和合同措施等。

12.5.4 应用案例

【例 12-6】 某合同钻孔桩的工程情况是,直径为 1.0m 的共计长 1 501 m,直径为 1.2 m 的共计长 8 178 m,直径为 1.3 m 的共计长 2 017 m。原合同规定选择直径为 1.0 m 的钻孔桩做静载破坏试验。显然,如果选择直径为 1.2 m 的钻孔桩做静载破坏试验对工程更具有代表性和指导意义，因此工程师决定变更。但在原工程量清单中仅有直径为 1.0 m 的钻孔桩静载破坏试验的价格，没有直接或其他可套用的价格供参考。经过认真分析，工程师认为，钻孔桩做静载破坏试验的费用主要由两部分构成：一部分为试验费用，另一部分为桩本身的费用，而试验方法及设备并未因试验桩直径的改变而发生变化。因此，可认为试验费用没有增减，费用的增减主要是由钻孔桩直径的变化而引起的桩本身费用的变化。直径为1.2 m 的普通钻孔桩的单价在工程量清单中就可以找到，且地理位置和施工条件相近。因此，采用直径为 1.2 m 的钻孔桩做静载破坏试验的费用＝直径为 1.0m 的钻孔桩静载破坏试验费＋直径为 1.2 m 的钻孔桩的清单价格－直径为 1.0 m 的钻孔桩的清单价格。

【例 12-7】 某合同路堤土方工程完成后，发现原设计在排水方面考虑不周，为此业主同意在适当位置增设排水管涵。在工程量清单上有 100 多道类似管涵，但承包商却拒绝直接从中选择适合的作为参考依据。理由是变更设计提出时间较晚，其土方已经完成并准备开始路面施工，新增工程不但打乱了其进度计划，而且二次开挖土方难度较大，特别是重新开挖用石灰土处理过的路堤，与开挖天然土不能等同。工程师认为承包商的意见可以接受，不宜直接套用清单中的管涵价格。经与承包商协商，决定采用工程量清单上的几何尺寸、地理位置等条件相近的管涵价格作为新增工程的基本单价，但对其中的“土方开挖”一项在原报价基础上按某个系数予以适当提高，提高的费用叠加在基本单价上，构成新增工程价格。

【例 12-8】 某房地产开发公司在建一幢 48.6 m 高 16 层的商品住宅房，建筑面积 12 800 m^2，各层层高及平面相同。该工程招标采用工程量清单计价，承包人包工包全部材料，以1 152 万元包死造价施工，工期 14 个月。该工程现已施工至 8 层。开发公司经批准同意加建 2 层，设计单位经复核亦同意以原标准层图纸施工，其他无变更。承包人愿意接受这一加层任务，并就工期顺延、合同其他条件不变等事项与开发公司协商一致。现要求确定加层部分的造价。承包人提出按 1 152 万元÷16 层×2 层＝144 万元造价签订补充协议。开发公司能否同意承包人的提法？

【解】 不能同意。应按变更工程价款的合同原则执行。本工程采用工程量清单计价，在已标价的工程量清单中，都包括标准层做法的分部分项工程单价。

【例 12-9】 某工程施工过程中，由于发包人委托的另一承包人进行场区道路施工，影响了本承包人正常的混凝土浇筑运输作业。工程师已审批了原预算和降效增加的工日及机械台班的数量，资料如下：受影响部分的工程原预算用工 2 200 工日，预算支出 40 元/工日，原预算机械台班 360 台班，综合台班单价为 180 元/台班，受施工干扰后完成该部分工程实际用工 2 800 工日，实际支出 45 元/工日，实际用机械台班 410 台班，实际支出 200 元/台班。如果承包人提出降效支付要求，人工费和机械使用费各应补偿多少？

【解】 另一承包人影响承包人正常的混凝土浇筑运输作业的降效，这是发包人应当予以补偿的。

人工费补偿为：$(2\,800-2\,200)\times 40=24\,000$ 元

机械台班费补偿为：$(410-360)\times 180=9\,000$ 元

【例 12-10】 某工程项目施工合同于 2000 年 12 月签订，约定的合同工期为 20 个月，2001 年 1 月正式开始施工，施工单位按合同工期要求编制了混凝土结构工程施工进度时标网络计划(图 12-5)，并经工程师审核批准。该项目的各项工作均按最早开始时间安排，且各工作每月所完成的工程量相等。各工作的计划工程量和实际工程量如表 12-5 所示。工

作 D、E、F 的实际工作持续时间与计划工作持续时间相同。

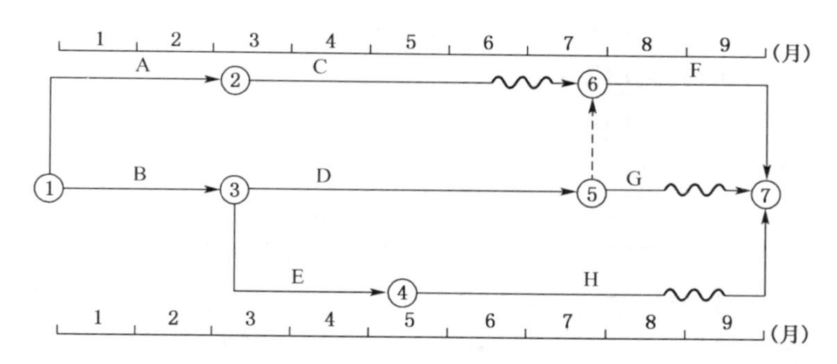

图 12-5　时标网络计划

表 12-5　各工作的计划工程量和实际工程量

工作	A	B	C	D	E	F	G	H
计划工程量(m^3)	8 600	9 000	5 400	10 000	5 200	6 200	1 000	3 600
实际工程量(m^3)	8 600	9 000	5 400	9 200	5 000	5 800	1 000	5 000

合同约定，混凝土结构工程综合单价为 1 000 元/m^3，按月结算。结算价按项目所在地混凝土结构工程价格指数进行调整，项目实施期间各月的混凝土结构工程价格指数如表 12-6 所示。

表 12-6　工程价格指数表

时间	2000 年 12 月	2001 年 1 月	2001 年 2 月	2001 年 3 月	2001 年 4 月	2001 年 5 月	2001 年 6 月	2001 年 7 月	2001 年 8 月	2001 年 9 月
混凝土结构工程价格指数(%)	100	115	105	110	115	110	110	120	110	110

施工期间，由于建设单位原因使工作 H 的开始时间比计划的开始时间推迟了 1 个月，并由于工作 H 工程量的增加使该工作的工作持续时间延长了 1 个月。

问题：

(1) 请按施工进度计划编制资金使用计划(即计算每月和累计拟完工程计划投资)，并简要写出其步骤。将计算结果填入表 12-7 中。

(2) 计算工作 H 各月的已完工程计划投资和已完工程实际投资。

(3) 计算混凝土结构工程已完工程计划投资和已完工程实际投资，将计算结果填入表 12-9中。

(4) 列式计算 8 月月末的投资偏差和进度偏差(用投资额表示)。

【解】 (1) 将各工作计划工程量与单价相乘后除以该工作持续时间，得到各工作每月拟完工程计划投资额；再将时标网络计划中各工作分别按月纵向汇总得到每月拟完工程计划投资额；然后逐月累加得到各月累计拟完工程计划投资额。

(2) H 工作 6～9 月每月完成工程量为：5 000 ÷ 4 ＝ 1 250 m^3/ 月

H 工作 6～9 月已完成工程计划投资均为：1 250×1 000＝125 万元

H 工作已完工程实际投资：

6 月份：125 × 110% = 137.5 万元

7 月份：125 × 120% = 150.0 万元

8 月份：125 × 110% = 137.5 万元

9 月份：125 × 110% = 137.5 万元

（3）计算结果见表 12-7。

表 12-7 计算结果

项目	投资数据								
	1	2	3	4	5	6	7	8	9
每月拟完工程计划投资	880	880	690	690	550	370	530	310	0
累计拟完工程计划投资	880	1 760	2 450	3 140	3 690	4 060	4 590	4 900	0
每月已完工程计划投资	880	880	660	660	410	355	515	415	125
累计已完工程计划投资	880	1 760	2 420	3 080	3 490	3 845	4 360	4 775	4 900
每月已完工程实际投资	1 012	924	726	759	451	390.5	618	456.5	137.5
累计已完工程实际投资	1 012	1 936	2 662	3 421	3 872	4 262.5	4 880.5	5 337	5 474.5

（4）投资偏差：已完工程实际投资－已完工程计划投资＝5 337－4 775＝562 万元，超支 562 万元；进度偏差：拟完工程计划投资－已完工程计划投资＝4 900－4 775＝125 万元，进度拖后 125 万元。

12.6 竣工结算

工程竣工结算是指承包人按照合同规定的内容全部完成所承包的工程，经验收质量合格并符合合同要求之后，向发包人进行的最终工程价款结算。工程竣工结算分为单位工程竣工结算、单项工程竣工结算和建设项目竣工总结算，其中单位工程竣工结算和单项工程竣工结算也可看作是分阶段结算。单位工程竣工结算由承包人编制，发包人审查；实行总承包的工程，由具体承包人编制，在总包人审查的基础上，发包人审查。单项工程竣工结算或建设项目竣工总结算由总（承）包人编制，发包人可直接进行审查，也可以委托具有相应资质的工程造价咨询机构进行审查。政府投资项目，由同级财政部门审查。单项工程竣工结算或建设项目竣工总结算经发、承包人签字盖章后生效。

12.6.1 工程竣工结算的编制

工程竣工结算由承包人或受其委托具有相应资质的工程造价咨询人编制，由发包人或受其委托具有相应资质的工程造价咨询人核对。

1）工程竣工结算编制的主要依据

工程竣工结算编制的主要依据包括以下内容：①《建设工程工程量清单计价规范》

(GB 50500—2013)及《房屋建筑与装饰工程计量规范(GB 50854—2013)》;②施工合同;③工程竣工图纸及资料;④双方确认的工程量;⑤双方确认追加(减)的工程价款;⑥双方确认的索赔、现场签证事项及价款;⑦投标文件;⑧招标文件;⑨其他依据。

2) 工程竣工结算的编制内容

在采用工程量清单计价的方式下,工程竣工结算的编制内容应包括工程量清单计价表所包含的各项费用内容:

(1) 分部分项工程费应依据双方确认的工程量、合同约定的综合单价计算;如发生调整的,以发、承包双方确认调整的综合单价计算。

(2) 措施项目费的计算应遵循以下原则:①采用综合单价计价的措施项目,应依据发、承包双方确认的工程量和综合单价计算。②明确采用"项"计价的措施项目,应依据合同约定的措施项目和金额或发、承包双方确认调整后的措施项目费金额计算。③措施项目费中的安全文明施工费应按照国家或省级、行业建设主管部门的规定计算。施工过程中,国家或省级、行业建设主管部门对安全文明施工费进行了调整的,措施项目费中的安全文明施工费应作相应调整。

(3) 其他项目费应按以下规定计算:①计日工的费用应按发包人实际签证确认的数量和合同约定的相应项目综合单价计算;②暂估价中的材料单价应按发、承包双方最终确认价在综合单价中调整,专业工程暂估价应按中标价或发包人、承包人与分包人最终确认价计算;③总承包服务费应依据合同约定金额计算,如发生调整的,以发、承包双方确认调整的金额计算;④索赔费用应依据发、承包双方确认的索赔事项和金额计算;⑤现场签证费用应依据发、承包双方签证资料确认的金额计算;⑥暂列金额应减去工程价款调整与索赔、现场签证金额计算,如有余额归发包人。

(4) 规费和税金应按照国家或省级、行业建设主管部门对规费和税金的计取标准计算。

12.6.2 工程竣工结算审核

工程竣工结算审核是指对工程项目造价最终计算报告和财务划拨款额进行的审查核定。

1) 竣工结算的审核程序

(1) 承包人递交竣工结算书。承包人应在合同约定时间内编制完成竣工结算书,并在提交竣工验收报告的同时递交给发包人。承包人未在合同约定时间内递交竣工结算书,经发包人催促后仍未提供或没有明确答复的,发包人可以根据已有资料办理结算。

(2) 发包人进行核对。发包人在收到承包人递交的竣工结算书后,应按合同约定时间核对。同一工程竣工结算核对完成,发、承包双方签字确认后,禁止发包人又要求承包人与另一个或多个工程造价咨询人重复核对竣工结算。竣工结算的核对时间按发、承包双方合同约定的时间完成。

最高人民法院《关于审理建设工程施工合同纠纷案件适用法律问题的解释》(法释〔2004〕14号)第二十条规定:"当事人约定,发包人收到竣工结算文件后,在约定期限内不予答复,视为认可竣工结算文件的,按照约定处理。承包人请求按照竣工结算文件结算工程价款的,应予支持。"根据这一规定,要求发、承包双方不仅应在合同中约定竣工结算的核对时间,并应约定发包人在约定时间内对竣工结算不予答复，视为认可承包人递交的竣工结算的条款。

合同中对核对竣工结算时间没有约定或约定不明的，根据财政部、建设部印发的《建设工程价款结算暂行办法》(财建〔2004〕369 号)第十四条(三)项规定，按表 12-8 规定时间进行核对并提出核对意见。

表 12-8 工程竣工结算审查时限

工程竣工结算报告金额	审 查 时 间
500 万元以下	从接到竣工结算报告和完整的竣工结算资料之日起 20 天
500 万～2 000 万元	从接到竣工结算报告和完整的竣工结算资料之日起 30 天
2 000 万～5 000 万元	从接到竣工结算报告和完整的竣工结算资料之日起 45 天
5 000 万元以上	从接到竣工结算报告和完整的竣工结算资料之日起 60 天

建设项目竣工总结算在最后一个单项工程竣工结算核对确认后 15 天内汇总，送发包人后 30 天内核对完成。

合同约定或规范规定的结算核对时间含发包人委托工程造价咨询人核对的时间。

(3) 发、承包双方签字确认后，表示工程竣工结算完成，禁止发包人又要求承包人与另一或多个工程造价咨询人重复核对竣工结算。

发包人或受其委托的工程造价咨询人收到承包人递交的竣工结算书后，在合同约定时间内，不核对竣工结算或未提出核对意见的，视为承包人递交的竣工结算书已经认可，发包人应向承包人支付工程结算价款。

承包人在接到发包人提出的核对意见后，在合同约定时间内，不确认也未提出异议的，视为发包人提出的核对意见已经认可，竣工结算办理完毕。

发包人应对承包人递交的竣工结算书签收，拒不签收的，承包人可以不交付竣工工程。

承包人未在合同约定时间内递交竣工结算书的，发包人要求交付竣工工程，承包人应当交付。

竣工结算办理完毕，发包人应将竣工结算书报送工程所在地工程造价管理机构备案。竣工结算书作为工程竣工验收备案、交付使用的必备文件。

(4) 工程竣工结算价款的支付。竣工结算办理完毕，发包人应根据确认的竣工结算书在合同约定时间内向承包人支付工程竣工结算价款。发包人未在合同约定时间内向承包人支付工程结算价款的，承包人可催告发包人支付结算价款。如达成延期支付协议的，发包人应按同期银行同类贷款利率支付拖欠工程价款的利息。如未达成延期支付协议，承包人可以与发包人协商将该工程折价，或申请人民法院将该工程依法拍卖，承包人就该工程折价或者拍卖的价款优先受偿。

2) 竣工结算的审核内容

竣工结算审核必须严格遵守国家有关规章制度，严格依法办事，科学合理，不偏不倚，应对审核质量负责，不得营私舞弊或敷衍了事以权谋私。

单位工程竣工结算审核是在经审定的施工图预算造价或者合同价款基础上进行的，审核的内容主要包括审核施工合同、审核设计变更、审核施工进度。

(1) 审核施工合同。施工合同是明确发包人和承包人双方责任、权利与义务的法律文件之一。合同的签订方式直接影响竣工结算的编制与审核。竣工结算审核时,首先必须了解施工合同有关工程造价确定的具体内容和要求,确定竣工结算审核的重点。

① 对招标承包的工程,竣工结算审核不能实施全过程审核,其中通过招标投标确定下来的合同价部分,只审核其中是否有违反合同法及施工实际的不合理费用项目,尤其是总价合同,不再进行从工程量到工程单价的具体项目审核,以维护合同与招标投标过程的严肃性,审核重点主要是设计变更审核与价差审核。对于单价合同,则需要复核按图施工的工程量。

② 对未经过招投标程序的一般包工包料工程,竣工结算审核重点应落实在竣工结算全部内容上,即从工程量审核入手,定额套用审核,直至进行对设计变更、价差等有关项目审核。审核过程同施工图预算(定额计价法)审查。

(2) 审核设计变更

① 审核设计变更手续是否合理、合规。设计变更应当有变更通知单,并具备发包人、承包人的签字盖章。对于影响较大的结构变更,例如改变柱梁个数、体积、配筋量等,还必须具有设计单位的签字。

② 审核设计变更的真实性,即工程实体与设计变更通知要求应相吻合。为此,需要经过实地勘察或了解施工验收记录,对于隐蔽工程部位尤其要注意,如工程实际部位符合设计变更要求,属真实变更,予以认可。

符合以上两个条件的设计变更才是有效的变更。

③ 审核设计变更数量的真实性。要审核设计变更部位的工程量增减是否正确;变更部位的单价选用或者定额套用是否合理,设计变更部位的增减变化是否得到了如实反映;设计变更计算过程是否规范。

(3) 审核施工进度

施工进度直接影响竣工结算造价。这部分的审核内容主要是:

① 审核工程进度计划的落实情况。如发生因发包人原因造成的停工、返工现象,应根据签证,考虑人工费增加。

② 审核工程施工进度是否与工程量数量相对应,不同施工阶段的工程量数量比例是费用计算的主要依据。

③ 审核施工过程中有关人工、机械台班和材料价格与取费文件变化情况,选择合适的计算标准,使竣工结算与工程施工过程相吻合。

上述审核过程完结后,汇总审核后的竣工结算造价,达成由发包人(审核单位)、承包人双方认可的审定数额,作出审核结论(审核报告)。审定的竣工结算数额是发包人支付承包人工程价款的最终标准。

12.6.3 工程竣工结算的争议处理

发包人以对工程质量有异议,拒绝办理工程竣工结算的,已竣工验收或已竣工未验收但实际投入使用的工程,其质量争议按该工程保修合同执行,竣工结算按合同约定办理;已竣工未验收且未实际投入使用的工程以及停工、停建工程的质量争议,双方应就有争议的部分委托有资质的检测鉴定机构进行检测,根据检测结果确定解决方案,或按工程质量监督机构的处理决定执行后办理竣工结算,无争议部分的竣工结算按合同约定办理。

习题

一、单项选择题

1. 工程项目定标后，建设方和施工方对工程的质量重新约定的(　　)。

A. 约定有效　　　　B. 约定无效

C. 经招投标管理机构认定有效　　　　D. 经建设主管部门认定有效

2. 监理对施工方出具的工程量签证单(　　)。

A. 只涉及工程的量　　　　B. 只涉及工程的价

C. 既涉及工程的量，也涉及工程的价　　　　D. 可能还涉及工程的工期

3. 施工企业向建设单位索赔时证据(　　)。

A. 双方都有责任提供　　　　B. 只能由建设单位提供

C. 只能由施工方提供　　　　D. 监理方负有证据的提供责任

4. 施工合同履行过程中出现了索赔事件，如果合同规定索赔时间为索赔事件发生后30日内提出，则正确的说法是(　　)。

A. 索赔时效以索赔事件发生后28日为准

B. 索赔时效以索赔事件发生后30日为准

C. 索赔时效以索赔事件发生后14日为准

D. 索赔时效以索赔事件发生后7日为准

5. 施工单位在办理工程竣工结算时(　　)。

A. 应先递交完整的竣工结算文件　　　　B. 可以随后递交完整的竣工结算文件

C. 应当同时递交完整的竣工结算文件　　　　D. 不必递交完整的竣工结算文件

二、计算题

某建设项目，其建筑工程承包合同价为800万元。合同规定，预付备料款额度为18%，竣工结算时应留5%尾款做保证金。该工程主要材料及结构构件金额占工程价款的60%；各月完成工作量情况见下表，计算该工程的预付备料款和起扣点，并计算按月结算该工程进度款。

月　份	2月	3月	4月	5月	6月
完成工程产值(万元)	100	150	200	200	150

三、分析题

某汽车制造厂建设施工土方工程中，承包商在合同标明有松软石的地方没有遇到松软石，因此工期提前1个月。但在合同中另一未标明有坚硬岩石的地方遇到更多的坚硬岩石，开挖工作变得更加困难，由此造成了实际生产率比原计划低得多，经测算影响工期3个月。由于施工速度减慢，使得部分施工任务拖到雨季进行，按一般公认标准推算，又影响工期2个月。为此承包商准备提出索赔。

(1) 该项施工索赔能否成立？为什么？

(2) 在该索赔事件中，应提出的索赔内容包括哪两方面？

(3) 在工程施工中，通常可以提供的索赔证据有哪些？

(4) 承包商应提供的索赔文件有哪些？请协助承包商拟定一份索赔通知。

13 竣工决算

教学目标

主要讲述工程项目竣工决算的基本理论和方法。通过本章学习，应达到以下目标：

(1) 熟悉竣工验收、工程保修期限以及费用的处理。

(2) 掌握竣工决算的内容和编制。

(3) 理解竣工决算审计的意义和内容。

13.1 概述

13.1.1 建设项目竣工验收

1) 竣工验收概述

(1) 竣工验收的概念。竣工验收是建设工程的最后阶段，是严格按照国家有关规定组成验收组进行的，是建设项目实现由承包人管理向发包人管理的重要过渡，标志着建设成果可以转入生产或使用。建设项目竣工验收是指由建设单位、施工单位和项目验收委员会，以项目批准的设计任务书和设计文件、国家或部门颁发的施工验收规范和质量检验标准为依据，按照一定的程序和手续，在项目建成并且工业生产性项目试生产合格后，对项目的总体进行检验、综合评价和鉴定的活动。

(2) 竣工验收的范围。国家颁布的建设法规规定，凡新建、扩建、改建的基本建设项目和技术改造项目(所有列入固定资产投资计划的建设项目或单项工程)，已按国家批准的设计文件所规定的内容建成，符合验收标准的，必须及时组织验收，办理固定资产移交手续。此外，对于某些特殊情况，工程施工虽未全部按设计要求完成，也应进行验收，这些特殊情况主要有：①因少数非主要设备或某些特殊材料短期内不能解决，虽然工程内容尚未全部完成，但已可以投产或使用的工程项目；②规定要求的内容已完成，但因外部条件的制约，如流动资金不足、生产所需原材料不能满足等，而使已建工程不能投入使用的项目；③有些建设项目或单项工程，已形成部分生产能力，但近期内不能按原设计规模续建。应从实际情况出发，经主管部门批准后，可缩小规模对已完成的工程和设备组织竣工验收，移交固定资产；④国外引进设备项目，按照合同规定完成负荷调试、设备考核合格后，进行竣工验收。

(3) 竣工验收的依据。竣工验收的依据有批准的设计任务书、初步设计或扩大初步设计、施工图和设备技术说明书、现行施工技术验收规范以及主管部门(公司)有关审批、修改、调整文件等。从国外引进新技术或成套设备的项目以及中外合资建设项目，还应按照签订的合同和国外提供的设计文件等资料进行验收。

(4) 竣工验收的标准:①生产性项目和辅助性公用设施,已按设计要求完成,能满足生产使用要求;②主要工艺设备、动力设备均已安装配套,经无负荷联动试车和有负荷联动试车合格,并已形成生产能力,能够生产出设计文件所规定的产品;③必要的生产设施,已按设计要求建成;④生产准备工作能适应投产的需要,其中包括生产指挥系统的建立,经过培训的生产人员已能上岗操作,生产所需的原材料、燃料和备品备件的储备,经验收检查能够满足连续生产要求;⑤环境保护设施、劳动安全卫生设施、消防设施已按设计要求与主体工程同时建成使用。

2) 竣工验收的方式

建设项目竣工验收的方式可分为单位工程竣工验收、单项工程竣工验收和全部工程竣工验收三种方式。

单位工程竣工验收(中间验收)由监理人组织。分段验收或中间验收的做法也符合国际惯例,它可以有效控制分项、分部和单位工程的质量,保证建设工程项目系统目标的实现。

单项工程竣工验收(交工验收)由发包人组织。承包人要按照国家规定,整理好全部竣工资料并完成现场竣工验收的准备工作,明确提出交工要求,发包人应按约定的程序及时组织正式验收。

全部工程的竣工验收(动用验收)由发包人组织。全部工程的竣工验收,一般是在单位工程、单项工程竣工验收的基础上进行。对已经交付竣工验收的单位工程(中间交工)或单项工程并已办理了移交手续的,原则上不再重复办理验收手续,但应将单位工程或单项工程竣工验收报告作为全部工程竣工验收的附件加以说明。

3) 竣工验收的程序

(1) 承包人申请交工验收。一般为单项工程,也可以是单位工程,承包人先预检验。

(2) 监理人现场初步验收。在初验中发现的质量问题要及时书面通知承包人,令其修理甚至返工。

(3) 单项工程验收。单项工程验收又称为交工验收,验收合格后发包人方可投入使用。由发包人组织的交工验收,由监理单位、设计单位、承包人、工程质量监督站等参加。验收合格的单项工程,在全部工程验收时,原则上不再办理验收手续。

(4) 全部工程的竣工验收。全部工程的竣工验收分为验收准备、预验收和正式验收三个阶段。

大中型和限额以上的建设项目的正式验收,由国家投资主管部门或其委托项目主管部门或地方政府组织验收,一般由竣工验收委员会(或验收小组)主任(或组长)主持,具体工作可由总监理工程师组织实施。

13.1.2 竣工决算的含义与作用

1) 竣工决算的概念

竣工决算是以实物数量和货币指标为计量单位,综合反映竣工项目从筹建开始到项目竣工交付使用为止的全部建设费用、投资效果和财务情况的总结性文件。

为了严格执行基本建设项目竣工验收制度,正确核定新增固定资产价值,考核投资效果，建立健全项目法人责任制，按照国家关于基本建设项目规模的大小，可分为大、中型建设项目竣工决算和小型建设项目竣工决算两大类。

2）竣工决算与竣工结算的区别

（1）编制单位不同。竣工结算由施工单位编制；竣工决算由建设单位编制。

（2）编制范围不同。结算由单位工程分别编制；决算按整个项目，包括技术、经济、财务等，在结算的基础上加设备费、勘察设计费、征地费、拆迁费等，形成最后的固定资产，决算范围大于结算。

（3）编制作用不同。竣工结算从施工单位的角度出发，是施工单位按合同与建设单位结清工程费用的依据；是施工单位考核工程成本，进行经济核算的依据；同时也是建设单位编制建设项目竣工决算的依据。竣工决算从建设单位的角度出发，是建设单位正确确定固定资产价值和核定新增固定资产价值的依据；是建设单位考核建设成本和分析投资效果的依据。

3）竣工决算的作用

竣工验收的项目在办理验收手续前，必须对所有财产和物资进行清理，编好竣工决算。

（1）竣工决算是基本建设成果和财务的综合反映。建设工程竣工决算包括了基本项目从筹建到建成投产（或使用）的全部费用。它不仅用货币形式表示基本建设的实际成本和有关指标，而且还包括建设工期、主要工程量和资产的实物量以及各项技术经济指标。它综合了工程的年度财务决算，全面地反映了基本建设的主要情况。

（2）竣工决算是竣工验收报告的重要组成部分，也是办理交付使用资产的依据。建设单位向主管部门提出验收报告，其中主要组成部分是建设单位编制的竣工决算文件，作为验收委员会（或小组）的验收依据。验收人员要检查建设项目的实际建筑（构）物、和生产设备与设施的生产和使用情况，同时审查竣工决算文件中的有关内容和指标，确定建设项目的验收结果。竣工决算中详细地计算了建设项目所有的建筑工程费、安装工程费、设备费和其他费用等新增固定资产总额及流动资金，作为建设管理部门向企事业使用单位移交财产的依据。

（3）竣工决算分析是检查概预算执行情况、考核投资效果的依据。设计概算和施工图预算都是人们在建筑施工前不同建设阶段根据有关资料进行计算，确定拟建工程所需要的费用，属于计划成本的范畴。而建设工程竣工决算所确定的建设费用是人们在建设活动中实际支出的费用，通过“三算”对比，能够直接反映出固定资产投资计划完成情况和投资效果。

13.2 竣工决算的内容

建设项目竣工决算应包括从筹建到竣工投产全过程的全部实际费用，即建筑工程费用、安装工程费用、设备工器具购置费用和工程建设其他费用以及预备费和投资方向调节税支出费用等。

按照财政部、国家发展改革委及住房和城乡建设部的有关文件规定，竣工决算是由竣工财务决算说明书、竣工财务决算报表、工程竣工图和工程竣工造价对比分析四部分组成。其中，竣工财务决算说明书和竣工财务决算报表两部分又称为建设项目竣工财务决算，是竣工决算的核心内容。

13.2.1 建设项目竣工财务决算说明书

竣工决算说明书主要反映竣工工程建设成果和经验，是对竣工决算报表进行分析和补充说明的文件，是全面考核分析工程投资与造价的书面总结，主要包括以下内容：

（1）建设项目概况。一般从进度、质量、安全和造价、施工方面进行分析说明，体现对工程总的评价。

（2）会计账务的处理、财产物资情况及债权债务的清偿情况。

（3）资金节余、基建结余资金等的上交分配情况。

（4）主要技术经济指标的分析、计算情况。概算执行情况分析，根据实际投资完成额与概算进行对比分析；新增生产能力的效益分析，应说明交付使用财产占总投资额的比例，不增加固定资产的造价占投资总额的比例，分析投资有机构成和成果。

（5）基本建设项目管理及决算中存在的问题、建议。

（6）需要说明的其他事项。

13.2.2 建设项目竣工财务决算报表

竣工财务决算报表的格式根据大、中型项目和小型工程项目不同情况分别制定，共有 6 种表，报表结构如图 13-1 所示，其中表 13-6 由表 13-2 和表 13-3 合并而成。

根据财政部有关文件规定，建设项目竣工财务决算报表按大、中型建设项目和小型建设项目分别制定，有关报表格式如下：

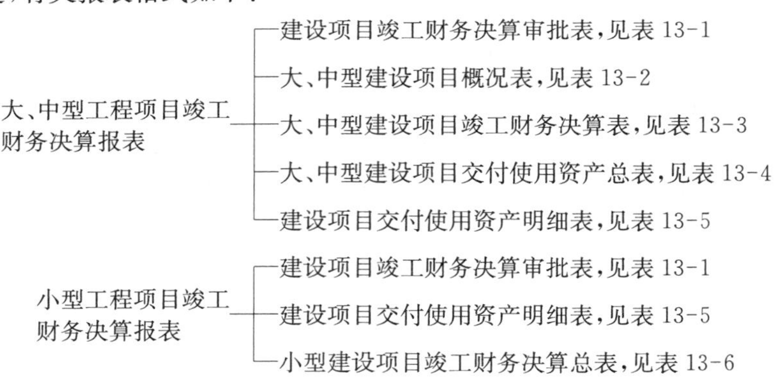

图 13-1 竣工财务决算报表结构图

1）建设项目竣工财务决算审批表

大、中、小型建设项目竣工决算都要填报此表，格式见表 13-1。表中建设性质按新建、扩建、改建、迁建和恢复建设项目等分类填列；主管部门是指建设单位的主管部门；所有建设项目均须先经开户银行签署意见后，按下列要求报批：

(1) 中央级小型建设项目由主管部门签署审批意见。

(2) 中央级大、中型建设项目报所在地财政监察专员办理机构签署意见后，再由主管部门签署意见报财政部审批。

(3) 地方级项目由同级财政部门签署审批意见。

表 13-1 建设项目竣工财务决算审批表

建设项目法人(建设单位)		建设性质	
建设项目名称		主管部门	
开户银行意见： (盖章) 年 月 日			
专员办审批意见： (盖章) 年 月 日			
主管部门或地方财政部门审批意见： (盖章) 年 月 日			

2) 大、中型建设项目概况表

该表综合反映大、中型项目的基本概况，内容包括该项目总投资、建设起止时间、新增生产能力、主要材料消耗、建设成本、完成主要工程量和主要技术经济指标，为全面考核和分析投资效果提供依据，格式见表 13-2。表中建设项目名称、建设地址、主要设计单位和主要施工单位应按全名填列；各项目的设计、概算、计划指标是指经批准的设计文件和概算、计划等确定的指标数据；设计概算批准文号，是指最后经批准的日期和文件号；新增生产能力、完成主要工程量、主要材料消耗的实际数据，是指建设单位统计资料和施工企业提供的有关成本核算资料中的数据；主要技术经济指标，包括单位面积造价、单位生产能力投资、单位投资增加的生产能力、单位生产成本和投资回收年限等反映投资效果的综合性指标；收尾工程是指全部工程项目验收后还遗留的少量收尾工程，在表中应明确填写收尾工程内容、完成时间，尚需投资额(实际成本)，可根据具体情况填写并加以说明，该部分工程完工后不再编制竣工决算；基建支出，是指建设项目从开工起至竣工止发生的全部基建支出，包括形成资产价值的交付使用资产，即固定资产、流动资产、无形资产、递延资产支出，以及不形成资产价值按规定应核销的非经营性项目的待核销基建支出和转出投资，这些基建支出，应根据财政部门历年批准的“基建投资表”中的数据填列。需要注意的是：

(1) 建筑安装工程投资支出、设备工具投资支出、待摊投资支出和其他投资支出构成建设项目的建设成本。其中，建筑安装工程投资支出是指建设单位按项目概算发生的建筑工程和安装工程的实际成本，不包括被安装设备本身的价值以及按合同规定支付给施工企业的预付备料款和预付工程款；设备工具器投资支出是指建设单位按照项目概算内容发生的各种设备的实际成本和为生产准备的不够固定资产标准的工具、器具的实际成本；待摊投资支出是指建设单位按项目概算内容发生的，按规定应当分摊计入交付使用资产价值的各项费用支出，包括建设单位管理费、土地征用及迁移补偿费、勘察设计费、研究试验费、可行性研究费、临时设施费、设备检验费、负荷联动试运转费、包干结余、坏账损失、借款等利息、合同公证及工程质量监理费、土地使用税、汇兑损益、国外借款手续费及承诺费、施工机构迁移费、报废工程损失、耕地占用税、土地复垦及补偿费、投资方向调节税、固定资产损失、器材处理亏损、设备盘亏毁损、调整器材调拨价格折价、企业债券发行费用、概(预)算审查费、(贷款)项目评估费、社会中介机构审计费、车船使用税、其他待摊销投资支出等;其他投资支出是指建设单位按项目概算内容发生的,构成建设项目实际支出的房屋购置和基本禽畜、林木等购置、饲养、培养支出以及取得各种无形资产和递延资产发生的支出。

表 13-2 大、中型建设项目概况表

<table>
<tr><td>建设项目
(单项工程)
名称</td><td colspan="2"></td><td>建设地址</td><td colspan="4"></td><td rowspan="9">基建
支出</td><td colspan="2" rowspan="9">合计</td><td>概算</td><td>实际</td><td>主要
指标</td></tr>
<tr><td>主要设计单位</td><td colspan="2"></td><td>主要施
工企业</td><td colspan="4"></td><td>建筑安装
工程</td><td></td><td rowspan="14"></td></tr>
<tr><td rowspan="2">占地面积</td><td>计划</td><td>实际</td><td rowspan="2">总投资
(万元)</td><td colspan="2">设计</td><td colspan="2">实际</td><td>设备、工
具器具</td><td></td></tr>
<tr><td></td><td></td><td>固定
资产</td><td>流动
资产</td><td>固定
资产</td><td>流动
资产</td><td>待摊投资
其中:建设单
位管理费</td><td></td></tr>
<tr><td></td><td></td><td></td><td></td><td></td><td></td><td></td><td></td><td>其他投资</td><td></td></tr>
<tr><td>新增生产能力</td><td colspan="2">能力(效益)
名称</td><td>设计</td><td colspan="4">实 际</td><td>待核销基建
支出</td><td></td></tr>
<tr><td></td><td colspan="2"></td><td></td><td colspan="4"></td><td>非经营项目
转出投资</td><td></td></tr>
<tr><td rowspan="2">建设起、止
时间</td><td colspan="2">设计</td><td colspan="5">从 年 月开工至 年 月竣工</td><td rowspan="2">合计</td><td rowspan="2"></td></tr>
<tr><td colspan="2">实际</td><td colspan="5">从 年 月开工至 年 月竣工</td></tr>
<tr><td>设计概算
批准文号</td><td colspan="7"></td><td rowspan="4">主要
材料
消耗</td><td>名称</td><td>单位</td><td>概算</td><td>实际</td></tr>
<tr><td rowspan="3">完成主要
工程量</td><td colspan="2">建筑面积
(m^2)</td><td colspan="5">设备(台、套、t)</td><td>钢材</td><td>t</td><td></td><td></td></tr>
<tr><td>设计</td><td>实际</td><td colspan="3">设计</td><td colspan="2">实际</td><td>木材</td><td>m^3</td><td></td><td></td></tr>
<tr><td></td><td></td><td colspan="3"></td><td colspan="2"></td><td>水泥</td><td>t</td><td></td><td></td></tr>
<tr><td rowspan="2">收尾工程</td><td colspan="2">工程内容</td><td colspan="3">投资额</td><td colspan="2">完成时间</td><td rowspan="2">主要
技术
经济
指标</td><td colspan="4" rowspan="2"></td></tr>
<tr><td colspan="2"></td><td colspan="3"></td><td colspan="2"></td></tr>
</table>

(2) 待核销基建支出是指非经营性项目发生的江河清障、航道清淤、飞播造林、补助群众造林、水土保持、城市绿化、取消项目可行性研究费、项目报废等不能形成资产部分的投资。但是若形成资产部分的投资,应计入交付使用资产价值。

(3) 非经营性项目转出投资支出是指非经营性项目为项目配套的专用设施投资,包括专用道路、专用通讯设施、送变电站、地下管道等。这部分内容产权不属本单位。但是，若产权归属本单位的，应计入交付使用资产价值。

3）大、中型建设项目竣工财务决算表

该表反映竣工的大中型建设项目从开工到竣工为止全部资金来源和资金运用的情况，它是考核和分析投资效果，落实结余资金，并作为报告上级核销基本建设支出和基本建设拨款的依据。该表采用平衡表形式，即资金来源合计应等于资金占用（支出）合计。

表 13-3　大、中型建设项目竣工财务决算表

资金来源	金额	资金占用	金额	补充资料
一、基建拨款		一、基本建设支出		1. 基建投资借款期末余额
1. 预算拨款		1. 交付使用资产		
2. 基建基金拨款		2. 在建工程		2. 应收生产单位投资借款期末余额
3. 进口设备转账拨款		3. 待核销基建支出		
4. 器材转账拨款		4. 非经营项目转出投资		3. 基建结余资金
5. 煤代油专用基金拨款		二、应收生产单位投资借款		
6. 自筹资金拨款		三、拨款所属投资借款		
7. 其他拨款		四、器材		
二、项目资本金		其中：待处理器材损失		
1. 国家资本		五、货币资金		
2. 法人资本		六、预付及应收款		
3. 个人资本		七、有价证券		
三、项目资本公积金		八、固定资产		
四、基建借款		固定资产原值		
五、上级拨入投资借款		减：累计折旧		
六、企业债券资金		固定资产净值		
七、待冲基建支出		固定资产清理		
八、应付款		待处理固定资产损失		
九、未付款				
1. 未交税金				
2. 未交基建收入				
3. 未交基建包干节余				
4. 其他未交款				
十、上级拨入资金				
十一、留成收入				
合　　计		合　　计		

资金来源包括基建拨款、项目资本金、项目资本公积金、基建借款、上级拨入投资借款、企业债券资金、待冲基建支出、应付款和未交款以及上级拨入资金和企业留成收入等。其中，预算拨款、自筹资金拨款及其他拨款、项目资本金、基建借款及其他借款等项目，是指自项目开工建设至竣工止的累计数，应根据历年批复的年度基本建设财务决算和竣工年度的基本建设财务决算中资金平衡表相应项目的数字进行汇总；项目资本金是经营性项目投资者按国家关于项目资本金制度的规定，筹集并投入项目的非负债资金，按其投资主体不同，分为国家资本金、法人资本金、个人资本金和外商资本金并在财务决算表中单独反映，竣工决算后，相应转为生产经营企业的国家资本金、法人资本金、个人资本金和外商资本金；项目资本公积金是指经营性项目对投资者实际缴付的出资额超出其资金的差额(包括发行股票的溢价净收入)、资产评估确认价值或者合同协议约定价值与原账面净值的差额、接受捐赠的财产、资本汇率折算差额等，在项目建设期间作为资本公积金，项目建成交付使用并办理竣工决算后，转为生产经营企业的资本公积金；基建收入是指基建过程中形成的各项工程建设副产品变价净收入、负荷试车的试运行收入以及其他收入。具体内容如下：

① 工程建设副产品变价净收入，包括煤炭建设过程中的工程煤收入、矿山建设中的矿产品收入以及油(汽)田钻井建设过程中的原油(汽)收入等。

② 经营性项目为检验设备安装质量进行的负荷试车或按合同及国家规定进行试运行所实现的产品收入，包括水利、电力建设移交生产前的水、电、热费收入，原材料、机电轻纺、农林建设移交生产前的产品收入以及铁路、交通临时运营收入等。

③ 各类建设项目总体建设尚未完成和移交生产，但其中部分工程简易投产而发生的经营性收入等。

④ 工程建设期间各项索赔以及违约金等其他收入。

以上各项基建收入均是以实际所得纯收入计列，即实际销售收入扣除销售过程中所发生的费用和税收后的纯收入。

资金占用(支出)反映建设项目从开工准备到竣工全过程的资金支出的全面情况。具体内容包括基本建设支出、应收生产单位投资借款、库存器材、货币资金、有价证券和预付及应收款以及拨付所属投资借款和库存固定资产等。

补充资料的“基建投资借款期末余额”是指建设项目竣工时尚未偿还的基建投资借款数，应根据竣工年度资金平衡表内的“基建借款”项目期末数填列；“应收生产单位投资借款期末数”，应根据竣工年度资金平衡表内的“应收生产单位投资借款”项目的期末数填列；“基建结余资金”是指项目竣工时的结余资金，应根据竣工财务决算表中有关项目计算填列，基建结余资金计算公式为：

基建结余资金＝基建拨款＋项目资本金＋项目资本公积金＋基建投资借款＋企业债券资金＋待冲基建支出－基本建设支出－应收生产单位投资借款

4) 大、中型建设项目交付使用资产总表

表13-4反映建设项目建成后，交付使用新增固定资产、流动资产、无形资产和递延资产的全部情况及价值，可作为财产交接、检查投资计划完成情况和分析投资效果的依据。表中各栏目数据应根据交付使用资产明细表的固定资产、流动资产、无形资产、递延资产的汇总数分别填列，表13-4中总计栏的总计数应与竣工财务决算表中的交付使用资产的金额一致；表13-4中第2、7栏的合计数和8、9、10栏的数据应与竣工财务决算表中交付使用的固

定资产、流动资产、无形资产、递延资产的数据相符。

表 13-4 大、中型建设项目交付使用资产总表

<table>
<tr><td rowspan="2">单项工程项目名称</td><td rowspan="2">总计</td><td colspan="5">固定资产</td><td rowspan="2">流动资产</td><td rowspan="2">无形资产</td><td rowspan="2">递延资产</td></tr>
<tr><td>建筑工程</td><td>安装工程</td><td>设备</td><td>其他</td><td>合计</td></tr>
<tr><td>1</td><td>2</td><td>3</td><td>4</td><td>5</td><td>6</td><td>7</td><td>8</td><td>9</td><td>10</td></tr>
<tr><td></td><td></td><td></td><td></td><td></td><td></td><td></td><td></td><td></td><td></td></tr>
<tr><td></td><td></td><td></td><td></td><td></td><td></td><td></td><td></td><td></td><td></td></tr>
</table>

交付单位签章　　年　　月　　日　　　　　　　　　　接收单位签章　　年　　月　　日

5）建设项目交付使用资产明细表

大、中型和小型建设项目均要填列此表，格式见 13-6，此表反映交付使用固定资产、流动资产、无形资产和递延资产的详细内容，是使用单位建立资产明细账和登记新增资产价值的依据。

6）小型建设项目竣工财务决算总表

此表由大、中型建设项目概况表与竣工财务决算表合并而成，主要反映小型建设项目的全部工程和财务状况。可参照大、中型建设项目情况表指标和大、中型建设项目竣工财务决算的指标口径填列。

表 13-5 建设项目交付使用资产明细表

<table>
<tr><td rowspan="2">单项工程项目名称</td><td colspan="3">建筑工程</td><td colspan="6">设备、工具、器具、家具</td><td colspan="2">流动资产</td><td colspan="2">无形资产</td><td colspan="2">递延资产</td></tr>
<tr><td>结构</td><td>面积（m^2）</td><td>价值（元）</td><td>名称</td><td>规格型号</td><td>单位</td><td>数量</td><td>价值（元）</td><td>设备安装费（元）</td><td>名称</td><td>价值（元）</td><td>名称</td><td>价值（元）</td><td>名称</td><td>价值（元）</td></tr>
<tr><td></td><td></td><td></td><td></td><td></td><td></td><td></td><td></td><td></td><td></td><td></td><td></td><td></td><td></td><td></td><td></td></tr>
<tr><td></td><td></td><td></td><td></td><td></td><td></td><td></td><td></td><td></td><td></td><td></td><td></td><td></td><td></td><td></td><td></td></tr>
<tr><td>合　计</td><td></td><td></td><td></td><td></td><td></td><td></td><td></td><td></td><td></td><td></td><td></td><td></td><td></td><td></td><td></td></tr>
</table>

交付单位签章　　年　　月　　日　　　　　　　　　　接收单位签章　　年　　月　　日

表 13-6 小型建设项目竣工财务决算总表

<table>
<tr><td>建设项目名称</td><td colspan="2"></td><td>建设地址</td><td colspan="4"></td><td colspan="2">资金来源</td><td colspan="2">资金运用</td></tr>
<tr><td rowspan="2">初步设计概算批准文号</td><td colspan="7" rowspan="2"></td><td>项目</td><td>金额（元）</td><td>项目</td><td>金额（元）</td></tr>
<tr><td rowspan="2">一、基建拨款
其中：预算拨款</td><td rowspan="2"></td><td>一、交付使用资产</td><td></td></tr>
<tr><td rowspan="3">占地面积</td><td>计划</td><td>实际</td><td rowspan="3">总投资（万元）</td><td colspan="2">计划</td><td colspan="2">实际</td><td>二、待核销基建支出</td><td></td></tr>
<tr><td rowspan="2"></td><td rowspan="2"></td><td>固定资产</td><td>流动资金</td><td>固定资产</td><td>流动资金</td><td>二、项目资本</td><td></td><td rowspan="2">三、非经营项目转出投资</td><td rowspan="2"></td></tr>
<tr><td></td><td></td><td></td><td></td><td>三、项目资本公积金</td><td></td></tr>
</table>

续表 13-6

<table>
<tr><td>建设项目名称</td><td></td><td>建设地址</td><td colspan="3"></td><td colspan="2">资金来源</td><td colspan="2">资金运用</td></tr>
<tr><td rowspan="2">新增生产能力</td><td>能力(效益)名称</td><td>设计</td><td colspan="3">实际</td><td>四、基建借款</td><td></td><td rowspan="2">四、应收生产单位投资借款</td><td rowspan="2"></td></tr>
<tr><td></td><td></td><td colspan="3"></td><td>五、上级拨入借款</td><td></td></tr>
<tr><td rowspan="2">建设起止时间</td><td>计划</td><td colspan="4">从　年　月开工
至　年　月竣工</td><td>六、企业债券资金</td><td></td><td>五、拨付所属投资借款</td><td></td></tr>
<tr><td>实际</td><td colspan="4">从　年　月开工
至　年　月竣工</td><td>七、待冲基建支出</td><td></td><td>六、器材</td><td></td></tr>
<tr><td rowspan="9">基建支出</td><td colspan="3">项　目</td><td>概算(元)</td><td>实际(元)</td><td>八、应付款</td><td></td><td>七、货币资金</td><td></td></tr>
<tr><td colspan="3">建筑安装工程</td><td></td><td></td><td rowspan="3">九、未付款
其中:未交基建收入、未交包干收入</td><td rowspan="3"></td><td>八、预付及应收款</td><td></td></tr>
<tr><td colspan="3">设备、工具、器具</td><td></td><td></td><td>九、有价证券</td><td></td></tr>
<tr><td colspan="3" rowspan="2">待摊投资
其中:建设单位管理费</td><td rowspan="2"></td><td rowspan="2"></td><td>十、原有固定资产</td><td></td></tr>
<tr><td>十、上级拨入资金</td><td></td><td></td><td></td></tr>
<tr><td colspan="3">其他投资</td><td></td><td></td><td>十一、留成收入</td><td></td><td></td><td></td></tr>
<tr><td colspan="3">待核销基建支出</td><td></td><td></td><td rowspan="2"></td><td rowspan="2"></td><td rowspan="2"></td><td rowspan="2"></td></tr>
<tr><td colspan="3">非经营性项目转出投资</td><td></td><td></td></tr>
<tr><td colspan="3">合　计</td><td></td><td></td><td>合　计</td><td></td><td>合　计</td><td></td></tr>
</table>

13.2.3 建设工程竣工图

建设工程竣工图是真实地记录各种地上地下建筑(构)物等实际情况的技术文件,是工程进行交工验收、维护改建和扩建的依据,是国家的重要技术档案。国家规定:各项新建、扩建、改建的基本建设工程,特别是基础、地下建筑、管线、结构、井巷、桥梁、隧道、港口、水坝以及设备安装等隐蔽部位,都要编制竣工图。为确保竣工图质量,必须在施工过程中(不能在竣工后)及时做好隐蔽工程检查记录,整理好设计变更文件。竣工图编制的具体要求如下:

(1) 凡按图竣工没有变动的,由施工单位(包括总包和分包施工单位)在原施工图上加盖"竣工图"标志后,即作为竣工图。

(2) 凡在施工过程中,虽有一般性设计变更,但能将原施工图加以修改补充作为竣工图的,可不重新绘制,由施工单位负责在原施工图(必须是新蓝图)上注明修改的部分,并附以设计变更通知单和施工说明,加盖"竣工图"标志后,作为竣工图。

(3) 凡结构形式、施工工艺、平面布置、项目改变以及有其他重大改变,不宜再在原施工图上修改、补充者,应重新绘制改变后的竣工图。由设计原因造成的,由设计单位负责重新绘图;由施工原因造成的,由施工单位负责重新绘图;由其他原因造成的,由建设单位自行绘图或委托设计单位绘图。施工单位负责在新图上加盖“竣工图”标志,并附以有关记录和说明,作为竣工图。

(4) 为了满足竣工验收和竣工决算需要,还应绘制能反映竣工工程全部内容的工程平面图。

13.2.4 工程造价比较分析

经批准的概预算是考核实际建设工程造价的依据,在分析时,可将决算报表中所提供的实际数据和相关资料与批准的概预算指标进行对比,以反映出竣工项目总造价和单方造价是节约还是超支,在比较的基础上,总结经验教训,找出原因,以利改进。

为考核概预算执行情况,正确核实建设工程造价,财务部门首先应积累概预算动态变化资料,如设备材料价差、人工价差和费率价差及设计变更资料等;其次再考查竣工工程实际造价节约或超支的数额。为了便于进行比较分析,可先对比整个项目的总概算,然后对比单项工程的综合概算和其他工程费用概算,最后对比分析单位工程概算,并分别将建筑安装工程费、设备工器具费和其他工程费用逐一与竣工决算的实际工程造价对比分析,找出节约和超支的具体内容和原因。在实际工作中,侧重分析以下内容:

(1) 主要实物工程量。概预算编制的主要实物工程量的增减必然使工程概预算造价和竣工决算实际工程造价随之增减。因此,要认真对比分析和审查建设项目的建设规模、结构、标准、工程范围等是否遵循批准的设计文件规定,其中有关变更是否按照规定的程序办理,它们对造价的影响如何。对实物工程量出入较大的项目,还必须查明原因。

(2) 主要材料消耗量。在建筑安装工程投资中,材料费一般占直接工程费70%以上,因此考核材料费的消耗是重点。在考核主要材料消耗量时,要按照竣工决算表中所列主要材料实际超概算的消耗量,查清是在哪一个环节超出量最大,并查明超额消耗的原因。

(3) 建设单位管理费、建筑安装工程间接费。要根据竣工决算报表中所列的建设单位管理费与概预算中所列的数额进行比较,确定其节约或超支数额,并查明原因。对于建筑安装工程间接费的费用取费标准,国家和各地均有统一的规定,要按照有关规定查明是否多列或少列费用项目,有无重计、漏计、多计的现象以及增减的原因。

以上所列内容是工程造价对比分析的重点,应侧重分析,但对具体项目应进行具体分析。究竟选择哪些内容作为考核、分析重点,还得因地制宜,视项目的具体情况而定。

13.3 竣工决算的编制

1) 竣工决算的编制依据

竣工决算的编制依据主要有:①经批准的可行性研究报告及其投资估算;②经批准的初步设计或扩大初步设计及其概算或修正概算;③ 经批准的施工图设计及其施工图预算;④设计交底或图纸会审纪要;⑤招投标的标底(招标控制价)、承包合同、工程结算资料;⑥施工记录或施工签证单，以及其他施工中发生的费用记录；⑦竣工图及各种竣工验收资料；⑧历年基建资料、财务决算及批复文件；⑨设备、材料调价文件和调价记录；⑩有关财务核算制度、办法和其他有关资料、文件等。

2）竣工决算的编制步骤

（1）收集、整理、分析有关依据资料。从建设工程开始就按编制依据的要求收集、整理、分析有关资料，主要包括建设工程档案资料，如设计文件、施工记录、上级批文、概预算文件、工程结算的归集整理，财务处理、财产物资的盘点核实及债权债务的清偿，做到账账、账证、账实、账表相符。对各种设备、材料、工具、器具等要逐项盘点核实并填列清单，妥善保管，或按国家有关规定处理，不准任意侵占和挪用。

（2）对照、核实工程变动情况，重新核实造价。将竣工资料与设计图纸进行查对、核实，必要时可进行实地测量，确认实际变更情况；根据审定的施工单位竣工结算等原始资料，按照有关规定对原概预算进行增减调整，重新核实造价。

（3）严格划分和核定各类投资。将审定后的待摊投资、设备工器具投资、建筑安装工程投资、工程建设其他投资严格划分和核定后，分别计入相应的建设成本栏目内。

（4）编写竣工财务决算说明书。竣工财务决算说明书，力求内容全面、简明扼要、文字流畅，能说明问题。

（5）填报竣工财务决算报表。建设项目投资支出各项费用在归类后分别计入各报表内：计入固定资产价值内的费用有建筑工程费、安装工程费、设备及工器具购置费（单位价值在规定标准以上，使用期超过 1 年的）及待摊投资支出；计入无形资产的费用有土地费用（以出让方式取得土地使用权的）、国内外的专有技术和专利及商标使用费、技术保密费等；计入递延资产的费用有样品样机购置费、生产职工培训费、农垦开荒费及非常损失等。

（6）进行工程造价对比分析。为了便于进行比较分析，可先对比整个项目的总概算，然后对比单项工程的综合概算和其他工程费用概算，最后对比分析单位工程概算，并分别将建筑安装工程费、设备工器具购置费用和其他工程费用逐一与竣工决算的实际工程造价对比分析，找出节约和超支的具体内容和原因。在实际工作中，侧重分析主要实物工程量、主要材料消耗量、建设单位管理费、建筑安装工程费等内容。

（7）清理、装订竣工图。建设工程竣工图是真实地记录各种地上地下建筑物、构筑物等情况的技术文件，是工程进行交工验收、维护改建扩建的依据，是国家重要的技术档案。国家规定各项新建、扩建、改建的基本建设工程，特别是基础、地下建筑、管线、结构、井巷、峒室、桥梁、隧道、港口、水坝及设备安装等隐蔽部位，都要编制竣工图。

（8）上报主管部门审查。

13.4 新增资产价值的确定

竣工决算是办理交付使用财产价值的依据。正确核定竣工项目资产的价值，不但有利于建筑项目交付使用以后的财务管理，而且可以为建筑项目进行经济后评估提供依据。

根据财务制度规定，竣工项目资产是由各个具体的资产项目构成的，按其经济内容的不同，可以将竣工项目的资产划分为固定资产、流动资产、无形资产、递延资产和其他资产。资产的性质不同，其计价方法也不同。

1）固定资产价值的确定

（1）固定资产的内容。竣工项目固定资产，又称新增固定资产、交付使用的固定资产，它是投资项目竣工投产后所增加的固定资产价值，它是以价值形态表示固定资产投资最终成果的综合性指标。

竣工项目固定资产价值的内容包括：①已经投入生产或交付使用的建筑安装工程价值；②达到固定资产标准的设备工器具的购置价值；③增加固定资产价值的其他费用，如建设单位管理费、施工机构转移费、报废工程损失、项目可行性研究费、勘察设计费、土地征用及迁移补偿费、联合试运转费等。

从微观角度考虑，竣工项目固定资产是工程建筑项目最终成果的体现，因此，核定竣工项目固定资产的价值，分析其完成情况，是加强工程造价全过程管理工作的重要方面。

从宏观角度考虑，竣工项目固定资产意味着国民财产的增加，它不仅可以反映出固定资产再生产的规模与速度，同时也可以据以分析国民经济各部门技术构成变化及相互间适应的情况。因此，竣工项目固定资产价值也可以作为计算投资经济效果指标的重要数据。

（2）竣工项目固定资产价值的计算。竣工项目固定资产价值的计算是以独立发挥生产能力的单项工程为对象的，当单项工程建成经有关部门验收鉴定合格，正式移交生产或使用，即应计算竣工项目固定资产价值。一次性交付生产或使用的工程，应一次计算竣工项目固定资产价值；分期分批交付生产或使用的工程，应分期分批计算竣工项目固定资产价值。

① 在计算中应注意以下几种情况：A. 对于为了提高产品质量、改善劳动条件、节约材料消耗、保护环境而建设的附属辅助工程，只要全部建成，正式验收或交付使用，就要计入竣工项目固定资产价值；B. 对于单项工程中不构成生产系统但能独立发挥效益的非生产性工程，如住宅、食堂、医务所、托儿所、生活服务网点等，在建成并交付使用后，也要计入竣工项目固定资产价值；C. 凡购置达到固定资产标准不需安装的设备、工器具，应在交付使用后，计入竣工项目固定资产价值；D. 属于竣工项目固定资产价值的其他投资，应随同受益工程交付使用的同时一并计入。

② 交付使用财产成本，应按下列内容计算：A. 房屋、建筑物、管道、线路等固定资产的成本，包括建筑工程成本、应分摊的待摊投资；B. 动力设备和生产设备等固定资产的成本，包括需要安装设备的采购成本、安装工程成本、设备基础支柱等建筑工程成本或砌筑锅炉及各种特殊炉的建筑工程成本、应分摊的待摊投资；C. 运输设备及其他不需要安装设备、工具、器具、家具等固定资产，一般仅计算采购成本，不计分摊“待摊投资”。

③ 待摊投资的分摊方法。竣工项目固定资产的其他费用，如果是属于整个建筑项目或2个以上的单项工程的，在计算竣工项目固定资产价值时，应在各单项工程中按比例分摊。分摊时，什么费用应由什么工程负担，又有具体的规定。一般情况下，建设单位管理费按建筑工程、安装工程、需安装设备价值总额做等比例分摊，而土地征用费、勘察设计费等费用则只按建筑工程价值分摊，生产工艺流程系统设计费按安装工程造价比例分摊。

【例 13-1】 某建筑项目为一所学校，其竣工决算的各项费用见表 13-7，试核定该建筑项目中 A 实验楼固定资产价值。

表 13-7　某学校竣工决算各项费用　　单位:万元

项目名称	建筑工程	设备及安装工程	建设单位管理费	土地征用费	勘察设计费	合计
建筑项目竣工决算	1 405	695	48	36.9	72	2 256.9
其中:A 实验楼	268	105				

【解】　应分摊建设单位管理费 ＝(268＋105)÷(1 405＋695)×48 万元 ＝ 8.57 万元

应分摊土地征用费 ＝(268÷1 405)×36.9 万元 ＝ 7 万元

应分摊勘察设计费 ＝(268÷1 405)×72 万元 ＝ 13.73 万元

A 实验楼固定资产价值 ＝(268＋105)＋(8.57＋7＋13.73) ＝ 402.3 万元

2) 流动资产价值的确定

流动资产是指可以在 1 年内或超过 1 年的一个营业周期内变现或运用的资产,包括现金及各种存款、存货、应收及预付款项等。在确定流动资产价值时,应注意以下几种情况:

(1) 货币性资金,即现金、银行存款及其他货币资金,根据实际入账价值核定。

(2) 应收及预付款项,包括应收票据、应收账款、其他应收款、预付货款和待摊费用。一般情况下,应收及预付款项按企业销售商品、产品或提供劳务时的实际成交金额入账核算。

(3) 各种存货应当按照取得时的实际成本计价。存货的形成,主要有外购和自制两个途径。外购的,按照买价加运输费、装卸费、保险费、途中合理损耗、入库前加工、整理及挑选费用以及缴纳的税金等计价;自制的,按照制造过程中的各项实际支出计价。

3) 无形资产价值的确定

无形资产是指企业长期使用但是没有实物形态的资产,包括专利权、商标权、著作权、土地使用权、非专利技术、商誉等。无形资产的计价,原则上应按取得时的实际成本计价。企业取得无形资产的途径不同,所发生的费用不一样,无形资产的计价方式也不相同。

(1) 无形资产的计价原则。财务制度规定按下列原则来确定无形资产的价值:①投资者将无形资产作为资本金或者合作条件投入的,按照评估确认或合同协议约定的金额计价;②购入的无形资产,按照实际支付的价款计价;③企业自创并依法申请取得的,按开发过程中的实际支出计价;④企业接受捐赠的无形资产,按照发票账单所持金额或者同类无形资产市价作价。

(2) 无形资产的计价方式

① 专利权的计价。专利权分为自创和外购两类。对于自创专利权,其价值为开发过程中的实际支出,主要包括专利的研究开发费用、专利登记费用、专利年费和法律诉讼费等。专利转让时(包括购入和卖出),其费用主要包括转让价格和手续费。由于专利是具有专有性并能带来超额利润的生产要素,因而其转让价格不按其成本估价,而是依据其所能带来的超额收益来估价。

② 非专利技术的计价。如果非专利技术是自创的,一般不得作为无形资产入账,自创过程中发生的费用,财务制度允许作为当期费用处理,这是因为非专利技术自创时难以确定是否成功,这样处理符合稳健性原则。购入非专利技术时,应由法定评估机构确认后再进一步估价,往往通过其产生的收益来进行估价,其基本思路同专利权的计价方法。

③ 商标权的计价。如果是自创的,尽管商标设计、制作、注册和保护、广告宣传都要花费一定的费用,但它们一般不作为无形资产入账,而是直接作为销售费用计入当期损益。只

有当企业购入和转让商标时才需要对商标权计价。商标权的计价一般根据被许可方新增的收益来确定。

④ 土地使用权的计价。根据取得土地使用权的方式有两种情况：一是建设单位向土地管理部门申请土地使用权，通过出让方式支付一笔出让金后取得有限期的土地使用权，在这种情况下，应作为无形资产进行核算；二是建设单位获得土地使用权是原先通过行政划拨的，这时就不能作为无形资产核算，只有在将土地使用权有偿转让、出租、抵押、作价入股和投资或按规定补交土地出让价款时，才应作为无形资产核算。

无形资产计价入账后，其价值应从受益之日起，在有效使用期内分期摊销。也就是说，企业为无形资产支出的费用应在无形资产的有效使用期内得到及时补偿。

(3) 递延资产价值及其他资产价值的确定。递延资产是指不能全部计入当年损益，应当在以后年度内分期摊销的各项费用，包括开办费、租入固定资产的改良工程支出等。

① 开办费的计价。开办费是指在项目筹建期间发生的费用，包括筹建期间人员工资、办公费、培训费、差旅费、印刷费、注册登记费以及不计入固定资产和无形资产构建成本的汇兑损失和利息等支出。根据财务制度的规定，除了筹建期间不计入资产价值的汇兑净损失外，开办费从企业开始生产经营月份的次月起，按照不短于 5 年的期限平均摊入管理费用。

② 以经营租赁方式租入的固定资产改良工程支出的计价，应在租赁有效期限内分期摊入制造费用或管理费用。其他资产包括特准储备物资等，其主要以实际入账价值核算。

13.5 保修费用处理

建筑工程承包单位在向建设单位提交工程竣工验收报告时，应向建设单位出具质量保修书。质量保修书中应当明确建筑工程的保修范围、保修期限和保修责任。

保修是指施工单位按照国家或行业现行的有关技术标准、设计文件以及合同中对质量的要求，对已竣工验收的建筑工程在规定的保修期限内进行维修、返工等工作。这是因为建设产品在竣工验收后仍可能存在质量缺陷和隐患，直到使用过程中才会逐步暴露出来，如屋面漏雨、墙体渗水、建筑物基础的不均匀沉降超过规定、采暖系统供热不佳、设备及安装工程达不到国家或行业现行的技术标准等，需要在使用过程中检查观测和维修。为了使建筑项目达到最佳状态，确保工程质量，降低生产或使用费用，发挥最大的投资效益，业主应督促设计单位、施工单位、设备材料供应单位认真做好保修工作，并加强保修期间的投资控制。

1) 工程保修期的规定

国务院《建设工程质量管理条例》中规定：建筑工程实行质量保修制度。明确规定在正常使用条件下，建筑工程的最低保修期限：①基础设施工程，房屋建筑的地基基础工程和主体结构工程，为设计文件规定的该工程的合理使用年限；②屋面防水工程、有防水要求的卫生间、房间和外墙面的防渗漏，为 5 年；③供热与供冷系统，为 2 个采暖期、供冷期；④电气管线、给排水管道、设备安装和装修工程，为 2 年；⑤其他项目的保修期限由发包方与承包方约定。建筑工程的保修期，自竣工验收合格之日起计算。

2）保修费用的预留

全部或者部分使用政府投资的建设项目，按工程价款结算总额5%左右的比例预留保证金。社会投资项目采用预留保证金方式的，预留保证金的比例可以参照执行。发包人与承包人应该在合同中约定保证金的预留方式及预留比例。

建设工程竣工结算后，发包人应按照合同约定及时向承包人支付工程结算价款并预留保证金。

有的项目经发包人和承包人协商，根据工程的合理使用年限，采用保修保险方式。这种方式不需扣保留金，保险费由发包人支付，承包人应按约定的保修承诺，履行其保修职责和义务。

3）保修的工作程序

（1）发送保修证书（房屋保修卡）。在工程竣工验收的同时（最迟不应超过3天至1周），由承包人向发包人发送《建筑安装工程保修证书》。保修证书一般主要包括：①工程简况、房屋使用管理要求；②保修范围和内容；③保修时间；④保修说明；⑤保修情况记录；⑥保修单位的名称、详细地址等。

（2）填写“工程质量修理通知书”。在保修期内，工程项目出现质量问题，使用人用填写“工程质量保修通知书”告知承包人。修理通知书发出日期为约定起始日期，承包人应在7天内派出人员执行保修任务。

（3）实施保修服务。

（4）验收。

4）工程保修费的处理办法

保修费用是指对建筑工程在保修期限和保修范围内所发生的维修、返工等各项费用支出。保修费用应按合同和有关规定合理确定和控制。基于建筑安装工程情况复杂，不像其他商品那样单一，出现的质量缺陷和隐患等问题往往是由于多方面原因造成的。因此，在费用的处理上，应分清造成问题的原因以及具体返修内容，按照国家有关规定和合同要求与有关单位共同商定处理办法。

（1）勘察、设计原因造成的保修费用的处理。勘察、设计方面的原因造成的质量缺陷，由勘察、设计单位负责并承担经济责任，由施工单位负责维修或处理。按合同法规定，勘察、设计人应当继续完成勘察、设计，减收或免收勘察、设计费并赔偿损失。

（2）施工原因造成的保修费用处理。施工单位未按国家有关规范、标准和设计要求施工，造成质量缺陷，由施工单位负责无偿返修并承担经济责任。

（3）设备、材料、构配件不合格造成的保修费用处理。因设备、材料、构配件质量不合格引起的质量缺陷，属于施工单位采购的或经其验收同意的，由施工单位承担经济责任，属于建设单位采购的，由建设单位承担经济责任。至于施工单位、建设单位与设备、材料、构配件供应单位或部门之间的经济责任，应按其设备、材料、构配件的采购供应合同处理。

（4）用户使用原因造成的保修费用处理。因用户使用不当造成的质量缺陷，由用户自行负责。

（5）不可抗力原因造成的保修费用处理。因地震、洪水、台风等不可抗力造成的质量问题，施工单位和设计单位都不承担经济责任，由建设单位负责处理。

5）质量保证金的返还

缺陷责任期内，承包人认真履行合同约定的责任，到期后，承包人向发包人申请返还保证金。发包人在接到承包人返还保证金申请后，应于 14 日内会同承包人按照合同约定的内容进行核实。如无异议，发包人应当在核实后 14 日内将保证金返还承包人。逾期支付的，从逾期之日起，按照同期银行贷款利率计付利息，并承担违约责任。发包人在接到承包人返还保证金申请后 14 日内不予答复，经催告后 14 日内仍不予答复，视同认可承包商的返还保证金申请。如果承包人没有认真履行合同约定的保修责任，则发包人可以按照合同约定扣除保证金，并要求承包人赔偿相应的损失。

13.6 竣工决算审计

13.6.1 竣工决算审计的依据和意义

1) 竣工决算审计的依据

审计法规定："审计机关对国家建设项目预算的执行情况和决算，进行审计监督。"

审计主要依据是审计署、国家计委、中国人民建设银行三部门 1991 年 12 月 23 日联合发布的关于下发《基本建设项目竣工决算审计试行办法》的通知。

2) 竣工决算审计的意义

竣工财务决算审计，是基本建设项目审计的重要环节，加强对竣工决算的审计监督，对提高竣工决算的质量、正确评价投资效益、总结建设经验、改善基本建设项目管理有着重要意义，在基本建设项目竣工财务决算审计中，财务审核不仅要审核整个项目资金在使用过程中有无违规违纪行为，还要指导、帮助建设单位把整个项目的资金来源、到位、使用、支付、结余等情况理清楚，促进建设资金合理、合法使用，并正确评价资金使用的绩效。

13.6.2 竣工决算审计的主要内容

(1) 竣工决算编制依据。审查决算编制工作有无专门组织，各项清理工作是否全面、彻底，编制依据是否符合国家有关规定，资料是否齐全，手续是否完备，对遗留问题处理是否合规。

(2)项目建设及概算执行情况。审查项目建设是否按批准的初步设计进行，各单位工程建设是否严格按批准的概算内容执行，有无概算外项目和提高建设标准、扩大建设规模的问题，有无重大质量事故和经济损失。

(3) 交付使用财产和在建工程。审查交付使用财产是否真实、完整，是否符合交付条件，移交手续是否齐全、合规；成本核算是否正确，有无挤占成本、提高造价、转移投资的问题；核实在建工程投资完成额，查明未能全部建成，及时交付使用的原因。

(4) 转出投资、应核销投资及应核销其他支出。审查其列支依据是否充分，手续是否完备，内容是否真实，核算是否合规，有无虚列投资的问题。

(5) 尾工工程。根据修正总概算和工程形象进度，核实尾工工程的未完工程量，留足投资。防止将新增项目列作尾工项目、增加新的工程内容和自行消化投资包干结余。

(6) 结余资金。核实结余资金，重点是库存物资，防止隐瞒、转移、挪用或压低库存物资单价，虚列往来欠款，隐匿结余资金的现象。查明器材积压、债权债务未能及时清理的原因，揭示建设管理中存在的问题。

(7) 基建收入。基建收入的核算是否真实、完整，有无隐瞒、转移收入的问题。是否按国家规定计算分成，足额上交或归还贷款。留成是否按规定交纳“两金”(能源交通重点建设基金和国家预算调节基金)及分配和使用。

(8) 投资包干结余。根据项目总承包合同核实包干指标，落实包干结余，防止将未完工程的投资作为包干结余参与分配；审查包干结余分配是否合规。

(9) 竣工决算报表。审查报表的真实性、完整性、合规性。

(10) 投资效益评价。从物资使用、工期、工程质量、新增生产能力、预测投资回收期等方面全面评价投资效益。

(11) 其他专项审计，可视项目特点确定。

【案例 13-1】 某建设单位拟编制某工业生产项目的竣工决算。该建设项目包括 A、B 两个主要生产车间和 C、D、E、F 四个辅助生产车间及若干附属办公、生活建筑物。在建设期内，各单项工程竣工结算数据见表 13-8。工程建设其他投资完成情况如下：支付行政划拨土地的土地征用及迁移费 500 万元，支付土地使用权出让金 700 万元，建设单位管理费 400 万元(其中 300 万元构成固定资产)，地质勘察费 80 万元，建筑工程设计费 260 万元，生产工艺流程系统设计费 120 万元，专利费 70 万元，非专利技术费 30 万元，获得商标权 90 万元，生产职工培训费 50 万元，报废工程损失 20 万元，生产线试运转支出 20 万元，试生产产品销售款 5 万元。

表 13-8　某建设项目竣工决算数据表　　单位：万元

项目名称	建筑工程	安装工程	需安装设备	不需安装设备	生产工器具	
					总额	达到固定资产标准
A 生产车间	1 800	380	1 600	300	130	80
B 生产车间	1 500	350	1 200	240	100	60
辅助生产车间	2 000	230	800	160	90	50
附属建筑	700	40		20		
合计	6 000	1 000	3 600	720	320	190

(1) 试确定 A 生产车间的新增固定资产价值。

(2) 试确定该建设项目的固定资产、流动资产、无形资产和其他资产价值。

【解】 (1) 新增固定资产价值是指：①建筑、安装工程造价；②达到固定资产标准的设备和工器具的购置费用；③增加固定资产价值的其他费用，包括土地征用及土地补偿费、联合试运转费、勘察设计费、可行性研究费、施工机械迁移费、报废工程损失费和建设单位管理费中达到固定资产标准的办公设备、生活家具用具和交通工具等购置。

A 生产车间的新增固定资产价值 $= (1\,800+380+1\,600+300+80)+(500+80+260+20+20-5)\times 1\,800/6\,000+120\times 380/1\,000+300\times(1\,800+380+1600)/(6\,000+1\,000+3\,600) = 4\,160+875\times 0.3+120\times 0.38+300\times 0.356\,6 = 4\,575.08$ 万元

(2) 固定资产是指使用期限在1年以上，单位价值在规定标准以上，并在使用过程中保持原来的物质形态的资产，包括房屋及建筑。流动资产价值是指达不到固定资产标准的设备工器具、现金、存货、应收及应付款项等价值。无形资产价值是指专利权、非专利技术、著作权、商标权、土地使用权出让金及商誉等价值。其他资产价值是指开办费(建设单位管理费中未计入固定资产的其他费用、生产职工培训费)，以租赁方式租入的固定资产改良工程支出等。

固定资产价值 = (6 000 + 1 000 + 3 600 + 720 + 190) + (500 + 300 + 80 + 260 + 120 + 20 + 20 − 5) = 11 510 + 1 295 = 12 805 万元

流动资产价值 = 320 − 190 = 130 万元

无形资产价值 = 700 + 70 + 30 + 90 = 890 万元

其他资产价值 = (400 − 300) + 50 = 150 万元

习题

一、单项选择题

1. 发包人参与全部工程竣工验收分为(　　)。

A. 验收准备、预验收、正式验收　　B. 单位工程验收、交工验收、正式验收

C. 单项工程验收、动用验收、正式验收　　D. 验收申请、交工验收、动用验收

2. 建设项目的竣工验收中，由监理人组织的是(　　)。

A. 单项工程竣工验收　　B. 全部工程竣工验收

C. 单位工程竣工验收　　D. 动用验收

3. 通常所说的建设项目竣工验收，指的是(　　)。

A. 单位工程验收　B. 单项工程验收　C. 交工验收　D. 动用验收

4. 大、中型项目和小型项目共有的竣工财务决算报表是(　　)。

A. 建设项目概况表　　B. 竣工财务决算总表

C. 竣工财务决算审批表　　D. 交付使用资产总表

5. 在竣工财务决算表编制过程中，属于资金来源项目的是(　　)。

A. 应收生产单位投资借款　　B. 交付使用资产

C. 待核销基建支出　　D. 待冲基建支出

6. 竣工决算反映的是项目从筹建开始到项目竣工交付使用为止的(　　)。

A. 固定资产投资、流动资产投资和总投资

B. 建设费用、投资效果和财务情况

C. 建设费用、财务决算和交付使用资产

D. 投资总额、竣工图和财务报告

7. 下列公式中可以计算基建结余资金的公式是(　　)。

A. 基建结余资金 = 基建拨款 + 项目资本 + 项目资本公积金 + 基建投资借款 + 企业债券基金 − 待冲基建支出 − 基本建设支出 − 应收生产单位投资借款

B. 基建结余资金 = 基建拨款 + 项目资本 + 项目资本公积金 + 基建投资借款 + 企业债券基金 + 待冲基建支出 − 基本建设支出 + 应收生产单位投资借款

C. 基建结余资金 = 基建拨款 + 项目资本 + 项目资本公积金 + 基建投资借款 + 企业债

券基金＋待冲基建支出－基本建设支出－应收生产单位投资借款

D. 基建结余资金＝基建拨款＋项目资本＋项目资本公积金－基建投资借款＋企业债券基金＋待冲基建支出－基本建设支出－应收生产单位投资借款

8. 关于无形资产计价，以下说法中错误的是（　　）。

A. 企业接受捐赠的无形资产，通常不作为无形资产入账

B. 购入的无形资产，按照实际支付的价款计价

C. 投资者按无形资产作为资本金或者合作条件投入时，按评估确认或合同协议约定的金额计价

D. 企业自创并依法申请取得的，按开发过程中的实际支出计价

9. 编制竣工图的形式和深度，应根据不同情况区别对待，其具体要求包括（　　）。

A. 凡按图竣工没有变动的，由承包人（包括总包和分包承包人，下同）在原施工图上加盖“竣工图”标志后，即作为竣工图

B. 凡在施工过程中，有一般性设计变更，能将原施工图加以修改补充作为竣工图的，也需重新绘制，加盖“竣工图”标志后，作为竣工图

C. 凡结构形式、施工工艺、平面布置、项目改变以及有其他重大改变，宜在原施工图上修改、补充，作为竣工图

D. 为了满足竣工验收和竣工决算需要，还应绘制反映竣工工程全部内容的工程设计平面示意图和工艺流程图

10. 基础设施工程、房屋建筑的地基基础工程和主体结构工程的保修期限为（　　）。

A. 5 年　　B. 2 年　　C. 1 年

D. 为设计文件规定的该工程的合理使用年限

11. 下列有关保修的阐述，错误的是（　　）。

A. 工程质量保修是一种售后服务方式

B. 发包人不承担保修的经济责任

C. 建筑法规定工程质量保修是承包人的质量责任

D. 用户使用不当而造成建筑功能不良或损坏，发包人自行组织修理

12. 由于勘察、设计方面的原因造成的质量缺陷应由（　　）负责维修或处理。

A. 建设单位　　B. 招标单位　　C. 勘察、设计单位　　D. 施工单位

二、多项选择题

1. 工程造价比较分析的主要内容是（　　）。

A. 主要人工消耗量　　B. 主要实物工程量

C. 主要材料消耗量　　D. 主要机械台班消耗量

E. 各项取费标准

2. 竣工决算的内容主要包括（　　）。

A. 竣工决算报告情况说明书　　B. 竣工决算财务报告

C. 竣工财务决算报表　　D. 工程竣工图

E. 工程造价比较分析

参考答案

1 工程造价概论

一、1. A 2. A 3. A 4. A 5. B 6. C 7. C 8. D 9. A 10. D 11. B 12. B 13. C 14. B 15. C 16. A 17. B 18. A 19. D 20. D 21. B

二、1. ABD 2. ABC 3. ACD 4. ACDE 5. BD 6. AE 7. ACDE 8. BE 9. ABE 10. CDE

2 建筑工程造价的组成

一、1. D 2. B 3. D 4. C 5. C 6. B 7. B 8. C 9. D 10. A 11. C 12. C 13. A 14. B 15. A 16. D 17. D 18. D 19. C 20. A 21. A

二、1. ABCE 2. AC 3. ABD 4. ACD 5. BCDE 6. CE 7. ACE 8. BC 9. DE 10. BCD 11. ABDE 12. BCE 13. BCD

3 建筑工程定额概论

一、1. B 2. C 3. B 4. B

二、1. 定额是一种规定的额度。在工程施工过程中，完成某一工程项目或结构构件所需人力、物力和财力等资源的消耗量的多少。工程建设定额的特征：真实性和科学性；系统性和统一性；稳定性和时效性；权威性和参考性。

2. 时间研究，也称为时间衡量，是在一定标准测定条件下，确定人们作业活动所需时间总量的一套程序。时间研究的直接结果是提供制定反映劳动消耗时间定额的可靠数据资料。

4 施工定额

一、1. B 2. C 3. C 4. D 5. B

二、1. ABCD 2. ABC 3. AD 4. ABD 5. BC 6. AB 7. ABC 8. BCD 9. ADE 10. AD 11. ABCD 12. BD

三、（略）

5 预算定额

一、1. B 2. A 3. B 4. D 5. C 6. A 7. C 8. D 9. B 10. A 11. C 12. C

二、1. ABD 2. ABCD 3. BCDE 4. BCE

三、1. × 2. √ 3. × 4. √ 5. ×

四、1.

计价表编号	子目名称及做法	单位	综合单价有换算的列简要换算过程	综合单价(元)
4-1	M5 水泥砂浆砌直行砖基础,标准砖,基础深 1.4 m	m^3	无	406.25
1-273	推土机(50 kW)平整场地,5 000 m^2	1 000 m^2	无	805.94
4-35 换	M7.5 混合砂浆砌 1 砖外墙,标准砖	m^3	442.66+(45.68−45.16)=443.18	443.18
6-45	现浇 C20 混凝土直行楼梯	10m^2	无	1 026.32
6-60 换	现场预制 C35 混凝土方桩	m^3	448.84+(281.96−268.95)=461.85	461.85

2.

6-14 换	计算过程
人工费	1.92×88=168.96
材料费	275.5+(258.14−261.01)=272.63
机械费	10.85
管理费	(168.96+10.85)×31%=55.74
利润	(168.96+10.85)×12%=21.58
综合单价	529.76

6-19 换	计算过程
人工费	1.4×88=123.2
材料费	277.16+(281.96−268.95)=290.17
机械费	10.29
管理费	(123.2+10.29)×31%=41.38
利润	(123.2+10.29)×12%=16.02
综合单价	481.06

3.

序号	费用名称	计算公式	金额(元)
一	分部分项工程费		4 130.93
二	措施项目费		754.24
2.1	单价措施项目	脚手架 500 元	500
2.2	总价措施项目	(分部分项费用+单价措施项目)×费率	254.24
2.2.1	临时设施费	(4 130.93+500)×2%	92.62

续表

序号	费用名称	计算公式	金额(元)
2.2.2	安全文明施工措施费	(4 130.93+500×3.49%)	161.62
三	其他项目费		8 993.6
3.1	材料暂估价	2 000	2 000
3.2	专业工程暂估价		6 993.6
3.2.1	彩色铝合金门	11.28×320	3 609.6
3.2.2	彩色铝合金窗	11.28×300	3 384
四	规费		
4.1	工程排污费	[(一)+(二)+(三)]×0.1%	13.88
4.2	社会保险费	[(一)+(二)+(三)]×3%	416.36
4.3	住房公积金	[(一)+(二)+(三)]×0.5%	69.39
五	税金	[(一)+(二)+(三)+(四)]×3.48%	500.37
六	工程造价	(一)+(二)+(三)+(四)+(五)	14 878.77

6 概算定额、概算指标和估算指标

一、1. B 2. C

二、(略)

7 投资估算

一、1. B 2. B 3. D 4. A 5. D 6. C 7. B 8. C 9. A 10. C 11. D 12. B 13. B

二、1. ABDE 2. ABE 3. BC 4. BE 5. AD 6. BCD 7. BCE

三、(1)建设期贷款利息计算

① 人民币贷款实际利率计算

人民币实际利率=$(1+名义利率/年计息次数)^{年计息次数}-1=(1+12.48\%\div4)^4-1=13.08\%$

② 年投资的本金数额计算

人民币部分：

贷款总额为:40 000－2500×8.0＝20 000 万元

第 1 年:20 000×20%＝4 000 万元

第 2 年:20 000×55%＝11 000 万元

第 3 年:20 000×25%＝5 000 万元

美元部分：

贷款总额为:2 500 万美元

第 1 年:2 500×20%＝500 万美元

第 2 年:2 500×55%＝1375 万美元

第 3 年:2 500×25%＝625 万美元

③ 每年应计利息计算

每年应计利息＝(年初借款本利累计额＋本年借款额÷2)×年实际利率

人民币建设期贷款利息计算：

第 1 年贷款利息＝(0＋4 000÷2)×13.08%＝261.60 万元

第 2 年贷款利息＝[(4 000＋261.60)＋11 000÷2]×13.08%＝1276.82 万元

第 3 年贷款利息 = [(4 000 + 261.6 + 11 000 + 1 276.82) + 5 000 ÷ 2] × 13.08% = 2 490.23 万元

人民币贷款利息合计 = 261.60 + 1 276.82 + 2 490.23 = 4 028.65 万元

外币贷款利息计算：

第 1 年外币贷款利息 = (0 + 500 ÷ 2) × 8 % = 20.00 万美元

第 2 年外币贷款利息 = [(500 + 20) + 1 375 ÷ 2] × 8% = 96.60 万美元

第 3 年外币贷款利息 = [(500 + 20 + 1 375 + 96.60) + 625 ÷ 2] × 8% = 184.33 万美元

外币贷款利息合计 = 20.00 + 96.60 + 184.33 = 300.93 万美元

(2) 用分项详细估算法估算流动资金

① 应收账款＝年经营成本÷年周转次数＝25 000÷(360÷30)＝2 083.33 万元

② 现金＝(年工资福利费＋年其他费)÷年周转次数＝(1 200×1.2＋860)÷(360÷45)＝287.50 万元

③ 存货：

外购原材料、燃料 = 年外购原材料、燃料及动力费 ÷ 年周转次数 = 20 200 ÷ (360 ÷ 40) = 2 244.44 万元

在产品 = (年工资福利费 + 年其他制造费 + 年外购原材料、燃料、动力费 + 年修理费) ÷ 年周转次数 = (1 200 × 1.2 + 650 + 20 200 + 25 000 × 11%) ÷ (360 ÷ 40) = 2 782.22 万元

产成品 = 年经营成本 ÷ 年周转次数 = 25 000 ÷ (360 ÷ 40) = 2 777.78 万元

存货 = 2 244.44 + 2 782.22 + 2 777.78 = 7 804.44 万元

④ 流动资产 = 应收账款 + 现金 + 存货 = 2 083.33 + 287.50 + 7 804.44 = 10 175.27 万元

⑤ 应付账款 = 年外购原材料、燃料、动力费 ÷ 年周转次数 = 20 200 ÷ (360 ÷ 30) = 1 683.33 万元

⑥ 流动负债 = 应付账款 = 1 683.33 万元

⑦ 流动资金 = 流动资产 − 流动负债 = 10 175.27 − 1 683.33 = 8 491.94 万元

(3) 根据建设项目总投资的构成内容，计算拟建项目的总投资

项目总投资估算额 = 固定资产投资总额 + 流动资金 = (工程费 + 工程建设其他费 + 预备费 + 投资方向调节税 + 贷款利息) + 流动资金 = [(56 180 + 4 800) × (1 + 5%) + 300.93 × 8 + 4 028.65] + 8 491.94 = 70 465.09 + 8 491.94 = 78 957.03 万元

8　设计概算

一、1. A　2. D　3. C　4. C　5. B　6. B　7. A　8. B　9. A　10. C　11. C　12. B　13. C　14. A　15. C　16. A　17. B　18. A　19. A　20. C　21. A　22. D

二、1. ABCDE　2. ABC　3. ACE　4. ABCDE　5. BC　6. ABC　7. BCE　8. BDE　9. CDE

三、1. 对土建工程中结构构件的变更和单价调整过程见下表：

土建工程概算指标调整表

序号	结构名称	单位	数量(每 100 m^2 含量)	单价	合价(元)
	土建工程人、材、机费				480
1	换出部分：				
	外墙带形毛石基础	m^3	18	150	2 700
	1 砖外墙	m^3	46.5	177	8 230.5
	合计	元			10 930.5
2	换入部分：				
	外墙带形毛石基础	m^3	19.6	150	2 940
	1 砖半外墙	m^3	61.2	178	10 893.6
	合计	元			13 833.6
结构变化修正指标		480−10 930.5/100+13 833.6/100=509.03 元			

企业管理费＝200×8％＝16 元/m^2；利润＝200×7％＝14 元/m^2

规费＝200×15％＝30 元/m^2；税金＝(509.03＋16＋14＋30)×3.48％＝19.80 元/m^2

土建单位工程造价＝509.03＋16＋14＋30＋19.80＝588.83 元/m^2

其余工程单位造价不变，因此经过调整后的概算单价为：588.83 ＋ 34 ＋ 38 ＋ 32 ＝ 692.83 元 /m^2

新建住宅楼概算造价为：692.83 × 4 000 ＝ 2 771 320 元

2. 综合调整系数 K ＝ 10％ × 1.02 ＋ 60％ × 1.05 ＋ 7％ × 0.99 ＋ 3％ × 1.04 ＋ 20％ × 0.95 ＝ 1.023

价差修正后的类似工程预算造价 ＝ 3 200 000 × 1.023 ＝ 3 273 600 元

价差修正后的类似工程预算单方造价 ＝ 3 273 600 ÷ 2 800 ＝ 1 169.14 元

由此可得，拟建办公楼概算造价 ＝ 1 169.14 × 3 000 ＝ 3 507 420 元

9　施工图预算

一、1. D　2. B　3. B　4. B　5. D　6. A　7. D　8. A　9. B　10. A　11. C　12. A　13. D　14. C　15. B　16. A　17. B　18. C　19. C　20. A　21. C　22. A

二、1. ABD　2. BCD　3. ABC　4. BC　5. AB　6. ABC　7. BCD　8. ABCD　9. ABCD　10. ACD　11. ABC　12. ABCD　13. AB　14. AC　15. BCD　16. ACD

三、1. 地下室建筑面积：$S_1 = (14.1 + 0.24) \times (10.8 + 0.24) = 158.31\ \text{m}^2$

出入口建筑面积：$S_2 = [2.1 \times (0.5 + 0.12) + 6.3 \times 2.1] \times \frac{1}{2} = 7.27\ \text{m}^2$

总建筑面积：$S = S_1 + S_2 = 158.31 + 7.27 = 165.58\ \text{m}^2$

2. 工程量计算表

序号	项目名称	计算公式	计量单位	数量
1	挖基槽土方	下底 $a = 1.4 + 2 \times 0.3$(1)	m^3	2
		上底 $A = 2 + 1.65 \times 0.33 \times 2$(1)		3.09 或 3.089
		$S = 1/2 \times (2 + 3.09) \times 1.65$(1.5)		4.2
		外墙长 $L = (14.4 + 12) \times 2$(1)		52.8
		内墙长 $L = (12 - 2) \times 2 + 4.8 - 2$(1)		22.8
		$V = 4.2 \times (52.8 + 22.8)$(1)		317.52(1)
		或[(14.4＋12.0)×2＋(12.0－1.0×2)×2＋(4.8－1.0×2)]×(2.0＋2.0＋1.65×0.33×2)×1.65/2＝317.40		317.40
套定额：1-28　挖沟槽土方(深度在 3 m 以内)三类干土 ：综合单价：53.80 元/m^3				
2	带形无梁混凝土基础		m^3	
	下部	外墙长 52.8(0.5)		
		内 墙长 $L = (12 - 1.4) \times 2 + 4.8 - 1.4$(1)		24.6
		$V_1 = 0.25 \times 1.4 \times (52.8 + 24.6)$(1)		27.09
	上部	外墙长 52.8(0.5)		
		内墙长 $L = (12 - 0.3 \times 2 - 0.2 \times 2) \times 2 + 4.8 - 0.3 \times 2 - 0.2 \times 2$(1.5)		25.8
		$V_2 = 1/2 \times (0.6 + 1.4) \times (52.8 + 25.8) \times 0.35$(1)		27.51

续表

序号	项目名称	计算公式	计量单位	数量
		$V=V_1+V_2=27.09+27.51$(0.5)		54.6(1)
套定额 6-3 无梁式条形基础　综合单价:373.32 元/m³				
3	直行砖基础		m³	
		外墙长:$L=52.8$ m		
		内墙长:$L=(12-0.24)\times2+(4.8-0.24)=23.52+4.56=28.08$ m		
		基础深 $H=1.1$ m　折加高度 $h=0.066$ m		
		$S=0.24\times(52.8+28.08)=22.65$ m²		
		$V=0.28\times(52.8+28.08)=22.65$ m³		22.65
套定额 4-1 直行砖基础　综合单价:406.25 元/m³				
4	混凝土垫层	外墙长 $L=52.8$(0.5)	m³	
		内墙长 $L=(12-1.4-0.1\times2)\times2+4.8-1.4-0.1\times2$(1)		24
	•	$V=(52.8+24)\times0.1\times1.6$(0.5)		12.29(1)
套定额 6-1C 10 混凝土垫层　综合单价 385.69 元/m³				

3. 工程量计算如下：

(1) 钻孔

① 钻土孔:深度 $=15.30-0.45-1.0=13.85$ m

$0.30\times0.30\times3.14\times13.85\times100=391.40$ m³

② 钻岩石孔:深度 $=1.0$ m

$0.30\times0.30\times3.14\times1.00\times100=28.26$ m³

(2) 灌注混凝土桩

① 灌注混凝土桩(土孔)：桩长 $=12.30+0.60-1.0=11.90$ m

$0.30\times0.30\times3.14\times11.90\times100=336.29$ m³

② 灌注混凝土桩(岩石孔)：桩长 $=1.0$ m

$0.30\times0.30\times3.14\times1.00\times100=28.26$ m³

③ 泥浆外运 = 钻孔体积 $=391.40+28.26=419.66$ m³

④ 砖砌泥浆池 = 桩体积 $=336.29+28.26=364.55$ m³

⑤ 凿桩头：$0.30\times0.30\times3.14\times0.60\times100=16.96$ m³

4. (1) A. 2Φ25：$L=7+0.25\times2-0.025\times2+0.45\times2+0.025\times35=9.225$ m

$W_1=9.225\times2$ 根 $\times3.85\times10=710$ kg

(2) 2wΦ25：

$L=7+0.25\times2-0.025\times2+0.65\times0.4\times2+0.45\times2+0.025\times35=9.745$ m

$W_2=9.745\times2$ 根 $\times3.85\times10=750$ kg

(3) 2Φ22：$L=7+0.25\times2-0.025\times2+0.45\times2+0.022\times35=9.12$ m

$W_3=9.12\times2\times2.986\times10=545$ kg

(4) 2Φ12：$L=7+0.25\times2-0.025\times2+0.012\times12.5=7.6$ m

$W_4 = 7.6 \times 2 \times 0.888 \times 10 = 135$ kg

(5) $\phi 8$@150/100:$N = 3.4 \div 0.15 - 1 + (1.5 \div 0.1 + 1) \times 2 = 21.67 + 16 \times 2 = 53.67$ 只　取 54 只

$L = (0.25 + 0.65) \times 2 = 1.8$ m/只

$W_5 = 1.8 \times 0.395 \times 54 \times 10 = 384$ kg

(6) $\phi 8$@300:$N = (7 - 0.25 \times 2) \div 0.3 + 1 = 23$

$L = 0.25 - 0.025 \times 2 + 12.5 \times 0.008 = 0.3$ m

$W_6 = 0.3 \times 0.395 \times 23 \times 10 = 27$ kg

工程量汇总:Ⅰ 级圆钢:$\sum W = 135 + 384 + 27 = 546$ kg

Ⅱ 级螺纹钢:$\sum W = 710 + 750 + 545 = 2\,005$ kg

5. $L = 6 \times 2 + 4 - 0.24 - 1.8 = 13.96$ m

13-50　大理石踢脚线预算费用 $= 13.96 \div 10 \times 477.53 = 666.63$ 元

6. (1)平台粘贴花岗岩

工程量 $= [2.4 - (0.9 + 0.3)] \times (6 - 0.37) = 6.76\ \text{m}^2$

13-47　平台粘贴花岗岩费用 $= 6.76 \div 10 \times 3\,096.69 = 2\,093.36$ 元

(2) 台阶贴花岗岩

工程量 $= (0.9 + 0.3) \times (6 - 0.37) = 6.76\ \text{m}^2$

13-49　台阶贴花岗岩费用 $= 6.76 \div 10 \times 3\,219.50 = 2\,176.38$ 元

(3) 拼碎花岗岩地面

工程量 $= 6 \times 18 - 2.4 \times 6.37 - (1.5^2 - \pi/4 \times 1.5^2) \times 2 = 91.75\ \text{m}^2$

13-58　拼碎花岗岩地面费用 $= 91.75 \div 10 \times 1\,456.92 = 13\,367.24$ 元

(6) 防滑铜条

工程量 $= (6 - 0.37 - 0.15 \times 2) \times 2 \times 3 = 31.98$ m

13-106　防滑铜条费用 $= 31.98 \div 10 \times 490.02 = 1\,567.08$ 元

合计:$2\,093.36 + 2\,176.38 + 13\,367.24 + 1\,567.08 = 19\,204.06$ 元

7. 块料墙面工程量=按设计图示尺寸展开面积计算

外墙面砖工程量 $= (7.24 + 3.80) \times 2 \times 4.50 - (1.50 \times 2.00) - (1.50 \times 1.50) - (1.20 \times 0.80) \times 4 + [(2.00 \times 2 + 1.50) + 1.50 \times 3 + (1.2 \times 2 + 0.8) \times 4] \times 0.10 = 95.55\ \text{m}^2$

8. 天棚抹灰工程量 = 主墙间净面积 $= (4.8 \times 3 - 0.24) \times (9 - 0.24) = 124.04\ \text{m}^2$

天棚吊顶工程量 = 主墙间净面积 − 独立柱面积 $= (4.8 \times 3 - 0.24) \times (9 - 0.24) - 0.4 \times 0.4 \times 2 = 123.72\ \text{m}^2$

10　工程量清单计价

一、1. D　2. B　3. D　4. B　5. D　6. C　7. D　8. C　9. A　10. C　11. B　12. D　13. C　14. D　15. A　16. B　17. B　18. D　19. A　20. D　21. A　22. B

二、1. ABE　2. BCE　3. ACE　4. ABE　5. ABDE　6. CD　7. BD　8. CD　9. ACE　10. ACD　11. AD　12. CD　13. ABC

三、1.

项目编码	项目名称	单位	工程量	综合单价(元)	合价(元)
010101003	挖基础土方	m^3	450	79.40	35 728
1-28	人工挖地槽(三类干土,深度 3 m 以内)	m^3	580	53.80	31 204

续表

项目编码	项目名称	单位	工程量	综合单价(元)	合价(元)
1-100	基槽坑原土打底夯	10 m^2	300	15.08	4 524
010103002001	余方弃置	m^3	385	26.80	10 319.38
1-92	双轮车运土(50 m 以内)	m^3	280	20.05	5 614
1-264	自卸汽车运土(5 km 以内)	1 000 m^3	0.235	20 022.91	4 705.38

2. 工程量计算

(1) 挖土深度　$3.5-0.45=3.05$ m

(2) 垫层面积　$(30+0.15\times 2+0.25\times 2+0.1\times 2)\times(20+0.15\times 2+0.25\times 2+0.1\times 2)=651.00\ m^2$

(3) 挖基础土方体积　$3.05\times 651.00=1\ 985.55\ m^3$

(4) 回填土

挖土方体积:1 985.55 m^3　减垫层:$V=651.00\times 0.1=65.10\ m^3$

减底板:$V=(30+0.15\times 2+0.25\times 2)\times(20+0.15\times 2+0.25\times 2)\times 0.4=256.26\ m^3$

减地下室:$V=(30+0.15\times 2)\times(20+0.15\times 2)\times(3-0.45)=1\ 568.48\ m^3$

回填土量:$1\ 985.55-65.10-256.26-1\ 568.48=95.71\ m^3$

3. 清单工程量计算

白色大理石面层的清单工程量 $=6.4\times 6.4-6\times 6=4.96\ m^2$

红色大理石面层的清单工程量 $=3.14\times 0.5\times 0.5\times 5=3.93\ m^2$

黑色大理石面层的清单工程量 $=6\times 6-3.14\times 0.5\times 0.5\times 5=32.08\ m^2$

分部分项工程量清单见下表:

序号	项目编码	项目名称	项目特征	计量单位	工程数量
1	011102001001	大理石楼面	1. 1∶3 水泥砂浆找平层 20 mm 厚; 2. 1∶1 水泥砂浆黏结层 8 mm 厚; 3. 白色大理石面层,规格石材 500 mm×500 mm; 4. 酸洗、打蜡	m^2	4.96
2	011102001002	大理石楼面	1. 1∶3 水泥砂浆找平层 20 mm 厚; 2. 1∶1 水泥砂浆黏结层 8 mm 厚; 3. 黑色大理石面层,规格石材 500 mm×500 mm; 4. 酸洗、打蜡	m^2	32.08
3	011102001003	大理石楼面	1. 1∶3 水泥砂浆找平层 20 mm 厚; 2. 1∶1 水泥砂浆黏结层 8 mm 厚; 3. 红色大理石面层,复杂图案,规格石材 500 mm×500 mm; 4. 酸洗、打蜡; 5. 镶嵌 2 mm×15 mm 铜条	m^2	3.93

11　建设工程施工招标投标报价

一、1. B　2. C　3. C　4. A　5. C　6. C　7. D　8. C　9. D　10. B

二、1.（1）公开招标是指招标人以招标公告的方式邀请不特定的法人或者其他组织投标。招标的公告必须在国家指定的报刊、信息网络或者其他媒介上发布。招标公告应当载明招标人的名称、地址，招标项目的性质、数量、实施地点和时间，投标人的资格以及获得招标文件的办法和投标截止日期等事项。如果要进行投标资格预审的，则在招标公告中还应载明资格预审的主要内容及申请投标资格预审的办法。招标人应当保证招标公告内容的真实、准确和完整。拟发布的招标公告文本应当由招标人或其委托的招标代理机构的主要负责人签名并加盖公章；招标人或其委托的招标代理机构委托媒介发布招标公告时，应当向发布公告的媒介出示营业执照（或法人证书）、项目批准文件等证明文件，并提交复印件。

公开招标的最大特点是一切有资格的潜在的投标人均可报名参加投标竞争，都有同等的机会。公开招标的优点是招标人有较大的选择范围，可在众多的投标人中选到报价较低、工期较短、技术可靠、资信良好的中标人。但是公开招标中的投标资格审查及评标的工作量大、耗时长、费用高，且有可能因资格审查不严而导致鱼目混珠的现象发生，这是需要特别警惕的。

招标人选用了公开招标方式，就不得设置不合理的条件限制或者排斥潜在的投标人，不得限制或者排斥本地区、本系统以外的法人或者其他组织参加投标，不得对潜在投标人实行歧视待遇。

我国规定，依法必须进行招标的项目，全部或者部分使用国有资金投资或者国有资金投资占控股或者主导地位的，都应采取公开招标。

（2）邀请招标是指招标人以投标邀请书的方式邀请特定的法人或者其他组织投标。投标邀请书上同样应载明招标人的名称、地址，招标项目性质、数量、实施地点和时间，获取招标文件的办法以及投标截止日期等内容。招标人采取邀请招标方式的，应邀请 3 个以上具备承担招标项目的能力且资信良好的潜在投标人投标。

邀请招标一般邀请的都是招标人所熟悉的或在本地区、本系统拥有良好业绩、建立了良好形象的投标人，所以较之公开招标的投标人资格审查，工作量就要少得多，招标周期就可缩短，招标费用也可以减少，同时还可减少合同履行过程中承包人违约的风险。因此，除了法定必须公开招标的建设工程招标，邀请招标是采用得较多的招标方式。

邀请招标虽然能保证潜在的承包人具有可靠的资信和完成任务的能力，保证合同的履行，但由于受招标人自身条件所限，不可能对所有的潜在投标人都了解，有些技术上、报价上都很有竞争力的潜在投标人可能会没有被邀请到。

2. 投标报价常见的技巧和策略：(1)不平衡报价法；(2)多方案报价法；(3)增加建议方案法；(4)先亏后盈法；(5)突然袭击法；(6)低报价、高索赔法。

三、(1) 基准价：$(1\,582.63+1\,665.13+1\,597.78)/3\times0.98=1\,582.88$ 万元

(2) 各投标单位商务标得分

A：$70-(1\,582.88-1\,582.63)/1\,582.88\times100\times0.5=69.99$

B：$70-(1\,695.01-1\,582.88)/1\,582.88\times100\times0.5=66.45$

C：$70-(1\,665.13-1\,582.88)/1\,582.88\times100\times0.5=67.40$

D：$70-(1\,597.78-1\,582.88)/1\,582.88\times100\times0.5=69.53$

E：$70-(1\,582.88-1\,510.81)/1\,582.88\times100\times0.5=67.72$

(3)商务标评分表

投标单位	基准价	扣分	得分
A	1 582.88	0.01	69.99
B		3.55	66.45
C		2.6	67.40
D		0.47	69.53
E		2.28	67.72

12 工程价款结算

一、1. B 2. A 3. C 4. B 5. C

二、预付备料款：800×18%＝144万元；起扣点：800－144/60%＝560万元

2月份结算进度款为100万元；3月份结算进度款为150万元，累计结算250万元；4月份结算进度款为200万元，累计结算450万元；5月份达到起扣点，应扣备料款（450＋200－560）×60%＝54万元，本月结算146万元，累计结算596万元；6月份应扣备料款150×60%＝90万元，应扣尾款800×5%＝40万元，本月结算150－90－40＝20万元，累计结算616万元。

三、(1) 该项施工索赔成立。施工中在合同未标明有坚硬岩石的地方遇到更多的坚硬岩石，属于施工现场的施工条件与原来的勘察有很大差异，属于甲方的责任范围。

(2) 本事件使承包商由于意外地质条件造成施工困难，导致工期延长，相应产生额外工程费用，因此，应包括费用索赔和工期索赔。

(3)可以提供的索赔证据有：①招标文件、工程合同及附件、业主认可的施工组织设计、工程图纸、技术规范等；②工程各项有关设计交底记录、变更图纸、变更施工指令等；③工程各项经业主或监理工程师签认的签证；④工程各项往来信件、指令、信函、通知、答复等；⑤工程各项会议纪要；⑥施工计划及现场实施情况记录；⑦施工日报及工长工作日志、备忘录；⑧工程送电、送水、道路开通、封闭的日期及数量记录；⑨工程停水、停电和干扰事件影响的日期及恢复施工的日期；⑩工程预付款、进度款拨付的数额及日期记录；⑪工程图纸、图纸变更、交底记录的送达份数及日期记录；⑫工程有关施工部位的照片及录像等；⑬工程现场气候记录，有关天气的温度、风力、降雨雪量等；⑭工程验收报告及各项技术鉴定报告等；⑮工程材料采购、订货、运输、进场、验收、使用等方面的凭据；⑯工程会计核算资料；⑰国家、省、市有关影响工程造价、工期的文件、规定等。

(4) 承包商应提供的索赔文件有：①索赔信；②索赔报告；③索赔证据与详细计算书等附件。

索赔通知的参考形式如下：

索赔通知

致甲方代表(或监理工程师)：

我方希望你方对工程地质条件变化问题引起重视：在合同文件未标明有坚硬岩石的地方遇到了坚硬岩石，致使我方实际生产率降低而引起进度拖延，并不得不在雨季施工。

上述施工条件变化，造成我方施工现场设计与原设计有很大不同，为此向你方提出工期索赔及费用索赔要求，具体工期索赔及费用索赔依据与计算书在随后的索赔报告中。

承包商：×××

××年××月××日

13 竣工决算

一、1. A 2. C 3. D 4. C 5. D 6. B 7. C 8. A 9. A 10. D 11. B 12. D

二、1. BCE 2. CDE

参考文献

[1] 中华人民共和国住房和城乡建设部.建设工程工程量清单计价规范(GB 50500—2013).北京:中国计划出版社,2013
[2] 中华人民共和国住房和城乡建设部.房屋建筑与装饰工程工程量计算规范(GB 50854—2013).北京:中国计划出版社,2013
[3] 《建设工程工程量清单计价规范》编制组.2013 建设工程计价计量规范辅导.北京:中国计划出版社,2013
[4] 江苏省住房和城乡建设厅.江苏省建筑与装饰工程计价定额(2014).南京:江苏凤凰科学技术出版社,2014
[5] 江苏省住房和城乡建设厅.江苏省建设工程费用定额.南京:行业内部资料,2014
[6] 黄伟典.装饰工程估价.北京:中国电力出版社,2011
[7] 闫文周,李芊.工程估价.北京:化学工业出版社,2010
[8] 谭大璐.工程估价.北京:中国建筑工业出版社,2008
[9] 王雪青.工程估价.北京:中国建筑工业出版社,2006
[10] 全国造价工程师执业资格考试培训教材编审委员会.建设工程造价管理.北京:中国计划出版社,2013
[11] 全国造价工程师执业资格考试培训教材编审委员会.建设工程计价.北京:中国计划出版社,2013
[12] 全国造价工程师执业资格考试培训教材编审委员会.全国造价工程师执业资格考试大纲.北京:中国计划出版社,2013
[13] 本书编写组.建筑工程造价员培训教材.北京:中国建材工业出版社,2009
[14] 严玲,尹贻林.工程估价学.北京:人民交通出版社,2007
[15] 申玲,于凤光.工程造价计价.北京:中国水利水电出版社,知识产权出版社,2007
[16] 吴怀俊,马楠.工程造价管理.北京:人民交通出版社,2007
[17] 王红平.工程造价案例分析.北京:中国建筑工业出版社,2007
[18] 郭婧娟.建设工程定额及概预算(第 2 版).北京:清华大学出版社,北京交通大学出版社,2004
[19] 刘钟莹.建筑工程造价.南京:东南大学出版社,2008
[20] 徐晓珍.装饰装修工程工程量清单计价全程解析.长沙:湖南大学出版社,2009
[21] 本书编委会.建筑与装饰装修工程计价应用与案例.北京:中国建筑工业出版社,2004
[22] 江苏省建设工程造价管理站.建筑及装饰工程技术与计价.南京:江苏凤凰科学技术出版社,2014
[23] 《装饰装修工程预算快速培训教材》编写组.装饰装修工程预算快速培训教材.北京:北京理工大学出版社,2009
[24] 本书编委会.装饰装修工程定额预算与工程量清单计价对照使用手册.北京:知识产

权出版社,2007
[25] 徐蓉.工程造价管理.上海:同济大学出版社,2005
[26] 廖天平.建筑工程造价管理.重庆:重庆大学出版社,2007
[27] 郭婧娟.工程造价管理.北京:清华大学出版社,2005
[28] 全国一级建造师执业资格考试用书编写委员会.建设工程经济.北京:中国建筑工业出版社,2010
[29] 江苏省建设厅.江苏省建筑工程概算定额.南京:江苏省建设厅,2005
[30] 钱昆润,戴望炎,张星.建筑工程定额与预算.南京:东南大学出版社,2006
[31] 董丽君.建筑工程计量与计价.南京:东南大学出版社,2010
[32] 沈杰.工程造价管理.南京:东南大学出版社,2006